EDUARD SPRANGER

Gesammelte Schriften

V

EDUARD SPRANGER

Gesammelte Schriften

Herausgegeben von

Hans Walter Bähr

Otto Friedrich Bollnow   Walter Eisermann   Ludwig Englert

Andreas Flitner   Hermann J. Meyer   Hans Wenke

V

Max Niemeyer Verlag
Tübingen

Quelle & Meyer Verlag
Heidelberg

EDUARD SPRANGER

Kulturphilosophie und Kulturkritik

Herausgegeben von

Hans Wenke

Max Niemeyer Verlag Tübingen
1969

Erscheint mit Unterstützung durch die Stiftung
Volkswagenwerk Hannover

Satz und Druck von Poppe & Neumann, Konstanz
Einband von Heinr. Koch, Tübingen

Inhaltsverzeichnis

TEIL I

TEIL II

TEIL I

Die Kulturzyklentheorie und das Problem des Kulturverfalls

1926

I.

In der herkömmlichen äußeren Einteilung der Universalgeschichte spiegeln sich zwei stark voneinander abweichende Geschichtsauffassungen: die christliche und die humanistische. Durch unsere Art, die Jahre zu zählen, kennzeichnen wir die Erscheinung Christi als die Mitte der Zeiten. Hingegen deuten die Bezeichnungen Altertum, Mittelalter und Neuzeit auf eine humanistische Betrachtungsweise hin, für die zwei eng aufeinander bezogene Kulturepochen durch ein medium aevum, und zwar eine diuturna barbaries, unterbrochen werden. Christoph Cellarius hat 1685 diese Gliederung mit den Marksteinen »Konstantin der Große und Eroberung der Konstantinstadt« in seinem Grundriß der alten Geschichte praktisch durchgeführt. Seitdem ist sie gebräuchlich geblieben.

Beiden Einteilungen ist aber der hellenistisch-christliche Gedanke vom Zusammenhang der Menschheit in *einer* Kultur und von der Bewegung dieser Kultur in *einer* zusammenhängenden Linie gemeinsam, obwohl der Humanismus von seinem Standpunkt aus schon ein starkes Ritardando der Gesamtentwicklung zugeben muß. Die jüdisch-patristische Lehre von dem großen Erziehungsplan Gottes mit der Menschheit, in der die hellenistische Theorie der Weltmonarchien mit untergebracht wurde, bleibt für die abendländisch-christliche Kultur der selbstverständliche universalgeschichtliche Hintergrund, von dem aus sie die Richtung und den Sinn ihrer Entwicklung deutet. Die Aufklärung des 18. Jahrhunderts läßt zwar die transzendenten Beziehungen verblassen, hält aber an der Einheit der Gesamtlinie um so entschiedener fest, als ihr vernunftstolzes Fortschrittsbewußtsein die Zweifel an dem Wert der Neuzeit überwindet, die unter dem Titel: ›Querelle des anciens et des modernes‹ zum Ausdruck gekommen waren.[1]

---

[1] Der humanistische Ursprung dieser Periodisierung tritt in der überwiegend literar-

Seit der Aufklärung teilt sich das geschichtsphilosophische Denken, typisierend gesprochen, in die beiden Zweige: den deutsch-idealistischen und den französisch-englisch-positivistischen. Die führenden Denker aber halten beiderseits an dem Prinzip der *einen* Kultur und der *einen* Kulturlinie fest. Herder ordnet die Stimmen der Völker zu der geschlossenen Symphonie der Humanität. Mitten in der ersten Konzeption der Geschichtsphilosophie (1774) läßt er das Bild von den Lebensaltern fallen und ersetzt es durch die Analogie mit einem Baume, der sich weithin verzweigt. Hegel betrachtet die Weltgeschichte als die dialektische Bewegung und zeitliche Auslegung des *einen* Weltgeistes, dessen Thron die konkreten Ideen, die Völkergeister, als die Vollbringer seiner Verwirklichung und als Zeugen und Zieraten seiner Herrlichkeit umstehen. Und Ranke bekennt sich in nachgelassenen Worten, obwohl er die Fortschrittsidee aufgibt, noch einmal zu dem Grundgedanken seines Werkes, der innerlichst zusammenhängenden Notwendigkeit des weltgeschichtlichen Ganges: »Neben und über der Geschichte der einzelnen Völker vindiziere ich der allgemeinen Geschichte ihr eigenes Prinzip: es ist das Prinzip des gemeinschaftlichen Lebens des menschlichen Geschlechts, welches die Nationen zusammenfaßt und sie beherrscht, ohne doch in denselben aufzugehen. Man könnte es bezeichnen als die Bildung, Erhaltung, Ausbreitung der Kulturwelt.« – Auf der anderen Seite, bei Auguste Comte, dem Klassiker des Positivismus, dieselbe Grundüberzeugung: die drei Stadien der menschlichen Geistesentwicklung, das theologische, metaphysische und positive, bezeichnen die

historischen Begründung klar zu Tage. Die 1. Ausgabe der ›Historia antiqua‹ des Cellarius von 1675 reicht nur bis Christi Geburt. Mir liegt eine spätere Ausgabe: Jena 1704 vor, in der ein Vorwort der Ausgabe von 1685 wieder abgedruckt ist. Aus ihm zitiere ich die für die Geschichte der Historiographie recht interessante Rechtfertigung: »Qui enim ab initio imperiorum ad natum mundi Sospitatorem priori editione progressus eram; ad Constantinum Magnum iam seriem perduco, cuius consilii mei quae ratio fuerit, te nolo, lector candidissime, ignorare. Quicquid huius compendii erat, illorum studiis addictum fuit, qui classicorum auctorum lectione exercentur, nec per aetatem satis perspectum habent ordinem rerum temporumque veterum. In illa vero scriptorum classe non proletarii aut capite censi, sed cum primis numerandi sunt, qui post reparatam humani generis salutem floruerunt. Non ergo in Augusti imperio abrumpi ordinem, et ab illis divelli aequum erat, quae ab excessu eiusdem, ingenio Taciti, Suetonii, Pliniorum et aequalium, fuerunt illustrata, praesertim quod incrementa Romani Imperii, praecipua antiquitatis pars, sub Trajano fuerunt longe amplissima. Accedit doctiorum loquendi consuetudo, qui illa *medii aevi* vocant; quae in barbara saecula inciderunt, aut ab illis abfuerunt propius. Accommodatius ergo facturi videmur, si antiquam ad Constantinum Magnum: medii aevi historiam ad *Constantinopolis* expugnationem: novam denique ad nostra tempora deducemus, ut ista complectatur universam gentilitatem: illa temporibus imperii Christianorum Constantinopolitani contineatur: haec novam regnantis orbis faciem rerumque publicarum reformationem recenseat.« – Vgl. Eduard Fueter, Geschichte der neueren Historiographie. München 1911. S. 188.

eine Linie der Kultur in der Richtung auf das positivistisch-demokratisch-industrielle Zeitalter. Allerdings gestattet ihm die ungleiche Geschwindigkeit der Durchsetzung des positiven Geistes auf den verschiedenen Kulturgebieten und bei den einzelnen Völkern, das Nebeneinanderstehen recht verschiedener Kulturstufen anzuerkennen. Da nach ihm die antiken Philosophen die wahre Idee des gesellschaftlichen Fortschritts noch nicht hatten, so konnten sie auch ihren Verfall, der universalgeschichtlich einen Fortschritt bedeutete, nicht als einen objektiven Verfall beurteilen.[2]

Mit all diesen altgefestigten Anschauungen kontrastiert auffallend die geschichtsphilosophische Denkweise, die heute fast als die herrschende bezeichnet werden muß. Da haben wir statt *einer* Kultur plötzlich eine Fülle von historischen Kulturen. Jede besitzt eine geschlossene Entwicklung in sich; jede macht eine Anzahl sich notwendig folgender Entwicklungsstufen durch. Jede kann daher in jedem ihrer Stadien mit dem entsprechenden Stadium der anderen verglichen, ja danach benannt werden. Die Ausdrücke Altertum, Mittelalter, Neuzeit erleben den seltsamsten Bedeutungswandel, insofern sie aus absoluten Zeitbestimmungen zu ganz relativen werden. Diese Phasen können sich in der Gesamtgeschichte vielfach wiederholen, je nach den Nationen, die auf die Bühne des Weltgeschehens treten.

Blicken wir uns in unsrer nächsten Umgebung um. Wilamowitz, der schon 1881 im ›Antigonos von Karystos‹ von der griechischen Barockzeit gesprochen hatte, entrollt in der Göttinger Rede von 1897 über »Weltperioden« das Bild der antiken Kultur in ihrem ganzen »Kreislauf«: »Die Kultur kann sterben, denn sie ist mindestens einmal gestorben.« Er deutet vorsichtig Parallelen zwischen der antiken und modernen Kulturentwicklung an. Dilthey läßt 1883 in der ›Einleitung in die Geisteswissenschaften‹ die drei Stadien Comtes zweimal – bei den alten und bei den neueren Völkern – ablaufen; ein merkwürdiges »Gesetz«, das so verschiedene Anwendung gestattet! Eduard Meyer periodisiert 1893 und besonders hervorgehoben 1895 die griechische Geschichte in griechisches Altertum, Mittelalter und Neuzeit. Nun ist es richtig, daß das alles schon in der ›Griechischen Literaturgeschichte‹ von Bergk (1872) zu finden war. Und gewiß hat auch die fortschreitende Beachtung der alten und neuen Kulturen des Orients rein empirisch eine solche Denkweise befruchtet. Aber der ganze

[2] Johann Gottfried Herder, Auch eine Philosophie der Geschichte zur Bildung der Menschheit. Werke. Hg. von B. Suphan. Bd. 5. Berlin 1891. Bes. S. 509, 551, 561 f., 573. – Jedoch S. 588 f.: Die Kreislauflehre. – Georg Wilhelm Friedrich Hegel, Grundlinien der Philosophie des Rechts. Werke. Hg. von J. Hoffmeister. Philos. Bibliothek, Bd. 124a. §352. – Leopold v. Ranke, Weltgeschichte. Eingang zu Bd. 7. – Auguste Comte, Cours de philosophie positive. Bd. 4, 47ème leçon.

Gesichtspunkt ist viel älter, als wir annehmen. Als vorläufiges Resultat meines rückwärts gerichteten Suchens gebe ich nur an, daß Heinrich Leo bereits 1835 in seinem ›Lehrbuch der Universalgeschichte‹, das Rassentheorie und Weltmonarchienlehre, Christentum und Hegel seltsam mischt, als große Überschriften die Bezeichnungen: Griechenlands Altertum, Mittelalter, spätere Zeit; Roms Altertum, Mittelalter, neuere Zeit anwendet.[3]

Die Frage ist: wo ist der eigentliche Ursprung dieser Kulturzyklentheorie zu suchen? Die Beobachtung der Kreislaufbewegung im irdischen Geschehen liegt so nahe, daß man das Denken mit solchen Kategorien als einen der Urgedanken der Menschheit bezeichnen muß. Uralte Mythen vom Weltenjahr, von der Wiederkehr aller Dinge zeigen zugleich den religiösen Ton, der bei dieser Betrachtungsweise mitschwingt. Immer wieder hat man die Entwicklung der Völker mit der Folge der Lebensstufen beim einzelnen Menschen: Kindheit, Jugend, Mannesalter, Greisenalter verglichen. So schon Florus in seiner Römischen Geschichte. Ganz besonders aber hat natürlich in der neueren Geschichtsauffassung die antike Lehre vom Kreislauf der Verfassungen nachgewirkt, die wir, allerdings in erheblichen Variationen, durch die große Linie von Plato, Aristoteles und Polybios zu Machiavelli, Bodinus, Vico, Montesquieu und Roscher hin verfolgen können.[4]

Aber das sind flüchtige Analogien oder Teilansichten. Als bewußte große geschichtsphilosophische Theorie begegnet uns die Kreislauflehre, freilich zunächst auf Völker, nicht auf Kulturen bezogen, in der ›Scienza nuova‹ des Italieners Giambattista Vico (1725), dessen vorausschauende Genialität in auffallendem Mißverhältnis zu seiner Wirkung und Bekanntheit steht. Vico ist zu seiner Theorie empirisch vielleicht durch die Überlieferungen über die ägyptische Geschichte angeregt worden. Aber ihre methodischen Grundlagen deutet der vollständige Titel: ›Die Neue Wissenschaft von der gemeinsamen Natur der Völker‹ an. Die Natur ist hier wie sonst der Inbegriff der von der göttlichen Vorsehung geordneten allgemeinen Gesetzlichkeit in der Welt. Vicos Interesse wendet sich jedoch ganz der geisteswissenschaftlichen Seite der Metaphysik zu. Und von dem üblichen Naturrecht unterscheidet er sich dadurch, daß er aus dem Natur-

[3] Ulrich v. Wilamowitz-Moellendorf, Antigonos von Karystos. Berlin 1881. S. 82. – Derselbe, Weltperioden, Kaisergeburtstagsrede. Göttingen 1897. S. 5. – Wilhelm Dilthey, Einleitung in die Geisteswissenschaften. Buch 1. Leipzig 1883. (Man beachte die Kapitelüberschriften, mit denen die Darstellung nicht völlig übereinstimmt; vgl. besonders Buch 2, 1. Abschnitt, 2. Kapitel.) – Eduard Meyer, Geschichte des Altertums. Bd. 2. Stuttgart 1893; Bd. 1,1, Stuttgart 1910[3]. S. 83 ff. – Derselbe, Die wirtschaftliche Entwicklung des Altertums. Jena 1895. – Theodor Bergk, Griechische Literaturgeschichte. Bd. 1. Berlin 1872. S. 302 ff.

[4] Die innere Verschiedenheit dieser Theorien ist groß und verdiente eine nähere Untersuchung.

begriff an Stelle eines überall gleichen Vernunftrechtes eine überall gleiche Stufenfolge der Völkerentwicklung, also auch der Rechtsentwicklung folgert. Bei allen Völkern, auch wenn sie ganz von einander unabhängig sind, finden wir gleiche Ideen. Dieser consensus gentium muß einen Wahrheitsgrund haben. Bei allen Völkern finden wir auf frühen Stufen die gleiche typische Mythologie oder auch poetische Metaphysik oder Volksmetaphysik. Sie muß einen Wahrheitskern haben, aber weniger einen philosophisch-allegorischen, als einen *historischen*. Nach dieser Mythologie haben erst Götter gelebt, dann Heroen, dann Menschen. Vico erkennt in dieser poetischen Verhüllung – denn auf früher Stufe waren die Völker ganz dichterisch, voll von mächtiger Einbildungskraft und Sinnlichkeit, waren *alle* Menschen Dichter und alle Sprache, alles Denken dichterisch – Vico erkennt in diesen volkstümlichen Erzählungen die Spuren früherer Kulturstufen. Sein Vorsehungsgedanke, die humanistisch-neuplatonische Ansicht von der universalen theistischen Offenbarung und vielleicht auch seine rechtgläubige Vorsicht verbieten ihm, die Götterzeit geradeheraus als roh und barbarisch zu bezeichnen. Seine Ausdrucksweise läßt die Gedanken vielfach schwer greifen. Das 1. Stadium bleibt überhaupt im Dunklen und wird mit dem 2. zusammengenommen. Aber die »Heroen« des 2. Zeitalters nennt er doch auch manchmal Giganten, barbarische Urvölker, Höhlenmenschen, die in Wäldern wohnen. Selbst bei Homer (der nichts anderes ist als das dichtende Volk selbst) fehlt das Barbarische nicht. Das sogenannte Goldene Zeitalter wird mit einiger Ironie erwähnt: es hielt wilde unbändige Urmenschen durch den Schrecken vor einer selbstgebildeten Gottheit(!) in Schranken. – Der entscheidende Grundgedanke aber ist: Vico sucht eine ewige, ideale Geschichte (Storia ideal eterna), deren Verlauf absolut notwendig ist; er sieht zuerst Entwicklungsgesetze der Geschichte. Bei allen Völkern sind die 3 Stadien die gleichen: Vico nennt Juden, Chaldäer, Skythen, Phönizier, Ägypter, Griechen, Römer; er ordnet sie – ein erster Spengler – in einer Tafel der ideellen Gleichzeitigkeiten und fügt einen gelegentlichen Ausblick auf das sogenannte Mittelalter als das wiederkehrende Barbarentum hinzu. Bei allen Völkern durchläuft aber auch jedes Kulturgebiet die drei Stadien: das göttliche, das heroische und das menschliche. Die Durchführung erfolgt in ungemein tiefsinnigen, historisch feinfühligen Andeutungen über die Geschichte der Verfassungen, der Sprachen, der Schriftformen, der Rechtsordnungen, der Ökonomie, der Siedlungsweisen, der Dichtung und der Wissenschaft. Die eigentliche Wissenschaft ist ein spätes »menschliches« Produkt; es entsteht in der Epoche der Vulgärsprache, der volksfreien Republiken und Monarchien. Denn erst wenn die dichterische Kraft erlahmt ist und die Dichtergiganten verstummt sind, treten die Philosophen auf, »die Greise der Völker«. Ja der ganz moderne Gedanke klingt an, daß die Philosophie erst aus dem Rechtsdenken der demokratischen Epoche hervorgegangen sei. Ich kann nur andeuten; denn diese Scienza nuova ist eine zusammengeballte Wucht unerhört originaler Ideen. – Die Gesetzmäßigkeit der Volksentwicklungen, dieser ricorso, gestattet nun eine Fülle von fruchtbaren Parallelen (confronti): Jedes Volk hat *seinen* Jupiter, hat *seinen* Herkules, hat *seinen* Solon, hat *seinen* Homer. In der Zusammenfassung all dieser Einsichten entsteht, was das eigentliche Thema des Werkes ausmacht: »Die Prinzipien einer Geschichte der menschlichen Natur; und diese sind die Prinzipien einer Universalgeschichte, deren bisherige Grundlagen verfehlt zu sein scheinen.«[5]

Vico eilt seiner Zeit weit voran. Gewiß hat er gewirkt. Aber man findet im 18. Jahrhundert außerhalb Italiens nur wenige sichere Spuren eines direkten Einflusses. Vielleicht hat man ihn häufiger bestohlen, als man für nötig hielt, ihn zu zitieren. Jedenfalls reißt die Kontinuität zunächst ab, und wir müssen noch weitere Ursprungsstellen der Kulturzyklentheorie aufsuchen. Bei Montesquieu bleibt sie trotz mancher verwandter Gesichtspunkte verhüllt. Jedoch der auf seinen Schultern stehende Schotte Adam Ferguson hat mit seinem Buch ›An essay on the history of civil society‹ (zuerst 1766) starken Einfluß auf die Folgezeit geübt. Seine Kulturtheorie fand bereits erhebliche Stützen in der weit ausgebildeten englischen Psychologie. Ihn interessiert das Problem der Primitiven, das in England schon viel verhandelt worden war, das Problem der Blüte und das des Verfalls der Nationen. Aber wenn er von barbarischen Völkern redet, so hat er einen ganz anderen Anschauungskreis vor Augen als Vico. Er denkt an die Indianer und an die Kanadier, in denen er eine frühe Kulturstufe noch lebendig um sich sah. Sein Hauptgewährsmann ist der Jesuit Lafitau, der 1724 ein großes Werk ›Mœurs des sauvages amériquains comparées aux mœurs des premiers temps‹ veröffentlicht hatte. Schon der Titel zeigt, daß hier noch an absolut früheste Zustände gedacht wird. Aber der Gesichtspunkt der

[5] Giambattista Vico, Principii di una scienza nuova d'intorno alla comune natura delle nazioni. 1725. Ich stütze mich auf die reichhaltigere 3. Ausgabe von 1744. In den Opere, hg. v. Giuseppe Ferrari, Milano 1852² ff., steht der Text der 1. Ausgabe im 4. Band, der der 3. im 5. Band. – Die verdienstvolle neue deutsche Übersetzung von Erich Auerbach: G. Vico, Die Neue Wissenschaft über die gemeinschaftliche Natur der Völker (nach der Ausgabe von 1744), München 1924, gibt nur einen Auszug. Die wichtige Stelle über die 3 Zeitalter, 3 Sprachen und 3 Schriften der Ägypter fehlt dort. Man findet sie in den Opere. Bd. 5. S. 59 f. Der Passus über die Universalgeschichte, der im Text zitiert ist, steht: Opere. Bd. 5. S. 157, bei Auerbach S. 149. Die Entstehung der Philosophie in Sokrates aus dem Rechtsdenken: Opere. Bd. 5. S. 532, bei Auerbach S. 396.

Vergleichbarkeit wird doch schon durchgeführt, nur genau so vorsichtig wie bei Vico vom Standpunkte der universalen Uroffenbarung aus; die vormosaischen Frühstadien der Religion werden angedeutet, und der Bestand antiker Mythen, Kulturformen, Sitten, Institutionen wird durch den Vergleich mit den Indianern als eine Entwicklungsstufe der Kultur erfaßt. Auf solchen und anderen Vorgängern weiterbauend, kann nun Ferguson behaupten, daß auf dem Boden der gemäßigten Zone die Menschheit im Laufe der Geschichte *zweimal* von rohen Anfängen bis zu hohen Stufen der Verfeinerung emporgestiegen sei. Herders und Schillers Phantasie wurde durch dieses Bild einer aus primitiven Anfängen sich entfaltenden Kultur mächtig angeregt.[6]

In der Tat finden wir auch im deutschen Idealismus, in der deutschen Romantik und in der historischen Schule bei näherem Zusehen Keime der Kulturkreislauftheorie. Sie ist der universalgeschichtlichen Auffassung gleichsam eingeschachtelt und erhebt nicht den Anspruch, den entscheidenden Sinn der Weltgeschichte selber auszusprechen. Man braucht nur daran zu erinnern, daß bei Herder jedes Volk für sich genommen seine eigene Entwicklungskurve beschreibt. In dem Aufsatz: ›Von Ähnlichkeit der mittleren englischen und deutschen Dichtkunst‹ heißt es unter Bezugnahme auf Hurd und Wood: »Auch die Griechen waren einst, wenn wir so wollen, Wilde.« Bei Hegel lebt ein jeder Volksgeist im Rahmen des Ganzen doch sein eigenes Leben aus. Die germanische Welt wird sogar ausdrücklich in Altertum, Mittelalter und Neuzeit gegliedert, und an einigen Stellen kommt es zu Parallelen, in denen man Vorklänge von Spengler zu hören glaubt. »Karls des Großen Reich ist mit dem Perserreich zu vergleichen.« »Die Epoche der Reformation kann man mit der griechischen Welt zur Zeit des Perikles vergleichen. Wie Luther dem Sokrates, so könnte Leo X. dem Perikles verglichen werden; aber freilich fehlt dieser Epoche in Wahrheit ein Perikles.« – Goethe wird durch Gottfried Hermanns ›De mythologia Graecorum antiquissima dissertatio‹ zu seinem Aufsatz ›Geistesepochen‹ angeregt, der in manchen Wendungen merkwürdig an Vico anklingt. Allenthalben wächst der historische Sinn und ein ästhetisches

[6] Adam Ferguson, Essay on history of civil society. London 1773[4]. S. 184: »On this scene, mankind has twice, within the compass of history, ascended from rude beginnings to very high degrees of refinement.« – Eine stark an Vico anklingende Stelle S. 288: »It appears that man is a poet by nature.« – Joseph François Lafitau, Mœurs des sauvages amériquains, comparées aux mœurs des premiers temps. Bd. 1. Paris 1724. S. 7: »Non seulement les peuples qu'on appelle barbares, ont une religion; mais cette religion a des rapports d'une si grande conformité avec celles des premiers temps, avec ce qu'on appelloit dans l'antiquité les orgyes de Bacchus et de la mère des dieux, les mysteres d'Isis et d'Osiris, qu'on sent d'abord à cette ressemblance que ce sont par-tout et les mêmes principes et le même fonds.«

Interesse für die Mythologie, die für die Aufklärung nur Verdunkelung der Vernunft bedeuten konnte und für den Positivismus minderwertige Vorstufe der Wissenschaft bedeuten wird. – Friedrich Schlegel vermißt in der modernen Poesie gerade die nachwirkende Kraft der Mythologie und findet in der Geschichte der griechischen Poesie den Kreislauf der organischen Entwicklung vom Epos zur Lyrik zur Tragödie zum Alexandrinertum vollständig geschlossen; er nennt dies bezeichnend: »eine ewige Naturgeschichte des Geschmacks und der Kunst«. – Schelling endlich führt in dem Entwurf der ›Weltalter‹ (etwa 1814/15) die ganze Kreislauftheorie selbst in eine Art von philosophischer Mythologie zurück, indem er in die erste Natur, d. h. in Gott, den ewigen Umschwung der drei Prinzipien Expansion, Kontraktion und Einheit beider verlegt: »Dies sind die Kräfte jenes inneren unaufhörlich sich selbst gebärenden und wieder verzehrenden Lebens, das der Mensch nicht ohne Schrecken als das in allem Verborgene ahnden muß.« Jedes einzelne organische Leben ist ein Gleichnis dieser ewig kreisenden Bewegung. Geschlechter sinken von dem erreichten Gipfel herab, damit andere in einem neuen Anlauf »auf neue Art vielleicht, aber doch wieder nur zu demselben Höchsten« gelangen können. In München haben Schellings Gedanken stärker weitergelebt, als wir im allgemeinen annehmen. – Diese Lehren von der Einschachtelung der organischen Entwicklungssysteme ineinander, von den ewigen biologischen Gesetzen, die immer Gesetze der Analogie sind, von dem notwendigen Sterben aller endlichen Bildungen sind in dem fast apokalyptischen Buche von Ernst von Lasaulx, ›Neuer Versuch einer alten auf die Wahrheit der Tatsachen gegründeten Geschichte‹ zusammengedrängt. 60 Jahre vor Spengler finden wir die religiös und spekulativ begründete Überzeugung, daß sich die neuere europäische Kultur bereits im Zerfall befinde und daß man nur hoffen könne, nach dem unvermeidlichen Untergange werde sich »hier oder jenseits des Atlantischen Ozeans aus den europäischen Elementen« ein Neues, Besseres bilden.[7]

---

[7] Johann Gottfried Herder, Von Ähnlichkeit der mittleren englischen und deutschen Dichtkunst nebst Verschiednem, das daraus folget. Werke. Hg. von B. Suphan. Bd. 9. Berlin 1893. S. 522. – Georg Wilhelm Friedrich Hegel, Werke. Hg. von G. Lasson. Bd. 8 (= Philos. Bibliothek. Bd. 171e). S. 128. Philos. Bibliothek. Bd. 171d. S. 766. – Johann Wolfgang v. Goethe, Geistesepochen. Werke. Jubiläumsausgabe, Cotta. Bd. 37. S. 102 ff. – Godofredi Hermanni, Opuscula. Vol. 2. Lipsiae 1827. S. 167 ff. – Friedrich Schlegel, Seine prosaischen Jugendschriften. Hg. von J. Minor. Bd. 1. Wien 1882. S. 146. – Friedrich Wilhelm Schelling, Die Weltalter. Sämtl. Werke. Bd. 8. Hg. von K. F. A. Schelling. Stgt. und Augsburg 1861. S. 195 (das Fragment: Die Weltalter, ist hier zuerst aus dem handschriftlichen Nachlaß veröffentlicht worden); vgl. bes. S. 230 f. – Ernst von Lasaulx, Neuer Versuch einer alten auf die Wahrheit der Tatsachen gegründeten Geschichte. München 1856. S. 162.

So unvollständig dieser Überblick ist, lehrt er doch das eine mit Gewißheit: die moderne Kulturzyklentheorie ist nicht allein aus dem Positivismus und aus der empirischen Biologie geboren worden, sondern sie hängt mit den mystisch-spekulativen Untergründen des deutschen historischen Denkens in der klassischen und in der romantischen Epoche tief zusammen. Aber sie kehrt nach mannigfachen spekulativen Ausschreitungen auf den Boden der Tatsachenforschung und -vergleichung in der interessanten Epoche der deutschen Geistesgeschichte zurück, die man als die Zeit der Infiltration des französisch-englischen Positivismus bezeichnen kann. Vielfach ist angenommen worden, für die Geschichtsauffassung beginne dieser Einfluß erst mit dem Buch von Buckle über die ›Geschichte der Zivilisation in England‹ (1857–61 erschienen), also um 1860. In Wahrheit beginnt der Prozeß der Verschmelzung von Hegels dialektischer Gesetzlichkeit mit der kausal gedachten loi naturelle der physique sociale bereits in den vierziger Jahren. Aber dieser Vorgang ist niemals gründlich untersucht worden. Dem Betrachter fällt vor allem auf, wie wenig die ersten Träger dieser Gedankenverschmelzung empfinden, daß sie eigentlich Unvereinbares miteinander vereinen. Zu der Dialektik Hegels und der an Newton orientierten physikopolitischen Wissenschaft (science générale) St.-Simons treten bei manchen sogar noch Elemente aus Schelling, Alexander v. Humboldt und Karl Ritter hinzu. Die Rolle des frühesten Hauptvermittlers französisch-soziologischer Gedankengänge nach Deutschland spielt Lorenz v. Stein, der jedoch eigene universalgeschichtliche Anschauungen nicht ausgebildet zu haben scheint. Anders Wilhelm Roscher. Es ist kein Zufall, daß die Annäherung der deutschen Forscher an die Geistesrichtung des Positivismus zunächst stärker in der Verschiebung der *inhaltlichen* Interessen sichtbar wird, als in der Methode, die ja Comte und Mill eben erst systematisch vollendeten. Die Formen der gesellschaftlichen Bewegung und die Geschichte der Wirtschaft werden jetzt eingehender studiert, als es im strengen Bannkreise Hegels geschehen wäre. Wenn man dabei neben den Hegelschen Wendungen »Prinzip« und »Widerspruch« auch den Ausdruck »Gesetz« anwendet – soziale Gesetze, Naturgesetze des gesellschaftlichen Lebens, organische Entwicklungsgesetze, geistige Gesetze –, so muß man das alles historisch als einen tastenden Synkretismus auffassen, der den Anschluß an die neue Naturwissenschaft sucht, aber im Grunde noch an die geistige Natur im Sinne Montesquieus glaubt. Max Weber hat Roscher durch die Marterkammer seiner methodologischen Analyse geschleift, deren Folterinstrumente stark positivistischen Ursprungs waren. Roscher hat von alldem noch nicht viel gewußt. Wenn er von Naturgesetzen sprach, so dachte er wie Montesquieu und Herder an die Einheit des natürlich-geistigen Universums. Und wenn er in seinem Alter eine ›Geschichtliche *Natur*lehre der Monarchie, Aristokratie und Demokratie‹ schrieb, so stand er naiv in dem Zusammenhang der Geschichte des Naturbegriffs, der seit Jahrtausenden alles deckte, was sich irgendwie auf allgemeine Regeln bringen ließ. Er nennt es ein »Naturgesetz«, daß in der wirtschaftlichen Entwicklung der Völker erst der Faktor der Natur (des Bodens), dann der Arbeit, schließlich der des Kapitals vorherrsche; die alten Völker aber seien zur vollen Ausbildung des Kapitalismus und folglich des Kredits eigentlich nicht gekommen. Die Analogie, d. h. die historisch-vergleichende Methode, dient ihm also zuletzt dazu, Eigentümlichkeiten der wirtschaftlichen Entwicklung bei den antiken und modernen Völkern zu entdecken. In diesem Sinne führt er bereits 1849 eine Zyklentheorie der Wirtschaft durch, die dann 1895 Eduard Meyer mit reicherem Material ausgebaut hat.[8]

Es ist hier der Ort, eines völlig vergessenen Historikers zu gedenken, der schon vor Buckle in Deutschland die Geschichte zur *Wissenschaft* erheben wollte, in einem Sinne von Wissenschaft, der durchaus positivistisch genannt werden muß. Denn nicht nur auf Entwicklungs*gesetze* kommt es hier an, sondern auf Anwendung von Statistik, ja Physik und Mathematik auf die Geschichte. Es ist Fridegar Mone, dessen griechische Geschichte gleichzeitig mit einer gegen Curtius gerichteten methodologischen Streitschrift 1858 erschien. Inhaltlich betont er die Wichtigkeit der Wirtschaftsgeschichte und der griechischen Rechtsgeschichte. Methodologisch aber mischt er alles zusammen, was irgendwie nur einmal vom Gesetz im historischen Geschehen gesprochen zu haben im Verdacht steht: also Vico, Montesquieu, Condorcet, Ad. Smith, Hegel, Schelling, Lasaulx, Quételet, Frère, L. v. Stein, Roscher. Man fühlt sogar eine Vorausdeutung auf Spencer, wenn er »die Geschichte als die Wissenschaft der Entwicklungsgesetze der Materie in der Zeit« definiert. »Die Geschichte muß eine Wissenschaft

[8] Zu der Frage der Verschmelzung des deutschen Denkens mit positivistischen Motiven vgl. allgemein Erich Rothacker, Einleitung in die Geisteswissenschaften. Tübingen 1920. – Zum Begriff des Naturgesetzes bei Lorenz von Stein vgl. seine ›Gesellschaftslehre‹. Stuttgart 1856. S. 30 ff. – Derselbe über St. Simons Wissenschaftsbegriff in: Der Sozialismus und Kommunismus des heutigen Frankreichs. Leipzig 1842. S. 146 ff. – Wilhelm Roscher, Über das Verhältnis der Nationalökonomik zum klassischen Altertum. Berichte der historisch-philologischen Klasse der Kgl. Sächs. Gesellsch. d. Wissenschaften. 1849. S. 115 ff. – Derselbe, Leben, Werk und Zeitalter des Thukydides. Göttingen 1842. S. 48: Entwicklungsstufen der historischen Kunst. – Derselbe, Politik: Geschichtliche Naturlehre der Monarchie, Aristokratie und Demokratie. Stuttgart 1892. – Ausgezeichnet illustriert die Vieldeutigkeit des damals herrschenden Begriffes der Gesetzmäßigkeit die Zusammenstellung der sich endlos widersprechenden Äußerungen von Marx und Engels über dieses Thema bei Werner Sombart, Der proletarische Sozialismus (»Marxismus«). Bd. 1 (Die Lehre). Jena 1924[10].

werden, sonst hat sie kein Recht mehr, neben der Naturwissenschaft zu stehen. Sie muß die Spitze der Naturwissenschaft – die höchste Stufe der Anthropologie, die Fortsetzung der Physiologie und Psychologie werden.« Natürlich ist Mone entschiedener Vertreter der Kulturzyklentheorie. Eine Nation lebt 1250 Jahre. In diesem Zeitraum durchläuft sie politisch drei Perioden: theokratisches Königtum, Rechts- und Finanzstaat, Imperialismus. Viele sorgsam gewonnene Resultate wird man sich von einer Geschichtsschreibung nicht versprechen, die so stark mit philosophischen Antizipationen durchsetzt ist. Aber symptomatisch ist das Buch von größter Bedeutung, und es nimmt vieles vorweg, was später als richtig erkannt worden ist.[9]

Zum ersten Male finden wir bei Mone in Deutschland eine ausdrückliche Anknüpfung an Vico, den Herder gelegentlich, aber spät, ehrenvoll erwähnt. Mone deutet allerdings die scienza nuova in eine Wissenschaft vom physischen Leben der Nation, in Populationistik und Volkswirtschaftslehre um. Es fragt sich, woher diese Vico-Renaissance kommt. Auch für Deutschland, wie für Frankreich und England, ist als Vermittler von besonderer Bedeutung der französische Historiker Jules Michelet, der 1827 Vicos Hauptwerk in Übersetzung und mit einer Einleitung herausgab. Michelet hat auch in seiner temperament- und geistvollen ›Introduction à l'histoire universelle‹ vom Jahre 1831 wieder auf ihn hingewiesen. Aber seltsam, dieses Programm einer französischen Geschichte handelt von der *unterschiedlichen* Natur der modernen Völker, der Deutschen, Italiener, Engländer und Franzosen. Es führt die Geschichte ganz im Sinne seiner Epoche auf den Kampf zwischen Freiheit und Natur zurück, läßt die Kultur der Freiheit Schritt für Schritt vom Osten nach dem Westen wandern und endet mit der Gloriole um Frankreich: »C'est en nous plaçant au sommet du Capitole, que nous embrasserons, du double regard de Janus, et le monde ancien qui s'y termine, et le monde moderne, que notre patrie conduit désormais dans la route mystérieuse de l'avenir.« Wie stets, so ist auch diese Renaissance Vicos eine völlige Umdeutung. Bald darauf – 1835/37 – erschien die Gesamtausgabe der Werke Vicos von Giuseppe Ferrari. In seiner Logik von 1843 streift John Stuart Mill kurz die Kulturkreislauflehre des Italieners. 1846 erwähnt ihn George Grote in einer Fußnote seines Werkes: ›History of Greece‹, das vom Positivismus beeinflußt

---

[9] Fridegarius Mone, Kritische Bemerkungen über den neuesten Stand der Geschichtsschreibung und die griechische Geschichte von E. Curtius. Berlin 1858. S. 5 und S. 56. Auf Vico wird S. 4 und S. 12 verwiesen. – Derselbe, Griechische Geschichte. Bd. 1. System der Entwicklungsgesetze der Gesellschaft, der Volkswirtschaft, des Staates und der Kultur. Berlin 1859². Hinweis auf Roscher S. IV, auf den gesetzlichen Kreislauf S. XI, XVI f., auf Vico S. XIX, XXXII, auf Quételets ›Biologien‹ S. XXV, usw.

ist. Aber dann verschwindet dieser Geist wieder, dessen Schicksal es zu sein scheint, nur in einer Art von geheimer Unterströmung weiterzuleben.[10]

Wir haben keine Veranlassung, den weiteren Ausprägungen der Kulturzyklentheorie nach dem Jahre 1860 ausführlicher nachzugehen. Bei Buckle tritt sie nicht eigentlich hervor, weil der Fortschrittsgedanke überwiegt. Aber sie bedarf keiner Entdeckung mehr. Anklänge bei Dilthey, Wilamowitz, Eduard Meyer haben wir erwähnt. Viele andere treten hinzu.[11] Lamprecht hat versucht, seiner Nationalbiologie den Unterbau einer eigenartigen Entwicklungspsychologie zu geben, in der die schlimmste methodische Begriffsverwirrung und Tatsachenvergewaltigung herrschen mag, die aber in der Tiefe von einem genialen historischen Blick für die *innere* Umbildung der seelischen Struktur des Menschen geleitet war. Auch auf Breysig und Spengler gehen wir nicht näher ein.[12] Wichtig ist uns nur die Frage, wie diese Konzeption, die ursprünglich und vorwiegend an der Vergleichung der antik griechisch-römischen und der modern romanisch-germanischen Kultur gebildet war, auf *andere* Kulturentwicklungen ausgedehnt wurde. Auch wo sie nicht ausdrücklich formuliert wird, äußert sie sich doch in einer stillschweigend angewandten vergleichenden Methode. Und zugleich zeigt sich, daß sie mit einem spezifischen Wertmaßstab für die Stufen, die eine Kultur erreichen *sollte*, verbunden ist. Kulturen, die auf einer früheren Stufe verharrend gefunden werden, gelten als erstarrt, als entwicklungsunfähig. Gegen diese Höherbewertung der späten und spätesten Kulturstufen wendet sich im Namen Rußlands, ja im Namen

---

[10] Von Michelets Vicoübersetzung ist mir im Augenblick nur die zweite, wesentlich vermehrte Ausgabe zugänglich. Sie führt den Titel: Oeuvres choisies de Vico contenant ses mémoires, écrits par lui-même, la science nouvelle, les opuscules, lettres, etc. précédées d'une introduction sur sa vie et ses ouvrages. Par M. (sic) Michelet. Tome 1. 2. Paris 1835. – John Stuart Mill, System der deduktiven und induktiven Logik (dtsch. von Schiel). Bd. 2. Braunschweig 1877. S. 547. – George Grote, History of Greece. Bd. 1. London 1846. S. 473, 615. – Eine alte Übersetzung der ›Scienza nuova‹ von W. E. Weber war schon 1822 in Leipzig erschienen.

[11] Eine Fülle von Belegen, die die Auffassung des Griechentums betreffen, hat Gustav Billeter in seinem verdienstvollen Buch, Die Anschauungen vom Wesen des Griechentums, Leipzig 1911, bes. S. 306–350, gesammelt. Auch Gegner der Zyklentheorie und der Parallelen sind dort vermerkt.

[12] Karl Lamprechts geschichtsphilosophischer Endstandpunkt ist am übersichtlichsten dargestellt in seinen Vorträgen über: Moderne Geschichtswissenschaft. Berlin 1909[2]. Der Versuch einer Übertragung auf die chinesische Geschichte in den Abhandlungen der philol.-histor. Klasse der Kgl. Sächs. Gesellsch. der Wissenschaften. Bd. 27. Leipzig 1909: Zur universalgeschichtlichen Methodenbildung. Gegen die Anwendung der Begriffe Altertum, Mittelalter und Neuzeit auf die Entwicklung Chinas wendet sich F. E. A. Krause, Geschichte Ostasiens. Bd. 1. Göttingen 1925. S. 49. – Kurt Breysig, Der Stufenbau und die Gesetze der Weltgeschichte. Berlin 1905.

der Menschheit der Fürst Trubetzkoy in der Schrift: ›Europa und die Menschheit‹, und indem er die Kulturstufentheorie zugibt, verschiebt er doch den Wertakzent so sehr, daß zum Schluß die ganze Menschheit mit ihrem Willen, den gleich hohen Eigenwert früherer Stufen zu wahren, gegen Europa steht. Carl Heinrich Becker verfolgt in der Kultur des Islams, der auch mit einer Völkerwanderung begann, teils Parallelen zu der rein abendländischen Kultur, teils Entlehnungen aus ihr. Aber er betont doch sehr stark das vorgefundene und übernommene Erbe des Hellenismus und gelangt durch den Vergleich mit dem Abendlande zu dem Ergebnis, daß im Islam gerade eins nicht eingetreten sei: der Humanismus oder, allgemeiner gesprochen: die für das Abendland charakteristische »Entdeckung des Ich«.[13]

Das Bemühen, die überwiegend am Vergleich der antiken mit den modernen Völkern gewonnene Idee eines *Kulturentwicklungsgesetzes* überhaupt durch die Entwicklung außereuropäischer Kulturen bestätigt zu finden, wird auf dem Gebiet der wirtschaftlichen und gesellschaftlichen Verhältnisse wohl am erfolgreichsten verlaufen. Ganze Gesamtentwicklungen in dieses Schema zu pressen, wie es Lamprecht ohne Kenntnis der Sprache von den Denkmälern der bildenden Kunst aus China, Spengler für sechs außereuropäische Kulturen versucht hat, ist nicht nur ein gewagter, sondern ein irreführender Weg. Wir wollen nicht vergessen, daß die Kulturzyklentheorie bis heute nicht Resultat einer historischen Induktion, sondern eine auf dem Wege des Methodensynkretismus entstandene Deduktion ist. Ihr Wert besteht darin, daß sie zu einer *vergleichenden* Geschichtsbetrachtung anregt und einigermaßen andeutet, welche Epochen mit welchen anderen sinngemäß vergleichbar sind. Allerdings erweist sie sich dabei noch als äußerst dehnbar, je nachdem, ob die Parallelen dem wirtschaftlichen oder politischen, dem wissenschaftlichen, künstlerischen oder religiösen

[13] Nikolaj Sergeevič Trubetzkoy, Europa und die Menschheit. München 1922. S. 56. – Carl Heinrich Becker, Vom Werden und Wesen der islamischen Welt. In: Islamstudien. Bd. 1. Leipzig 1924. Bes. S. 24 ff. – Bei dieser Gelegenheit sei erwähnt, daß die Kulturzyklentheorie anscheinend zuerst bei dem maurischen Geschichtsphilosophen Ibn Chaldûn (1332–1406) auftritt. Ob irgendeine Verbindung von ihm zu Vico besteht, weiß ich nicht zu sagen.

[14] Max Scheler gibt der ganzen Theorie eine neue Wendung, indem er für die einzelnen Kulturepochen ganz verschiedene Lagerungsverhältnisse behauptet: »Es gibt im (sic) Ablauf der Geschichte keine konstante unabhängige Variable unter den drei obersten Hauptgruppen von Realfaktoren: Blut, Macht, Wirtschaft; aber es gibt gleichwohl *Ordnungsgesetze* des jeweiligen Primates ihrer für die Geistesgeschichte hemmenden und enthemmenden Wirksamkeit, je ein verschiedenes Ordnungsgesetz für bestimmte *Phasen* des Geschichtsablaufs einer Kultur.« Max Scheler, Probleme einer Soziologie des Wissens. In: Scheler, Versuche zu einer Soziologie des Wissens. München 1924. S. 31 ff.

Gebiet entnommen werden.[14] Aus dieser Vorarbeit kann für die eigentliche Geschichtsschreibung (die noch immer »Darstellung« ist) der Vorteil erwachsen, daß das Besondere, die unterscheidende Eigentümlichkeit einer Kultur, sich von dem Hintergrunde anderer Kulturverläufe mit schärferen Zügen abhebt, daß der Schein der Selbstverständlichkeit einer bestimmten Linie aufgehoben wird. So hat, wie Friedrich Schlegel für die Entwicklung der Poesie, Max Weber auf seinem Forschungsgebiet eine maßvolle Methode der Kulturvergleichung angewandt, um die *spezifische* Eigenart des Europäismus herauszuarbeiten. Er findet sie allgemein in einem »spezifisch gearteten *Rationalismus* der okzidentalen Kultur«. Und dieser äußert sich in den drei Hauptrichtungen einer durchrationalisierten *Wissenschaft*, die die Entzauberung der Welt bewirkt, in einem durchrationalisierten *Staat* mit Fachbeamtentum und gesatzter Verfassung, schließlich in dem durchrationalisierten *Kapitalismus* auf der Grundlage freier Arbeit. Aber das Entscheidende liegt doch für Weber in dem religiösen Faktor, und eben diesen hat auch er nicht in ein Entwicklungsschema pressen wollen, sondern aus richtigem Gefühl als letztes treibendes Agens erfaßt. So wuchs er selbst über seinen technologischen Wissenschaftsbegriff weit hinaus.[15]

Die Kulturkreislauftheorie schließt aber auch eine Richtung des historischen *Werturteils* ein, über dessen Maßstäbe sie sich keine Rechenschaft abgelegt hat. An sich ist es möglich, jede der Altersstufen der Kultur als den Höchstwert der Entwicklung zu betonen. Man kann in der Frühzeit eine Art von goldenem Zeitalter, man kann im jeweiligen Mittelalter die Epoche der quellenden metaphysischen Produktivität erblicken; man kann aber auch dem Ende der Neuzeit noch einen starken Wertakzent verleihen, wie Friedrich Muckle der alten Theorie neuerdings eine Wendung auf die Spätkulturen gegeben hat. Gerade in ihnen wird unter Umständen ein neuer Messianismus geboren. Jesus das gewaltige Paradigma.[16] Im allgemeinen aber wird die Kulturkreislauflehre, gemäß ihren klassizistischen Ursprüngen, den Höhepunkt der Kraft in den ersten Anfang der Neuzeiten verlegen und die Folgezeit als Epigonentum ansehen, das allmählich in den Verfall übergeht. Wie man sich auch entscheide: die bloße Fragestellung zeigt, was der von uns erörterten Theorie grundsätzlich fehlt: die volle Einsicht in das Wertproblem der Geschichte. Sie macht die Entwicklung zu einem bloßen Wachstumsprozeß, der naturhaften Schicksalen und

[15] Max Weber, Gesammelte Aufsätze zur Religionssoziologie. Bd. 1. Tübingen 1922². Vorbemerkung. – Vgl. ferner Ernst Troeltsch, Der Historismus und seine Probleme. In: Troeltsch, Gesammelte Schriften. Bd. 3. Tübingen 1922. S. 703–730: Der Europäismus.

[16] Friedrich Muckle, Der Geist der jüdischen Kultur und das Abendland. Wien 1923. Bes. S. 47 ff.

Gesetzen unterliegt. Sie übertreibt den Anteil der notwendigen Tendenzen und übersieht das in alles Historische hineingewobene Moment der Freiheit. Freiheit aber ist nicht mehr ein geheimes metaphysisches Prinzip, sondern die gestaltende Kraft, die als *Wertsetzung* zum Ausdruck kommt. Das Wertproblem bildet die Grenze der Kulturkreislauftheorie. Und an dieser Grenze wird sie zerbrechen oder doch in eine untergeordnete Stellung zurücksinken müssen.

II.

Wir beabsichtigen nicht, eine vollständige Kritik der Ricorsitheorie zu geben. Wir müßten sonst zeigen, daß sie den nebelhaften Komplexbegriff der Kultur so verwendet, als ob diese eine organische Substanz mit bloß biologischen Wachstumsgesetzen sei oder gar ein mystisches Wesen darstelle, das gleich dem listigen Weltgeist Hegels über alle lebenden Subjekte hinweg seinen eigenen dämonischen Gang gehe. Die Analogie der Kultur mit einem Organismus trägt wohl eine Strecke weit, sie versagt aber gerade an dem wichtigsten Punkt, nämlich da, wo das Problem der Universalgeschichte anfängt: bei den Kulturrenaissancen, Kulturdurchdringungen und den ethischen Kulturentscheidungen. Dieser Nachweis soll an dem interessantesten Teil der ganzen Theorie, an dem *Verfallsgedanken*, geführt werden.

So verschieden der Ursprung und die Durchführung der hierher gehörigen Geschichtsauffassungen sein mag: allen ihren Formen ist doch gemeinsam die Überzeugung, daß jede Kultur mit Notwendigkeit ein für sie letztes Stadium erreicht, in dem sie sich auflöst oder erstarrt, jedenfalls aber sich nicht mehr weiterentwickelt. Die Selbstverständlichkeit, mit der diese Ansicht ausgesprochen wird, beruht darauf, daß man eine Kultur (obwohl man nicht weiß, worin eigentlich die sie tragende Lebenseinheit liegt) doch als ein großes Lebewesen ansieht. Jeder Einzelorganismus, jeder Einzelmensch ist nur von begrenzter Lebensdauer. Aber schon in dem Augenblick, wo man diesen Satz auf Völker übertragen will, müßte man bemerken, daß hier ganz andere Probleme auftreten. Wenn nämlich jedes Volk nach einer begrenzten Spanne – sagen wir nach 1200 Jahren – buchstäblich stürbe, so wäre die Menschheit auf der Erde längst ausgestorben. Statt dessen treten immer neue Völkervermischungen auf. Unterscheidet man in diesem Prozeß junge und alte Völker, so meint man damit nicht nur physiologische Eigenschaften, z. B. der Zeugungskraft, sondern vor allem Unterschiede der *geistigen* Bestimmtheit, Unterschiede in den geistigen Sachgehalten und den Gesellschaftsgebilden, die in ihrer Totalität die *Kultur* eines Volkes oder einer Völkergruppe ausmachen. Wir nennen diese Geistesgebilde, die sich über das Volk in seiner physiologischen Bestimmtheit hinauswölben, den von ihm getragenen *objektiven* Geist. Und wenn von Verfall die Rede ist, so vollzieht sich dieser Vorgang nicht nur im physiologischen Unterbau, sondern gleichzeitig und gerade am kulturellen Überbau. Dieser Satz gilt besonders dann, wenn man in die Definition von »Volk« die Bemerkung aufgenommen hat, es sei eine Gruppe zusammenlebender gentes, die sich als Volk *wissen*.

Die Charakteristik solcher Veränderungen in der Völkergliederung und in der von Völkern getragenen Kultur haben sich nun die Historiker in der Regel sehr leicht gemacht. Es wird gesagt: eine Kultur entartet, sie altert, sie zersetzt sich; sie wird desto flacher, je breiter sie wird; sie geht in Zivilisation, d. h. in Mechanismus und Intellektualismus über usw.[17] Was ist das alles? Der Historiker hat dabei in der Regel ein konkretes Bild, z. B. den Untergang des Römischen Reiches, vor Augen; er kann darauf rechnen, daß seine Zeitgenossen das dunkle Gesamtgefühl, von dem aus er urteilt, gleichfalls in sich tragen und ihn verstehen, wenn er behauptet, hier sei eine tiefe Zäsur; eine Form des Lebens sei so alt geworden und etwas ganz Neues setze ein. Geht man aber von dem Bildhaften auf das Begriffliche zurück, so findet man, daß hier nicht nur Kategorien angewandt werden, die der Kritik bedürfen, sondern daß eine ganze Weltanschauung dabei stillschweigend als gültig vorausgesetzt wird.

Denn offenbar kann von Verfall nicht die Rede sein, wenn der Beurteiler nicht mit Wertmaßstäben arbeitet. Man mag hoffen, in der Biologie von Entwicklung *ohne* Wertgesichtspunkt, von einer bloßen Entwicklungsmechanik zu sprechen – ich halte mit Rickert auch dies Bemühen für ein methodisches Selbstmißverständnis. Aber wer einen Kulturverfall behauptet, orientiert sein Urteil in der Stille an einem Kulturideal, an Kulturwertmaßstäben, – genau so wie der andere, der für das Ganze oder für einzelne Epochen der Kultur einen Fortschritt behauptet. Somit läßt sich auch der praktische Historiker, der den Ausdruck »Verfallsepoche« anwendet, von einer latenten Weltanschauung leiten. Er ist insgeheim, so wenig angenehm ihm dies sein mag, einer Philosophie »verfallen«. Im allgemeinen besitzt er diese Philosophie nicht als reflektierten oder gar kritisch begründeten Standpunkt, sondern als zeitbedingtes Lebens-

---

[17] Vgl. die Schilderungen bei Eduard Meyer, Die wirtschaftliche Entwicklung des Altertums. Jena 1895. S. 52 ff. – Derselbe, Blüte und Niedergang des Hellenismus in Asien. Berlin 1925. S. 60 f. – Oswald Spengler, Der Untergang des Abendlandes. Bd. 1. München 1920[6]. S. 45, 52, 56, 62, 487, 490 f., 496, 499.

bewußtsein, das ihm mit der vorherrschenden Geistesstruktur seiner Epoche gemeinsam ist, als eine *ihm* selbstverständliche Überzeugung. In der eigentlichen Philosophie aber darf nichts selbstverständlich sein.

Überblicken wir die Geschichte der Geschichtsauffassungen, so zeigt sich, daß dieses deutende Wertbewußtsein der Historiker sich mit den Generationen selbst umbildet. Die Folge ist, daß es de facto kaum eine Epoche der Weltgeschichte gibt, die nicht irgendwann einmal zur Verfallsepoche herabgewertet, und ebenso kaum eine, die nicht irgendwann als ein Gipfel betrachtet worden wäre. Die Wandlungen im Kurswert des sogenannten Mittelalters sind hierfür das bekannteste Beispiel.[18]

Dieser seltsame Fluß der Wertbewegung kann es mit sich bringen, daß der Historiker von einer Epoche, die nach *seiner* Auffassung »objektiv« im Verfall begriffen war, berichten muß: die damals lebende Generation sei von einem frohen Fortschrittsbewußtsein erfüllt gewesen. Und umgekehrt finden wir, daß Epochen, die *wir* Blüteperioden nennen, schmerzlich über den Tiefstand ihrer eigenen Kultur geklagt haben. Dieselbe Aufklärungsepoche, die von einem triumphierenden Souveränitätsbewußtsein erfüllt war, hat Fichte mit vielen anderen bekanntlich als die Epoche des tiefsten Abfalls von der Vernunft bezeichnet. Das politische System Friedrichs des Großen erschien der unmittelbar nachfolgenden Generation als ein völliger Irrweg. Und ähnlich kritische Stimmen sind in unseren Tagen über Bismarcks Werk laut geworden.[19]

Dieser Sachlage gegenüber gibt es philosophisch nur zwei Möglichkeiten: entweder man drängt mit aller Energie danach, den verborgenen *absoluten*, d.h. durchaus zeitüberlegenen Wertmaßstab für die Weltgeschichte zu finden, oder man gibt zu, daß das konkret gerichtete Fortschritts- und Verfallsbewußtsein nur der begrenzten ethischen Kulturperspektive der jeweils lebenden und denkenden Generation angehöre und daß es in dieser subjektiv bestimmten Bewußtseinslage seine eigentümliche Funktion habe, nämlich die lebendige Funktion, den aufbauenden und weiterbauenden Kulturwillen zu stützen.

Um hierzu Stellung zu nehmen, müssen wir das verwickelte Gesamtproblem in einfachere Linien auflösen. Wir haben bisher vom Verfall als

---

[18] Arvid Grotenfelt, Die Wertschätzung in der Geschichte. Leipzig 1903. – Derselbe, Geschichtliche Wertmaßstäbe in der Geschichtsphilosophie bei Historikern und im Volksbewußtsein. Leipzig 1905. – Georg Mehlis, Die Geschichtsphilosophie Auguste Comtes. Leipzig 1909.

[19] Forschungen auf diesem Gebiet fehlen. Wir brauchten eine Untersuchung über Verfalls- und Fortschrittsbewußtsein im späten Rom. Tacitus und Florus wurden erwähnt. Noch Augustins Hauptwerk läßt deutlich in solche Gegensätze der damaligen Stellungnahme hineinblicken.

dem Schicksal einer *ganzen* Kultur gesprochen. Aber jede Kultur läßt sich durch abstrakte Betrachtung in einzelne Gebiete zerlegen, und es ist nicht ausgeschlossen, daß ein Gebiet sich bereits im Verfall befinde, während andere noch fortschreiten. Diese Beurteilung hat nur Sinn, wenn man jedem Kulturgebiet eine spezifisch einheimische Leistung zuschreibt, die es in seiner besonderen Wertrichtung aufs vollkommenste realisieren *soll*. Eine Volkswirtschaft, die die Ernährung und den angemessenen – auch dieses Wort enthält Normierung – Wohlstand der am Wirtschaftsganzen funktionell Beteiligten nicht mehr sichert, ist im Niedergang begriffen. Ein Staat, der seine kulturelle Macht nach außen und nach innen durch Machtmittel, Rechtsordnung und Verwaltung nicht mehr aufrechtzuerhalten vermag, ist ein verfallender Staat. Eine Wissenschaft, die keine neuen Probleme mehr sieht, keine Lösungen und keine Synthesen mehr findet, liegt im Sterben. Zu diesem Thema des partiellen Verfalls oder Fortschritts gibt es in der Weltliteratur eine Fülle von Untersuchungen, die die Kulturphilosophie sorgfältig beachten und auf ihre leitenden Gesichtspunkte hin analysieren muß, wenn sie nicht rein spekulativ werden oder sich auf die Anwendung der Wesensschau zurückziehen will, die da nicht hingehört. Durch die Jahrhunderte hindurch geht seit dem genialen Werk des Polybios, immer wieder neu aufgeworfen, die große Zentralfrage, worauf die politische Blüte und der Verfall des Römischen Reiches beruht habe. Aber wie verschieden sind die Antworten, die darauf bis in unsere Tage hinein gegeben worden sind! Montesquieu läßt den Verfall schon mit dem Ende der Republik beginnen, durch Ausdehnung des Bürgerrechts auf die Bundesgenossen und durch Entfremdung der fernen Legionen vom Bürgergefühl. Ferguson hält die Trennung der bürgerlichen und kriegerischen Geschäfte für das Unglück Roms. Kurz nach ihm deutet Gibbon vorsichtig an, daß das vordringende Christentum den kriegerischen Geist Roms geschädigt habe. Ganz im Gegensatz dazu behauptet Leo, die Römer seien zu sehr im Irdischen aufgegangen: dies sei ihr geistiger Tod geworden. Ernst von Lasaulx gibt die gleichen Gründe an. Und endlich hat man es auch mit dem Darwinismus versucht: Otto Seeck findet die Ursachen des Verfalls in der negativen Menschenauslese, die eine Folge der Sklaverei und der Bürgerkriege gewesen sei. – Ein ebenso beliebtes Thema ist die Frage nach den Ursachen des Aufblühens und Abnehmens der Wissenschaften in den einzelnen Epochen. Die Frage nach den Künsten schließt sich an. Tacitus, der – wie schon der alte Cato – von einem tiefgehenden Gefühl der décadence um sich herum beunruhigt wird, erörtert im Dialogus de oratoribus den Rückgang der Rhetorik, und das heißt: der Bildung. Die ganze endlose Literatur unter dem ausdrücklichen oder stillen Titel: ›Parallèle des anciens et des modernes‹ gehört vorzugsweise dieser ästhetisch-literarischen Seite an. Herder schreibt 1775 über die ›Ursachen des gesunkenen Geschmacks bei den Völkern, da er geblühet‹. – Sodann das wirtschaftliche Gebiet. Eduard Meyer hat in einer berühmten Abhandlung die Umstände untersucht, an denen die antike Wirtschaft zugrunde ging. Auf das Gefüge der modernen industriell-kapitalistischen Wirtschaft bezieht sich die von der jüngsten Nationalökonomie ausgebildete Krisentheorie, aus der gleichfalls für das immanent-ökonomische Verfallsproblem viel zu lernen ist.[20]

Aber ich will nicht Beispiele aufzählen. Denn das Problem, das uns beschäftigt, liegt doch nicht hier. Es handelt sich um die Kultur als Ganzes, in der keine Seite für sich lebensfähig ist. Die Ursachen des partiellen Verfalls und Aufstiegs sind sehr interessant und für die Vorbereitung des Gesamtproblems sehr wichtig. Aber schon sie lassen sich nicht angeben, ohne daß ständig auf das Totalgefüge der betreffenden Kulturlage Bezug genommen wird, durch das ganz bestimmte Anforderungen, z. B. an die Wissenschaft, die Wirtschaft, die Rechtsbildung usw., gestellt werden. Darin liegt der deutliche Hinweis, daß die Gesundheit oder Krankheit einer Kultur auf dem Zusammenwirken all dieser kulturellen Teilleistungen zu einer gegliederten, in sich abgestuften und doch einheitlichen Totalleistung beruht. Sie eben nennen wir objektive Kultur. Vom Standpunkte der kulturphilosophischen Wertbeurteilung also ist dies das erste Ergebnis unserer Untersuchung: *Nur solange eine bestimmte Ganzheit der*

[20] Der Text gibt nur lose herausgegriffene Beispiele. Das Thema verdiente eine eigene Untersuchung. Montesquieu, Considérations sur les causes de la grandeur des Romains et de leur décadence, bes. chap. 9. – Adam Ferguson, Essay on history of civil society. Part 5: Of the decline of nations; Part 6: Of corruption and political slavery. London 1773[4]. – Edward Gibbon, Geschichte der Abnahme und des Falls des Römischen Reiches. Magdeburg 1788 ff. Bes. Bd. 6. Kap. XXXVIII. S. 469 ff.: Allgemeine Bemerkungen über den Fall des römischen Reichs im Occident. (Interessante Reflexionen, »ob Europa noch mit Wiederkehr jener Drangsale bedroht werde, welche ehemals Roms Waffen und Einrichtungen niederbeugten.«) »Sollten, siegreich, die Barbaren Sklaverei und Verwüstung bis an den atlantischen Ozean hinbreiten; dann würden zehntausend Schiffe den Rest gebildeter Gesellschaft über ihre Verfolgung hinausbringen; und Europa würde in der amerikanischen Welt, welche mit ihren Kolonien und Einrichtungen bereits angefüllt ist, wieder aufleben und blühen.« – Heinrich Leo, Lehrbuch der Universalgeschichte zum Gebrauche in höheren Unterrichtsanstalten. Bd. 1. Halle 1849[3]. S. 761. – Ernst v. Lasaulx, Der Untergang des Hellenismus. Bd. 1. München 1854. S. 1. – Otto Seeck, Antike Geschichtschreibung. Berlin 1898. S. 262 ff. – Wilhelm v. Humboldt, Geschichte des Verfalls und Unterganges der griechischen Freistaaten. Werke. Akademieausgabe. Bd. 3. Berlin 1904; bewußte Parallele mit dem Fall Preußens! – Johann Gottfried Herder, Ursachen des gesunkenen Geschmacks bei den Völkern, da er geblühet. Werke. Hg. von B. Suphan, Bd. 5. S. 595 ff. – (Zusatz von 1953): Walter Rehm, Der Untergang Roms im abendländischen Denken. Leipzig 1930.

Kultur gewahrt bleibt, entspricht sie dem normativen Ideal, an dem sich die Urteile über Blüte und Verfall orientieren. Das Verhältnis der einzelnen Teilgebiete zueinander verschiebt sich ständig, die innere Struktur des Ganzen besteht in einem wechselseitigen Bedingtsein und Gegeneinanderabgestuftsein der abstrakt herauslösbaren Leistungsgebiete. Diese vielgegliederte Struktur mag sich in gewissen Grenzen wandeln. Aber kein Sondergebiet darf ganz versagen und keines darf so hypertroph werden, daß die anderen mit ihm nicht mehr sinnvoll zusammenwirken können. So ist z. B. eine Wissenschaft, die ganz »lebensfremd« wird, ein ebenso bedenkliches Phänomen wie die Kunst im letzten Stadium des Grundsatzes l'art pour l'art.

Die Analogie mit der Struktur eines Organismus liegt nahe. Aber sie hilft wenig. Denn die große Schwierigkeit besteht darin, das wirklich näher zu bezeichnen, was man die »organischen Gestalt« einer Kultur nennen könnte. Bisher besitzen wir für diese äußerst komplexe Norm nur Bilder. Wie frühere Zeiten von dem ordre naturel als höchstem Maßstab sprachen, so wird auch uns hier nur ein Komplexbegriff helfen, der fern und hoch über der unendlichen Fülle der beteiligten geistigen Sinnbeziehungen schwebt. Selbst der Ausdruck: Gleichgewichtslage der Wertgebiete führt irre. Denn eine volle Ruhelage der Kultur bedeutete Erstarrung des Entwicklungsprozesses; nur an eine Gleichgewichtslage, die sich bei der Änderung aller Kräfte ständig neu von selbst reguliert, darf gedacht werden. Aber es handelt sich überhaupt nicht um ein bloß mechanisches Gefüge. Sondern es handelt sich um die Erfüllung einer normativen, also wertbestimmten Totalgestalt, kurz um die Realisierung eines historisch wechselnden und doch immer gemäß einem normativen Wertsystem gebildeten Kulturideals. Will man dieses ideale Formgesetz, das zugleich als immanent norm- und richtunggebendes Gesetz der zielstrebigen Entwicklungsvorgänge gilt, in einem kürzesten Ausdruck zusammenfassen, so bleibt nichts als die alte Wendung »Kultur*entelechie*«, und an etwas Derartiges scheint Spengler mit seinem metaphysischen Prinzip der Kulturseele gedacht zu haben.

Wenn wir also sagen: Verfall einer Kultur beruhe zuerst darauf, daß sich ihre organische Totalität und ihr einheitliches ideales Wertsystem in der sie tragenden Gesellschaft auflöse, so ist dies nur ein Bild und ein sehr unzulängliches Bild. Aber es leistet dem Historiker doch eins. Es lehrt, daß die sogenannten einseitigen Geschichtsauffassungen, d. h. diejenigen Theorien, die *eine* Seite der Kultur zu der schlechtweg entscheidenden für ihre Bewegung machen, dem Verfallsproblem gegenüber ebenso wie für alles Geschichtsverstehen sonst versagen. Man hat sich jahrhundertelang mit der Untersuchung gequält, ob etwa der Niedergang der hellenistischen Kultur oder der spätrömischen Kultur aus wirtschaftlichen Ursachen oder aus politischen oder aus sozialen zu erklären sei. Man hat besonders auch Weltanschauungsmomente: die Zersetzung des religiösen Bewußtseins oder das Versiegen des metaphysischen Lebensstromes, dafür verantwortlich gemacht. Ich muß darauf verzichten, hier die zahlreichen Untergangstheorien danach zu klassifizieren, welchen dieser Faktoren sie als einzig oder vorwiegend entscheidenden in den Vordergrund schieben. Sie alle vergessen, daß in der Kultur nichts isoliert steht, sondern alles abgestuft-strukturell miteinander verwoben ist. Das gesellschaftliche Moment der Verstädterung z. B. ist zugleich Ursache und Wirkung wirtschaftlicher Verhältnisse, und mit beiden wieder ist die Gestaltung der Staats- und Rechtsordnung, der Wissenschaft und Technik, zuletzt des religiösen Lebens hin und her verflochten.[21]

Nur eine dieser Antworten auf das Verfallsproblem verdient ein längeres Verweilen, nämlich die Ansicht, daß am Verfall einer Kultur der moralische Niedergang die entscheidende Schuld trage. Aber was heißt moralisch? Und was bedeutet dieses Urteil speziell in unserm Zusammenhang? Wir müssen neue Gesichtspunkte heranziehen, um darauf zu antworten.

Unter einer Kultur im weitesten Sinne verstehen wir einen Inbegriff von historisch gewordenen Wertgebilden teils materiellen, teils rein geistigen Charakters, die von einer jeweils lebenden Menschheitsgruppe gesellschaftlich getragen, d. h. verstanden, gewertet und idealgemäß weitergestaltet werden. Oder kürzer: Kultur ist ein überindividuell bedeutsamer Wert- und Sinnzusammenhang, der Wirklichkeit geworden ist und daher in einer realen Gesellschaft als motivsetzender Wirkungszusammenhang lebt.

Die kulturellen Wertgebilde sind jedoch wesensmäßig von sehr verschiedener Art, und insofern verhalten sie sich auch verschieden zu dem Schicksal des Kulturverfalls. Von besonderer Bedeutung ist der Grad der Abgelöstheit oder Ablösbarkeit ihrer Existenz von sinnerlebenden und sinnverstehenden Subjekten oder Subjektgruppen. Am weitesten von ihnen losgelöst ist *die* Seite der Kultur, die unmittelbar am Materiellen, am Stoffe haftet. Bodenschätze behalten ihre objektive Güterqualität, wenn sie auch erst durch menschliche Arbeit und durch eine bestimmte Wirt-

---

[21] Vgl. Eduard Meyer, Die wirtschaftliche Entwicklung des Altertums. Jena 1895. S. 60. – Oswald Spengler, Der Untergang des Abendlandes. München 1920[6]. Bd. 1. S. 488, 555. Bd. 2. S. 99 ff., 439 ff. – Die bekannte Antithese Rabindranath Tagores. Kultur der Wälder und Kultur der Städte, findet sich schon bei Jules Michelet, Introduction à l'histoire universelle. Paris 1843[3]. S. 48 f.

schaftslage zu erlebten ökonomischen Werten aktualisiert werden. Ein Kanal, ein Bauwerk, ein Gefäß gehören ebenso wie der rein stoffliche Leib einer Handschrift der materiellen Zone an; sie können weiterbestehen, auch wenn Generationen von Menschen sterben. Freilich bezahlen diese Gebilde ihre äußere Dauerexistenz mit dem Schicksal des Preisgegebenseins an das Spiel der Naturkräfte, deren Wirken wir nicht aus Sinnzusammenhängen verstehen können und die wir nur zum kleinsten Teil beherrschen. Aber mit dieser ihrer äußeren Seite können solche Kulturerrungenschaften die Lebensdauer der Kultur, die sie geschaffen und besessen hat, überdauern, und es kann die Stunde kommen, in der sie von einer neuen lebenden Kulturgesellschaft neu verstanden, neu gewertet werden. Sie sind nicht sterblich mit den sterblichen Menschen und Völkern.

Den zweiten Grad jener Abgelöstheit oder Ablösbarkeit besitzen Gedankenformungen und ästhetisch gemeinte Phantasieschöpfungen – ich nenne die letzteren kurz »Bilder«. Man denke an wissenschaftliche Theorien und an Dichtungen. Ihrem Wesen nach gehören sie dem ideellen und dem imaginativen Gegenstandsbereich an. Ihre Dauerexistenz kann nur gesichert werden, wenn sie in irgendeiner Form der Materie eingeprägt worden sind, die hiermit die Funktion eines Sinnträgers, eines Symbols für Gedanken oder Bilder annimmt. Und sofern die Materie, der stoffliche Träger, standhält, *können* auch diese Formungen aus einer lebenden Kultur in eine späte, neue Menschenwelt hinüberwirken.

Was also die Form des Gedankens oder des Bildes angenommen hat und an materiellen Trägern verfestigt worden ist, entrinnt damit, der Möglichkeit nach, dem Schicksal absoluten Unterganges, wofern es nur vor dem Zufall zerstörender Naturkräfte bewahrt bleibt. »Der Möglichkeit nach.« Denn für die Renaissance solcher Schöpfungen bestehen zwei Bedingungen: Einmal muß ihnen ein echter Wertgehalt von Wahrheit oder Schönheit innewohnen, andererseits muß eine Kulturgeneration kommen, die in ihrer subjektiven geistigen Struktur für diese Gehalte reif, d.h. ihnen seelisch konform organisiert ist.

Am wenigsten ablösbar von den lebendigen Sinnempfängern und Sinnträgern sind Gesellschaftsgebilde in weitester Bedeutung: also Staatsformen, Rechtsordnungen, soziale Schichtungen usw. Sie scheinen unwiderruflich mit dem Schicksal ihrer Kulturgeneration verbunden und lösen sich auf, sobald diese sie nicht mehr versteht und nicht mehr bejaht. Wenn auch sie in einigem Maße weiterleben und weiterwirken, so ist dies doch nur so weit der Fall, als sie selbst Gedanke oder Bild geworden sind. Die Idee des römischen Imperiums zeugte weiter, als das Reich selbst längst verfallen war. Das römische Recht, zur Wissenschaft geworden, konnte noch einmal neue Formen bilden. Aber der Bedeutungswandel, der auch dem Gedanklichen und dem Bildhaften bei seiner Wiederbelebung nicht erspart bleibt, geht dann bis in die Wesenstiefe.[22]

Nehmen wir alles zusammen: die Kultur ist immer ein überindividueller Sinn- und Wirkungszusammenhang, dessen einzelne Seiten jedoch in ungleichem Maße von den jeweilig lebenden und erlebenden Subjekten, die eine vielschichtige Kulturgesellschaft bilden, unabhängig sind. Ferner ergibt sich, daß das eigentliche *Leben* der Kultur, und folglich ihr Wachsen und Vergehen, nicht die abgelösten Sinngebilde als solche betrifft, sondern auf dem Verhältnis der jeweils tatsächlich lebenden Kulturträger zu jenem überindividuellen Kulturbestand und Sinngehalt beruht.

Wenn eine hohe Kultur durch gewaltige Naturereignisse, wie Überschwemmungen und Erdbeben, betroffen wird, so sprechen wir nicht von Verfall, sondern von Vernichtung. Wenn ein in sich gesunder Staat von einer Überzahl primitiver Horden überflutet wird, so scheint uns gleichfalls ein tragischer Zusammenstoß von hohen Sinngebilden mit rohen Naturkräften vorzuliegen. Verfall aber ist ein Vorgang, der überwiegend auf wertwidriger Umbildung der *inneren* Struktur eines Kulturgefüges beruht. Nehmen wir an, eine Kultur befinde sich in einem Zustand, der

[22] Die Darstellung im Text verfährt im Interesse der Kürze und Verständlichkeit rein empirisch und psychologisierend. Im Grunde liegt hinter diesen Erscheinungen das *Problem des objektiven Geistes*, also die Frage nach dem überpsychologischen Sachgehalt in der Kultur, nach seinem Eigengesetz, seinem Wirklichwerden und seiner Weiterbewegung in der Geschichte. Die eigentümliche Schwierigkeit für die Behandlung dieses Problems besteht darin, daß solche Sachgehalte immer nur durch die Formen seelischen (d. h. subjektiv-geistigen) Erlebens, Verstehens und Gestaltens hindurch zu fassen sind; ferner darin, daß der Sachgehalt durch sein Verflochtensein mit solcher subjektiv-seelischen Perspektivität selbst in gewissen Grenzen umgewandelt wird, also nicht konstant bleibt und bleiben darf. Dies ist einer der Gründe, weshalb Hegel für seine Logik der Entwicklung die abstrakte Logik der Identität und des Widerspruches überbot und dem »konkreten Begriff« (der »Idee« in Hegels Sinne) eine Selbstbewegung und Selbstverwandlung durch sein »anderes« hindurch zuschrieb. Heute wird es darauf ankommen, jeweils Sachstruktur und Erlebnisstruktur, Eigengesetz des Objektes und seelische Gesetzlichkeit, »Gehalt« und Erlebnisweise so weit wie möglich aufzuspalten. Hierhin gehören die Untersuchungen der Schule von Felix Krueger über ›Bedeutungswandel‹, Theodor Litts Lehre vom ›Perspektivismus der Weltbilder‹, Hans Freyers ›Theorie des objektiven Geistes‹, Ernst Cassirers ›Philosophie der symbolischen Formen‹ usw. Die Wesensschau möchte den Gehalt in seinem reinen Ansich erfassen; ich zweifle, daß dies gelingt, eben weil die »Wesenheiten« immer in psychische und historisch-tatsächliche Zusammenhänge eingelagert sind, aus denen sie nicht ganz »ablösbar« sind. Wie weit der Bedeutungswandel gehen kann, zeigt z. B. schon die Umbildung übernommener philosophischer Begriffe, die ein anderer in *seinen* System- und Personenzusammenhang hineinstellt, ohne zu fragen, wieviel von ihrem ursprünglichen Sinn erhalten bleibt. So »eignet« sich Goethe Spinoza, Schiller Kant »an«. – Höchst interessante mittelalterliche Beispiele neuerdings bei Friedrich Heer, Aufgang Europas. Wien 1949. S. 90–102.

eine Stufe echter Wertrealisation darstellt, so hängt ihr Weiterleben doch davon ab, daß die entscheidenden Schichten der kommenden Generation – so will ich sagen, ohne mich damit zu einer eigentlichen Generationenlehre zu bekennen – den gestalteten echten Kulturgehalt und seine geschlossene Totalität mit ihrem Verstehen erfassen, mit ihrem Werten bejahen und mit ihren aktiven Kräften im Sinne des echten, d. h. sittlich verpflichtenden Kulturideals weiterbilden. Tritt dies alles nicht ein, so entsteht eine Kluft zwischen der objektiven Kultur und den sie tragenden Kultursubjekten. *In dieser Inkongruenz liegt die zweite Ursprungsstelle des Kulturverfalls, ja vermutlich ist sie die sachlich erste Ursache für das, was wir Auflösung der organischen Totalität der Kultur genannt haben.*

Die hier auftretenden Erscheinungen müssen von einer tieferdringenden geschichtsphilosophischen Kulturanalyse eingehend studiert werden. Bei aller historischen Singularität haben sie doch etwas Typisches an sich. Wenn der tiefe und echte Gehalt einer gegebenen Religion, einer Wissenschaft, einer Staatsordnung, eines geltenden Rechts nicht mehr verstanden, nicht mehr bejaht, nicht mehr weitergebildet wird, so entsteht eine Kulturkrisis, die durch ihr Fortdauern in eine eigentliche Verfallsepoche übergehen kann. Im vorliegenden Rahmen muß die Darstellung dieser Vorgänge natürlich auf die allgemeinsten Gesichtspunkte zusammengedrängt werden. Zwei Hauptfälle sind hervorzuheben. Die Diskrepanz mit dem Gehalt der objektiven Kultur kann erstens darauf beruhen, daß der Lebende, der die Verantwortung für die Kultur an seiner Stelle mittragen sollte, sie nicht mehr *kann;* und zweitens darauf, daß er sie nicht mehr *will.*

Der erste Fall: Eine hochstehende Kultur braucht Menschen, die fähig sind, sie *auszuhalten.* Die geistige Kraft, die dazu gehört, ist etwas sehr Rätselhaftes und Zusammengesetztes. Aber unzweifelhaft sind folgende Faktoren dabei beteiligt. Die Grundbedingung ist die physische Kraft und Gesundheit der Menschen: die Bewahrung der vitalen Energien. Sie aber sind wieder abhängig von der Gesunderhaltung der einfachen naturhaften Instinkte. Wo sie erkrankt sind, wird durch Keimschädigungen die Zeugung und Fortpflanzung beeinträchtigt.[23] Die Nachkommenschaft wird verhindert oder kommt krank zur Welt. *Deshalb* keine Bevölkerungsabnahme ohne Gefährdung der Kultur. *Deshalb* bestimmt die Moral der Frau bis zur Kleidersitte hin den Hochstand oder Tiefstand der Gesellschaft. Wo alles seelische Leben in seinem Kern als sexuell empfunden wird, ist schon etwas krank geworden. Von hier aus versteht man die erste große Selbstkritik der modernen Welt in Rousseau, der die Gesundheit

[23] Vgl. Kurt Hildebrandt, Norm und Entartung des Menschen. Dresden 1923. – Derselbe, Norm und Entartung des Staates. Dresden 1923.

und Sicherheit der natürlichen Instinkte und Gefühle über die Ersatzregulatoren der Vernunft stellte. Von hier aus versteht man Nietzsche und Bergson, in denen die Angst über den Niedergang der vitalen Energien philosophiebildend wirkt. Die starken Tendenzen unserer Zeit auf Gesunderhaltung des Leibes durch Sport und Gymnastik sind Regenerationssymptome, wofern sie das rechte Maß nicht überschreiten. Aber die Zügelung des naturhaften Trieblebens überhaupt ist Bedingung jeder höheren Kultur. Daher darf man sagen: wo alle Askese aufhört, hört die Kultur auf. Das Evangelium des Sichauslebens, der Kultus der bloß subjektiven und bloß ästhetisch reizvollen Erlebniswelt des Individuums, verhindert die geistigen Anstrengungen und die Selbstdisziplin, die allein das Weiterarbeiten an einer fortgeschrittenen und komplizierte Leistungen fordernden Kultur möglich machen. Oder noch einfacher und weitgreifender: *wo der Pflichtgedanke stirbt, stirbt die Kultur.*

Betreffen diese Normsetzungen die unterste, noch naturhafte Wertstufe des Lebens, so knüpft sich von der anderen Seite her daran das Höchste: Eine Kultur fordert, daß man an sie *glaubt*, d.h. daß man sich zu den Ideen bekennt, die in ihr bereits eine partielle und annähernde Verwirklichung gefunden haben. Eine Kultur, an deren Wertgehalt nicht mehr geglaubt wird, geht unter, weil die entscheidenden Kräfte fehlen, sie noch eine Stufe weiterzubilden. Ob man an ihr weiterarbeiten *kann*, ist also abhängig auch von der *Kraft* der auf ein ideales Wertmaximum gerichteten Überzeugungen. Und diese Kraft ist dieselbe, die das religiöse Leben ausmacht. Jede Kultur hat insofern eine religiöse Basis: sie muß dauernd aus der Quelle lebendiger letzter Wertüberzeugungen schöpfen können, oder sie verfällt.

In der Mitte zwischen der naturhaften und der religiösen Wertstufe liegt eine Fülle von Wertgehalten der Kultur, die zwar von jenen beiden, gleichsam von unten und oben her, durchdrungen sein müssen, aber doch Sonderleistungen von eigenem Gesetz erfordern: wirtschaftliche Arbeit, wissenschaftliche Forschung, technisches Können, Kunstschaffen, Bildung und Erziehung – sie alle verlangen geistige Energien. Von ihnen soll hier nicht die Rede sein. Es bedeutet schon eine Krisis der Kultur, wenn ihr eigener Aufbau und Zusammenhang nicht mehr durch *eine* organisch zusammenhängende Wissenschaft in den Köpfen der Führenden zusammengeschaut werden kann. Aber weit tiefer wird die Kulturentwicklung durch den Individualismus bedroht, der auf späteren Entwicklungsstufen infolge der notwendigen Differenzierung der Kulturleistungen automatisch eintritt und allmählich alle festen, einheitlichen Sozialstrukturen auflöst. Am sichtbarsten wird diese Krisis am Problem der Staatsbildung.

Kein Staat ist möglich ohne volonté générale, d. h. einen überindividuellen sittlichen Wertwillen, der sich in gemeinsamem Macht- und Rechtswillen konkret auswirkt. Und umgekehrt: auf unserer Kulturstufe scheint keine andere Form überindividueller Bindung der Kultur zur Einheit mehr möglich zu sein als die Bindung durch den Staat hindurch. Denn alles rein innere Leben ist unwiderruflich individualisiert. Deshalb hängt das Fortbestehen einer weit differenzierten Kultur in ganz entscheidendem Maße davon ab, ob das politische Problem einer überindividuellen Willensorganisation noch gelöst werden kann. Ein solcher Wille fordert Verzicht, Selbstverleugnung, Hingabe, also sittliche Energie, nicht bloß geschickte technische Methoden. Er fordert, daß man auch die tragisch-heroische Notwendigkeit des »wahren Krieges« im Fichteschen Sinne auszuhalten wisse. Und wiederum hängt alles an der Kraft. –

Wie eine Generation aussieht, die das erforderliche *Können*, d. h. die sittliche und geistige wertbejahende Energie für die Kulturarbeit nicht mehr besitzt, haben wir nach dem Verlust des Krieges in weiten Schichten unseres Volkes mit Schmerz studieren können. Aber neben diese Erscheinung kann die andere treten, daß man den historisch erarbeiteten Wertgehalt der gegebenen Kultur nicht mehr *will*. Ein solches Nichtwollen kann die einfache psychologische Konsequenz vom Gefühl des Nichtkönnens sein. Dann handelt es sich um das bekannte Phänomen des Kulturressentiments. Und nichts ist ein sichereres Symptom des Niederganges als dies: »Ich kann nicht, *also* will ich auch nicht.«

Den eigentlichen Gipfel unseres Problems aber erreichen wir mit dem Fall, daß eine lebende Generation, obwohl sie das Vermögen dazu hätte, die vorgefundene Kultur aus ethischer Entscheidung heraus nicht *will*. In dieser Wertdivergenz zwischen der objektiven Kultur und dem subjektiven Kulturwillen kündigt sich eine tiefgehende Strukturveränderung der menschlichen Geistesart an. Und keineswegs liegt darin notwendig ein Anstoß zum Kulturverfall. Vielmehr beruht darauf aller *Fortschritt;* denn was diesen Namen verdient, kommt nur aus einer solchen radikalen Umkehr, aus einer totalen »Wiedergeburt«, die immer geistige *Revolution* bedeutet. Ist dieser Vorgang im Erleben mit dem gewissensklaren Akzent versehen, daß es sich um eine Wendung handelt, die aus ethisch-religiösen Gründen *sein soll*, so darf die Auswirkung an der Kultur nicht mehr als Verfall bezeichnet werden, sondern sie ist Metamorphose zu etwas Höherem.

Je weiter sich die objektive Kultur mit ihrem vielgegliederten Sachgehalt und ihren gefestigten Sozialgebilden von dem sittlichen Wertwillen, der sich im wertprüfenden Gewissen darstellt, abgelöst hat, um so näher liegt der Anlaß zu solchen radikalen Umwälzungen, die dann Jahrzehnte und Jahrhunderte dauern mögen. Kulturell unproduktiv sind solche Krisenzeiten nur für den Blick von Menschen, die sich über das Gestern, Heute und Morgen nicht zu erheben vermögen.

Es ist ein begreiflicher Wunsch des philosophierenden Historikers, daß er zu erfahren begehrt, worin denn inhaltlich und überzeitlich diese ethische Norm des totalen Kulturgewissens bestehe. Aber ein unerfüllbarer Wunsch. Denn der Sinn der Weltgeschichte läßt sich nicht in kontemplativer Betrachtung vorwegnehmen. Die Philosophie kann nicht um den Kampf der Geister und um den Antagonismus der ethischen Wertstandpunkte gefahrlos herumführen. Sie ist aber auch nicht nur, wie Hegel behauptet, das grau in grau gemalte Bild einer Gestalt des Lebens, die alt geworden ist. Sondern sie ist selbst eine lebendige Macht, und nicht die geringste, in diesem weltgeschichtlichen Ringen um den echten Sinn und sittlichen Gehalt der Kultur. Sie wird aber die Kraft des Steins in ihrem Ring nur dann an den Tag legen können, wenn sie immer wieder, ob auch tausendfach enttäuscht, die Angel auswirft nach dem Ewigen und Absoluten. Wer nicht sub specie aeterni philosophiert, hat gar nicht philosophiert. Es ist die Aufgabe des reinen Denkens, in der rastlosen Heraklitischen Bewegung den ruhenden λόγος und die ewigen Ideen Platos aufzufinden und damit sich dem gedanklichen Stillstellen des historischen Alls zu nähern. –

Machen wir die Anwendung von jener Theorie, daß auch tiefgreifende Revolutionen der Geister noch kein Sterben der Kultur selbst bedeuten, auf den für uns eindrucksvollsten Fall, die in sich zusammenhängende antike und modern-abendländische Entwicklung, so ergibt sich: Nur für ein Denken, das einseitig an naturwissenschaftlich-biologischen Methoden orientiert ist, kann der Übergang vom Altertum in das sogenannte Mittelalter ein Sterben der Kultur bedeuten. Die scheinbare Übergangsstellung des Christentums als Enderscheinung und als neuer Anfang ist in Wahrheit nur die produktivste Kulturkrisis, die wir in der Weltgeschichte kennen. Für ein Denken, das sich an der Normidee der Kultur orientiert, wie sie nur im historischen Prozeß selber allmählich zum inhaltlichen Bewußtsein gelangt, ist dieser Übergang ein Sterben *und ein Werden*. Wie wollte man sonst verstehen, daß jene vermeintlich von allem historischen Leben abgeschnürten objektiven Kulturgebilde: die platonisch-aristotelische Philosophie, das römische Recht, der Imperiumsgedanke, die antike Kunst usw. zu neuem Leben und Wirken zu erwachen vermochten? In so kleinen Zäsuren bewegt sich die *Welt*geschichte nicht. Ihr eigentlicher Inhalt besteht nicht in dem, was sich zyklisch wiederholt, wie das enge Menschenleben und das kurze ethnische Leben, sondern gerade in den Renaissancen des scheinbar Abgelebten, das aber unverlierbaren *Gehalt* besitzt, und ebenso in dem *durchaus Neuen*, das in dem sittlichen Ringen der Geister von Stunde zu Stunde erkämpft werden muß.

Das weltgeschichtlich Entscheidende besteht nicht in jenen immer wiederholten Rotationen, sowenig die Lebensgeschichte des Menschen darin besteht, daß er viele Frühlinge und Winter erlebt hat. Sondern das philosophisch Wesentliche der Weltgeschichte liegt in den bleibenden Errungenschaften, die aus dem naturhaften Prozeß von Leben und Sterben abgesetzt werden, weil sie im Sinne der Eroberung des Wertreiches zeitüberlegenen Gehalt besitzen. Es ist aber die Eigentümlichkeit des »Gehaltes«, daß er zugleich ewig und zugleich immer wieder lebenzündend ist. Dieses logisch nicht völlig faßbare Phänomen hat Hegel zu seiner genialen neuen Logik der Entwicklung veranlaßt. Man muß dies Ineinander von Ewigkeit und Zeitlichkeit verstehen lernen, wenn man Geschichte verstehen will. Der überzeitliche Wertgehalt ist kein starres Sein, sondern selber potentielle Kraft, die das neu erscheinende Leben auf eine höhere Stufe hebt. Deshalb muß um ihn *gekämpft* werden, und eben in dem Willen zu diesem Kampf liegt zugleich der Wille, neue, noch höhere Wertgestaltungen zu schaffen. So ist die Geschichte hineingelagert in die Mitte zwischen dem naturhaft-biologischen Prozeß des Lebens und den ewigen Ideen. In der Berührung und Vermählung beider Sphären liegt die Bewegung der Geschichte; ihre Produktivität aber besteht darin, daß sie immer wieder das Ewige in die Form des Lebens zu fassen strebt. Das Absolute wird nicht *vor* der Geschichte oder *neben* der Geschichte von menschlichen Gehirnen abstrakt erdacht, sondern das Bewußtsein von ihm wird im historischen Ringen der Geister reiner und reiner erobert. Wir besitzen es, wenn wir den überlegenen Gehalt des Vergangenen mit der sittlichen Verantwortung der zukunftgestaltenden Tat verknüpfen, wenn wir nicht nur philosophieren, sondern uns zugleich als Lebende in das ethische Wagnis hineinbegeben. Von unserer wertsetzenden *Kraft* hängt unsre Zukunft ab.[24]

Betrachten wir von dieser Perspektive aus unsere Zeit, so können wir uns nicht darüber täuschen:

Wir sind in eine Krise eingetreten, die nicht von heut auf morgen zu lösen ist. Dem kurzen Blick mag sie als Verfall erscheinen. Aber nur ihm. Dem weltgeschichtlich erweiterten Blick erscheint sie als Ritardando einer sich ankündigenden Wiedergeburt. Gerade darin liegt die lebendige Funk-

---

[24] (Zusatz von 1953): Die Verwandtschaft dieser Auffassung mit einem Kernpunkt von Toynbees Geschichtsdeutung, die 1926 in Deutschland noch nicht bekannt war, wird heute bemerkt werden.

tion des Verfallsgefühls und der Fortschrittssehnsucht, daß sie messianische Erwartung wecken. Erwartung aber beflügelt die Tat. Das alles haben nur wir Deutschen heut, weil auf uns die tragische Bestimmung liegt, die neue Weltstufe durchzukämpfen *für die anderen.* Und in dem, was da geboren werden soll, wird zweierlei enthalten sein: der Anteil des alten Ewigen, das, einmal geschaffen, als Gedanke oder Bild, nicht mehr verlorengehen kann, und der Anteil des Neuen, das *uns* zu entdecken und zu erkämpfen vorbehalten ist. Es läßt sich nicht vorausberechnen im Sinne der Spenglerschen Kulturbiologie; denn seine Entstehung ist in unser Kulturgewissen geschoben. Dieses Gewissen aber wird nur sprechen, wenn wir uns rein und stark erhalten, uns: das deutsche Volk und den deutschen Kulturstaat.

Das deutsche Bildungsideal der Gegenwart in geschichtsphilosophischer Beleuchtung

1926

Die unendliche Fülle geistiger Besitztümer und Bewegungen, die teils als Erbschaft einer reichen Geschichte, teils als eigener, vielspältiger Gehalt die Gegenwart durchwirkt, wird von den Menschen unserer Epoche mehr als Bedrängnis, denn als Glück empfunden. Die Aufgabe, sich über diesem Gewirr einen festen Standpunkt zu erarbeiten, wird immer schwerer. Das Wichtigste leistet nach wie vor der sittliche Kampf des Lebens, wenn er mit vollem Ernst durchfochten wird. Die Rüstung zu diesem Kampf aber muß man sich in einem Bildungsprozeß erwerben, der heute mehr als je mit Problematik durchsetzt ist. Wir müssen dem Wachstum unserer Seele die Weite und die Form geben, daß sie nicht nur am Leben der Kultur verstehend teilnimmt, sondern auch sieghaft und gestaltend in sie eingreift. Darin liegt die große ethische Verantwortung aller Selbstbildung und Fremdbildung: Das Bildungsproblem ist eine wesentliche Seite des kulturethischen Problems, ja im Grunde dieses selbst, nur gesehen von der Frage nach dem echten Gehalt persönlicher Wesensformung aus.

Nun leben Bildungsideale in uns und um uns in der gleichen Fülle wie Kulturtendenzen. Sie können in dreifacher Form existieren: Zunächst in der einzelnen Seele als Sehnsucht nach der eigenen Vollendung und als Hochbild von dem eignen besten Wesen, das in der Tiefe treibt und im Konfliktfall diese Seele vor sich selbst verpflichtet. Sodann aber als Forderungen, die ganze Gruppen solidarisch an Form und Bildung ihrer werdenden Mitglieder erheben, im Sinne einer kollektiven Autorität, von dem bloß moralischen Appell bis zu der festen Organisation etwa eines staatlich geregelten Bildungswesens. Die persönlichen Ideale können so mannigfaltig sein wie die Individualitäten; die kollektiven Ideale so verschiedenartig wie die Gruppen, die sie vertreten. Natürlich findet zwischen beiden eine ständige geistige Wechselwirkung statt: Der einzelne nimmt die Bildungsforderungen der Umgebung zustimmend oder widerstrebend in sich auf. Die Gruppen aber werden geführt von einzelnen Persönlichkeiten, die auf dem Boden des Erreichten einsam ein neues Ziel schauen, das sie andere zu sehen lehren. Das alles ist in geschichtlicher Bewegung und vollzieht sich in unablässiger gesellschaftlicher Gegenbewegung. Niemand, kein einzelner und kein Verband, kann sagen, daß er das Ganze sei; jeder ist zunächst nur Teil (pars) und demgemäß Partei.

So bleibt es denn von vornherein problematisch, ob es über diesem sittlichen Kampf der Bildungsideale noch eine dritte Existenzart des Bildungsideals gebe: ein Ideal, das nicht nur diesen oder jenen vor sich selbst verpflichtet, das nicht nur autoritativ aus dem geistigen Sonderwillen einer Gruppe – sei sie nun religiös oder politisch oder wirtschaftlich gerichtet – erwächst, sondern ein Ideal, das an sich gilt und über den Parteien gilt. Es wäre dann ein letzter Richtpunkt jenseits der gerade gegebenen Wirklichkeit und Geschichtlichkeit: es stellte sich als absolutes Sollen dar.

Ohne Zweifel machen wir eine solche Voraussetzung. Ja im Grunde wird jedes konkrete Bildungsideal aus einem bloßen Sondertrieb und einem bloßen Parteianspruch zu einem Standpunkt von ethischer Bedeutung erst dadurch, daß es sich unter diese Kategorie des absolut Gesollten stellt, daß es »sub specie absoluti« gefordert wird. Alle anderen Ideale wären, mit Kant zu reden, bloß hypothetische Imperative der Nützlichkeit, der Geschicklichkeit und der Klugheit.

Wir haben uns in unseren modernen Erörterungen über das Bildungsideal leider vielfach gewöhnt, uns mit solchen untergeordneten Erwägungen der Zweckmäßigkeit zu begnügen. Ja ganz neuerdings sind viele in der flachen Niederung bloß schultechnischer und organisatorischer Diskussionen angelangt. Es ist aber klar, daß die Frage, ob ein Bildungsideal dem »Zweck gemäß« sei, erst dann aufgeworfen werden kann, wenn der Zweck selber in seinem Wert und seiner Geltung erörtert worden ist. Erst die Untersuchung über Wert und Geltung von Zwecken führt ins Ethische hinein. Jene andere Fragestellung aber gehört dem Problem der Technik, d. h. der wert- und zweckgemäßen Mittelwahl an.

Andererseits wissen wir aus den Schicksalen der Kantischen und aller Neukantischen Philosophie, daß jene unbedingte Forderung ein bloß formaler Maßstab bleibt, wenn nicht durch andersgerichtete Betrachtungen die Brücke geschlagen wird vom Allgemeinen zum Besonderen, vom Ewigen zum Zeitlichen, d. h. von der völligen Jenseitigkeit des Absoluten zu dem ganz bestimmten Sollen, in das es sich für uns und unsere Aufgaben hüllt. Waren also die bloß technischen Gesichtspunkte zu niedrig gegriffen, so liegt das Zeitlos-Absolute wiederum zu hoch. Gewiß, wir gehen von der Überzeugung aus, daß wir uns an dem unbedingt Gesollten zu orientieren haben. Aber nachdem dieses oberste Prinzip einmal ausgesprochen ist, ist inhaltlich weiter nichts aus ihm zu folgern. Die Erörterung des Absoluten selbst ist mit der Anerkennung seiner Geltung abgeschlossen.

Was weiter noch zu hoffen ist, kann nur aus einer *inhaltlichen* Kulturphilosophie gewonnen werden. Und in der Tat: nur in diesem Zusammenhang kann die Pädagogik sachgemäß behandelt werden. Darin liegt erstens eine Entscheidung über den Ausgangspunkt: sie kann nicht aufgebaut werden »vom Kinde aus«, oder »von der Schule« aus, oder von den jeweils hervortretenden »Bildungsbedürfnissen« aus; sondern nur im Hinblick auf das gesamte Wertreich, dessen Verwirklichung wir als Kultur bezeichnen. Jede Kultur ist räumlich und zeitlich bedingt und begrenzt; aber es erscheinen in ihr wesenhaft bestimmte und gegeneinander abgestufte Werte, die sich auf der Gegenstandsseite darstellen an konkreten Kulturgütern, Kultureinrichtungen, Kulturerrungenschaften; auf der Subjektseite in bleibenden Richtungen des Werterlebens und Wertschaffens geistiger Individuen. In die verwickelte Struktur dieser seelisch-geistigen Wirkungszusammenhänge muß die Erziehung eingelagert gedacht werden. Von hier aus gesehen ist sie diejenige Kulturtätigkeit, die in den sich entwickelnden Individuen *subjektive Kultur* zu entfalten strebt, und zwar durch wertgemäß geleitete Berührung mit der gegebenen *objektiven Kultur* und durch Regemachung eines echten, ethisch geforderten *Kulturideals*. Damit sind wir bereits viel tiefer in die inhaltlichen Zusammenhänge hineingeführt, als es von dem Ansatz eines bloß formalen Sollens aus möglich war.

Aber nicht nur der Ausgangspunkt der Pädagogik wird durch diese Verbindung mit der Kulturphilosophie bestimmt, sondern auch die Dimensionen, in denen ihre Probleme genommen werden müssen. Es ist die Hauptabsicht dieser Ausführungen zu zeigen, daß wir das Problem der Bildung nicht in der Höhenlage behandeln, die ihm an sich zukommt und durch die weltgeschichtlichen Maße der gegenwärtigen Kulturkrise gefordert ist. Wir nehmen das Ganze zu traditionell gebunden, zu binnenländisch, zu sehr als Schulfrage; nicht im Sinne der Verantwortung, die ein Kulturvolk durch die Formen seiner Erziehung am Gehalt und Gang der künftigen Kultur mit übernimmt.

Und doch wiederholt sich auch auf diesem Boden das Schicksal, daß wir die Brücke vom zeitlosen Gesichtspunkt zu dem besonderen Bildungsproblem der Gegenwart nicht schlagen können. Natürlich hat eine rein systematische Kulturphilosophie als solche ein erhebliches wissenschaftliches Interesse. Es hat einen guten Sinn, in einer Strukturanalyse, die noch auf keine besondere geschichtliche Situation zugespitzt ist, nach dem Verhältnis von *Kultur überhaupt* zur *Erziehung überhaupt zu* fragen. Wir wissen heute, daß unsere Kultur nur einen Spezialfall der Kultur bedeutet, daß sie eine Kulturindividualität ist. Von der Entdeckung des Pluralis »Kulturen« wird später noch die Rede sein. Alle Sätze, die über das zeitlose Verhältnis von Kultur und Erziehung ausgesprochen werden können, müssen daher mit äußerster Vorsicht gefaßt werden, wenn nicht Besonderheiten der Gegenwartslage für ewige Wesensbestimmungen genommen werden sollen. Vielleicht kommen wir hiermit über sehr blasse Allgemeinheiten, die fast wie Trivialitäten wirken, nicht hinaus. Aber wie Goethe sich für die Morphologie der Pflanze rein ideell eine Urpflanze als Modell konstruierte, so könnte man – und hat es getan – von einem »Urphänomen« Kultur ausgehen. Gleichviel, ob man diese »Kultur überhaupt« mit den Phänomenologen durch *Wesensschau* zu erfassen hofft, oder mit Max Weber durch *idealtypische* Konstruktionen, oder mit den Historikern durch *induktive Vergleichung* der bekannten Kulturen – in allen Fällen bleibt doch die Gefahr, daß wir im stillen *unsere* Kultur als Maßstab nehmen und so nur Resultate von bedingter Gültigkeit erlangen. Das gleiche gilt von dem Versuch, durch ein gedanklich isolierendes und idealisierendes Verfahren die ewigen Grundtypen des Bildungsideals zu gewinnen, die man den konkret gegebenen historischen Idealen als reguläre Beurteilungsschemata unterlegen könnte. Ich würde hier dem Leitfaden meiner ›Lebensformen‹ folgen und glaube, in Analogie zu ihnen folgende abstrakte und einseitige Bildungsideale aufstellen zu können: das gelehrte, das ökonomisch-technische, das ästhetische, das politische, das soziale und das religiöse. Aber wenn damit auch Momente *jeder* Kultur, selbst der primitivsten, herausgehoben sind, die in immer neuen, eigenartigen strukturellen Verwachsungen auftreten können, so wird es doch bei der Charakteristik jedes dieser Ideale kaum zu vermeiden sein, daß wir ihm Züge geben, die von *unserer* stark differenzierten Kultur abgelesen sind. Gestehen wir also ehrlich, daß wir zu einer solchen überzeitlichen Morphologie der Kultur und der Erziehung noch nicht fähig sind, ja daß wir es wahrscheinlich schon deshalb nie sein werden, weil die ewig ruhende Struktur des Geistes ein Gedanke ist, der sich auf Entwicklungsphänomene – und jede Kultur ist ein Sichentwickelndes – nicht anwenden läßt, ohne daß er selbst nach Entwicklungsstufen individualisiert würde.

Das Wichtigste, was uns die rein systematische Kulturphilosophie leisten könnte, wäre die Begründung einer zeitlosen, wesensmäßigen Rangordnung der Werte. Max Scheler hat diesen Versuch in eindrucksvollster Weise unternommen. Er geht folgerichtig den Weg vom Absoluten zur Geschichte: Die Geschichte wird für ihn nur die »je und je« begrenzte, subjektiv durch die Fähigkeit des Werterblickens, objektiv durch die werthaltigen Güter bestimmte Reihe von immer neuen Spezialformen der *Verwirklichung* wesenhafter und wesensmäßig abgestufter Werte. In ähnlicher Weise könnte man wohl auch eine Rangordnung unter den ewigen Typen der Bildungsideale versuchen. Ohne Zweifel würde dann das religiöse Ideal als das am Wert des Heiligen orientierte und auf die absolute Sinnverwirklichung gerichtete an höchster Stelle stehen. Aber schon dies Beispiel zeigt, daß das, was zu leisten ist, doch nicht die bloße Abstufung der ewigen Wertqualitäten ist. Vielmehr kommt es in der Ethik wie in der Pädagogik darauf an zu zeigen, an welchen Wirklichkeitsmomenten – Erlebnissen und Akten, Gütern und Gebieten – diese ewigen Qualitäten jeweils erscheinen. Und diese Verbindung kann nicht verstanden werden, ohne auf die Wirklichkeitslage einer bestimmten Kultur einzugehen. Ganz allgemein gesprochen: das Absolute wird bei Scheler inhaltlicher bestimmt als bei Kant. Aber das Absolute versteht sich immer von selbst. Die Frage ist, an welchen realen Lebenszusammenhängen es für *uns* mit *unserer* bestimmten Seelen- und Kulturlage haftet. Denn wir haben und erfassen den himmlischen Schatz immer nur in irdenen Gefäßen. Auch die katholische Kirche, die sich ihrem Grundprinzip nach mitten in das Absolute stellt, kommt doch nicht um die Aufgabe herum, durch jeweilig neue Entscheidungen zu bestimmen, in welcher Richtung lebendigen Verhaltens die Tendenz auf den absoluten Sinn gefunden werden soll. Es ist nicht anders als im Einzelleben: Gott sollen wir auf jeder Stufe unseres Daseins suchen; aber er offenbart sich uns und zieht in uns ein mit wechselnden Gesichten. Und diese reale Wertgesetzlichkeit des Wertsuchens, Wertsetzens und Wertfindens ist uns nicht minder wichtig als die rein ideale Wertordnung.

Mag dies nun auch für Fragen der reinen Beschauung entbehrt werden können: überall da, wo es sich um aktive Entscheidungen und um Eingreifen in die gegebene Kulturlage handelt, wollen wir nicht nur das Absolute bekennen, sondern auch wissen, was wir *tun* sollen. Die Frage nach dem gegenwärtigen Bildungsideal läßt sich jedenfalls nicht vom Absoluten allein aus, auch nicht von einer rein systematischen Kulturphilosophie aus beantworten, sondern nur von einer Philosophie aus, die an das Historisch-Besondere einigermaßen heranreicht und die den zeitlosen Gedanken der Divinität und Humanität gemäß *unserer* besonderen Bestimmung deutet. Katholizismus und modern-protestantische Geisteshaltung unterscheiden sich hinsichtlich dieser Frage nur durch den ersten Ansatzpunkt: die katholische Auffassung geht vom Göttlichen aus, das sich im Irdischen mit abgestufter Reinheit spiegelt; die protestantische durchleuchtet das Diesseits nach den Spuren des ewigen Gottes, zu dem auch sie sich erheben will. –

So wichtig also die systematische Kulturphilosophie für den Aufbau der Pädagogik ist: hier, wo es auf die Stellungnahme zum Bildungsproblem der Gegenwart ankommt, muß sie nach der Seite der Kulturentwicklung und der Kulturindividualität hin erweitert werden. Dies aber leistet die Geschichtsphilosophie. Demgemäß schränke ich für den Zweck der vorliegenden Erörterungen den Zusammenhang zwischen Pädagogik und Kulturphilosophie dahin ein, daß ich die letztere nur in der Gestalt der Geschichtsphilosophie heranziehe. Das Ziel ist die Frage, was sich unter dem geschichtsphilosophischen Gesichtspunkt für die Normierung des gegenwärtigen deutschen Bildungsideals ergibt. Wir werden jedoch sehen, daß auch diese Betrachtung notwendig in die allgemein-kulturphilosophische zurückmündet, wenn wir nicht in den Fehler verfallen wollen, aus *bloß* gegebenen Tatsachen gültige Normen zu ziehen.

I.

Die Einsicht, daß wir uns nicht mitten in die Ewigkeit hineinstellen können, nötigt uns dazu, daß wir uns bewußt in die Gegenwart hineinstellen und von dem Kulturbewußtsein dieser Gegenwart mit all seiner Problematik, Unfertigkeit und Vielspältigkeit aus zu denken beginnen. Wollen wir uns aber nicht mit der Punkthaftigkeit des »unmittelbar gelebten Lebens« begnügen, von dem eine moderne Mystik ausgehen möchte und von dem folgerichtig *keine* Brücke zum historisch-gemeinsamen Geistesleben führt, so begegnet uns hier eine ungeheure Schwierigkeit sogleich am Anfang, die das genaue Widerspiel zum Ausgangspunkt im Absoluten ist: Wir finden uns mitten im Relativen und Besonderen. Der erste Versuch, über dieses Hier und Jetzt hinauszukommen, stellt uns vor die Aufgabe einer *Selbsterfassung der Gegenwart in ihrer besonderen welthistorischen Lage.*

So viel steht fest: wir haben in geistigen Dingen historisch zu denken gelernt. Was wir sind und was wir sollen, verstehen wir nur »auf dem Hintergrund« der Geschichte, d. h. eines gedeuteten Sinnes der historischen Bewegung, in der wir selbst drinstehen.[1] Wir suchen durch einen möglichst erweiterten geschichtlichen Horizont unsere Kulturbestimmung

[1] Die Formulierung »auf dem Hintergrund« soll das Mißverständnis fernhalten, als ob wir aus der Geschichte Normen gewinnen könnten, die wir vielmehr nur an ihr aus autonomen Strukturen des Geistes entwickeln.

aus dem Sinn der Stunde zu begreifen, die die Weltuhr zeigt. Wir dürfen im voraus vermuten, daß die Geisteskräfte und Kategorien, mit denen wir Geschichte als sinnvoll *deuten,* nicht aus der Geschichte selber stammen, sondern daß sie dem Geistigen in uns a priori immanent sind, das aber, wie Hegel tiefsinnig gesehen hat, eben nur an der Geschichte, in der der Geist selber wird und sich entfaltet, zum Bewußtsein seiner Struktur und seiner Normen kommt. Deshalb ist uns die Geschichtsdeutung, die eine Epoche in der vereinten Arbeit von historischer Forschung, konkretem Lebensvollzug und philosophischer Besinnung gleichsam instinktiv zutage fördert, nichts Definitives, sondern zunächst nur *Symptom.* An solche tatsächlichen Formen der Geistigkeit aber knüpfen wir an, um überhaupt eine Basis der Betrachtung zu gewinnen.

Das Bildungsideal, das eine Epoche mit dem Anspruch auf seine normative Zeitgeltung erzeugt, ist immer, wenn es überhaupt tiefere Wurzeln haben soll, eingelagert in die geschichtsphilosophischen Deutungsversuche, in denen die betreffende Epoche sich ihren Sinn – zunächst für sich selbst – zum Bewußtsein bringt. Dieser Zusammenhang gilt nicht nur für die Bildungsforderungen: er gilt für alle stärkeren Kulturtendenzen, die eben deshalb nicht als bloße Bewegungsrichtungen Kraft entfalten, sondern als Sinndeutungen eines aus der Struktur der Kulturlage sinngemäß und wertgemäß bestimmten geistigen Strebens. *Jede* starke Kulturbewegung hat *ihre* zugehörige Geschichtsphilosophie. Oft liegt sie nur latent zugrunde, kann aber durch tiefere Analyse zutage gefördert werden. So ruht jede politische Partei der Gegenwart nicht nur auf einer Staatsauffassung, sondern auf einer, natürlich mit dem Moment ihrer sinnvollen Entstehung nahe zusammenhängenden Geschichtsphilosophie. Carl Schmitt hat insbesondere die aktive Stoßkraft des Marxismus mit Recht darauf zurückgeführt, daß er überzeugt ist, durch seine wissenschaftliche Philosophie »die gegenwärtige Epoche und den gegenwärtigen Moment sicher zu erfassen«, ja noch mehr: die notwendig und zwangsläufig kommende nächste Stufe der Weltentwicklung *mit vollem Bewußtsein ihrer Notwendigkeit zu realisieren.*[2] Es gehört zu den Erscheinungen des geistigen Lebens, die nur psychologisch, nicht logisch begreifbar sind, daß es dem Willen einen besonderen Halt verleiht, wenn er theoretisch überzeugt sein darf, sich nur im Sinne eines mechanisch ganz von selbst kommenden Geschehens einzustellen. Dieser Glaube an die *mechanische* Notwendigkeit der historischen Entwicklung ist freilich eine Besonderheit, die nicht jede

---

[2] Carl Schmitt, Die geistesgeschichtliche Lage des heutigen Parlamentarismus. München 1923.

Geschichtsauffassung teilt. Aber niemand von geistiger Art begnügt sich mit der Punktualität des unmittelbar gelebten Moments. Jeder und jede Kulturbewegung verlängert sich durch historische Begründung nach rückwärts, senkt die Wurzeln tiefer in das Erdreich der Geschichte, weil darin die Möglichkeit liegt, energischer in die Höhe, d. h. in die Zukunft zu wachsen. Es ist, wie man richtig gesagt hat, geradezu der Sinn der geschichtlichen Betrachtung, mitten in der Zeit wenigstens ein Stück Überzeitlichkeit zu erobern.

So nun auch hinsichtlich des Bildungsproblems: Wozu wir uns bilden sollen, das können wir uns selbst nur verdeutlichen durch Reflexion über unsere geschichtliche Stellung und Aufgabe. In diesen geschichtsphilosophischen Zusammenhang müssen wir die normativen Erörterungen der Pädagogik hineinstellen, nicht als ob die Philosophie Bildungsideale erdenken und errechnen könnte, sondern um die vorhandene konkrete Lebensbewegung philosophisch zu vertiefen, den Grad ihrer Produktivität oder Schwäche zu ergründen und zuletzt sie zu rechtfertigen oder aus neuen ethischen Kräften zu überbieten.

Diese historische Fundierung von Bildungsbewegungen ist nichts Neues, sondern so alt wie die kulturhistorische Blickeinstellung überhaupt. Schon in der späten Antike bedeutet der Rückgang auf die eigene klassische Zeit eine latente Sinndeutung der Bildungsgeschichte und ihrer Höhepunkte. Die christlich-historische Weltauffassung findet ihren wirksamsten Ausdruck bei Augustin, für den das Erdenleben der Christenheit, zwischen zwei Ewigkeiten eingespannt, eben aus dieser Zwischenstellung seine Bestimmung empfängt. Luther ordnet die humanistische Bewegung sinngemäß seinen Anschauungen von der eigenen historischen Mission ein und deutet damit die mittelalterlich-kirchliche Geschichtsauffassung um. Ratke verändert die Akzente von neuem, wenn er seinen Schriften das Motto gibt: Ratio vicit, vetustas cessit. Seit der zweiten Hälfte des 17. Jahrhunderts wird der tiefgehende, bis heute noch nicht erledigte bildungsphilosophische Hauptstreit unter dem Titel »Parallèle des anciens et des modernes« geführt. Das wichtigste und bekannteste Beispiel aber ist der Neuhumanismus, dessen Geschichtsphilosophie gerade durch ihre schroffe Einseitigkeit das hier Gemeinte gut erläutert. Schiller erhebt den ursprünglich auf zwei Dichtungsarten bezogenen Gegensatz »naiv und sentimental« nicht nur zu zwei Bildungstypen, sondern zu zwei großen Geistesepochen: die ganze Weltgeschichte kreist gleichsam um das Thema: »Die Griechen und wir«. Das Mittelalter versinkt als bedeutungslos zwischen diesen zwei hellbeleuchteten Phasen, aus denen die dritte im Sinne einer schöpferischen Synthese von Naturnähe und Durchgeistigung geboren werden *soll*. Der ganze Sinn der Geschichte drängt sich in dem Bildungsziel als seinem Kern zusammen: Die Griechen müssen uns helfen, Menschen zu werden; es gilt, unsere Einseitigkeit und Vernunftklarheit mit ihrer schönen Totalität, Einfalt und Idealität zu einer höheren, dritten Lebensform zu versöhnen. Von vornherein wirkt bei Humboldt wie bei Schiller das lebendige Phänomen Goethe in dieser Geschichtsdeutung mit. Sie erhält bei Schiller bereits eine starke politische Wendung. Schelling und Hegel übersetzen sie ins Kosmologische. Das Junge Deutschland und noch Ibsen führen die Linie fort und lassen sie vom Politischen auch in das Gebiet der gesellschaftlichen und individuellen Moral ausmünden.[3]

Der Neuhumanismus ist der bekannteste und wirksamste Fall einer Bildungstheorie, die sich ihren Sinn durch eine spezifische Geschichtsdeutung zum Bewußtsein erhebt: was wir sein sollen, ist uns durch unsere Stellung zu den Griechen eindeutig vorgezeichnet.[4] Es ist klar, daß die Gegenwart, wenn sie zu einem Verständnis ihrer historischen Stellung und Aufgabe gelangen will, nicht mehr von dieser einfachen und kurzen Antithese ausgehen kann. Meine Frage ist: *wie würde sich eine solche Geschichtsphilosophie der Bildung für uns gestalten?* Ehe ich aber darauf die Antwort gebe, muß ein kurzes Wort über die Struktur des geschichtsphilosophischen Denkens überhaupt eingeschaltet werden.

II.

Wie man auch sonst über den zulässigen Ausgangspunkt der Philosophie denken möge: die Geschichtsphilosophie jedenfalls hat das Recht, von der geistigen Lage der Gegenwart in ihrer ganz eigentümlichen Konstellation auszugehen. Freilich ist diese selbst nichts Eindeutiges und nichts Klares. Sie ist zunächst in dem Philosophierenden nur da als ein instinktives Sosein, als ein dunkles Lebensgefühl und ein ebenso ungeklärter geistiger Gestaltungswille. Aber diese Struktur in all ihrer Singularität ist es, mit der wir Geschichte deuten und verstehen. Ja dies ist der charakteristische Weg, durch den eine Epoche zu höherer Klarheit über sich selbst gelangt, daß sie sich gleichsam als Mittelglied zwischen zwei Strecken einspannt: zwischen ihr Verstehen der Vergangenheit und ihren Willen

---

[3] Vgl. Rolf Engert, Henrik Ibsen als Verkünder des dritten Reiches. Leipzig 1921.

[4] Wilhelm v. Humboldt: »Wir sehen offenbar das Altertum idealischer an, als es war, und wir sollen es, da wir ja durch seine Form und Stellung zu uns getrieben werden, darin Ideen und eine Wirkung zu suchen, die über das, auch uns umgebende Leben hinausgeht« (Rezension von Goethes zweitem römischem Aufenthalt).

zur Zukunft. Aus dieser Verknotung ist jede inhaltliche, d. h. nicht bloß bei Methodenfragen stehenbleibende Geschichtsphilosophie geboren.

Das erste Moment der Geschichtsphilosophie also ist die Einstellung zum Verstehen der Vergangenheit. Wir nehmen an, daß dieses historische Forschen und Denken von dem höchsten Willen zur objektiven Erkenntnis geleitet sei, im Sinne jenes Rankeschen Bestrebens, alles so zu sehen, wie es wirklich gewesen ist, noch ohne parteiische Stellungnahme und einseitige Bewertung. Immer bleiben doch auch in diesem Verhalten zwei unvertilgbare Punkte der Gegenwartsbezogenheit. Denn erstens ist es unvermeidlich, daß die jeweilige Gegenwart sich selbst als Resultat des Werdens betrachtet. Und zweitens ist das Organ des Verstehens, seine Weite wie seine Grenzen, durch die Struktur eben dieses Gegenwartsgeistes bedingt. In ihm sind neben wesenhaften Kategorien doch auch seine Besonderheiten als ein unbewußtes Apriori und als formgebender Faktor enthalten. Spengler hat sich ausdrücklich bemüht, durch eine angebliche Kopernikanische Wendung diese immer »zufällige« Gegenwartsbezogenheit der Geschichtsauffassung zu überwinden: »Es ist jetzt endlich möglich, den entscheidenden Schritt zu tun und ein Bild der Geschichte zu entwerfen, das nicht mehr vom zufälligen Standort des Betrachters in irgendeiner – seiner – Gegenwart und von seiner Eigenschaft als interessiertem Gliede einer einzelnen Kultur abhängig ist.« Und doch sagt schon der Titel des Werkes, daß es stärker als viele seiner Vorgänger vom Lebensbestande der Gegenwart bedingt ist. Ja es verschweigt nicht, daß es sich auch an der Zukunft orientieren will; das sagt schon der erste Satz: »In diesem Buche wird zum ersten Male der Versuch gewagt, Geschichte vorauszubestimmen.« In der Tat: im Aufbau jeder Geschichtsauffassung, die nicht bloß monographisch ist, wirkt bewußt oder unbewußt außer der tatsächlich gegebenen Wertstruktur der Gegenwart auch ihr vorwärtsdrängender Wille zum Wert.

So ist das zweite Moment der Geschichtsphilosophie der sie im stillen dirigierende Zukunftswille. Es werden nicht nur »vorfindend« vorhandene Tendenzen konstatiert, sondern schon in der Heraushebung dieser sinnbestimmten Tendenzen steckt das lebendige, in steter Auseinandersetzung mit »den anderen« befindliche Wollen der Epoche oder ihres philosophischen Vertreters. Erst recht natürlich in der Bejahung einer von ihnen als der eigentlich zeitgemäßen und sinngemäßen. Kein noch so reiner Erkenntniswille kann dieses sich entscheidende Selbst im Historiker auslöschen, mag ihm selbst davon auch wenig zum Bewußtsein kommen. Parteimann freilich soll er nicht sein; aber einen ethischen Standpunkt soll und muß er haben. Wer gar keine Substanz von dieser Art in sich trägt, dem bleibt Geschichte ein Meer von Tatsachen, ein Chaos von Bewegungen. Die Auslese mag noch so objektiv gerichtet sein: irgendwo steckt dieses Gestaltende in ihr schon drin. Und indem es sich mit jenem ersten Willen zur Objektivität durch eine geheime Teleologie unseres geistigen Bewußtseins seltsam verknotet, entsteht das, was jede echte Geschichtsphilosophie zu leisten begehrt.

Es entsteht als drittes Moment, vielfach ganz ohne klares Wissen dieses Zieles, die Selbstdeutung der Gegenwart. Wie das Differential einer Kurve zwischen dem Früher und dem Später, enthüllt sie das Gesetz, unter dem das Jetzt sich bildet. Aber das Gegenwartsbewußtsein kehrt nach diesem Prozeß der historischen Besinnung gleichsam bereichert in sich selbst zurück: Es hat sich ausgewirkt durch Verstehen, und es hat sich eine Art von Selbstbestätigung geschaffen durch Heraushebung der Linie, die von der Vergangenheit über die Gegenwart zum (still bejahten) Zukünftigen führt. So erst fühlt sich der lebende Vertreter einer Epoche durch philosophische Geschichtsdeutung im Zusammenhang einer sinnvollen Bestimmung.

An dieser Struktur der Geschichtsphilosophie ist vor allem interessant die Verwachsung von wissenschaftlicher Objektivität mit wertbejahender Lebendigkeit; ein Sachverhalt, der gegen Max Webers Versuch, die wertende Stellungnahme aus der Geisteswissenschaft auszuscheiden, sie vielmehr schon an ihrer Wurzel wirksam zeigt. Wir finden uns hier einig mit Ernst Troeltsch, der in seinem ›Historismus‹ eben diese Wechselwirkung zwischen geschichtlicher Besinnung und lebendigen Wertmaßstäben hervorhebt, und mit Theodor Litt, wenn er von dem unvermeidlichen »Perspektivismus der Weltbilder« spricht. Das Ganze wird dadurch kompliziert, daß jeder Geschichtsphilosoph, statt seine Arbeit durchaus von vorn zu beginnen, heute immer schon fertige Geschichtsdeutungen vorfindet, mit denen er sich auseinandersetzt. Dadurch wird im Laufe der Generationen das historische Deutungsbewußtsein gleichsam potenziert.

Innerhalb dieses allgemeinen Strukturschemas sind natürlich noch verschiedene Akzentsetzungen möglich: Der Akzent kann einmal liegen auf der Tendenz zum möglichst objektiven Verstehen, also auf der strengen historischen Wissenschaftlichkeit; die Wirkung auf die Gegenwart besteht dann in einer objektiven *Selbstkorrektur* der ursprünglichen Bewußtseinsstellung. Oder er liegt von vornherein entschieden auf dem Wertwillen zur Zukunft: dann wird die Geschichte gleichsam zu einer nachträglichen Rechtfertigung, sie selbst aber trägt stark die Züge einer bloßen *Selbstprojektion* der Gegenwart in die Vergangenheit. Tatsächlich deutet jede Gegenwart die Geschichte neu, schon weil sie auf Grund ihrer noch nicht zum Bewußtsein erhobenen Gesamtstruktur Neues in ihr zu sehen gelernt hat, und keine starke Bewegung verläuft ohne gleichzeitige Umbiegung der historischen Linien, die zu ihr hinführen. – Andererseits kann das historische Geschehen unter der Herrschaft sehr verschiedener Gesetzestypen betrachtet werden. Man interpretiert es entweder als ein mechanisches Müssen, oder als ein organisches Wachsen, oder als autonome wertsetzende Tat. Auch im ersten Fall fehlt der Anteil des Zukunftmomentes nicht. Denn eine fatalistische Einstellung zum Weltlauf kann – das zeigt schon das Beispiel des Marxismus – den aktiven Willen ungeheuer stärken und bestätigen (wie man umgekehrt vermuten darf, daß diese Willensrichtung schon bei der Ausgestaltung der Theorie selbst wirksam war).

Fehlt ein solcher entschiedener Wertwille, der natürlich nirgends *bewußt* in die objektive Forschung eingreifen darf, einem Historiker oder der von ihm vertretenen Gruppe ganz, so entsteht der historische Relativismus. Nicht jede Geschichtsauffassung also führt notwendig zum Standpunkte der Wertrelativität, sondern nur diejenige, bei der hinter dem Willen zur Objektivität gar kein Zentrum eigner Stellungnahme liegt. Es fehlt dann, naturwissenschaftlich gesprochen, das feste Bezugssystem. Im Laufe der Generationen, die Geschichte treiben, mag es wechseln; aber es darf nicht innerhalb derselben Geschichtsdarstellung wechseln. Dann zerfließt alles im bloß nacherlebten Anschauen fremder Gestalten und fremder Gestaltungskraft. Übrigens ist die Gefahr eines *völligen* Relativismus ebenso ausgeschlossen wie der Triumph einer absoluten Sachlichkeit. Denn darin eben liegt das Eigentümliche alles geistigen Verstehens, daß in ihm Kategorien von durchaus objektiver Geltung immer mit einer subjektiven Seelenstruktur verwachsen sind, die als ein unbewußter Auslesefaktor wirkt; von ihr zum großen Teil, nicht nur vom Material oder von dem bewußten Willen des Historikers, hängt es ab, was er von den sogenannten Tatsachen überhaupt zu sehen bekommt.

Aber das ließe sich nur in einer ausgeführten Geschichtsphilosophie begründen. Hier kommt es auf diejenigen Geschichtsauffassungen an, die ausdrücklich aus dem Trieb und Willen zur Bildung entworfen sind. Es ist von vornherein klar, daß der Gestaltungswille der Gegenwart an ihrem Aufbau stärker beteiligt ist als der reine Wille zur Erkenntnis der Vergangenheit. Denn was sie innerlich organisiert, ist die Tendenz zur Formung der Person, mindestens aber die Einordnung der persönlichen Kräfte in den behaupteten Sinn des Geschichtsverlaufes.

Wir fragen uns zunächst, welche älteren Geschichtsauffassungen dieser Art noch als lebendige Geistesmächte unter uns wirken, um von da aus zu erörtern, welche neue Geschichtsphilosophie der Bildung sich aus der gegenwärtigen Weltkrisis sichtbar herausarbeitet.

III.

Wir besitzen drei große Typen der Geschichtsphilosophie, die zugleich Bildungstheorien sind: die religiöse und zwei weltliche: Humanismus und Realismus. Alle drei sollen hier nur in ihren typischen Grundzügen entwickelt werden.

Die erste bedarf keiner langen Erläuterung: Für sie ist der Plan, den Gott mit der Entwicklung der Menschheit auf Erden verfolgt, ein Erziehungsplan. Mit der Weltdeutung des Christentums selbst ist dieser historische Gang gesetzt, der durch die großen Stationen: Weltschöpfung, Sündenfall, alter Bund, neuer Bund, Wiederkehr und Vollendung des Gottesreiches beim jüngsten Gericht charakterisiert ist. Die Kirchen, die diese Lehre vertreten, betrachten sich als die Träger des religiösen Erziehungsgedankens: sie wollen als irdische Verwalter der Heils- und Gnadengüter die Christenheit erleuchten, sammeln, heiligen. Augustins großartiges Weltbild – als die klassische Ausprägung dieses Typus – wurde bereits erwähnt; die hellenistische Theorie von der Abfolge der Weltreiche ist in diesen großen Stufenbau mit eingefügt. Unter mannigfachen zeitlichen Umbildungen bleibt dies der Rahmen der Geschichtsdeutung und also auch der Erziehungstheorie im katholischen wie im älteren protestantischen Christentum. Noch die Pädagogik des Comenius ist nur von dieser »Via lucis« aus zu verstehen. Ja selbst in der Aufklärungszeit und später bleibt der mythologische Rahmen wenigstens gleichnishaft erhalten. Das gilt von Lessings ›Erziehung des Menschengeschlechts‹, es gilt aber auch von Herders naturalistisch-pantheistischer Wendung: »Die Natur ist kein selbständiges Wesen, sondern Gott ist alles in seinen Werken.« Fichte spricht von einem »Weltplan«, nach dem sich das Göttliche in der Entwicklung der Menschheit durchsetzt; Humboldt weiß von einer »göttlichen Weltregierung«, und Ranke nennt die Ideen »die Geschicke Gottes in der Welt«. Man könnte auch Schelling, Hegel, Eduard v. Hartmann heranziehen: sie alle finden den Sinn der Geschichte (und also auch der Bestimmung des Menschen) dadurch festgelegt, daß sich das Göttliche oder das Absolute zu sich selbst hin entwickelt.

Und doch ist bei den letztgenannten die alte römische Mythologie schon deutlich säkularisiert. Von den weltlichen Geschichtstheorien der Bildung geht die humanistische unverkennbar der idealistischen Geschichtsphilosophie, die realistische dem Positivismus parallel.

Der Kern des Humanismus ist nicht seine jeweilig wechselnde historische Anknüpfung, sondern ein Kulturwille, der auf Freiheit der Wertsetzung und auf Bildung der *inneren* Menschenkräfte zu Totalität, Fülle und Idealität gerichtet ist. Die Rücksicht auf Nützlichkeit, Brauchbarkeit und Praxis überhaupt scheidet zunächst aus. Diese Humanitätsidee: der reine, hoch und frei entfaltete Mensch, kann inhaltlich sehr verschieden aussehen. Der Wandel des Inhaltes aber spiegelt sich besonders in den verschiedenen Deutungen und Bewertungen der klassischen Höhepunkte des Altertums. Man bestätigt sich die eigene Idealität durch Anknüpfung an Personen und Werke, die gleichsam von Humanität gesättigt sind. Daher eine Fülle von Renaissancen und Humanismen, die aber alle mindestens ebenso stark aus dem Suchen der Gegenwart und aus der Zukunftssehnsucht geboren sind wie aus dem Anschauen der Vergangenheit. Zwei Nuancen, in denen der Humanismus des 19. Jahrhunderts bis heute fortwirkt, seien nur kurz erwähnt: Er erscheint in der liberal-individualistischen Ausprägung des jungen Humboldt: als Ideal der schönen und reichen Individualität; aber auch als Ideal eines Menschentums, das sich mit überindividuellem Geist, vor allem mit dem sittlichen Gehalt des Staates erfüllt hat; so vor allem bei Hegel, aber auch bei Hugo Gaudig. Hier ist die Persönlichkeit durch Aufnahme eines überpersönlichen Gehaltes über die bloße Entfaltung des subjektiven Formprinzips hinaus erhöht. Gemeinsam ist beiden Formen der Gedanke, daß Bildung immer einen Überschuß über die unmittelbare Situation der Anwendung enthalten muß. Daher die Orientierung an dem Klassischen, das über die Notdurft des Lebens hinausweist, und der Glaube an Bildungsgüter, die einen an sich würdigen, in freier Wertsetzung bejahten Gehalt bergen.

Es ist selten beachtet worden, daß auch der sogenannte pädagogische Realismus eine Geschichtsphilosophie hinter sich hat, und zwar eine solche vom Stil des Positivismus: Fortschritt der Intelligenz, Fortschritt im Wissen und in der nützlichen Anwendung des Wissens machen hier den Sinn der Geschichte aus. Also nicht Bildung zur Wertsetzung, sondern zur technischen Mittelbeherrschung; und nicht Bildung der inneren Menschenkräfte, sondern der Fertigkeiten zur *Anpassung* an konkrete Aufgaben der Praxis. Wir finden daher mit dem Realismus verbunden die Wendung zum technisch verwertbaren Wissen, nicht nur dem naturwissenschaftlichen, sondern auch dem soziologischen; ferner die Wendung zur unmittelbaren Gegenwartskenntnis; kurz: eine starke Wendung nach außen und die Verlegung des Schwerpunktes der Bildung vom Sein auf das Können (savoir pour prévoir, prévoir pour régler).

Natürlich treten die Richtungen in der Geschichte nicht so isoliert auf, wie sie hier gekennzeichnet worden sind. Sie können sich zu immer neuen eigenartigen Synthesen verbinden. Wir haben wiederholt einen christlichen Humanismus gehabt (Joh. Sturm, Jesuiten, Ludwig Wiese); aber auch einen christlichen Realismus (A. H. Francke) und eine Verschmelzung aller drei Momente bei Comenius. Für die Bildungslage *aller* modernen Länder ist charakteristisch die Synthese von Humanismus und Realismus. In der Tat sind ja seit dem 17. Jahrhundert alle wichtigen pädagogischen Kämpfe unter diesem Stichwort geführt worden. Und noch heute ist dies die – freilich viel zu grobe – Fragestellung, die wir vorfinden.

Überall und immer aber spielt auch noch das spezifisch religiöse Moment hinein. Dies also sind die drei Geschichtsauffassungen, die das Bildungsproblem unserer Zeit bisher bestimmt haben. Sie unterscheiden sich dadurch, ob man den Sinn der Geschichte und demnach die Bestimmung des Menschen findet im Fortschritt des religiösen Bewußtseins oder im Fortschritt der freien Wertsetzung der Persönlichkeit oder im Fortschritt des zur Anpassung an die äußeren Forderungen des Lebens nützlichen Könnens. Alle drei sind Fortschrittstheorien: es liegt also in ihnen der Akzent mehr auf dem Willen zur Zukunftsgestaltung als auf der objektiven Hingabe an das Verstehen der Vergangenheit.

Nun aber hat sich unser Verhältnis zur Geschichte in den letzten fünf Jahrzehnten ganz wesentlich umgebildet. Wir nehmen diese neue Geschichtsauffassung zunächst nur als ein *Symptom* für Veränderungen in der geistigen Gesamtstruktur der Zeit, keineswegs als ein definitiv Bewiesenes. Es läßt sich erwarten, daß sich aus dieser veränderten Gesamthaltung des Geistes auch ganz andere Perspektiven für die Bildungsidee ergeben. Diese Konsequenzen sind bewußtermaßen bisher noch kaum gezogen worden. Sie müssen aber gezogen werden, wenn wir die eigentümliche Problematik unseres Bildungslebens verstehen wollen.

IV.

Die neue Geschichtsauffassung ist auf keinen einzelnen Namen zurückzuführen. Immerhin ist sie früher aus der Forschung hervorgegangen, als ihre Koinzidenz mit der kritischen Kulturlage und dem eigentümlichen Kulturgefühl der Gegenwart zum Bewußtsein kam. Es gibt selbst Historiker, die sie haben, ohne um ihre volle Tragweite zu wissen. Wir wollen ihr den Namen Kulturbiologie geben, weil ihr die Annahme eines Lebens- und Entwicklungsgesetzes jeder Kultur mehr oder weniger deutlich zugrunde liegt. Sie hängt auch ohne Zweifel latent mit dem biologischen

Denken der Jahrhundertwende zusammen. Jedoch findet sich die ausdrückliche Anwendung biologischer Begriffe und Methoden nur bei einigen ihrer Vertreter.

Drei Hauptgedanken machen ihr Wesen aus, die alle in dem einen, plötzlich zur Herrschaft gelangten Stichwort »Abendland« zusammenlaufen.

1. Es gibt nicht *eine* Kultur, sondern Kulturen. Dieser Gedanke liegt den großen historischen Köpfen unserer klassischen Zeit noch völlig fern: Für Herder, Hegel und Ranke ist die Kultur – ganz im Sinne des Christentums – *eine* große Linie, mag sie auch über noch so viele relativ selbständige Völker und Volksgeister führen. Diese einheitliche Linie ist jetzt in viele, weit voneinander unabhängige Linien aufgelöst. Spengler kennt nicht weniger als acht in sich geschlossene große Kulturen.

2. Jede Kultur folgt in ihrem Verlauf dem gleichen Grundgesetz der Kulturentwicklung. Daraus ergibt sich innerhalb jeder eine typische Abfolge von Kulturstufen, die mit den entsprechenden anderer Kulturen verglichen werden können. Sie werden entweder ganz allgemein charakterisiert als Urzeit, Altertum, Mittelalter, Neuzeit (Kindheit, Jugend, Reife, Verfall), oder sie werden nach der vorherrschenden Bestimmtheit je eines einzelnen Kulturgebietes abgegrenzt: Das Wissen durchläuft die typischen Stadien der mythisch-religiösen, metaphysischen und politischen Denkweise. Die Wirtschaft bewegt sich von der Einzelwirtschaft über die Stadtwirtschaft, Territorialwirtschaft, Volkswirtschaft zur Weltwirtschaft. Entsprechend kann die Periodisierung an Verfassungsformen oder an Kunststile angeknüpft werden. – Die beiden angeführten Gedanken mögen leise schon bei Giambattista Vico vorgebildet gewesen sein; auch der Positivismus enthält Ansätze zu ihnen, obwohl das Dreistadiengesetz ursprünglich auf die eine Gesamtlinie der Geschichte bezogen wurde. Unter den modernen Historikern vertreten jene Theorie so verschiedene Geister wie Ed. Meyer, Dilthey, Wilamowitz, Lamprecht, Breysig, Spengler, Max Weber u. a. Man kann sie als eine Zyklentheorie der Kultur bezeichnen. Einzelne, wie Lamprecht und besonders Spengler, bedienen sich geradezu biologischer Ausdrücke, um diese Rhythmik von Wachstum und Verfall jeder Kultur zu charakterisieren.

3. Die abendländische Kultur nimmt eine Sonderstellung ein, insofern sie eine besonders enge Verflechtung von zwei eigentlich selbständigen Kulturverläufen enthält: die griechisch-römische und die der romanisch-germanischen Völker. Die Erbschaft der früheren Stufe ist hier von der späteren in immer neuen Durchdringungen gemäß der jeweils erreichten Stufe assimiliert worden. Auch das moderne Amerika gehört in diesen

Zusammenhang. Daher haben die Inder zu dem bloß geographisch begründeten Begriff Eurasien die kulturell bedeutsamere Analogiebildung Euramerika geschaffen. Neben dieser großen zweitaktigen Kultureinheit aber stehen andere durchaus eigenwüchsige Kulturen, von denen zu schweigen, die geblüht haben und abgeblüht sind, ohne jemals in die abendländische Hauptlinie (wie *wir* sie nennen) hineinzuwirken.

Zu dieser Charakteristik der neuen Geschichtsauffassung aber muß sogleich hinzugefügt werden, daß ihr Emporkommen mit einer gewaltigen historischen Gegenwartserscheinung zusammenfällt: *die Auseinandersetzung aller großen, noch lebenden Kulturen auf dem Erdball hat begonnen.*

Keineswegs handelt es sich bei dieser Entdeckung und Vergleichung der »Kulturen« um eine bereits in allen Einzelheiten durchgedachte und durchgeführte Theorie. Wir betrachten sie auch keineswegs als eine unentrinnbare Wahrheit, sondern als Ausdruck einer geistigen Blickrichtung, die sich von den verschiedensten Seiten her spontan herausgebildet hat. Man wird vor allem nach den einheitlichen Trägern fragen müssen, an denen diese Entwicklung oder dieses Schicksal: »Kultur« verläuft. Die Antworten darauf sind sehr verschieden. Die einen legen das Volk als ethnische Einheit zugrunde; so Lamprecht in seiner Nationalbiologie; andere, und zwar die meisten, eine Völkergruppe; Spengler endlich das mystische Prinzip einer Kulturseele, die er wie eine Pflanze auf die Eigentümlichkeit der geographischen Wurzelung zurückführt und als Landschaftsseele bezeichnet. (Wie aber hätte sich die nach Amerika verpflanzen lassen?)

Stellen wir alle wissenschaftlichen Bedenken zurück und fragen wir nur nach dem Kulturgefühl, das dieser Theorie zugrunde liegt, wie es andererseits von ihr bestätigt und genährt wird, so bleibt die eine entscheidende Tatsache: Wir fühlen uns als eine späte Stufe. Es geht nicht lange in derselben Linie mehr weiter. Wir stehen typisch gesprochen in der neuesten Neuzeit, am Ende einer Kultur. Alles ist zu kompliziert und unübersehbar geworden. Nur durch die äußerste entseelte Rationalisierung ist dieses große Ganze noch zu lenken. Aber schon entgleitet es, wie die letzten Schicksale beweisen, auch dieser rationalen technischen Bewältigung. So scheint der ›Untergang des Abendlandes‹ unvermeidlich. Das geistvolle Buch, das diesen Titel führt, ist in der historischen Grundauffassung nicht so neu, wie manche glauben. Der allgemeine Gesichtspunkt war in der historischen Arbeit schon vor mindestens 40 Jahren da. Aber es bringt die instinktive Stellung, die wir der Geschichte gegenüber haben, zu ihrem schärfsten, wirksamsten Ausdruck. Und vor allem: es ist ein gewaltiges

Krisensymptom; der deutliche Ausdruck, daß in unserer Welt eine Fülle ungelöster Kulturprobleme liegt, vor denen wir zunächst verzagen und versagen.

Hierauf kommt es zunächst an, nicht auf die mancherlei Fragen und Zweifel, die man der neuen Theorie entgegenhalten kann. Schon die sachliche Durchführung findet eine große Schwierigkeit in der welthistorischen Tatsache des Christentums, die ebenso am Ende der Antike wie am Anfang der Entwicklung der neueren Völker steht, natürlich in beiden Bedeutungen verschieden, aber doch als ein gemeinsames objektives Medium, das über die Unterschiede einer bloß subjektiven Struktur der Kulturseele hinausweist. Spengler hat sich hier geholfen, indem er eine dritte, ganz selbständige Kultur, die magische, dazwischenschob, zu der nun Christus, Plotin, Augustin und Mohammed gehören sollen![5] Die Methode Lamprechts hat der Singularität des welthistorischen Ganges insofern besser Rechnung getragen, als er Renaissancen, Rezeptionen und gegenseitige Durchdringungen in Fülle annahm.

Prinzipieller ist der Einwand, der gegen die Behandlung geistiggeschichtlicher Erscheinungen auf Grund biologischer Analogien erhoben werden muß. Das »Lebensgesetz der Kultur« kann durch bloße Induktion nicht gerechtfertigt werden. Denn die fünf oder sechs in sich nicht ganz einwandfreien Fälle, die bisher der historischen Beobachtung vorliegen, gestatten so weitgehende Schlüsse noch nicht. Also beruht der Ansatz auf der Antizipation einer allgemeinen Regel, die für das sonst bekannte Organische gilt. Es ist aber sehr fraglich, ob Kulturen Organismen in gleichem Sinne sind wie Pflanzen, Tiere und Menschen. Gewiß, Einzelmenschen sterben; vielleicht muß man zugeben, daß ebenso auch ganze Völker »aussterben«. Aber stirbt deshalb notwendig die von ihnen geschaffene Kultur? Kann sie nicht, natürlich modifiziert, an ein zugewandertes oder eroberndes Volk als überindividuelle Geistesmacht übergehen?

Die Frage verdient eine viel genauere Untersuchung, als hier geleistet werden kann. Daran ist kein Zweifel, daß Kulturschöpfungen und Kulturgehalte – man denke an Kunstwerke, Forschungsergebnisse, selbst Staats- und Gesellschaftsformen – von den biologischen Lebenseinheiten, d. h. den Einzelmenschen, in deren Zusammenwirken sie erwachsen, in weitgehendem Maße unabhängig sind. Die Pyramiden stehen noch heute. Der römische Universalgedanke lebt noch immer fort. Kulturgebilde also lösen sich von den biologischen Trägern ab; sie können von anderen Lebenden

---

[5] Vgl. hiergegen Eduard Meyer, Spenglers Untergang des Abendlandes. Berlin 1925. S. 71 ff.

neu ergriffen werden; dabei erfahren sie in der Regel einen Bedeutungswandel, der aber nie so weit geht, daß man sagen könnte, der objektive Gehalt sei völlig untergegangen. Aus alledem folgt der Satz: Eine Kultur braucht nicht zu sterben, wenn die Völkergruppe, die sie erzeugt und lange Zeit getragen hat, im biologischen Sinne untergeht.

Gemeint ist mit der Behauptung des Unterganges der Kulturen offenbar ein anderes: Keine Kultur kann ganz ohne *lebendige* Träger fortdauern. Sie bedarf immer wieder der »Aktualisierung« in Erlebnis und Tat. Nun gehört zum Aktualisieren und Weiterbilden großer, starker Kulturen nicht bloß die verstehende Seele, sondern auch eine im Vitalen wurzelnde Energie. Die Grundlage jedes echten Kulturprozesses ist eine gesunde Vitalität der Menschen, die ihn als biologische Einheiten tragen. Es besteht hier die Abhängigkeit, daß ein schwach und krank gewordenes organisches Leben auch zu großen energischen Geistesleistungen nicht mehr die Bedingungen in sich enthält. So mag es sein, daß eine hohe, starke objektive Kultur zuletzt versiegt, weil sie keine Menschen mehr findet, die sie »aushalten«. Und dieses »Aushalten« bedeutet doch noch mehr als bloße organische Gesundheit. Es bedeutet, daß auf der vitalen Basis die Kraft erhalten bleibe, Ideale zu setzen, Pflichten zu erfüllen, kurz die *ethische Kulturenergie* zu bewahren. Am Mangel dieser weiterbauenden sittlichen Kräfte mag eine Kultur erlahmen; nicht aber gilt für sie erwiesenermaßen das biologische Gesetz, daß sie nach einer bestimmten Zahl von Jahrhunderten notwendig welk werden muß wie die Blätter im Herbst.

Hieraus ergibt sich nun schon eine erste wesentliche Forderung im Hinblick auf das Bildungsziel der Gegenwart: Es soll so erzogen werden, daß die vitale Gesundheit der heranwachsenden Generation erhalten bleibt und gestärkt wird. Redet man von Alterssymptomen einer Kultur, so denkt man oft mehr an das Alt- und Schwachwerden der Menschen, die schon krank in sie hineingeboren werden: Das biologische Fundament wird früher schwach als die Kultur, die auf ihm ruht. Daß unsere Zeit sich in diesem Sinne alternd fühlt, beweist die auffällige Betonung der Vitalitätswerte in der gegenwärtigen abendländischen Philosophie: bei Nietzsche, Bergson, Simmel, Scheler. Eine biologisch vollkräftige Menschheit bedarf umgekehrt der Askese, der Meisterung und Zügelung an sich noch starker und gesunder Triebe. Eine biologisch ermattete Menschheit muß darauf bedacht sein, Stärke und vor allem Gesundheit ihrer Instinkte zu retten, ja sie wiederzugewinnen. Auf diesem Gefühl beruht die entschiedene Forderung der Gegenwartspädagogik nach Pflege der Leibesübungen: Man ahnt, daß ohne leibliche Gesundheit auch eine Regeneration der Kultur im Sinne der ethischen Wertsetzung und Normierung nicht möglich ist.

Aber man sollte nicht nur an Gymnastik denken: noch wichtiger ist die sittliche Kultur der Triebe, vor allem jener Instinkte und Triebe, auf denen die Gesundheit der sexuellen Moral beruht. Denn an dieser Stelle und nirgend anders sitzt das Problem des Lebens oder Untergangs der Völker. Eine noch so komplizierte objektiv-geistige Kultur kann immer noch sittlich ausgebaut werden; sie kann es aber nicht von Menschen, deren sexuelles Leben morsch und deren Zeugungskraft krank geworden ist. Vielleicht entgegnet man, daß eben die Last der objektiven Kultur den Menschen in seiner biologischen Kraft erdrücke. Nun wohl: hat man diese Wechselwirkung erkannt, so ist damit auch der Punkt entdeckt, an dem der Hebel ethischer Arbeit angesetzt werden muß. Glaubt man aber hier an eine unentrinnbare Notwendigkeit, so darf man sich nicht wundern, daß ein verzagender Wille von den Verhältnissen erdrückt wird: es vollendet sich dann das Schicksal der *Natur*.

Nun ist aber jener Zyklen- und Untergangstheorie noch ein dritter Gesichtspunkt entgegenzuhalten, der auf der Berücksichtigung des philosophischen Verhältnisses von Theorien und totalem Kulturgefühl beruht. Wissenschaftliche Anschauungen mögen noch so sehr an der treuen Beobachtung der reinen Objekte gebildet sein: sie haben irgendwo doch eine geheime Wurzel in der Weltanschauungslage und wirken mit dieser ihrer Seite auch offenkundig auf die Weltanschauung zurück. Schon daß man historische Dinge heute so positivistisch als etwas bloß Ablaufendes, sich Entwickelndes und zuletzt Verfallendes ansieht, widerspricht dem ethischen Idealismus, mit dem man etwa im Gefolge Fichtes und Hegels Historie trieb: Ranke, Droysen, vor allem Treitschke *waren* anders und sahen deshalb anders. Dieser ganze kühle Positivismus der Geisteswissenschaften unserer Tage ist schon ein Müdigkeitssymptom: Die Dinge gehen, und man läßt sie gehen. Vielleicht auch handelt es sich nicht so sehr um Müdigkeit als um – zeitweise anschwellende – Ratlosigkeit, wie man die nächste Stufe gewinnen solle. Geht es noch weiter? Und *wie* geht es weiter? Daß aber daraus eine Untergangsprophezeiung erwuchs, ist nach allen historischen und psychologischen Erfahrungen *kein* schlechtes Symptom. Denn gerade solche Eschatologien und Weltuntergangsstimmungen haben die Menschheit immer mächtig aufgerüttelt, die letzte Minute der Weltgeschichte noch energisch auszunutzen. Das ganze Werk des Comenius, um ein uns nah interessierendes Beispiel zu nennen, zieht hieraus seine Kraft. Je mehr man überzeugt ist, daß alles niedergehe, um so mehr entfaltet sich Wiedergeburtssehnsucht, und aus ihr als historische Frucht: Renaissance. Umgekehrt pflegt gerade objektiver Verfall sich in subjektive Fortschrittsgefühle der beteiligten Generation zu kleiden. Eine wirklich dekadente Zeit rühmt sich gern, wie herrlich weit sie es gebracht habe, und der wirklich niedergehende Mensch der fin du siècle war auf seine Art im Grunde stolz. Ertönt aber der Alarmruf vom nahen Untergang, so ist dies oft nur ein Ritardando der Weltgeschichte – ein Kräftesammeln für ganz neue Schöpfungen und Lösungen. Der Wortführer vom Untergang des Abendlandes hat ähnlich wie einst Rousseau der negativen Wendung sofort sehr positive Perspektiven folgen lassen. Mag dahintenbleiben, wer zu müde ist: *es ist kein Zweifel, daß wir vor ganz entscheidenden Neubildungen der Kultur stehen.* In welcher Richtung sie zu suchen sind, wird uns nur dann annähernd zu erfassen möglich sein, wenn wir erörtern, welche großen Probleme denn sichtlich ungelöst in der Kulturkrisis unserer Tage enthalten sind. Nur auf diesem Wege werden wir auch die großen neuen Bildungsforderungen, die uns gestellt sind, verstehen lernen.

V.

Jede historische Epoche enthält in sich Kräfte und Spannungen, die, in der Vergangenheit wurzelnd, der Gegenwart gleichsam eine bestimmte Gravitation verleihen. Man kann diese Konstellation der Kräfte nicht ignorieren, wenn man bewußter Bürger seiner Zeit sein will. Man wird ihrer aber auch nicht Herr in bloßer philosophischer Betrachtung, sondern nur dadurch, daß man das Erkannte in das Ethos und in den Gestaltungswillen hineinarbeitet.

Mit den Augen des Historikers gesehen ist alles, was in unserer Zeit drinliegt, verständlich als Resultat früherer Werdegänge. Vor dem Blick des Lebenden und Wollenden aber ist dieselbe Gegenwart schwanger von Kräften, die unheimlich in die Zukunft drängen: auf ihm, dem Lebenden, liegt die Verantwortung, für welche Mächte er Partei ergreift, und indem er die eine bejaht, die andere verneint, wirft er selbst neue Gewichte in das vorgefundene Gravitationssystem. In *diesem* Sinne der Pflicht zur Entscheidung, zur Stellungnahme ist das Goethesche Wort gemeint:

Des tät'gen Manns Behagen sei Parteilichkeit.

Ein jeder fühlt, welche Explosionsstoffe in unserer Epoche enthalten sind. Der Weltkrieg war hiervon Symptom, zugleich aber Anfang neuer Kraftverteilungen und Spannungen. Man hat mit Recht gesagt, dieser Krieg sei das erste Schicksal gewesen, das die *ganze* Menschheit gemeinsam erlebt habe. Der »planetarische Gesichtspunkt«, wie Kjellén es ausdrückt, ist in der Politik der großen Mächte erreicht.

Aber auch auf rein geistigem Gebiet ist der Horizont so erweitert, daß die Auseinandersetzung nicht auf die Inhalte der »euramerikanischen« Welt beschränkt bleiben kann. Mit der lapidaren Vereinfachung ungeheuer komplizierter Geistesformen, die die verkürzende und zusammenziehende geschichtsphilosophische Betrachtung zu erzeugen liebt, bezeichnen wir die Gegensätze, um die es sich hier handelt, vielfach als Orient und Okzident. Der Orient erscheint dabei entweder als der Inbegriff erstarrter Kulturen oder als der Träger einer Geistesform von kontemplativer Ruhe, die dem Menschen erlaubt, seinem Inneren zu leben, ohne in den Strudel der Fortschrittsbewegung oder in den Bann des äußeren Leistungsideals hineingezogen zu werden.

Daß die Sache so einfach nicht liegt, bedarf keiner Beweisführung. Die Anschauung beruht nur auf jener Fernsicht, die noch nicht gestattet, Einzelheiten zu unterscheiden. So schwimmen Indien, China und andere Millionenreiche in die unterschiedslose Masse zusammen, die der Name »Orient« mit ganz rohen Konturen umgrenzt. So falsch diese Auffassung ist, lehrt sie doch das eine: nämlich das Zentralproblem, das von dieser Seite her *vorläufig* in unseren Gesichtskreis gerückt ist. Die Komplexidee »Orient« dient uns dazu, um uns der Zweideutigkeit *unsrer* Kultursituation bewußt zu werden. Wir bemerken im gegenwärtigen Europa weithin eine westöstliche Stimmung, deren Bedeutung über ein bloß literarisches Interesse oder die Reiseeindrücke einzelner hinausgreift. Dieser scheinbar noch ruhende Orient wird für uns – je nachdem – eine Verführung zum Kulturpessimismus oder eine Vertiefung in den echten Sinn, den Kultur haben sollte. Das Ganze ist eine »Perspektive«, eine Art zu sehen, noch lange kein Unterscheiden der wahren Umrisse östlicher Gestalten. Und der eigentümliche Reiz, der für die junge Generation von Rußland ausgeht, beruht darauf, daß es in der Mitte zwischen beiden Kulturauffassungen zu stehen scheint. So liest man seine Literatur, vor allem Dostojewski, Tolstoi, neuerdings Berdjajew – so aber sieht man auch seine neueste politische Gestaltung: in einem westöstlichen Dämmerlicht. Und daß die Russen selbst sich teilweise in diese Deutungen mit hineinstellen, lehrt eine so eigenartige Kritik der Kulturstufen- und Fortschrittstheorie wie die Schrift des Fürsten Trubetzkoy: ›Europa und die Menschheit‹.[6] Ja sogar die geistigen Führer Indiens nehmen an dieser Stellung teil. Die beiden möglichen Grundstandpunkte der cooperation und der non-cooperation mit der abendländischen Zivilisation sind dort auf Tagore und Gandhi verteilt.[7] Japan aber, so scheint es, hat sich mit vollem Bewußtsein in die

[6] Nikolaj Sergeevič Trubetzkoy, Europa und die Menschheit. München 1922 (deutsch).
[7] Zakir Husain und Alfred Ehrentreich. Hg. Die Botschaft des Mahatma Gandhi. Berlin 1924 (deutsch).

westliche Bewegung hineinreißen lassen; es assimiliert mit unheimlicher Geschwindigkeit abendländische Kulturformen und Bildungsgüter, um auf diesem Wege seine politische, militärische und wirtschaftliche Mitwirkungsfähigkeit zu sichern.

Ich glaube nicht, daß die geistige Auseinandersetzung mit den großen, in sich höchst verschiedenen Kulturen des Ostens bei einer so einfachen Antithese stehenbleiben wird. Nur so viel ist klar: das alles wird einmal kommen. Im ganzen Abendlande bis nach Amerika hin zittert eine stille Furcht vor dem Gedanken: Was wird geschehen, wenn jene gewaltigen Massen sich in Bewegung setzen? Werden die Ereignisse der Völkerwanderung, an denen die römisch-griechische Welt zerbrach, sich in vergrößerten Dimensionen wiederholen? Sind die Mischungen orientalischer und abendländischer Religionen nicht mahnende Anzeichen, die an den geistigen Synkretismus im späten kaiserlichen Rom erinnern? Bedarf es nicht rechtzeitig bewußter Arbeit, um die bei uns erzeugten Bildungsformen entweder vor diesem Ansturm zu retten oder sie sinngemäß mit neuen Motiven zu bereichern?

Vorläufig scheint sich die geistige Auseinandersetzung mit dem Orient auf eine Problemstellung zu beschränken, mit der wir auch von unserem Boden aus allein fertig werden könnten. Der Stachel von Osten her läßt uns nur die innere Beunruhigung deutlicher empfinden, die uns über den Sinn unserer Kultur, der bisher allein so genannten Kultur, erfüllt. In den religiösen Tiefen beginnt etwas zu erwachen. Selbstverständlichkeiten hören auf, selbstverständlich zu bleiben. Im Grunde geht es nicht um dies oder jenes, sondern um den Wert einer Kultur überhaupt, die den Menschen verschlungen hat, statt ihn zu veredeln. Was aber ist »der Mensch« anderes als ein Symbol für das Suchen in uns nach dem echten Sinn und Wert? Immer, wenn das Gebiet des Arbeitens und der Leistungen problematisch wird, bricht, mit seltsamer Betonung genannt, die »Seele« auf, die ihr Verhältnis zu Gott, und das heißt konkret gesprochen: zum Sinn und Wert der Welt, von Grund aus zu regulieren sucht. Ja es kommen jene Anwandlungen, die die Hingabe an die irdische Kulturarbeit überhaupt ihres Wertes zu entkleiden geneigt sind, damit die Seele bei sich selbst und also bei Gott bleibe. Wieder einmal stehen wir vor dieser Generalrevision, und es scheint, als ob sie nicht so harmlos ausfallen sollte wie in Rousseaus Tagen. Es geht einmal wieder um das Radikale; radikal bedeutet: das Wurzelhafte. In dieser Situation dient uns der Orient, so wie wir ihn sehen, als Folie. Der Buddhismus spielt dabei eine Hauptrolle. Und wenn der

---

Berlin 1924. S. 80 ff. – Romain Rolland, Mahatma Gandhi. München, Leipzig 1924[3]. S. 86 ff.

Orient uns nichts weiter zu sagen hätte, als daß es andere Kulturmöglichkeiten gibt neben jener angeblich »besten«, die wir gewählt haben, – er würde uns schon damit sagen, was wir zu hören wünschen.

So ist also kein Zweifel darüber möglich, daß die eigentliche Beunruhigung unsrer aufgeklärten, kulturstolzen und wissensstolzen Zeit aus der religiösen Grundfrage herstammt, wie sie einst schon der Russe Tolstoi aufwarf. Ehe wir aber diesen Kardinalpunkt berühren, wenden wir unseren Blick auf die ganz konkreten Probleme, die ungelöst in der Bewegung der abendländischen Kultur liegen. Es sind anscheinend sehr reale Fragen, die sich auf die künftige Struktur der Gesellschaft, auf die innere Gestalt des Staates und auf das Verhältnis der großen Machtkörper zueinander beziehen – allerdings Fragen, die in ungleicher Stärke durch alle abendländischen Kulturvölker hindurchgehen und insofern nicht nur eine nationale Lösung, sondern eine Weltentscheidung fordern. Daß sie alle aber irgendwie mit jener letzten Tiefe zusammenhängen, geht schon aus einem auffallenden Symptom hervor. Jede von ihnen erzeugt nämlich eine in ihren Einzelheiten noch völlig undurchdachte Zukunftsidee, die mit ihrem starken Wertakzent, mit der geradezu messianischen Hoffnung, die sie trägt, an die Eschatologien erinnert, in denen sich für frühere Zeiten die Vorstellung von einem vollkommenen, erlösenden Endzustand zusammendrängte.

Die drei politisch-sozialen Probleme, um die es sich hier handelt, sind: 1. die Weltkrisis der industriellen Masse; 2. die Krisis der politischen Weltordnung oder des Imperialismus; 3. die Weltkrisis der parlamentarischen Demokratie. Dem ersten entspricht als eschatologische Idee die der *Weltrevolution*, dem zweiten die Idee des *Völkerfriedens*, dem dritten die Idee der *Diktatur*. Sie treten, natürlich in individualisierter Gestalt, bei allen modernen Kulturvölkern des Abendlandes auf. Man wird nicht erwarten, daß sie hier in ihrer ganzen Tragweite und ihrem ganzen Schwergewicht entwickelt werden. Ein paar andeutende Striche müssen genügen. Sie sollen den Hintergrund für die daraus erwachsenden neuen Bildungsprobleme abgeben.

VI.

1. *Die proletarische Bewegung* hat ihre eigenen Entstehungsbedingungen in der Form der ökonomischen Geschichtsauffassung auf eine Theorie gebracht und sich damit eine Selbstdeutung gegeben, die eine ungeheure politische Stoßkraft entfaltet hat. Das Entscheidende aber liegt doch nicht allein in der kapitalistischen Wirtschaftsform, in der Industrialisierung, in

der maschinellen Massenproduktion für den Markt und in der wirtschaftlich-politischen Abhängigkeit des so erzeugten Lohnarbeiterstandes vom Unternehmer, sondern darin, daß all dies Äußere auf *Menschen* traf, auf Menschen, in denen ein höherer Kulturwille und ein ethischer Freiheitswille nicht mehr erstickt werden konnte. Man male sich per impossibile aus, daß durch irgendwelche Umstände die antike Sklaverei bei den modernen Völkern fortbestanden hätte, daß das Christentum den Wert der Einzelseele nicht betont hätte, – alles wäre anders gekommen. Um mit Hegel zu reden: ohne die These: »Menschenrechte der Bourgeoisie« wäre die Antithese »Entrechtung des Proletariats« nicht möglich gewesen, und die Synthese mußte notwendig das Moment der Freiheitsforderung aufgehoben in sich enthalten.

Tatsächlich fehlt es schon in der ursprünglichen Theorie von Marx nicht an diesem mitschwingenden ethischen Moment: In leicht hingeworfener Ideologie spricht sie von der klassenlosen Gesellschaft. Ihre Gestalt ist dunkel. Eine freiere Terminologie hat daraus den Zukunftsstaat gemacht, in dem niemand mehr ausgebeutet wird, alle somit nicht nur rechtlich, sondern auch faktisch-wirtschaftlich frei sein werden. Allmählich lüftet man den Schleier ein wenig mehr: Dieses Ziel wird nur erreichbar sein durch eine im Sinne der Aufklärungsbewegung fortschreitende Rationalisierung und Uniformierung der Kultur: Jeder Kopfarbeiter ein Handarbeiter und vielleicht auch umgekehrt – und das ist die unentrinnbare Konsequenz. Kurz: man erwartet neue Gemeinschaftsformen, die wohl einer religiös-ethischen Vertiefung fähig wären, aber man erwartet sie zunächst auf Grund einer Heiligsprechung der ökonomischen Produktionsverhältnisse. Alle diese undurchgearbeiteten Doktrinen drängt man in die Eschatologie von der nahe bevorstehenden *Weltrevolution* zusammen. Sie erscheint wie die Erlösung der Menschheit aus unerträglich gewordenen Fesseln. Man beruft sich auf Rußland als das Land ihrer frühesten Verwirklichung, freilich ohne sich zu gestehen, daß das Problem, das den weit industrialisierten Westen bedrängt, dort entweder gar nicht oder doch in ganz anderen kulturellen Totalzusammenhängen auftritt. –

Niemand, der einen Blick für unsere Zeitlage hat, kann die Not übersehen, die der proletarischen Bewegung zugrunde liegt. Niemand kann sich der Pflicht entziehen, hier mitzuarbeiten. Es ist eine hoffnungslose Selbsttäuschung, wenn man glaubt, daß durch einen politischen Stimmungswechsel eine Problematik verschwinden könnte, die so tief in den Spannungen der heutigen Gesellschaftsstruktur begründet ist. Diese aufwärtsringenden Kräfte sind einmal da, und irgendwie werden sie an der Gestaltung der Zukunft entscheidenden Anteil haben.

Aber der Weg, auf dem sie zu Einfluß gelangen werden, wird ein ganz anderer sein, als ihn die strenge marxistische Lehre vorgezeichnet hat. Über dieser Lehre liegt noch ein Zug von Fatalismus. Bekanntlich entfesselt gerade der Glaube an ein unentrinnbares Fatum ungeahnte Aktionskräfte. Es entspricht außerdem der Situation einer dumpf ringenden Masse, die – mag sie sonst nichts sein und haben – sich als gewaltige Naturkraft fühlt. Vermöge dieser Theorie, die in der Tat *eine Zeitlang* die getreue Spiegelung des »gesellschaftlichen Seins« einer Klasse war, hat die sozialistische Partei überall den Willen zum Klassenkampf beflügelt und große politische Erfolge erzielt. Eigentlich kulturelle Erfolge hat sie nicht erzielt, weil diese nur von einem bewußten Ethos und einem produktiven Bildungsgedanken errungen werden können. Die proletarische Klasse setzte sich selbst absolut. Sie versäumte – wenigstens in Deutschland –, sich mit der *ganzen* Kultur, die niemals nur die Kultur von heute ist, auseinanderzusetzen. Die Folge war, wie sie selbst geklagt hat: einmal, daß sie sich die eigentliche Bildungsschicht nicht zu gewinnen und verbinden wußte; sodann, daß sie selbst weder ein plastisches Lebensideal noch ein voll durchformtes Ethos noch spezifische Bildungsgedanken von einiger Höhe zu erzeugen vermochte.

Vergleicht man das Kapital von Bildung, mit dem sich erst der Klerus, dann der Adel, schließlich die Bourgeoisie ihren gesellschaftlichen und politischen Einfluß eroberten, so stehen die Proletarier auch in dieser Hinsicht als Kapitalfeinde da. Die doktrinäre Enge ihrer Parteischulen verhinderte jeden umspannenden Ausblick. Sie sahen nicht ein, daß auch das Proletariat sich erst eine Bildungsaristokratie schaffen muß, wenn es seine Kulturbedeutung wirklich in der Gestalt einer voll durchdachten Kulturidee zur Geltung bringen will. Heute sind die literarischen Schöpfungen, in denen sich das proletarische Wollen darstellt, noch überwiegend negativ, polemisch, und bloße Polemik bleibt immer so unfruchtbar wie der bloße Klassenkampf. Aber das wird einmal anders werden, und erst dann werden positive Kulturkräfte aus der proletarischen Bewegung erwachsen.

Ja die Entwicklung wird noch tiefer führen. Es ist historisch verständlich, daß der Sozialismus, der aus der Aufklärungsbewegung in ihrer letzten Verdünnung hervorging, es ablehnte, sich als eine ethisch und religiös fundierte Bewegung zu geben, wie er es tatsächlich von Anfang an war. Schon heute lehren viele Anzeichen, daß die Umformung in einen ausdrücklich religiös-ethischen Sozialismus im Gange ist – religiös hier im freieren Sinne der metaphysischen Verwurzelung genommen. In dieser Gestalt, die nicht mehr an die schmale Wirkungslinie des parlamentarischpolitischen Einflusses gebunden bleibt, wird er kulturaufbauend wirken. Eine Weltrevolution kommt nur, wenn die Geister reif sind. Heute ist davon noch keine Rede, und auch die Weltrevolution selbst wird sich anders darstellen, wenn die Menschen, die sie verkünden, erst einmal von *Weltgefühl* wahrhaft durchglüht sind. Im Augenblick freilich liegt die Verwechslung von Parteimaschinerie mit Kultureinfluß nahe genug. Aber eine *Kultur*bewegung muß eigene Bildungsgüter aufzuweisen haben, ehe sie neue Menschen und durch sie eine neue Zeit zu bilden vermag.

Der proletarische Sozialismus von heute will nicht mehr und nicht weniger, als den Staatsgedanken und das ganze Verhältnis von Staaten zueinander umbilden. Er baut sich aber in seiner gegenwärtigen Gestalt auf zwei sehr ungleichen Faktoren auf, nämlich auf den realen Bedingungen einer mit der *Volks*wirtschaft eng verbundenen Klasse und auf der luftigen Ideologie, die diese Klasse in allen Staaten und staatlichen Wirtschaftskörpern miteinander verbinden soll. So leicht überwindet man den modernen Staat, das Produkt einer Jahrhunderte umfassenden Entwicklung, nicht. Man muß sich mit seinen Lebensgesetzen innerlich erfüllt, seine eigenen Lebensnotwendigkeiten und möglichen Transformationen in der Tiefe durchdacht haben, man muß den Staat verstanden haben, wenn man seine Gestalt beeinflussen will. Auch dies hat der proletarische Sozialismus nur teilweise getan. Die Katastrophe von 1914 fand ihn in dieser Hinsicht absolut unfertig, wie Paul Lensch immer wieder betont hat. Wir kommen damit zu der politischen Problematik, die ungelöst in unserer Epoche enthalten ist.

2. *Die Krisis der politischen Weltordnung* ist bisher auffallend unabhängig von der sozialen Bewegung verlaufen. Man mag auch zugeben, daß der Konflikt von 1914 zur letzten Grundlage kapitalistisch-wirtschaftliche Gegensätze hatte, so haben die Sozialisten der unterlegenen Mächte den Staat nicht deshalb geerbt, weil sie die Lösung hatten, sondern weil niemand da war, auf den sonst die Trümmer fallen konnten: ein verhängnisvolles Schicksal für die junge Bewegung im Auge jedes Menschen, der überzeugt ist, daß die Schwankungen von sieben Jahren für die Weltgeschichte gar nichts bedeuten. Wir müssen uns zunächst mit dieser Einsicht erfüllen, daß wir uns heute noch mitten in der Unfertigkeit aller politischen Verhältnisse befinden. Kein gegebener Zustand enthält auch nur einen Funken von Konsolidation. Wir stehen *mitten* in einer großen Umwälzung, und wir können nur ahnen, gegen welchen Faktor der alten Welt das Gericht der Weltgeschichte entscheiden wird.

Ist es der *National*staat, wie die Ideologie der Sozialisten behauptet? Offenbar so lange noch nicht, wie das politische Selbstbestimmungsrecht der Nationen realpolitisch Gewicht genug hat, um immer wieder zur theoretischen Verbrämung reiner Machtakte zu dienen.

Die Hauptfrage aber liegt in anderer Richtung. Sie lautet: wird der reine Machtgedanke oder der Rechtsstaatsgedanke siegen? Ist das erste der Fall, so bringt die Zukunft – wie es im ausgehenden Altertum der Fall war – die unbedingte Suprematie eines Staates, und die praktischen Politiker mögen sich dann den Kopf darüber zerbrechen, ob die Führung der Welt zunächst an England oder Frankreich oder Amerika übergehen wird. Siegt aber der Rechtsgedanke, d. h. die Überzeugung, daß große Staaten sich ihre Einflußsphäre in gewissen Grenzen gegenseitig garantieren müssen, so folgt nicht etwa der Weltfriede oder der allumfassende Rechtsverein aller Völker der Welt, sondern eine neue Gleichgewichtslage der Großmächte, nun aber nicht mehr Europas, sondern der Welt.

Diese Alternative für die künftige staatliche Entwicklung ist erschöpfend. Und es bedarf nur noch der Begründung, weshalb die gegenwärtig so viel erörterten Ideale des Weltfriedens und des Völkerbundes (als eines *allgemeinen* Rechtsvereins der Völker) in die hier versuchte Zukunftsperspektive nicht aufgenommen sind.

Der allgemeine Weltfriede (Pazifismus) ist der Traum von Menschen, die nicht politisch zu denken vermögen. Er wäre nur möglich, wenn niemand angriffe und niemand sich wehrte. Europa müßte sich von einem Negerstamm auffressen lassen, wenn es jenem Ideal in seiner ganzen Strenge leben wollte. Es versteht sich von selbst, daß damit nichts gegen jenen Pazifismus gesagt ist, zu dem wir alle schwören, nichts gegen die Einstellung, einen Krieg als die ultima ratio im Völkerleben mit allen sittlich berechtigten Mitteln zu vermeiden.

Völkerbundsidee und Pazifismus fallen nicht zusammen.[8] Denn der Gedanke eines rechtlich geregelten Vereins der Völker ruht auf dem Glauben an die wachsende Macht des Völkerrechtes. Nun aber weiß jeder, der das Wesen des Rechtes kennt, daß seine allgemeinen Regeln nur realisiert werden können: 1. durch singuläre Rechtssprüche (Entscheidungen, Dezisionen), 2. im Falle des Widerstandes durch Zwangsvollstreckungen, zu denen Macht gehört. Das erste geschieht durch Repräsentanten von Mächten, von denen wir zu ihrem Ruhm annehmen wollen, daß sie nichts als die Idee der reinen Gerechtigkeit erfülle. (?) Das zweite geschieht durch Großmächte, die ihren Machtcharakter um so mehr wahren müßten, wenn sie über ihre direkte Interessensphäre hinaus sogar noch Vollstrecker eines allgemeinen Rechtswillens sein wollten.

---

[8] Leider herrscht hierüber in weiten Kreisen noch große Begriffsverwirrung.

Alles Recht, also auch das Völkerrecht, setzt seinem Sinne nach voraus, daß die Rechtsgenossen prinzipiell bereit sind, Recht vor Macht gehen zu lassen. Und wenn nicht der Gesinnung nach, so müssen sie mindestens dem äußeren Verhalten nach sich an die Normen binden, die aus dem Geiste des Rechts herfließen. Wir fragen nun erstens, wo diese Rechtsgedanken schon ihre feste Formulierung gefunden haben? Denn Rechtsprechung ohne ein geltendes Recht ist ein Unding. Besteht das geltende Recht etwa in dem unbestimmten Satz vom Selbstbestimmungsrecht der Völker? Dann müßte *jede* strittige Frage durch Plebiszit der Betroffenen entschieden werden. Die Balkanisierung der Welt aus nationaler Unvernunft könnte die Folge sein. Wir fragen aber zweitens, und das ist wichtiger, ob es je gelingen wird, *alle* Völker, auch die minder kultivierten (oder die besser gerüsteten), diesem Rechtsverein anzuschließen. Solange dies nicht gelungen ist, bleibt der Völkerbund eine Vereinigung einzelner *Mächte*, die im günstigsten Falle *untereinander* Verbindungen eingegangen sind, Verbindungen freilich, deren Maßstab deshalb nicht *allgemein* sein kann wie das sonstige Recht, weil es sich ja hier um ganz konkrete Anspruchsobjekte (wie Marokko, Mossul, Schlesien, Elsaß) handelt.

Aus alledem ergibt sich: die Idee des Weltfriedens ist eine Idee wie das Jüngste Gericht: Sie liegt in unabsehbarer Ferne. Ihr eigentliches Motiv ist kein anderes als die Furcht vor den neuen Kriegen, die in der gegenwärtigen unmöglichen Machtverteilung vorgebildet sind: Also ein Symptom für drohende schwere Konflikte, denen man auszuweichen hofft, indem man dem politischen Gedanken überhaupt ausweicht. Ein wahrer Chiliasmus – denn wann wird einmal der Geist der Liebe die *ganze* Menschheit restlos umschlingen, ohne daß die trostloseste Verelendung der Massen, die sich dann auf der Erde drängen würden, die Folge wäre?

Die *Idee* des Völkerbundes macht ebenfalls Voraussetzungen, die noch nicht erfüllt sind. Sie fordert die absolute Rechtstreue aller Völker zu einem Recht, das sich nicht herausbilden und das niemand formulieren kann. Denn es müßte ein Recht sein, das Ansprüche auf ganz individuelle Objekte garantierte. Aber kein echtes Recht betrifft dies und das einzelne; es kann immer nur generelle Formen der Anspruchserwerbung garantieren, zum Beispiel das Recht des ersten Okkupanten. Aber wer ist dies zum Beispiel auf europäischem Boden?

Man hält uns die *Wirklichkeit* des Völkerbundes entgegen. Gewiß, der Völkerbund existiert. Aber seine Deutung ist strittig. Im ungünstigsten Falle ist er die neue Form, die ideologische Verhüllung, unter der die heutigen Großmächte Realpolitik treiben. Und in diesem Falle ist natürlich mit ihm zu rechnen, sei es, daß man sich dieser neuen Form gleichfalls bedient oder daß man sie bekämpft als eine für den Bestand der Außenstehenden doppelt gefährliche Fiktion. Im günstigsten Falle bedeutet der Völkerbund eine neue Form der Bündnisschließung, ja vielleicht die vertiefte Form, in der sich die Großmächte gegenseitig ihren Machtbereich garantieren, damit der Gefahr des einseitigen Imperialismus gesteuert und eine Art von Gleichgewicht hergestellt werde, vorausgesetzt nämlich, daß die beteiligten Staatsmänner das neue Instrument in diesem alten Sinne zu brauchen wissen.

Es bedarf keiner näheren Ausführung, daß der heute in Genf bestehende Völkerbund nur die zeitgemäß verhüllte Form des Imperialismus ist. Ob mehr aus ihm gemacht werden kann, ob er das Instrument für eine einigermaßen befriedigende Gleichgewichtslage der großen Kulturstaaten werden kann, ist eine brennende Zukunftsfrage.

Soll der Völkerbund zu einem Gebilde internationaler, d. h. großstaatlicher Sicherungen, Garantien, Verabredungen werden, so ist dies natürlich nur möglich auf dem Wege über eine neue, gemeineuropäische (denn Amerika hat sich ja bezeichnenderweise schon ausgeschlossen!) Kulturideologie. In diesem Falle bedürfte es einer Erziehung bei allen Großmächten Europas, die auf einen solchen Gleichgewichts-, Regulierungs- und Garantiegedanken eingestellt wäre. Es bedürfte einer neuen politischen Gedankenbildung, die gleichsam die Idee des Völkerrechts unter den Großstaaten (denn von den anderen ist nur sekundär die Rede) zu einer eigenen Großmacht erhöbe. Da der ganze Gedanke ideengeschichtlich aus Deutschland stammt, da Deutschland zur Zeit gar kein anderes Mittel besitzt, seine sittlich beglaubigten Rechte als Kulturstaat zur Geltung zu bringen, so läge in diesem Lande ein günstiger Boden für die Völkerbundspolitik – unter der einen Voraussetzung, daß es sich wirklich um einen solchen Plan der Gleichberechtigung großer Kulturstaaten und nicht bloß um französischen oder französisch-englischen Imperialismus handelt, den zu unterstützen uns keine sittliche Verpflichtung antreibt.[9]

Auch hier steht alles auf des Messers Schneide, und die Verantwortung des Handelnden ist unendlich groß. Jedenfalls würde kein Staatsmann nachhaltige Erfolge erzielen, der nicht die Kraft besäße, ethisch-politische Ideen in der Richtung seines Wollens wachzurufen. Und haben wir die Männer, die so, indem sie politisch führen, zugleich Bildner ihres Volkes werden?

Daß die Bewegung noch keineswegs eindeutig in dieser Richtung geht, lehrt die innerpolitische Situation der beteiligten Großstaaten. Gerade die-

[9] Vgl. meine unter dem Eindruck der ersten Wilsonschen Pläne gehaltene Rede. Eduard Spranger, Völkerbund und Rechtsgedanke. Leipzig 1920.

jenige Seite ihres Verfassungslebens, die historisch am stärksten mit dem Gedanken des Rechtsstaates nach innen hin verflochten ist, die Form der parlamentarisch-demokratischen Willensbildung des Staates, ist unverkennbar neuerdings ins Wanken geraten. Wir scheinen auch hier vor Neubildungen zu stehen, die sich freilich bis jetzt nur in sehr unbestimmten Umrissen andeuten.

3. *Die parlamentarische Demokratie* als Form der einzelstaatlichen Willensbildung war einmal Weltanschauungssache. Sie ist in allmählichem Wachstum mit dem Rechtsstaatsgedanken selbst groß geworden. Man sagt, sie verstehe sich heut bei allen Kulturvölkern von selbst. Ebendeshalb kann sie nicht der volle Ausdruck des heute lebendigen Staatsgedankens sein. Denn wie reife Früchte nicht am Baum hängenbleiben, sondern abfallen oder schon am Stamm verfaulen, so gibt es in der Geschichte nichts, was einfach so bestehen bleibt, wie es ist: es bildet sich weiter, oder es verfällt.[10]

Die parlamentarische Demokratie war Weltanschauungssache in jenen Zeiten geradlinigen Aufklärungsdenkens, als man überzeugt war, das »politisch Richtige« oder der »allgemeine Wille« (der aber als der »richtige« Wille zu deuten ist!) stelle sich durch eine sehr einfache Dynamik heraus: nämlich durch Diskussion der möglichen Standpunkte, durch Ausscheidung der Extreme und durch Ausbalancierung der Ansichten bis zur Auffindung des richtigen Schwerpunktes, d. h. der politischen Ruhelage. Diese Aufklärungstheorie setzt sehr einfache und rein intellektuell zu bewältigende Verhältnisse voraus; im Grunde das Zweiparteiensystem (dieses jedoch nicht im Sinne zweier Weltanschauungen, sondern zweier »Methoden« der Regierung), ferner die Meinung, daß über die wahren Interessen des Ganzen nur intellektuelle Differenzen bestehen können, endlich die selbstverständliche Tendenz der Parteien auf das Allgemeine, das man aber nicht als ein organisches Ganzes auffaßte, sondern als das Logisch-Allgemeingültige, die in allen Menschen lebende gleiche Vernunft oder ratio.

Alle diese Voraussetzungen sind heute hingefallen. Die parlamentarische Demokratie ist nicht mehr Weltanschauung, sondern Technik. Sie ist noch immer die technische Methode der staatlichen Willensfindung. Aber hinter ihr stehen ganz andere und viel irrationalere Mächte. Man verficht den Standpunkt, daß man kein besseres und vor allem kein ungefährlicheres *Instrument* für die Willensbildung finden könnte als die Abstimmung

[10] Vgl. zu diesem Abschnitt: Carl Schmitt, Die geistesgeschichtliche Lage des heutigen Parlamentarismus. München 1923. – Derselbe, Die Diktatur. München 1921. – Alfred Weber, Die Krise des modernen Staatsgedankens in Europa. Stuttgart 1925.

auf der Basis der allgemeinen Gleichheit, der Repräsentation, der Sachkenntnis und der Mehrheitsentscheidung, von denen mindestens die drei ersten heute Fiktionen sind. Die parlamentarische Demokratie steht noch da als Instrument; aber es sind sehr ungleiche Mächte, die auf ihm spielen. Davon, daß in Deutschland, gegenwärtig einem Lande ohne Souveränität und ohne tiefere demokratische Tradition, das Ausland Spieler des Instrumentes sein kann, – von diesem schmerzlichen Thema soll hier nicht die Rede sein. Allgemein aber ist die Beobachtung, daß nur zwei Mächte heute realiter imstande sind, das technische Mittel des Parlamentes voll auszunützen: die großen wirtschaftlichen Interessenverbände und die (von ihnen großenteils abhängigen) Parteiorganisationen. Ausgeschlossen sind die rein ethischen und ideellen Mächte: was sie wirken, geschieht abseits von der parlamentarischen Technik.

Die Folge ist, daß trotz aller ideologischen Verbrämung, die noch immer versucht wird, der Staat in die Hände der wirtschaftlichen Interessengruppen geraten ist. Das Geld ist entscheidend für *alle;* die nackte Zahl im besonderen für den Einfluß des Proletariates.

Man braucht nicht Platoniker zu sein, um diesen Zustand unerträglich zu finden. In der Tat gefährdet er, wenn er bestehen bleibt, die zentrale Stellung, die der Staat auch als Weltanschauungswert allmählich in der modernen Welt errungen hat. Der Staat, den man einst als den sterblichen Gott auf Erden oder als das Organ des Weltgeistes gefeiert hat, ist zu einer Rechenmaschine und zu einem Interessenprodukt degradiert worden. Vielleicht wäre dies alles einigermaßen zu ertragen, wenn das Werkzeug für seinen Kardinalzweck noch ausreichend funktionierte. Aber die Erfahrung lehrt, daß selbst die Sicherheit und notwendige Schnelligkeit der staatlichen Willensbildung gefährdet ist. Es ist in sich widersinnig, daß gerade in einer »Krisis«, wo dem Staat die entschiedenste Führung nottut, über Wochen und Monate hinaus Interregnen entstehen.

Der Glaube an diese Demokratie ist bei allen Volksteilen geschwunden, die im Staat mehr als eine Interessenvertretung sehen. Der Staat aber, wie jedes Ideal, braucht Glauben.

Dieser politische Glaube hat sich daher in allen Ländern, wo man die Krisis der Zeitenwende schon fühlt – es gibt solche, die sie noch nicht ahnen – ganz anderen Formen der staatlichen Willensbildung zugewandt. Nicht zufällig tritt an sehr verschiedenen Stellen und in sehr verschiedenen Formen die *Diktatur* auf: als realer Ausweg, keineswegs nur als blasse Theorie. Wir sehen in Rußland die Diktatur des Proletariates; sie soll nach der strengen kommunistischen Theorie nur Vorbereitung des Endstadiums sein: der klassenlosen proletarischen Gesellschaft. Aber man sieht leicht, daß schon dieser Diktatur selbst ein eschatologischer Wert beigemessen wird. Gegen alle religionsfeindliche Doktrin hat sich um Lenin nach seinem Tode eine Art von Heiligenschimmer gebildet, den man nur aus der Sehnsucht nach Erlösung, nicht aus ihrer Erfüllung begreifen wird. (In den politischen Zukunftshoffnungen Rußlands hat seit Dostojewski immer eine Art von messianischer Erwartung mitgespielt; daher auch das mitfühlende Verständnis deutscher Theologen und Ideologen für das neue Rußland.)

Äußerlich ganz anders, innerlich sehr verwandt liegen die Verhältnisse in Italien. Die Bewegung des Faschismus hängt historisch mit sozialistischen Erwartungen, mit der französischen Theorie der »action directe« und mit der Philosophie des élan vital (der schöpferischen Entwicklung) zusammen.[11] Daß in diesem Kleide diesmal nationalistische (nicht Weltbefreiungs-) Theorien auftraten, verdankt Italien weniger dem élan vital, der geschichtslos ist, als der Anknüpfung an die historische Tradition vom ewigen, allbeherrschenden Rom. Aber in Rußland wie in Italien ist die neue politische Bewegung schöpferisch, während Deutschland bis heute ganz unschöpferisch ist.

Niemand wird glauben, daß der bloße Gedanke der Diktatur als solcher ein Fortschritt sei. Er ist politisch noch völlig undurchdacht, nur eine verworrene Komplexidee, die künftige Neubildungen eingehüllt in sich verbirgt. Aber wir können mit der Idee des Rechtsstaates nicht brechen, ohne in geradezu primitive politische Verhältnisse zurückzufallen. Daher ist kein Zweifel, daß die demokratischen Institutionen, wie im kaiserlichen Rom, weiterbestehen werden. Nur wird die alte Form sich entweder mit einem neuen Inhalt füllen oder einen andersgearteten Überbau erhalten. Der Diktator ist heute, wie in den Zeiten Cola Rienzos, eine Art von Erlöser, dem sich eine religiös gefärbte Erwartung zuwendet. Die staatliche wie die menschliche Wiedergeburt soll von ihm kommen. Konkreter gesprochen: es liegt hinter diesen Zukunftshoffnungen die Sehnsucht, von der politischen Clique der Mittelmäßigkeiten loszukommen, die Sehnsucht nach dem *großen Manne*.

Der große Mann aber ist der, »der den Königsgedanken hat«.[12] Diktatur ist sinnlos ohne die beschwingende Idee. Die alte Maschinerie funktioniert nicht weiter, wenn ihr nicht die Kraft neuer gestaltender Ideale gegeben wird. Wer die große Staatsidee hat, der echte Führer, soll herrschen. Auf die Idee also kommt alles an. Italien fand *seine* Idee durch die Jahrtausende gestaltet vor. Anderwärts muß diese Idee erst werden, mindestens

[11] Vgl. Ludwig Bernhard, Das System Mussolini. Berlin 1924.
[12] Vgl. Henrik Ibsen, Die Kronprätendenten.

sich zu neuer Bewußtheit durchringen. Daher bei uns die Sehnsucht nach dem »Manne«. Wenn das deutsche Volk auf der Basis eines streng demokratischen Wahlrechts Hindenburg gewählt hat, so deshalb, weil es den Besten haben wollte, den es hatte, nicht den Gewandtesten – weil es Achilleus haben wollte, nicht Odysseus. Und wer deutsche Geschichte zu lesen versteht – nicht alle können es –, der wird an diesem Manne die Grundqualitäten finden, auf denen der *deutsche* Staatsgedanke beruht: Volksführertum und Pflicht. Es ist der uralte, neu belebte Herzogsgedanke, und zugleich der Gedanke vom ersten Diener des Staates.

Aber selbst der größte einzelne ist in der politischen Bewegung Repräsentant – Statthalter. Der deutsche Sinn der Sache ist, daß in uns die Sehnsucht lebt nach dem Manne, der den Volksgedanken hat, aber nicht *nur* den Volksgedanken, sondern auch den Staatsgedanken, die Idee jenes unsichtbaren Staates, der als überindividuelle Kraft und Wahrheit in allen leben soll, der sich ausspricht in Recht und Macht, in Opfer und Lebenswillen, dies alles gesehen vom Ganzen aus, nicht von der pars, das heißt von der Partei.[13]

Deutsche Staatserziehung wird daher immer etwas anderes sein als Rechtskunde und Staatsbürgerkunde; sie ist in ihrer schlichtesten Form: Pflichtenkunde, in ihrer höchsten Form – lassen wir Fontane reden: »Das ist das, was mir imponiert: immer da sein, wenn Not an Mann ist. Die Kleinen von hier, trotz der ›Loyalität bis auf die Knochen‹, die mucken immer bloß auf, aber die wirklich Vornehmen, die gehorchen, nicht einem Machthaber, sondern dem Gefühl der Pflicht.«

VII.

Jede große Kulturkrisis zittert bis in die letzten Tiefen menschlicher Stellungnahme zu Welt und Leben hinab, oder richtiger gesagt: sie steigt aus dem tragenden Untergrund religiöser Überzeugungen empor. So liegt denn hinter all der Einzelproblematik unseres Gegenwartslebens für den, der sehen kann, als eigentlicher Eruptionsherd *die religiöse Krisis*, und gerade aus den Reden und Schriften derer, die eine unendliche Kluft zwischen Kultur und Religion behaupten, fühlt man deutlich heraus, daß die Verzweiflung an der Kultur sie erst in diese radikale Stellung hineingedrängt hat.

---

[13] Vgl. Gerhard Giese, Hegels Staatsidee und der Begriff der Staatserziehung. Halle 1926. Ein Buch, das ich der ernstesten Durchdenkung und Aneignung empfehle.

Es ist leicht begreiflich, daß eine Generation, die aus der Selbstverständlichkeit ihres Dahinlebens durch große Erschütterungen aufgeschreckt wurde, zunächst haltlos nach allen möglichen Seiten schwankt, und daß gerade die tieferen Naturen in dieser Verwirrung keine andere Rettung wissen als den bekannten »Saltomortale« ins Absolute, um einen nicht zufällig von Troeltsch wieder aufgenommenen Ausdruck F. H. Jacobis anzuwenden. Eine Lösung bedeutet dieser Sprung nicht. Er ist zu sehr das Resultat der Ratlosigkeit und seelischen Verkrampfung, als daß er wirklich eine ethische Neugestaltung des Lebens bewirken könnte. Er ist Aufrüttelung und Erweckung, aber noch nicht das stille Lauschen und das geduldige Schöpfertum, durch das die Berührung von Ewigem und Zeitlichem fruchtbar wird. Auf allen Gebieten tauchen heute Radikalismen auf, die sich als Allheilmittel anbieten; aber sie sind im höheren geistigen Sinne blind, wie jede fanatische Einstellung. Auch hier muß die Bewegung und die Aufgabe in größerem historischem Zusammenhange gesehen werden.

Die Lage der katholischen Religion und Kirche ist in Deutschland viel günstiger als die des Protestantismus, besonders des Luthertums. Noch aus Anlaß des Katholikentages von 1905 konnte der Frhr. von Hertling die Stellung des deutschen Katholizismus im allgemeinen Geistesleben dahin kennzeichnen: »Wir sind zurückgeblieben, wir haben uns überflügeln lassen«;[14] und gleichzeitig ließ der Freiburger Buchhändler Waibel eine Broschüre unter dem vielsagenden Titel erscheinen: ›Catholica sunt, non leguntur‹. Seitdem hat sich das Verhältnis beinahe umgekehrt. Die katholische Kirche konnte nach dem allgemeinen Zusammenbruch ihre Scharen am schnellsten wieder um sich sammeln: denn sie ruhte nicht nur auf dem Boden einer Jahrtausende alten, die Völker umspannenden Tradition, sondern ihrem Prinzip nach auf dem Ewigen und Absoluten selber. Es ist kein Zufall, daß schon vor der politischen Katastrophe die der katholischen Weltanschauung nahestehende Philosophie, die sich mitten in den logischen Absolutismus hineinstellte, die stärkste Wirkung entfaltete. Und Scheler besonders verstand es, alle Relativismen der Gegenwart und alle psychologischen Spielarten, ohne sie ganz zu entwerten, mit dem Dom einer absoluten Weltordnung zu überwölben. Ebenso erwies sich die katholische Geschichtsauffassung als weit genug, um die besonderen Aufgaben der historischen Gegenwartslage anzuerkennen, sie zugleich aber mit dem Überzeitlichen in sinnvoller Verbindung zu halten. In der Praxis wurden die neue Sozialpolitik, die Methoden des Parlamentarismus (bis zum Dauerbündnis mit der Sozialdemokratie) und die Jugendbewegung dem

---

[14] Georg Hertling, Frh. von. In: Kölnische Volkszeitung. Beilage, 1905, Nr. 12.

alten ehrwürdigen Gebäude mühelos eingefügt. Die ganze Weitherzigkeit der Kirche gegenüber den Erscheinungsformen des natürlichen Lebens, soweit sie nicht an das »Prinzip« rühren, ihre ganze Anpassungsfähigkeit gegenüber politischen Aufgaben und geistigen Situationen bewährte sich von neuem. So ging in vielen Beziehungen die Führung des deutschen Geisteslebens in das katholische Lager über; der alte Besitzstand wurde nicht nur behauptet, sondern mannigfach erweitert. Gleichviel, ob sich damit der Anfang einer dauernden Kulturlinie andeutet oder nur die Tatsache, daß sich hier alte hohe Geistesformen über alle Stürme hinaus als lebensfähig erwiesen hatten: keine Religion und keine kirchliche Organisation steht heute fester da als der Katholizismus.

Ein ganz anderes Bild zeigt sich bei allen Religionsgemeinschaften und Weltanschauungsgruppen, die von dem Durchgang durch die Aufklärungsepoche des 18. Jahrhunderts entscheidende Einflüsse bewahrt haben. Der Calvinismus bei den angelsächsischen Völkern spürt die Krisis noch am wenigsten, weil er mit seinem ganzen Wesen innerlicher und spannungsfreier in die staatliche und gesellschaftliche Struktur dieser Völker eingebaut war, und weil sie – von außen gesehen – zunächst die siegende Partei zu sein schienen. Das Luthertum, zumal da wo es als Staatskirche organisiert war, ist tiefer getroffen. Aber das Problem der Kirchen, d. h. der *Neuorganisation* des religiösen Lebens unter veränderten staatlichen und gesellschaftlichen Verhältnissen, interessiert uns hier nur sekundär. Wichtiger ist die innere Bewegung des religiösen Lebens der Gegenwart selbst. Und dieses wieder würde man nur äußerlich erfassen, wenn man nicht beachtete, daß es schon seit langen Jahrzehnten sich weit aus der kirchlich gefaßten Form herausentwickelt hat. Es hat heute beinahe einen soziologisch-amorphen Charakter angenommen. Es spielt zwischen einem liberalen Flügel innerhalb der kirchlichen Verbände und einem unkirchlichen, aufgeklärten Freidenkertum, das freilich so, wie es ist, ohne die Vorstufe der protestantischen Aufklärung gar nicht möglich geworden wäre. Im letzteren Falle handelt es sich teils um Laienphilosophie, die alle »Religion« ablehnt, weil sie nur kirchlich gefaßte Formen so nennt (obwohl in einer weiteren Bedeutung *jede* letzte Erfahrung über den Sinn der Welt und des Lebens religiös genannt werden kann), teils um eine Richtung, die sich dem sog. dogmenlosen Christentum zuzählt (obwohl auch das freieste Bekenntnis, sobald es sich selbst formuliert und mitteilt, irgendwie schon Dogma oder Lehre ist). Mit einem Worte: aus dem Protestantismus hat sich eine äußerst mannigfaltige »Weltfrömmigkeit« herausdifferenziert. Sie ist die Weltanschauungshaltung, die gerade die aus dem Protestantismus erwachsende Kulturarbeit »aufgeklärter Kreise«

weithin trägt, wenn auch daneben noch sehr zahlreiche altgläubig und kirchlich Gerichtete am Werke sind. Aber ganz in der Stille und allmählich hat sich längst eine dritte Kirchenspaltung vollzogen. Ihre Träger sind nur teilweise aus der Kirche ausgetreten. Um so chaotischer wird das Bild der heutigen protestantischen Religiosität. Und das brennendste Gegenwartsproblem liegt unzweifelhaft in dem, was ich die Weltfrömmigkeit genannt habe.

Drei Merkmale sind für sie bei all ihrer Vielgestaltigkeit maßgebend: Sie ruht erstens auf einem starken *Immanenzgefühl.* Insofern bedeutet sie eine Weiterbewegung in der Aufklärungslinie; denn die Aufklärung hat den Schwerpunkt der Werte grundsätzlich in den gegebenen Lebenszusammenhang und von dem göttlichen »Jenseits« fortverlegt. Es kommt bei dieser Verschiebung der Weltanschauung weniger auf die bildhafte Gegenüberstellung von Jenseits und Diesseits an, als darauf, daß die Werte, die bejaht werden, in der Arbeit am zeitlich-irdischen Kulturzusammenhang ruhen. Diese Kulturbejahung ist aber zweitens begleitet von einer fortschreitenden *Nivellierung des Lebens:* Kampf ums Dasein, Erwerb, Technik, organisatorischer Intellekt, sozialutilitarische Moral und zerstreuender Genuß liegen ihrem Wertcharakter nach auf ein und derselben Ebene: die Tiefenschicht ist mehr und mehr abgestorben. Endlich kommt der bekannte moderne *Individualismus,* ja *Subjektivismus* hinzu. Die Bänder von Seele zu Seele reißen immer mehr ab. Es bleibt ein kühler Egoismus, und da, wo ein größerer Rest von Geistigkeit sich erhalten hat, ist er in jedem eine Welt für sich. Jeder einzelne betont *seine* besondere Weltperspektive. Überzeugungsgemeinschaften werden schwerer und schwerer möglich. Religion wird konsequent ausdrücklich zur Privatsache erklärt; mit dem geheimen Nebenton, daß man Leuten, die so etwas haben zu müssen glauben, keine Schwierigkeiten machen wolle. Aloys Fischer hat den modernen Individualismus in seinen Gesamtwirkungen eindrucksvoll geschildert und in diesem Zusammenhang das schreckenerregende Zukunftsgesicht Dostojewskis vom Sterben Europas an dieser Krankheit zitiert.[15] Inzwischen aber scheint die Bewegung noch einen Schritt weitergetan zu haben: Auch dieses selbstherrliche Ich ist im Begriff sich aufzulösen. Unter dem Einfluß der von außen drängenden Kräfte zersetzt sich das personale Zentrum, das zu selbständigen Wertakten fähig wäre, in ein bloßes Nebeneinander. Für die Theorie wird das Ich ein Gegenstand

---

[15] Aloys Fischer, Das Verhältnis der Jugend zu den sozialen Bewegungen und der Begriff der Sozialpädagogik. In: Jugendführer und Jugendprobleme. Festschrift zu G. Kerschensteiners 70. Geburtstag. Hg. v. A. Fischer und E. Spranger. Leipzig, Berlin 1924. S. 218.

naturwissenschaftlichen Interesses und experimenteller Erforschung. Die Wendung zur Psychoanalyse bedeutet schon eine Art von Umkehr, insofern man wenigstens einen Sinnzusammenhang in sich voraussetzt. Aber man geht zum Arzt, um sich die latenten Zusammenhänge des eigenen Innern aufdecken zu lassen, und auch er findet sie zuletzt nur noch in der Schicht animalischer Triebe.

Das Leben in der Kultur wird unter der Herrschaft dieses Weltbildes zur öden Fläche für Arbeit und »Zerstreuung«. Es wird nicht mehr aus dem Mittelpunkte eines Innern gelebt; es wird auch nicht mehr auf ein Ziel hin gelebt: man wird gelebt, und die Haupträder des Motors, die ihn in Bewegung setzen, heißen Wirtschaft, Technik, Organisation, vor allem aber: der technische Intellekt. Je mehr sich das positivistische Ideal der »wertfreien« Erkenntnis und des »savoir pour prévoir, prévoir pour règler« durchsetzte, um so mehr schied der Intellekt tatsächlich alle gegenständlichen Kategorien aus sich aus, die Wertgebilde bedeuten (Person, Idee, Organismus, Ganzheit usw.); er beschränkte sich auf die dienende Funktion gegenüber der technischen Gestaltung, die ihre Wertsetzungen ihrerseits widerstandslos aus dem schon laufenden Getriebe der automatisierten Natur- und Gesellschaftstechnik entnahm. So setzte sich im Bewußtsein weiter Massen auch die Geschichtsphilosophie des Positivismus durch, nach der religiöse und metaphysische Weltauffassung unvollkommene, längst überwundene Vorstufen der allein echten Weltansicht, nämlich der einzelwissenschaftlich getriebene Erfahrung, Gesetzesbildung und Regelung bedeuten. An dieser Entwicklung ging nicht nur das religiöse und metaphysische Bewußtsein, sondern auch die Kraft der *wertenden*, über Technik hinausreichenden Stellungnahme, die Kraft der Persönlichkeit zugrunde. –

Wenn man die geistigen Neubildungen, die keimhaft in unserer Zeit drinliegen, erfassen will, wird es besonders wichtig sein, alle Symptome einer Gegenbewegung gegen die geschilderte Entwicklung zu beachten. Natürlich blieb in tieferen Naturen immer ein Kern von Religiosität, d. h. von letzten Sinnerfahrungen und letzten Sinngebungen. Aber auch sie erhielt ihre Färbung durch das beherrschende moderne Diesseitigkeitsgefühl.

> Aus dieser Erde quillen meine Freuden,
> Und diese Sonne scheinet meinen Leiden;

heißt es im Anfang des ›Faust‹, und der letzten Verklärung gehen noch jene berühmten Worte voran, in denen sich das Bekenntnis zum Realismus des Hier und Jetzt mit unbedingter Sicherheit ausspricht. In der Tat ist das Wurzeln in der gegebenen Welt der entscheidende Zug in der Bewußtseinsstruktur des »modernen Menschen«. Aber auch von hier aus sind noch Durchblicke möglich. Und wenn man sich versagt, ins Jenseits zu blinzeln, so läßt der diesseitige Realismus doch noch Ahnungen einer Tiefenschichtung der Welt zu, die dem irdischen Geschehen Relief und abgestufte Bedeutung geben. An dieser Stelle scheinen sich die Ansätze der modernen Religiosität neu gesammelt zu haben. Ich nenne dies Andachtsgefühl der Wirklichkeit gegenüber, diese an der Welt entzündete Frömmigkeit: *immanente Mystik.*[16] Sie regt sich schon ganz deutlich in den »Reden über die Religion«, die der junge Schleiermacher an die Gebildeten seiner Zeit hielt: Hinter all den diesseitigen Gestaltungen und Geschehnissen liegt ein Unendliches, das der Mensch in Anschauung und Gefühl herauszuahnen vermag, wenn er nur »Sinn und Geschmack fürs Universum« hat. Eine solche vielseitig erregbare Andacht ist inzwischen tatsächlich die religiöse Grund»stimmung« der modernen Gebildeten geworden. Sie klingt in besonders reinen Tönen bei Rainer Maria Rilke aus, und Rabindranath Tagore wird mindestens vom Abendländer ebenso gelesen und verstanden. »Meine Liebe gilt dem Leben selbst und seinen vielfältigen Erscheinungen, in denen es sich ewig verwirklichen wird, mein Streben gilt dem Weltideal, von dem ich gewiß bin, daß es als das Endziel aller möglichen Standpunkte der fortschreitenden Entwicklung sein Gepräge aufdrückt.«[17] Die ganze moderne »Erlebnisphilosophie« ist Ausdruck einer solchen am Diesseits entzündeten Andacht, ist die Form, die Mystik und Pietismus gegenüber dem neu herausgearbeiteten Weltbild annehmen mußten. Dilthey selbst, dessen gesamte Geistesart von diesem Mittelpunkte aus verständlich wird, hat in seinem letzten Fragment das Wesen der Religion ganz in diesem Sinne umschrieben: »Das religiöse Erlebnis erfaßt einen über den sinnlichen, vom Verstand erfaßbaren Nexus der Dinge erfaßbaren Zusammenhang; der Gehalt dieses Erlebnisses ist dem Verstand unzugänglich, in keinen Begriffen darstellbar: in einem Zustand der passiven Hingabe wird eine reale Wirkung auf den gegenwärtigen bewußten Zustand der Seele erfahren, die nach der Art des Erlebnisses als eine aus jenem unsichtbaren Zusammenhang stammende ausgelegt wird«.[18]

---

[16] Unter Mystik im weitesten Sinne verstehe ich die Geisteshaltung, in der das Endliche als Darstellung des Unendlichen, das Erscheinende als gottdurchwirkt aufgefaßt wird. Sie ist *transzendente Mystik,* wenn hierbei das Endliche und Erscheinende als solches negiert und entwertet wird; sie ist *immanente* Mystik, wenn es in seinem Eigenwert und seiner Eigenexistenz erhalten bleibt. Sowohl Naturmystik wie Geschichtsmystik und Ichmystik können in diesen beiden Formen auftreten.

[17] Walter Feilchenfeld, Erkenne dein Ich. Leipzig 1927. S. 133.

[18] Wilhelm Dilthey, Gesammelte Schriften. Bd. 6. Berlin, Leipzig 1924. S. 301.

Es ist nicht schwer, die Grenzen einer solchen Religiosität zu sehen. Sie erweist deutlich ihren Ursprung aus einer ästhetischen Geisteshaltung. Schon bei dem jungen Schleiermacher selbst gipfelt dieser »Geschmack fürs Universum« in einem Augenblick bräutlicher Umarmung zwischen Seele und All, dessen Schilderung stark erotisch-ästhetisch gefärbt ist; man findet in dieser unio mystica ganz den Typus »kosmischer Einsfühlung«, dessen Unterschied von eigentlicher wertgerichteter Liebe Scheler scharf hervorgehoben hat.[19] Übrigens handelt es sich hier weniger um einen objektiven Pantheismus, wie man gesagt hat, als um eine allseitige religiöse Empfänglichkeit und Erregbarkeit (Panreligiosität). Bei Dilthey ist die innere Verwandtschaft mit dem ästhetischen Impressionismus seiner Zeit nicht zu verkennen: Ein flüchtiges und gelegentliches Erlebnis am Weltzusammenhang tritt an die Stelle der Berührung mit dem Absoluten, die sich etwa in der unbedingten ethischen Forderung kundtun könnte. Alles hat hier den Stil der Unverbindlichkeit, der schwebenden Möglichkeit und des ästhetisch-gefärbten Spiels mit der eigenen Gefühlswelt.

Von dieser geistigen Situation aus ist die starke Wirkung zu verstehen, die Sören Kierkegaard auf die Suchenden unserer Zeit in den letzten zehn Jahren geübt hat. Auch Kierkegaard kennt diese Bewegtheit der am Leben gewonnenen »interessanten« vielfältigen Erregungen. Aber das alles bleibt im Relativen; die wahren Schauer des Absoluten sind nicht darin. Jede bloß ästhetische Wahl ist unverbindlich, könnte auch anders sein und enthält nicht die Beteiligung des letzten, vor der Verzweiflung stehenden Selbst. Vielmehr reserviert das Selbst sich hier immer selbst und läßt sich alles andere gleich offen. Erst die ethische Wahl ist absolute Wahl, und erst damit treten wir aus dem Bereich der Phantasiefreiheit in die echte Freiheit, die zugleich allein die volle Wirklichkeit ist: die im Zeitmoment unmittelbar gegenwärtige Ewigkeit. »Ich wähle das Absolute. Was ist aber das Absolute? Das bin ich selbst, als die ewige Persönlichkeit.« Jeder Mensch, der bloß ästhetisch lebt, hat ein heimliches Grauen vor der Verzweiflung. »Wer die Persönlichkeit ethisch betrachtet, setzt sofort eine *absolute* Differenz, die Differenz zwischen Gut und Böse.«

Hier ist der Durchbruch vollzogen. Kierkegaard durchstößt den Schleier der bloß ästhetischen Weltauffassung, indem er den Absolutheitscharakter der ethischen Forderung in Erinnerung ruft, und vom Ethischen stößt er weiter durch zum Religiösen.

Die tiefe Wirkung des dänischen Philosophen – ein seltsam spätes Lebendigwerden – zittert im Augenblick bei uns nicht nur nach: sie ist weit

---

[19] Max Scheler, Wesen und Formen der Sympathie. Bonn 1923². S. 79 ff.

überboten worden und hat einen neuen geistigen Radikalismus gezeugt, wiederum jenen Saltomortale der Verzweiflung ins Absolute. Es ist nicht nur eine innertheologische Bewegung, die von Karl Barth, Thurneysen und Gogarten (denen auch Eberhard Grisebach nahesteht) ausgegangen ist, sondern eine Aufrüttelung der ernstesten Geister in der Jugend, die darauf durch die Erweckungsphase der Jugendbewegung innerlich schon vorbereitet war. Aber ungeheuer ist der Bruch, der sich nach dieser Erschütterung auftut. Er liegt nicht mehr zwischen dem Ästhetischen hier und dem Ethischen und Religiösen dort. Sondern *alles* Menschliche: Kulturarbeit, Ethik, Idealismus, ja selbst Religion bleiben wesenlos im Diesseits, und drüben – ein Donnerwort der Ewigkeit – steht allein Gott und die von ihm in uns gewirkte Sündenvergebung. Am schroffsten erscheint dieser neue Transzendenzstandpunkt bei Gogarten: Unverkennbar liegt dahinter eine tief erfahrene Verzweiflung an allem Wert und sittlichen Gehalte der Kultur. »Es geht so nicht weiter; die Welt ist am Ende mit ihrer Weisheit und ihrer Kunst.« »Die Welt verdient kein begeistertes und hingebendes Pathos.« Mit keiner Art von Idealismus kann der Kultur geholfen werden. Aber *auch* aus der Religion selbst kann und soll sie nicht erneuert werden: »Es hat sich ja niemals eine Religion dazu hergegeben, eine Kultur zu inaugurieren, wie man das heute von der Religion möchte.« Und Jesus Christus ist überhaupt keine Religion, sondern »die Überwindung, weil die Erfüllung der Religion«. Göttliches bedarf keiner Realisierung durch Menschen. Göttlich aber ist allein die Tatsache, daß dem Menschen die Sünden vergeben werden, und dies ist keine ethische Kategorie. Selbst das Gewissen hat damit nichts zu tun: »Der Grund dieser Veränderung liegt außerhalb des Gewissens.«[20]

Letzte Gewißheiten lassen sich nicht kritisieren. Man kann nicht sagen: eine solche Überspannung der Gegensätze, ein solcher Saltomortale aus dem Diesseits in die Transzendenz sei ein wahrer oder ein falscher Standpunkt. Man kann höchstens fragen: Was folgt daraus? und was sollen wir denn tun? Immer wieder werfen Barth und Gogarten diese Frage selbst auf. Barth erwidert: »Wo und wann sollten wir sub specie aeternitatis nicht wissen können, was zu tun ist? ... Denn was kann der Christ in der Gesellschaft anderes tun, als dem Tun *Gottes* aufmerksam zu folgen?«[21] Gogarten aber zitiert Luther in der Heidelberger Disputation: »Wenn du das hörst, sollst du auf deine Knie fallen, Gott um Gnade anrufen und deine

---

[20] Vgl. Friedrich Gogarten, Die religiöse Entscheidung. Jena 1924², und besonders derselbe, Illusionen. Jena 1926.

[21] Karl Barth, Das Wort Gottes und die Theologie. München 1925. S. 69.

Hoffnung auf Christum stellen, in welchem unser Heil, Leben und Auferstehung ist.« Weit kühler, theologisch vornehmer aber klingt die andere Auskunft: »Es sind nicht ferne Ufer zu suchen, sondern das, was vor der Hand liegt, ist zu tun. – Ich meine nun gar nicht, daß damit auch nur im geringsten gesagt wäre, was nun im einzelnen zu tun ist. Ich meine aber freilich auch nicht, daß es meine, des Theologen, Aufgabe wäre, darauf eine Antwort zu geben. Im Gegenteil, diese Antwort ist von Fachleuten zu geben, von jedem für sein Gebiet.«[22] Man fühlt sich an Brand erinnert: Alles oder nichts. Aber vielleicht hören andere in sich doch auch die Stimme des Deus caritatis. Täusche ich mich, oder kommt das Evangelium der Liebe, ja schon das Wort »Liebe« in den Schriften dieser theologischen Neuerer kaum vor? In dieser Höhenluft will uns der Atem ausgehen, und man sucht vergebens, wie man nur die nächste Stunde des irdischen Weges zurücklegen könnte. Sollte aber Gottes Sündenvergebung darin bestehen, daß wir ihn anrufen in der Not und er uns nicht erhört?

Zu widerlegen ist hier nichts. Man kann sich im höchsten Falle darauf berufen, daß man die Stimme Gottes anders höre und deute. Wir hören sie anders, und wir glauben nicht, daß die sittliche Arbeit, der ernste Wille, an den Aufgaben des Hier und Jetzt die innere Kraft zu erhöhen, vor Gott wertloser sei als die Tatsache unserer Existenz.

Man ermißt die ganze Größe der religiösen Krisis in der Gegenwart, wenn man die Fülle verschiedenartiger Bekenntnisse überblickt, die zwischen jenen äußersten Standpunkten: der Weltfrömmigkeit der Immanenz und dieser radikalen Transzendenz des Göttlichen gegenüber aller Kultur möglich sind. Sie alle bezeichnen sich heute noch mit dem gemeinsamen Namen Protestantismus. Gewiß, auch der Katholizismus besitzt in sich einen weiten Spielraum für Frömmigkeitstypen und Vollendungsstufen. Aber er wird durch die Festigkeit des Institutionellen, durch das Schlüsselamt der Kirche, durch das Wunder des Sakraments und nicht zuletzt durch seinen Willen zur historischen Kontinuität in der Auswirkung des Absoluten zusammengehalten. Dem steht beim Protestantismus die Schwäche des Institutionellen, die Freilassung der persönlichen Glaubenserfahrung und das Geborensein aus dem Protest gegenüber. So ist die Frage nicht unberechtigt, ob es das Schicksal der protestantischen Kirchen sein wird, in Sekten zu zerfallen. Allerdings muß in diesem Zusammenhang der Begriff der Sekte gegenüber dem von Troeltsch bevorzugten Sprachgebrauch erweitert werden.[23] Denn die neben der protestantischen Kirche erwach-

[22] Friedrich Gogarten, Illusionen. Jena 1926. S. 47 und 126.

[23] Ernst Troeltsch, Die Soziallehren der christlichen Kirchen und Gruppen. Tübingen 1914². S. 360 ff.

senen und erwachsenden Sekten bekennen sich keineswegs immer zu einer strengeren Fassung des christlichen Ideals und einer schärferen Absage an die Welt. Sie können auch Erweichungen und Anpassungen sowohl im Ethischen wie im Religiösen bedeuten und nähern sich damit den »Weltanschauungsgemeinschaften«, die gleichfalls religiöse Gehalte vertreten, ohne jedoch die historische Anknüpfung an das Christentum bewußt festzuhalten. Der liberale Protestantismus spielt unverkennbar schon in freie Weltanschauungsstandpunkte hinüber, und es dürfte heut, abgesehen von der Tatsache äußerer Zugehörigkeit zur Kirche, sehr schwer zu sagen sein, welches innere Band, welches »christliche Minimum« diese freien Protestanten noch zusammenhält, da sie ja eben die »Konfession«, d.h. eine Bindungsformel, ablehnen.

Über die Lösung dieser Fragen lassen sich heut, wie ich glaube, nur zwei prognostische Sätze aufstellen. Erstens ist sicher, daß durch bloße Methoden der Kirchenverfassung, durch Organisation und Formgebung hier nicht zu helfen ist, sondern nur durch innere Bewegung und Vertiefung des religiösen Lebens selbst. In dieser Hinsicht ist alles noch im ersten Fluß und noch *nichts* für die Entscheidung reif. Solange dies aber so ist, gilt unzweifelhaft das zweite: daß nämlich die protestantische Kirche sich wesenhaft als pädagogische Institution fühlen muß: als der gemeinsame Boden dieser Auseinandersetzungen und dieses religiösen Suchens. Sie müßte daher ihre Tore so weit aufmachen, wie der Rahmen christlicher Überzeugungen und christlicher Sittlichkeit überhaupt zu spannen ist. Der Rückzug auf den »alten Besitzstand« heißt für sie Abscheidung vom Leben, und zwar in einem Grade, dem die katholische Kirche niemals verfallen könnte. Man kann das Ganze der historischen Explikation eines religiösen Prinzips absolut setzen; man kann aber nicht Luther oder eine einzelne andere Persönlichkeit oder eine frühere Epoche der Fassung der reinen Lehre absolut setzen. –

Alle diese religiösen Probleme sind ihrem Wesen nach nicht nur Seiten des Erziehungsproblems, sondern sein Kern. Denn wenn wir nicht meinen, bei der Erziehung komme es nur auf das Ziel der »Brauchbarkeit für die menschliche Gesellschaft« an, so müssen wir zugeben, es komme eben darauf an, daß der Mensch dazu gebildet werde, aus der Mitte seines Wesens heraus ethisch letzte Sinnentscheidungen zu treffen und religiös letzte Sinnerfahrungen zu machen. Wissenschaft und Staat und alle Kulturarbeit sind schöne Dinge. Sie haben aber nur insofern Wert, als sie in einer vor dem göttlichen Weltsinn reinen Gesinnung bestehen können und aus einer solchen Gesinnung weitergebildet werden. Wer die Kultur wie Gogarten von der religiösen Wurzel losreißt, wirft sie damit, was er auch sonst sage, in das Feuer der Verdammnis, d. h. in die absolute Sinnlosigkeit. Er würde auch alle Erziehung wertlos machen; denn in ein Leben einzuführen, das nicht irgendwie sub specie aeternitatis gerechtfertigt werden kann, hieße, nicht etwa Gleichgültiges zu tun, sondern der göttlichen Sündenvergebung entgegenzuwirken. Aber es bedarf hier gar nicht der spezifisch theologischen Ausdrucksweise. Sagen wir ganz einfach: Sinn der Erziehung muß es sein, die Kräfte freizulegen, durch die der Mensch seinem Dasein den ihm erreichbaren höchsten Wertgehalt und Sinn zu geben vermag. Umsonst bemüht man sich, die Erziehung um den Zentralpunkt der Weltanschauung herumzuleiten. Man kann inhaltlich verschiedene Weltanschauungen vertreten; man kann über das Maß ihrer Individualisierbarkeit und ihrer Formulierbarkeit verschieden denken. Aber man kann nicht ohne Weltanschauung erziehen. Wer die entgegengesetzte Meinung vertritt, dankt dann entweder als Erzieher freiwillig ab, oder versetzt sich in die Klasse der bloßen Unterrichter, die wie Protagoras mit Kenntnissen Handel treiben. Auch die Auskunft hilft hier nicht, daß die Einzelgebiete der Kultur, also zum Beispiel Wissenschaft, Kunst oder Staat, ihr Eigengesetz hätten und daß es nur darauf ankomme, dies im sich entwickelnden Menschen zum Bewußtsein zu bringen. Gewiß hat jedes Gebiet seine eigene Struktur, sein Eigengesetz; aber nicht im Sinn der restlosen Autonomie. Sondern jedes muß gemäß seinem Rang und Wert in das Ganze der Sinnordnung des sittlichen Lebens eingereiht werden, und eben in dieser Verwebung zum Ganzen endet die Autonomie der einzelnen Geisteszonen.

Es ist also auch mit der weltanschauungslosen Staatsschule nichts. Sondern hier gibt es nur folgende Möglichkeiten: Entweder ist die Staatsschule bloße Unterrichtsanstalt – und damit wird sich kaum ein Lehrer zufrieden geben –, oder sie ist Erziehungsanstalt. Ist sie dies, so muß sie zunächst *die* Seite der Weltanschauung zur Geltung bringen, die dem Staat sein Existenzrecht und seine tiefere Bedeutung gibt. Ohne Zweifel ist die Bejahung der Staatsgesinnung und Staatssittlichkeit den herrschenden Bekenntnissen christlicher Färbung bei uns gemeinsam, und sie reicht darüber hinaus auch in Kreise, die sich nicht mehr als christlich bezeichnen. Wer den Staat überhaupt verneint, kann nicht Lehrer an einer Staatsschule sein. Aber der Staat ist weltanschaulich nicht der einzige und nicht der letzte Wert. Deshalb muß es in geordnetem Zusammenwirken mit der staatlichen Erziehung noch eine tiefergreifende Bildung geben, die die im Volke lebendigen religiösen Überzeugungen zur Wirkung bringt. Man könnte daran denken, sie ganz der Familie anheimzugeben, da nach geltendem Recht die Entscheidung über die religiöse oder allgemein-weltanschauliche Richtung der Erziehung während der Unmündigkeit der Kinder allein im Elternrecht gelegen ist. Aber Recht ist noch nicht Fähigkeit. Auch in dieser Hinsicht findet also ein Erziehungsauftrag statt. Es bleibt noch die Frage, ob dieser Auftrag zugleich an die staatlichen Lehrer ergeht oder an die kirchlichen Träger der betreffenden Grundüberzeugungen. Zur Zeit ist diese Frage in Deutschland rechtlich nicht definitiv geregelt. Es entspricht aber dem Sinn der Sache, daß niemand mit einem Weltanschauungsauftrag betraut werden kann, der nicht ausdrücklich seine Zustimmung dazu erklärt hat.

Soviel ich sehe, ist eine große Anzahl der heute wirksamen protestantischen Volksschullehrer bereit, einen sog. allgemein-christlichen Religionsunterricht (dessen einzig wahrer Sinn doch religiöse *Erziehung* sein kann) zu erteilen. Viel weniger zahlreich dürfte das Angebot für einen Unterricht sein, der in der Richtung der protestantisch-kirchlichen Überzeugungen liegt. Nun ist jener allgemein-christliche Religionsunterricht im allgemeinen das blasse und schwächliche Produkt einseitiger Verstandesaufklärung; eine Popularphilosophie meist recht dürftigen und farblosen Charakters, weit entfernt schon vom tieferen Durchdachtsein, geschweige vom echten Erlebtsein und Durchprobtsein. Es dürften sich mit Recht nicht viele finden, die dazu den Auftrag erteilen. Auch der einfachste Mann hat ein instinktives Gefühl für Echtheit und Tiefe in den schwersten Entscheidungen. So wenig er als freier Protestant die Kirche, wie sie ist, lieben mag: er sieht doch in ihr mindestens ein viel tieferes Erbgut, das selbst in schwachen Händen noch seine Kraft entfalten kann. So erklärt sich die Stellung der Eltern zur Religionsfrage in der Schule.

Auf der anderen Seite weiß jeder, der die geistesgeschichtliche Herkunft und Entwicklung der Volksschullehrerschaft kennt, daß sie in ihrer heutigen Zusammensetzung und Geistesart überwiegend der kirchlich verwalteten Form der Frömmigkeit ablehnend gegenübersteht, schon aus einem alten, über Diesterweg zurückreichenden Standesgegensatz zwischen den Geistlichen und der Lehrerschaft. Unter diesen Umständen, die durchaus zeitbestimmt sind und sich einmal tiefgehend ändern können (besonders dann, wenn die Kirchen auf die religiöse Schulaufsicht verzichten und selbst den Religionsunterricht an die einmal zugelassenen Persönlichkeiten freigeben), sehe ich keine andere Lösung des Problems, als daß die Kirchen selbst die religiöse Erziehung in die Hand nehmen. Mögen sie dann sehen, welche Kraft im Stein ihres Ringes sie entfalten können und wie weit sie in die Weltlichkeit des staatlichen Schullebens hinüberzuwirken verstehen. Dies wird um so weniger der Fall sein, je mehr sich die protestantische Kirche vom heutigen Kulturleben absperrt. Die Spannung wird sich mildern, je stärker die Kirche die echt religiösen Motive der Weltfrömmigkeit zu verstehen und zu pflegen vermag. Im Augenblick leiden wir noch unter der schulpolitischen Situation, die aus der geistesgeschichtlichen Bewegung des 19. Jahrhunderts folgt: sie führte die große Masse der Volksschullehrerschaft in der Linie eines Aufklärungsdenkens, dessen Einseitigkeit bei allen ihm eigenen Werten heut auch den Lehrern mehr und mehr zum Bewußtsein kommt; sie führte die protestantische Kirche mindestens in ihrem rechten Flügel zu einer Abschließung von den echten religiösen Motiven im deutschen Idealismus und bewirkte damit die weitgehende Entfremdung der Gebildeten von der Kirche. Solange diese Divergenz fortbesteht, ist die Frage der religiösen Erziehung auf dem Wege der Einigung nicht lösbar. Am wenigsten darf man glauben, die »wissenschaftliche Pädagogik« könne mit ihren Mitteln entscheiden, was sich im modernen Geistesleben selbst noch nicht entschieden hat.

Die Spannung zwischen dem staatlichen Charakter der Schule und der tiefergreifenden religiösen Erziehung ist also nicht ganz zu beseitigen, weil sie mit der gesamten modernen Geisteslage gegeben ist. Es ist nicht einmal mit unbedingter Sicherheit vorauszusehen, ob der Staat in Deutschland für die Zukunft Weltanschauungswert genug besitzen wird, um die historisch errungene Position der Staatsschule zu bewahren. Er wird sie ernsthaft gefährden, wenn er den Fehler machen sollte, gegen die lebendigen religiösen Überzeugungen etwa gewaltsam Sturm zu laufen. Seiner ganzen Tradition nach kann er als paritätischer Staat nur eine weitherzige Stellung zu den Kirchen und Weltanschauungsgruppen einnehmen. Deshalb muß er eine möglichst elastische Lösung suchen. Und es ist mir zweifelhaft, ob der geeignete Weg dazu in Deutschland über ein Reichsschulgesetz führt, nachdem nicht einmal in Preußen trotz jahrzehntelanger Bemühungen ein Landesschulgesetz möglich gewesen ist. In allen Erziehungsfragen wird der moderne Kulturstaat immer das Grundprinzip des Liberalismus befolgen müssen. Dies aber schließt ein, daß der besonderen Geistesstruktur der einzelnen Gegend Rechnung getragen und daß die Entscheidung unter individuellen Gesichtspunkten getroffen werde. Wir werden also in Zukunft mit den Grundformen der Konfessionsschule (konfessionellen Mehrheitsschule), der Simultanschule und der freien Weltanschaungsschule in mannigfachen Spielarten zu rechnen haben. Sie mögen durch ihre pädagogischen Leistungen beweisen, was sie wert sind. Eine absolut »richtige « Form, die zur gesetzlichen Normalform erhoben werden könnte, gibt es nicht.

VIII.

Die geistige Lage der Gegenwart ist in einigen ihrer Hauptzüge geschildert worden. Fast alle Motive, die darin anklingen, haben auch in der pädagogischen Literatur schon irgendwie ihre Wirkung entfaltet. Mindestens darf man behaupten, daß die alten Grundtypen der Bildungstheorie: die religiöse, die realistische und die humanistische, im neuesten Deutschland charakteristische Umbildungen erfahren haben. Aber auch hier herrscht eine unsagbare Zersplitterung.

1. Die religiös orientierte Pädagogik betrachtet, von jenen Versuchen radikaler Kulturentwertung abgesehen, die Kultur gerade unter dem Hauptaspekt der Forderungen, die das Christentum an die Gegenwart stellt oder doch zu stellen scheint. Unvermeidlich berühren sich hier Christentum und Politik schärfer, als es bisher der Fall war. Sehr leicht macht sich Friedrich Wilhelm Förster in seinem Buch ›Jugendseele, Jugendbewegung, Jugendziel‹ (Zürich 1924) diese unendlich schwere Auseinandersetzung. Er fordert von der Idee der christlichen Völkergemeinschaft aus eine allgemeine Erneuerung in der Gesinnung des Friedens und der Liebe. »Echte Politik ist angewandte Liebe.« Diesen Gedanken soll die Jugend realisieren. Das deutsche Volk sei dafür besonders prädestiniert; denn das Übernationale zu pflegen, sei seine ganz eigentliche Bestimmung. Von hier aus muß natürlich die ganze nationale Bewegung des 19. Jahrhunderts als Abfall vom deutschen Wesen erscheinen: Ein schlecht verhüllter Haß gegen Preußen schimmert durch diese als Politik angewandte Liebe hindurch; Bismarck und Treitschke werden zu fast diabolischen Verführern gestempelt. Förster zitiert Keyserling: »Der Typus des universellen Deutschen muß wieder zum führenden werden.« Demgemäß sei die Aufgabe des deutschen Volkes: »1. Die ihm einst übertragene Nachfolge der am Mittelmeerbecken erwachsenen römischen Einheitsform der Kulturmenschheit; 2. die von ihm vertretene und in seiner Reichsform ausgeprägte Idee der weltlichen Einheit der europäischen Christenheit.« Ich kann dies nicht anders lesen als in dem Sinne der Germania Sancta – eines katholischen Deutschland mit Österreich, aber dies Ganze doch im übernationalen Sinne. Daher die Neigung für den Föderalismus nach dem Rezept des viel gerühmten Constantin Frantz. Schließlich aber: Aufgehen dieses Reiches im Völkerbund: »Wir müssen die *Ideologie des Völkerbundes* schaffen, wir müssen der Weltorganisation die Seele verleihen – ohne das stehen alle internationalen Institutionen in der Luft... Ohne das fortreißende Beispiel der alten deutschen *Liebe für das Fremde*, ohne die tiefere Verknüpfung der nationalen Lebenstypen in der Seele eines Mitt-

lervolkes wird der Völkerbund niemals über die harte Eigensucht der Einzelgruppen triumphieren können.« So sieht »der auf die Weltpolitik angewandte Christus« aus.

Man weiß nicht: ist dies alles politisch so klug oder so primitiv? Ob Politiker zum Beispiel den Satz ernst nehmen werden: »Wir müssen bei jeder Gelegenheit auch die weiterliegenden weltpolitischen Schwierigkeiten unserer früheren Gegner zu erleichtern suchen«, ist mir sehr zweifelhaft. Aber genug: Es ergeht hier ein Aufruf an die Jugend, auch das Verhältnis von Staat zu Staat (nicht nur von Volk zu Volk) ganz aus dem Geiste der christlichen Liebe zu gestalten. In der Tat gibt es Jugendkreise, in denen nach den tiefgehenden Erfahrungen des Krieges eine solche Ideologie lebt. Sie bedeutet nicht mehr und nicht weniger, als die Politik abzuschaffen und ganz durch Liebe zu ersetzen; denn die Liebe allein sei aufbauend.

Man würde sehr fehlgehen, wenn man diese Pädagogik Försters mit dem Standpunkt der Katholiken überhaupt gleichsetzte. Von Romano Guardini jedenfalls haben wir ganz anderes und viel Tieferes gehört. Man fragt sich vergebens, an welche Welt der Verfasser eigentlich bei seiner Idealsetzung gedacht hat. Das Christentum predigt die Liebe zu Gott und die Liebe zum Mitmenschen. Diese Liebe setzt beseelte Personen voraus. Staaten haben keine Seele, die lieben und geliebt werden könnte. Und ein ganzes Volk zu lieben, bedeutet unvermeidlich eine Übertragung der tiefen Verbundenheit gottentstammter Seelen auf ein Gebiet sehr blasser und ferner Beziehungen. Außerdem ist die Auswirkung der Liebe keineswegs überall schwächlicher Friede und Furcht vor dem irdischen Tode; man kann über die Auslegung des Wortes streiten: »Ich bin nicht gekommen, den Frieden zu bringen, sondern das Schwert«. Man kann aber nicht darüber streiten, daß die christliche Liebe ein viel zu Hohes, viel zu Innerliches und Nicht-Irdisches ist, um einfach mit der allgemeinen Völkerversöhnung gleichgesetzt zu werden. Christus ist für die Menschheit gestorben. Die Nachfolge Christi wird nicht einfach darin bestehen, daß man sich gegenseitig ein möglichst langes Erdenleben garantiert, sondern daß man die Leiden dieser Welt auf sich nimmt in der Gewißheit, daß die äußeren Weltgeschehnisse als solche nicht den letzten Sinn des Lebens enthalten. Allein die Beziehung von Seele und Gott betrifft das Letzte. Wenn es uns auferlegt ist, in dieser Welt zu leben, wenn wir uns ihren naturhaften Zusammenhängen nicht ganz entziehen können, so kann es nicht darauf ankommen, allen Kampf zu vermeiden und wahllos alles zu dulden, sondern nur darauf, die Seele rein zu halten und da, wo es die tiefste innere Entscheidung fordert, dies Leben zu opfern, wie es Christus selbst geopfert hat.

Nicht entfernt also löst F. W. Försters Erziehungs- und Jugendziel die schweren Spannungen, die zwischen dem christlichen Ideal und dem Weltlauf bestehen. Vielmehr wird hier das Ideal weltenfern in die Luft gebaut, und der junge Mensch fühlt sich verlassen, wenn er dann auch nur einen einzigen Schritt in die Welt tun soll. Immerhin ist die Schrift als Symptom nicht unwichtig. Ist doch auch von protestantischer Seite auf dem »Studientag der deutschen Studentenschaft« in Innsbruck 1924 bei der Diskussion über das deutsche Bildungsideal die Barth-Gogartensche Idee von dem »Abstand des Religiösen von *jeder* Kultur« mit tiefer Überzeugung vertreten worden. Nach solchen Kundgebungen bliebe es dann dabei, daß wir die Religion, die man uns als die allein echte schildert, in dieser Weltordnung nicht leben können. Und damit würde auch jeder tiefere Sinn der Erziehung aufhören.

2. Auch *der neue Realismus* hat eine stark politische Wendung genommen. Wir haben ihn unter besonderen Bedingungen in Sowjetrußland als Proletariatsschule und Produktionsschule vor Augen: die Politik der Klasse, die die Diktatur übt, und die industrielle Wirtschaft dieser Klasse bestimmen das enge Bildungsziel, in dem alle früher errungenen reichen Menschheitskräfte wieder nivelliert erscheinen und auf die engsten utilitarischen Zwecke hingelenkt werden. Interessanter ist die – wenn man so will: faschistische Ausprägung des Realismus in den Schriften von Oswald Spengler. Schon als er zuerst von dem bevorstehenden Untergang des Abendlandes sprach, zog er daraus eine pädagogische Konsequenz in der Richtung auf kühlbewußtes politisches und wirtschaftliches Handeln. »Wenn unter dem Eindruck dieses Buches sich Menschen der neuen Generation der Technik statt der Lyrik, der Marine statt der Malerei, der Politik statt der Erkenntniskritik zuwenden, so tun sie, was ich wünsche, und man kann ihnen nichts Besseres wünschen.«[24] Für Spengler ist das späte Zeitalter der Kultur angebrochen, das sich nur noch auswirkt als Wille zur Macht und zur Organisation – ähnlich der letzten Lebensphase von Faust. Er nennt dieses Zeitalter in seinem stark erweiterten Sprachgebrauch die Epoche des Sozialismus und erblickt in ihr einen Parallelfall zu jenen Spätkulturen, die anderwärts durch den Buddhismus oder den Stoizismus charakterisiert waren. »Ideologische Systeme werden uns nicht mehr den Kopf verwirren, Programme gehören in das vorige Jahrhundert.« Es soll sich eine hochstehende politisch-militärische Führerschaft herausbilden in jenen kleinen Überzeugungsbünden, die anstelle der stehenden Heere oder gar allgemeinen Volksheere auch die direkte Aktion (action directe) auf

---

[24] Oswald Spengler, Der Untergang des Abendlandes. Bd. 1. München 1920[6]. S. 57.

sich zu nehmen haben werden. Diese bedarf eines kühlen, weitschauenden Wissens in Technik und Politik. Man soll die Praxis großer Staatsmänner, den Verlauf großer diplomatischer Aktionen eingehend studieren. »Politik ist eine schwere und schwer zu erlernende Kunst.« Auf diesem Wege hält Spengler für Deutschland noch einen Wiederaufbau für möglich; denn »wir sind das jüngste und unverbrauchteste der Völker Europas«. Hingegen wendet er sich gegen die vor kurzem noch blühende kulturflüchtig-verträumte Jugendbewegung mit dem warnenden Wort: »Wehe dem Lande, dessen König ein Kind ist.« Er also knüpft bewußt an die Tradition Bismarcks, ja eigentlich mehr an die von Moltke an und steht somit diametral entgegengesetzt zu F. W. Förster: »Wir haben endlich etwas gelernt, das ich Ihnen offen nennen will: die Fähigkeit *zu hassen.* Wer nicht zu hassen vermag, ist kein Mann, und die Geschichte wird von Männern gemacht. Ihre Entscheidungen sind hart und grausam, und wer da glaubt, ihnen mit Verstehen und Versöhnen ausweichen zu können, der ist für Politik nicht geschaffen.«[25]

Hier ist klar ausgesprochen, was dem Deutschen am meisten fehlt. Aber es ist vergessen hinzuzufügen, was in Deutschland immer hinzugehört hat und auch künftig nicht fehlen darf. Denn was soll dies Getriebe von Macht und Technik, wenn keine Idee dahintersteckt? Das nackte Leben eines Volkes ist es auch nicht, worum es in einer späten Kultur geht; sondern das Leben eines Volkes, das im sittlichen Sinne zu leben verdient und zu leben ein höheres Recht hat. Spengler sagt Ausgezeichnetes über die Erziehung in den Mitteln; das Ziel deutet er nur an: »die Freiheit der großen Persönlichkeit«, die zu regieren versteht, anstelle von Fürstenfreiheit und Völkerfreiheit. Aber groß wird eine Persönlichkeit nur durch die Idee, die durch sie hindurch lebt. Und so bleibt dieser ganze Realismus, wie es nicht anders zu erwarten war, leer ohne sein Komplement: einen tief und neu verstandenen Humanismus.

3. Auch zu diesem neuen Humanismus finden sich beachtenswerte Ansätze, wenngleich vorläufig noch an sehr verschiedenen und verstreuten Stellen. Zunächst könnte man hier an die Jugendbewegung denken, die mindestens von der Sehnsucht nach einem neuen Menschentum und Seelentum erfüllt war. In der Tiefe lag ihr eine Art von Erweckung zugrunde: eine Umkehr aus dem seelenlosen Mechanismus der bloß technisch-wirtschaftlichen Kultur und ein Durchbruch echter, voller Menschenkräfte. Das alles wirkte sich in einer starken Wendung zum Gemeinschaftsleben

---

[25] Oswald Spengler, Politische Pflichten der deutschen Jugend. München 1924. S. 21. – Vgl. auch den wichtigen Abschnitt über Erziehung im ›Neubau des deutschen Reiches‹. München 1924.

aus, ohne daß die Freiheit und Selbständigkeit der Individualität preisgegeben wurde. Eine Minderung sozialer Gegensätze und somit auch eine engere Volksgemeinschaft schien heraufzudämmern. Aber es kam bis jetzt nicht zu diesen großen Errungenschaften. Vielleicht war der Bau der wirtschaftlichen Notwendigkeiten zu fest gefügt, als daß er beim ersten Anlauf gestürmt werden konnte. Vielleicht lagen auch in der Herkunft der Bewegung selber Grenzen ihrer kulturaufbauenden Kraft. Denn ursprünglich war sie ja nur Altersklassenbewegung, und als solche hat sie ihren Sinn in kurzer Zeit siegreich verwirklicht. Im übrigen aber kamen ihre Träger überwiegend aus kleinbürgerlichen Verhältnissen; sie sahen nur diese Enge und bekämpften nur diese Form der Bürgerlichkeit. Für die schöpferischen Kräfte des Bürgertums blieb die Jugendbewegung verständnislos. Eine größere Kulturperspektive war von dieser Stelle aus nicht zu gewinnen. Sie wäre wohl selbst dann kaum erreichbar gewesen, wenn die ganze Bewegung weniger kulturflüchtig und weniger von Kulturressentiment erfüllt gewesen wäre. Eine Erweckungsbewegung ist in ihrem ersten Stadium niemals eine Bildungsbewegung. Solange man mit dem Rousseau von 1750 glaubt, in der Rückwärtsbewegung zum Primitivismus das Heil zu finden, stellt man sich abseits der großen Aufgaben. Es *kann* daraus einmal etwas Positives erwachsen. Bis heut ist die Jugendbewegung mehr Symptom einer Krisis und einer Sehnsucht, als sie tätige Auseinandersetzung mit dem Leben und schöpferische Kraft gezeigt hat. Nur sind dort viele Herzen und viele Ohren geöffnet, die einmal zu hören fähig sein werden, wenn das erlösende Wort von anderer Seite fällt.

Handelt es sich bei der Jugendbewegung um einen geahnten und sektenhaft gelebten Humanismus, so finden wir zwei andere Ausprägungen an der Stelle, wo Wissenschaft und Schule sich berühren. Unverkennbar ist die Bildungskraft, die vom klassischen Altertum ausgeht, in der jüngsten Vergangenheit wieder stark angewachsen; wie immer, so auch diesmal, weil man die sogenannte Antike auf eine neue Art erlebt, versteht, sich aneignet. Es ist im Augenblick noch schwer, dieses neue Verhältnis der Modernen zu den Alten zu formulieren; man fühlt nur – von Wilamowitz und Nietzsche bis zu W. Jaeger –, daß da etwas stark lebendig ist. Eine Zeitlang sah es so aus, als ob die erweiterte Kulturperspektive, die »historische« Auffassung des Altertums, das Entscheidende in diesem »dritten Humanismus« sein werde. In dem Gutachten, das Wilamowitz für die Schulkonferenz von 1900 erstattete, finden sich die vielsagenden Sätze – eine Art Absage an den Neuhumanismus: »Die Antike als Einheit und als Ideal ist dahin; die Wissenschaft selbst hat diesen Glauben zerstört. Dagegen ist unseren Blicken kenntlich geworden eine anderthalbtausendjährige Periode der Weltkultur, nicht nur die Grundlage, sondern sozusagen ein Typus der unsern, und diese ist griechisch; denn selbst das ganze Römertum ist nur eine integrierende Provinz derselben. Es ist kein Phantasma, daß die Zukunft, weil sie es besser verstehen wird, das Griechentum noch viel höher werten wird.« So aufgefaßt, hat der Humanismus zum wirkenden Element die Berührung mit einer Kulturtotalität, deren Entwicklungsstufen der neueren abendländischen Entwicklung vergleichbar sind.[26] Außer dem Ethisch-Ästhetischen tritt auch das Politische, das Soziale, das Religiöse, kurz der ganze lebendige Reichtum einer abgeschlossenen und doch weiterwirkenden Kulturentwicklung in das Blickfeld. War der erste Humanismus stark rhetorisch-literarisch, der zweite stark ästhetisch-personal gefärbt, so schien der dritte sich dem ersten wieder mehr zu nähern und politisch-historische Grundfärbung zu tragen. Inzwischen aber ist durch Werner Jaeger eine gewisse Rückbiegung zum Neuhumanismus, zu Humboldts und Nietzsches aristokratischer Haltung erfolgt, insofern er aufs neue die Bildungsidee, d. h. die Kulturpersönlichkeit von hohem Wertgehalt und kulturbeherrschender Kraft in den Mittelpunkt stellt. »Das griechische Bildungserlebnis« ist für ihn von überzeitlichem Belang, schlechtweg die Geburt des Bildungsgedankens in der Welt überhaupt, so daß alles, was daraus historisch gefolgt ist: die ganze Geschichte des Humanimus von Platos Tagen über Erasmus bis heut, nur als Ausstrahlung dieser Uridee verstanden werden kann. »Alle Völker haben Erziehung, die Griechen Bildung.« »Humanismus ist ... keine vorübergehende Kulturerscheinung, sondern ein dauerndes Aufbauprinzip der abendländischen Kultur.« Was hier aus einer einzigartig tiefen Kenntnis und Durchdringung der antiken Kulturbewegung gesehen wird, vermag in der Tat Besitz der höchsten Kulturaristokratie zu werden (wie es in England in gewissem Grade lange der Fall ist). »Der Humanismus wird Bildungsaristokratie.« Er ist, wenn man das Wort in seiner ganzen Tiefe versteht, die *ewige Geschichte* der von den Griechen einst entdeckten παιδεία.[27]

Sehr merkwürdig kontrastiert mit diesem antik orientierten Humanismus ein neuestens zur Wirkung gekommener *deutscher Humanismus*. Man würde ihn schlecht verstehen und charakterisieren, wenn man ihn nur als das Bekenntnis zur Bildungsidee des deutschen Klassizismus auffaßte, die ja selbst stark von dem Licht des antiken Maß- und Formgedankens durchstrahlt ist. In dieser deutsch-humanistischen Bewegung,

---

[26] Vgl. Eduard Spranger, Die Kulturzyklentheorie und das Problem des Kulturverfalls. In: Sitzungsberichte der Preuss. Akad. der Wiss., Phil.-Hist. Kl. Berlin 1926.

[27] Vgl. Werner Jaeger, Antike und Humanismus. Leipzig 1925.

die schon vor Jahren Troeltsch gerechtfertigt hat,[28] steckt außerordentlich Verschiedenes. Und all dies Mannigfaltige wird von dem Ausdruck »der deutsche Mensch« umspannt, wofür manche auch kühner den gotischen Menschen setzen. Schenkt man den äußeren Motivierungen Glauben, so handelt es sich hier um die spät nachgeholte Erziehung zur Deutschheit, etwa im Sinne von Lagarde; um einen Versuch, die Deutschen, die nicht deutsch waren, nach dem Zusammenbruch energisch deutsch zu machen. Dies ist insofern überflüssig, als es der Generation, die auf den Schlachtfeldern von 1914–1918 blieb, nicht an tiefer Deutschheit gefehlt hat, und insofern unzulänglich, als eine solche binnenländische Orientierung, wie aus dem ersten Teil dieser Erörterungen hervorgeht, für die heutige Weltlage viel zu eng ist. Wir müssen ja gerade heraus aus diesem Befangensein im *bloß* Deutschen. Aber gemeint ist im Grunde auch ganz etwas anderes als nur die Selbstversenkung ins Nationale. Gemeint ist einmal das Wurzeln in einem *totalen* Kulturerlebnis, das *zunächst* am besten durch das Heimatliche und die eigene Volksgeschichte angeregt wird; sodann aber das Leben aus der Tiefe des Metaphysischen heraus. Deshalb erhebt in diesem geistigen Zusammenhang das deutsche Mittelalter, vor allem die Gotik und parallel zu ihr die Mystik, das Haupt mindestens ebenso stark wie der Klassizismus der Goethe, Schiller, Humboldt. Irgendwie fühlt man das Bedürfnis, sich in dem Reichtum dieser aus starker Innenbewegung geborenen Ausdrucksformen zu baden. Daß der Katholizismus hier nicht ungern zugreift, ist verständlich. Aber auch protestantische Kreise neigen zu diesem Hinabtauchen in wallende Tiefen. Man sieht noch nicht klar, wie dies alles zur Bildungsidee werden kann. Denn die ungeformt wogende Innerlichkeit des sogenannten gotischen Menschen – so behaupte ich im Gegensatz zu Troeltsch – kann vorgefundener Zustand sein, aber nicht angebildet werden.

Die ganze Bewegung ist entstanden aus einem deutschen Expressionismus: alles dreht sich um das Wiederfinden der deutschen Seele in der unermeßlichen Fülle ihrer Ausdrucksformen. Aber der Expressionismus allein eignet sich nicht zum Bildungsideal. Denn es kommt nicht darauf an, daß man sich und seine Besonderheit im Leben ausdrücke, sondern daß man die Sache und ihr strenges Gesetz in sich hineinnehme. Diese Sachwelt – d. h. die gestaltete Form der abendländischen Kultur –, ist nicht *bloß* deutsch, sondern sie ist eine gewaltige Synthese mannigfacher antiker und moderner Kulturgehalte. Ein großes historisches Gebäude von Kulturarbeit und Kultursinn ist vor uns aufgerichtet. Es ist dafür gesorgt, daß

---

[28] Ernst Troeltsch, Humanismus und Nationalismus. Berlin 1917.

wir es uns nie auf andere Art zu eigen machen können als auf deutsche Art. Wenn trotzdem etwas wie Angst um das Deutschtum in uns entstanden zu sein scheint, so liegen dahinter andere Motive, die wir zum Schluß aufzudecken versuchen. Es handelt sich darum, die vertiefte Kulturidee wieder zu gewinnen, die uns aus den Höhen der deutschen Vergangenheit entgegenleuchtet: die Idee eines Stufenreiches der Welt, in dem jeder Wertgehalt seine angemessene Stelle findet; und damit die Idee eines Menschentums, das, in metaphysischen Tiefen wurzelnd, aus dieser Quelle Kraft gewinnt, die Welt in großem Sinne zu formen, um an ihr rein und stark und reich zu werden.

IX.

Im Kampf der Bildungsideale spiegelt sich die leidenschaftliche Auseinandersetzung zwischen den geistigen Mächten unserer Zeit. Diese Mächte sind das Ergebnis einer bestimmten geschichtlichen Entwicklung; aber wenn sie mit dem Anspruch auf verpflichtende Geltung auftreten, so können sie das Recht dazu nicht der bloßen Tatsache ihres Vorhandenseins und Wirkens entnehmen, sondern müssen sich durch einen *Gehalt* rechtfertigen, der tiefer wurzelt als in einer gerade hier und gerade jetzt entstandenen geschichtlich-geistigen Machtverteilung. Sie müssen, wie man es philosophisch auszudrücken pflegt, im Gewande ihrer Zeitlichkeit doch einen Kern enthalten, der aus dem Absoluten stammt. Mögen sie noch so sehr der besonderen Zeitlage, ja der persönlichen Wesensart angemessen sein: *echt* sind sie nur, wenn sie aus letzten Quellen des Geistes kommen, der mitten in der Zeitlichkeit ein Reich des Sinnes und der sittlichen Arbeit aufbaut. Insofern also behält die religiöse Bildungstheorie recht, wenn sie bis auf den geheimnisvollen letzten Punkt zurückgeht, wo Gott und Seele sich berühren.

In der Tat liegt nun auch im Wesen der Bildung zunächst diese Zweiseitigkeit, daß sie dem Ewigen und den Aufgaben am Hier und Jetzt zugewandt sein muß: Dadurch sind gleichsam die beiden äußersten Punkte bezeichnet, zwischen denen sich ihr Leben – und zwar vermittelt durch ein drittes – entfaltet und bewegt. Ich nenne das erste das *Gesinnungsmoment*, das zweite das *Leistungsmoment*. Bildung soll zu Leistungen befähigen, aber diese Fähigkeit soll wurzeln in der Reinheit sittlicher Gesinnung. Andernfalls ist sie ein »Tauglichsein zu beliebigen Zwecken«, aber nicht ein Selbstwert von Ewigkeitsgehalt.[29]

---

[29] Vgl. Immanuel Kant, Kritik der Urteilskraft. § 83.

1. Will man die Seite der Gesinnung näher deutlich machen, so erfährt man immer wieder, daß hier eine Grenze des wissenschaftlich und begrifflich Faßbaren erreicht wird. Und eben deshalb nennen wir diese letzte Wahrheit, aus der gelebt wird, *religiös*. Die Sprache der Frömmigkeit hat viele Bilder geschaffen, um solche innere Erfahrung der Berührung von Gott und Seele auszudrücken. Das tiefe Recht jener neuen theologischen Richtungen, von denen die Rede war, liegt darin, daß sie den Finger auf dies Geheimnis legen, und es ist verständlich, daß sie es in seiner Einzigartigkeit und Tiefe zunächst aus jedem Weltzusammenhang herausheben. Freilich übersehen sie, daß auch sie nicht anders davon reden können, als in den geschichtlich gewordenen, in großen geistigen Auseinandersetzungen gestalteten Ausdrucksformen einer Religion, d. h. desjenigen objektiven Geistesgebildes, das seinem Sinne nach immer wieder aus diesem letzten Quell geboren und verstanden werden soll. Wir haben gesehen, daß sich die moderne Menschheit weithin von dieser Sprache zu lösen strebt. Aber mit der Sprache wechselt nicht der Gehalt, verschwindet nicht die Sache. Vielmehr besteht selbst hier noch ein Zusammenhang geschichtlicher Art, der nur zeitweise für das Bewußtsein der Lebenden – und dann wohl meist auf Kosten ihrer Tiefe – verdunkelt werden kann. Auch wenn man sich zu einer »autonomen Moral« bekennt, die ihren Ursprung philosophischen Gedankenbildungen verdankt, bleibt jener Absolutheitscharakter, der sich der Ableitung und vermittelnden Begründung widersetzt. Es sei denn, daß man die Moral auf die bloße Zweckmäßigkeit des gesellschaftlichen Zusammenlebens zurückführe. Aber Zweck*mäßigkeit* setzt einen Zweck, und *Zweck* setzt einen Wert voraus; und es ist nicht einzusehen, weshalb das Wohl der Gesellschaft einen Wert haben sollte, wenn nicht zuvor die lebendigen Seelen ihrer Glieder einem letzten Wertgehalt verbunden sind. Der Kultus des kollektiven Ganzen, bloß weil es aus vielen besteht, ist sinnlos. Nicht auf das Kollektive, sondern auf den darin lebendigen Wertgehalt kommt es an; und über ihn richtet immer und überall nur das geläuterte Gewissen – der Funke aus Gott. Seele und Wertgehalt sind die beiden Brennpunkte des geistig-sittlichen Lebens; gesellschaftliche Wechselwirkung liefert nur die Form, in der die werterfüllte Seele wird. So ist es denn auch kein Zufall, daß Kant, als er die Sittlichkeit auf das »autonome« Gewissen begründete, seinen Inhalt nicht nach bestimmten Zweckrichtungen auszudeuten wußte. Der viel erörterte Formalismus seiner Ethik hat nicht nur methodische Gründe, sondern einen tiefen sachlichen Grund. Es lassen sich keine inhaltlich gefaßten Ewigkeitsformeln der Sittlichkeit aufstellen, sondern allein darauf kommt es bei der ethischen Beurteilung der Motivbildung an, ob das Gewissen

dabei ist oder ob es nicht dabei ist. Aus dieser tiefsten Quelle mag dann im Gange der Geschichte, wie sich die objektive Religion an letzten unaussprechlichen Berührungen entfaltet, eine geschichtlich bestimmte inhaltliche Moral erwachsen, die auf die Fülle konkreter Aufgaben und Verhältnisse Bezug nimmt. Sie mag sich sogar als eine Art von gefestigtem, gesellschaftlichem System von Werturteilen und geformten Gebilden (sittlichen Institutionen) darstellen. Aber damit treten wir schon in das Reich der Wandelbarkeit und Zeitlichkeit. Der ewige Prüfstein des Sittlichen selber – nenne man ihn nun Gewissen oder anders – bleibt immer jenseits dieser Erscheinungsformen. Er ist und bleibt das letzte Wertprinzip des Lebens in all seinen vielen, wechselnden Auswirkungen.

Sprachen wir also von dem Gesinnungsmoment in der Bildung, so darf es nicht überraschen, wenn ihm zunächst ein *Inhalt* nicht gegeben werden kann. Bis in diesen Bezirk läßt sich das Leben nicht verwissenschaftlichen. Die Erziehung kann hier kein formuliertes Ideal aufstellen. Denn ob wir sagen: »sei du selbst« oder »lebe den anderen« – den erfüllenden Sinn und die konkrete Anwendung empfangen diese Leerheiten nur, wo das Gewissen selber spricht. Es ist das Schwerste und Letzte der Erziehung, das unter Tausenden nur einem gelingt, den Zögling überhaupt an diesen Punkt heranzuführen, wo er sich selber findet, d. h. aber sein höchstes, ichüberlegenes Selbst findet. Und wenn es je gelingt, so gelingt es praktisch nicht in der dünnen Luft der sog. Unmittelbarkeit, sondern immer nur an den großen geformten Gehalten der geistig-sittlichen Welt: im Zusammenhang religiöser Überzeugungen, im Anschauen persönlich-sittlichen Lebens, im Erleben tiefster Entscheidungen vor einer bestimmten sittlichen Situation. Nichts anderes als *Reinheit des Herzens* kann hier gefordert und gesucht werden. Und es kommt darauf an, diesen absoluten Beziehungspunkt in seiner Unvergleichlichkeit zunächst einmal festzuhalten, bis wir am Schluß unseres Weges auf ihn von anderer Stelle zurückblicken werden.

2. Ganz anders stellt sich das Moment der *Leistung* in der Bildung dar. Hier betreten wir den Boden mitteilbarer Aufgaben und bestimmter Zwecke. Es versteht sich von selbst, daß nur *die* Leistung echten Wert beanspruchen kann, die *aus* Gesinnung und *mit* Gewissen erfolgt. Aber die Reinheit der sittlichen Gesinnung als solche befähigt noch nicht zu Leistungen. Dazu bedarf es mannigfach spezialisierter Fertigkeiten und Kenntnisse. Hier kommt es zuletzt auf Können und Erfolge an. Und für die Forderungen, die hier gestellt werden, sind nicht unwandelbare Ewigkeitswerte allein maßgebend, sondern auch die ganz besondere Lage einer historischen Gesamtkultur, eines Aufgabenkreises (z. B. eines Berufes).

Hier beginnt die persönliche Veranlagung eine Rolle zu spielen, und auf der anderen Seite das *Bedürfnis*, somit alles das, was zum Aufbau eines inhaltreichen Personenlebens inmitten der Kulturgesellschaft *nützt*. Daß einer *alles* verstehe, könne, leiste, ist durch die verwickelte Lage unserer Kultur längst ausgeschlossen. Also beginnt hier auch die Notwendigkeit der Arbeitsteilung und Spezialisierung. In der sittlichen Gesinnung gibt es keine Arbeitsteilung; man hat sie ganz, oder man hat sie gar nicht. Im Bereich der Werke aber spielen persönliche Begabungen, Neigungen, Verpflichtungen eine Rolle. Hier wird der Erfolg und das Gelingen angestrebt, während die Gesinnung ihren Wert auch dann noch auswirken kann, wenn sie das Eigengesetz der einmal geformten Welt aus ihrer Kraft heraus nicht unmittelbar zu lenken vermag.

Für die Auseinandersetzung der Bildungsideale, die in einer Zeit lebendig sind, beginnen an dieser Stelle die Erörterungen über die *Auswahl* der Kulturgüter, an denen der Mensch gebildet werden soll, und der Kulturleistungen, für die er gebildet werden soll. Wichtig und unwichtig, notwendig und entbehrlich, zeitgemäß und veraltet, sind die Kategorien, die dann mit Recht als Maßstäbe aufgestellt werden können. Setzt man zum Beispiel den gesunden (sittlichen) Fortgang der Kultur im ganzen und die Kulturfähigkeit des einzelnen (den persönlichen Lebensaufbau in der Kultur) als geltende Bildungsziele, so verläuft die Erörterung in diesem Rahmen geradezu unter utilitarischen Gesichtspunkten. Der einzelne muß nach Fertigkeiten und Kenntnissen so gebildet werden, daß er in der Kultur und unter den gegebenen Bedingungen ihrer Arbeitsteilung zu leben vermag. Zuletzt münden diese Erörterungen notwendig in die Berücksichtigung einzelner Berufsanforderungen ein. Mit Recht kann hier gefragt werden, ob man heutzutage Französisch dringender braucht oder Englisch, volkswirtschaftliche oder hygienische Kenntnisse, und dergleichen. Die Entscheidungen hierüber fallen verschieden aus je nach dem inhaltlichen Ziel, das man der Kultur und dem von ihr bedingten Einzelleben setzt. Hier also gibt es Standpunkte und Perspektiven, während darüber unter ernsten Leuten kein Streit entstehen kann, daß der Mensch, was er auch treibe, es aus sittlichem Geiste und mit heilig-reinem Gewissen treiben solle.

So also stehen sich bisher als äußerste Richtpunkte für die Geltung eines Bildungsideals gegenüber die *unbedingte* Forderung der sittlichen – und *darum* eben sittlich-religiösen – Bildung, und die sehr bedingten, sehr verzweigten Forderungen, die sich aus kulturutilitarischen Gesichtspunkten ergeben. Man wird bemerken, daß diese beiden Momente der Bildung – und in *jeder* Bildung treten unvermeidlich beide auf – den früher behandelten einseitigen Richtungen der Bildungstheorie: dem religiösen und dem realistischen Bildungstypus entsprechen.[30] Aber sie stehen vorläufig noch sehr unverbunden nebeneinander, und es läßt sich im voraus vermuten, daß es gerade die Absicht des humanistischen Bildungsgedankens sein wird, zwischen beiden die Brücke zu schlagen.

3. Denn zwischen Einheit und Vielheit vermittelt nur die *Form.* Noch unabhängig von allen historischen Ausprägungen und Vorbildern der Menschen*formung* darf man sagen, daß schon bei dem Worte Bildung etwas mitschwingt, was sich nicht in sittlicher Gesinnung und Kulturleistungsfähigkeit erschöpft. Man denkt dabei an eine innere Gestalt, an eine geschlossene Einheit, an ein geformtes Sein. Gleichsam zwischen der unbedingt verpflichtenden Forderung der Sittlichkeit und den immer wechselnden, immer diskutierbaren Kulturbedürfnissen liegt in der Mitte die Idee, daß der Mensch, der zwischen diese Geistesmächte eingespannt ist, für sich selber etwas *sein* solle: ein Mittelpunkt, nicht ein bloßer Durchgangspunkt, ein Bleibendes, nicht ein beliebig Wandelbares. Sittlich ist, wer die ewige Stimme in seinem Innern hört und befolgt; leistungsfähig ist, wer vieles weiß und kann. Aber gebildet ist, wer einen Gehalt im Busen trägt, der ihn zugleich dem einzelnen Können gegenüber frei und unabhängig macht und ihn mit seinem Wesen und Tun stärker an ewige Werte kettet, als es das bloße Kultur*bedürfnis* vermag.

Von Bildung und Bildungsideal im eigentlichsten Sinne reden wir nur da, wo zu jenen ersten beiden Momenten in starker Ausprägung dies dritte hinzutritt: die freie Menschlichkeit, die sich keinem äußeren Kulturzweck anders hingibt als mit vollem Anteil der sittlich bejahenden Seele. Dies Drüberstehen über dem Drang und Zwang der Dinge macht erst volle Bildung aus.

In vielen Wendungen, die doch sämtlich Bilder sind, läßt sich diese innere Dauerverfassung der Seele ausdrücken. Sie ist Einheit in der Vielheit, innere Aneignung, Beseelung und Durchdringung des zunächst nur von außen heranwogenden Lebensstoffes, beherrschtes Gleichgewicht im Spiel der Kräfte. Wollen wir aber betonen, daß es sich hier nicht so sehr um die Hingabe an äußere Leistungen und Zwecke, sondern um ein persönliches Sein und Haben dreht, so bietet sich kein besseres Wort als eben: *innere Form.* Sie ist das Urbild all der äußeren Formungen, in denen der Mensch die Eigengesetzlichkeit der Weltinhalte, sie aufnehmend und sich innerlich vermählend, gleichsam mit seiner Seele fühlt. Und ist dies letz-

[30] Realistisch nenne ich also alle Bildungsgüter, sofern sie aus Nützlichkeitsgründen zur Geltung kommen, nicht nur die naturwissenschaftlichen.

tere *ästhetisches* Gestalten und Genießen, weil es von der Notdurft des Begehrens und Gebrauchens frei ist, so kann mit Recht auch jene innere Verfassung der Seele, die wir Bildung nennen, als ein ästhetisches Phänomen bezeichnet werden.

Wer dies nicht hat, dem läßt es sich nicht erklären. Höchstens können einzelne Gesichtspunkte herausgehoben werden, die der Erläuterung dienen. Es ist ein Unterschied, ob jemand viel weiß und kennt, oder ob in ihm die *Kraft* des Wissens und Kennens freigelegt ist, so daß er, über das Gewußte hinübergreifend, aus dem innerlich bejahten Geist der Erkenntnis heraus zu leben vermag, was ihm auch einzelnes begegnen möge. Eine gebildete Hand ist etwas anderes als ein angelerntes technisches Können. Eine menschenfreundliche Seele steht über den triebhaften Sympathien und Antipathien, denen der Mensch von Natur ausgeliefert zu sein pflegt. Die echte Rechtsgesinnung ist ein Habitus der Person, in der mehr Eigenes steckt als in jedem Einzelakt der Rechtsgewährung und der Rechtsbehauptung. Der gute Geschmack greift hinein bis in die Dinge des Herzens und der Sittlichkeit, und Schiller hat mit Recht den schwebenden geistigen Mittelzustand allseitiger »ästhetischer Bestimmbarkeit« als Bedingung der höchsten Bildsamkeit geschildert.

Aber was sind alle diese theoretischen Umschreibungen gegenüber der Plastik wirklicher Lebensgestaltung? Niemand wüßte, was allseitige Kraftbildung oder innere Form der Persönlichkeit ist, wenn er es nicht an konkreten Menschen des Lebens oder der Dichtung erschaut hätte. Unsere Klassiker beschreiben das Wesen der Bildung sehr tief, wenn sie sagen, sie bestehe darin, so viel *Welt* als möglich in die eigene Seele aufzunehmen, sie zur Einheit zu formen und mit so beseelter Kraft in die Welt zurückzuwirken. W. v. Humboldt erblickt das Eigentümliche der Bildung mit Recht darin, »daß jedes Vermögen, das man in sich spürt, einmal einen Gegenstand in sich gefunden hat, in dem es ganz aufgegangen ist, wo nun jede neue Beschäftigung (damit) gleichsam nur eine Wiederholung sein würde«. Und doch kann der volle Sinn der Bildung nur im vertieften Umgang mit dem geistigen Persönlichkeitsgehalt der Goethe-Schiller, Herder-Humboldt, Pestalozzi-Fichte bis zu Hegel und Schleiermacher hin erfaßt werden. Schon in den blutvollen Gestalten des ›Wilhelm Meister‹ oder des ›Faust‹ liegt ein einleuchtenderes Bildungsbekenntnis vor als in den ›Briefen über ästhetische Erziehung‹ oder in den ›Briefen über Humanität‹, einfach weil es sich hier um Denkformen, dort um Lebensformen handelt. Die Bildung des Menschen beginnt da, wo seine persönliche Auseinandersetzung mit den Gehalten der Welt beginnt. Die Poesie ist davon nur der farbige Abglanz, die Philosophie der graue Schatten. –

Mit dieser Einsicht erst komme ich zu dem Thema, um das es hier zu tun ist, d. h. zu der Frage nach der Bildung für unsere Zeit.

X.

Wäre es so, wie manche Revolutionäre, auch die der Erziehung, uns glauben machen wollen, daß mit jeder neuen Zeitlage alle vergangenen Geistesformen einfach fortgespült würden, so wären Leben und Geschichte ohne Sinn. Auch er, der heute meint, mit ein paar agitatorischen Kraftworten dem stockenden Erziehungswesen aufzuhelfen, ist morgen schon ein trüber Schleicher, weil offenbar nach ihm noch andre kommen und noch lauter reden.

Niemand wird leugnen, daß unsere Epoche in ihrem ganzen geistigen und gesellschaftlichen Aufbau von der unmittelbar vorangehenden stärker abweicht, als es sonst zwischen zwei miteinander lebenden Generationen der Fall ist. Aber niemand wird deshalb glauben, die neue Zeit werde etwa in der Schule gemacht, noch ehe sie im reifen Leben Gestalt gewonnen hat. Vielmehr war früher die Meinung: gerade wenn wir Menschen bilden wollen, die den drängenden Kräften ihrer Zeit gegenüber frei und fest dastehen, ist es notwendig, sie mit solchen Geistesformen in Berührung zu bringen, die auf einer breiteren Erlebnisbasis und einer größeren Formkraft ruhen, als sie die Impressionisten des Daseins aufbringen, die nur das eben »Moderne« stark in sich empfinden. Wir nennen jene Menschen, denen es gelungen ist, die ganze Breite des erlebten Stoffes in hohen personalen Gestalten zu bemeistern: *Klassiker.*[31] Die von ihnen vorgelebten Daseinsformen gehen als produktive Gehalte über in den objektiven Geistesbestand der betreffenden Kultur. In ihnen ist nicht nur das Gestern und das Heute, sondern ein Stück Ewigkeitsgehalt gebunden. Und man sollte erwarten, eine Zeit, die offenkundig *ihre* Form noch nicht gefunden und geschaffen hat, müsse zunächst bei denen in die Lehre gehen, die ihr an solcher Formkraft dem Leben gegenüber weit voran waren. Aus solchen Motiven hat man Jahrhunderte hindurch sich an der Antike gebildet. Sollten die deutschen Klassiker schon hundert Jahre später überwunden sein? Ich habe umgekehrt den Eindruck, daß sie noch niemals in ihrer ganzen Tiefe ausgeschöpft und angeeignet worden sind.

---

[31] Vgl. Eduard Spranger, Die Generationen und die Bedeutung des Klassischen in der Erziehung. In: Jugendführer und Jugendprobleme. Festschrift zu Georg Kerschensteiners 70. Geburtstag. Hg. von Aloys Fischer und Eduard Spranger. Leipzig, Berlin 1924.

Da es aber nicht die Absicht sein kann, Lebensideale der Vergangenheit einfach auszugraben und als Dogmen auszustellen, spitzt sich die Frage dahin zu, ob wir uns auf *unsere* Art und von *unserem* Zukunftswillen aus noch jene Bildungen anzueignen vermögen, oder ob seitdem so Einschneidendes geschehen ist, daß sie der *bloßen* Geschichte angehören. Mit einem Wort: es handelt sich um die Anwendbarkeit und die Fruchtbarmachung klassischer Ideale für unsere Zeit.

Der stärkste Einwand, den man dagegen zu erheben pflegt, ist der Hinweis auf den neuen Menschen und die neue Gesellschaft. Beide sind zwar noch nicht geboren, aber man glaubt sie zu fühlen, und wäre es auch nur als Widerstand der jungen Generation gegen die zugemuteten Bildungsgüter. Ohne Zweifel liegt hierin etwas Wahres; wir sind in unserer seelischen Struktur anders veranlagt als jene Menschen vor 100 bis 150 Jahren, und auch das äußere Gefüge unserer Zeit zeigt eine andere Lagerung. Trotzdem müssen wir annehmen, daß »der Mensch« in den *Grund*motiven seines inneren Wesens sich durch die Zeiten gleich bleibt; nur daß diese Motive in einer wechselnden Anwendungsform, in wechselnder Wertschichtung und somit in veränderten Bewußtseinsformen in die Erscheinung treten. Wie könnten wir die Menschen der Vergangenheit auch nur verstehend zu uns in Beziehung setzen, wenn nicht die Grundtriebe irgendwie die gleichen blieben? Solange Menschen existieren, haben sie Ernährung, Fortpflanzung und Daseinsfreude gesucht, haben sie auf ihre Art der Wahrheit und dem Schönheitsideal, ihrer Liebe und ihrer Macht, ihrem Guten und ihrem Heiligen gelebt. Die großen Grundrichtungen des geistigen Lebensvollzuges bleiben gleich, wenn sie auch mannigfach verwachsen und auseinanderstreben, und wenn auch die Kulturlage, auf die sie angewandt werden, auf den Menschen formend zurückwirkt und ihn historisch individualisiert. Schon hieraus ergibt sich für das Bildungsproblem, daß über dem »neuen Menschen« irgendwo das »Ewig-Menschliche« schwebt, das gerade in den Formungen, die wir klassisch nennen, mit der Reinheit erschien, die nur dem »wahren« Menschen, dem geborenen Humanisten im voll lebendigen Sinne gelingt. Aber dies »Ewig-Menschliche« ist nun zugleich hineingezogen in das Meer wechselnder Erscheinungsformen, und es ist begreiflich, daß jeweils das Neueste, das Ungewohnteste, sich dem Bewußtsein so eingräbt, als wäre es das »Einzig-Menschliche«. Gleichwohl ist eine solche Stellung zum Leben historisch kurzatmig zu nennen. Sie ist verloren an den Zeitmoment, statt über ihm in größeren Zusammenhängen zu ruhen.

Dies gilt vor allem von dem Schlagwort »die neue Gesellschaft«. Denn die Gesellschaft, als bloße Form des Verbundenseins und der Wechselwirkung zwischen Menschen, die selbständige Erlebnismittelpunkte sind, schafft keine neuen geistigen Bildungsgehalte. Sie läßt höchstens diese Gehalte in eigentümlichen Erlebnisweisen erscheinen und stellt der gesellschaftlichen Moral wie der gesellschaftlichen Organisation besondere Aufgaben. Der Brennpunkt des geistigen Geschehens aber liegt niemals in der Gesellschaftsordnung, sondern er liegt – das ist der letzte Sinn des Christentums als objektiver Geistesmacht – in den lebendigen Einzelseelen, und er liegt andererseits in dem Sachgehalt und Sinngehalt, der in diesen Einzelseelen immer neu erzeugt, verstanden und durchseelt wird. Wir machen die Probe auf diese Behauptung, indem wir näher auf die seelisch-gesellschaftliche Struktur unserer gegenwärtigen Bildungsproblematik eingehen.

Das soziale Problem des Proletariats, von dessen Bedeutung für die Gegenwart früher gesprochen wurde, erscheint den einen als Machtfrage, anderen als Rechtsfrage, wieder anderen als Frage einer neuen Gemeinschaftsgesinnung. In allen drei Fällen wird das »Zueinander« der Menschen in den Vordergrund gestellt. Die Umschichtung der Gesellschaft, die man kommen sieht oder die man aus sittlicher Entscheidung heraus *will,* mag aus der Machtergreifung durch das Proletariat hervorgehen oder mehr durch Rechtsumbildung oder durch Gemeinschaftsgeist bewirkt werden: wenn weiter *nichts* kommt als neue Macht oder neues Recht oder neue Solidarität, so ist dies im ethischen Wertsinne ziemlich gleichgültig. Denn allemal handelt es sich um bloße gesellschaftliche Formbildungen. Was diese wert sind, beruht aber auf den wertwollenden Menschenseelen, die die neue Gesellschaft ausmachen und tragen. Denn der Brennpunkt des Sittlichen liegt, wie Pestalozzi mit Kant und Fichte eindringlich gelehrt hat, im Innersten der Seele, und gesellschaftliche Einrichtungen haben nur insofern einen abgeleiteten sittlichen Wert, als sie aus Gesinnung entstanden sind und umgekehrt durch ihre Existenz bestimmte Gesinnungshaltungen erleichtern und ermöglichen. Weil es in der Struktur der modernen Gesellschaft liegt, daß sie weiten Schichten die Möglichkeit einengt, im sittlichen Sinne »Mensch« zu sein, ist unsere Aufmerksamkeit seit der großen Revolution, unter deren Bann wir noch heute stehen, primär auf das soziale Problem gerichtet, als ob von einer Lösung der wirtschaftlichen und der gesellschaftlichen Verhältnisse alles Heil käme. Die ganze »Mystik der Soziologie«, die unsere Zeit kennzeichnet, hängt mit dieser Blickrichtung auf soziale Formbildungen zusammen. Von der Soziologie aus sollen alle Kulturfragen entschieden werden. Man löst die Wissenschaft, die Kunst, ja selbst die Religion in soziologische Kräfte auf. Entsprechend wird das Sittliche fast ganz auf das Sozialethische beschränkt.

Von dieser soziologischen Augentäuschung müssen wir uns frei machen. So wenig beim Buch der Einband die Hauptsache ist, so wenig bei der sittlichen Kultur die Gesellschaftsordnung. Gewiß – soziale Form und kultureller Gehalt hängen in der Wirklichkeit untrennbar zusammen. Aber das *Entscheidende* sind nicht Machtverhältnisse und Rechtsordnungen und Gemeinschaftsformen als solche, sondern der persönlich-menschliche und der sachlich-kulturelle Gehalt, die in der Form der Macht, des Rechtes und der Gemeinschaft auftreten. Genauer gesagt: die Wertstufe von Macht, Recht und Gemeinschaft hängt von dem geistigen *Inhalt* ab, der in diesen Formen gebunden ist; der geistige Inhalt aber wiederum wird sittlich bedeutsam nur, sofern er immer wieder aus dem Brennpunkt von Gesinnung und Gewissen in der Einzelseele erzeugt wird. Das letzte also bleibt auch in der sozialen Problematik der Mensch als Träger des Geistes: der Mensch in seiner Menschlichkeit oder sittlichen Humanität.[32]

Betrachten wir unter diesem Gesichtspunkt die wirklichen Bildungsbewegungen unserer Zeit, so erklärt sich ein Tatbestand, der auf den ersten Blick sehr merkwürdig ist: Auch unter dem Zeichen des Sozialismus, und besonders in sozialistischen Kreisen, sind die Bildungstendenzen zunächst von stärkstem liberalem Geist erfüllt. Die neuen Erziehungsformen arbeiten entschieden darauf hin, daß die Freiheit und das Eigenrecht des jungen Individuums zur Geltung komme. Niemals ist so viel Rücksicht genommen worden auf Begabung, Neigung und spontan von innen dringendes Tun, kurz auf das Individuum und seine geistige Eigentümlichkeit (Individualität), wie in der Reformpädagogik unserer Tage. Bisweilen geht diese Tendenz so weit, daß alle festen Erziehungsorganisationen, alle Lehrplanbindungen und alle vorgezeichneten Bildungsformen von der Auflösung bedroht sind. Erst jetzt vollendet sich in der Erziehung das Zeitalter des Liberalismus, an dessen Pforte in pädagogischer Hinsicht Rousseau steht. Alles soll von innen wachsen. Freiheit des jungen Menschen ist das höchste Gebot, obwohl in einer demokratischen Regierungsverfassung nur gebundene Freiheit Sinn haben kann und obwohl der strenge Sozialismus doppelte Bindung des einzelnen fordert.

Man wird mir einwenden, daß damit nur eine Seite der Sache gezeichnet sei. Ihr Gegengewicht finde die Freiheit in dem *Gemeinschaftsgeist,*

---

[32] In ganz ähnlichem Sinne beurteilt die Lage Hendrik de Man, Psychologie des Sozialismus. Jena 1926. Vgl. z. B. S. 189: »Wer die Verwirklichung des Sozialismus nicht von der automatischen Erfüllung wirtschaftlicher Zwangsgesetze erwartet, sondern von der Bildung *sozialistischer Menschen*, wird guttun, diese Formel mit einem Sinne zu füllen, der den Nachdruck nicht ausschließlich auf das Eigenschaftswort *sozialistisch* legt; auch für das Hauptwort *Mensch* soll etwas übrigbleiben.« S. 7: »Der Sozialismus soll Seelenerlebnis werden«. Vgl. ferner S. 337.

der ebenso stark betont werde. Aber diese Gemeinschaft ist sehr oft nichts als das Wechselspiel der Individualitäten, und es wiederholt sich hier die Wahrheit, daß Gemeinschaft – wie auch Freiheit – leer ist, wenn nicht hinzugefügt wird, *worin* Gemeinschaft und *wozu* Freiheit sein solle. Dadurch, daß viele Individualitäten zusammen sind und aufeinander wirken, entsteht noch kein soziales *Ganzes* mit einem sittlich bejahten überindividuellen Gehalt. Dieser kann nur aus dem Wertgehalt folgen, an dem und für den gearbeitet wird. Liebe und Machtübung haben dann so viel Wert, wie das Personideal und Kulturideal Wert haben, von deren Geist sie erfüllt sind.

Die weiteren Züge unseres Bildungslebens ergeben sich aus der Besonderheit unserer Zeitlage. Es ist eine impressionistisch gerichtete ältere Generation, die hier erzieht, d. h. eine Generation, die großenteils selbst keine festen Lebensformen und Wertideale besitzt, sondern durch den Reichtum von geistigen Eindrücken, Anregungen und Erregungen hin und her geworfen wird. Diese Generation, über der das neue Wort »Erlebnis« steht, hat in der Tat Erlebnisse, aber keine Gestalt. Die Folge ist eine Erziehung zum expressionistischen Lebensstil. Durch bloße Anregungen und Erlebnisanreize soll nun die junge Generation aus sich herausproduzieren, was in ihr drin liegt. Man hofft, mit anderen Worten, daß der Geist sich selber helfen werde, da die Erziehung ihm nichts Festes geben kann. Theodor Litt hat den einseitigen Subjektivismus dieser Bildungsformen meisterhaft geschildert.[33] Das Ich, das kulturell noch ziemlich leere Individuum, soll *sich* in die objektiven Gehalte ergießen. Es soll – und darin liegt gewiß *ein* echtes, aber höchst einseitiges Bildungsmotiv – alles mit seiner Seele überdecken, zum bloßen Mittel für den Ausdruck seiner erlebenden Innerlichkeit machen. Das Ergebnis ist vorauszusehen: Auf allen Gebieten der künstlerischen Betätigung, von rhythmischen Körperübungen über das freie Zeichnen und Formen bis zum Erlebnisaufsatz, ist es ungeahnt glänzend. Wo aber das strenge Eigengesetz eines geistigen Sachgebietes in Frage kommt, bleibt es beim Nippen und beim unsoliden Naschen. Selbst aus der Geschichte will man heut nur Honig saugen. Die deutsche Vergangenheit betrachtet man ganz folgerichtig als den reichen Born, in dem die deutsche »Seele« ihren »Ausdruck« gefunden hat.

Auch dieser Tatbestand des heutigen Bildungslebens ist *Ausdruck*, nämlich Ausdruck einer unfertigen Zeit und eines chaotischen, an keinen festen Maßen orientierten Seelentums. Und insofern hat diese Erziehung

---

[33] Theodor Litt, Die Philosophie der Gegenwart und ihr Einfluß auf das Bildungsideal. Leipzig 1925.

den Vorzug, ganz ehrlich zu sein. Sie ist ehrlich im Ausdruck ihrer pädagogischen Ratlosigkeit. Nennt man doch die Schulen, die ganz neue Wege gehen, ausdrücklich »Versuchsschulen«; offenbar sollen in ihnen Experimente auf dem Gebiet der Menschenbildung angestellt werden. Man kann sich ausmalen, wie Plato mit den Sophisten einer solchen neuen παιδεία diskutiert hätte: er hätte sie um den Grund (λόγος) ihres Tuns gefragt, und sie hätten sich auf ihre »Erlebnisse« berufen.

Bildung aber ist mehr als ein Bündel von noch so tiefgehenden Erlebnissen. Sie erreicht ihre volle Reife erst da, wo man mit den Erlebnissen fertig zu werden gelernt hat, indem man aus ihnen Resultate für das Leben zieht. Und dies ist nur dann der Fall, wenn die Freiheit eine überindividuelle Bindung erfahren hat. Daß diese Bindung nicht in der bloßen Tatsache des Zusammenlebens mit vielen gefunden werden kann, ist bereits betont worden. Die Bindung kann allein daraus folgen, daß sich Personen, d. h. geist- und werterfüllte Individuen, auf dem Boden objektiv-geistiger Wertgehalte treffen.[34]

Es ist sehr schwer, die Lebenstatsachen philosophisch zu umschreiben, auf die es hier ankommt. Man muß das in sich selbst aufgebaut haben – andernfalls bleibt das Folgende ein leerer Schall von Fachausdrücken.

Ich – dies kleine Erlebniszentrum – scheine zunächst nur Durchgangspunkt mannigfacher Eindrücke, Erregungen und widerspruchsvoller Gesichte. Erst in dem Augenblick, wo ich in mir die ewigen aktiven Geisteskräfte entdecke, mit denen ich den Stoff des Erlebens bewältige und forme, weil sie ihrem geistigen Eigengesetz nach so und nicht anders geformt werden *müssen*, werde ich ein Ich von höherem Gehalt oder eine *Person*. Die gesetzliche Ordnung der Naturkräfte in mir und um mich herum, das Eigengesetz der Wahrheit, das Formgesetz des Schönen, die letzten Lebensmächte des Heiligen, sie alle sind zugleich Seele und Sachlichkeit, d. h. sie sind weder bloß aus dem Subjekt des Erlebens geboren, noch bloß mit den Sachgebieten gegeben, sondern es ist ihr *Wesen*, subjektiv-objektiv zu sein, und eben dieses wesenhafte Verwobensein der Seele mit Gehalten nennen wir *Geist*. Nicht also das Ich, das aus den leeren Funktionen von Vorstellen, Fühlen und Begehren besteht, ist etwas Selbständiges, sondern nur das Ich, das auf eine Welt gerichtet ist und sich mit dem Gehalt der Welt erfüllt, *»so groß es ist«*.

Nun aber treten diese Gehalte in das Ich nicht nur hinein in der Gestalt

---

[34] Sehr gut setzt diesen Gedanken auseinander Ottomar Wichmann, Formalismus und Realismus als Bildungsprinzipien im Hinblick auf die Richtlinien. In: Lehrproblem und Lehrgänge. Halle 1927.

von ewigen formalen Gesetzlichkeiten, wie sie die Kantianer herauszuarbeiten versucht haben, sondern in der Gestalt historisch gewordener, z. T. ganz konkreter geistiger Objektivitäten. Wir nennen dies Stück Geschichtlichkeit, in dem ein *echter* und also fortwirkender und in diesem Sinne *ewiger* Gehalt wohnt, den *objektiven* Geist. Er ist es, der durch das geistige Einzelich hindurchlebt und es zur Person erhebt. Unsere Denkweise, sofern wir geistige Wesen sind, ist ein geheimnisvolles Ineinander von ewig gültigen Gesetzlichkeiten und historisch gegebener Stufe bewältigter Denkprobleme. Unser ästhetisches Gerichtetsein ist eine Verwebung ewiger Schönheitsgesetzlichkeit mit der besonderen Erlebnisart und dem besonderen Erlebnisstoff unserer Zeit. Unser religiöses Bewußtsein erfaßt Göttliches in der zeitbedingten Geistigkeit unserer historischen Gesamtlage. Wir sind, indem wir in die Geistesbewegung unserer Zeit hineinstreben, schon präformiert für eine Form, die gerade uns zu schaffen bestimmt sein wird. Aber wir erringen sie nur, indem wir uns *bilden*, d. h. indem wir zuvor die höchsten objektiven Geistesformen, die schon erobert worden sind, in unseren Busen hineinnehmen und sie mit unserer Seele vermählen. Mit einem Wort: wo objektiver Geist und die sich entfaltende, suchende subjektive Geistigkeit zusammentreffen, *da liegt der Prozeß der Bildung*.

Keine der beiden Seiten genügt für sich allein. Die lebendige Seele darf nicht erdrückt werden von der gegebenen Macht objektiver Geistesgebilde. Aber auch die Seele mit ihrem noch fluktuierenden Erlebnisgehalt darf sich nicht einseitig zum Maßstab der Werte und Gestaltungen erheben. Sondern *Durchseelung des Geistes, Durchgeistigung der Seele; wo dies in produktivem Sinne gelingt, da ist Bildung*.

In der Tat kommt man nur so zur Form. Die Kunst, die der allgemeinen Geisteslage immer mit sicherem Instinkt vorfühlt, zeigt uns dieselbe Umkehr. Sie strebt über beide Einseitigkeiten hinaus: über den Impressionismus zufällig aufgenommener Eindrücke oder »Erlebnisse« und über den Expressionismus, dessen Stil es ist, daß sich die ebenso zufällige und manchmal sehr leere Innerlichkeit des Subjektes vordrängt, um die Eindrücke willkürlich nach ihrer Art zu modeln. Man spricht jetzt von dem Willen zu »einer neuen Sachlichkeit«. Und es kann damit nichts anderes gemeint sein, als daß die Vermählung von Eindruck und Ausdruckskraft *beiden* Gesetzlichkeiten Rechnung trage: dem Gesetz des Sachlichen, wie es nun einmal ist oder im historischen Geistesprozeß geworden ist, und dem Gesetz des seelischen Seins, das den »Gehalten« nicht entflieht, sondern sie in ihrer *objektiv* erfaßten Art und Kraft in sich walten läßt. »In Kunst und Wissenschaft so wie im Tun und Handeln kommt alles darauf an, daß die Objekte rein aufgefaßt und ihrer Natur gemäß behandelt werden.«[35]

Wenden wir uns zu den konkreten Erscheinungen der heutigen deutschen Erziehung zurück, so bemerken wir einen verhängnisvollen Mangel an Ehrfurcht vor den Forderungen des Objektiven und besonders vor dem Gehalt historischer Objektivitäten. Man verwendet den Gegensatz »alt« und »neu« einfach so, daß auf die erste Seite alle negativen, auf die zweite alle positiven Wertakzente fallen, während doch nur der Gegensatz »echt« und »unecht« einen gültigen Wertmaßstab für Bildungsfragen abgeben sollte. So glaubt man der »Neuheit« unserer unerhört komplizierten Gesamtlage dadurch gerecht zu werden, daß man die Erziehung möglichst von aller Orientierung am Gehalt früherer großer Geistesepochen loslöst. Immer wieder begegnet mir der Einwand: »Plato war in seiner Zeit gewaltig – wir stehen unter anderen Zeichen. Friedrich der Große ist das Ideal einer abgelebten Epoche – wir stehen im Zeitalter sozialer und wirtschaftlicher Kämpfe von ganz anderer Art. Goethe hat eine Gestalt des Lebens gelebt, die heute niemand mehr so leben kann.« – Diese Einwände beruhen, wenn sie nicht aus bloßer Wesensenge folgen, mindestens auf einem Mißverständnis. Gewiß, wir können heute weder Plato nachahmen, noch uns in das Zeitalter Goethes und Friedrichs zurückschrauben. Aber das ist ganz äußerlich gedacht. Gemeint ist nur, daß das *Große* – und es gibt *das* Große! – einmal in seiner überragenden Wertgestalt durch die junge Seele mit ganzer eindrucksvoller Gewalt hindurchgegangen sei. Ist dies geschehen, hat sie das einmal in sich gespürt, so kann man darauf vertrauen, daß sie stark und weit genug geworden ist, um unserer Zeit zu geben, was diese Zeit fordert.[36] Wer aber nur mit den zerstreuten Materialien unserer täglichen Gegenwart in Berührung gekommen ist, der hat zwar allerhand geschaut und erlebt, aber er hat die Formkraft nicht erfahren, die aus solchen Materialien erst personales geistiges Dasein macht.[37] Daher das Elend unserer zerklüfteten Zeit: daher das Versinken in der

---

[35] Johann Wolfgang v. Goethe, Jubiläumsausgabe, Cotta. Bd. 4. Stuttgart, Berlin o. J. S. 206. Vgl. Goethe zu Eckermann am 29. 1. 1826: »Alle im Rückschreiten und in der Auflösung begriffenen Epochen sind subjektiv, dagegen aber haben alle vorschreitenden Epochen eine objektive Richtung.« In: Goethes Gespräche. Gesamtausgabe. Hg. von Biedermann. Bd. 3. Leipzig 1910. S. 254.

[36] Vgl. Goethe zu Eckermann am 16. 12. 1828: »Alles *Große* bildet, sobald wir es gewahr werden.« In: Goethes Gespräche. Gesamtausgabe. Hg. von Biedermann. Bd. 4. Leipzig 1910. S. 56.

Vgl. Herders Schulrede: Vom Zweck der eingeführten Schulverbesserung. 1786. Johann Gottfried Herder, Werke. Hg. von B. Suphan. Bd. 30. Berlin 1889. S. 120 ff.

[37] Man lese unter diesem Gesichtspunkt einige an sich sehr reichhaltige »Kulturlesebücher« der letzten Jahre.

bloßen Aufgabe des Tages und des Nutzens ohne die sieghafte Kraft, die den Tag überwindet und die den Nutzen auf hohe Geisteswerte hinlenkt.

Es kommt in der Bildung darauf an, daß wir uns der überindividuell-historischen Gehalte bewußt werden, die *durch uns hindurchleben*, und die deshalb, weil ihnen ein solcher Gehalt innewohnt, mit Recht als geistige *Mächte* bezeichnet werden. Es ist nicht ganz zufällig, daß die Bildungsarbeit so viel Gewicht legt auf das Eindringen in Form und Geist von Sprachen, zunächst der Muttersprache. Wenn auch ihr Bildungswert gerade für das jugendliche Alter oft überschätzt worden ist, so liegt darin doch der richtige Gedanke, daß das überindividuelle Geistesgebilde Sprache dem hineinwachsenden Menschen objektive Sinngehalte mannigfachster Art vermittelt, die er aus eigener Formkraft nie zu schaffen vermöchte. Schon in der Sprache eines Volkes liegt ein wesentliches Stück seiner Bildung. In derselben z.T. ungreifbaren Weise lebt durch den einzelnen sein Volkstum hindurch, er mag wollen oder nicht. Aber auch das reiche Ergebnis der geschichteten Forschungsarbeit denkender Generationen, die uns vielfach selbstverständlich gewordene Formenwelt der Wirtschaft, der Kunst, des Rechtes, und nicht zuletzt die Deutungsformen, in denen das göttliche Geheimnis für Menschen offenbar wurde. Bildung besteht allemal darin, daß diese historisch gestalteten Geistesgehalte in die Einzelseele sinngemäß aufgenommen werden; und es ist dafür gesorgt, daß dies gar nicht anders geschehen kann, als in der Strukturierung, die gerade der moderne Mensch hinzufügen muß. Denn alles, was ich überhaupt verstehen *kann*, ist damit als lebendig wirkende Gegenwartsmacht gekennzeichnet. Das bloß Historische im nur gelehrten Sinne bleibt unverstanden und also unfruchtbar.[38]

Wir wissen, daß wir eine Auslese unter den lebendigen Geistesgütern treffen müssen gemäß den Gesichtspunkten der neu erwachten Jugendpsychologie: Es gibt Wachstumsgesetze des individuellen Geistes, die sich nicht ungerächt übergehen lassen.[39] Wir wissen, daß wir nichts anderes im Bildungsprozeß zur Geltung bringen können, als Geistesgüter, die lebendig gemacht werden *können*. Aber freilich: von welchen Kulturgütern dies gilt, das weiß nur der Geistesführer. Er müßte ein Mensch sein, der sich in vertieftem Verständnis seiner Zeit – und wahres historisches Bewußtsein bedeutet nichts anderes als vertieftes Sichselbstverstehen – als Handelnder und Wirkender mit dem höchsten Bildungsgehalt

---

[38] Vgl. Karl Rothenbücher, Über das Wesen des Geschichtlichen und die gesellschaftlichen Gebilde. Tübingen 1926.

[39] Die preußischen ›Richtlinien‹ stellen dies Prinzip auf, lassen es aber in der Durchführung mehr, als irgend je geschehen, außer acht.

seiner Epoche erfüllt hat. Es ist ein unvollkommener Ersatz dafür, wenn heute alles, was je über die Welt gegangen ist, als Bildungsgut ausgeboten wird. Vielmehr gilt es, die eigentlich *wirkenden* Bildungselemente aufzufinden, sie nach ihrer Eignung für ein jugendliches Alter zu sichten und dann in *festen* Zügen hinzuzeichnen, was zuletzt durch die Jahrgänge der verschiedenen Schulformen, durch den gegliederten Arbeitstag hindurchgehen soll. Noch aber fehlt uns der Sinn für das *Einfache,* für das *Elementare*, das in der jungen Seele Bildung wirkt. Unsere Bildungswege sind barock im schlechten Sinne. Das Große und Wirkende ist immer schlicht. Wir fühlen nicht, was Pestalozzis Wort bedeutet: »Der Mensch muß zur inneren Ruhe gebildet werden.«

XI.

Die tiefe Selbständigkeit, die sich das Individuum in der Geistesbewegung seit Renaissance und Reformation erobert hat, findet ihre Bindung durch grundlegende Entscheidungen und Formungen, die nicht mehr rückgängig zu machen sind. In uns allen liegt drin der abendländische Kulturwille, den man auch kennzeichnen kann durch die Wendung: Das Reich Gottes angestrebt in *dieser* Welt. So sehr wir das »Unvollendbar« in allem Irdischen fühlen, so schwer die Spannung ist zwischen Ewigkeitssehnsucht und immer wechselnder Verflechtung der Seele in die vorwärts flutende Arbeitswelt: dies ist unser Faustisches Schicksal, Gott zu suchen in der sittlichen Hingabe an das Diesseits, dessen Gehalte uns sämtlich nur Gleichnisse für das Ewige sein können. Aber das Ewige und Göttliche stellt sich uns unter diesem Zeichen dar: im unendlichen Weiterstreben *doch* die Nähe des Gottes zu fühlen, der von sich sagen könnte:

In Lebensfluten, im Tatensturm
Wall' ich auf und ab,
Webe hin und her!
Geburt und Grab,
Ein ewiges Meer,
Ein wechselnd Weben,
Ein glühend Leben,
So schaff' ich *am sausenden Webstuhl der Zeit*
Und wirke der Gottheit lebendiges Kleid.

Zum lebendigen Kleide der Gottheit gehört in unserer Zeit auch die *nationale Individualität.* Ohne über Ursprung und Umfang des Nationalen eingehende Erörterungen einzufügen, dürfen wir sagen: es ist das unwiderrufliche Schicksal der abendländischen Welt, und vielleicht weit über sie hinaus, daß objektive Geistesmächte aufgetreten sind in der Form der Individualisierung, die teils auf Gebietseigentümlichkeiten, teils auf Abstammungsverhältnisse, teils auf lange währende sprachliche und kulturelle Lebensgemeinschaft zurückzuführen ist. Diese geprägte Sonderform ist im Gegensatz zu dem lebendigen Individuum, das mit Gott allein ist, gewiß kein Letztes. Sie hat aber am religiös betonten Weltsinn teil insofern, als die Volksindividualität stärker als jede andere kulturelle Besonderung durch die geistig bestimmte Individualität *hindurchlebt.* Wir sind nicht nur als Individuen, sondern sekundär auch als volksmäßig bestimmte Individuen, »unmittelbar zu Gott«. Deshalb ist es nicht nur eine Frage der Ehre und der Macht, sondern eine Frage der Gesinnung und des Gewissens, ob wir uns als Volksindividualitäten in der sittlich-geistigen Welt bejahen. Nur ein Volk von selbständiger Kulturhöhe wird diesen moralischen Anspruch erheben können. Es wird ihn nicht erheben dürfen bloß seiner naturhaften Gebiets- und Lebensrechte wegen, sondern weil es, altertümlich gesprochen: ein Gedanke Gottes in der Welt ist; modern gesprochen: weil es und sofern es eine *sittliche* Gestalt des Geistes ist, in der ein ewiger Gehalt sich zur objektiv geistigen Wirklichkeit emporgearbeitet hat. Hier also beginnt der Sinn der *Macht* eine Rolle zu spielen; aber nicht die Macht als bloße Macht, sondern als sittliche Erscheinungsform eines aufgeschichteten echten Wertgehaltes.

Wie man beim einzelnen eine mitgebrachte (rohe) und eine geformte (kultivierte) Individualität unterscheiden kann, so ist auch die nationale Geistesbestimmtheit, die im einzelnen wirksam ist, zunächst eine Anlage, die durch bewußte Bildung und Kultur geläutert werden muß. Ein Volk muß an seinem Nationalcharakter ebenso arbeiten, wie es auf die Einzelcharaktere seiner Mitglieder Einfluß zu üben strebt. Es ist gedankenlos, immer nur in der Herrlichkeit und Fülle deutschen Wesens zu schwelgen, ohne die Erbfehler der deutschen Nation ins Auge zu fassen, die gerade im Zeitalter gesteigerter Volksverantwortlichkeit energisch und bewußt bekämpft werden müssen.

Zu diesen Erbfehlern gehört das deutsche Widerstreben gegen die Einordnung in ein großes Handlungsganzes. Es hängt mit Vorzügen unseres Wesens zusammen: mit der religiösen Innerlichkeit, mit dem Hang zur mystischen Vertiefung, die aber beim Deutschen – man denke an Luther – wieder zur sittlich gestaltenden Tat wird, und mit dem deutschen Sinn für freie Ausbildung der Individualität. Eben deshalb, scheint mir, braucht für die Befreiung der Individualität in Deutschland nicht gerade ein neues

System geschaffen zu werden. Individualitäten, die sich aus innerem Triebe bilden und durchsetzen, werden wir in Deutschland immer genug haben. Wohl aber fehlt es an solchen, die zu freiem Dienen bereit sind, und an solchen, die in einem *freien* Geiste (nicht demagogisch-gunsthaschend und nicht despotisch-seelenlos) zu führen wissen. Beides hängt in der Wurzel tief zusammen. Wer nicht durch die eine Stufe hindurchgegangen ist, gelangt nicht zu der andern.

Eine besondere Bedeutung wird also in der deutschen Erziehung immer der Erziehung zum Staat, zur Staatsbejahung und zum Staatsbewußtsein zukommen. Unser Sinn für individuelle Geisteskultur durch die Güter der Wissenschaft, Kunst und Religion läßt uns immer wieder in die Täuschung versinken, daß es ohne nationale Staatsbildung eigentlich viel besser gehen würde. Wir träumen von der Kulturnation, die mit allen anderen Nationen in einem geschwisterlichen Verein leben könnte. Aber so harmlos sind die Entscheidungen des Geistes nicht. Sittliche Mächte gedeihen nicht ohne Kampf. Schon im Einzelleben muß der Raum für persönliche Kultur dem Gegenspiel naturhafter Triebe und Begierden durch eiserne Selbstdisziplin abgerungen werden. Im Leben der Völker erscheint dieses Ringen vergrößert. Daß der einzelne für sein sittliches Sein Anerkennung und eine freie Betätigungssphäre verlangt, ist heut allgemein anerkannt. Nur darf er im Rechtsstaat seine Menschenrechte nicht mit eigener Waffe verteidigen, sondern der Staat garantiert sie ihm. Wie aber soll der Staat diese Kraft aufbringen, wenn er selbst keine Macht hat? Die Anerkennung des freien Individuums fordert also notwendig und sinngemäß die Anerkennung einer rechtlich geregelten Staats*macht*. Es mag sein, daß auch zwischen den Kulturstaaten einmal weitergehende völkerrechtliche Sicherungen geschaffen werden. Aber gewiß nur dann, wenn die beteiligten Staaten sich in einer relativen Gleichgewichtslage der Macht befinden, die die Vergewaltigung des einzelnen ausschließt. Andernfalls geht es dem kleinen und schwachen Staat wie dem einzelnen Inhaber der Freiheit in den Anfängen der liberalen Staatsbildung: er kann nur so weit von seinen Rechten Gebrauch machen, als er an den wirtschaftlichen Mächten und Verbänden um sich herum Anteil hat. Der Völkerbund ist eine große Idee. Aber sie muß richtig gedacht werden, nicht bloß mit einem sentimentalen Gefühl ergriffen.

In der deutschen Vergangenheit war der preußische Staat ein Gebilde höchster Leistung des deutschen Nationalcharakters über seine ursprünglich gegebenen Grenzen hinaus; extrem gesprochen: ein Beweis dafür, was der deutsche Geist aus sittlichen Motiven heraus *gegen* sich vermocht hat. Dieses große objektive Geistesgebilde ist nicht abgetan, wenn es auch wahr ist, daß seine Schulung zum Dienst an einem überindividuellen Ganzen nach dem Zusammenbruch der Armee und der Gefährdung des Beamtentums am stärksten in der Disziplin der sozialdemokratischen Partei fortlebte. Von dort ist jener Geist, als auch diese gelockert wurde, in sichtbaren Resten an die kommunistischen Frontkämpfer übergegangen.

Man wird nicht glauben, daß es in der neuen Gesellschaft ganz ohne Einordnung und ohne verantwortungsbewußten Dienst am Ganzen abgehen werde. Im Gegenteil: wenn der reine Individualismus wirklich durch das Bewußtsein des Dienstes am Volke abgelöst werden soll, so ist die Erziehungsaufgabe heut unendlich erschwert. Denn was sich früher teilweise (gewiß doch nicht ganz!) in den Formen der Beaufsichtigung und autoritativen Leitung von oben vollzog, das soll sich heut auf der bewußten sittlichen Freiheit und Zustimmung des einzelnen aufbauen. *Nun wohl, wenn wir diese größte Erziehungsleistung am deutschen Volke vollbringen wollen, so kommt alles darauf an, diese sittlichen Kräfte wirklich aus der individuellen Freiheit herauszuholen.* Bis jetzt sieht man davon noch wenig. Die ästhetische Kultur der Einzelpersonen gedeiht herrlich; auch Klassenpolitik und Parteiegoismus haben manche Erfolge zu verzeichnen. Aber zum Volksganzen und seiner staatlichen Einigung fügt sich noch wenig oder nichts. Und doch wäre der Staat heut die einzige Form der überindividuellen Bindung, die noch gelingen kann, weil sie schon in den Notwendigkeiten der wirtschaftlichen und gesellschaftlichen Zusammenarbeit tief begründet ist. Das Intimste der Weltanschauung, die religiösen Erlebnisformen und Ausdrucksformen sind unwiderruflich individualisiert. Nur die Willensbildung durch nationales Zusammengehörigkeitsbewußtsein, durch Rechtsordnung und Machtentfaltung für die Arbeit am diesseitigen Kulturreich kann noch angestrebt werden. Dazu gehört, daß der gemeinsame Staat selbst über seine utilitarische Begründung hinaus einen hohen Weltanschauungswert erlange, als ein Gefäß der objektiv gestalteten Sittlichkeit, so wie ihn Hegel verstanden hat.

Es ist also ein wesentliches Ziel der deutschen Bildung, im Individuum den Sinn dafür zu wecken, daß der Staat mit seinen geordneten Macht- und Rechtsformen durch uns alle hindurchlebt als eine objektive Geistesmacht, die unser Wesen formt und bindet. Nicht als ein Fremdes, Äußerliches, das die besten Kräfte des Individuums schonungslos verzehrt, sondern als ein in die Seele Aufgenommenes, von innen her Bejahtes, weil es die Seele adelt und erhöht. Auch hier kann man als Formel des neuen Bildungsideals die Doppelforderung aufstellen: *Durchseelung des Staates und Durchstaatlichung der Seele.* Ist dies der Sinn der Demokratie, an Stelle der seelenlosen parlamentarischen Parteitechnik, so wollen wir uns gern zur Demokratie bekehren. Und wir befinden uns damit auf Platos hohen Wegen.

Durch Kenntnisübermittlung allein ist dies so wenig zu erreichen wie allein durch Deutschkunde. Es handelt sich hier um lebendige Willenseinstellungen, die in kleinen Gruppen geübt werden müssen, ehe sie sich im großen Staatsganzen auswirken können. Die Jugendbewegung, die mit dem Sturm und Drang der individuellen Erweckung begann, ist in einigen Kreisen mit richtigem Instinkt dazu fortgeschritten, den Führergedanken und den Bundesgedanken neu zu beleben. Beide ruhen auf der Voraussetzung des freien Dienens; insofern erneuert sich in der Jugend das alte Gefolgschaftswesen unter tief veränderten gesellschaftlichen Verhältnissen; aber wenn irgend etwas von ewigem Wert ist, so ist es das Ethos der Treue, von dem in Deutschland viel geredet wird, das aber meist unter leidigem Besserwissen und verneinender Nörgelei den Erstickungstod findet. Auch der Führer selbst bildet sich niemals anders als dadurch, daß er durch freies Dienen und Sicheinordnen, kurz durch innerlich bejahte Pflicht, hindurchgegangen ist. Denn im Grunde bleibt sein Werk ein *Dienst* – ein Dienst am Ganzen, der nur durch ungeheure Steigerung der Verantwortung ausgezeichnet ist. »Wer andre wohl zu leiten strebt, muß fähig sein, viel zu entbehren.«

Darin aber können wir der Jugendbewegung nicht zustimmen, daß die Führereigenschaften, die sich auf der Fahrt und in der Gruppe auswirken, schon für die eigentliche Volksführung genügten. Diese Bewegung hat sich, wie wir sahen, in ihren Anfängen nur zu sehr abgeschnürt von den lebendigen Einwirkungen des objektiven Geistes, obwohl doch auch sie insgeheim aus seinen Schicksalen geboren war und ihm das Beste verdankte. In dem wahren Führer müssen die Geistesmächte, die die Zeit bestimmen, geradezu dämonisch lebendig sein. Dazu gehört, daß er in innerstem Ringen und durch alle Seelenkräfte sich mit ihnen auseinandersetzt. Es sieht heute manchmal so aus, als ob man glaube, durch Pflege der sozialen Gesinnung und der Volksgemeinschaftsgefühle alles Notwendige erreichen zu können. Dieser Irrtum stammt aus der älteren sozialistischen Theorie, die, wie schon oben angedeutet, von einer klassenmäßig eng begrenzten Kulturansicht ausging. Gewiß kam dadurch eine Seite, die not tut, stark zum Bewußtsein. Um so mehr trat die andere, fast nötigere, verhängnisvoll in den Hintergrund. Wie sich die Verhältnisse auch entwickeln mögen: es ist kein Zweifel, daß wir in einem noch stärkeren Maße als früher Wirtschaftsführer und über ihnen politische Führer brauchen werden. Unsere Bildungseinrichtungen sind darauf vorläufig wenig eingestellt. Man kann diese Blickschulung nicht aus der mystisch-ästhetischen Versenkung in die Vergangenheit der deutschen Seele gewinnen. Man kann sie aber auch nicht aus bloß realistischen Kenntnissen und Wissenschaften gewinnen. Alles in unserer Zeit scheint mir dahin zu drängen, daß sowohl der Wirtschaftsführer wie der politische Führer *humanistisch* im höchsten Sinne gebildet seien, d. h. aber, daß sie das Werk im weitesten Sinne und den Menschen wieder zusammenbringen, daß sie über den großen Objektivitäten der Wirtschaft und des Staates nicht die Seele der lebendigen Menschen vergessen, von der jene Mächte allein getragen und weitergebildet werden können. So gipfelt unser Bildungsideal in der allgemeinsten Formel: *Durchseelung des Werkes, Werkfreudigkeit der Seele.*

Persönlich glaube ich, daß für die eigentliche *Führer*bildung die binnenländische Vertrautheit mit der deutschen Geistesgeschichte, ja selbst die Berührung mit ihren klassischen Meistern der Menschenformung, nicht ausreicht. Wer heute in die Kultur hineinwirken will, die sich zu Weltwirtschaft, Weltwissenschaft und Weltpolitik mit all ihren unerhörten Spannungen entwickelt hat, muß früh gelernt haben, Welten mit seinem Blick zu umspannen. Er muß, mit anderen Worten, mehr Geschichte übersehen als die des Vaterlandes, ja des Abendlandes. In ihm müssen die Schicksale und Taten der Kulturvölker als die Kräfte gegenwärtig sein, die in der heutigen Schichtung der Kultur noch fortwirken und gewaltig drängen. Denn Geschichte handelt immer vom lebenden, nicht vom gestorbenen Geist. Aus diesen Gesichtspunkten heraus fordere ich *Eliteschulen,* die aus dem Typus des klassischen Gymnasiums entwickelt werden könnten, wenn man zu der alten neuhumanistischen Idee des innerlich geformten Menschentums eine starke historisch-politische Bildungsrichtung hinzufügt.[40] Nicht anders können wir uns in der Kulturkrisis der Gegenwart als Staat und Volk erhalten. Mit der kleinbürgerlichen, sozialen Gesinnung für den Nächsten haben wir noch nichts für unseren Nächsten getan, was er von uns fordern kann. Der wahre Führer muß die Dynamik der Staatskörper, Rechtskörper und Wirtschaftskörper überschauen, damit sie nicht wie die moderne Technik die Menschenseele erdrücken, sondern damit das Menschliche in ihnen erhalten bleibe und durch sie zum Siege gelange. Der englische Ministerpräsident *Baldwin* hat mit Bezug auf die Verhältnisse seines Landes gesagt: »Engländer sein, entsprossen einem Lande, das während einer Zeitspanne so lang wie von der Reformation bis zum heutigen Abend ein wesentlicher Teil des römischen Reiches war, und unkundig sein der Geschichte dieses Reiches, das

[40] Wir erhoffen von unsern klassischen Philologen, daß sie uns Lehrer bilden, die dazu fähig sind.

heißt im Hinblick auf den Wechsel der Geschehnisse und ihre täglichen Wirkungen ohne jenen Sinn für Perspektive sein, der wesentlich ist, um unser Leben als Nation zu sehen und um es als Ganzes zu sehen.« Und er fügt für seine Person das humanistische Bekenntnis hinzu: ›was ich gewonnen habe, ist ein gewisser Sinn für Verhältnisse, ein Maßstab der Werte und eine tiefe Ehrfurcht vor der Wahrheit der Worte, die in meinem täglichen Leben mir zur Verfügung stehen.‹[41] Für Deutschland ist jener erste Satz nicht einzuschränken, sondern zu erweitern. Wenn die Deutschen sich auf jeder Stufe höherer geistiger Produktivität mit dem griechischen Geist, wie sie ihn sahen, auseinandergesetzt haben, so bedeutet dies mehr als das Fortwirken römischer Rechtseinrichtungen. Es bedeutet die tiefste Vermählung geistiger Prinzipien – Faust und Helena! – mit dem Erfolg der höchsten Geistesschöpfung, die die Welt bisher gesehen hat. Dies nicht zu wissen, das heißt ohne jenen Sinn für Perspektive sein, der wesentlich ist, um die heutige Welt in ihrer geistigen Bestimmtheit zu sehen und um sie als Ganzes weiterzubilden. –

Geht doch durch die gesamte Geschichte Deutschlands – und nicht nur Deutschlands – jene gewaltige, immer wieder sich durchsetzende Weltansicht, die, in Griechenland geboren, mit orientalischem Geiste erfüllt, von den neueren Völkern empfangen und weiter ausgestaltet wurde: der wahre gotische Urdom des Geistes, ohne den auch der sog. »gotische Mensch« nicht denkbar wäre. Schon in Plotin kämpfen Eros und Ekstase, Plato und die neue Allreligiosität. Die Kirchenväter nehmen diesen Neuplatonismus auf. Er bleibt der Rahmen der Scholastik, auch als Aristoteles stärker hineinzuwirken beginnt. Er verjüngt sich am kosmischen Maßgedanken Platos in der Renaissance, dient der mystischen Naturphilosophie des 17. Jahrhunderts als Symbol und liefert Leibniz die Grundvoraussetzungen seines Denkens. Selbst in Kant sind seine Spuren unverwischt, bis er durch Fichte, Schelling, Hegel, Schleiermacher eine neue, noch tiefere Formung erfährt. Schon vor ihnen entfaltet sich das Weltbild des jungen Goethe aus dem gleichen alten Quell, und indem dieser mächtige Geist in weitausladender Metamorphose seines Wesens die Stufen der Jahre wie der Werte voll schöpferischer Besinnung lebt, gibt er dem Lebensgefühl des modernen Menschen bis zur Entsagung der Wanderjahre den höchsten Ausdruck, den wir kennen.[42]

Sollte dieser Geistesstrom für uns versiegt, erledigt sein? Er könnte es

---

[41] Vgl. St. Baldwin, Die Klassiker und der ungelehrte Mann. (Rede gehalten bei der Jahresversammlung der Classical Association am 8. 1. 1926). In: Die Antike. Bd. 2. Berlin, Leipzig 1926. S. 156, 158.

[42] Vgl. Franz Koch, Goethe und Plotin. Leipzig 1925.

nur auf Kosten *unserer* Tiefe. Aber leben wir noch aus seiner Mitte heraus? Mir scheint es nicht; und deshalb leben wir überhaupt nicht aus einem Mittelpunkt heraus, sondern lassen uns treiben von der Dynamik der Kulturkräfte, die *uns* haben, statt daß *wir* sie haben. Es bedarf nicht der Sehnsucht nach orientalischer Vertiefung. In unserer Geistesgeschichte selbst wirken jene mystischen Gesichte, ohne die nichts Echtes gestaltet wird. Aber die abendländische Mystik wird immer mehr – man denke an Luther oder Fichte – eine zur Tat gewandte Mystik, in der nicht nur das göttlich-schweigende Begreifen des Aristoteles, sondern gotterfülltes Schaffen lebt. Wollte ich diese geistigen Hintergründe entwickeln, so begänne am Ziel unserer Wanderung ein neues Buch. Und doch gibt nur dieser Ausblick ins Metaphysische den Rahmen, der alles einzelne zusammenhält. Der große Gedanke, daß Gott seine Kraft in die Welt der Erscheinungen und Geschöpfe ergossen habe, von Stufe zu Stufe hinab bis zu der rohen, für sich sinnlosen Materie, daß er in jeder von ihnen wirke und nach einem eigentümlichen Gesetz lebendig sei, mag für den modernen Menschen dahin umgedacht werden, daß er in sich selbst, im inneren Universum, eine Stufenordnung der Werte vorfindet. Aber ohne die Gewißheit eines solchen *inneren Stufenreiches* kommen wir über den Materialismus und Mechanismus unserer entseelten Kulturwelt nicht empor zu neuen Sternen.

Auch im Bildungsgedanken kehren solche Stufen in mannigfacher Bedeutung wieder. Vielleicht ordnen sich sogar die drei großen Ausprägungen der Bildungstheorie, die wir abstrakt geschieden haben, zu einer abgestuften *Einheit,* in der keines der drei Momente ganz fehlen darf. Wie alles Geistige, wurzelt der Wille zur Bildung in der Berührung mit dem Göttlichen, die im Gewissen erfahren wird und als Gesinnung weiterzeugt. An diesem Ethischen und Absoluten haben auf ihre, mit den Zeiten wechselnde besondere Art die großen Formungen des Menschentums Anteil, die wir als Humanismen bezeichnet haben. Die Menschheitsideale – so würden Fichte oder Ranke sagen – sind Gedanken Gottes in der Welt. Sie aber wirken sich wieder aus in die Fülle der Lebensmaterie, als mannigfach spezialisierte Richtungen der Arbeit an der Welt. Hier beginnt das realistische Moment der Bildung, das wandelbarste von den dreien. Nur soviel bleibt gewiß, *daß kein Realismus Bildung zu heißen verdient, der nicht aus einer Menschheitsform heraus gesucht und gelebt wird, und daß kein Humanismus in die Tiefe geht, der sich nicht am Absoluten der ethischen Verpflichtung und der Gotteserfahrung entzündet hat.* In diesen Wurzeln liegt der ewige Gehalt; das andere ist hineingezogen in das – niemals zufällige – Schicksal der Zeitlichkeit und zeitlicher Bedürfnisse. Aber auch dies Zeitbedingte ist nur echt und rein, soweit es aus dem

Metaphysischen stammt. Es ist der Gott in unserer Brust, nach dessen Bild wir uns gestalten sollen, den wir, so oft er uns entschwunden scheint, in immer neuen, höheren Gestalten suchen und wiederfinden müssen. So meinte es wohl auch Goethe, wenn er die langen Wanderjahre seiner Bildung mit dem Gedanken schloß: »Wirst du doch immer aufs neue hervorgebracht, herrlich Ebenbild Gottes.«

[Von der deutschen Staatsphilosophie der Gegenwart]

1928

So groß und berechtigt die Verehrung ist, die Plato heute noch genießt: für seinen Satz, das Elend der Welt werde nicht eher besser werden, ehe nicht die Philosophen Könige würden oder die Könige anfingen zu philosophieren, wird sich heut schwerlich noch eine Mehrheit finden lassen. Der große Unterschied zwischen der vita contemplativa und der vita activa fällt nirgends mehr ins Auge, als wenn man den betrachtenden Philosophen und den handelnden Staatsmann nebeneinander denkt. Man könnte sogar der Meinung sein, gerade die Staatsphilosophie sei etwas völlig Überflüssiges, weil auf der Spitze der Entscheidung alles anders liege als auf der breiten Fläche der Erwägung. Und doch lehrt ein Blick gerade auf den modernen abendländischen Staat, daß vieles in ihn hineingebaut ist, was ursprünglich aus der Werkstatt von philosophierenden Politikern stammt. Das wohltemperierte System, nach dem die Philosophie zu streben pflegt, scheint wesentlich den Bedürfnissen der theoretischen Übersicht zu dienen. Die Definition des Staates, die Entstehung des Staates, die Grenzen der Staatswirksamkeit – das scheinen überwiegend akademische Fragen, ebenso wie die nach der Gliederung der Staatsformen, Staatsgewalten, Staatsorgane. Aber *ein* Problem gibt es, um das weder der Handelnde noch der Betrachtende herumkommt, wenn ihr Verhältnis zum Staat nicht blind sein soll, nämlich das Problem der *staatlichen Willensbildung*. Und unter diese Zentralfrage möchte ich alles stellen, was ich heut in einer kurzen Abendstunde von der deutschen Staatsphilosophie der Gegenwart sagen kann.

Schon bei einem Staat mit monarchischer Spitze muß jedem klar sein, daß der einzelmenschliche Wille des Herrschers nicht mit dem Staatswillen identisch ist, nicht einmal im absolutistischen System, geschweige in einem konstitutionell unterbauten Fürstentum. Noch schwieriger aber wird die

Sache, wenn auf Grund des Satzes: »die Staatsgewalt geht vom Volke aus«, das ganze Staatsgefüge von unten her aufgebaut wird. Wenn man auch nur beobachtend feststellen will, wie aus der Vielheit der Strebungen und Strömungen im Volke die notwendige Einheit des Staatswillens *genetisch* zustande kommt, ist genug Anlaß zu jenem Verwundern, das den Anfang der Philosophie ausmachen soll. Die berühmte Teilung der Gewalten scheint ja die Einheit allein schon zu hindern. Lassen wir das Verfassungsrecht als einheitliches Gebilde gelten und lassen wir darauf sich das vielverzweigte Werk der Gesetzgebung aufbauen, so wird doch die Pyramide, die auf der Basis des vorausgesetzten Volkswillens ruht, nach oben hin immer schmaler. Wir kommen – immer im Rahmen der geltenden Gesetze – zu der vollziehenden Gewalt oder der Regierung. Und wenn auch in ihr vieles, zum Beispiel die ganze Verwaltung, durch feste Rechtsnormen eng eingeengt ist, so läuft sie andererseits in eine letzte Spitze aus: *die politische Gewalt* im betonten Sinne, die sich im staatlichen Handeln einzelner oder eines einzigen höchsten Beamten äußert. Hier drängt sich das vielgestaltige Handeln des Staates in die entscheidenden Akte zusammen, die das Schicksal des Staates bestimmen und *Weltgeschichte machen*. Es ist interessant zuzusehen, wie das zustande kommt. Manchmal ist der Apparat von gesetzlichen Normen und technischen Zwischengliedern so kompliziert, daß es eben nicht oder nur sehr schlecht zustande kommen kann. Aber *wie* das geschieht, ist philosophisch nicht einmal die letzte Frage. Philosophisch tiefer greift die Erörterung, worin denn die letzte Rechtfertigung dieses Spitzenwillens liegt. Und die *letzte* Rechtfertigung ist es sicher nicht, wenn man nur antwortet, es sei dabei nach dem geltenden positiven Recht alles legal, formaljuristisch einwandfrei zugegangen. Denn dahinter erhebt sich die Frage nach dem verpflichtenden Rechtsgrund, nach der Legitimität des geltenden Rechts selbst. Und endlich über das Recht hinaus ist jeder eigentlich politische Akt weltgeschichtliche Entscheidung, die aus dem Urreich der Mütter aufsteigt. Nur was vor dem letzten Weltsinn standhält, kann auch *die Idee des wahren Staates* erfüllen. Aber diesen Staat können wir nicht in den luftleeren Raum einer zeitlosen Gerechtigkeitsidee hinein konstruieren; sondern er soll – unter dem höchsten kulturethischen Gesichtspunkt – hier, heute, bei uns und in dieser Intensität des gelebten Momentes *immer* verwirklicht werden.

Erinnern wir uns am Schluß dieser einleitenden Bemerkungen, wie einfach sich noch Rousseau, der Klassiker der modernen demokratischen Theorie, dieses ganze Problem gedacht hat. Er hatte fast ausschließlich die Bildung des innerpolitischen Willens im Auge und schrieb *ihm* wieder überwiegend die Funktion der allgemeinen Gesetzgebung zu: In den Gesetzen des Staates offenbare sich am vollkommensten die volonté générale. Ein solcher rechter und gerechter Wille, so nahm er an, lebe verborgen in jedem gesunden Gemeinwesen. Es komme nur darauf an, ihn ans Licht zu bringen und ihn nicht etwa mit der bloßen Summe der vielen Privatwillen zu verwechseln, selbst wenn diese einmal zufällig übereinstimmen sollten. *Die faktische volonté de tous ist niemals identisch mit der echten, überindividuellen, verpflichtenden volonté générale.* So sehr er in der unmittelbaren plebiszitären Demokratie das Ideal sah, fand er doch keinen anderen Weg, aus der Fülle der Meinungen den rechten und gerechten Willen herauszudividieren als den parlamentarischen: d. h. öffentliche Diskussion der Standpunkte, dadurch Rückgang auf den rationalen Kern der diskutierten Sache und schließlich Abstoßung der extremen Ansichten durch Mehrheitsbeschluß, in dem nach jenen Vorbereitungen die Vernunft siegen werde. Es ist der Aufklärungsglaube an die Harmonie der Welt, an ihren eindeutigen Vernunftgehalt wie an die rechte Staatsvernunft in rechten Staatsbürgern.

So einfach aber geht für uns das Exempel der demokratischen Willensbildung nicht mehr auf. Vor allem fehlt uns der Glaube an die in allen Individuen identische Vernunft, also auch an den in allen identischen Staatswillen. Wir wissen nicht einmal, wer dieses Volk ist und wer dieser δῆμος δαίμων ist, dessen unbestechliche Stimme wir zu hören wünschen. Wir sehen eine ungeheuer komplizierte, historisch eigenartige Gesellschaftsschichtung, eine nicht minder komplizierte Verfassungsmaschinerie, und durch beides schimmern Weltanschauungen hindurch, von denen jede anders zum Staat steht. Ist da ein einheitlicher Staatswille überhaupt zu erreichen? Ist das, was sich so nennt, ein Werk sinnvoll wirkender Kräfte oder des Zufalls oder des Teufels, der das schlechthin Böse – die Macht – immer noch in der Welt übt, obwohl doch tausend Rechtsgarantien geschaffen sind, um diesen Spuk zu verhüten? –

Wir können unser Gebäude nur Stück für Stück aufbauen. Wollen wir nachweisen, daß wirklich ein Staatswille denkbar ist, der in seinen Akten eine sinnvolle Totalität geistiger Gehalte zusammendrängt und auswirken läßt, so müssen wir in vier Stufen der Erörterung emporsteigen: Wir fragen zuerst: ist der Staatswille Resultante von Individualwillen oder Ausfluß eines Kollektivwillens? Sodann: ist er reiner Rechtswille oder reiner Machtwille? Weiter: ist er dem Relativismus der Staatsauffassungen unterworfen oder absolute Entscheidung? Endlich: kann er historisch bedingt und trotzdem ethisch-normgemäß sein? Darin ist der Weg vorgezeichnet, den wir zu gehen haben und der uns zum Schluß zur Beantwortung der Frage nach dem rechten Staatsethos führen wird.

I.

Es scheint beinahe veraltet, wenn wir mit der Alternative beginnen, ob der Staatswille eine Resultante aus Individualwillen oder selbst schon der Ausdruck eines Kollektivwillens sei (ob man nun das Volk oder die Gesellschaft, einen Parteienverband oder eine überlegene Interessengruppe als das Kollektivum ansetzt, dessen Gemeinwille dem Staatswillen zugrunde liegt). Unsere Antwort wird lauten: beides *kann* gemeint sein, aber beides für sich *soll* und darf nicht gemeint sein. Und diese Antwort führt allerdings sogleich in philosophische Tiefenprobleme.

1. Vom Individualismus möchte man heut nichts mehr hören. Wirklich weiß auch niemand genau, was damit gemeint ist; denn es gibt sehr verschiedene Arten von Individualismus. Aber das ist doch kein Zweifel: Freiheit und Gleichheit sind nach wie vor die politischen Parolen unserer Zeit, und sie eben setzt Einzelmenschen voraus, die in sich selbständig und neben einander – wenn nicht gleichartig – so doch gleichberechtigt gedacht werden. Ferner: wenn der politische Wille aus dem Volke herausgeholt werden soll, wird jeder einzelne gefragt, und jeder einzelne, Mann und Frau von zwanzig Jahren an, hat eine gleich wiegende Stimme. Nachher findet ein umständliches Rechenexempel statt. Zum Schluß aber ist unter Anwendung eines Proportionalsystems die zahlenmäßige Mehrheit, ein Summationsgebilde maßgeblich. Im Parlament entscheidet wieder die Mehrheit. Die Sache scheint so äußerlich wie möglich, zumal wenn nicht mehr der Glaube herrscht, in jedem Befragten und Abstimmenden sei ein Funke von überindividueller identischer Vernunft. Man rechnet ja vielmehr darauf, daß die meisten *cum* ira et studio stimmen werden. *Insofern* ist das parlamentarische Verfahren in all seinen Stadien nicht mehr legitimiert durch den Glauben an einen überindividuellen *sachlichen* Willen zum Staat, sondern einfach eine Technik. Die höhere Inspiration dieser Technik erfolgt von den Parteien, von deren Sinn später die Rede sein wird. Es ist nun sehr leicht zu sagen, der Staat werde gar nicht von den Individuen getragen. Aber von wem denn sonst? Wie anders soll er leben als *durch* das Bewußtsein der einzelnen, die selber leben und sich so oder so zum Staat stellen? Es ist doch eine mystische Vorstellung, daß der Staat irgendwo sein Leben habe über die Köpfe der einzelnen hinweg. Selbst sein zusammengeballtes höchstes und einheitliches Wollen muß sich doch irgendwelche Träger wählen, *diesen* Minister oder meinetwegen *diesen* Präsidenten oder *diesen* Diktator. Die vielen noch so eng Verbundenen haben keine geschlossene Seele, also auch kein Wollen, das nicht wieder des einzelnen bedürfte.

2. Somit hilft uns der Kollektivismus oder – wie Othmar Spann sagt: der Universalismus allein nicht gegen den Individualismus. Der Satz: irgendwo sei das Individuum isoliert vorzufinden, der Mensch sei ein ζῶον πολιτικόν, ist eine Trivialität. Man meint damit allerdings heut in der Regel etwas ganz Besonderes. Man will sagen, das gesellschaftliche Ganze sei nicht als bloßes Aggregat von Individuen zu verstehen, nicht als ihre Summe, auch nicht nur als künstlich gewollte Vergesellschaftung oder als conventus im naturrechtlichen Sinne; sondern das gesellschaftliche Ganze sei *vor* den einzelnen, es sei ein organischer, naturhafter Zusammenhang. Meist fügt man mit der durch Tönnies eingeführten Terminologie hinzu: die Gemeinschaft sei früher und inniger als die künstlich und rational gewollte Gesellschaft. Gemeinschaft beruhe auf Instinkt und Wesenswillen, Gesellschaft auf dem Willkürwillen, der künstliche Zweckverbände stifte. Von da aus kommt man dann auf den Gedanken der Volksgemeinschaft, die man sich vielfach im neuromantischen Sinne als Wirkung eines nationalen Prinzips, einer metaphysischen Volksseele denke. Mit dieser Ganzheitsidee, mit diesem soziologischen Universalismus hofft man nicht nur den Individualismus zu widerlegen, sondern auch die naturgewollte Basis für einen gemeinsamen Staatswillen zu gewinnen. So verkündet Othmar Spann als Grundlage für den wahren Staat den kinetischen Universalismus oder die Lehre von der innenkräftigen Ganzheit und möchte auf dieser Organologie wieder einen neuen ständisch gegliederten Staat aufbauen.

Diese Gedanken haben in nationalen Kreisen stark gewirkt. (Man glaubte darin die Rechtfertigung für das Evangelium der Wiedergeburt des Staates aus der *Volksgemeinschaft* zu finden. Aber das ist doch nicht nur historisch betrachtet erneuerte Romantik, sondern wirklich die Romantik der blauen Blume.) Aber jeder Sehende sieht, daß diese organische Volksgemeinschaft, das Verbundensein der Volksglieder durch diese Gemeinschaftsgefühle eben *nicht* mehr da ist und daß dies unsere eigentümliche Not ausmacht. Als einen ethischen Erweckungsruf mag man sich diese Lehre gefallen lassen: »Strebt wieder nach einem tieferen Volkszusammenhang, schließt euch mit den Volksgenossen inniger zusammen.« Mit diesem Gemeinschaftserlebnis kam unsere Jugend aus dem Kriege zurück. Es hat viel menschlich Schönes erzeugt und hat hoffentlich auch eine Zukunft. Aber historisch-gesellschaftliche Tatsachen werden durch Sehnsucht nicht aus der Welt geschafft. Und diese bestehen darin: Die moderne Welt, bei uns wie bei den anderen, ist wirklich individualisiert und mechanisiert bis aufs letzte. Alle Gruppen haben der Reihe nach ihre Ehre darin erblickt, sich zu emanzipieren: das Bürgertum, die Frauen, der Vierte

Stand, zuletzt die Jugend. Und wenn es *etwas* gibt, woran heute recht kräftig geglaubt wird, so sind es die Grundrechte, die Menschenrechte, d. h. die Freiheitsrechte des Individuums gegen den Staat, nicht nur *im* Staat. (Selbst der demokratische Sozialismus hat trotz seines Namens zum wesentlichen Ziel, den einzelnen frei zu machen, selbständig zu machen, ihn den anderen nicht nur rechtlich, sondern möglichst ökonomisch gleichzustellen. Atomisierung der Gesellschaft, nötigenfalls durch Solidarität; das sind die Tatsachen, ihnen muß man ins Auge sehen.)

3. Die Alternative Individualismus oder Kollektivismus beruht auf einem verbreiteten Denkfehler. Man glaubt, das Überindividuelle zu gewinnen durch Verbundenheitsgefühle. Dabei können diese Verbundenheitsgefühle, zumal wenn sie notorisch schwach geworden sind, doch für sich allein kein verpflichtendes allgemeingiltiges Wollen begründen. Gemeinsames Wollen ist noch kein Wollen von allgemein *verpflichtendem* Gehalt. Vielmehr können sich viele, zu Gruppen gefaßt, sehr einig sein, *gegen* das sachlich Verbindliche. Das Verbindliche oder Gesollte fällt nicht mit dem Verbindenden oder Gemeinsamen oder Kollektiven zusammen. Das Problem, um das es sich hier handelt, liegt jenseits von Individualismus und Kollektivismus im soziologischen Sinn.

Man kann das so klar machen: zwei Menschen, die sehr nah miteinander fühlen, kommen dadurch allein noch nicht zu einem Wert, dessen Bedeutung für beide gilt, so daß sie verpflichtet sind, sie festzuhalten. Wohl aber umgekehrt: Wenn zwei im sprachlichen Denken dasselbe *meinen*, so schlingt dieser *sachliche* Gehalt um sie ein Band, das sie verbinden muß, auch wenn sie sonst gegeneinander wollten. Oder: Der Sinn eines noch so einfachen Zweckhandelns, auf den sich zwei Menschen einstellen, fundiert ihre Gemeinsamkeit, nicht aber geht notwendig ihr Verbundensein dem identisch gemeinten Zweckgehalt voraus. Allgemein gesprochen: Ein überindividuell giltiger Sinn und Wertgehalt bindet, auch wenn Menschen sonst schon so individualistisch sind, daß sie nicht gebunden sein wollen. Das sachlich allgemein Verpflichtende bindet noch, wenn die primitiven Gemeinsamkeiten schon aufgelöst sind. Wir nennen künftig diese überindividuell giltigen Mächte einen *sachlich giltigen Sinngehalt*. Er *soll* gedacht, anerkannt und gewollt werden kraft seiner zeitüberlegenen Würde und Giltigkeit. Und der einzelne *kann* nicht gegen ihn [sein], ohne sein Leben und Verhalten sinnlos zu machen. Das bekannteste Beispiel ist das Denken, dessen Sinn in allen einsichtig Denkenden identisch sein soll. Das nächste Beispiel ist die Sprache, deren Bemühungen identisch festgehalten werden müssen, sonst verliert das Sprechen seinen Sinn. Das dritte Beispiel ist der sachliche Sinn eines gemeinsamen Schaffens (vielleicht schon in der

Rechtsform des Vertrages.) Er muß festgehalten werden, sonst wird das Handeln sinnlos.

Und nun behaupte ich: nicht die Gemeinschaft begründet den Sinn, sondern der gegenständliche Sinn fundiert die Gemeinschaft. Der Sinngehalt ist ein zeitlos identisch Gemeintes. Die Gemeinschaft ist ein zeitliches Lebensverhältnis. Der Sinn ist das Ewige. Aber er *wird* zur Wirklichkeit, dadurch, daß er im Erleben aktualisiert wird und daß er so das reale psychische Verhalten der einzelnen motiviert.

Erweitern wir diesen Ausblick: Sachliche Sinngehalte, identisch gemeinte Gegenstände und Wertgebilde machen den Kern der geistigen Welt aus, die sich über die Individuen hinauswölbt. Diese *Sinngehalte* werden zu *Wirkungsmächten*, wenn und soweit sie das individuelle Seelenleben motivieren. Sie werden zu *verbindenden Mächten*, sofern ihre Gehalte die einzelnen aneinander ketten. Mit einem Wort: der objektive Geist als sachlicher Sinnzusammenhang, als Wirkungszusammenhang, als verbindender Zusammenhang stiftet in den Einzelseelen ein identisch gerichtetes Meinen und Wollen.

Zum Beispiel: Der Bestand an echtem Wissen, den eine Gesellschaft besitzt, ist nicht das Produkt einfach des Zusammenlebens. Sondern dieser Sinngehalt setzt sich kraft der Idee der Wahrheit, kraft seines überindividuellen Eigengesetzes [durch]. Oder: Der Bestand an wirtschaftlichen Gütern, über den eine Gesellschaft verfügt, ist nicht einfach aus Gemeinsamkeit zu verstehen, sondern in der wirtschaftlichen Arbeit liegt ein spezifischer objektiver Sinn, und jene Güter sind Sinngebilde, die vom Einzelsubjekt losgelöst existieren. Die sittlichen Institutionen einer Kulturgesellschaft sind mehr als der Niederschlag individuellen Selbsterhaltungswillens: in ihnen ist ein überindividuell bedeutsamer Wertgehalt gebunden, der den einzelnen verpflichtet. Nähme man diese überindividuellen Sinngehalte aus dem Erlebniszusammenhang und den Beteiligungen der einzelnen fort, so würde ihr Leben sinnlos. – Und nun die Anwendung: Auch Staat und Recht sind solche überindividuell verpflichtenden Sinngehalte. Das sie gestaltende Prinzip: die Idee von der Herrschaft der Gerechtigkeit, steht über den Individuen wie ihren kollektiven Verbänden. Der erarbeitete objektive Wert- und Kulturbesitz einer Gesellschaft, der sie erfüllende objektive Geist, wird durch Staat und Recht in bestimmter Form überindividuell organisiert, das Verhalten der einzelnen wird auf der Grundlage dieser geistigen Gehalte normiert. Auch Staat und Recht verwirklichen einen überindividuell verpflichtenden Sinn, und ihre letzte Legitimation liegt darin, daß aller andere Dienst am Geist sinnlos würde, wenn man sich nicht auch auf diese überindividuelle Willensrichtung einstellte.

Staat und Recht enthüllen sich so als eine bestimmte Seite am objektiven Geist, der sachlich und zeitlich als ein überindividueller Sinnzusammenhang den einzelnen vorangeht. Die einzelnen werden in diesen übergreifenden vernunfthaltigen Lebenszusammenhang hineingeboren. Er überdauert sie. Und diese einzelnen werden aus bloßen Zentren seelischer Funktionen zu *geistigen* Subjekten nur dadurch, daß sie den objektiven Sinn, der sie bestimmt und bindet, in sich aufnehmen. Dabei mag der einzelne den Geistesgehalt immer auf eigentümliche Art, perspektivisch, erleben und verstehen. Er mag sich auch gegen ihn mit seinem partiellen Lebensrecht auflehnen. Aber er kann ihn nicht *ganz* negieren, und zwar deshalb [nicht], weil sich im Fortgang seines eigenen geistigen Lebensvollzuges herausstellen würde, daß damit auch sein Einzelleben um den Sinngehalt käme, um dessen willen es allein gelebt wird.

Der objektive Geist als überindividuell bedeutsamer Sinn- und Wertgehalt lebt in uns allen. So lebt das Gesetz der Wahrheit, der Logos, durch uns, die einzelnen und Flüchtigen hindurch. So lebt die Sprache als objektiv sinnhaltig durch uns hindurch. So lebt aber schon die Natur als objektiver Sinngehalt durch unsere Triebe und Instinkte hindurch. So lebt das Recht als ein identisch Gemeintes und Verbindendes durch uns hindurch. So soll schließlich der Sinn der ganzen echten Kultur und also auch des Staates, als einer Formung der Kulturgehalte in der Gestalt normierter Macht- und Rechtsordnung durch uns hindurch leben. Als bloße Individuen sind wir wirklich nichts als ein Bündel von Gefühlen, Vorstellungen und Strebungen. Als geistige Individuen sind wir Gefäße des objektiven Geistes und unter vielen anderen auch Gefäße des uns formenden und verpflichtenden Staatssinnes, der das bloß individuelle Dasein, wo er es trifft, auf eine höhere und würdigere Stufe hebt.

Der Ort, wo der Sinn und die Geltung des Staates zu suchen sind, wurde damit angedeutet. Er ist nicht mehr das Resultat der Addition ursprünglich autonomer Vernunftwesen, sondern er gehört zu den überindividuellen Sinnzusammenhängen des Lebens, deren metaphysische Wurzel *vor* der Entstehung des Individuums liegt. Und zwar ist der Staat eine bestimmte Art gesellschaftlicher Regelung, in der jene objektiv-geistigen Sachgehalte sich entfalten. Die Besonderheit dieser Regelung muß näher untersucht werden. Vorläufig sei nur so viel gesagt: Wenn es nicht *Geistesmächte* gäbe, die uns innerlich *verpflichten*, so gäbe es auch nur eine *Staatsmacht*, die ethisch zu rechtfertigen wäre, und nur eine Rechtsordnung, die den einzelnen *bindet*.

Von dem Boden desjenigen Individualismus aus, der die Individuen mit einem Leib und gewissen Seelenkräften ausgestattet lose nebeneinander denkt, gelangt man niemals zu einem Sinn des Staates. Ja weil selbst die Vernunftperson hier nicht das absolut Maßgebende ist, sondern – wie ich sagen würde: ein überpersönlicher Sinn- und Lebenszusammenhang, nennt Julius Binder in seiner Rechtsphilosophie diesen Standpunkt transpersonalistisch und begründet mit ihm eine transpersonalistische Staatsauffassung. (Ich gehe noch weiter, wenn ich die Kennzeichnung des Staates als »Persönlichkeit« ebenso wie die als Organismus nur als ein analogisierendes Bild ansehe.) In Wirklichkeit ist der Staat nicht Persönlichkeit, sondern objektiver Geisteszusammenhang. Aber getragen wird dieser Sinngehalt von Personen, erlebt wird er als personale Motivation; und wo seine Substanz von einer Person Besitz ergreift, da wird ihr partikularer Lebensanspruch zurückgedrängt: sie wird *gleichsam selbst Staat.* Eine gute Staatsverfassung hat den Sinn, diese Verstaatlichung des Individuums mindestens an führenden Stellen zu begünstigen. Ihre erziehende Kraft liegt darin, daß sie Staat in die Seele bringt.

Ein letzter Zusatz zu diesem Thema: Nicht alle Individuen haben in gleichem Maße Anteil an dem überindividuellen Geistesgehalt, nicht alle sind in gleichem Maße freie Träger des Geistes. Aber so viel ist gewiß, daß der Inbegriff verarbeiteter Geistesgehalte – man denke an Wissenschaft und Wirtschaft und Technik und Organisation – in unserer Kulturepoche so groß geworden ist, daß er die freie Lebensbewegung des einzelnen beinahe erdrückt. In *diesem* Sinne ist der einzelne Geist *unfrei.* Und weil jeder diesen Geistesgehalt nur noch zerteilt erfassen kann, perspektivisch nach seinem Standort und nur in der Höhenlage, in der er selbst geistig steht, sind *die einzelnen ungleich.* Die moderne Parole Freiheit und Gleichheit ist also nicht Ausdruck einer wirklichen Freiheit und einer wirklichen Gleichheit, sondern ein Versuch, durch staatliche und rechtliche Normierung einigermaßen festzustellen, was heute weniger ist, als es jemals sonst war. Hier also haben wir ein Beispiel für die Grundfunktion von Staat und Recht: geistige Machtwirkungen zu regeln, sei es im Sinne der Zusammenfassung, sei es im Sinne der Verteilung. Damit erhebt sich ein neues Zentralproblem.

II.

Zu allen Zeiten hat der Staat den seltsamen Januskopf von Macht und Recht gezeigt. Es scheint sein Wesen, Macht zu sein in der Form des Rechtes und Recht zu üben vermöge seiner Macht. Man hat demgemäß auch immer deutlicher zwei Betrachtungen auf ihn angewandt, indem man ihn einmal als (höchstes) gesellschaftliches Machtgebilde, andererseits als Rechtsgebilde ansah. Die Lehre vom Staat gliederte sich so (schon bei Jellinek) in die beiden Hauptzweige der Staatssoziologie und der Staatsrechtslehre. Keine von beiden Betrachtungen gelangte zum Ziele, am wenigsten die Soziologie, dies Mädchen aus der Fremde, das lange Zeit nicht wußte, wo es hingehörte. Man dachte sich die Sache methodologisch zunächst so, daß es die Soziologie mit dem *Sein*, die Rechtslehre mit dem *Sollen* zu tun habe; daß die Soziologie die gesellschaftlichen Tatsachen feststelle, die Rechtslehre die für sie positiv giltigen Normen. Der Schnitt war falsch. Sein und Sollen lassen sich im Geistigen nicht völlig trennen; überdies gibt es Normsetzungen in der Gesellschaft, die nicht juristischer Natur sind. Dazu kam, daß die Soziologie ganz psychologisch begann und das Gesellschaftsleben auf naturwissenschaftliche Art aus psychologischen Kausalgesetzen zu erklären hoffte. Noch heut wirkt diese Auffassung bei Hans Kelsen nach. Später bediente sich die Soziologie mit Vorliebe biologischer Analogien. Zuletzt, bei Max Weber, verwandelte sie sich in eine verstehende Soziologie, die aber immer noch sehr psychologisch blieb und den Gesellschaftsformen als überindividuellen Sinngebilden nicht gerecht wurde. Dazu kam noch eine weitere Unklarheit: In England, Frankreich und Amerika leistete die Soziologie eigentlich *allgemeine Kulturanalyse*, wurde also zu einer synthetischen Wissenschaft, die wir als Kulturphilosophie oder allgemeine Geisteswissenschaft bezeichnen. In Deutschland verwandelte sich unter Simmels Führung die Soziologie in eine Einzelwissenschaft vom Geiste, nämlich in die Lehre von den Vergesellschaftungs- oder Verbundenheits*formen* (sog. formale Soziologie). Beide Soziologenschulen rechneten den Staat zu den Gesellschaftsgebilden, sonderten aber meistens seine Rechtsseite ab. Man dehnte diese vieldeutige Soziologie bis in den Vorhof des Rechtes aus und schuf so eine besondere Rechtssoziologie, die von den gesellschaftlichen Voraussetzungen, dem gesellschaftlichen Zweckinhalt und den gesellschaftlichen Wirkungen der geltenden Rechtsordnung handelte und dem bloßen Rechtspositivismus erhebliches Terrain abgewann. Von Lorenz v. Stein und R. v. Ihering führt diese Linie zu Jellinek und Kantorowicz. Kelsen hingegen leugnete die Möglichkeit einer eigenen Staatssoziologie und setzte den Staat rein rechtspositivistisch mit dem System positiv geltender Rechtsordnung einfach gleich.

Aber im Grunde ging es bei alledem um mehr als um *Methoden*fragen der Staatswissenschaft. Ein durchaus *sachliches* Sonderproblem – und nur dies interessiert uns hier – lag im Hintergrund: die Frage nämlich nach den Grenzen der Anschauung des Staates durch das positiv geltende Staatsrecht oder die Hypertrophie des modernen Rechtsstaatsgedankens.

Rein empirisch nämlich beobachtete man zweierlei: einmal die Einschnürung der politischen Handlungsfreiheit des Staates durch das allzu bindende System von Verfassungsgesetzen und juristischen Sicherheitsventilen. In diesem Korsett vermochte der Staat nicht mehr zu atmen, kein verantwortlicher Staatsleiter mehr zu gehen. Auf der Grundlage der Weimarer Verfassung zum Beispiel vergingen jedesmal Wochen, bis eine aktionsfähige Regierung gebildet werden konnte, und es kann kaum einen schwereren Konstruktionsfehler für einen Staat geben als die Verhinderung seiner politischen Aktionsbereitschaft. – Andererseits beobachtete man, daß sich durch die Fugen der geltenden Staatsverfassung inoffizielle Machtfaktoren hindurchdrängten, die juristisch eigentlich nicht gemeint waren. Alfred Weber bezeichnet es als die Krise des modernen Staates, daß die Demokratie des Volkswillens, durchaus legal, in die Hände großer, zum Beispiel internationaler Wirtschaftsverbände überging. Ganz allgemein ergab sich eine Diskrepanz zwischen der tatsächlichen (soziologisch feststellbaren) Machtverteilung im Staat und dem Sinn der juristisch geltenden Verfassung.

Dieser beobachteten Doppelseitigkeit des Staatslebens entsprachen zwei einseitige Grundeinstellungen zum Wesen des Staates, die eigentlich immer miteinander gekämpft haben und deren Dialektik aus dem Staat nicht herauszubringen ist: der Rechtsstaatsgedanke und der Machtstaatsgedanke.

Der Rechtsstaatsidee liegt ideell ein sittlicher Gerechtigkeitsgedanke, psychologisch die ewige Furcht vor den gesellschaftlichen Auswirkungen ungeregelter Macht zugrunde. Von der Antike über das christliche Mittelalter bis zur bürgerlichen Aufklärung geht daher ein großer Prozeß, dessen Sinn die Kanalisierung der Macht ist. Sie soll durch Rechtsschranken gebunden werden. Immer komplizierter wird das System von Sicherheitsmaßregeln, die die Philosophie erfindet und die Rechtsbildung realisiert: Vertragsfiktion, Volkssouveränität, Gewaltenteilung, Menschheitsrechte, parlamentarisches System, Ministerverantwortlichkeit sind nur die bekanntesten Polster, die im Staat angebracht wurden, damit sich niemand an den Ecken und Kanten ungeregelter Macht stieße. (Selbst die ganz individuelle Machtsphäre wurde schließlich durch die fortschreitende Demokratisierung bis auf geringe Rechte eingeengt, aber immer unter Wahrung eines liberalen, menschenfreundlichen Sprachgebrauches.) Die letzte theoretische (aber nicht bloß methodisch zu bewertende) Spitze dieser Rechtsstaatsidee liegt vor in Hans Kelsens ›Allgemeiner Staatslehre‹ von 1925, die den radikalen Satz durchführt: »Der Staat *ist* das geltende Recht.«

Zwei Grenzen hat diese Theorie und wohl auch diese Praxis. Man fragt zunächst: woher kommen denn all diese Rechtsbildungen? Kelsen tut sie meist verächtlich unter dem Namen bloß politischer Forderungen ab; manchmal freilich gibt er auch das Vorhandensein einer ethisch-politischen Sphäre zu. Und so folgt das Merkwürdige: dieser methodisch z. T. an Kant orientierte, extreme Rechtspositivismus gelangt dazu, daß das Politische als Fremdkörper aus dem Wesen des Staates ausgeschieden wird. Die zweite Grenze liegt darin: Jedes Gesetz ist allgemeine Regelung für typische Verhältnisse. Diese Normen aber haben nur dann Sinn und Wirkung, wenn sie zuletzt auf ein Konkretes angewendet werden. Schon in der Decision des Richterspruches bricht ein ganz konkreter Willensfaktor durch das Gehege inhaltlich allgemeiner Normen durch. Noch wichtiger ist diese Decision, der Akt der konkreten Entscheidung, in politischem Spitzenhandeln. Wird er durch allzu viele Rechtsinstanzen gebunden, so bleibt die führende Tat aus. Der Staat kommt um seine Einheit und um seine Bewegungsfähigkeit. Vor allem aber: Keine starke Führungspersönlichkeit begibt sich in das Stauwerk der Aktivität hinein, das dieser moderne Rechtsstaat nunmehr darstellt.

Damit kommen wir auf die andere Staatsauffassung: die Machtstaatsidee. Auch sie wird sehr einseitig durchgeführt, wenn man, wie Friedrich v. Wieser in seinem Alterswerk ›Das Gesetz der Macht‹, eine reine Soziologie der Machtzusammenhänge versucht, ohne die Stützen genügend zu beachten, die gerade die Macht im Recht haben kann, ja haben muß. (Das Gleiche gilt für die Soziologie von Gumplovicz.) Aber symptomatisch ist dieser Gegenstoß gegen die moderne Machtscheu. Immer noch sucht man die Macht sittlich dadurch zu diskreditieren, daß man sie im Sprachsinn mit roher Gewalt zusammenfließen läßt. Aber nach den Ausführungen des vorigen Teiles ist für uns diese Gefahr überwunden: Macht im geistig-gesellschaftlichen Leben ist auf die Dauer nur da, wo überindividuelle geistige Sachgehalte durch ein Individuum, ihren Träger, hindurch zur Wirkung gebracht werden. Nicht der zufällige einzelne als solcher ist Machtträger (was ist zum Beispiel heute Körperkraft?), sondern *Machtträger ist nur der Geistträger*. In der Macht eines Volkes äußert sich seine zusammengeballte sittliche Kultur, zu der allerdings auch ein Maß gesunder Vitalität *notwendig* gehört. Der Staat mit seinem gewordenen Gefüge von Rechtsnormen, die ja selbst schon nicht nur Friedensordnung, sondern auch Kampfordnung sind, muß Raum haben für gesunde Machtentfaltung. Daß dieser Raum durch die parlamentarische Technik der Willensbildung unter Umständen zu sehr beengt wird, ist der Hauptgrund für ihre fast allgemein anerkannte Krisis in der Gegenwart. Wenn Thoma sich zu ihrer Rechtfertigung auf die Anschauung von F. Naumann,

Hugo Preuß, Max Weber beruft, diese Einrichtung sei der beste Weg zur Führerauslese, so heißt dies doch eben, daß auch in ihr gesunde und sittliche Machtentfaltung intendiert wird. Die zahlreichen Diskussionen über das Führerproblem, die die Jugend heut beschäftigen, erwachsen aus einer ernsten Angelegenheit des nationalen Geisteslebens. (Nur ist der Führer eines Volkes doch ein ganz anderer Mann als der, der eine Fahrt geistig zu leiten und ein Jugendlager zu bauen versteht.) Aus der gleichen Zeitlage stammt die Bedeutung, die heut in politischer Praxis und Theorie die *Diktatur* einnimmt. Der Rechtsstaat selbst kennt eine legale oder kommissarische Diktatur, mindestens in der Form des *nach Gesetzen* zu verfügenden Ausnahmezustandes – ein Beweis, daß die Sache für den Staat notwendig ist. Wenn darüber hinaus in Rußland die Diktatur einer Klasse, in anderen Staaten persönliche Diktaturen auftauchen, so ist dies wieder eine Bestätigung für den besonders von Carl Schmitt in Bonn mit einer Fülle von Argumenten durchgeführten Satz, daß die politische Willensbildung allein durch das Parlament nicht genügt. Der Wille des Staates (der aber nie gleich dem Privatwillen des einzelnen ist!) kommt re vera auch aus anderen Geistesquellen. Das Parlament *braucht* einen Gegenspieler im Staat mit freieren Machtbefugnissen. Ist juristisch für ihn kein Platz ausgespart, so nimmt ihn im günstigen Falle die starke Persönlichkeit ein, die außer der großen Politik auch die kleine versteht, die Parlamentsmaschine in ruhigem und unschädlichem Gange zu halten.

Niemand wird so weit gehen, durch die Machtstaatsidee die Rechtsstaatsidee wieder annullieren zu wollen. Die Parole der action directe ist oft nur politischer Dilettantismus, der den besten Staat ruinieren kann. Daß aber Macht und Recht wesenhaft zusammengehören, lehren Theorie und Wirklichkeit: Kelsen kann nur deshalb seine Rechtsstaatsidee durchführen, weil er von vornherein (sehr richtig) die Macht mit im Recht enthalten denkt. Und eine neue auf dem Machtwege, etwa durch Revolution entstandene Staatsführung wird vom ersten Moment an bestrebt sein, sich auch juristisch zu legalisieren, ja sie wird genötigt sein, große Teile alten Staatsrechts bestehen zu lassen, eben weil sie selbst Mächte sind, die man nicht ignorieren kann. –

Für das Grundproblem der Staatsphilosophie folgt daraus: das Verhältnis von Macht und Recht im Staat ist dialektisch. Eins kann nicht ohne das andere sein. Richtet sich die Betrachtung nur auf die eine Seite, so wird die Rache der anderen niemals ausbleiben. Am deutlichsten wird dies, wenn man die Rechtsidee und die Machtidee über den Einzelstaat hinaus auf das Verhältnis der Staaten untereinander ausdehnt: die extreme Rechtsidee führt dann zum Völkerrechtsverein, die extreme Machtidee zum Imperialismus, d. h. zur Zusammenfassung mehrerer Staaten zu einer Machtgruppe unter einzelstaatlicher Führung. Es ist kein Zufall, daß der neuentstandene Völkerbund wieder dieses Janusgesicht zeigt. Man weiß noch heut nicht, wird er stärker als völkerrechtlicher Friedensgarant oder als imperialistisches Instrument eines europäischen Staates wirken. Er ist dialektisch. Wer als leitender Staatsmann mitspielt, muß diese Dialektik verstehen. Aber das geht über den Rahmen der heutigen Erörterungen hinaus. –

Die neueste Staatsrechtslehre und Staatsphilosophie hat aus dem geschilderten Sachverhalt die Folgerung gezogen, die abstrakte Trennung von Staatssoziologie und Staatsrechtslehre, speziell von Soziologie der Macht und rein formaler, positiv juristischer Dogmatik aufzugeben. Auf die Frage: wie bildet sich der rechte und gerechte politische Spitzenwille des Staates auf dem Boden geltender Verfassung und durch die Organe der spezifisch politischen Gewalt hindurch, antwortet heut nicht mehr die alte einfache Lehre Rousseaus von der volonté générale, die immer im Verborgenen da sei. Rudolf Smend bezeichnet diesen Vorgang als Integrationsvorgang. Der Begriff stammt aus der Soziologie. Er kann nur bedeuten: Einheitsbildung auf einer vielgegliederten Grundlage. »Die erste Aufgabe des Staatsrechts ist die Integration des staatlichen Ganzen.« Es handelt sich dabei um die Entwicklung und Auswirkung der staatlichen Individualität; vielleicht dürfte man mit einem anderen Bilde sagen: die Bewußtwerdung und Tatwerdung der Staatsentelechie. Nach den verschiedenen Typen, wie diese Integration von unten bis ganz oben erfolgt, bestimmen sich die Typen der Staatsformen. (Inhaltlich unterscheidet Smend die persönliche, die funktionelle und die sachliche Integration.) Ich vermag nicht zu übersehen, ob mit diesem Begriff eine bestimmte *Methode* staatsrechtlichen Denkens vorgezeichnet ist, oder ob nur ein sehr vielgestaltiges Problem ein allgemeines Etikett erhalten hat. Jedenfalls müßte man die gesellschaftlich-rechtliche Struktur des Staates jetzt unter diesem Totalitätsgesichtspunkt von der einheitlichen Spitze her neu durchdenken, und das wird nur bei wirklich einheitlich strukturierten Staaten gelingen. Diese Fragen sind noch zu sehr im Fluß, um sie hier weiter zu verfolgen.

Es gibt aber unter den vielen hier auftauchenden Problemen eins von besonderer Bedeutung für die Schwierigkeiten, die auf dem Wege zur Herstellung einer einheitlich integrierten politischen Staatsgewalt auftauchen. Rousseaus einfache Annahme, alle Staatsbürger qua Staatsträger meinten denselben Staat, erweist sich ebenfalls als hinfällig. Vielleicht war der englische Parlamentarismus, solange das *reine* Zweiparteiensystem bestand, noch irgendwie unter diese Annahme zu subsumieren. Wo aber mehrere Parteien bestehen, kämpfen nicht *bloß* Interessengruppen miteinander. Vielmehr sind es abweichende Staatsauffassungen, die aufeinander stoßen, und abweichende Staatsauffassungen wurzeln zuletzt in divergierenden Weltanschauungen. Nicht überall verkörpern sich in den politischen Parteien wie bei uns gleich ganze Weltanschauungen. Aber schon Interessenstandpunkte sind ein Stück *gelebter* Weltanschauung, und auf die kommt es im Ringen der Staatsgruppen real noch mehr an als auf die Ideologien, die politisch nur zu variabel sind. Parteien sind, wie auch Triepel neuerdings wieder hervorgehoben hat, formaljuristisch eigentlich in den meisten Verfassungen parlamentarischen Gepräges gar nicht festgelegt; jedenfalls nicht bei uns. Sie sind aber selbst schon Integrierungen geistiger Wirkungsmächte in der Gesellschaft. Und als solche sind sie wichtige Kräfte im Staat, oft auch Kräfte *über* dem Staat oder *gegen* den Staat. Die staatliche Willensbildung hängt bei uns, im parlamentarischen Regime jedenfalls weit mehr von dem Parteiwillen ab als von dem freien Zusammenspiel der vielen einzelnen Wähler oder von berufsständischen Gruppierungen. Die notwendige Integration des Staatswillens hat mit den Staatsauffassungen, der Staatseinstellung der Parteien somit in erster Linie zu rechnen oder zu kämpfen.

III.

Weltanschauliche Grundeinstellungen spezialisieren sich zu Staatsauffassungen, Staatsauffassungen wirken sich als gesellschaftliche und politische Kräfte aus. In der demokratisch-parlamentarischen Willensbildung ringen sie miteinander, obwohl sie gelegentlich aus taktischen Gründen zurückgestellt werden können, um den entscheidenden Anteil an der Steuerung des Staates, ja zuletzt um den eigentlichen wahren Staats*sinn*. Aber die Philosophie, die hiermit glaubt, auf ihr eigenstes Gebiet zu kommen, müht sich vergeblich ab, mit sauberen Klassifikationen der Wirklichkeit im Staatsleben gerecht zu werden. Was liegt näher, als die Parteien auf strenge Begriffsgegensätze zu bringen, die womöglich einen Ewigkeitsbezug in sich tragen? Es ist ein wahrer Tummelplatz von -ismen: Fortschrittspartei und Konservatismus, Liberalismus und Staatsabsolutismus, Demokratie und Autokratie, Nationalismus und Internationalismus, Individualismus und Sozialismus – das alles sind antithetische Wertentscheidungen, und man sollte meinen, auf irgendeine dieser beiden Seiten müsse man sich weltanschaulich und politisch stellen. (Aber wo bleibt man dann mit der Demokratie? Ist ihr reinlicher Gegensatz die Monarchie? Es gibt doch demokratische Monarchien. Es gibt unzweifelhaft liberale Demokratie und sozialistische Demokratie. Welche Ausprägungen der Demokratie sonst noch denkbar sind, hat Hasbach meisterhaft geschildert.) Sucht man aber zum Beispiel nach einer leidlich eindeutigen Definition von Sozialismus, so kann einen die Verzweiflung packen. Denn es gibt nicht nur einen Sozialismus mit individualistischer Tendenz, sondern auch einen mit zentralistischer. Es gibt einen rein wirtschaftlichen Sozialismus und einen Kultursozialismus. Es gibt Staatssozialismus und antistaatlichen Sozialismus, nationalen und internationalen, wissenschaftlichen und religiösen. Natürlich kann man das alles auf Typen bringen, wie etwa Max Weber versucht hat, soziologische Typen der Herrschaft aufzustellen, die für alle Zeiten gelten sollen. Macht man dann aber den Versuch, die gegenwärtigen Geistesströmungen darunter zu subsumieren oder auch nur die Hauptparteien mit ihren Ideologien einzuordnen, so stimmt es an allen Ecken und Enden nicht. Man lese etwa in Radbruchs ›Grundzügen der Rechtsphilosophie‹ den Abschnitt über die möglichen Grundeinstellungen des Rechts zu den Wertsystemen und den mühseligen Versuch, diese Einstellungen mit konkreten Parteirichtungen zu identifizieren, so wird man bemerken, daß jene ewigen Typen und diese zeitbedingten Epochaltypen einfach nicht zur Deckung zu bringen sind.

Und nicht nur dies. Sondern diese moderne Weltanschauungstheorie, die auf eine grundsätzliche Typologie der Weltanschauungen gerichtet ist, bleibt auch bewußt im *Relativismus* stehen. So war es schon bei Dilthey, so ist es bei Radbruch, bei Max Weber, bei Kelsen und vielen anderen. Meist ist in diesen Büchern der Weisheit letzter Schluß: »Es gibt viele Standpunkte, man muß nur wissen, wo man selbst steht.« In diesem Sinne sprach Max Weber vom Polytheismus der Werte, Dilthey geradezu von der Anarchie der Werte. Und Kelsen macht dann die ausdrücklich politische Anwendung: der absolutistisch-metaphysischen Weltanschauung ist eine autokratische, der kritisch-relativistischen die demokratische Haltung zugeordnet. Der Relativismus ist »die Weltanschauung, die der demokratische Gedanke voraussetzt.«

Sollte dies Ergebnis nicht ein Hinweis darauf sein, daß am Ansatz der Wissenschaft etwas nicht in Ordnung ist? Denn wie man auch sonst zum Schicksal der relativistischen Physik steht – ein einheitlicher Staatwille läßt sich aus *bloßen* Relativitäten nicht herausintegrieren.

Der Fehler sitzt an zwei Stellen: erstens ist im Gebiet der Geisteswissenschaften die inhaltlich durchaus überhistorische Begriffsbildung unfruchtbar, ja unmöglich. Man mag ewige Werte wie die des Wahren, Guten,

Schönen, Geistigen statuieren; man mag ewige Grundprinzipien möglicher Staatseinstellung konstruieren. Die Wirklichkeit des geistig-politischen Lebens läßt sich von da aus allein nicht erfassen, weil konkrete Totalstandpunkte immer aus singulären historischen Situationen erwachsen. Sie haben ihre Biographie, ihre Vorgeschichte. Und *ihr Sinn* liegt nicht nur in dem, was sie positiv sagen, sondern zugleich in dem, was sie historisch voraussetzen. Aus diesem Boden erwachsen sie mit ihrer ganzen Lebensmagie und Lebensrichtung. Sie sind historische Gebilde und Stoßkräfte, nicht einfach Ausdruck abstrakter logischer Konsequenz.

Damit ist das zweite verwandt. Sie sagen für sich allein genommen nichts. Sie bedeuten nur etwas durch das, was sie sich gegenüber haben, und im Kampf gegen dies antithetische andere führen sie durch Spannungen zurück zur unendlichen Totalität des Sinnes, der in keinen »Standpunkt« ganz zu realisieren ist. Was zum Beispiel ist politischer *Liberalismus?* Abstrakt für sich genommen, ist er sinnlos. Aber er empfängt Sinn, wenn ihm im Ganzen des überindividuellen Geistesgefüges gegenübersteht entweder die absolute Monarchie oder der zentralistische Sozialismus oder die egalitäre Zwangsdemokratie. Und was ist *Sozialismus?* Sehr Verschiedenes, je nachdem ob ihm gegenübersteht eine Rechtsordnung mit Privateigentum oder ein aristokratischer Kulturliberalismus oder eine ständisch gegliederte Gesellschaft usw.

Daraus folgt philosophisch: der Relativismus der Standpunkte ist nur dann der letzte Wert, wenn man jedes abstrakt für sich denkt. *So gedacht aber ist jeder sinnlos,* wie zum Beispiel ein extrem realisierter Liberalismus zur Staatsverneinung, zum Anarchismus anstelle einer Staatsauffassung wird. Die einseitigen Weltanschauungen und Staatsauffassungen müssen in die Totalität der Geisteslage hineingestellt werden: *dann* hören sie auf, relativ zu sein. Dann nämlich erweisen sie sich alle als perspektivische Stellungnahmen zu dem Totalsinn der Welt, bzw. des Staates, der nie absolut erfaßt wird. Der moderne *Relativismus führt notwendig zur Dialektik*, d. h. zu der philosophischen Einsicht, daß die Antithetik der Wertstandpunkte erst in ihrem Gegeneinander wieder zur höheren Totalität, zur Sinneinheit werden kann.

Die parlamentarische Willensbildung im Staate hat ihre Bedeutung seit dem 18. Jahrhundert demgemäß geändert. Damals glaubte man noch an die eindeutige Identität der Vernunft in allen. Folgerecht suchte man diese eindeutige Äußerung der Vernunft. Man dachte sich die Kräfte im Staat nach dem Schema des Parallelogramms der mechanischen Kräfte. Die Newtonsche Physik, die den Kosmos erklärt hatte, sollte auch den politischen Kosmos deuten: die politischen Strukturen, die damals entstanden, folgen daher dem dreistufigen Schema: Gleichgewicht der Meinungen im Parlament, Gleichgewicht der Gewalten in der Staatsverfassung, Gleichgewicht der Mächte in Europa. Heut ist diese Dynamik der Kräfte in eine historische Dialektik der Wertstandpunkte verwandelt: Es gibt keinen Glauben an uniforme Rationalität mehr, sondern die sinnvollen einseitigen Stellungnahmen empfangen ihren Totalsinn erst durch den Gegensinn. Und indem diese miteinander kämpfen, entsteht im Falle der Integration oder der gelungenen Synthese das dritte höhere, das zugleich eine nur historische Stufe der Geistesstruktur, hier der Staatsstruktur berührt. Wir haben ja das alles kürzlich beim Schulgesetz anschaulich erlebt. Sollte aber einmal der Antagonismus der Weltanschauungen, die in der demokratisch-parlamentarischen Willensbildung aufeinander bezogen sind, zu keiner reicher gegliederten Einheit führen können, so geschähe die Katastrophe: der Staat selbst, als normierter und organisierter überindividueller Sinn- und Wirkungszusammenhang, bräche auseinander. Es bliebe dann nichts als entweder die Anarchie der Gruppen oder die Diktatur, die aus irgend einer Quelle die Kraft bezieht, sich und sich allein als absolut zu setzen. Am Ende der mißlungenen Dialektik steht als irrationales Gebilde der Not ein neuer – Absolutismus, vielleicht in der Form der Militärdiktatur, die den Staatssinn rettet, wie primitiv er dann auch ausfallen mag.

IV.

Wir sind, geführt von der Eigengesetzlichkeit der Sache, über die wir philosophieren, nicht zufällig in die Nähe Hegels geführt worden. Niemand hat, so wie er, das Problem in seiner Totalität gesehen. Seine Staatsphilosophie ist die letzte in Deutschland, die diesen Namen verdient. Aber seit er den Stoff der geistigen Welt in Gedanken zu fassen strebte, ist viel geschehen: *In der politischen Wirklichkeit:* Technik, Wirtschaft und bürgerliche Gesellschaft haben große Strukturwandlungen erfahren; das System der Großmächte umspannt heut die ganze Welt; die wirtschaftlichen und sozialen Querverbindungen zwischen den Völkern, damit aber auch die Reibungsflächen, sind stärker geworden. Der nationale Staat ist nicht mehr, wenn er es je gewesen sein sollte, Gefäß der *ganzen* sittlichen Kultur. *Und in der Wissenschaft:* Eine Wirtschaftsgeschichte, eine Sozialgeschichte, eine Verfassungsgeschichte sind neben die seitdem stark weiterentwickelte Rechtsgeschichte und Staatengeschichte getreten. Mit der Erweiterung des Überblicks und den Anfängen eines vergleichenden Verfahrens hat sich unsere Einsicht in geistige Strukturverhältnisse, vor allem in das vielgegliederte Gefüge der Gesellschaft geschärft. Spricht man neuerdings doch sogar nicht nur mehr von Rechtssoziologie, sondern geradezu von geisteswissenschaftlicher Jurisprudenz (Günther Holstein). Aber *diese* Verwandlungen der Geisteslage bedeuten noch kein grundsätzliches Hinausgehen über Hegel, höchstens für den, der ihn so mißversteht, als ob er *seinen* Staat und *seine* Philosophie für das Ende der Zeiten gehalten habe. (Er meinte ja aber nur, daß überall da das Letzte erreicht sei, wo das philosophierende Bewußtsein in der Gestaltung der Wirklichkeit Ausgestaltungen des *Geistes* und damit dasselbe sinnvoll gegliederte Absolute erkannt habe, das auch dem philosophierenden Bewußtsein zugrunde liege.) Der Geist aber entfaltet sich noch weiter; in der harten dialektischen Arbeit gegen sich selbst gestaltet er immer neue Formen heraus. Es ist der wesentlichste Gedanke der Hegelschen Geistesphilosophie, daß die Wissenschaft dieser Bewegung nicht mit einem fertigen, starren Kategoriensystem (wie nach Kant der Natur) gegenübersteht, sondern daß sie sich an und mit der Bewegung der Sache entfaltet. Wer über die geistige Welt philosophiert, steht nicht außer ihr, sondern ist selbst ein Stück von ihr, besser: ein Modus an der Substanz des Geistes. Und er bekommt von dieser Welt genau so viel zu sehen, wie er selbst sich mit ihrem Gehalte erfüllt hat, freilich auch immer nur von dem Punkte aus, an dem er steht und in der Dialektik mitkämpft. So also springt auch die Staatsphilosophie nicht über ihre Zeit hinaus: wohl aber ist sie mitbewegende Kraft in ihrer Zeit.

Damit hängt ein weiteres zusammen. Man übersieht meist, daß Hegels Rechts- und Staatsphilosophie in einem Schlußabschnitt ausmündet, der die Überschrift: *»die Weltgeschichte«* trägt. Auch diese Wendung behält für uns ihre volle Bedeutung. Der einheitliche Staatswille, dessen Bildungsgesetze wir suchen, ist nie aus allgemeinbegrifflichen Erörterungen über das Wesen des Staates und seine Struktur abzuleiten, auch nicht allein aus der ewigen Idee vom besten Staat oder vom wahren Staat. Vielmehr ist er Produkt der Geistesgeschichte und der eigentümlich geistigen Schichtung, die in der Staatsgesellschaft vorliegt. Er ist ein historisch konkreter Wille, mögen auch ewige Wahrheiten, zeitlose Wertgehalte, die im Lauf der Geschichte ergriffen wurden, seine Substanz ausmachen. Wer an der Spitze des Staates im Sinne des Staates und auf der Basis seiner gesellschaftlich-rechtlichen Struktur handelt, *macht Geschichte*, d. h. er fügt aus der Freiheit überindividuell orientierter Geistesentscheidungen dem Geist eine neue Stufe hinzu. Darin liegt seine Würde und seine Verantwortung. Es ist die Geschichte, die durch ihn hindurch handelt, und je mehr er sich von der bloß partikularen Bestimmtheit seines Ich gereinigt hat, je mehr er die Substanz des Staatssinnes in sich trägt, um so mehr wird sein Tun schöpferisch sein und neue weltpolitische Wertgestaltungen schaffen. Das heißt aber: er muß den weltgeschichtlichen Moment verstehen und ergreifen. (»In ihr (der Weltgeschichte) erhält dasjenige Moment der Idee des Weltgeistes, welches gegenwärtig *seine* Stufe ist, sein *absolutes Recht*, und das darin lebende Volk und dessen Taten erhalten ihre Vollführung und Glück und Ruhm.«)

In dem Bewußtsein des handelnden Staatsmannes lebt dieser Wille nicht notwendig als klar eingesehener geschichtsphilosophischer Gedanke, sondern als zusammengeballter geistiger Instinkt, fast als ein Müssen, zugleich aber auch als ein Verantwortungsbewußtsein, das immer, bis ans Ende der Tage, einen religiösen Ton tragen wird. *Diese* Entscheidungen, seien sie die eines Monarchen, eines Präsidenten oder Ministers, erfolgen *vor Gott.* Es sind gleichsam nur äußere Unterstreichungen, wenn die jeweils geltende Verfassung einen solchen Willen als von Gottes Gnaden oder von Volkes Gnaden legitimiert oder wenn sie eine parlamentarische Ministerverantwortlichkeit formaljuristisch statuiert. Denn dieser Blick und dieser Wille erzeugen sich nicht durch das verwickelte Filtriersystem eines parlamentarischen Verfassungsaufbaues. Die charismatische Herrschaftsform kann nie und nimmer durch die Regeln überflüssig gemacht werden. Mussolini als einzelner wäre nichts, wenn nicht durch ihn hindurch die alte Geistesmacht der Roma eterna die Gestalt einer Roma nuova gewönne. Echte Staatsmänner werden nicht durch das Parlament regiert, sondern sie stellen das Parlament in die politische Kraftverteilung mit ein, die *sie* dirigieren.

Für die *Staatsphilosophie* aber folgt aus diesen Tatsachen der geistig-politischen Welt, daß sie notwendig *geschichtsphilosophisch unterbaut* werden muß. Und diese geschichtsphilosophische Deutung muß den Kairos, den gegenwärtigen Moment der Entscheidung zum Kern und Ausgangspunkt haben; sie kann nicht einfach von alten Tendenzen reden, die sich in der Zukunft mit Notwendigkeit fortsetzen werden. Sondern in der Dialektik der gegeneinander kämpfenden Geistesmächte nimmt sie Partei. Erfüllt vom geistigen Gehalt der Zeit läßt sie das *Gewissen* sprechen, das nicht für die Vergangenheit, sondern für die Zukunft verantwortlich entscheidet. Die gestaltende Kraft und somit die Wahrheit einer Staatsphilosophie hängt davon ab, in welchem Maße sie ihre Zeit versteht. Carl Schmitt hat meisterhaft ausgeführt, wie die Marxistische Doktrin gerade darin ihre große Bedeutung hat, daß sie überzeugt ist, den Sinn der zukünftigen Geschichtsepoche mit vollem Bewußtsein zu ergreifen und zu wollen. Aber die Geisteslage und die Weltlage ist heute komplizierter, als sie für Marx und seine Zeit war. In den Diskussionen über den Völkerbund liegt ein Knäul geschichtsphilosophischer Probleme, das noch mehr dialektische Gegensätze in sich enthält als die Geschichtsauffassungen unserer innerstaatlichen Parteien. Das alles kann heut abend nicht mehr auseinandergelegt werden. Nur so viel sei noch angedeutet: Es handelt sich um die Krisis der nationalen Staatsbildungen. Wennschon gerade das nationale Selbstbestimmungsrecht eine ethisch-politisch-völkerrechtliche Grundthese des Völkerbundes zu sein scheint, so ist doch kein Zweifel, daß die eigentlich weltpolitische Entscheidung um irgendwelche größeren Überbauten über den kleinen nationalen Einheiten geht. (Andererseits ist sicher, daß nur diejenigen nationalen Kulturen und Staaten, die in diese Auseinandersetzung mit bereits geschlossener Volkseinheit hineingehen, Wesentliches bei der Neuordnung der Weltverhältnisse bedeuten werden. Die Geschichte baut Altes nie ganz ab, sie überbaut es nur mit neuen Synthesen.)

In diesen kommenden Entscheidungen ist es für Deutschland die größte Gefahr, daß wir nach unserer Volksstruktur und Geistesart geneigt sind, den Staatsgedanken, der bei uns das Produkt einer großen historischen Erziehungsarbeit war, zu verlieren. Man sagt: auch der Staat habe seine Zeit, wie die Epoche der selbständigen zweckfreien Wissenschaft einmal emporgeblüht ist und wieder verblühen wird. Man denkt an die Möglichkeit einer staatlosen Kultur. So sehr ich überzeugt bin, daß der Staat der Zukunft ganz anders aussehen wird als der Staat von heute, so sicher ist, daß nur die Völker, die den Staatsgedanken festhalten, und dazu gehört *ethische Kraft,* in die Kultur der Zukunft *ihre* Kulturgüter und damit *ihre* sittliche Leistung für die Welt hinüberretten werden. Denn die Dialektik der Geistesbewegung ist nicht ein bloßer Kampf von Begriffen und theoretischen Standpunkten, sondern sie ist eine reale Dialektik, in der geistige *Mächte* miteinander kämpfen. Mächte aber müssen immer staatsartig organisiert sein. Sonst fehlt ihnen schon die naturhafte Vitalität, noch mehr aber die ethische Einheit und Glaubenskraft, ohne die sich in der geistigen Welt nichts am Leben erhält. In diesem Sinne bleibt Hegels Wort wahr, daß das Gefäß der Sittlichkeit eines Volkes sein Staat ist. (Sittlichkeit nämlich liegt nicht nur in der einsamen Gesinnung der Person, sondern auch in den Gestaltungen des gemeinsamen Lebens, von der Familie und dem Berufsverband bis empor zu dem einheitlichen Staatswillen, in dem sich der sittliche Kulturwille des Volkes als wirkende Macht zusammendrängt.)

Diese Schlußgedanken unterscheiden sich sehr von der verbreiteten Ansicht, es bestehe ein Wesensgegensatz zwischen Sittlichkeit und Politik, zwischen dem Sittengesetz und dem Willen zur Macht. Aber es ist eine primitive Auffassung von Sittlichkeit, sie *nur* in der Nachbarsittlichkeit zu sehen, die von Einzelseele zu Einzelseele geübt wird. Sie ist nicht besser, als wollte man die Moral einer Aktiengesellschaft danach beurteilen, ob sie, wenn sie über die Straße geht, mit dem Bettler den Mantel teilt. Überindividuelle Geistesgebilde, deren Sinn der einzelne zu erfüllen hat, haben andere ethische Normen als die des Verkehrs zwischen Einzelmenschen. Die Sittlichkeit der Wissenschaft zum Beispiel ist nicht die Nächstenliebe, sondern der hingebende Dienst an die Wahrheit, selbst wenn diese Wahrheit das flüchtige Einzelleben einmal tötet. So ist auch die Sittlichkeit des Staates ein eigener Bereich von ethischen Normen, nicht einfach die Außerkraftsetzung der ethischen Norm. Und die Macht als solche ist so wenig widersittlich wie der Lebenswille des einzelnen und sein Drang nach Gesundheit. Große überindividuelle Organisationsformen zu erzeugen, in denen Gehalte der sittlich erarbeiteten Kultur leben können, ist so wenig ein sündhaftes Beginnen, daß hier vielmehr erst die höchsten sittlichen Situationen auftreten.

Nicht ist damit gesagt, daß das Gebiet der Politik nicht zu den schwersten tragischen Spannungen und den ungeheuersten Versuchungen des Gewissens führt. Aber das ist keine Sondererscheinung der Politik. Vielmehr gehört der Konflikt der Werte – auch schon im Einzelleben – zu den Wesensmerkmalen der sittlichen Welt. Wer nicht weiß, daß man als Lebender *immer* schuldig wird – hat den ersten Schritt in die Dialektik des Sittlichen noch nicht getan. Der verantwortlich handelnde Staatsmann trägt mit seinen sittlichen Entscheidungen immer die ungeheuren Gewichte der Welthistorie. Aber er muß diese Lasten durchhalten und diese Kämpfe durchkämpfen. Schon aus diesem Grunde, gemäß der ethisch tragischen Grundstruktur der Welt, wird die Menschheit nie ohne Kämpfe sein. Wer als letzter entscheidender Mann den Staatswillen in sich trägt, steht damit zuletzt vor anderen Richtern als vor einem Staatsgerichtshof. Er steht vor dem Angesicht Gottes; dahin aber begleitet ihn nicht die Philosophie; sondern da wird seine Seele nackt stehen.

Probleme der Kulturmorphologie[1]

1936

Der Ausdruck Kulturmorphologie stammt aus dem Zusammenhang einer Denkweise, die dem gegenwärtigen Stande der Geisteswissenschaften nicht mehr ganz entspricht. Er erinnert an die Übertragung biologischer Begriffe und Methoden auf das Gebiet der menschlich-geistigen Geschichte und der Gesellschaftswissenschaft aus der Zeit von Spencer und Schäffle. Besonders Spengler und Frobenius haben sich der Bezeichnung bedient, um für große Gesamtintuitionen einen Umriß zu finden.

Beide sind einig in dem Satze, daß Kulturen eigenartig überindividuelle Lebenserscheinungen sind, die wie das Individuum entstehen, wachsen und vergehen. Ihre Entwicklungsphasen werden mit den typischen Altersstufen von der Kindheit bis zum Greisentum verglichen. Spengler entwickelt im ersten Bande seines Werkes ›Der Untergang des Abendlandes‹ (zuerst 1918) den Gedanken einer Kulturgestaltlehre. Kultur überhaupt ist für ihn Urphänomen. Jede geschichtlich auftretende große Kultureinheit ist ein besonderes Urphänomen, das er als Darstellung einer eigentümlichen »Kulturseele« deutet. Diese ist aber nicht nur das innere Prinzip einer sich entfaltenden Kultur, ihr sich allmählich auslegender metaphysischer Geist, sondern soll auch »Landschaftsseele« sein. Entelechie und Umwelt sind also beide beteiligt. Auf dieser gedanklichen Grundlage ruht Spenglers Plan einer vergleichenden Kulturmorphologie. Sie setzt voraus, daß Kultur überhaupt einem inneren Entwicklungsgesetz unterliegt. Die Anleihen bei der vergleichenden Biologie treten auch darin

---

[1] Philosophische Überlegungen können sich nicht darauf beschränken, vorhandenes Wissen für einen systematischen Aufbau zu verwerten. Oft sind sie nur Fragen an Fachkenner sehr verschiedener Gebiete, die aus dem Bewußtsein entspringen, daß in unsrem Wissen an wichtigen Punkten Lücken bestehen. Die vorliegende Abhandlung ist als eine solche Bitte um Aufklärung gemeint, in ganz ähnlichem Sinne, wie sie Alfred Vierkandt 1908 in dem Vorwort zu seinem Buche ›Die Stetigkeit im Kulturwandel‹ ausgesprochen hat. Schon zu dem ersten Entwurf dieses Akademievortrages hat Hr. Gouverneur a. D. Dr. Theodor Seitz wesentliche Bemerkungen beigesteuert, für die ich ihm zu Dank verpflichtet bin.

zutage, daß »homologe« und »analoge« Bildungen am Stamme der geschichtlichen Kulturen unterschieden werden und daß von »Metamorphosen« einzelner organischer Bestandteile die Rede ist. Im ganzen handelt es sich bei Spengler um die Ausgestaltung eines alten geschichtsphilosophischen Gedankens, der in seiner einfachsten Form, nämlich als Vergleich von historischen Epochen mit Kindheit, Jugend, Reife und Greisenalter, schon bei antiken Schriftstellern auftritt.[2] Auf die philosophisch-methodische Durcharbeitung des Prinzips kommt es dem umfassenden Geist Spenglers weniger an als auf die Bestätigung der Antizipation an wichtigen Beispielen aus dem Verlauf der für uns übersehbaren Weltgeschichte.

Bei Leo Frobenius erscheint der Ausdruck »Kulturmorphologie« schon sehr viel früher, nämlich in zwei programmatischen Aufsätzen aus den Jahren 1897 und 1899: ›Die Kulturkreislehre‹ und ›Die naturwissenschaftliche Kulturlehre‹.[3] Sie bekennen sich ausdrücklich zur naturwissenschaftlichen Methode und zur Deszendenzbetrachtung im Sinne Darwins. Schon hier waltet der Gedanke vor, daß eine Kultur ein übergreifendes Lebewesen ist, das gleichsam »auf dem Menschen lebt« und seine eigenen Entwicklungsgesetze hat. Aber die Analogien zum Biologischen bleiben noch sehr äußerlich und unbestimmt. *Kulturmorphologie* ist damals für Frobenius die Lehre von den über den Erdboden verbreiteten Gestalten oder Typen der Kultur, äußerlich betrachtet. *Kulturanatomie* ist die Analyse des inneren Kulturaufbaues, die damals noch vorwiegend Behausung, Geräte und Wirtschaftsweisen als Symptome verwertet. *Kulturphysiologie* soll sich auf Feststellung der Altersstufe einer Kultur, also auf ihren Vitalitätsgrad und ihre Ausbreitungskraft, beziehen.[4]

Aus diesem Ansatz ist später bei Frobenius etwas ganz anderes geworden, und zwar durch eine Wendung zur geisteswissenschaftlichen Denkweise, für die die bedeutsame Schrift ›Paideuma‹ in ihrer ersten Fassung von 1921 das wichtigste Zeugnis ist. Es ist durchweg nicht leicht, die theoretischen Ansichten des Forschungsreisenden richtig wiederzugeben, weil seine Phantasie immer mit großen Gesamtbildern arbeitet. Nicht nur die Völker Afrikas, von denen er berichtet, leben mehr aus der »Ergriffenheit« als »in Begriffen«; auch er selbst entnimmt dem einzelnen Phänomen

---

[2] Vgl. Eduard Spranger, Die Kulturzyklentheorie und das Problem des Kulturverfalls. Sitzungsber. der Preuss. Akad. der Wiss. Berlin 1926.

[3] Leo Frobenius, Die Kulturlehre; derselbe, Die naturwissenschaftliche Kulturlehre; abgedruckt in: Erlebte Erdteile. Hg. vom Forschungsinstitut für Kulturmorphologie. Bd. 1. Frankfurt/M. 1925.

[4] a. a. O. Bd. 1. S. 243 ff., bes. S. 254, 282 f., 320 f.

große Totaleindrücke und entfaltet sich eine Privatphilosophie, deren Umrisse sehr häufig wechseln.

Nicht zufällig ist die Lehre vom ›Paideuma‹ aus dem Vergleich der Kulturen mit den menschlichen Altersstufen gewonnen worden. Frobenius bemerkte richtig, daß das Individuum Seelengestalten durchläuft, die es nicht selbst macht, sondern die ihm die totale Lebensform bestimmen. So beherrscht den einzelnen auch die überindividuelle Kulturform, an der er teil hat. Paideuma im Sinne von Frobenius bedeutet daher eine überindividuell bedingte Seelengestalt, die den einer Kultur zugehörigen Menschen formt. Das Paideuma ist nicht nur gemäß der ursprünglichen Wortbedeutung: *Bildung*, als Erfüllung der Person mit Gehalt und Geist; aber auch nicht nur objektives, vom einzelnen abgelöstes *Gebilde;* sondern beides in seiner Wechselbezogenheit, also mit einem gewagten Wort: *Gebildung*. Wir haben dafür die einfachere, aber auch blassere Bezeichnung »Kulturstil« oder »Geist der Kultur«. Über den Ursprung finden wir bei Frobenius dasselbe Schwanken wie bei Spengler: das Paideuma ist bald ein Faktor, der der Umwelt als selbständig und konstant gegenübertritt (Entelechie der Kultur), bald wieder etwas, das von der totalen Umwelt (z. B. Urwald, Wüste, Steppe) mit geformt ist. Der Völkerkundler, nicht bekannt mit den philosophischen Begriffen objektiver Geist, Gemeingeist, Geistesstruktur, hat sich den Terminus Paideuma aus der Einsicht heraus geschaffen, daß in der Seelenart des einzelnen Kulturgliedes wie in dem Weltbild, das dieser Seelenart entspricht, ein überindividueller und selbständig wachsender Formfaktor liege. Jetzt findet er die Symptome für die Gestalt einer Kultur nicht mehr bloß in Häusern, Geräten, Wirtschaftsformen, Kultgegenständen, sondern in Grundformen der *Weltanschauung* oder des »Lebensgefühls«. »Kulturmorphologie« bedeutet auf dieser Entwicklungsstufe das Verstehen der Kulturstile oder Paideumata nach ihrer Raum- und Zeitbedingtheit.[5]

»Die kommende Sehweise verlangt Umstellung des Sehwinkels. ›Es‹ muß gelernt werden, ›von andern Räumen‹ und ›von andern Zeiten‹ aus zu sehen. *Solches Vermögen zu erreichen erachte ich als die vornehmste Aufgabe der Kulturmorphologie.*«[6] Die Durchführung schwankt mannigfach zwischen der Betonung des inneren Momentes, des Lebensgefühls, und der äußeren Daseinsbedingungen. Für das erste ist der Satz bezeichnend: »In allem ist es nicht die Ähnlichkeit oder Verschiedenartigkeit der äußeren Momente und aufdringlichen Symptome, die den Stil der Kul-

[5] a. a. O. Bd. 6. S. 34.
[6] a. a. O. Bd. 5. S. 34.

turen bedeuten, sondern die Natur der inneren Bedingtheit.« Darin findet der intuitiv-philosophierende Forscher den unterscheidenden Lebensnerv des atlantischen, syrtischen, äthiopischen und hamitischen Kulturstiles.[7] Aber auch das zweite bleibt in Geltung: so wird z. B. der Geistesunterschied zwischen Äthiopen und Hamiten auf die Bersorgung der Pflanze und des Tieres zurückgeführt. »*Das Objekt des Berufes gestaltet die Kultur*. In diesem Sinne bedeutet hamitische Originalkultur: am Tiere und durch Herauswachsen über die Wesenheit des Tierischen hochgezüchtetes Herrentum.«[8] In der Mitte liegen herausgegriffene fruchtbare Einzelsymptome, wie der rituelle Königsmord, die Bestattungsformen, der Seelenglaube; der erythräische Thron, der Baumwollgriffwebstuhl, der Doppelschurz, die Trichterhütte, die Spießlaute usw.[9]

Man sieht in allem das Bestreben, das Eigentümliche einer Kultur zu fassen, nicht nur vom Äußeren her, sondern vom Weltbildkern, in dem sich auch eine Seelenart ausdrückt. Allgemeine biologische Bilder, wie »männlicher und weiblicher Stil«, »Jungsein und Vergreisung«, müssen zu dem schweren Werke helfen. Denn noch sind nirgends die geeigneten Kategorien fertig bereit, mit denen man an die Aufgabe, die hier gesehen wird, herankommt: die Gesamtgestalt einer Kultur stilgerecht, d. h. strukturgerecht zu bestimmen. Das aber ist das Ziel, das mit dem Plan einer *Kulturmorphologie* gesetzt ist. –

Das Thema ist angeschlagen. Aber es ist noch ungeklärt, in welchem Sinne man beim Ganzen und bei der inneren Gliederung einer Kultur von Gestalten (μορφαί) und also von einer Gestaltlehre (Morphologie) reden kann. Die Fragestellung ist von älteren Denkweisen her mit biologischen Analogien belastet, die energisch überwunden werden müssen. Eine solche liegt schon im Namen der Wissenschaft. So wenig wir heut noch glauben, man könne beim einfachen Naturorganismus Morphologie treiben, ohne gleichzeitig physiologische(= Funktions-)Gesichtspunkte zu berücksichtigen, so wenig werden wir bei einem statisch gedachten Querschnitt durch eine Kultur stehenbleiben können; eine lebende Kultur ist immer ein dynamisches Gebilde; auch jede untergegangene ist es gewesen. Die Gefahr eines biologischen Positivismus, der im Bereich der geistigen Welt weitester Bedeutung unfruchtbar bleiben muß, ist damit allein noch nicht beschworen. Es bleibt zu beachten, daß die Gestalt einer Kultur durch große Einzelpersonen entschieden beeinflußt werden kann. Allerdings sind auch

[7] a. a. O. Bd. 6. S. 411 f., vgl. Bd. 5. S. 534.
[8] a. a. O. Bd. 6. S. 479.
[9] Vgl. a. a. O., bes. Bd. 6. S. 418 ff.

sie immer von dem überindividuellen Lebensgebilde und der überindividuellen Lebensbewegung ihrer Kultur getragen. Das ist für uns seit Hegel, nicht erst seit der blasseren französischen Milieutheorie, selbstverständlich. Karl Lamprecht pflegte zu sagen: Bismarck hätte uns nicht in das Zeitalter der reinen Naturalwirtschaft zurückführen können. Es bleibt ferner zu beachten, daß eine Kultur in ihrem normalen Entwicklungsgang auch singuläre Schicksale von außen treffen können. Nicht jede lebt ihr ganzes Entwicklungsgesetz aus, zugegeben selbst, daß bei Kulturen von einem solchen Entwicklungsgesetz die Rede sein darf; jedenfalls darf es nicht einfach nach dem Muster der abendländisch-europäischen Entwicklung gedacht werden.

Wir tasten hier noch im Dunklen. Nur das steht fest, daß wir längst nicht mehr nur von *der* Kultur reden, wie es lange im christlichen Abendlande der Fall war, sondern daß wir es mit dem Pluralis Kulturen zu tun haben. Welches Subjekt den einheitlichen Träger einer Kultur abgibt, muß Sache des Erfahrungsbefundes bleiben und kann nicht durch einen metaphysischen Ansatz entschieden werden, wie ihn Spengler mit seiner erdichteten Kulturseele gewagt hat. In den Anfängen, bei Seßhaftigkeit in einem vom Verkehr isolierten Gebiet, ist ein durch Abstammungsgemeinschaft geeintes Volk Träger seiner eigentümlichen Kultur; so sah z. B. Tacitus die Germanen. Bei stärkerem Austausch von Kulturgütern kann eine ganze Völkergruppe eine Kulturgemeinschaft bilden. Aber man muß auch darauf achten, daß noch innerhalb eines ethisch einheitlichen Volkes – das Wort natio = Geburtsgemeinschaft ist leider dafür nach der Umprägung des Begriffes im 18. Jahrhundert nicht mehr zu verwenden – ein einzelner Stamm, eine einzelne Kaste oder ein Stand in der Erzeugung von Kultur schlechthin führend sein können.

Kaum irgendwo fällt die Urzeugung von Kultur in das Licht der Geschichte. Fast überall finden wir schon eine späte Stufe, für die Übertragungen und Durchdringungen anzunehmen sind. Aber es ist auch nicht erwiesen, daß die unscheinbaren Anfänge uns das Wichtigste lehren könnten. Vielmehr wird uns das Gefüge, die eigentümliche Struktur einer *eigen*artigen Kultur, gerade dann am besten sichtbar, wenn verschiedenstufige, mindestens verschieden gebaute Kulturen irgendwo aufeinander treffen und zur praktischen Auseinandersetzung genötigt sind. Was das Phänomen der eineiigen Zwillinge für die Vererbungslehre bedeutet, nämlich ein lehrreiches Experiment, das uns die Natur selbst vormacht, – das bedeutet auf dem verwickelteren Gebiet der Kulturmorphologie der Vorgang des Zusammentreffens von verschieden strukturierten Kulturen. Dieser Vorgang gibt unmittelbaren, auch durch praktische Interessen genährten Anlaß, über das innere Gefüge der geschlossenen Kultureinheiten nachzudenken. An die Grundtypen solchen Geschehens auf der Erdoberfläche knüpfen wir an (I), um einige konkrete Fragestellungen zu gewinnen, ehe wir prinzipiell (II) auf das Gestaltproblem der Kultur eingehen und es in einige seiner Verzweigungen (III) näher verfolgen.

I.

Das Aufeinandertreffen verschiedener Kulturen kann in vielfältigen Formen erfolgen. Um das Problem zu verdeutlichen, gehe ich von 4 Haupttypen aus, von denen der vierte allerdings eine Sonderstellung einnimmt:

1. *Die Kulturberührung erfolgt auf ein- und demselben Siedlungsboden*, durch Einwanderung von Volksgruppen anderer, gleichviel ob höherer oder niedrigerer, Kultur. Die Einwanderung (der auf dem Ursprungsboden immer eine Bevölkerungsabgabe oder Auswanderung entspricht) kann kriegerisch oder friedlich erfolgen. Sie kann in *einem* Akt oder in wiederholten Stößen oder auch in der Form langsamer Durch*setzung* vor sich gehen. Die sog. Völkerwanderung ist für das Abendland das erste große Beispiel, das noch einigermaßen im Lichte historischer Kenntnis liegt. Die Besiedlung Amerikas durch Europäer zeigt gleiche Ausmaße bei entgegengesetztem Kulturstufenverhältnis. Aber nicht nur Bauernwanderungen, auch Kaufmannswanderungen und Wanderungen industrieller Arbeiterschaft gehören zu diesem Typus. Wir wollen ihn als *Einwanderungstypus* bezeichnen.

2. Die sog. *Kolonisation* bedeutet ebenfalls eine Kulturberührung auf ein- und demselben Boden. Hier aber liegt nicht mehr der instinkthafte Prozeß vor, der der Nahrungssuche und den Beutezügen von tierischen Horden vergleichbar ist, sondern der bewußte *Wille*, Kultur zu verpflanzen, die Macht zu ergreifen, wirtschaftliche Ausbeutung zu treiben, also ein imperialistisches Prinzip, das sich in sehr verschiedene öffentlich-rechtliche Formen verkleidet. Mit einem Bilde könnte man hier von Kulturstecklingen oder -ablegern reden. – Dem ersten wie dem zweiten Fall ist gemeinsam, daß nach der Landnahme oder Ansiedelung ein langer Prozeß der Kulturauseinandersetzung folgt; dort als gegenseitige Kulturdurchdringung, hier meist als einseitige Kulturaufprägung; klimatische und bodenbedingte Einwirkungen auf den Einwandernden und Blutmischung pflegen mitzuspielen; vom Kulturbesitz des Fremden wird einiges assimiliert, anderes abgelehnt, vieles jedoch kaum verstanden. Bei der Erörterung solcher Erscheinungen arbeitet man mit den Begriffen »höhere und nied-

rigere« Kultur, »alte und junge Kultur«, ohne daß der Sinn dieser Bezeichnungen mehr als eindrucksmäßig feststünde.

3. Die Kulturberührung erfolgt nicht auf ein- und demselben Boden, sondern durch *Fernwirkung*. Z. B. der Verkehr zwischen zwei Völkern, sei er bloß wirtschaftlich oder politisch, führt auf mindestens einer der beiden Seiten zur Übernahme gewisser Lebensformen und Errungenschaften der anderen. Ein Beispiel aus der Vergangenheit ist der Einfluß des Kulturstiles, den das System Louis XIV. entwickelt hatte, auf Deutschland und andere Staaten, bis zu dem Grade, daß die Gebildeten die französische Sprache übernahmen. Ein weit größeres Beispiel aus der Gegenwart ist die schnell fortschreitende Europäisierung der Kultur in fast allen erreichbaren Ländern des Erdballes. Es leuchtet ein, daß solche Fernwirkungen nicht so tief greifen wie die Kulturberührung auf einem und demselben Boden. Sie erstrecken sich manchmal nur auf literarische Einflüsse, manchmal nur auf das, was man in unscharfer Abgrenzung als technische »Zivilisation« der eigentlichen, wertverwurzelten »Kultur« gegenüberstellt. Diese Erscheinung wollen wir als *Rezeptionstypus* bezeichnen. Wenn wir Europa vorhin als eine Einheit hinstellten, so ist es selbst dazu geworden durch eine Fülle langandauernder gegenseitiger Rezeptionen und Angleichungen. Der »Verkehr« wirkt kulturausgleichend.

4. Die Fernwirkung in der Kulturbegegnung wird noch auffälliger, wenn sie nicht in simultanen Beziehungen erfolgt, sondern von längst vergangenen Kulturformen her. Die Übermittlung findet dann nur selten auf dem Wege mündlicher Tradition statt. In der Regel ist sie auf literarische Ausprägungen angewiesen oder auf Denkmäler, deren Sprache noch lebendig verstanden wird. Das wichtigste Beispiel ist im Bereich nicht nur der romanisch-germanischen Völker die Fortwirkung der griechisch-römischen Kultur, die in immer neuen Stößen wiederauflebt und zur Aneignung gleichsam in wiederholten Kursen führt. Solche Wiederbelebungen erfolgen aber auch, im Hinblick auf verschiedene Kultur*stufen*, im Schoße eines und desselben Volkes. Man geht mannigfach auf eigene Urformen und Hochformen zurück. Auch schöpferische Neugestaltungen werden bezeichnenderweise als »Reformen« empfunden. Mit einer längst vollzogenen Erweiterung des ursprünglichen Begriffes soll diese Erscheinung *Renaissancetypus* heißen. –

Die vier Typen: Einwanderungstypus, Kolonisations-, Rezeptions- und Renaissancetypus bezeichnen wirkliche Geschehnisse, die sich in der Weltgeschichte häufig wiederholen. Sie verlieren dadurch nichts von ihrer historischen Singularität, die jedesmal als solche studiert werden muß. Gleichwohl haben sie auch ihre gesetzlichen Teilzusammenhänge. Es ist kein Rückfall in eine nur gesetzesbildende positivistische Geschichtswissenschaft, wenn man solchen Erscheinungen grundsätzlich seine Aufmerksamkeit zuwendet.

Das Grundphänomen Kulturberührung und Kulturdurchdringung erscheint weltgeschichtlich in so verschiedenen Einkleidungen, daß es bisher nur selten als ein einheitliches gesehen worden ist. Es ist aber kein Zufall, daß es gerade heute in den Blickpunkt der Aufmerksamkeit rückt. Wir Deutschen haben an dieser Fragestellung ein dreifaches Gegenwartsinteresse. Indem ich bei ihm verweile, hebe ich zugleich diejenigen Beispielgruppen heraus, an denen die praktische und aktuelle Bedeutung kulturmorphologischer Untersuchungen sichtbar wird.

1. Die tiefgehende nationale Selbstbesinnung, zu der das deutsche Volk seit kurzem wieder erwacht ist, legt die Frage nach dem Eigenen und Ursprünglichen der deutschen kulturformenden Kräfte nahe. Soweit diese auf das vorwaltende nordisch-rassische Erbgut in der Blutzusammensetzung des deutschen Volkes zurückgeführt werden, greift das Thema bis in naturwissenschaftlich-anthropologische Problemschichten hinab. Der Zusammenhang zwischen dem rassisch bestimmten Blutserbe und den moralisch-geistigen Anlagen zum Aufbau einer eigenartigen Kultur müßte ergründet werden. Die Kulturmorphologie bedarf dazu der Hilfe naturwissenschaftlich, speziell erbbiologisch gerichteter Forschungen. Für diese aber hat sie selbst eine wichtige Vorarbeit zu leisten, insofern sie im Rahmen historisch-philosophischer Besinnung folgende Gesichtspunkte verfolgt: a) Was heißt Kultur? Wie ist sie in sich selbst und in Beziehung zur naturhaften Umwelt aufgebaut? Aus welchen Kräften lebt sie, wodurch geht sie zugrunde? b) Wie läßt sich an den Kulturschöpfungen eines historisch zugänglichen Volkes sein Grundcharakter, d. h. ein Bereich von Anlagen und Tendenzen, der durch die historischen Taten und Schicksale hindurch konstant bleibt, ablesen, und zwar so, daß man die Kulturleistungen als ausdrückende Symptome einer tiefer liegenden Wesensart deuten darf? Solche Deutungen sind natürlich, wie alle Charakterdiagnosen, nicht nur hypothetisch, d. h. durch neue Befunde korrigierbar, sondern geradezu »Hypostasierungen«: der Charakter wird als ein identisch bleibendes Erklärungsprinzip hinzugedacht.

Das deutsche Volk als Glied der germanischen Stämme hat sich als kulturelle Einheit erst in bestimmter historischer Zeit und unter bestimmten gesamtkulturellen Umständen herausgebildet. Schon Jahrhunderte vorher aber ist die in die Völkerwanderung mitgebrachte Kultur der germanischen Stämme durch den Einfluß der spätantiken Kultur überdeckt worden. Man möchte heut, in Form eines Gedankenexperimentes, diese

Einflüsse gleichsam abdecken, um an das Eigne und Ursprüngliche der Stämme heranzukommen, die in das Gebiet des römischen Imperiums eingewandert sind. Man möchte feststellen, was von diesem Eignen sich erhalten hat, was verlorengegangen ist und vielleicht wiederhergestellt werden sollte. Man möchte diesen ganzen Prozeß von Abstoßung und Angleichung, von Mitbringen und Empfangen auf den einzelnen Kulturgebieten verfolgen. Wie ist diese jahrhundertelange Auseinandersetzung vor sich gegangen? Wir wissen z. B., daß fast für jeden der eingewanderten germanischen Stämme eine enzyklopädische Zusammenfassung schon erstarrender antiker Wissenschaft unter dem Namen septem artes liberales stattgefunden hat. Wir wissen kaum oder gar nicht, wie der germanische Geist sich diese fremdartigen Resultate aneignete; ob und in welcher Art es ihm überhaupt gelang. Vor allem aber interessiert die Gegenwart das große Thema, wie es geschehen ist, daß eine der großen spätantiken Religionen, verschmolzen mit orientalischen Motiven und hellenistischer Philosophie, das Christentum nämlich, von den Germanen angenommen wurde. Gewiß haben politische Faktoren, ja geradezu eine politisch-militärische Missionstätigkeit der eigenen Führer dabei mitgespielt. Es fand aber auch eine innere Aneignung statt, deren seelische Brücken uns heut noch verborgen sind. Dieses wichtigste Stück Religionsgeschichte steht unter dem Zeichen einer gewaltigen gegenseitigen Kulturdurchdringung, an der biologisch junge und biologisch sehr alte Völkerschaften beteiligt waren.

Von dem ganzen Fragenkomplex, der hier nur angedeutet werden kann, ist bis heut relativ am besten durchgearbeitet die Geschichte des römischen Rechtes, seiner Begegnung mit den »jungen« germanischen Volksrechten, seiner lebendigen »Rezeption« und seiner literarisch-praktischen »Renaissance«. Aber auch dies ist nicht unter bewußten kulturmorphologischen Gesichtspunkten geschehen, sondern mehr in der einfach erzählenden Form, »wie es dazu gekommen ist«.

2. Betraf das erste Gegenwartsinteresse unseres Themas die Vergangenheit des deutschen Volkes, so gehört das zweite seiner Zukunft und erweiterten Weltgeltung. Wir haben Kolonien besessen und unsre Fähigkeit zum Kolonisieren in Gebieten von Völkerschaften primitiverer Kultur einwandfrei dargetan. In der kurzen Spanne aber, in der sich diese Arbeit leider abspielte, standen naturgemäß wirtschaftliche und politische Interessen im Vordergrunde. Die große Frage der Eingeborenenerziehung und ihrer kulturellen Voraussetzungen begann gerade in den Blickpunkt der Verwaltung zu treten, als die Aufgabe durch fremdes Diktat unsren Händen entzogen wurde. In der Literatur herrscht das Dogma von dem frühen geistigen Stillstand der Negerkinder und von den engen Grenzen ihrer

Bildsamkeit.[10] Die neueste Entwicklungspsychologie sieht das Problem in wesentlich anderen Zusammenhängen als vor dem Weltkriege. Es scheint z. B., daß die Entwicklungshöhe, die ein Volk erreicht, auch davon abhängig ist, in welchem Lebensalter der (zunächst freie) sexuelle Verkehr der Geschlechter seinen Sitten gemäß einsetzt.[11] Ferner ist die Einrichtung von noch so guten europäischen Schulen kein psychologisch durchdachter Weg der Eingeborenenpädagogik. Wenn man zwischen zwei durchaus verschiedenen Kulturen mit ganz verschieden strukturierten Menschentypen eine pädagogische Brücke bauen will, so muß der Hebel der erziehenden Einwirkung und des Unterrichts *strukturgemäß* angesetzt werden. Intelligenz hier z. B. und Intelligenz dort können nicht ohne weiteres auf einen Nenner gebracht werden. Es würde sehr viel Mühe kosten, den Europäer für ein Leben im Urwald zu erziehen, wenn es überhaupt noch möglich sein sollte.

Allgemein gesprochen: Die Erscheinungen, die bei der Begegnung zwischen dem kolonisierenden Kulturvolk und der Einwohnerbevölkerung auftreten, müssen sehr viel sorgfältiger beobachtet werden, als es bei den ersten Schritten auf dieses bisher unbeachtete Gebiet des Kulturlebens geschehen ist. Der ehemalige Gouverneur von Südwestafrika, Theodor Seitz, dem ich diese Fragen vorlegen durfte, kennzeichnet die Vorgänge in kürzester Zusammendrängung folgendermaßen: »Die Einwirkung (der europäischen Kultur auf die afrikanischen Eingeborenen) ging aus vom wirtschaftlichen Gebiet, zunächst vom Handel, später vom Plantagenbau, führte zum Übergang von der Sammeltätigkeit zwecks eigenen Gebrauchs zur Produktion von Gütern über den eigenen Bedarf hinaus. Sie wirkt damit unmittelbar hinüber auf die Gestaltung des sozialen und staatlichen Lebens. Aus der Gemeinwirtschaft der Sippe und des Stammes wird Privatwirtschaft des einzelnen Individuums, selbst der Sklaven. Daraus ergibt sich Lockerung der Zusammenhänge innerhalb der Sippe und des Stammes und eine Umänderung der sozialen Verhältnisse. Das alles hat seine wesentliche Ursache in der Einführung europäischer Wirtschaftsmethoden.«

»Nebenher dabei geht – wachsend mit dem durch Erlernung der gegenseitigen Sprachen erleichterten Verstehen – eine geistige Einwirkung der im Lande weilenden, wenn auch wenig zahlreichen Europäer: Missionare, Ärzte, Kaufleute, Beamte und Offiziere. Alle bringen neue Ideen religiöser, wirtschaftlicher, wissenschaftlicher, rechtlicher Art. Damit kommt das ganze seelische Leben der Eingeborenen in ein kritisches Stadium. Sie

[10] Erich Franke, Die geistige Entwicklung der Negerkinder. Leipzig 1915 (ein für seine Entstehungszeit sehr weitblickendes Buch).

[11] Karl Schmeïng, Die mehrfache Pubertät. Berlin 1930. S. 36 ff.

sehen die Überlegenheit der Europäer auf wirtschaftlichem, besonders technischem, ferner auf wissenschaftlichem, besonders ärztlichem Gebiet. Die Grundlagen ihrer bisherigen Lebensauffassungen werden erschüttert, sie werden entwurzelt.«

»Hier muß nun die kolonisierende Macht einsetzen, auf dem Gebiet der Rechts- und Staatsordnung, indem nur so viel von dem bisherigen Gut zerstört wird, wie unter den neuen Verhältnissen nicht mehr zu halten ist, sonst aber auf den bisherigen Auffassungen und Zuständen weiter gebaut wird. Die Hauptaufgabe, den Eingeborenen das verlorene seelische Gleichgewicht wieder zu schaffen, fällt den Missionen zu.« (Brief an mich vom 15. XI. 35.)

Im übrigen bestätigt auch der Gouverneur Seitz die völlig mangelnde selbständige Initiative der besten Neger im Gebrauch und in der Weiterbildung schon der europäisch technischen Mittel. Aber dies ist zunächst nur ein Beweis, daß da noch Zwischenglieder fehlen und daß die Bildung aus einer Kultur heraus in eine neue nicht innerhalb weniger Generationen zu leisten ist. Erfahrungen mit den Negern in der nordamerikanischen Union werden ergänzend heranzuziehen sein, jedoch unter sinngemäßer Beachtung der Tatsache, daß es sich hier um Menschengruppen handelt, die längst vom Mutterboden ihrer Heimat und Kultur verpflanzt sind und die außerdem dauernd dem Schicksal der Deklassierung verfallen sind.[12]

Das ganze Fragengebiet geht nicht nur die deutschen, sondern alle in Gebieten einfacherer Kultur kolonisierenden Mächte an. Der entscheidende Schritt von der Kolonialpolitik zur Kolonialpädagogik scheint mir noch an keiner Stelle bewußt getan zu sein.

3. Das größte Gegenwartsinteresse, das die Kulturmorphologie beanspruchen kann, ergibt sich aus der Tatsache, daß heut über den ganzen Erdball hin Kulturen politisch und wirtschaftlich aufeinanderprallen, die sich früher jahrhundertelang ohne Verbindung miteinander entwickeln konnten. Die erste große Phase der eigentlichen Weltpolitik (der die echte weltgeschichtliche Betrachtung folgte), stand unter dem Zeichen der weitgreifenden Europäisierung. Seit der letzten Jahrhundertwende ist die zweite entscheidendere Phase angebrochen: das Ringen der großen Weltkulturen, wie man sie auch zählen mag, miteinander.[13] Dies Ringen ist

---

[12] Vgl. Marvin, F. Beeson, Die Organisation der Negererziehung in den Vereinigten Staaten von Amerika seit 1860. Diss. Leipzig 1915.

[13] Vgl. hierzu: Kazunobu Kanokogi, Der Geist Japans. Leipzig 1930. Das Buch ist von ähnlichem Standpunkt aus geschrieben, wie dem hier entwickelten. Es vertritt die Überzeugung, daß Japan, in mancher Hinsicht das klassische Land der »Rezeptionen«, darüber niemals sein eigenstes Zentrum verloren hat. Siehe bes. die Vorrede und S. 176.

selbst eine vielgestaltige Erscheinung. Oft ergibt es sich aus der drängenden Not der Übervölkerung alter Siedlungsgebiete. Es ist bald wirtschaftlich betont, bald religiös-weltanschaulich, bald schon entschieden machtpolitisch. Aber da im kulturellen Leben alles mit allem verflochten ist, so kann die Akzentuierung der einen Seite leicht in die einer anderen umschlagen. Die äußere Form der Auseinandersetzung auf Erden ist immer der Kampf um die Macht, und dieser trägt die Tendenz in sich, als Krieg zu »entbrennen«.

Die bisherige Erfahrung scheint zu lehren, daß in diesen letzten Wettlauf nur diejenigen Kulturen mit Aussicht auf einen politischen Erfolg eintreten können, die durch eine Epoche der Europäisierung hindurchgegangen sind; anders ausgedrückt: diejenigen, die vollwertig an den Ergebnissen der wissenschaftlich-technischen Zivilisation des Abendlandes Anteil gewonnen haben. Aber das ist noch nicht das letzte Wort: Unter dieser Decke der technischen Kulturmittel ruhen überall ältere Rassen- und Nationalkräfte, die dem gleichförmigen Gesicht der nivellierenden Zivilisation eine individuell ausgeprägte Physiognomie verleihen können. Hinter den technisch-wirtschaftlichen Kräften tauchen physische und moralische Stoßkräfte auf, die für den Ausgang der Begegnung maßgebend sind. Zunächst nur für den militärisch-politischen Ausgang! Denn dies ist ein weiteres Phänomen, mit dem sich die Kulturmorphologie zu beschäftigen hat, daß unter Umständen der politische Sieger auf der ideellen (oder auch nur ideologischen) Seite der Kultur der Unterliegende sein kann. Rom hat Griechenland unterworfen; aber die griechische Paideia hat sich in der führenden Schicht Roms durchgesetzt. Beide hat schließlich der christliche Erlösungsglaube überwunden; aber er wieder hat sich zugleich die universalistisch-imperialistische Idee Roms und die griechische Logosspekulation eingebaut. Seltsame Verschränkungen in den miteinander ringenden Gestalten der Kultur! Das Wissen um sie eröffnet jedenfalls den Blick für Möglichkeiten kommender Kulturentwicklungen. Und es ist nicht die Art des menschlichen Geistes, das, was er gestaltet und was ihm begegnet, einfach als ehernen Gang des Schicksals hinzunehmen. Gerade weil er mitgestaltet, deshalb gibt er nicht nur in das Schicksal einen Schimmer von Sinn hinein, sondern er *fordert* ihn auch. Der Handelnde, nicht zuerst der Beschauende ist es, der von der Welt Sinn verlangen muß, weil es im Wesen des Handelns liegt, einen höheren Sinn in das Unvollkommen-Sinnhafte hineinzubilden. –

In die letzten Feststellungen über das Gegenwartsinteresse der Kulturmorphologie spielt besonders deutlich die Tatsache hinein, daß wir ohne viele Reflexion von »höheren« und »niederen« Kulturen zu reden pflegen.

Das Wort Kultur selbst schließt schon einen Wertakzent ein. Wenn wir auch nur von einem Einzelmenschen sagen, daß er »Kultur habe«, so heißt dies, daß er eine den Durchschnitt überragende Kultur habe. Aber welche Maßstäbe werden hierbei stillschweigend vorausgesetzt?

Für das europäische Bewußtsein des 18. und 19. Jahrhunderts, das auf den drei Hauptfundamenten des antiken Humanismus, des Christentums und der bewußt gewordenen Nationalindividualitäten beruhte, war es selbstverständlich, daß der Europäer der übrigen Menschheit die Kultur zu bringen habe. Kulturpropaganda zu treiben, einschließlich der Propaganda fidei, galt ohne weiteres als sittliches Recht und sittliche Pflicht, wie denn aller europäischen Kolonisation die christliche Mission teils voran, teils zur Seite gegangen ist. Aber schon in Rousseau regt sich ein zunächst noch sentimentaler Zweifel an der Fortschrittsidee, die selbst eine säkularisierte Glaubenshaltung ist. Seitdem ist die naive Selbstgewißheit des Europäertums durch immer neue Kulturkritik erschüttert worden. An dieser sieghaften Kultur nagt eine geheime Unsicherheit. Europa ist längst keine kulturelle Glaubenseinheit mehr. Gebildete Mitglieder dieses Kulturkreises sind sich auch über seine wertezerstörende Wirkung klar geworden. Und, was wichtiger ist: große Völker des Ostens beginnen trotz weitgehender Europäisierung sich ihrer eigentümlichen Kräfte und Werte bewußt zu werden. Wie Europa heut nur ein Machtkörper neben anderen ist, so ist auch die Idee Europa heut nur ein werbender Faktor neben anderen, mächtig heranwachsenden.

Die *Philosophie* hat noch keine fertigen Maßstäbe dafür bereit, um zu entscheiden, was absolut höhere und absolut niedere Kultur ist. Wie sie allgemein der Gestaltung der Kultur- und Geistesbewegung mehr folgt, als daß sie entdeckerisch voranginge, so wird für sie jetzt im besonderen das Aufeinandertreffen eigenartiger Weltkulturen zum wesentlichen Schicksal, das sie von allen früheren, selbst von der römischen Stoa, unterscheidet. Den Blick für diese modernen Sachverhalte, mit denen Probleme ungeahnter Art emporsteigen, zu entwickeln, ist ihre Aufgabe. Sie kann und darf sich nicht mehr in den Grundlegungsfragen der Wissenschaften und in der bloßen Durcharbeitung eines nationalen oder gemeineuropäischen Wertsystems erschöpfen. Ungewöhnliche Weiten der Kulturproblematik tun sich vor ihr auf, wofern sie überhaupt noch ein Bewußtsein von ihrer *Weltfunktion* hat.

Ebenso erfährt die *Pädagogik* als Besinnung über den Zusammenhang von Erziehungsvorgängen eine gewaltige, bisher nur selten begriffene Erweiterung. Kolonisation, Rezeption und Renaissance sind als pädagogische Erscheinungen größten Stiles anzusehen. Weit über jede Familien-, Schul-, ja nationale Volkserziehung greift die große Tatsache hinaus, daß ein ganzes Volk bei der Kultur eines anderen »in die Schule« gehen kann. Ein solches Ereignis ist in der uns bekannten historischen Welt oft aufgetreten. Insbesondere ist es für das deutsche Volk zum unabänderlichen Jugendschicksal geworden, daß es – gewiß nicht das unveränderte Ganze – aber große Aspekte der Antike und des Christentums immer tiefer in sich aufnahm und auch wirklich innerlich in seine Eigenart hineinbildete, freiwillig wiederholt auf neuen Stufen zu den alten Quellen zurückkehrend. Wenn es heute, in anderer Richtung suchend, stärker auf die eigenen originalen Ursprünge zurückgeht, ja wenn sich ein allgemeiner Zug zur Neuwertung geradezu archaischer Urformen des Bewußtseins bemerkbar macht, so ist auch dieser Drang zur Wiedergeburt ein kulturpädagogischer Vorgang größten Stiles. Ähnliches erscheint auch in anderen Typen. Handelt es sich nicht um Renaissance aus innerer Notwendigkeit des eigenen Werdens, sondern um die bewußte und von Macht begleitete Aufprägung des eigenen Kulturstiles auf fremde Kulturen, so ist damit verbunden oder sollte doch damit verbunden sein die höchste sittliche Verantwortung, die es für menschliches Tun überhaupt gibt.

Aber wir scheiden hier bewußt die Wertgesichtspunkte vorläufig aus und stellen uns gleichsam nur als Beobachter der Kulturübertragungs- oder Kulturdurchdringungsprozesse ein. Dies ist eine bestimmte kulturgeschichtliche Problemfassung, die m. W. nie mit vollem Bewußtsein durchgeführt worden ist. Was wissen wir z. B. von den Einzelerscheinungen, die sich auf dem Boden des römischen Imperiums abgespielt haben, als die jungen germanischen Völker auf die dort ausgebildeten Kulturformen trafen? Haben wir eine Ahnung davon, in welchem Umfange sie fähig waren, sich die Technik der Römer anzueignen, also auch ihre Wirtschaftsformen zu übernehmen? Wie steht es überhaupt mit der Bildsamkeit ganzer Völker? Gibt es individuelle Unterschiede darin, worauf beruhen sie? Rassenpsychologie und Völkerpsychologie finden von solchen Fragestellungen aus erst den empirischen Stoff, an dem sie wachsen können. Welchen Widerstand hat die nordische Seele etwa den Zumutungen einer christlich-antiken Spätkultur entgegengesetzt und entgegensetzen können? –

In der bisherigen Literatur finde ich für mein Problem wenig Hilfe. Nicht einmal die Vorgänge bei gemischter Bevölkerung an den politischen Grenzen, z. B. die eigentümliche Erscheinung des schwebenden Volkstums, sind bisher näher untersucht worden. Die Transfusion des Römischen ins Germanische und umgekehrt hat die interessantesten Randphänomene hervorgebracht. Den apriorischen Gesichtspunkt besaß der Historiker Karl

Lamprecht;[14] sein Gedanke einer Volksbiologie und nationalen Biopsychologie führte ihn auf die Begriffe Renaissance, Rezeption, Diosmose und Exosmose, gleichsam als Ausdruck von Störungserscheinungen des »reinen« Verlaufes. Aber die Mittel zur Durchführung fehlten ihm, vor allem eine an den Geisteswissenschaften ausgerichtete Psychologie. Spengler hat sich den Blick für das Problem von vornherein dadurch abgeschnitten, daß er die großen Kulturen der Weltgeschichte wie Urideen der Gottheit beziehungslos nebeneinanderstellte. Er leugnete jede Möglichkeit ihrer Durchdringung oder einer echten Kulturübernahme. Auch er haftete noch zu sehr an bloßen Analogiebegriffen, die er aus der Biologie übernahm. Alfred Vierkandt hat auf Grenzberührung zwischen primitiven Kulturen und die von ihm so genannte Akkulturation hingewiesen.[15] Endlich bewegt sich die Geschichtsphilosophie von Kurt Breysig in einer Fülle von Werken um Fragestellungen, die den hier behandelten nahe verwandt sind.[16]

Will man tiefer in das auch praktisch brennende Problem eindringen, so muß man zunächst genauere Vorstellungen über das innere Lebensgefüge einer Kultur entwickeln. Diese Aufgabe ist es, die ich mit dem Namen »Kulturmorphologie« angedeutet habe. Er wird jetzt gegen das Mißverständnis einer bloßen Biologisierung der Kulturvorgänge geschützt sein. Um aber im voraus die Unterschiede zwischen dem organisch-physischen Leben und dem Kulturleben zu betonen, wähle ich ein letztes Beispiel: Wir alle wissen, daß eines der wichtigsten Mittel der Kulturberührung die Sprache ist. Wo man sich sprachlich noch nicht versteht, können tiefere Kultureinflüsse nicht stattfinden – weder in der Form der Kolonisierung, noch der Rezeption, noch der Renaissance. Andererseits wird mit der bloßen Sprache eine Fülle von leicht übertragbaren Kulturgehalten vermittelt und übernommen. Ebenso findet das Tiefste des Werteglaubens sein Symbol in der Sprache. Jeder Vernichtungskampf gegen eine Kultur beginnt daher sinngemäß mit der Unterdrückung der Sprache, in der sie lebt und webt. Dem Verstehenden erzählt schon die Sprachgeschichte erstaunlich viel von Kulturdurchdringungen und Kulturüberlagerungen.

Die Sprache ist nur *eine*, wennschon besonders wichtige Erscheinungsform der Kultur. Es läßt sich sogar eine einigermaßen gemeinsame Kultur noch auf vielsprachiger Grundlage denken.

---

[14] Die in Betracht kommenden Hauptgedanken sind am leichtesten zugänglich in der Schrift: Karl Lamprecht, Moderne Geschichtswissenschaft. Berlin 1909². Man beachte die Ausdehnung auf universalgeschichtliche Probleme im 5. Abschnitt, bes. S. 111 ff.

[15] Alfred Vierkandt, Die Stetigkeit im Kulturwandel. Leipzig 1908. S. 116 ff., 167 ff.

[16] Kurt Breysig, vgl. bes. Der Stufenbau und die Gesetze der Weltgeschichte. Stuttgart 1927².

Wie aber ist das Gefüge einer Kultur überhaupt aufgebaut? Es ist ein gewagter Versuch, dieses Phänomen ohne Rücksicht auf die Wandlung der Kultur*stufen* zu analysieren. Wenn ich ihn unternehme, so ist mir bewußt, daß ich damit für den Anfang – und mehr als ein Anfang kann hier nicht gemacht werden – den Wesensfehler jeder Methode der Wesensschau mitbegehe.

Ohne Zweifel ist jede Kultur ein *Lebens*gebilde, insofern sie eine Generationenfolge von Individuen des biologischen Typus Mensch voraussetzt. Sie ist aber darüber hinaus auch ein höchst verwickeltes geistiges *Sinn*gebilde. Wenn wir dieses Lebens- und Sinngebilde mit einem physischen Organismus vergleichen, so fallen die Unterschiede in die Augen. Es fehlt vor allem ein einheitlicher und in sich gegliederter *Leib,* der schon als räumlich abgegrenzte Substanz die Einheit des Aufbaues und der Funktionen repräsentierte. Man muß sich die morphe der Kultur ganz anders denken als das, was für die biologische Naturwissenschaft »Gestalt« bedeutet. Die Grundlagen einer Kulturmorphologie können also nur durch eine Strukturanalyse der Kultur überhaupt gewonnen werden. Obwohl hierbei sofort die erwähnte methodische Schwierigkeit auftritt, daß das Gefüge der Kultur tiefgehenden historischen Wandlungen unterworfen ist, muß doch der Versuch gewagt werden, gleichsam das formale Gerüst des Lebens- und Sinngebildes Kultur möglichst allgemeingültig zu bestimmen.

II.

Unter »Kultur« hat man anfänglich einen Zustand oder Besitz der Einzelperson (cultura animi) verstanden; erst später einen übergreifenden Sinn- und Wirkungszusammenhang, in den jede Person vom Anfang ihrer Entwicklung an eingespannt ist.[17] Die Herkunft der ursprünglichen Wortbedeutung ist also, wie oft, an grundlegend wichtige Teilvorgänge geknüpft, die den Namen für das umfassendere Ganze liefern mußten. Von der Pflege des Pflanzlichen (agri-cultura) kam man durch Analogie auf die Pflege des Seelischen (cultura animi). Aber wie schon der Ackerbau eine sichtbare Umweltgestaltung bedeutet, zu der ein Apparat gehört, so bemerkte man, daß jede subjektive Kultur eine Umweltgestaltung vom Geiste her voraussetzt, also nur im Medium einer objektiven Kultur erfolgen kann. Beide sind so eng aufeinander bezogen wie Seelenstruktur

[17] Man vgl. noch die Definition bei Kant: »Die Hervorbringung der Tauglichkeit eines vernünftigen Wesens zu beliebigen Zwecken überhaupt (folglich in seiner Freiheit) ist die Kultur« (Kritik der Urteilskraft § 83).

und bedeutungshaltige Erlebniswelt überhaupt. Das Wort Kultur und die Entstehung einer Kulturphilosophie hängen in deutlich erkennbarer Weise mit der Wendung des deutschen Idealismus von der Vernunftperson zur objektiven Vernunft (zum »Geist«) zusammen.

In den Ländern vorherrschend positivistischer Denkungsart entspricht unserm Begriff Kultur der terminus civilisation (englisch oder französisch ausgesprochen). Er hat einen höheren Wertakzent als das deutsch ausgesprochene Wort Zivilisation. Auch seine Herkunft ist deutlich zu verfolgen. Das Naturrecht mit seiner Unterscheidung des status civilis vom status naturalis liegt im Hintergrunde. Nur als ζῶον πολιτικὸν hat der Mensch an Kultur oder Zivilisation teil. Die Neugriechen geben unser Wort Kultur durch πολιτισμὸς wieder; ich vermag nicht zu sagen, ob es sich hier um eine moderne Prägung handelt.

Beiden Denkrichtungen ist gemeinsam die Einsicht, daß es sich bei der Kultur oder der Zivilisation um überindividuelle Mächte handelt, die motivierend und formgebend in das individuelle Seelenleben hineingreifen, wie sie umgekehrt von ihm weitergebildet werden.

Die Aufgabe der Kulturmorphologie ist Strukturanalyse dieses kompliziert gebauten und funktionierenden übergreifenden Ganzen. Es wäre der Triumph einer solchen Analyse, wenn sie sogleich in die Lebensmitte hineintreffen könnte, von der aus jede Kultur sich bildet oder organisiert. Gelänge dies, so wären damit die verschiedensten Kulturen auf den gemeinsamen Nenner gebracht, der es gestattete, sie strukturgerecht miteinander zu vergleichen. Aber von diesem Ziel sind wir weit entfernt. Die üblichen volkstümlichen Benennungen weisen auf sehr verschiedene Ausgangspunkte hin: Steppenkulturen, Wüstenkulturen, Urwaldkulturen; nomadisierende Jäger- oder Hirtenstämme, seßhafte Ackerbauern, seefahrende Kaufleute; staatlich geschlossene und nichtstaatliche Kulturen; christliche und islamische Kulturen; traditionale und rationale Kulturen. Die flüchtige Sammlung von Bezeichnungen lehrt, daß man bald an diese, bald an jene Seite angeknüpft hat. Das Ganze mit *einem* Griff zu packen, ist nirgends gelungen und wird wohl so wenig gelingen, wie man ein völlig befriedigendes »natürliches« System der Pflanzen- oder Tierarten hat aufstellen können. Sind Kulturen wirklich überindividuelle Organismen, so ist ihr Bau jedenfalls sehr viel verwickelter als die uns bekannten »leibhaften« Organismen von Pflanzen oder von Tieren. Wir müssen uns für den Anfang darauf beschränken, die »Seiten« oder »Momente« hervorzuheben, die am Gliedganzen jeder Kultur erkennbar sind.

Wenn man die Kultur, die einer Menschengruppe gemeinsam ist, mit einem Naturorganismus verglichen hat, so war das vorschwebende Vergleichsmoment die Einheit eines in sich gegliederten sinnvollen Leistungszusammenhanges.[18] Man wird nicht zweifeln, daß auch eine Kultur auf einer Mannigfaltigkeit von Leistungen beruht, wie sie etwa in den üblichen Benennungen der Kultur*gebiete* zutage tritt. Aber die Einheit des Bezugspunktes für alle ist hier nicht so leicht zu bestimmen. Jedenfalls liegt sie nicht nur in dem einzelnen Subjekt, das an dieser Kultur teilhat, sondern zugleich in einem umfassenderen Subjekt. Man würde aber das Entscheidende verfehlen, wenn man etwa den Satz aufstellte: eine Kultur sei ein gegliederter Zusammenhang von sinnvollen Leistungen, die der Lebenserhaltung der kulturtragenden Gruppeneinheit dienten. Denn bloße Lebenserhaltung glückt anderen Tierarten auch ohne die selbständigen Geistesleistungen, zu denen der Mensch fähig ist. Die vervollständigte Fassung: »Lebenserhaltung und Lebens*erhöhung*« würde auf eine Bestimmung hinweisen, die sich nicht in der bloßen Erhaltung erschöpft. Gerade die christliche Kultur z. B. findet – der Idee nach – ihren Sinn in Gehalten, die *mehr* als »Leben« und »Lebenkönnen« bedeuten. Ohne den Ewigkeitsbezug, der die zeitliche Leistung an das Überzeitliche in der Seele und dadurch an Gott kettet, ist eine christliche Kultur nicht denkbar. Sie hat also zwei Brennpunkte: Die durchaus diesseitige Arbeit und die durchaus jenseitige, d. h. nur dem Innersten der Seele zugängliche Sinnerfüllung. Im Laufe der christlichen Entwicklung ist der Schwerpunkt bald auf die eine, bald auf die andere Seite gelegt worden. Wenn aber eine von beiden ganz verschwindet, verschwindet damit die eigentümliche Weltdeutung des Christentums.

Nun ist es nicht möglich, von *allen* vorfindbaren Kulturen das auszusagen, was – immer der Idee nach! – nur für das Christentum oder nur für Religionen mit überirdischem (transzendentem) Beziehungspunkt gilt. Wohl aber leitet uns die hochentfaltete Sonderform der christlichen Kultur auf die allgemeine Feststellung, daß in jeder Kultur ein weltanschaulicher Kern oder eine weltanschauliche Setzung steckt. Jede Kultur ist ein Wurf nach höherer Sinnerfüllung des menschlichen Zusammenlebens.

Schon den Naturorganismus betrachten wir nicht nur als einen gegliederten Leistungszusammenhang mit dem Charakter der *Selbst*dienlichkeit; wir deuten den in ihm realisierten »Plan« nur dann ausreichend, wenn wir auch die *Art*dienlichkeit und die *Fremd*dienlichkeit hinzunehmen. Dies ist in der Tat *Sinn*deutung. Es müßte sich die weitergehende Frage anschließen: auf welchen *Total*sinn dann die Gesamtheit der Arten,

---

[18] So auch Heinz Werner, Einführung in die Entwicklungspsychologie. Leipzig 1933[2]. S. 12.

das ganze Reich des Organischen, bezogen sei. Die Biologie als Fachwissenschaft kann sich von diesen Ausblicken dispensieren und hat notgedrungen seit Kant darauf verzichtet, während Leibniz noch weiter gegangen war. Wenn man es aber mit der Kultur zu tun hat, spielt immer das ethische Problem mit hinein. Hier wird also die Deutung des *letzten* Sinnbezuges dringend, weil man nur unter der Leitidee eines solchen Seinsollenden sinnvoll und verantwortlich handeln kann. Es wird keineswegs behauptet, daß irgendeine Kultur dieses größte Problem endgültig gelöst habe. Wohl aber wird behauptet, daß eine solche Intention verborgen oder deutlich in jeder Kultur drinstecke und daß sie *dadurch* ihre Sinneinheit empfange. Einfacher gesagt: jede Kultur hat zum geistigen Zentrum einen religiösen Deutungszusammenhang, mag er vor dem Forum christlichen Lebensverständnisses auch noch so unvollkommen erscheinen. Jede Kultur legt sich eine Bestimmung bei. Darin hat sie ihre geistige Kraft. Löst sich das auf, so ist damit der stärkste Wall gegen das Eindringen fremder Kulturen gebrochen.

Dies weltanschauliche Moment mußte vorweggenommen werden, weil die Antwort auf die Frage nach dem einheitlichen Bezugspunkt des gegliederten Leistungszusammenhanges »Kultur« nicht einfach lauten darf: diese Einheit liege in dem tatsächlichen Lebensbestand und der tatsächlichen Lebenserhaltung der sie tragenden Gruppe; sondern sie liegt in dem überbiologischen, weltanschaulich-religiös bestimmten Lebenswillen und Gestaltungswillen dieser Gruppe. Die Probe auf die Behauptung ergibt sich aus der Tatsache, daß jede Kultur zerfällt, in der diese Einheit des tragenden Kulturinstinktes oder Kulturwillens aus irgendeinem Grunde, z. B. durch die Skepsis, die eine fremde Kultur hineingebracht hat, zerstört ist. Es hat einen guten, sicher empfundenen Grund, wenn bestimmte Völker des Ostens Fremden überhaupt den Zutritt versagen. Der Limes und die chinesische Mauer waren nicht nur militärische Maßnahmen.

Bezogen auf ein solches geistiges Zentrum, entfaltet sich nun aber jede Kultur als *Lebens*zusammenhang. Von der Höhe des vorwegnehmenden Ausblickes müssen wir wieder hinabsteigen zu der Gliederung des Wirkungsganzen, wie es vor dem geistigen Auge liegt. Wenn wir gewöhnt sind, mit unbestimmter, ja falscher Entgegensetzung naturhafte und geistige Schicht des Lebens zu unterscheiden, so dürfen wir auch hier mit einem solchen Versuch beginnen.

1. Jede Kultur wurzelt im Schoße der Natur und der durch sie bedingten Lebenszusammenhänge. Sie ist auch eine Ausstattung der tierischen Art »Mensch«. Diese existiert nur durch Fortpflanzung in einer Geschlechter-

folge, wie alle höheren Tiere. Das Individuum wird von elterlichen Individuen gezeugt; es entwickelt sich als physisches Wesen nach einem der menschlichen Gattung oder einer Rasse eigentümlichen Bauplan und Funktionsplan. Das Geflecht der kommenden und der gehenden Generationen ist die überindividuelle *biologische* Lebenseinheit, ohne die keine überindividuelle Kultur denkbar ist.

Nun aber folgt eine Strukturbestimmung, die für das Schicksal des Geistes entscheidend ist: Die überindividuelle Lebenseinheit »Rasse« oder »Volk« oder »Kulturgruppe« hat als solche kein Bewußtsein. Wie die Natur immer wieder einen vergänglichen individuellen Leib erzeugt, so erzeugt sie nach einem uns verborgenen Plan auch immer wieder mit diesem Leib ein individuelles Bewußtsein. Nach der Geburt dämmert es auf, mit dem Tode verschwindet es ins Unbekannte. Daraus folgt, daß alle Leistungen, auch solche von überindividuellem, zeitüberbauendem Gehalt, nur auf dem Boden des individuellen Bewußtseins und durch das Medium des individuellen Bewußtseins möglich sind. Hiermit ist ein wesentlicher Strukturunterschied gegenüber dem Naturorganismus gesetzt. Der Naturorganismus ist eine einigermaßen in sich abgeschlossene Leibseeleeinheit. Der Kulturorganismus ist auf die Leistungen von zahlreichen, je vergänglichen Einzelbewußtseinen angewiesen. So wie durch den Einzelleib und durch das tierische Einzelbewußtsein ein überindividueller Plan hindurchwirkt – als Entelechie der Gestalt und als Psychoid des Fungierens –, so lebt auch durch jedes Einzelbewußtsein ein Inbegriff von überindividuell geistigen Funktionen hindurch. Aber was davon bewußt wird und *durch* Bewußtsein weiterentwickelt wird, das stirbt mit jedem Bewußtseinsträger: *es sei denn, daß es Funktionen gibt, die eine Fixierung der bewußten Leistung über das Einzelleben hinaus gestatten.* Damit erst beginnt der Geist in eigentlicher Bedeutung.

Diese Funktionen fallen sämtlich unter den Begriff der geistigen Objektivierung, der Erzeugung objektiven Geistes. Alles Seelische ist umweltbezogen. Schon auf der tierischen Stufe ist die zur Seelenstruktur zugehörige Umweltstruktur – wie hier nicht näher ausgeführt werden kann – kein neutraler Stoff = x, sondern ein Gefüge von Bedeutungsträgern, ursprünglich von Merkmalen und Wirkmalen.[19] Auf höherer geistiger Stufe werden die Bedeutungscharaktere mannigfaltiger und feiner abgestuft; wir sagen: die bloß naturhafte Umwelt wird geistige Umwelt (= objektive Kultur). Das erlebende Subjekt als höheres geistiges Subjekt legt auch Sinn in die vorgefundenen Umweltstrukturen hinein. Es löst sie auf und

[19] Ich verweise allgemein auf die Schriften von Jacob Frhrn. v. Uexküll zur Umweltforschung.

fügt neue Sinngebilde zusammen. Aber der sog. naturhafte Faktor bleibt insofern erhalten, als es Umweltgegebenheiten sind, die das Substrat, die physischen Anheftungsflächen, liefern. Die sinngebenden Akte machen aus dem physischen Substrat etwas anderes, als in seiner *bloß* physischen Beschaffenheit liegt. Die Sinngebung löst sich mehr und mehr von dem Eigencharakter des stofflichen Substrates. Die Rolle des letzteren schwankt zwischen der wesentlichen *Mit*beteiligung am Sinn und der fast beliebigen, konventionell gesetzten Hinzeigefunktion. So hat z. B. bei einem wirtschaftlichen Gebilde der Stoff selbst wirtschaftliche Bedeutung; in einem ästhetischen Gebilde kann er noch seine eigentümlichen ästhetischen Werte mitspielen lassen; bei einem mathematischen Zeichensystem ist die Wahl der Figuren und des Materials ziemlich beliebig – wenn nur der verabredete Sinn festgehalten wird. Als Beispiel der vielseitigsten Objektivierung kann der Sinngehalt einer sprachlichen Mitteilung dienen: die Sprachlaute scheinen uns, im Hinblick auf andere Sprachen, durchaus beliebig. Sie haben aber, als Erscheinung einer historisch-gewachsenen Sprache, ihren unaustauschbaren Gemütswert. Für den Blinden endlich ist gerade ihr akustischer Charakter entscheidend, da ihm kein anderes, gleich fein durchgearbeitetes Zeichensystem zur Verfügung steht.

Erst jetzt haben wir die Voraussetzungen geschaffen, um das naturhafte Fundament der Kultur von ihrem geistigen Überbau im spezielleren Sinne zu unterscheiden. Alle Kultur besteht aus Gebilden, besser: aus Sinn- und Wirkungszusammenhängen, die zwischen erlebnisfähigen und sinngebenden Subjekten einerseits, sinntragenden Umweltbestandteilen andrerseits spielen. Wir nennen die eine Seite den subjektiven Geist (der real in zahllosen Exemplaren erscheint), die andere den objektiven Geist. Beide sind so aufeinander angelegt, daß sie *einen* zweipoligen Lebenszusammenhang begründen.

2. *Naturhaft* im engeren Sinne ist das Fundament des subjektiven Geistes insofern, als er immer der leibgebundenen und also naturhaft bedingten Seele bedarf (z. B. psychophysischer Merkorgane und Wirkorgane). Das Leib-Seelewesen steht im psychophysischen Erbgang der Generationen und empfängt mit dem physischen Erbe zugleich eine präformierte Ausstattung mit seelischen Anlagen.

Naturhaft gebunden ist auch der objektive Geist, insofern er immer an die sinntragende Materie angeheftet ist. So ist z. B. noch der höchste geistige Gehalt, wenn er mitteilbar und wirksam werden soll, auf das vermittelnde Kleid von Lauten oder sichtbaren Schriftzügen angewiesen. Der lebendige Mensch hört nie auf, unter den maßgebenden Bedingungen einer bestimmt gearteten Naturumgebung zu existieren.

Diese letztere Bindung an die sogenannte materielle Umwelt greift ebenso tief wie die Leibgebundenheit. Nicht nur bei seßhaften Völkern ist für die Anfänge der Kultur der Boden, das Stück Erdoberfläche, bestimmend. Der Name »Boden« umfaßt hier das Klima, die geologische Erdbeschaffenheit, die Pflanzenwelt, die Tierwelt. Regenverhältnisse, Bewässerung sind von schicksalhafter Wichtigkeit für das Werden und Gedeihen einer Kultur. Auch die mittlere Temperatur ist dafür von ausschlaggebender Bedeutung. Insofern dies alles aber für das kollektive Kultursubjekt »Sinn« hat, gehört es auch schon zu der bedingenden Schicht des objektiven *Geistes.* Wieviel aus dem Gegebenen durch bewußte Sinngestaltung *gemacht* werden kann, ist eine Frage der Kulturfähigkeit jenes Subjektes. Wilde Pflanzen werden zu Kulturpflanzen; frei lebende Tiere zu Haustieren; das Stück Erdoberfläche empfängt den Charakter einer Kulturlandschaft, z. B. mit geopolitischen Eigenschaften.

Die *Sinngebiete*, in die der so verstandene objektive Geist (oder die objektive Kultur) sich gliedert, knüpfen ebenfalls noch an die biologischen »Funktionskreise« an, die schon in der Tierwelt unterschieden werden können: Nahrungskreis, Feindeskreis, Geschlechtskreis. Die entsprechenden Kulturbezeichnungen sind: Wirtschaft, Machtgebilde und Krieg, Blutsverbände. Aber auf späterer Kulturstufe geht die Differenzierung der Sinngebiete und Wirkungsgebiete weiter. Trotzdem wird eine rückwärts gewandte Betrachtung die Vorstufen für alle schon in der biologischen Triebausstattung vorgeformt finden: Technik, Erziehung, Kunst, Regelung des Zusammenlebens deuten sich schon im Biotischen an. Nur werden sie später zu deutlicher hervortretenden Eigengebieten mit eigentümlichem Sinngehalt und Aufbaugesetz.

Wenn subjektiver Geist (sinngebendes und sinnverstehendes Bewußtsein) und objektivierter Geist (Sinngebilde) nur in der Anknüpfung an Naturtatsachen wirklich existieren, so gilt ein gleiches auch für den Geist[20] in dritter Bedeutung: für den Gemeingeist, d. h. für den Inbegriff gemeinsam gehabter Sinnintentionen und Sinnorientierung. Am stärksten ist diese Naturgrundlage da, wo das geistig einende Band durch ein Band des Blutes und der Abstammungsgemeinschaft fundiert ist. Zu den naturhaften Bedingungen gehört ferner die Abstufung der Lebensalter in den gleichzeitig miteinander existierenden Generationen (»Generationengeflecht«), der Unterschied der Kulturleistungen, der aus dem Geschlechtsunterschied folgt, die Hilfsbedürftigkeit der Kinder und der Greise.

[20] Die Bezeichnung »Geist« in ihren verschiedenen Bedeutungen steht überall nur als Abkürzung für eine unübersehbare Fülle von Phänomenen, die dadurch einer eigentümlichen *Seite* des Gesamtgefüges Kultur zugerechnet werden sollen.

3. Die Analyse des *Geistes* im *engeren Sinne* ist vorbereitet durch die Hervorhebung von drei seiner Erscheinungsweisen, zu denen noch eine vierte hinzuzufügen sein wird.

Wenn es sich um Kulturanalyse handelt, wird man vom *objektiven Geist* ausgehen, weil er den überindividuellen Sinn- und Wirkungszusammenhang Kultur am deutlichsten zeigt. Das Ziel wäre die Herausarbeitung von *Sach*gebieten der Kultur, die deshalb voneinander zu scheiden sind, weil in jedem von ihnen ein besonderer Sinn dominiert und gestaltgebend wirkt (Sinnregionen). In stärker differenzierten Kulturen sind z. B. Wirtschaft, Technik, Wissenschaft und Kunst deutlich voneinander abzugrenzen. Die beiden ersten liegen ganz nahe der stofflichen Realität; die dritte ruht in der ideellen Geistesschicht, die vierte in der imaginativen. Aber auch die beiden letzten sind durch die Realschicht fundiert und wirken wieder in sie zurück. Trotz der klaren Abgrenzung von wirtschaftlichem, technischem, theoretischem und ästhetischem Sinngehalt sind doch die wirklichen Systeme der Wirtschaft, Technik, Wissenschaft und Kunst immer von einem durchaus eigentümlichen »Geist« erfüllt, der mit den Besonderheiten der Rasse, der Landschaft, der Tradition und der historischen Situation in Beziehung steht.

Korrespondierend sind im *subjektiven Geist* (der kulturtragenden Person) die Grundrichtungen der Sinngebung und des Sinnempfanges aufzusuchen. Das folgt aus der Aufeinanderangelegtheit von objektiver Umwelt und erlebendem Subjekt überhaupt. Auch hier aber erscheint die »ewige« Ausstattung des Menschen immer in einem besonderen historischen Kostüm: zu jeder eigentümlichen Kultur gehört ein eigentümlicher Menschentypus. Der Wirtschaftsgeist des Orientalen ist ein anderer als der des Abendländers, der Wirtschaftsgeist des Deutschen ein andrer als der des Franzosen oder des Engländers. Selbst die wissenschaftliche Erkenntnisintention ist ihrem Ausgangspunkte nach rassisch, national, geographisch und historisch individualisiert.

Der Name *»Gemeingeist«* ist die Abkürzung für diejenigen Gestaltungsrichtungen, Verständnisrichtungen und Willensintentionen, die einer großen oder kleinen Kulturgruppe gemeinsam sind und die ihr Verbundenheitsbewußtsein vom geistigen Inhalt her begründen. Allerdings ist diese Erscheinungsweise des Geistes, von der die immer gesuchte volonté générale nur ein Spezialfall ist, besonders schwer zu greifen und zureichend zu umschreiben. Denn inhaltlich beruht der Gemeingeist nicht nur auf gemeinsamem Geistesbesitz – an Kulturgütern und Denkweisen –, sondern auch auf notwendigen Gegensätzen und Spannungen, die allein eine Kultur lebendig erhalten. Dieser kongruente oder divergente Inhalt aber wird von Verbundenheitserlebnissen begleitet, die zwischen der tiefsten seelischen Gemeinschaft und einer bloß zweckbedingten gelegentlichen Vereinigung spielen können. Daß durchaus nicht alle Glieder an den Inhalten des Gemeingeistes bewußt Anteil zu haben brauchen, hat Nicolai Hartmann mit Recht betont.[21] Deshalb ist der Gemeingeist in seiner Tatsächlichkeit etwas stark Schwankendes und Schwebendes. Er muß auch immer wieder neu erzeugt werden, wenn er gefährdet ist.

Die wichtigsten Mittel zur Bewahrung oder Wiederherstellung des Gemeingeistes enthält der Geist in seiner vierten Gestalt: als *normativer Geist*. Man könnte ihn einfach als eine wesensnotwendige Seite des Gemeingeistes ansehen, wenn nicht das Forderungsmoment eine ganz neue Erscheinungsform des Geistes bedeutete. Daß bestimmte Verhaltungsweisen und Gesinnungshaltungen innerhalb der Kulturgemeinschaft als wertvoll bejaht und gefordert werden, weist wieder auf den weltanschaulichen Kern des Kulturwillens zurück: Normativität ergibt sich aus der eigentümlichen Stellung des geistigen Menschen in der Zeit. Der Lebende steht auf der Schwelle der Gegenwart und handelt in eine noch ungeformte Zukunft hinein. Aber er tut dies nicht in *völlig* ungeregelten Akten. Vielmehr ist sein Handeln mindestens in den Umrissen eingegrenzt durch *Ordnungsformen des Zusammenlebens*. Sie tragen sämtlich, obwohl sie sich in der Tiefe der Normierung sehr unterscheiden, den Charakter eines überindividuellen Sollens. Es genügt hier, die vier Grundformen aufzuzählen: Sitte, Moral, Recht und politische Ordnung. Der weltanschauliche Kern in ihnen äußert sich durch bestimmte Ideale der gemeinsamen Lebensgestaltung, durch Vorstellungen vom Guten, vom Gerechten, von Kulturmission und zuletzt von göttlichem Auftrag.

Alle vier Seiten des Geistes: Der Gemeingeist, der normative Geist, der objektivierte Geist und die in zahllosen Exemplaren existierenden subjektiven Geister bilden *ein* Gewebe. Sie sind die Seiten oder Äußerungsweisen, die am Ganzen einer Kultur – je nach der Blickrichtung – unterschieden werden können. Die *Struktur* des Geisteslebens trägt diese verwickelte Gestalt. Die Inhalte des Geistes gehen sämtlich gleichsam durch diese Aggregatzustände hindurch. Das heißt: sie werden *nur* in je einem individuellen Bewußtsein erlebt; sie bestehen aber auch in abgelösten Gebilden des objektivierten Geistes; sie sind den Gliedern der Kulturgruppe zum Teil gemeinsam, sowohl als Medien des Verkehrs wie als Gehalt ihres Verbundenseins; endlich empfängt das Verhalten der zugehörigen Glieder seine Regelung durch normierende Ordnungsformen, in

[21] Nicolai Hartmann, Das Problem des geistigen Seins. Berlin 1933. S. 267 ff.

denen ein gemeinsam bejahtes Wertsystem zur praktischen Auswirkung kommt. Wir verwenden für die vier Erscheinungsweisen der Kultur die einfachen Ausdrücke: subjektive Kulturträger, objektive Kulturgüter, kollektive Kulturgemeinschaft, normative Kulturordnung. Die Einheit der Kultur besteht nicht in den bloßen zufälligen Subjekten, nicht in den Kulturgütern, nicht in der tatsächlichen Kulturgemeinschaft, sondern in der bindenden Weltanschauung, die in einem konkreten Kulturideal gipfelt.

Es liegt daher nahe, von dem nun erreichten Gipfel aus das gesamte Kulturgefüge noch einmal rückwärts zu beleuchten. Man könnte den Satz wagen: der ganze Aufbau einer Kultur spiegele sich in der Weltanschauung, bzw. in dem religiös betonten Weltbild, das ihr eigentümlich zugehört.

Die höchste Stufe des normativen Geistes war die politische Ordnung. Wir wählen diesen Ausdruck, um dem Streit zu entgehen, von welcher Grenze an die Machtordnung eines Stammes oder Volkes schon als »Staat« bezeichnet werden kann. Die politische Ordnung scheint sich besonders für eine zusammenfassende Charakteristik einer Kultur zu eignen. Sie ist die »Spitze« aller Lebensformen in ihr. Alle Sozialschichten streben nach oben zu ihr hin; sie selbst wirkt auf alle Sozialschichten und Gebiete nach unten zurück. In ihr konzentriert sich die Macht; von ihr gehen die entschiedensten realen Wirkungen aus. Sie enthält den zusammengeballten Willen des Gemeingeistes. Bei ihr ruht die Entscheidung über Krieg und Frieden, also unter Umständen über Bestand oder Untergang der Volkskultur. Das wichtige Instrument der Rechtsordnung wird von ihr maßgeblich beeinflußt, dadurch die Besitzverteilung und die soziale Gliederung der Bevölkerung. Kurz, die Struktur jeder Kultur scheint im »Politischen« ihren Mittelpunkt zu haben, mindestens haben zu sollen.

Die These hat ihr Recht unzweifelhaft für Epochen rationaler Staatsbildung, also z. B. für die Nationalkulturen des Abendlandes heut. Sie bedarf aber noch näherer Prüfung. Nicht alles, was staatlich verwaltet und geregelt wird, ist auch staatlich entstanden. Nicht immer – man denke an das sogenannte Mittelalter – hat die Kultur ihre einzige Spitze im Staat gehabt. Die Allgemeingültigkeit der Behauptung steht noch in Frage. Auch an diesem Beispiel läßt sich die Aufgabe der Kulturmorphologie erläutern: Kann es Kulturen geben, die nicht politisch zentriert sind? Oder ist bei denen, für die dies zuzutreffen scheint, das Politische nur in andere Formen verhüllt? Kann es Kulturen geben, die wirklich zwischenstaatlich sind, oder liegt immer da, wo eine Staatsgrenze liegt, auch eine Kulturgrenze? Gilt – spezieller gesagt – der Primat des Volkes oder der Primat des Staates?

Die Entscheidung solcher Fragen wird nicht ohne Rücksicht auf weltgeschichtliche Gesamtsituationen gefällt werden können. Allgemeingültig aber ist die Behauptung, daß hinter jeder staatlichen Organisation noch eine weltanschauliche Haltung liegt, die in der politischen Willensrichtung zum Ausdruck kommt. Kein Staat ohne weltanschaulich-religiösen Hintergrund, keine Kultur ohne einen solchen Hintergrund! Die Gruppe, die eine einheitliche Kultur trägt, im Regelfalle also ein Volk oder eine staatlich zusammengefaßte Nation, besitzt in ihrem Gemeingeist auch eine in den Hauptlinien gemeinsame Weltdeutung und ein Bewußtsein ihrer »Sendung«, das sich zur Aktion verdichtet. Zu jeder in sich eigenartigen Kultur gehört ein Mythos oder eine Ideologie, in der sich der Lebenswille, der Machtwille, der Idealwille gerade dieser Kulturgestalt zusammendrängt.

Infolgedessen wird die Kulturmorphologie bestrebt sein, dies ideelle religiös-ethische Zentrum zu ergründen. Wir fanden eine solche Tendenz in dem eigenartigen Begriff Paideuma bei Frobenius wirksam. Spengler sucht für jede seiner großen Weltkulturen geradezu *ein* charakteristisches Ursymbol. Die neuere Geistesgeschichte bildet im Grunde doch den Hegelschen Gedanken fort, daß jedes Volk und jede Epoche ein bestimmtes geistiges »Prinzip« vertrete, wenn man es heut auch lebendiger faßt als Hegel in seiner Philosophie der sich selbst bewegenden Begriffe.

So berechtigt dies Bemühen der Kulturanalyse ist, so wenig dürfen seine Grenzen übersehen werden. In den religiös-weltanschaulichen Hintergründen einer Kultur kommt durchaus nicht *alles* zum Bewußtsein, was in ihrem Sein enthalten ist. Auch der einzelne spiegelt sich nicht restlos in seiner bewußten Weltanschauung, sondern nur das von ihm, was gerade im Kampfe und in der Krisis steht. Für die überindividuelle Kultur aber kommt hinzu, daß ihr oft eine einheitliche Weltanschauung fehlt. Man kann sie dann nur dadurch charakterisieren, daß man die Dialektik ihrer geistigen Spannungen nachzeichnet. Endlich ist es überhaupt einseitig, rein geistesgeschichtlich oder geistestheoretisch vorzugehen. Eine Kultur lebt nicht nur vermöge von Gedanken in den Köpfen der Menschen und von Idealen in ihren Herzen, sondern sie hat auch ganz reale Seiten, die sich meist viel zäher erhalten als das bewegliche Element der Ideologien. Dahin gehört z. B. die geopolitische Bedingtheit eines Volkes, die so sehr sein Grundschicksal bestimmt, daß sie allen Ideenwandlungen zum Trotz als bestimmender Faktor immer wieder durchschlägt.

Also bedarf die These von der religiös-weltanschaulichen Zentriertheit jeder Kultur der Einschränkung. Dieser Faktor ist symptomatisch von großer Bedeutung; man muß aber auch nach anderen Seiten hin aufmerksam sein, wenn man die Totalstruktur einer Kulturform erfassen will. –

Abschließend berühre ich ein anderes Verfahren der Kulturmorphologie, das an die Epoche erinnert, als die Parole von der »Psychologie als Grundlage der Geisteswissenschaften« galt. Heute kann die Behandlung der Kulturwissenschaften von der Psychologie her nur als einseitige Beleuchtung des Gegenstandes zugelassen werden, vorausgesetzt, daß man die Psychologie selbst schon im Sinne der neueren »geisteswissenschaftlichen Psychologie« versteht.[22] Diese bedient sich eines methodischen Kunstgriffes, um ihre Aufgabe zu vereinfachen. Sie nimmt den bewußten Kulturträger, die geistige Person, als Repräsentanten des Ganzen. Zu jeder Kultur gehört *ein eigentümlicher Menschentypus*. Er ist naturbedingt, insofern in ihm eine bestimmte Erbmasse von Anlagen und Nichtanlagen vorauszusetzen ist. Er ist geistig bedingt, insofern er in einem bestimmten Kulturklima aufgewachsen und bewußt erzogen worden ist. Wie er in einem Naturmilieu lebt, so lebt er auch in einem Kulturmilieu. Beide sind, wie wir gesehen haben, nicht einfach objektive Konstanten. Sondern zu jeder eigentümlichen leiblich-seelischen Organisation gehört eine ihr entsprechende »Erlebniswelt« und zu jeder geistigen Organisation ein dem Erleben und Verstehen zugänglicher Ausschnitt aus dem objektivierten Geist. Für das Geistesmilieu wie für das Naturmilieu gilt der Satz: Nicht alles, was in der Umwelt vorhanden ist und wirkt, tritt auch in das ausdrücklich bewußte Erleben ein. Daher sind um jedes Subjekt sehr verschiedene *Welten* herumgelagert: Das wegen seiner Alltäglichkeit unbewußt bleibende Milieu (»Lebenswelt«), das bewußt erlebte Milieu (»Erlebniswelt«) und zuletzt die wissenschaftlich konstruierte, der Idee nach eindeutige Realität (»die Welt«).

Der Kunstgriff, der in jener Betrachtungsweise liegt, bedeutet die Wendung zur Kultur*psychologie*. Ein durch Kultur geformter und kulturformender Menschentypus wird als charakteristischer Vertreter des ganzen Kulturgeistes gesetzt. Natürlich kann nach Stämmen, Ständen, Berufen, Lebensaltern weiter besondert werden. Aber dies Verfahren hat seine Bedenken und Mängel: bei stärker differenzierten Kulturen (z.B. bei fortgeschrittener kultureller, besonders wirtschaftlicher Arbeitsteilung) wird sich gar kein durchgehender Typus finden lassen, der allen Kulturangehörigen stark gemeinsame Züge trägt. Ferner ist die Betrachtungsweise nicht immer leicht durchzuführen. Von sogenannten untergegan-

---

[22] Vgl. Eduard Spranger: Grundgedanken der geisteswissenschaftlichen Psychologie. In: Die Erziehung. 9. Jg. Leipzig 1934.

genen Kulturen, d. h. von solchen, an denen kein heut Lebender mehr unmittelbar teilhat, besitzen wir nur noch Reste ihres objektivierten Geistes (Bauten, Denkmäler, Literatur), zu denen die entsprechende Menschenart erst mühsam rekonstruiert werden muß. Endlich gibt der einzelne nie ein ausreichendes Bild der gemeinsamen Lebensformen (Stamm, Sippe, Familie, Staat), in die er eingebettet ist. Noch weniger genügt er als Repräsentant für die normativen Ordnungsformen und die beherrschenden Kulturideale.

Kulturpsychologie ist daher nie das Ganze der Kulturwissenschaft. Wissenschaftliches Totalitätsdenken ist überall schwierig, besonders aber hier, wo das Ganze aus zahllosen kleinen und großen Sinnbeziehungen zusammengewoben ist. Deshalb sind vollständige Kulturschilderungen nur sehr selten gelungen, auch den größten Historikern.

Wir müssen annehmen, daß die Kulturanalyse schon weiter vorgeschritten sei, als es bis heut gelungen ist, wenn wir nunmehr auf den Fall eingehen, der in der Wirklichkeit die inhaltliche Verschiedenheit der Kulturgefüge am deutlichsten macht, nämlich auf das Zusammentreffen zweier verschiedener Kulturen auf dem gleichen Boden. Sie können dann nicht beziehungslos nebeneinander stehenbleiben, wie es bei räumlicher und zeitlicher Entfernung möglich ist. Sondern sie werden sich durchdringen.

III.

A. Die Zergliederung des Kulturgefüges, die in allgemeinsten Zügen versucht worden ist, gibt eine vorläufige Antwort auf die Frage, in welchen Faktoren die Verschiedenheit zweier aufeinandertreffender Kulturen zu suchen sein wird. Sie liegt, abstrakt betrachtet, 1. schon in den Naturbedingungen, 2. in den kulturellen Erscheinungen engerer Bedeutung.

1. Bei Begegnung auf dem gleichen Gebiet wird die einwandernde Gruppe neue Möglichkeiten bzw. Hemmungen in der Beschaffenheit des Bodens, des Klimas und der Verkehrslage finden. Ferner werden sich beide Gruppen durch ihr Erbgut wie durch erworbene leiblich-seelische Eigenschaften voneinander scheiden und demgemäß auf dem besiedelten Gebiet verschiedene *Entwicklungsmöglichkeiten* haben. Dies gehört noch in den Bereich der überwiegend naturwissenschaftlichen Anthropologie und der Anthropogeographie.

2. Die eigentlich kulturellen Faktoren sind nach unserer Gliederung in vier Richtungen zu suchen: 1. in der Verschiedenheit von kulturell eigentümlich geformten Menschentypen; 2. in der Verschiedenheit des soge-

nannten objektiven Kulturbesitzes, d. h. der Kulturgüter technischer, wirtschaftlicher, künstlerischer, wissenschaftlicher Art; 3. in der Verschiedenheit des Gemeingeistes beider Parteien, z. B. eines stärker oder schwächer entwickelten Selbstbehauptungswillens und Nationalbewußtseins; endlich 4. in den Differenzen der Sitte und Moral, des Rechtes und des Staates – vor allem aber der religiösen Sinndeutung von Welt und Leben.

Die Kulturmorphologie geht eigentlich über in Kultur*physiologie* (Funktionslehre), wenn nunmehr die Frage nach der Art der Auseinandersetzung zwischen den beiden Kulturen aufgeworfen wird. Der Prozeß hat sich bei Einwanderungen, bei Koloniegründungen, bei Rezeptionen im Kulturverkehr tausendfach vollzogen. Aber das Problem des Wie? ist dabei niemals prinzipiell gestellt worden. Durch einfache Kombination der angegebenen Gesichtspunkte entstehen z. B. folgende Fragen: Welcher Menschentypus hat die Aussicht, politisch-militärisch zu siegen? Unter welchen Umständen kann trotz des militärischen Sieges die Sprache und Bildung des Besiegten ihre Überlegenheit behaupten? Welche Kulturgüter bieten sich der Aneignung durch eine der beiden Gruppen unmittelbar dar, welche setzen einen langen Bildungsprozeß voraus? Welches Band des Zusammenhaltes erweist sich als das stärkste: die Bluts- und Abstammungsgemeinschaft, die Sprachgemeinschaft, die Wirtschaftseinheit, die politische Macht- und Rechtsorganisation oder eine religiös-kirchliche Einheit? Welche Konflikte ergeben sich aus dem Zusammentreffen zweier abweichender Volksmoralen? Wie gestaltet sich das Ringen zweier Religionen miteinander? usw.

Man kann die Probleme rein listenmäßig formulieren, obwohl man in der Praxis nicht so abstrakt verfahren wird. Immerhin finden sich für alle Punkte in der älteren kulturwissenschaftlichen und kulturgeschichtlichen Arbeit Ansatzpunkte, sowohl innerhalb der Tradition der deutschen historischen Schule wie des westlichen Positivismus:

I. Menschentypen (subjektiver Geist), betrachtet unter dem Gesichtspunkt der:
   a) Rassenpsychologie,
   b) Nationalpsychologie,
   c) Standes- und Berufspsychologie,
   d) Individuellen Charakterologie.

II. Sachgebiete der Kultur (objektiver Geist, Kulturgüter):
   a) Wirtschaftstypen,
   b) Arbeitstypen (das Instrumentale und Technische),

c) Wissenschaftstypen,
d) Kunststile.

III. Gemeingeist:
a) Naturformen:
Familientypus,
Sippentypus,
Stammestypus.
b) Kulturformen:
Zweck- und wertrationale Verbände:
α) der Wirtschaft,
β) der Bildung und Wissenschaft,
γ) der »Künstler« im alten Sinne des Wortes
als Handwerker,
Techniker,
Künstler i. e. S.

IV. Normativer Geist:
a) Typus der Sitten und Gebräuche,
b) Typus der gesinnungsmäßigen Moral,
c) Typus der Rechtsordnung,
d) Typus des politischen Systems.

V. Religiös-ethische Weltanschauung:
a) Religionsformen und Weltanschauungstypen,
b) Sakrale Kulturformen,
c) Philosophisch-rationale Systembildungen.

Alle diese »Typen« müssen natürlich auch in ihrer Dynamik, nicht bloß statisch gesehen werden, als zugehörig zu einer typischen Entwicklungsstufe und – gerade auf diesem positivistischen Hintergrunde – in ihrer historischen Singularität und Unvergleichbarkeit.

Kulturübertragungen haben unendlich oft stattgefunden, ohne daß viel planmäßige Reflexion dabei mitgewirkt hätte. Die Vorbedingungen dafür wären wohl auch nur bei der Koloniegründung von Europäern im Gebiet primitiver Völkerschaften gegeben gewesen. Aber man hat die Kolonisation fast ausschließlich als Sache politischer Macht und wirtschaftlicher Interessen betrachtet. Nur an einem Punkte ist seit uralten Zeiten unser Thema unvermeidlich zum Bewußtsein gekommen, weil der praktische Verkehr es gebieterisch forderte: in der Rechtsbildung. Und zwar handelt es sich hierbei nicht nur um das Völkerrecht als öffentliches Recht (d. h.

um die Regelung der Beziehungen der großen Machtkörper untereinander), sondern noch viel mehr um das internationale Privatrecht (d. h. die internationale Regelung von Privatrechten und -pflichten über Gebiete verschiedener Rechtsordnungen hin). Hier tauchte frühzeitig die Frage auf, ob das Recht der fremdländischen Person angehört und gleichsam mit ihr wandert, oder ob es am Territorium haftet und ohne weiteres auf Zugewanderte erstreckt wird. Die Ausführungen von Otto Franke über den Begriff der Exterritorialität in China sind ein vorzügliches Beispiel für dieses Thema.[23]

Aber das Recht regelt nur tatsächliche Kulturverhältnisse, die sich schon vorher herausgebildet haben. Die *ursprünglichsten* Fragen über Kulturbegegnungen würden lauten: 1. Wie weit ist überhaupt zwischen den beiden Kulturen ein gegenseitiges Verstehen möglich? Versteht der Europäer die primitive Kultur besser oder der Primitive die europäische? Wie gestaltet sich dabei das wichtigste Verständigungsmittel, nämlich der sprachliche Verkehr? 2. Welche Seiten der höher entwickelten Kultur werden *zuerst* verstanden, und zwar so leicht, daß sie tatsächlich sogleich angeeignet und dem Bestande der einfacheren Kultur einverleibt werden können? 3. Welche anderen erschließen sich erst später auf dem Wege einer Renaissance?

Auf die zweite Frage scheint die Geschichte unzweideutig die Antwort zu geben, daß der *Handel,* also das wirtschaftliche Bedürfnis bis zum Luxusbedürfnis hin, die erste Brücke zwischen den Völkern schlägt, wenn man den Krieg nicht auch hier als den Urvater der Dinge ansehen will.

Aber in der Praxis hat man auch ganz andere Wege gewählt. Die Missionare haben seit Jahrhunderten die christliche Religion für eine geistige Haltung angesehen, die unabhängig von den tragenden Kulturverhältnissen zu übermitteln sei. Es ist aber von vornherein unwahrscheinlich, daß ein Ertrag höchster Innenkultur zugänglich werden kann, ehe die äußere Kultur eine Form erlangt hat, die zur Reflexion über ihren Sinn und Wert Anlaß gibt. Wenn wir also auch das Religiöse als das sinngebende Zentrum der Kultur bezeichnet haben, so ist damit nicht gesagt, daß der kulturpädagogische Hebel gerade an dieser Stelle und *nur* an dieser Stelle zuerst angesetzt werden müsse. Das glückt nicht einmal bei der Erziehung der europäischen Jugend. Christliche Lebensdeutung ist ein spätes Resultat. Man kann Vorstellungsweisen überliefern und Gewohn-

[23] Vgl. Otto Franke, Zur Geschichte der Exterritorialität in China. Sitzungsberichte der Preuss. Akad. der Wiss. Berlin 1935. S. 884 ff. – Ferner: Heinrich Brunner, Deutsche Rechtsgeschichte. Bd. 1. Leipzig 1906²: § 35 das Personalitätsprinzip. S. 382 ff. – Theodor Seitz, Vom Aufstieg und Niederbruch deutscher Kolonialmacht. 3 Bde. Karlsruhe 1927/29 (Bd. 1. S. 47 ff.).

heiten großziehen – aber das Wachstum muß von innen kommen, wenn es zu echter Haltung führen soll, und es muß an entsprechenden äußeren Gegebenheiten eine Stütze finden. Seelische Weltüberwindung ist bewußtseinsfern für den, der in die eigentliche leidenschaftliche Weltgestaltung noch gar nicht eingetreten ist.

Man könnte im Kontrast dazu vermuten, daß der Zugang zur höheren Kultur über die Aneignung der technischen Mittel erfolge. Dafür spricht, daß der europäische Knabe Technisches schon versteht, wenn er vom Kulturethischen noch nichts in sich trägt. Die Vermutung trifft für den Gebrauch *bloß verfeinerter* Werkzeuge zu. Feuerwaffen z. B. werden verstanden, aber, wie berichtet wird, mehr zum Drohen benutzt. Vor allem bedeutet die Übernahme der Schrift einen ungeheuren Hebel für die Bewegung in die europäische Kultur hinein. Die abendländische Technik aber beruht großenteils auf der *rationalen* Einsicht in den gesetzlichen Zusammenhang zwischen Zielen und Mitteln. Es liegt in ihr eine ganze Geschichte aufgeschichteter Wissenschaft, deren Vorstufen sich nicht einfach überspringen lassen. Umgekehrt wird es dem Europäer nie gelingen, zu der Art von Handfertigkeit zurückzukehren, wie sie primitive Kulturen in hoher Vollendung zeigen. Man könnte den Sachverhalt so formulieren: wenn die Europäer aus einem Einwanderungs- oder Kolonialgebiet nach 10 Jahren sämtlich wieder abzögen, so wäre es höchst unwahrscheinlich, daß die Proben abendländischer Technik zu einer immanenten Weiterentwicklung führen würden; schon weil das Bedürfnis, dies große Kulturagens, nicht wirksam wäre. Ist doch auch der größte Teil römischer Technik bei den neueren Völkern zunächst wieder verlorengegangen.

Die Fülle der Inkongruenzen in der Struktur von verschiedenartigen und verschiedenstufigen Kulturen führt auf die weitere Frage, wie die beherrschende Kultur die unterworfene allmählich *erziehen* könne. Dies ist eine Pädagogik, die ihr Werk nicht an einer Generation erschöpft, sondern auf viele Generationen hinaus planen muß. Wenn wir schon in der Individualpädagogik mit Grenzen der Bildsamkeit rechnen, die vorwiegend durch Erbanlagen, aber auch durch Umweltfaktoren gegeben sind, so wird dieses Problem hier in vergrößertem Maßstabe auftauchen. Man findet dabei bestätigt, daß Bildungsmethoden nicht nur psychologisch, sondern umweltgemäß ausgestaltet werden müssen. *Bilden heißt immer: in bereits vorgebildeten Lebensstrukturen planmäßig weiterentwickeln.* Die Volkspädagogik würde von einer solchen Völkerpädagogik manches lernen können. Die Aufgabenstellung selbst aber ist unter den heutigen Verhältnissen des Erdballes nicht mehr eine gelehrte Erfindung, sondern eine Schicksalsfrage der großen Kulturstaaten.

B. Die Probleme der Kulturmorphologie sind mit den Themen, die sich aus dem Phänomen der Kulturbegegnung ergeben, nicht erschöpft. Wir haben daran nur die Tragweite des Gegenstandes erläutert. Darüber hinaus erhebt sich das *Schichtenproblem* in dreifacher Bedeutung: als Frage nach der Sachschichtung, der Sozialschichtung und der historischen Schichtenbildung in der Kultur. Nur die Fragestellungen selbst können hier hervorgehoben werden. Die bisherige Behandlungsweise steht fast durchweg unter dem Zeichen eines älteren Wissenschaftspositivismus, der der Eigenart der geistigen Welt nicht gerecht wurde.

1. Die ganze Soziologie und Kulturphilosophie des 19. Jahrhunderts durchzieht die Frage nach der eigentlich tragenden und bewegenden Seite der Kultur. Sie wurde vielfach rein kausalistisch gefaßt: Welche Kräfte sind es primär, die den Geschichts- und Gesellschaftsprozeß in Bewegung setzen? Seltener teleologisch: Auf welches Ziel bewegt sich der Kulturprozeß hin? Eine Fülle »einseitiger« Geschichtsphilosophien ging aus diesen Bemühungen hervor. Kaum eine theoretische Möglichkeit ist unausgeführt geblieben.

Es ist das Wesen des Positivismus selbst, daß er als den Kern der menschlichen Entwicklung den »Fortschritt« der wissenschaftlichen Einsichten ansah, und zwar als einen geradlinigen, unaufhaltsamen Fortschritt, wie ihn schon die Aufklärung geglaubt hatte. Man dachte dabei fast ausschließlich an den technologischen Wissenschaftstypus, nach dem positivistischen Grundprinzip: savoir pour prévoir, prévoir pour régler. Es ist die Weltanschauung, die dem Siegeszug der Technik entspricht, die Denkweise des technisch-industriellen Zeitalters.

Der kapitalistisch-gesellschaftliche Zug dieser Epoche kommt stärker in der einflußreichsten dieser Theorien des 19. Jahrhunderts zum Ausdruck: in der ökonomischen Geschichtsauffassung. Als primär bestimmend, als Ersatz geradezu für die causa prima der älteren Metaphysik, gilt ihr die wirtschaftliche Seite der Kultur und die Wandlung der Produktionsverfahren. Durch sie sollte unmittelbar auch die Sozialstruktur jeder Epoche bestimmt werden. Hier wurzelt die bekannte und viel variierte Lehre vom kulturellen Unterbau und Überbau. Sie erscheint zunächst in der einfachen Form der Trennung von ökonomisch-sozialem Unterbau und ideologischem Überbau. Sieht man näher zu, so findet man, daß schon im sogenannten Unterbau die Totalität der Sachgebiete der Kultur vorausgesetzt wird; denn mindestens steckt in den wirtschaftlichen Produktionsweisen auch das wissenschaftlich-technische Moment mit drin.

Seit Beginn des 20. Jahrhunderts sind diese Ansätze wesentlich feiner durchgearbeitet worden, ohne daß es zu einer einigermaßen befriedigenden Theorie gekommen wäre. Die Idee einer alle Sachgebiete berücksichtigenden Kultursoziologie wurde besonders von den Brüdern Weber verfolgt. Max Weber untersuchte unter dem Namen Religionssoziologie vor allem den Strukturzusammenhang zwischen religiöser Weltdeutung, religiösem Ethos und vorwaltender Wirtschaftsgesinnung. Alfred Weber nahm, weniger glücklich, drei miteinander verflochtene Schichten im Kulturprozeß an: den Zivilisationsprozeß, die Gesellschaftsstruktur und die eigentlich kulturelle (ideenhafte) Sphäre.[24]

Neue Aspekte ergaben sich von dem Programm einer Wissenssoziologie und der mit ihr verbundenen Ideologienlehre her. Max Scheler förderte das Problem, nicht nur durch die Unterscheidung von immer nebeneinander bestehenden Wissensformen, über den primitiven positivistischen Ansatz hinaus. Er wagte auch die geschichtsphilosophische These, daß in jeder Altersstufe der Kultur jeweils eine andere Seite ihrer Totalität primär bestimmend wirksam werde: in den ältesten Kulturperioden sollen die Blutsverhältnisse die Führung haben, dann die politischen Mächte, neuerdings die ökonomischen Faktoren. Zugleich kehrte er zu der Theorie vom »gesellschaftlichen« Unterbau und Überbau zurück. Nach ihm entfaltet nur der Unterbau (die sogenannten Realfaktoren der Gesellschaft) eine geschichtsbewegende Kraft, die zuletzt aus vitalen Triebenergien gespeist wird. Der Überbau (die Idealfaktoren), nämlich Religion, Wissenschaft und Kunst, ruhen wohl in ewigen Geltungen, aber sie »ruhen« eben, das heißt: Ideen nur als solche entfalten gar keine bewegende Kraft. Sie müssen mit Triebenergien in Verbindung gebracht werden. – Dies alles sind interessante Perspektiven, mögliche Wendungen des Gedankens, die aber noch weit entfernt sind von wirklicher Durcharbeitung am Tatsachenmaterial. Denn eben dieses Material ist großenteils noch nicht beschafft, weil die fruchtbare kulturmorphologische Fragestellung in der Geschichtsforschung selber fehlte.

Von hier aus gesehen enthüllt sich das Problem selbst zum *Teil* als ein Scheinproblem. Man kann die aufgeworfene Frage ähnlich beantworten, wie Menenius Agrippa auf die Alleingeltungsansprüche der Plebejer geantwortet hat: In einem Lebensgefüge ist kein einziges Organ schlechtweg entscheidend und prozeßbestimmend: weder der Magen noch die Glieder, weder das Herz noch das Gehirn. Daß jedes in seiner Teilfunktion auf das Ganze bezogen ist und das Ganze jedem die Richtung und Stärke seiner Funktion vorschreibt, macht eben das Wesen des Organismus oder, allgemeiner gesagt: eines dem Organismus vergleichbaren Leistungszusam-

---

[24] Alfred Weber, Ideen zur Staats- und Kultursoziologie. Karlsruhe 1927.

menhanges aus. Damit ist jede radikale Lösung, die nur *einen* Funktionskreis als causa prima ansehen will, von vornherein abgewiesen. Es bleiben um so mehr zwei echte Fragen übrig; die eine: welches ist das gesunde Stärkeverhältnis zwischen den einzelnen Momenten der Kultur, z. B. Individuum und Gemeinschaft? Wirtschaft und Staat? Arbeit und freudiger Hingabe an das Leben? Die andere folgt unmittelbar aus der ersten und eröffnet den Ausblick in eine *Kulturpathologie:* Unterernährung und Minderleistung eines Organs führen ebenso zur Erkrankung des Ganzen wie die Hypertrophie eines anderen. Überspannte Einseitigkeiten rächen sich im Kulturleben wie im Einzelleben. Die Wissenschaft hat sich mit diesen Erscheinungen bisher nicht in dem Maße beschäftigt, das ihrer Bedeutung entspricht.

2. Genauer beachtet hat man die historisch wechselnde Gestalt der *Sozialschichtung* innerhalb der Kulturen und den verschiedenen Anteil der Sippen, Kasten, Stände und Klassen am Ganzen wie an einzelnen Seiten des Kulturlebens. Die ältere Soziologie hat eine Reihe von Typen der Sozialstruktur aufgestellt, die für die Wissenschaft von bleibender Bedeutung sind. Auf diesem Gebiet hat sich auch die vergleichende Morphologie längst als fruchtbar erwiesen.[25] Kulturelle Arbeitsteilung, z. B. zwischen den beiden Geschlechtern, ist schon in den primitivsten Kulturen erkennbar. Auch sie zeigen vielfach schon den Ansatz der typischen Urgliederung in Kriegerschaft, Priesterschaft und arbeitende Schicht, die noch durch Platos Staatskonstruktion hindurchschimmert. Die Gliederung wird später durch innere Entwicklung und äußere Schicksale immer komplizierter. Zum Teil unterliegt sie rechtlicher Regelung, zum Teil bildet sie sich frei aus den neu auftretenden Bedürfnissen des Kulturlebens. Das jeweilige Erziehungs- und Unterrichtssystem empfängt im wesentlichen seine Struktur ebenfalls aus der kulturellen Arbeitsteilung und Sozialschichtung.

Die Urgliederung wird auch unter den verwickelten Gruppierungen von Hoch- und Spätkulturen noch erkennbar sein. Gerade wenn man das einfache Urschema als Beurteilungsnorm festhält, gestatten seine Umgestaltungen lehrreiche Rückschlüsse auf das Gesamtgefüge der betreffenden Kultur. Ich greife ein beachtenswertes Beispiel heraus: Wenn eine Kultur sich vom traditionellen Stil gelöst und ihre Aufklärungsepoche durchlaufen hat, löst sich in der Regel auch die scharfe Abgrenzung der Stände auf und macht einer loseren Gruppierung Platz, die mit starker Nivellie-

---

[25] Vgl. die besonders lehrreiche Studie von Otto Hintze, Wesen und Verbreitung des Feudalismus. Sitzungsberichte der Preuss. Akad. der Wiss. Berlin 1929.

rung verbunden zu sein pflegt. Die Neuformung der »Gesellschaft« ist von mannigfachen historisch singulären Faktoren abhängig. Fast immer aber erscheint in ihr eine sehr umrißlose Schicht von Kulturträgern, die sogenannte »Intelligenz«. So schwer sie soziologisch zu greifen ist, bleibt doch noch ein letzter Schatten von priesterlicher Funktion in ihr bemerkbar. Die alten Glaubensmächte sind zerfallen. Die »Intelligenz« versucht – und dies ist eine ihrer wesentlichen Funktionen – auf eigene Rechnung philosophierend dafür Ersatz zu schaffen. Verliert sie dazu die Kraft und das Gefühl der Verantwortung hierfür, so gerät sie in eine weltanschauungslose Haltung, die ihr den Anteil an der Führung raubt. Dieser Vorgang ist einer der Hauptgründe der gegenwärtigen Kulturkrisis in allen Regionen der abendländischen Welt. Denn ohne das Rückgrat weltanschaulicher Überzeugungen kann der komplizierte Bau unserer Kultur nicht instand gehalten werden. –

In jeder Sozialschichtung äußert sich eine bestimmte Art der Machtverteilung. Macht – rein für sich genommen – ist etwas bloß Formales: eine Wirkungs*möglichkeit*. In concreto gibt es nur vier Arten der Macht, die mannigfach ineinander verschlungen auftreten und durch Tradition, bzw. ausdrückliche Rechtsordnung, verstärkt werden können: militärische Macht, Macht durch Besitz, Macht durch Wissen und Macht des Glaubens. In der ersten steckt die kulturelle Weiterbildung vitaler Kräfte, in der letzten die höchste geistige Kraft, die in einer Kultur wirksam werden kann. Jede wirkliche Kultur ist ein unübersehbares Geäder von Machtverhältnissen und Machtwirkungen. Es ist eine wesentliche Aufgabe der Kulturmorphologie, diesen geheimen und offenen Verästelungen nachzugehen. Vor allem aber hat sie die Spitze zu studieren, in der die rechtlich und politisch geordnete Macht sich konzentriert (nach alter Terminologie: die »Souveränität«). Es wird sich zeigen, daß auch in ihr eine jeweils eigentümliche Kombination von religiösen Machtfaktoren, wirtschaftlichen und wissenschaftlichen Kräften vorliegt, von denen aus die Waffengewalt als ultima ratio erst ihre Beseelung empfängt. Die gegenwärtige Wissenschaft ist noch sehr wenig in die strukturelle Dynamik gerade der Machtverhältnisse eingedrungen.[26]

3. Es ist eine ganz andere Betrachtungsweise der Kultur, die zur Aufdeckung der in ihr enthaltenen *historischen Schichten* führt. Die Hauptthese lautet: Jede Epoche, die eine Kultur durchlaufen hat, erhält sich in ihr wie eine gestaltbestimmende Ablagerung. Man kennt diesen Entwick-

---

[26] Vgl. außer Max Webers Soziologie das zu wenig beachtete Buch von Friedrich v. Wieser, Das Gesetz der Macht. Leipzig 1926.

lungstatbestand aus dem Einzelleben. Keine regulär-typische und keine schicksalsmäßig besonders gestaltete Entwicklungsphase, die man einmal durchgemacht hat, läßt sich aus der Struktur der vielgeschichteten Persönlichkeit wieder auslöschen. Man mag sie abschwören, mit blutigem Haß verfolgen: eben dadurch beweist man, daß sie noch wirkt. Wie die Schichtung der Erdoberfläche in erstarrter Gestalt die Geschichte der Erde erzählt, so ist dem geistesgeschichtlichen Blick im Querschnitt durch jede heut lebende Kultur noch ihr Werdegang gegenwärtig.

Man muß freilich zu jener These hinzufügen: Jede dieser älteren Schichten hat auch einen Bedeutungswandel durchgemacht, der darauf beruht, daß sie ihre Front einer neuen Epoche mit neuen fordernden Inhalten zukehren mußte. Und weiter: der eigentliche volle Strom des Lebens geht durch die älteren, allmählich erstarrenden Geistesformen nicht mehr hindurch. Trotzdem: sie gehören noch zu der Gesamtstruktur und üben in ihr eine Teilfunktion.

Der Kampf der gleichzeitig miteinander lebenden Generationen, deren dialektische Spannung gegeneinander ich »das Generationengeflecht« nenne, zeigt das hier gemeinte Phänomen nur in verkleinertem Maßstab. Es reicht viel weiter, als es den naiv Lebenden zum Bewußtsein kommt, und kann nur durch wissenschaftliche Besinnung einigermaßen aufgedeckt werden. Insofern diese Art der Selbstverständigung einer Kultur eine Lebensnotwendigkeit ist, ist die Funktion des Historikers etwas für jede Gegenwart Unerläßliches. Lebensformen und Denkweisen des Mittelalters z. B. sind in der heutigen abendländischen Kultur noch unverkennbar wirksam, manche freilich in metamorphosierter, z. B. verweltlichter Gestalt, die als solche enthüllt werden muß. Die Spuren der Aufklärungsepoche sind der modernen Kultur besonders tief eingegraben. Man würde sich vergebens bemühen, das ungeschehen zu machen. Jede Schicht baut auf der vorangegangenen weiter. Der Kontrast zur alten kommt ihr zum Bewußtsein; die tiefe Verbindung, ja Identität, bleibt unbeachtet und ohne Dank. Von Zeit zu Zeit aber kommen auch jene Wiederbelebungen, die wir im Anfang zu den Formen der Berührung *verschiedener* Kulturen gezählt haben. Die Verschiedenheit ist bei solchen »Renaissancen« aus der *eigenen* Vergangenheit nur ein Unterschied der Kulturaltersstufe. Auch eine Kultur kann nicht wieder Kind werden. Was man als Wiederherstellung z. B. altdeutschen Wesens und Kulturgutes empfunden hat, war doch immer Neubildung auf höherer Stufe, wenn auch aus bleibenden Wesenstiefen. Die Stände etwa, die der Frhr. vom Stein neubeleben wollte, wurden die Volksvertretungen des 19. Jahrhunderts und hatten mit der alten feudalständischen Libertät beinahe nur den Namen gemeinsam.

C. Die letzte Betrachtung führt uns auf das schwierige Thema des *Alters* von Kulturen und Völkern, das hier ebenfalls nur im Sinne einer Problemstellung angedeutet werden kann.

Eine Kultur, die – rein an der astronomischen Zeit gemessen – schon sehr lange besteht, braucht deshalb im kulturmorphologischen Sinne noch nicht alt zu heißen. Wir nennen sie alt wegen gewisser inhaltlicher Eigenschaften, und nennen sie jung, solange sie andere zeigt. Aber die Kriterien dieser Unterscheidung sind noch keineswegs eindeutig herausgearbeitet. Man urteilt nach einem Totaleindruck, der auf Vergleichen beruht und außerdem an der Analogie mit den menschlichen Lebensaltern losen Anhalt findet. Wenn auch wir dieser Analogie folgen, so ergibt sich: eine alte Kultur wird Spuren des Kränkelns zeigen oder gar schon die Züge der Erstarrung in sich tragen. Anzeichen von Krankheit, die aus der inneren Struktur herstammen, liegen vor, wenn der überindividuelle Leistungszusammenhang nicht mehr einheitlich funktioniert, wenn einzelne Leistungsgebiete nicht mehr das ihrige zum Ganzen beitragen und wenn – das ist die Hauptsache – die Individuen nicht mehr die leiblich-seelisch-geistige Kraft aufbringen, die Kultur zu ihrem Teile sinngemäß zu tragen. Erstarrung tritt ein, wenn keine neuen Formen mehr gebildet, keine neuen Aufgaben mehr gestellt und gelöst werden, kein Wagnis zu großer Aktion mehr unternommen wird.

Empirisch können diese Erscheinungen in sehr mannigfacher Einkleidung auftreten. Und der empirischen Untersuchung der für uns zugänglichen historischen Fälle bedarf es. Wenn wir unsre eigne abendländische Kultur nicht mehr als jung, sondern mindestens als reif empfinden, so spielt immer der Vergleich mit dem Schicksal der späten griechisch-römischen Kultur eine Rolle. An diesem Modell machen wir uns klar, daß wir bereits Schwellen überschritten haben, die unsre Kultur von ihrer Jugendzeit trennen. Drei Züge sind es, die dies Urteil stützen:

1. *Die Rationalisierung* großer Bereiche des Kulturlebens; die Gefahr dabei liegt nicht in der Aufhebung des Traditionalismus als solchen, der ja Wertvolles wie Geringwertiges hüten kann, sondern in der Schwächung des Instinkthaften, Unmittelbaren, des Impulsiven und Genialen. Wir können die Rationalisierung nicht rückgängig machen, sie ist Entwicklungsschicksal. Auf ihr beruht u. a. die fortgeschrittene Technik, die schon wirtschaftlich und militärisch zu unseren Lebensbedingungen gehört. Wir können nicht – instinkthaft leben *wollen*.

2. *Die Individualisierung*. Was das vieldeutige Wort Individualismus besagt, kann hier nicht voll analysiert werden. Es genügt die primitive Feststellung, daß eine Kultur gefährdet sein muß, wenn die ihr zugehöri-

gen Individuen nur für sich leben und nicht für das ihrer Sorge anvertraute Ganze. Ein solcher Individualismus ist ein Verfallssymptom. Den Individualismus in jeder Gestalt können wir ebenfalls nicht rückgängig machen. Er *kann* ein Wert sein, wofern es noch gelingt, höhere gemeinsame Kulturleistungen aus ihm herauszuholen.

3. *Die Differenzierung*. Schon der Individualismus ist soziale Differenzierung. Sie erstreckt sich aber auch auf die *Sach*gebiete und ihre Anforderungen. Jedes Kulturgebiet neigt dazu, »autonom« zu werden, d. h. sein eigenes Strukturgesetz sich schrankenlos auswirken zu lassen, ohne Rücksicht auf seinen Dienst am ganzen Kulturgefüge und seinen angemessenen Beitrag dazu. Die Folge ist ein Spezialistentum, das die geistig-sittliche Totalität in Frage stellt, eine Arbeitsteilung, die das gegenseitige Verstehen und Helfen erschwert, eine Fragmentarisierung des Lebens, die jeden von allen abhängig macht, ohne doch ein wirklich inneres Band des Zusammengehörens zu begründen. Ob es gelingt, wieder zur Synthese, zur Integration zu gelangen, ist die Schicksalsfrage einer solchen Kultur. Um nur ein Beispiel zu nennen: die Spezialisierung der Wissenschaft selbst ist nicht Schuld, sondern eine notwendige Entwicklungsstufe. Die fruchtbare Zusammenfassung aber ist nicht einfach Sache des Entschlusses. Der Stand des Wissens ist dafür in vieler Hinsicht noch nicht reif. Daß aber hier wie allgemein ein Notstand empfunden wird, beweist der überall hörbare Ruf nach Totalität, nach Ganzheit, nach Synthese. Aus ihm klingt vor allem etwas von Sehnsucht nach der Wiedererlangung des Glaubens, der von dem Gefühl: »Eins ist not« durchglüht ist.

Damit sind aber auch die Grenzen angedeutet, in denen jenes biologische Lebensgesetz des Wachsens und des Alterns überhaupt auf ganze Kulturen angewendet werden kann. Die Entfaltung einer Kultur steht nicht restlos im Banne eines unentrinnbaren Entwicklungsschicksals, sondern wird durch ethisch-politischen Aufschwung und religiöse Wiedergeburt beeinflußt. Die Analogie mit dem Einzelleben wird hier fraglich. Dem einzelnen ist es nicht anheimgestellt, ob er altern will oder nicht. Er durchläuft, wenn er es erlebt, die typischen leiblichen und seelischen Entwicklungsphasen wider Willen. Aber es hängt von seiner ethischen Kraft und Tiefe ab, was er aus jedem Lebensalter »macht«. Er kann auch dem Greisenalter noch eigentümliche Werte abgewinnen. Am Ende steht in jedem Fall das Schicksal des Todes. Ob eine Kultur ebenfalls sterben muß, ist nicht a priori zu entscheiden. Die unablässige, Jahrhunderte alte Reflexion über die Gründe des Verfalls und Unterganges von Rom[27] deutet

[27] Vgl. Walther Rehm, Der Untergang Roms im abendländischen Denken. Leipzig 1930. – Christoph Meiners, Geschichte des Verfalls der Sitten und der Staatsverfassung

darauf hin, daß man hier etwas Erschütterndes empfunden hat. Es ist denkbar, daß eine nach unsrem Eindruck schon gealterte Kultur sich noch zu Reifestadien erheben kann, die über jede uns bekannte historische Analogie hinausgehen. Und der Sinn aller dieser kulturmorphologischen Betrachtungen liegt zuletzt doch darin, den ethischen Widerstandswillen der Kulturmenschheit gegen den Fatalismus, als ob es unvermeidlich zu Ende gehen *müsse*, wachzurufen. Auch Spenglers Buch hat, wie jede Eschatologie, diese aufrüttelnde Wirkung gehabt.

Nur dies bleibt an jenem vorweggenommenen biologischen Kulturentwicklungsgesetz unbestreitbar, daß die einmal erreichte Gesamtstruktur einer Kultur, ähnlich der Seelenstruktur eines Lebensalters beim Individuum, nicht einfach rückgängig gemacht werden kann. Der ernsteste ethische Entschluß macht eine Kultur, die schon durch Rationalisierung, Individualismus und Differenzierung der Kulturgebiete hindurchgegangen ist, nicht wieder *jung*. Sondern die Weiterbildung muß auf der nun einmal erreichten Stufe erfolgen.

Frobenius hat die alte Analogie zwischen Kulturstufen und Lebensaltern in einer anderen, wie mir scheint, sehr feinsinnigen Weise durchgeführt. Er knüpft an den Wandel des Weltbildes und der Denkweisen an, die im Einzelleben stattfinden: dem Kindesalter entspricht eine dämonisch-magische Welt, dem Jugendalter eine Welt der Ideale, dem reifen Alter der Realismus der Tatsachen. Entsprechend kennzeichnet er die Altersstufe ganzer Kulturen. Manche stehen im dämonischen Alter; andere haben das jugendliche Paideuma des Ideals; wieder andere, wie die abendländische, leben unter dem Paideuma der Tatsachen. Ein Zurück gibt es auch hier nicht. Wohl aber kann unter Umständen, durch Vertiefung in Jugendstadien der Kultur, aus dem Realismus unsrer Tage noch eine produktiv gestaltende Kraft herausgeholt werden.

Die Tatsache, daß eine Kultur als jung oder alt gekennzeichnet wird, ändert natürlich nichts daran, daß sie im einen wie im anderen Falle von jungen und alten Menschen zugleich getragen wird. Das Generationsgeflecht ist ebenfalls ein Verteilungsgesichtspunkt bei der allgemeinen kulturellen Arbeitsteilung. Es ist aber kulturmorphologisch von Belang festzustellen, welches Lebensalter in einer bestimmten Kulturepoche die Führung hat. Die Träger der Reformationen z. B. waren durchschnittlich auffallend jung bei ihrem Eintritt in die Bewegung. Aber nicht jede Revolution wird gerade von den Jungen gemacht. In sogenannten jungen Kul-

---

der Römer. Leipzig 1782. – Wilhelm Krüger, Das Dekadenzproblem bei Jakob Burckhardt. Köln 1929.

turen spielt der Rat der Alten eine erhebliche Rolle. Als Rom jung war, bedeutete der Senat viel; als es alt wurde, bedeutete er nichts.

Es ist ferner eine wesentliche Frage, ob zu einer alten Kultur immer ein altes Volk, wie selbstverständlich zu einer jungen Kultur immer ein junges Volk gehört. Die Kriterien, nach denen wir die Jugend eines Volkes bemessen, sind andere, speziellere als die, nach denen wir die Altersstufe einer Kultur bemessen. Ein Volk ist jung, wenn seine Vitalität noch stark ist, das heißt: wenn sein Fortpflanzungstrieb und -wille ungeschwächt ist, wenn sein Wehrwille selbstverständlich ist und seine Phantasie sich noch in großen gemeinsamen Schöpfungen auslebt: in Mythen, Liedern und Werken der bildenden Kunst. Auch hier ist bewußte Regeneration in einigem Grade möglich. Das Erbgut läßt sich durch Rassenhygiene wieder veredeln, natürlich niemals neu schaffen.

Offen aber bleibt noch die letzte Frage, ob ein junges Volk eine alte, vielleicht sogar eine schon alternde Kultur übernehmen kann. Hinter ihr liegt das viel allgemeinere Problem der *Ablösbarkeit* einer Kultur von dem biologischen Generationenzusammenhang, der sie selbst hervorgebracht hat. Die Erfahrung bestätigt, daß in gewissen Grenzen eine solche Ablösung und Übertragung möglich ist. Die Formen und Grenzen aber, in denen sie erfolgt, sind noch niemals ausreichend untersucht worden, obwohl die Geschichte des Orients (Japan!) wie des Okzidents dafür Beispiele genug liefert. Wir sind damit wieder bei unsren Ausgangsthemen: Kultur*übertragungen* durch Einwanderung, Kolonisation, Rezeption und Renaissance. Die germanischen Stämme waren jung, als sie mit der alternden römischen, großenteils schon christlichen Kultur zusammentrafen. Sie haben in vielen Beziehungen als coloni (freilich im umgekehrten Sinne, als man das Wort sonst versteht!) durch Rezeption unmittelbar empfangen. Manche Kulturgehalte haben sie abgelehnt, andere in einem mühseligen, oft unverkennbar widerwilligen Lernprozeß sich angeeignet; sie haben auf das reife Lehrgut der Antike noch nach Jahrhunderten willig zurückgegriffen. Wir fragen hier nicht, ob zu ihrem Heil oder Schaden. Der Vorgang selbst aber verdient eine eingehendere Untersuchung, als sie bisher unternommen worden ist. Es wäre daraus für ähnliche geschichtliche Ereignisse, die sich heut um uns herum vollziehen, viel zu lernen. Bildungstrieb und Bildsamkeit ganzer Völker, Wert und Wirksamwerden von Bildungsgütern würden in eine neue Beleuchtung gerückt werden. Der größte Knotenpunkt der uns Abendländer angehenden Weltgeschichte: das Zusammentreffen von weltlich-politischer Kultur der Römer, von christlicher Heilssehnsucht und von jungen, kriegerischen Völkern müßte, im Lichte der Kulturmorphologie gesehen, zu fruchtbaren Einsichten führen über den Anteil von *Wollen und Schicksal im Leben der Kulturen überhaupt.*

Über den methodischen Wesensfehler aller Kulturmorphologie, daß sie nämlich die Kulturgestalten, die wir kennen, aus der einzigartigen weltgeschichtlichen Bewegung herausnimmt, sind wir uns nicht im unklaren. Wir können heut auch nicht mehr der Hegelschen Theodizee der Geschichte zustimmen, nach der der Weltgeist seine Formen gemäß den Prinzipien einer höheren Logik systemgerecht und beinahe lückenlos auseinanderlegt. Strukturlehre der Kultur ist immer nur vorbereitende Arbeit, die uns helfen soll, unsere eigene, einzigartige Schwellensituation gegenüber dem Dunkel kommender Zukunft so weit aufzuhellen, wie es die spärlich verteilten Fackeln der Wissenschaft an der Straße der wandernden, wagenden, immer aber irrenden Menschheit vermögen. Es ist daher nicht mehr als Ausdruck eines Suchens, wenn wir zum Schluß die Problematik berühren: Welche Maßstäbe haben wir, um eine Kultur gegenüber einer anderen als höhere zu bezeichnen? Welche Kultur hat heute die Aussicht, praktisch zu siegen? Drittens aber: Wird es die höhere Kultur sein, die zuletzt den Sieg behält?

Hier erst entfaltet sich die ganze Verantwortung der Philosophie, die den unerbittlichen Kampf der Wirklichkeit mit dem milderen Licht gedanklicher Deutung begleitet.

Welche Kultur ist die höhere – zuletzt die höchste? Es ist nicht so, daß wir die Waage des absoluten Richters in der Hand hielten. Die alte Fortschrittsidee, als Absolutsetzung aufgeklärten Europäertums, entsprang zum großen Teil aus der Begrenztheit einer Schau, die nur den eigenen Lebenstypus kannte und bejahte. Von reiferem Standpunkt aus gesehen, bedeutet der Fortschrittsgedanke die Umschreibung der Tatsache, daß jeder im geistigen Sinne Lebende, auch jede lebende Generation, vor der ethischen Verpflichtung steht, die höhere konkrete Wertgestalt zu wollen. Dies ist der sittliche Kern des Lebens auf der Schwelle zur Zukunft überhaupt. Aber ein Vergleichsmaßstab ist damit noch nicht gegeben. Der Wetteifer zum Höheren ist der Stachel im Herzen derer, die in ihrer engen Existenz die Verantwortung spüren für das größere Geistige, an dem sie teilhaben dürfen, und die sich im *Dienst* an diesem Übergreifenden verzehren. Hic Rhodus, hic salta! – »Es strebe von euch jeder um die Wette . . .«. Kein Mensch, keine Generation, kein Volk kann ernstlich im Sinne des Niederganges leben wollen. Man wird, wie es tatsächlich meist geschieht, den Verfall mindestens vor sich selbst als Aufstieg verkleiden müssen. Aber die Philosophie hat keine Maßstäbe a priori bereit, die bequem um den sittlichen Kampf der einzigartigen weltgeschichtlichen

Situation herumführen. Sie folgt diesem Geschehen und Tun, aber ihr Denken ersetzt nicht das Tun und das Wagnis, das seine Gewißheit aus unformulierbaren Lebenstiefen, zuletzt aus der Gottverbundenheit des Gewissens, zieht.

Welche Kultur wird siegen? – Sofern es sich um den bloß äußeren Sieg handelt, dem die religiöse Sprache das »Reich von dieser Welt« zuspricht, ist es sehr zweifelhaft, ob es gerade die Kultur des inneren Wertes sein wird. Denn der Sieg liegt vielleicht in den Gewichten der Bomben, die man treffsicher abzuwerfen vermag. Jedenfalls ist die Prognose, daß im Ringen der Völker das technisch am besten gerüstete siegen wird, heut durchaus gerechtfertigt.[28]

Zwischen diesen beiden Maßstäben, dem ganz innerlichen und ganz äußeren, liegt das Schicksal der Welt. Und es wäre sehr einfach, wenn wir sagen dürften: Dieser Dualismus sei die unaufhebbare Wahrheit: Diesseits und – »Jenseits« hätten nichts miteinander zu tun.

So aber ist es nicht. Sondern die Bewährung im Diesseits (im Äußeren) kommt aus den tiefsten Quellen. Und der Sinn des Jenseits (des ganz innerlich Bezeugten) erwächst doch nur aus der Arbeit am Diesseits. Wir Menschen wandern auf diesem Grat. Es ist schwer, diese sittliche Aufgabe zu verstehen, und sie ist kaum je ganz verstanden worden: Du sollst das Diesseits so aus der innersten Tiefe deines Wesens und Gewissens behandeln, als ob es selbst schon absoluten Wert hätte; und: Du sollst das Dieseits immer so behandeln, als ob es nicht lohnte, um seinetwillen auch nur Schmerz zu empfinden!

Das sind Gewißheiten der inneren Welt; Trost und Halt für den einzelnen. Der Gang der großen Völkerschicksale aber bleibt vorläufig für unser Verstehen und für unser sittliches Urteil noch undurchdringlich. Jene Theodizee Hegels, die von dem Glauben durchdrungen war, daß es in der Welt »vernünftig« zugehe, bog beide Seiten kühn zueinander: Was untergegangen ist, muß also einen schweren Mangel in sich getragen haben; ja mehr: eben deshalb, und nur, *weil es* einseitig, unvollkommen, schuldhaft war, konnte es zugrunde gehen: »Die Weltgeschichte ist das Weltgerichte«. Auch dies ist eine Tröstung und ein Glaube. Er spornt an, das ungeteilte Ganze der Volkskräfte und der staatlichen Machtentfaltung aufzubieten, um durch den Spruch jenes Gerichtes nicht widerlegt zu werden. Eine sittliche Kraft höherer Liebe fordert, über Einzelschicksale hinweg das Ganze zu sichern und zu veredeln.

---

[28] Es war nicht immer so. Gegenbeispiele aus früherer Zeit berührt Kurt Breysig, Der Stufenbau und die Gesetze der Weltgeschichte. Stuttgart 1927². S. 155 f.

Keine Religion und keine Philosophie hat die Spannungen ganz zu lösen vermocht, die zwischen dem Weltschicksal und dem Einzelschicksal, zwischen dem äußeren Geschehen und dem inneren Hoffen, zwischen den sittlich-religiösen Forderungen der gottverbundenen Seele und dem Verhängnis bestehen. Nur wenn wir sie mit tapferer Bejahung *aushalten*, erfahren wir in der Stille, daß solche tragischen Brüche einen uns verborgenen Sinn in sich haben müssen. Die Versöhnung wird nur im Kampf und im Schmerz geahnt.

Die nähere Betrachtung des Begriffes Kulturmorphologie hat ergeben, daß die darin anklingende Analogie mit biologischen Sachverhalten nur sehr von fern besteht; ferner: daß man nicht bei den einfachen morphologischen Kriterien, die Frobenius im Bereich der Ethnologie fruchtbar fand, stehenbleiben darf, sobald man das Problem in seinem ganzen Umfang nimmt und auch höher entwickelte Kulturen heranzieht. Die biologische Analogie findet ihre Grenze an dem Auftreten ethischer Faktoren, die immer in religiös-weltanschaulichen Glaubenshaltungen eingelagert sind. Sie wirken auch hinter der politischen Machtentfaltung und bestimmen zuletzt ihr Schicksal. Insofern bleibt es bei dem Goetheschen Satz, daß der Kampf – weniger zwischen Glauben und Unglauben – als vielmehr zwischen Glauben und Glauben das ewige Thema der Weltgeschichte sei. Weltgeschichte aber ist für uns nicht mehr umgrenzt durch die Linie der antik-christlich-abendländischen Entwicklung und ihrer jüdischen Vorstufe. Sondern sie ist die Gesamtbewegung der Kulturen, von der uns Nachrichten geblieben sind. Wenn ihre Ausläufer bisher von der abendländischen Hauptlinie fern geblieben sein sollten, so wird dies Bild sich in Zukunft ändern. Es ist notwendig, den Blick rechtzeitig darauf einzustellen, damit wir die Aufgabe verstehen, die die kommenden Kulturbegegnungen uns auferlegen werden.

Kulturpathologie?

1947

Die unheilverkündenden Rufe: Kulturkrisis, Décadence, Untergang des Abendlandes sind schon emporgeklungen, als die Welt noch im Frieden geborgen ruhte. Ein Dritteljahrhundert voll von Krieg hat uns gelehrt, daß diese Diagnose nicht nur von nervösen Literaten gestellt war. Es ist wirklich an unserer vielgerühmten abendländischen Kultur etwas nicht in Ordnung. Vorwürfe schwirren hin und her. Das Wort »Kulturschuld« ist aus der Theologie in das allgemeine Bewußtsein übergegangen. Leider haben wir Deutschen nicht nur mit dem Begriff, sondern auch mit der Realität, die ihm entspricht, am schwersten zu ringen. Die ernste Zwiesprache mit uns selbst darüber ist noch nicht abgeschlossen, und unser Wollen unterliegt der Selbstreinigung. Aber es gilt vom Menschen überhaupt, wenn der Dichter sagt: »Er wälzt die größ're Hälfte seiner Schuld den unglückseligen Gestirnen zu.« Schon in der kleinen Welt des Alltäglichen hören wir oft die Rede, der Übeltäter sei eigentlich krank gewesen; deshalb müsse man ihm mildernde Umstände zubilligen. War unsere Kultur vielleicht tief in der Wurzel *krank?* War die Schuld etwa die Folge ungesunder Gesamtverhältnisse, die keine normale Aufwärtsentwicklung mehr gestatteten?

Es gibt für den Historiker wie für den Philosophen kaum eine dringendere Pflicht, als sich über den Anteil von Schuld und Schicksal im Leben der Völker, zunächst des eigenen, Rechenschaft abzulegen. Was man Kulturerkrankung nennt, wäre dabei auf die Seite des Schicksals zu setzen. Denn für welche Definition der Krankheit wir uns auch im folgenden entscheiden mögen: dies eine steht im voraus fest, daß Krankheit etwas Ungewolltes ist. Selbst da, wo sie durch eigenes Verschulden mitverursacht ist, war doch nicht sie der Erfolg, den man eigentlich erstrebt hat, sondern unerwünschteste Begleitfolge. Und wenn es im Einzelleben eine unterbewußte seelische Dynamik gibt, die als »Flucht in die Krankheit« bekannt ist, bleibt jener Satz »die Krankheit ist ungewolltes Schicksal« so fest bestehen, daß wir eben dies seelische Ausweichmanöver vor den Anforderungen des Lebens wiederum als krankhaft, als neurotisch bezeichnen. Schuld fällt auf die Seite des Daseins, für die der Mensch verantwortlich gemacht werden kann; Krankheit ist ein Erleiden, eine Schickung. Dazwischen liegen jene Fälle, in denen zugleich eine eigene Verantwortung für das Krankwerden besteht; sie werden uns besonders zu beschäftigen haben.

Am Anfang solcher Erwägungen erhebt sich das Fundamentalproblem: »Darf man den Begriff der Krankheit, der doch eigentlich am Leben des Organismus gebildet worden ist, überhaupt auf eine Kultur anwenden? Gibt es entsprechend eine wissenschaftliche Betrachtungsweise, die den Namen *Kulturpathologie* tragen müßte?« Beides ist gewagt worden. Aber diese Versuche stammen doch aus Zeiten, in denen die Grundbegriffe und Methoden der Biologie ziemlich unkritisch auf »Bau und Leben des sozialen Körpers« angewandt wurden: die Gesichtspunkte vom Kampf ums Dasein, Vererbung, Anpassung, Auslese, Mißbildung usw. Nachdem Albert Schäffle in solcher Richtung vorangegangen war, ließ P. v. Lilienfeld 1896 eine ›Pathologie sociale‹ erscheinen. Da die Kultur unzweifelhaft auch eine naturhafte Lebensgrundlage hat, so haben Anthropologen bis in unsere Tage hinein eine Kulturbiologie durchzuführen versucht, in deren Systematik dann auch der Titel »Kulturpathologie« erscheint. Ich erinnere an die beachtlichen Schriften von Walter Scheidt. Was mich von diesen neueren Theorien trennt, ist nicht nur das Bedenken gegen die Methode; sondern meine Problemstellung betrifft ein ganz anderes Sachgebiet. Dies bitte ich gleich am Beginn entschieden festzuhalten. Niemand hat jemals bestritten, daß eine Kultur von lebenden Menschen getragen wird und daß diese Menschen als Individuen krank werden können. Unter den Krankheiten treten auch solche auf, die ausdrücklich auf schädigende Einwirkungen durch die betreffende Kultur zurückgeführt werden können. Man spricht von eigentlichen »Kulturkrankheiten«. Sie können ebenso organisch bedingt wie psychogen und rein seelischer Art sein: sie können individuell erworben wie erblich sein. Ein circulus vitiosus läßt sich dann erwarten: Leiblich-seelische Kulturträger, die durch die Überforderungen der Kultur minderwertig geworden sind, werden auch minderwertige Kultur produzieren. In der modernen Medizin spielt das Kapitel Kulturkrankheiten eine große Rolle. Ich nenne als Beispiele nur Karl Birnbaum, ›Grundzüge der Kulturpsychopathologie‹ (1924), Victor v. Weizsäcker, ›Soziale Krankheit und soziale Gesundung‹ (1930), Alfred Grotjahn, ›Soziale Pathologie‹ (1923[3]). Die Kulturneurosenlehre steht naturgemäß stark im Vordergrund. Aber diese Erscheinungen sind philosophisch verhältnismäßig unproblematisch. Viel fundamentaler ist das Thema, *ob die Kultur selbst erkranken kann,* dieses große überindividuelle Geistesgewebe, das *auf* den wechselnden Generationen lebt, von ihnen z.T. getragen und weitergebildet wird, sie aber auch umfängt und zwängt als ein Medium von ganz eigener Art. Mich interessiert nicht die Frage: wann und wie sind die Kultursubjekte krank, sondern primär die größere: kann auch die *objektive Kultur* unter Umständen krank genannt werden? Kann sie selbst das Schicksal des Pathologischwerdens befallen? Wie geschieht es und wie sieht das aus?

Im voraus ist klar, daß man so nicht reden kann, wenn man nicht im stillen die Kultur einer Norm unterstellt, die ihr Gefüge und ihr Funktionieren beherrschen soll, natürlich nicht einer Durchschnittsnorm, die vergleichend-statistisch zu gewinnen wäre, sondern einer Idealnorm, einer Vollkommenheitsidee. Hier, am Anfang unserer Erörterungen, haben wir aber noch keine Ahnung, worin die Totalnorm einer Kultur eigentlich besteht. Ich wage die etwas groblinige Behauptung: »Dem Naturorganismus ist sein Lebensziel vorgeschrieben; die Kultur muß es *suchen.*« Das geschieht nicht ohne schweres Ringen. Der kurze Name: Totalnorm der Kultur ist reichlich metaphysisch belastet. Es wird ratsam sein, die erfragte Stelle, wo sie steht, vorläufig mit einem großen X zu bezeichnen. Ein wesentlicher Gewinn des heute versuchten Gedankenganges wäre es, wenn dieses X an seinem Schluß durch deutlichere Bestimmungen zu ersetzen wäre. Dazu bedarf es im I. Teil einer Klärung der beiden Grundbegriffe »Krankheit« und »Kultur«. Der Stil einer Festrede fordert die Beschränkung auf die nötigsten Umrisse. In der Alltagsarbeit der Philosophie wird vieles sorgfältiger durchdacht, als es hier vorgetragen werden kann.

I.

A. Es liegt nicht so, daß man für die Problemstellung der Kulturpathologie von den Medizinern eine fertige Definition der Krankheit einfach übernehmen könnte. Der Begriff ist seit undenklichen Zeiten umstritten, und eine umfangreiche Spezialliteratur handelt ausschließlich von ihm. Den Unterschied von Pathologie und Nosologie lasse ich beiseite, weil er für unser Thema nebensächlich ist. Zwei Gruppen von Wesensbestimmungen der Krankheit werden sich nie zur Deckung bringen lassen, weil sie von zwei grundsätzlich abweichenden Ansatzpunkten ausgehen: es ist ein Unterschied zwischen Krankheit als objektivem Befund und Krankheit als subjektivem Befinden. Im zweiten Falle steht das persönliche *Leiden* an einem gestörten Gesamtzustande der Person im Vordergrund; man könnte deshalb auch von Krankheit im existentiellen Sinne reden. Selbstverständlich fällt die Differenz zwischen dem objektiven und dem subjektiven Krankheitsbegriff nicht etwa mit der von organischer und rein seelischer Erkrankung zusammen. Daß im ganzen einer möglichen Kulturpathologie auch das subjektive, persönliche Leiden eine Rolle spielen kann, lehrt schon der Titel von Sigmund Freuds Hauptschrift zur Kulturneurosentheorie ›Das Unbehagen in der Kultur‹ (1930). Da wir aber das Thema »an der Kultur erkrankte Menschen« als unproblematisch ausschließen wollten, bleibt für uns nur der objektive Krankheitsbegriff von Bedeutung. Noch einmal: unsere Frage lautet, ob am Kulturgefüge selbst Erkrankungen objektiv feststellbar sind.

Eine sorgfältige Sammlung aller Stichworte, die in der Literatur überhaupt vorkommen, hat das Resultat ergeben, daß die Merkmale der Krankheit in zwei Reihen anzuordnen sind; die der ersten Reihe sprechen ein dem Subjekt Begegnendes aus, die der zweiten Reihe bezeichnen das, was in dem betroffenen Subjekt verändert wird. Das Begegnende wird entweder eine *Störung* oder eine *Schädigung* oder gar eine *Gefährdung* – Lebensbedrohung – des psychophysischen Subjektes genannt. Dasjenige aber, was gestört oder geschädigt oder bedroht wird, ist nach einigen die *Anpassung*, nach anderen das *Gleichgewicht*, nach dritten die *Leistungsfähigkeit*, im äußersten Fall die *Lebensfähigkeit* des Subjektes. Das Merkmal *Anpassung* wird schon in der Personalmedizin nicht genügen; denn auch der größte Lebensverzicht enthält noch Anpassung. Die Rede vom *Gleichgewicht* ist in der gesamten Biologie verbreitet: sie ist aber doch nur ein Bild für Ganzheitsvorgänge, die über die einfachen Verhältnisse der Gravitation weit hinausreichen. Der Ausdruck Integration besagt nicht viel mehr. Mit dem Stichwort *Leistungsfähigkeit* aber werden überbiologische Maßstäbe berührt, die beim Menschen schon stark von der *Kultur* her bedingt sind. Die Anforderungen der Kultur an die Leistungen einer psychophysischen Person können je nach ihrem Beruf sehr verschieden hoch sein. Rein biologisch kann ein Patient bekanntlich noch lange lebensfähig bleiben, während seine kulturelle Arbeitskraft immer mehr abnimmt. Leistungsfähigkeit ist also ein sehr relatives Maß.

Mit all den aufgezählten Bestandteilen einer Definition der Krankheit ist aber eine wesentliche Voraussetzung noch nicht erwähnt, die vermutlich von vielen Autoren verschwiegen wird, weil sie unverkennbar ein teleologischer Gedanke ist. Von Störung der Anpassung, Schädigung des Gleichgewichts, Gefährdung der Lebens- und Leistungsfähigkeit kann man offenbar nur sprechen, wenn man von vornherein eine ideale *Norm* für den psychophysischen Organismus im Auge hat. Krankheit ist – mindestens für den Beurteiler – etwas Normwidriges, und das heißt natürlich nicht nur: Abweichung vom statistischen Durchschnitt, sondern Abweichung vom Ziel, zu dem der Organismus seinem Wesen nach kommen *soll*, und vom Zustand, wie er sein *sollte*. Ist nun auch in der Medizin diese Normidee nur mit X zu bezeichnen? – Wie schwierig es ist, die Norm des Menschen zu formulieren, beweisen die Ausführungen von Kurt Hildebrandt in dem Buch ›Norm und Entartung des Menschen‹ (1923[1]). Denn diese Normsetzung hängt unvermeidlich schon mit der Kulturnorm zusammen, die wir vorsichtig offen gelassen haben. Bleiben wir aber – per impossibile – mit der Festsetzung der Norm in der rein biologischen Schicht des Menschen, so würde der Name für sie einfach lauten: *Gesundheit*.

Gesundheit ist aber noch sehr viel schwerer zu definieren als Krankheit. Wir lassen uns am besten mit dieser Aufgabe gar nicht ein. Gesundsein ist auch ein sehr relativer Begriff; im absoluten Sinne gesund ist vermutlich *kein* Organismus. Wir reden daher lieber von Suffizienz, d. h. dem Grad des Ausreichens für die spezifischen Lebensanforderungen, soweit sie in der üblichen Breite liegen. Die Sachlage wird noch verwickelter dadurch, daß nach moderner medizinischer Anschauung jede Individualität ihre persönliche Idealnorm hat, nicht nur jede Konstitution ihre typische Idealnorm. L. R. Grote nennt diese »regulatorische Struktur« die Responsivität des Individuums. Den Schritt in die individualisierende Begriffsbildung, den die Medizin hiermit vollzogen hat, werden wir für die Kulturpathologie, die es immer mit Historisch-Singulärem zu tun hat, sehr aufmerksam im Auge behalten müssen.

Die wichtigste Bestimmung fehlt aber noch immer. Was wir die ideale Norm des Organismus genannt haben, ist doch nicht *nur* Beurteilungsmaßstab eines außenstehenden Betrachters, sondern auch ein geheimnisvoller Wirkfaktor, ein Steuerungsfaktor im Organismus selbst. Dieser hat einen Gesundheitsdrang, im Krankheitsfalle einen Selbstheilungsdrang in sich. Die Biologie redet durchweg von den einwohnenden Regulationstendenzen der Organismen. Ihre Macht ist natürlich nicht unbegrenzt. Rudolf Virchow, dessen inhaltliche Fassung des Krankheitsbegriffs längst aufgegeben ist, hat diese Seite mit besonderer Betonung hervorgehoben. Im Jahre 1869 hat er ausgeführt, daß der veränderte Lebensvorgang, genannt Krankheit, mit der *Insuffizienz der regulatorischen Apparate* beginne. Für die Medizin bedeutet dies, daß dem Lebendigen eine spontane Gegenwehr gegen Störungen zukommt, so daß vielfach Krankheitsprozesse und Selbstheilungsprozesse wunderbar ineinander verwoben sind. Dies geht so weit, daß *an* den Regulationstendenzen sehr oft die Art und der

Sitz der Krankheit deutlicher erkennbar werden. In der Psychiatrie spielt die Erscheinung unter dem Namen »Kompensationen« eine Rolle. Bei der Kulturpathologie – wenn es eine solche gibt – werden wir auf *die regulierenden Apparate der Kultur* ganz besonders zu achten haben.

B. Zuvor aber ist noch die alte Frage zu erörtern, ob überhaupt und gegebenenfalls in welchem Sinne der Vergleich zwischen einer Kultur und einem Organismus zulässig ist. Denn davon hängt es ab, ob es erkrankte Kultur geben kann. Daß auch Kulturen große Lebensgebilde sind, wird kaum jemand bestreiten. Die Begriffe aber, mit denen wir sie wissenschaftlich erfassen, werden immer Wagnisse sein, mehr oder minder »zweckmäßige Abkürzungen«, die nur die Konturen im großen zum Ausdruck bringen. Übersteigt doch schon der Naturorganismus eigentlich unsere Fähigkeiten, zu begreifen. Wir beginnen mit den Übereinstimmungen zwischen Kultur und Organismus, um dann die schwerwiegenden Unterschiede zu betonen.

Der Einzelorganismus ist ein gegliedertes ganzheitliches Leistungsgefüge mit autogener Formbildung, Fortpflanzung und Vererbung. Das heißt: er ist ein Ganzes, dessen Glieder oder Organe aus ihrer Leistung für die zeitweilige Lebenserhaltung und Lebenssteigerung zu verstehen sind. Er ist keine Summation von gegeneinander gleichgültigen Teilen, sondern jedes Glied ist auf das Ganze bezogen, seiner Lage und Funktion nach, und methodisch muß das Ganze *vor* seinen Teilen gedacht werden. Ferner schreiben wir dem Einzelorganismus – mindestens vermöge einer regulativen Urteilsmaxime – eine teleologische Struktur und Funktionsweise zu. *Immanente Teleologie* nennen wir den Tatbestand, daß er in sich erhaltungsmäßig organisiert ist, gleichviel, ob ihm dies als innere Zielstrebigkeit dumpf zum Bewußtsein kommt oder nicht. *Übergreifende Teleologie* nehmen wir mindestens nach zwei Richtungen hin an. Der Organismus ist erstens »seiner« Umwelt (nicht etwa einer neutralen Welt überhaupt!) eingepaßt. Gegenüber dieser Einpassung sind die Vorgänge singulärer und gelegentlicher Anpassung verhältnismäßig unbedeutend. Zweitens ist der Einzelorganismus auch für die Erhaltung seiner Gattung prospektiv zweckmäßig organisiert. Bei bewußtseinsfähigen Tieren ist diese Gattungsdienlichkeit vor allem den rätselhaften psychophysischen Triebkräften anvertraut, die wir Instinkte nennen.

Vergleichen wir nun! – Auch eine Kultur kann als ein ganzheitliches Leistungsgefüge betrachtet werden, in dem keine Einzelleistung ohne sinnvollen Bezug auf die anderen zu denken ist. Wir unterscheiden Kulturgebiete, gleichsam als Organsysteme, z. B. Wirtschaft und Technik, Recht und Moral, Wissenschaft und Kunst. Jedes dieser Systeme hat zur Erhaltung und Steigerung des Kulturganzen etwas Unentbehrliches beizutragen.

Diese erste Differenz aber ist wesentlich genug: Bei einer Kultur ist kein einheitlicher Leib als physischer Träger gegeben. Ein Naturorganismus steht als eine sichtbare Formeinheit vor uns. Er kann anatomisch und physiologisch studiert werden; man kann sogar Experimente mit ihm vornehmen. Hingegen Kulturmorphologie und Kulturphysiologie sind fast unangebaute Gebiete. Die Situation kann hier noch dadurch gerettet werden, daß wir die Kultur als einen Überorganismus bezeichnen. Eine tierische Art, genauer: jede Abstammungseinheit von ihr, ist ein solcher Überorganismus, da über der Kontinuität des Keimplasmas immer wieder individuelle Leiber erbaut werden, die jedoch im Verhältnis zu dem großen Lebewesen »Art« unselbständige und flüchtige Erscheinungen sind. So lebt eine Kultur *auf* den immer wieder ausgewechselten Individuen und *über* die Kette der Generationen *hinweg*. Auch ein Wald ist insofern ein Überorganismus, als das Leben in ihm auf einer höchst sinnvollen Arbeitsteilung und Wechselbezogenheit tierischer und pflanzlicher Arten beruht. Fällt ein Glied dabei aus, so kommt es zu Lebensstörungen; ich hätte auch sagen können: zu Krankheiten.

Die zweite Differenz greift tiefer: Es fehlt nicht nur der einheitliche Leib, sondern mit den statt dessen gegebenen Einzelleibern sind unzählige Individualseelen gesetzt. Jede von ihnen steuert das Ganze der Kultur ein wenig mit; von den Grenzen dieser Steuerung wird noch die Rede sein. Der Zusammenhang der Kultur ist auf Bewußtseinsträger angewiesen, während wir vom Bewußtsein der Zellen, die einen Organismus bilden, mindestens nichts wissen. Die Bewußtseinsträger müssen sich untereinander verstehen, sonst erwächst kein »Gemeingeist«. Sie müssen auch die Kulturschöpfungen verstehen, für deren Gesamtheit wir das Etikett »objektivierter Geist« verwenden. Jeder einzelne aber ist vor allem deshalb »personaler Geist«, weil ihm die Verantwortung für das Kulturganze mitanvertraut ist. Das deutlichste Zeichen dafür ist, daß eigentlich Kulturelles nicht organisch vererbt wird, sondern tradiert. Ja mehr: zur Kultur muß immer neu erzogen werden. Schon hier scheint die Analogie auseinanderzubrechen.

Die dritte Differenz betrifft das Telos, d. h. Wert und Sinn der Kultur. Eigentliche Kulturbiologen deuten die Kultur als einen Vorgang der Anpassung an die Natur, der nur durch die besondere Ausstattung des Menschen mit Intellekt und Geist gesteigert sei. Aber das gilt höchstens für eine Primitivschicht des Geistes, die wir im Deutschen – hierin abweichend von dem französischen und englischen Sprachgebrauch – als Zivilisation bezeichnen. Sie gehört freilich mit zur Kultur, erschöpft aber nicht ihren Zweck. Das gesamte vielgestaltige Nützlichkeitsgefüge, alles, was zur bloßen Technik des Lebens gehört, ist eigentlich nur zivilisatorisch. Nützlichkeitswerte sind immer nur Mittelwerte. Es muß weiter gefragt werden nach dem Endwert, um dessen willen die mühselige Kulturarbeit erfolgt. Schon Aristoteles hat vom Staate gesagt, er sei entstanden um des bloßen Lebenkönnens willen, bestehe aber τοῦ εὖ ςῆν ζνεκα, was wir vorläufig übersetzen: »um des Würdig-Lebens willen«. Diese dritte Differenz ist die größte: die Kultur ist geistig-sittliche *Aufgabe*. An den Organismus legen wir solche Maßstäbe überhaupt nicht an.

Welche Bestimmung hat der Mensch? Wenn wir darauf antworten: »Er soll am Aufbau einer sittlichen Kultur mitarbeiten«, so drängt die Frage sogleich weiter: »Und welche Bestimmung hat die Kultur?« Darüber denken die Einzelgruppen, die eine Kultur zu tragen helfen, sehr verschieden. Es besteht ein leidenschaftlicher Kampf unter ihnen über die echte Kulturnorm. Und so wären wir wieder bei dem großen X, das wir im Anfang offen lassen mußten.

C. Verbinden wir die Andeutungen über den Krankheitsbegriff mit denen über den Kulturbegriff, so befinden wir uns nun doch an der Stelle, an der wir angeben können, in welchem Sinne eine objektive Kultur (nicht etwa die einzelnen Kulturträger) als erkrankt bezeichnet werden kann. Dieses Zauberlehrlingsschicksal der kulturschaffenden Menschen hat Simmel »die Tragödie der Kultur« genannt. Es ballen sich da massive überindividuelle Gebilde zusammen, die nicht mehr mit dem reinen sittlichen Willen beliebig gelenkt werden können. Der strenge Marxismus macht daher die ethische Steuerung der Kultur zu einem ziemlich bedeutungslosen Beiwerk der Geschichte. Wenn wir im Gegensatz dazu annehmen, daß doch in der überindividuellen Kultur ein teleologischer Zusammenhang walte, eine Art von richtunggebender Entelechie oder Normidee, dann müssen wir auch zugeben, daß in diesem Bereich Verbildungen auftreten können, die z. T. Krankheiten vergleichbar sind. Es werden normwidrige Schädigungen und Gefährdungen der echten Leistungen sein, die eine Kultur eigentlich aufbringen sollte. Sie werden, um mit Virchow zu reden, aus der Insuffizienz der regulatorischen Apparate hervorgehen. Diesmal aber handelt es sich nicht um die relativ einfache Selbstregulation, um die Wiederherstellung der Normalfunktionen eines Organismus, sondern um Regulatoren, die ein Kulturganzes wieder auf den gesunden Weg bringen.

Wir wenden nun im 2. Teil den Kunstgriff an, daß wir die Selbstregulationen einer Kultur aufsuchen. Gleichsam *hinter* ihnen werden Erkrankungsmöglichkeiten sichtbar, die einer Kultur zum Schicksal werden können. Selbstheilungstendenzen sind ein Hinweis auf pathologische Gefährdungen. Sie deuten zugleich auf das Positive der Krankheit, das man mit Recht hervorgehoben hat. Krankheit ist *auch* eine Äußerung des Lebens. Leben ist Aufgabe. Krankheit stellt neue Aufgaben, die man erfüllen oder vor denen man versagen kann. Die Frage ist, ob die Regulierungen, die aus der geheimnisvollen Tiefe überindividuellen Lebens aufsteigen mögen, zum Erfolg führen.

II.

Regulatorische Erscheinungen treten innerhalb einer Kultur in sehr mannigfaltiger Gestalt auf. Ich folge besonders auffallenden Unterschieden in drei Stufen, deren Benennungen näher erläutert werden müssen:

1. Automatische Regulierungsprozesse,
2. Stellungnehmende Normensysteme,
3. Normierung durch transzendente Bindungen.

1. Völlig automatische Vorgänge gibt es im kulturellen Bereich nicht, weil alles, was sich hier ereignet, auch durch lebendige Seelenzentren hindurchgeht, also im Sinne des bekannten Fachausdruckes teilweise »verstehbar« ist. Aber manche Erscheinungen erwecken den Eindruck des Automatischen, teils durch die ungeheure Summierung von Einzelaktionen, teils durch die Blindheit, d. h. unsichere Zielgerichtetheit der Ausschläge. Es reguliert sich zwar etwas, aber keineswegs immer mit einem Erfolg, der heilsam genannt werden könnte. Die nächstliegenden Beispiele, die fast an bloße Naturgesetzlichkeit erinnern, liefert die Wirtschaft. Im Fall ihrer Erkrankung äußert sie sich in heftigen Abwehrreaktionen. Eine Volkswirtschaft, die nicht mehr produziert, was das Volk zum Leben braucht, und nicht auf dem »normalen« Wege, durch Einfuhr, Ausgleich zu schaffen vermag, ist sterbenskrank und kündigt dies durch fieberhafte Zuckungen des Gesamtlebens an. Arbeitslosigkeit, die Millionen betrifft, erzeugt allgemeine Fäulnis. Ein Markt, der durch noch so wohlgemeinte Preisregulierungen gestört ist, wird auf diese operativen Eingriffe immer mit dem neuen Krankheitssymptom »Schwarzer Markt« antworten. Eine Währung, in der der Geldüberhang abnorm groß ist, trägt pathologische Züge. Automatisch folgt die Flucht aus dem Gelde. Alle solche mißglückenden Ausgleichstendenzen vollziehen sich mit unwiderstehlicher Massenwucht, obwohl sie auch in jedem einzelnen verständlich motiviert sind. Aber sie unterliegen besonders stark den lois

d'imitation im Sinne Gabriel Tardes und entstammen überwiegend dem außerethischen Gebiet der beteiligten Personen. Sie ähneln daher den Massenpsychosen. Überall, wo die Menschen triebhafte Masse werden, als bloße moles wirken und dadurch ihrem Lebensdrang Luft schaffen, liegt Kulturpathologisches vor. Hier gibt es die bekannten Ansteckungsprozesse, die mit kulturschädlichen Epidemien vergleichbar sind. Auch unabhängig vom Wirtschaftlichen bilden sich manchmal Kulturlagen heraus, in denen unmittelbare Explosionsgefahr besteht. Revolutionsgeladene Verhältnisse machen den Eindruck von Entzündungsfiebern. Die Individuen können dabei konstitutionell durchaus gesund sein; das Krankhafte kommt von der objektiven Kultur her. Schlecht und recht bilden sich irgendwelche Ersatzleistungen für das normale Funktionieren heraus. Merkwürdigerweise hat sich Kant das Werden der Rechtsordnung, dieses *geistvollen* Regulierungssystems der Gesellschaft, nach dem Modell solcher automatischen Ausgleichsprozesse gedacht: es sei die ungesellige Geselligkeit, die dem Antagonismus der Leidenschaften eine überindividuelle Ordnung auf rein naturhaft-mechanische Weise abdringe. Und dies befördere gar den Fortschritt, »so wie Bäume in einem Walde, eben dadurch, daß ein jeder dem anderen Luft und Sonne zu benehmen sucht, einander nötigen, beides über sich zu suchen und dadurch einen schönen geraden Wuchs bekommen.«

Andere Fälle erinnern mehr an Hegels dialektische Prozesse und an Wilhelm Wundts psychologisches Gesetz der Kontrastverstärkung. Einseitige Hypertrophien von Kulturgebieten scheinen automatische Selbstregulierungen hervorzurufen. Auf die Übersteigerung der Verstandesaufklärung folgte eine gefühlswarme, mystisch-nebelhafte Romantik. Allzu ungleiche Verteilung von Besitz und Privilegien erzeugt revolutionäre Gegenstöße. Überladene barocke Kunststile schlagen in schlichten Klassizismus um. Derartige Vorgänge sind weniger aus der Logik des Gedankens als aus der Rhythmik des Lebens abzuleiten. Es ist das ungelebte Leben, das sich in dunklem Drange immer wieder Raum schafft, seine Ganzheit wiederherstellt. In medizinischer Sprache könnte man sagen: die Natur hilft sich hier selbst – obwohl es sich um große objektive Kulturvorgänge handelt. Viele Krankheitsprozesse entlassen unmittelbar aus sich Heilungstendenzen, mögen sie nun gelingen oder »Komplikationen« begünstigen.

Endlich hilft sich die Natur, wenn wir bei diesem gewagten Ausdruck bleiben dürfen, auch so, daß sie bei kulturellen Schwächezuständen Aufgaben und Leistungen wieder fallen läßt, die sie schon bewältigt hatte. Eine Geldwirtschaft sinkt dann wieder zur Naturalwirtschaft herab. Hochentwickelte Industrien werden wieder primitiv. Ein kunstvoll aufgebauter Rechtsstaat fällt zurück in brutale Machtübung. Eine sittlich fundierte Religion verflacht zu finsterem Aberglauben. Solche Vorgänge sind mit denjenigen Krankheiten verwandt, die sich, wie etwa die Schizophrenie, als Rückbildungen zu primitiveren Lebensformen erweisen. Sie erwecken den Eindruck, als ob trotz der Herabsetzung der Leistungen doch wenigstens eine niedere Form der Ganzheit noch gerettet werden sollte. Umgekehrt bemerkt man auch nicht voll bewältigte Entwicklungsschritte in der Kultur.

Wenn man aber einmal auf Krankheitserscheinungen der Kultur mit unvollkommenen Ausgleichstendenzen oder Kompensationen aufmerksam geworden ist, dann erhebt sich von selbst die Frage, ob es nicht im Gefüge der Kultur Einrichtungen gibt, die *ausdrücklich* den Sinn haben, die Kultur in der Richtung auf die ihr immanente ideale Norm = X zu steuern, sie auf dem bereits erreichten Niveau zu erhalten und sie vor Krankheit, Entartung, Auflösung zu schützen. In der Tat gibt es einen höchst komplizierten überindividuellen Apparat, der in dieser mehr »stellungnehmenden« Weise funktionieren soll und der deshalb in erster Linie vor Erkrankungen bewahrt werden muß. Wir finden ihn in den sog. *normativen Ordnungen des Zusammenlebens*, die wir künftig kurz die *Normensysteme* nennen wollen. Bisher war es üblich, an dem Geistesgefüge, das eine Kultur hervorbringt, die drei Seiten zu unterscheiden: Gemeingeist, objektivierter Geist und personale Geistträger. Es ist notwendig, eine vierte Seite hinzuzufügen, der wir die ähnlich abkürzende Überschrift: »der normative Geist« geben.

2. Wenn jede Kultur, sogar über Bewußtsein und Wollen der zugehörigen Individuen hinweg, kollektiv verbindliche Normierungssysteme hervorbringt, so dürfen wir annehmen, daß sie Selbstschutzmaßnahmen gegen mögliche Abirrungen bedeuten. Solche Abirrungen würden Störungen, Schädigungen, ja Lebensgefährdung der Kultur bewirken: sie würden die erforderliche Anpassung, das Gleichgewicht, vor allem aber das Wertniveau des Ganzen der Leistung bedrohen. Sie wären also Krankheitsherden der Kultur zu vergleichen. Die Kulturphilosophie unterscheidet in abstrakter Sonderung, die nicht immer leicht durchzuführen und hier nicht zu begründen ist, vier normative Ordnungsformen des Zusammenlebens, die dagegen schützen sollen: die *Sitte*, die *Moral*, das *Recht* und die *politische Ordnung*.

Die *Sitten* sind kollektiv gültige Gewohnheitsregeln des äußeren Verhaltens, die größtenteils aus religiös geheiligten Riten hervorgegangen sind, dann nur noch durch den Druck der öffentlichen Meinung aufrechterhalten werden und in ihrem ursprünglichen Zweck oft nicht mehr verstanden werden. Sie haben aber einmal einem Regulationszweck gedient. Bis in die neueste Zeit sind sie Schutzwälle gegen einen zu weit getriebenen Individualismus. Schrankenloser Individualismus ist immer eine Erkrankungsgefahr für eine Volkskultur. Wenn z. B. ein Stand ungemessenen Aufwand entfalten kann, wird dadurch das »Maß« bedroht, das für alles Leben Gesundheitsregel bedeutet.

Die *Moral* greift darüber hinaus in die Gesinnungsbildung der Volksglieder hinein. Was eine Volksmoral ist und wie sie wirkt, kann hier nicht in ganzem Umfang entwickelt werden. Ihre Forderungen kommen aus einem rätselhaften Kollektivsubjekt, genannt »man«, und wenden sich in Gestalt von Normen, meist nur sehr durchschnittlicher Höhe, an alle, »die es angeht«. So muß man sagen. Denn unter der Decke einer allgemeinen Volksmoral liegen oft noch ältere Schichten von Sippenmoral, Standesmoral, Altersklassenmoral u. dgl. Andrerseits ist die Volksmoral im Abendlande längst durch eine Menschheitsmoral überbaut, die teils im Christentum, teils im Humanismus der Antike ihre Wurzeln hat. Dies ganze komplizierte, schwer greifbare, nirgends vollständig kodifizierte Normengefüge hat für seine Durchsetzung keinerlei Apparat oder Organisation. Es wirkt nur durch Ehrverleihung und Ehrentziehung. Gehorsam hat einen guten Ruf, Widersetzlichkeit einen schlechten Leumund zur Folge. Der kulturelle Sinn der Moral, soweit wir sie *hier* ins Auge fassen, ist zunächst Selbsterhaltung der Gesellschaft, darüber hinaus Sicherung eines Wertniveaus für das Zusammenleben. Immoralismus, wie er in Aufklärungs- und Emanzipationszeiten zu kommen pflegt, bedroht den Bestand des Volksganzen. Weil aber das Regulierungssystem Moral vorwiegend mit dem Ehrgefühl arbeitet, deshalb ist Erkrankung und Verkehrung der Ehrbegriffe seine größte Gefahr. Man könnte zeigen, wie der Nationalsozialismus falsche Vorstellungen von Ehre bei uns eingeschmuggelt hat: eine uniformierte, künstlich gemachte Rangordnungsehre oder Systemehre an Stelle des sittlichen Maßstabes, der bis dahin für den »ehrlichen« Mann galt. Ich habe das anderwärts ausgeführt. Für die Kulturpathologie ist das Studium von Erkrankungen in der kollektiven Dynamik des Ehrstrebens eine wichtige Aufgabe. Ganze Staaten sind durch die Giftatmosphäre pathologischen Ehrgeizes zugrunde gerichtet worden.

An dritter Stelle steht die *Rechts*ordnung: sie ist das aus einem überindividuellen Willen hervorgegangene normative System der Verteilung von äußeren Machtbefugnissen und Verpflichtungen, dessen Durchsetzung ein streng formell geregelter Apparat ermöglicht. Nur ein Teil seiner Normen ist von sittlichem Gehalt; ein erheblicher Teil ist nur Technik des

Zusammenlebens, die auch anders sein könnte. Aber es ist entscheidend wichtig, daß überhaupt eine Friedensordnung wie das Recht gilt und sich durchsetzt. Sonst fällt die Gesamtheit auseinander, und das primitive Mittel der Selbsthilfe kommt wieder empor. Wo die Rechtsordnung verfällt, ist die Kultur schwer erkrankt. Das Regulationssystem »Recht« kann aber samt dem äußeren Apparat so schwerfällig werden, daß es nicht mehr sicher funktioniert. Eine stark differenzierte Kultur schwankt immer zwischen beiden Erkrankungsgefahren. *Pathologie der Rechtsordnung* scheint mir ein bisher unbehandeltes Thema zu sein.

Hingegen ist es uns deutlicher, als erwünscht, zum Bewußtsein gekommen, was entartete *Politik* ist. Die politische Ordnung erhebt sich über die Rechtsordnung, die ihre Basis mindestens bilden *sollte*, durch das organisatorisch aufbauende Handeln in dem vom bindenden Gesetz freigelassenen Bereich. Verfassungs- wie Verwaltungsrecht gewähren noch einen Spielraum für die Einzelentscheidung in der akuten Situation. »Politisches Handeln«, sagt Karl Mannheim, »zielt ab auf Staat und Gesellschaft, sofern diese noch im Werden sind. Das politische Handeln geht auf das Schöpferische im Augenblick.« An dieser Stelle wird nun der Satz, den ich im Anfang aufgestellt habe, von brennender Bedeutung: »Einem Organismus ist sein Ziel vorgeschrieben, die Kultur muß es suchen.« Oder anders: die Idealnorm eines Organismus mag noch wissenschaftlich feststellbar sein. Die Idealnorm einer Volkskultur, die stets in die Wirkungssphäre anderer Volkskulturen verflochten ist, verharrt als das große X, als das wir es haben stehen lassen. Für die entscheidenden politischen Aktionen, die »Geschichte« machen, muß es endlich seinen Sinn enthüllen. Die normale Basis, auf der das politische Handeln erfolgt, sind Moral und Recht. Wenn statt dessen eine Politik der nackten, brutalen, rechtlosen Machtgewinnung getrieben wird, so wird der kunstvolle Organismus der Kultur gefährdet, und auch die Wirkungen können nur zerstörende sein. Ranke hat 1824 von Machiavelli gesagt: »Machiavelli suchte die Heilung Italiens; doch der Zustand desselben erschien ihm so verzweifelt, daß er kühn genug war, ihm Gift zu verschreiben.« Es ist nicht so, daß die Macht das »an sich Böse« sei. Kein soziales Leben ist ohne Macht möglich; schon das Recht ist nicht ohne Macht möglich. Aber eine feine und schwer anzugebende Grenze scheidet die sittlich fundierte Macht von der unsittlichen, die Macht der Willkür von der rechtlich zulässigen Machtübung. Wenn wir somit gesunde und ungesunde Politik durch Rückgriff auf Moral und Recht voneinander scheiden, so muß es uns stark zum Bewußtsein kommen, daß auch diese beiden Normsysteme für uns noch in der Luft schweben. Denn woher sie ihre Maßstäbe von gut und böse, von Recht und Unrecht entnehmen, ist offen geblieben. Ebendeshalb blieb auch die Idealnorm der Kultur bisher im Dunkeln.

3. Es muß meinen Ausführungen gestattet sein, von Sätzen Gebrauch zu machen, die aus dem Ganzen einer Philosophie entnommen sind und hier nicht ausreichend begründet werden können. In einer langen Beschäftigung mit den Problemen der Ethik ist es mir zur festen Überzeugung geworden, daß jeder Versuch, die Moral ausschließlich aus den Erfahrungen über das Sozial-Zweckmäßige abzuleiten, scheitern muß. Auf diesem Wege kommt man allenfalls, wie H. Spencer und R. v. Jhering, zu einem Sozialutilitarismus, also zu einer geschickten Interessenausgleichung und klugen Lebenstechnik, keineswegs aber zu unbedingter Verpflichtung. Wenn Moral und Rechtsgesinnung nicht im *Metaphysischen* wurzeln, so verfaulen sie im sumpfigen Boden des bloßen Meinens und Beliebens. Es muß angenommen werden, daß schon in der Seele des primitivsten Menschen, wenn er ein Verhalten mit dem Akzent des Sittlichen auszeichnete, dabei das Bewußtsein einer transzendenten Bindung mitschwang; das Gefühl des Heiligen und »Reinen«, das ihn mit frommer Scheu erfüllte. Inhaltlich mag er über das, was eigentlich sittlich ist, noch in tiefem Dunkel gelebt haben. Das Entscheidende war, daß er eine Bindung an höhere als alltägliche Mächte verspürte. Bindung aber heißt auf lateinisch »religio«.

Der höchste Punkt, an den alles sittliche Kulturschaffen anzuknüpfen ist, liegt also im Bereich des Metaphysischen oder Transzendenten. Was von dort aus in die Welt kommt, stellt sich der Kulturphilosophie noch in zwei Gestalten dar: als objektives Inspirationssystem und als persönlicher Brennpunkt einsamer Begegnung mit der Ewigkeit; kürzer gesagt: als objektive Religion und als individuelles Gewissen.

a) In Zeiten, in denen die selbständige Individualität noch wenig erwacht ist, findet sich der Mensch ganz verwoben in kollektiv-religiöse Überzeugungen und Institutionen. Das herrschende Religionssystem umspannt noch jeden einzelnen. Oft wird es von einer Priesterschaft verwaltet, wenn nämlich die fortschreitende Arbeitsteilung auch auf dieses Gebiet übergreift. Ich rede möglichst allgemein von »Inspirationskörpern«. In unserer abendländischen Kultur sind es die christlichen Kirchen und Gruppen, die das Heilsgut pflegen und denen der Ruf zum Heil aufgetragen ist. Sie werden diesem Ewigkeitsbezug gemäß stark traditionsgebundene Mächte sein. Jedenfalls: der Mutterboden jeder Kultur ist Religion, und jede Kultur, die sich von diesen tiefen Wurzeln losgerissen hat, wird ohne weitere Prüfung als schwer erkrankt gelten müssen. Es fehlen ihr die letzten regulatorischen Apparate, oder sie sind doch insuffizient geworden. Damit aber ist auch die geheime Baukraft der von uns immer gesuchten idealen Kulturnorm zerstört. »Ideale Kulturnorm« ist uns ja nur der abkürzende Ausdruck für die kulturellen Baukräfte überhaupt, die aus dem heiligen Urgrunde des Lebens aufsteigen, alles Wachstum und alles planmäßige Schaffen erst in die gesunde Wertrichtung steuern.

b) Mit der zunehmenden Verselbständigung der kulturtragenden Individualitäten rückt der Kern der transzendenten Bindung immer mehr in die schweigende Innerlichkeit der Menschen. Ihr persönliches Gewissen wird der Ort der verantwortlichen Auseinandersetzung mit den Forderungen, die von der Schau der echten Werte ausgehen. Dies ist aber nur ein philosophischer Ausdruck für das Erlebnis, das in der religiösen Sprache die Begegnung mit Gott genannt wird. Wo sich die Individuen emanzipieren, ohne diese Bindung an das Heilige zu bewahren, da verfällt die glänzendste Kultur jenem Individualismus, der nur auflösend wirken kann, und noch so ausgeklügelte soziale Reformen können keine Heilung mehr bringen. Sieht man im persönlichen Gewissen nichts als den Niederschlag von Gattungserfahrungen über zweckmäßiges und nützliches Zusammenleben, so hat das Gewissen seinen metaphysischen Sinn verloren. Das gottgebundene Gewissen ist auf höherer Stufe der Differenzierung die wichtigste Einströmungsstelle jener idealen Kulturnorm. Es ist deshalb der letzte Regulator im Geflecht der Regulationen der Kultur, weil es allein mit dem letzten Sinnquell und Sinngeber in Berührung steht. Wie sich das konkret in dem Ja und Nein zu irdischen Kulturaufgaben auswirkt, wäre Sache einer tiefen und schwierigen Untersuchung am Einzelfall. Denn Hegel hat recht, wenn er in dem bloß subjektiven Gewissen noch viele Unsicherheitsfaktoren findet. Auch dieses Gewissen muß noch gereinigt und gleichsam durch das »Gewissen des Gewissens« überboten werden. Genug: eine Kultur, die nicht mehr vom Gewissen her reguliert wird, die nicht mehr täglich unter der Schwere der Ewigkeitsverantwortung vor Gott steht, ist krank, weil ihr die letzte, wahrhaft *maß*gebende Orientierung fehlt. Ihre Insuffizienz liegt schon an der geistigen Lebensquelle.

So scheint es denn, als ob wir auf dem Gipfel unserer Untersuchung doch wieder auf die Schuld des Einzelmenschen zurückgeführt würden, als ob alle angeblich objektive Kulturkrankheit sich in persönliche Kulturschuld auflöse, als ob das *Schicksal* des Krankwerdens immer eine *Willens*verkehrung zur Voraussetzung habe. Die Erinnerung an jene »Krankheit zum Tode« bei Kierkegaard steigt auf, die eigentlich die Erbsünde ist und nur durch Gnade geheilt werden kann. Jedoch gerade hierüber sind noch wenige Worte nötig, die den Anteil von Schuld und Schicksal schärfer sondern sollen.

III.

Es ist ein altes Problem, nicht nur in der Philosophie, sondern auch in der praktischen Politik, wie weit der Mensch in der Lage ist, den Gang der Geschichte und damit die Entwicklung der Kultur planmäßig zu lenken. Zu keiner Zeit kann es verborgen gewesen sein, daß diese Steuerbarkeit enge Grenzen hat. Hegel machte es zu einem Grundprinzip seiner Philosophie, daß ein Volk und selbst die größten Männer eines Volkes nur Werkzeuge des übergreifenden Weltgeistes, des nach überpersönlichem Vernunftgesetz sich entfaltenden Geistes seien. Die List der Vernunft spannt Völker und Individuen ein für etwas, das *sie* nicht wollen und allenfalls der spekulative Philosoph versteht. (Unda fert, nec regitur.) Da dieser übergreifende Geist der Weltgeschichte für Hegel gleich Gott ist, so läßt sich die hier unzweifelhaft vollzogene Entmächtigung der Person noch ertragen. Bei Marx aber verwandelte sich die tragende Macht der Geschichte schon in den blinden dialektisch-kausalen Gang der ökonomischen Produktionsformen. Dem sittlichen Wollen blieb nur die Rolle eines ziemlich wirkungslosen ideologischen Reflexes.

Zu welcher Weltanschauung man auch neige: niemand kann ganz leugnen, daß eine bereits geformte, differenzierte Kultur die Menschen, die in sie hineingeboren werden und sie eine Strecke weit tragen helfen müssen, mit unheimlicher Übermacht umspannt und ihnen zum Schicksal wird. Ist nun dieser nicht mehr lenkbare Bereich der Kultur in seinem inneren Gefüge krank, so wird der noch so energische Gesundungswille einzelner wenig bessern. In solcher Lage geschieht es bisweilen, daß irgendein Diktator die auseinanderstrebenden Kräfte zu bändigen unternimmt. Ist er ein echter Arzt des großen Körpers, so mag diese Radikalkur einigermaßen heilsam verlaufen. Da er aber meist in seinem ganzen Sein schon das Produkt fauler Verhältnisse ist, so wird in der Regel nur ein verhängnisvoller Despotismus herauskommen, der das Übel vermehrt. Denn Sklavenseelen können nichts Schöpferisches leisten.

Es entsteht so ein Teufelskreis: was durch alte Verschuldung am Gefüge der objektiven Kultur krank geworden ist, wirkt mit der Masse seiner Giftstoffe auf die späte Generation schädigend zurück. Nur rohe Macht vermag den Sozialkörper noch zusammenzuhalten. Sie aber töten die letzten Genesungskeime in den Menschen; sie setzt vor allem das persönliche Gewissen außer Funktion. Die scheinbare Regulierung ist nur ein Aufpeitschen fanatischer Energien. Ein minderwertiger, brutaler Menschentypus, der immer da ist, aber sonst im Hintergrunde bleibt, bekommt die Hebel der Politik in die Hand. Zuletzt bricht das Ganze unter Fiebern und

Krämpfen zusammen. Jakob Burckhardt hat solche geschichtlichen Krisen geschildert. Wir aber haben dieses Grauenvolle bis zur äußersten Grenze erlebt. Auch ein durch und durch kranker Einzelorganismus kann sich durch starke Reizmittel eine Zeitlang zu Gewaltleistungen zusammenraffen; er wird dann nur einem um so schlimmeren Kollaps verfallen. Die z. T. schuldlosen Opfer einer pathologisch gewordenen Kultur erzeugen wieder nur krankhafte objektive Kultur. Hin und her steigert sich das Übel; zuletzt stellt es die Lebensfähigkeit der Kultur überhaupt in Frage. Das ist die Seite des *Schicksals* und also *die* Seite des Gesamtgeschehens, die wir als reine Krankheit bezeichnen dürfen, da ja zum Wesen der Krankheit das Ungewolltsein gehören sollte.

Aber gehen wir in die Ursprünge zurück, so finden wir da Krankheit und Verfehlung, Schicksal und Schuld meist unlösbar verflochten, es sei denn, daß die Schädigung der Kultur ausschließlich durch den Einbruch äußerer zerstörender Kräfte verursacht worden sei, etwa in der Form von Überflutung durch primitive Reiterhorden. Beim Einzelmenschen ist es nicht anders. Zu einem Teil trägt er die sittliche Verantwortung dafür, daß er nicht krank wird: er hat die Pflicht, gesund zu leben. Aber das behütet ihn noch nicht vor dem Schicksal der Erkrankung. Es kann aus seiner Erbmasse hervorbrechen und mit einer Schuld der Vorfahren zusammenhängen: es kann aber auch als Trauma oder Infektion von außen auf ihn treffen. Das Leben ist aus vielen Fäden gewebt.

Solange die objektiven Verhältnisse sich steuern lassen und soweit sie sich steuern lassen, sind mindestens die führenden, ausreichend gebildeten Menschen sittlich verantwortlich für die Kultur, die sie überkommen haben und an der sie mitbauen. Sie haben vor allem dafür zu sorgen, daß die Regulationssysteme, die selbst nach beiden Seiten hin ausschlagen können, gesund funktionieren, also Sitte, Moral, Rechtsordnung und Politik. In ihnen liegen die Abwehrstoffe gegen Schädigungen des Kulturorganismus. Es ist ein Streitpunkt der unmittelbaren Gegenwart, wie weit die Gutgesinnten in Deutschland nach 1934 noch in der Lage waren, die Weiterentwicklung zu beeinflussen und das Verhängnis aufzuhalten. Wer nur von fern her zugesehen hat, denkt darüber anders als diejenigen, die das raffiniert aufgebaute System der Seelenknechtung unmittelbar umklammerte. – Aber wählen wir ein Beispiel, das weniger von Leidenschaften umtobt ist!

Man kann sich dem Eindruck nicht entziehen, daß die europäische Kultur seit dem Siegeszuge der Industrie, der spätestens zu Beginn des 19. Jahrhunderts auch auf dem Kontinent einsetzte, eigentlich nicht wieder gesund geworden ist. Die große Industrie zog den Hochkapitalismus nach sich, und dieser hatte das soziale Elend zum Gefolge. Die Industrie verursachte die maßlose Ausdehnung der Weltwirtschaft, und so sehr man uns versichert, daß wirtschaftliche Interessen die Völker verbinden, haben sie doch nur immer kriegsauslösend gewirkt. Die Industrie forderte ungeheure Fortschritte der Technik, und diese Technik brachte zugleich die vollendetsten Mittel kriegerischer Zerstörung hervor. Entgegen den stillen Idealen H. Spencers hat gerade die große Industrie das Gleichgewicht der Kultur aufs schwerste erschüttert. Sollen wir daraus folgern, daß dieser einst hoffnungsvoll begrüßte Weg, einem Bevölkerungsüberschuß Nahrungsspielraum zu verschaffen, niemals hätte betreten werden müssen? Dies wäre wohl eine philosophische Naivität! Aber es muß an den Mann erinnert werden, der früh die Segnungen wie die Gefahren der Industrie seherisch erkannte und ein opfervolles Leben hindurch nicht müde wurde zu predigen, daß mit der neuen Industrie auch ein neuer Geist kräftiger Volksmoral entwickelt werden müsse und daß die Verantwortung für Volkserziehung damit auf höchste gesteigert sei: *Johann Heinrich Pestalozzi.* Man hat ihn damals nicht verstanden, und man versteht ihn heute vielleicht noch immer nicht. Verallgemeinern wir seinen Gedanken, so lautet er: mit neuen Inhalten der Kultur müssen auch ihre Regulationssysteme verantwortungsbewußt fortgebildet werden: die Sittlichkeit, das Recht, die Staatsführung. Überall fordert das Schicksal »des Geistes tapfre Gegenwehr« heraus. Moral wächst nicht einfach, Werte müssen mit bewußter Energie durchgehalten werden. Es ist uns noch nicht gelungen nachzuholen, was bei der stürmischen Entwicklung der Industrie vor 150–200 Jahren versäumt wurde. Das heißt: wir haben noch immer mit den Heilungsversuchen zu tun: Moral und Recht des Industriezeitalters sind noch immer schwer im Rückstande.

Moral, Recht und Staatsführung können nicht gesund bleiben, wenn sie nicht von der gestaltenden Kraft durchseelt sind, die wir die ideale Kulturnorm genannt haben. Der Name war so unbestimmt, daß wir statt seiner auch einfach X setzen konnten. Die abendländische Kultur selbst ist jedoch heute so kompliziert geworden, daß die Gleichungen, in denen dieses X auftritt, mehr als *eine* Lösung haben. Ohne Bild: Wir bemerken längst, daß die Idee des Gesunden und Normalen sich in eine Mannigfaltigkeit von Kulturidealen aufgespalten hat, die von verschiedenen innervölkischen Gruppen, ja ganzen Staaten getragen werden, und diese kämpfen geistig miteinander. Es gilt nicht *eine* Moral, sondern jeder Sehende sieht in unsern Tagen den Kampf verschiedener Moralen. Ebenso ringen abweichende Rechtsideale miteinander und verschiedene Ideen staatlicher Gestaltung. Die Ärzte sind sich nicht einig über die Heilmethoden, die angewandt werden sollen. Auch diesen Kampf der Geister können wir nicht hindern. Aber über eins müssen wir uns klar sein: alle diese Regulationsentwürfe haben eine ethische Wurzel; und daraus folgt eine wesentliche, ganz allgemeine Forderung.

Der Satz bleibt bestehen, daß die sittliche Gesinnung auf transzendenten Bindungen beruht. Sie werden in ihrem ganzen Ernst nur in der einsamen, vor Gott stehenden Individualität erfahren. Das christliche Urprinzip: »Gott und die Seele« ist so tief in unsere Kultur hineingearbeitet worden, daß auch die großen Inspirationskörper, die wir Kirchen nennen, allein nicht mehr als kulturregulierende Mächte genügen. Die Einzelperson muß *frei* sein, nicht damit sie sich auslebe, sondern damit das gottgebundene Gewissen in die Welt hineinwirken könne. Aus der Forderung der Gewissensfreiheit, der Glaubens- und Denkfreiheit ist ja die déclaration des droits de l'homme von 1789 überhaupt entstanden. Keine Verfassung kann als gesund gelten, die über dieses Urrecht hinwegginge. Denn dieses Recht ist göttlichen, nicht menschlichen Ursprungs. Die größte Gefahr für einen kulturtragenden Staat ist das Massewerden der Menschen. Gleichviel, ob gleichgeschaltete Masse oder sich als Werkzeug blinder Schicksalsmächte setzende Masse: die Masse ist immer gewissenlos. Ist die Freiheit der Person durch politische Verfassung gesichert, so bleibt noch zweierlei zu tun.

Das erste ist politisch-technischer Art und deshalb nicht wichtiger als alle Technik im Leben ist. Verstehen wir unter freier Verfassung eine Demokratie, so bedarf es der seit Rousseau immer wieder gesuchten Methoden, um der *echten* volonté générale ans Licht zu helfen. Das heißt aber: der Kampf der miteinander rivalisierenden Kulturprogramme, die in der Form von Parteien, evtl. auch von Staaten, auftreten, muß auf friedliche Formen gebracht werden. Es gibt dazu verschiedene mögliche Wege. Darüber mögen die Politiker nachdenken.

Das zweite aber ist ethischer Natur und deshalb vordringlich wichtig. Die schönste Demokratie nützt nichts, wenn die Menschen nicht aus ihrem Gewissen heraus leben, vielleicht gar kein Gewissen haben. Mit einer noch so verfeinerten Technik der Machtbildung ist der um sich greifenden Krankheit des politischen Lebens nicht abzuhelfen. Es muß zum gewissenhaften Leben, zu einer sittlich fundierten Politik erzogen werden. Wie dies geschehe, darüber haben die Erzieher nachzudenken. Man kann nicht die Demokratie erziehen. Diese setzt vielmehr freie und ihrem Gewissen folgende Menschen schon voraus. Die Gefahr, daß die sittliche Freiheit vom Parteigetriebe wieder verschlungen werde, liegt nicht fern. Auch die Parteien müssen aus ernster Verantwortung für das Ganze handeln. Verantwortlichkeit ist etwas anderes und Höheres als Machtinstinkte, die sich mit politischen Ideologien umhüllen.

Wir sind am Schluß: die Frage, ob wir von einer Kulturpathologie reden können, hat uns durch den Zwang der Sache auf das ethische Gebiet herübergetrieben. Anders gesagt: Wie der echte Mediziner eine Krankheit sogleich unter dem Gesichtspunkt ihrer Heilungsmöglichkeit betrachtet, wie er überall an die spontanen Heilkräfte der Natur anknüpft, da in jeder nicht hoffnungslosen Krankheit auch schon Gegenkräfte mobil werden, so ist es auch uns ergangen. Wir nannten im eigentlichen Sinne krank eine Kultur nur dann, wenn sie nicht mehr zur Aufbringung regulierender Kräfte suffizient ist und wenn ihre Verbildung infolge ihrer massiven Übermacht sich jeder Regulierung durch Menschen entzieht. Wo aber im Kulturzusammenhange noch reguliert werden kann, da geschieht es durch Aufbietung sittlicher Energien: durch verantwortungsbewußtes Durchhalten gesunder Volksmoral, gesunder Rechtsordnung und friedlicher politischer Gestaltung.

Die Diagnose, ob die Krankheit der abendländischen Kultur schon eine Krankheit zum Tode bedeute, aus der der Patient möglicherweise nicht zu retten sein wird, ist schwer und soll von mir nicht gewagt werden. Gesetzt aber, die Heilung gelinge nicht mehr, so bleibt in dieser Tragödie noch immer der Weg der Heiligung. Der Gottheit, die die Geschichte nach uns undurchschaubarem Willen lenkt, können wir nicht in den Arm fallen. Aber wir können darauf vertrauen, daß unser schwacher, vom Heiligen ergriffener und so gereinigter Wille auch in der äußeren Welt nicht ohne segensvolle Wirkungen bleiben wird. Denn – wenn Gott für uns ist, wer will wider uns sein?

Literaturauswahl

Für wichtige Hinweise auf medizinische Literatur schulde ich Herrn Professor Dr. Rößle in Berlin herzlichen Dank.

Zur Einleitung: Albert Schäffle, Bau und Leben des sozialen Körpers. 4 Bde. Tübingen 1875–1878. – Paul de Lilienfeld, Pathologie sociale. Paris 1896. – Oscar Hertwig, Der Staat als Organismus. Jena 1922. – Paul Barth, Die Philosophie der Geschichte als Soziologie. Bd. 1. Leipzig 1915². (3. Abteilung: Die biologische Soziologie S. 243–403.). – Walter Scheidt, Lebensgesetze der Kultur. Berlin 1929. – Derselbe, Kulturbiologie. Jena 1930. – Derselbe, System und Bibliographie der Kulturbiologie. In: Mitteilungen aus dem Museum für Völkerkunde in Hamburg. Bd. 15. Hamburg 1932. – Oswald Bumke, Kultur und Entartung. Berlin 1922² (umfassendes Literaturverzeichnis).

Zu Abschnitt I A: Einheitsbestrebungen in der Medizin, Kongreß zur Förderung medizinischer Synthese und Weltanschauung. Bd. 1. Dresden und Leipzig 1933 (besonders die Beiträge von G. B. Gruber, O. Schwarz, K. Goldstein, L. R. Grote). Bd. 2. 1935. – Karl Jaspers, Allgemeine Psychopathologie. Berlin und Heidelberg 1946⁴. – Herbert

Müller, Über den Krankheitsbegriff im Wandel der Zeiten. Med. Diss., Berlin 1939. – Rudolph Pophal, Der Krankheitsbegriff in der Körpermedizin und Psychiatrie. Berlin 1925. – Hugo Ribbert, Das Wesen der Krankheit. Bonn 1909. – Oswald Schwarz, Medizinische Anthropologie. Leipzig 1929. – Hans Driesch, Philosophie des Organischen. Leipzig 1928[4].

Zu Abschnitt I B: Herbert Spencer, Prinzipien der Soziologie, deutsch von Vetter. 4 Bde. Stuttgart 1877/97. – Karl Escherich, Biologisches Gleichgewicht. München 1935. – Eduard Spranger. Die Kulturzyklentheorie und das Problem des Kulturverfalls, Sitzungsberichte der Akad. der Wissenschaften, Phil.-Hist. Klasse. Berlin 1926. – Derselbe, Probleme der Kulturmorphologie, daselbst 1936. – Derselbe, Kulturmorphologische Betrachtungen. In: Die Erziehung. Bd. 12. Leipzig 1937.

Zu Abschnitt I C: Georg Simmel, Philosophische Kultur. Leipzig 1923[3].

Zu Abschnitt II: Gabriel Tarde, Les Lois d'imitation. Paris 1890. – Immanuel Kant, Idee zu einer allgemeinen Geschichte in weltbürgerlicher Absicht. 1784. – Nicolai Hartmann, Das Problem des geistigen Seins. Berlin 1933. – Eduard Spranger, Falsche Ehrbegriffe. In: Deutsche Rundschau, Jg. 70. Berlin 1947. – Karl Mannheim, Ideologie und Utopie. Bonn 1929, S. 70 ff. – Herbert Spencer, Die Prinzipien der Ethik. 2 Bde., deutsch von Vetter und Carus. Stuttgart 1894/5. – Rudolf v. Jhering, Der Zweck im Recht. 2 Bde. Leipzig 1904/5[4]. – Paul Rée, Die Entstehung des Gewissens. In: Philosophie. Berlin 1903. – Hendrik Gerhardus Stoker, Das Gewissen. Bonn 1925. – Paul Matussek, Historisch-kritische Darstellung der Lehre vom Gewissen bei Rée, Wundt, Paulsen, Rümelin, Scheler und Stoker. Berliner Diss., Würzburg 1944. – Sören Kierkegaard, Die Krankheit zum Tode, eine christlich-psychologische Entwicklung; zuerst 1859.

Zu Abschnitt III: Georg Wilhelm Friedrich Hegel, Allgemeine Einleitung, in: Die Philosophie der Weltgeschichte. 2 Bde. Hg. von G. Lasson. Leipzig 1923[2]. – Jacob Burckhardt, Weltgeschichtliche Betrachtungen. Leipzig 1935. S. 157 ff.

Die Geburt des geschichtsphilosophischen Denkens aus Kulturkrisen

1954

Die Gesamtlage der Völker Europas ist beklagenswert. Blickt man hinter die Bühnen, auf denen endlose Beratungen stattfinden, blickt man hinter den wirtschaftlichen Fleiß, die rasenden Anstrengungen der Technik, die Fülle politischer Neugründungen, so zeigt sich im Hintergrunde ein einziges vorherrschendes Gefühl: *die Angst.* Selbst die Jugend bekennt gelegentlich, auch sie sei von Katastrophenstimmung erfaßt. Angst bemächtigt sich der Menschen in so hohem Grade nur dann, wenn sie sich nicht mehr zutrauen, das Schicksal, das auf sie zukommt, zu bewältigen. In der Tat: ringsum ist das unheimliche Bewußtsein emporgewuchert: *der moderne Kulturprozeß ist nicht mehr lenkbar.*[1] Das Abendland hat ihn angekurbelt; nun läuft die gewaltige Maschine mit immer zunehmender Geschwindigkeit nach eigenem Gesetz. Diese Kultur, von Menschen geschaffen, um das menschliche Los auf Erden zu erleichtern, wirkt auf die Lebenden wie eine fremde Macht zurück. Der Druck der Natur auf den Menschen mag sich durch die Errungenschaften der Technik gemildert haben. Der Druck der Kultur ist um so stärker geworden. Das ist die tiefere Ursache der Rede von der *Kulturkrisis,* die seit 40 Jahren in Europa nicht mehr verstummt ist. Die beiden Weltkriege des 20. Jahrhunderts sind vielleicht nur Auswirkungen jener Ohnmacht; sie sind ungeheure Explosionen der Maschine, die anscheinend niemand mehr zum Heilsamen steuern kann. Um so dringlicher ist von Jahrzehnt zu Jahrzehnt die Frage geworden: *Was hat die Geschichte eigentlich für einen Sinn?*

Die letzte Wurzel der Frage nach dem Sinn liegt im Leben des einzelnen. Niemand von uns könnte weiter existieren, wenn er nicht die stille Voraussetzung machte: *das Leben hat einen Sinn.* Er mag ihn nur im

---

[1] Vgl. Eduard Spranger, Ist der moderne Kulturprozeß noch lenkbar? In: Spranger, Kulturfragen der Gegenwart. Heidelberg 1953, 1964⁴.

Genuß suchen, oder in der Betrachtung, die zur Weisheit führt; er mag ein Werk gestalten wollen oder sich selbst, seiner Persönlichkeit, eine wertvolle Gestalt zu verleihen streben. Irgendein »Wozu« muß das Dasein haben. Andernfalls versinkt es im Nihilismus. Die Kultur, an welcher der Mensch mitarbeitet, gehört auf die Seite des Werkes, ja sie ist das größte seiner Werke. Wenn dieses objektive, überindividuelle Gebilde selbst *keinen* Sinn hätte, so würde auch die Kulturarbeit des einzelnen sinnentleert. Denn er fügt dem Historisch-Gewordenen, das schon als massiver Bau vor ihm steht, nur ein Steinchen hinzu. Das aber soll an eine Stelle gesetzt werden, wo es Sinn hat. So erheben wir auch für das *große* Leben, das durch Jahrhunderte und Jahrtausende hinzieht, das Postulat, daß es sinnvolle Gehalte verwirklichen soll. Wir leben also nicht nur aus der stillen Voraussetzung, daß unser kleines Dasein einen Sinn hat; vielmehr müssen wir darüber hinaus glauben dürfen: *die Geschichte als Ganzes hat einen Sinn.*

Diese Behauptung ist nicht selbstverständlich. Alle Kreislauftheorien stellen sie in Frage. Wenn Geschichte nichts weiter ist als Kreislauf von Staatsverfassungen, Wechsel von Weltmonarchien oder, wie bei Spengler, ein bloßes Aufblühen und Wiedersterben von großen Kulturen, dann hat die Geschichte als Ganzes keinen verstehbaren Sinn. Allenfalls würde dann das paradoxe Wort aus der Mütterszene des ›Faust‹ gelten, das Ganze sei ein bloßes Spiel:

> Wie's eben kommt. Gestaltung, Umgestaltung,
> Des ewigen Sinnes ewige Unterhaltung.

Der Gedanke, daß es eine *Welt*geschichte gebe, daß also die Menschheit eine Einheit mindestens *werden* kann, ist erst durch das Christentum zum Durchbruch gekommen. Es hat von vornherein eine *geschichtliche* Weltauffassung. Der Heilsplan Gottes legt das Schicksal der Menschheit fest. Die großen Stationen sind: Schöpfung, Alter Bund, Jesu Erscheinen, Leiden und Sterben in der Welt, die Ausgießung des Heiligen Geistes und Jesu Wiederkehr am Ende der Tage. Das Christentum glaubt, um diese Sinngebung der Weltgeschichte auf Grund der göttlichen *Offenbarung* zu wissen. Bis in die Zeit der Aufklärung hinein hat die Vorstellung von Gottes Erziehungsplan oder Heilsplan die Gemüter des Abendlandes beherrscht. Daneben machte sich seit der Renaissance noch eine humanistische Geschichtsauffassung geltend. Auf ihr beruht unsere längst unbrauchbar gewordene Einteilung der Weltgeschichte in Altertum, Mittelalter und Neuzeit. Unsere Zählung der Jahre aber setzt Jesus Christus als Mitte der Zeiten.

Als die Aufklärung den Gehalt der christlichen Lehre problematisch machte, mußte auch die christliche Deutung der Geschichte problematisch werden. Erst seit Vico und Voltaire gibt es eine rein weltliche *Philosophie* der Geschichte. Aber in Deutschland steht sie noch lange unter der Nachwirkung jener christlichen Überzeugung. Lessing und Herder, Fichte, Hegel und W. v. Humboldt reden sämtlich noch von der göttlichen Weltregierung und von Gottes Plan. An ihm sollen die Menschen mitarbeiten, nun allerdings mit *Freiheit*, das heißt durch eigene sittliche Erhebung zu den Absichten Gottes.

Als in der Folgezeit dieser geheiligte Rahmen zerbrach, fand sich die Philosophie hinausgeschleudert in den stürmischen Ozean von Geschichtsproblemen, bei denen keine Deckung durch die Offenbarung mehr stattfand. Die Frage, woher denn der Mensch die geistige Kraft nimmt, den Sinn des Ganzen der Geschichte zu deuten, von der er doch nur einen unendlich kleinen Ausschnitt kennt, geschweige denn erlebt, wurde nunmehr brennend. – Aber was meinen wir hier mit »Geschichte«?

Lange Zeit hat man nicht beachtet, daß wir die Geschichte im Sinne des vergangenen Geschehens selbst ja gar nicht besitzen. In wessen Kopf sollte diese Unendlichkeit hineingehen? Und wen könnte es interessieren, all die kleinsten Vorgänge zu kennen, aus denen sie sich zusammenwebt? Nicht einmal das, was in einer Stadt an *einem* Tage vor sich geht, kann man beobachten und festhalten. Wir haben es gar nicht mit der geschehenen Geschichte selbst zu tun, sondern nur mit der wißbaren und gewußten Geschichte, die man genauer als *Historie* (das Gewußte und Erzählte) bezeichnen sollte. Schon sie ist nur ein dürftiger, oft zufälliger Ausschnitt aus dem wirklich Geschehenen. Soll aber der *wesentliche* Gesamtsinn dessen, was man von der Geschichte weiß, gedeutet werden, so bedarf es einer zweiten Auslese. Bei ihr werden große Zusammenhänge konstruiert, Wertakzente gesetzt, manche Linien betont, andere unterdrückt. Kurz, dieses ganze philosophische Geschäft scheint einen sehr unsicheren Boden zu haben. Es geht hier wesentlich um *Deutung*, Sinndeutung. Damit erhebt sich die Doppelfrage: Weshalb ist dem jeweils lebenden Menschen dieses Sinnerfassen so wichtig? Und: Woher nimmt er eigentlich die Mittel, sich von 3000 Jahren und mehr Rechenschaft zu geben, obwohl er selbst im besten Falle rund 60–70 Jahre bewußt miterlebt? Dies beides betrifft den *Standort* des Geschichtsphilosophen. Von ihm werde ich im ersten Teil sprechen. Im zweiten Teil werde ich die Ergebnisse an einigen Beispielen aus der Geistesgeschichte beleuchten; im dritten Teil die Anwendung auf unsere Gegenwart machen.

I.

Das Standortproblem ist das zentrale Thema unserer gegenwärtigen Wissenschaftslage überhaupt. In den Naturwissenschaften erscheint es z. B. als Einsteins Relativitätstheorie und Heisenbergs Entdeckung der Unsicherheitsrelationen. In den Geisteswissenschaften macht es sich geltend als Selbstkritik der methodischen und weltanschaulichen Voraussetzungen, die ein Forscher im stillen mitbringt, und als Lehre von seiner existentiellen Gebundenheit oder auch von seiner sozialen »Seinsgebundenheit«.

In der Philosophie der Geschichte sind zwei prinzipielle Ausgangspunkte denkbar. Entweder der Philosoph beansprucht, für seine Person auf einer gottgleichen Höhe zu stehen, von der er den *ganzen* Gang der Weltgeschichte überschauen und deuten kann (A). Oder er ist sich bewußt, selbst nur ein Glied des Geschichtsprozesses zu sein, und zwar dasjenige, das gerade hier und jetzt lebt, *hinter* sich die bisher abgelaufene Geschichte, *vor* sich die noch unbekannte Zukunft (B).

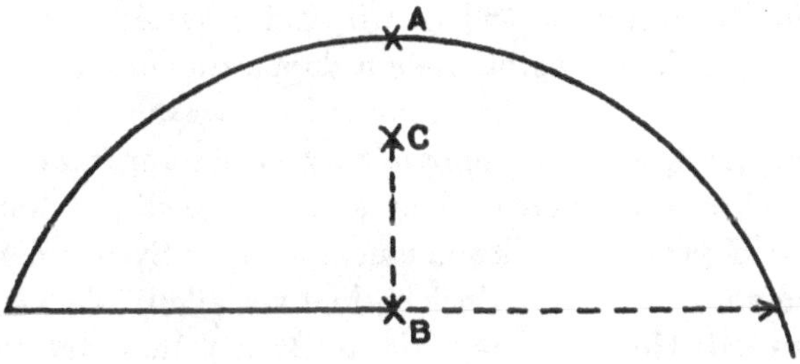

Das eindrucksvollste Beispiel für den ersten Fall wäre *Hegel.* Er macht die größte Voraussetzung, die sich denken läßt, nämlich die, daß der Philosoph am absoluten Wissen Anteil haben könne. Wir nennen diejenige Philosophie, die das Wagnis unternimmt, in die Tiefen göttlicher Ratschlüsse einzudringen, *spekulative Philosophie* (von speculari, spiegeln). Schon Leibnitz hatte sich in seiner Theodizee auf solche Höhen emporschwingen wollen. Es leuchtete ohne weiteres ein, daß hierbei nicht nur die Autonomie der Vernunft, an die das 18. Jahrhundert glaubte, in äußerster Steigerung beteiligt ist. Die alte Offenbarungslehre wirkt ebenfalls nach. Ihr religiöser Gehalt ist noch lebendig. Aber sie soll nun in die Form der Philosophie umgegossen werden. Es soll dem Menschen möglich sein, sich zu einer Art von *Mitwissen mit Gott* emporzuschwingen; denn der Geist in uns sei im Kern identisch mit Gottes Geist. Fichte ist an die Weltgeschichte mit der gleichen weittragenden Voraussetzung herangegangen, nämlich, daß es in ihr »vernünftig« zugegangen sei, ja daß die Vernunft oder der Geist ihre eigentliche Substanz sei und daß die Geschichte den Prozeß der fortschreitenden Selbstoffenbarung dieses göttlichen Untergrundes bedeute. So kann es am Sinn der Geschichte nicht fehlen. Hegels Philosophie der Geschichte ist, nach seinem eigenen Ausspruch: Theodizee, Rechtfertigung der Voraussetzung, daß der Verlauf der Geschichte *in* Gott ist und nie aus Gott herausfallen kann, also nie sinnlos werden kann. Man ist berechtigt, einen solchen Standort als den *absoluten Standort* zu bezeichnen.

Wir heute halten einen solchen philosophischen Titanismus nicht mehr für möglich. Er hatte, wie ich angedeutet habe, durchaus einen religiösen Kern. Unsere Religiosität hat einen anderen Grundstil. Wir sind uns unserer Endlichkeit scharf bewußt. Wir glauben nicht mehr, daß wir uns bis zu einem *Mitwissen mit Gott* emporschwingen können. Für das geschichtsphilosophische Denken folgt daraus ein radikaler Standortwechsel. Wir stehen nicht mehr in seligen Höhen über dem Fluß der Geschichte. Wir sehen *nicht* die Bahn, in der sie nach dieser leidvollen Gegenwart sinnvoll weitergehen muß. Sondern wir sind gekettet an die Schwelle der Gegenwart. Eigentlich umgibt uns ein doppeltes Dunkel: Welcher Wertidee die vergangene Geschichte gedient hat, wissen wir nicht. Und wir wissen ferner nicht, welchem sinnvollen Ziel die künftige Geschichte zusteuert. Wir sind auch dessen nicht a priori gewiß, wohin wir steuern *sollen*. Also sind wir ungedeckt von einem fertigen System der Philosophie. Insofern sind wir der tiefsten Unsicherheit verfallen. Wir existieren in der Geworfenheit, wie Heidegger sagt, das heißt hier: hineingeworfen in einen *Zeit*punkt. Das ist durchaus kein beliebiger Standort, also auch kein relativer Standpunkt, den wir, wie bei physikalischen Ansätzen, mindestens in Gedanken beliebig wechseln könnten. Es ist der Standort, auf den jede Art von Existenzphilosophie immer wieder mit Entschiedenheit hinweist. Und in dem Hinweis auf diesen Punkt sehe ich ein Verdienst der modernen Denkweise.

Aber auf einem »Punkt« allein kann man nicht stehen; am allerwenigsten, wenn dieser Punkt unablässig gleitet wie der, welcher den Namen »Jetzt« trägt. Ferner ist es unmöglich, von diesem Standort allein Geschichte zu deuten. Sind die Punkthaftigkeit des Jetzt und die Punktualität des Ich das einzige, was gegeben ist, dann führt die Philosophie zum Verlust des Kontaktes mit der Wirklichkeit. Sie bewegt sich nur noch in der ganz einsamen Erlebnissphäre. Das ist das entgegengesetzte Extrem zu dem Hegelschen Standort der Allwissenheit. – Jaspers z. B. ist nicht radikaler Existenzphilosoph, insofern er von der Existenz sogleich zu der Aufgabe der Existenzerhellung fortschreitet.

Diese aber kann nicht geleistet werden, wenn das Subjekt nicht doch die Möglichkeit in sich trüge, über das einsame und dürftige Ich hinauszugreifen. Beide bisher bezeichneten Standpunkte sind extrem. In der Mitte zwischen beiden liegt der, von dem aus wir allein ein Verhältnis zur Geschichte gewinnen (C). Wir verfügen über ein allgemeingültiges Denken, vermöge dessen wir in unserem Bewußtsein ein Bild der vergangenen Geschichte aufbauen. Wir verfügen über Kategorien des Lebens, vermöge deren wir schon die Einzelzusammenhänge verstehen. Wir verfügen endlich über eine Teilhabe am überindividuellen Geist, der uns gestattet, Deutungen des *ganzen* Verlaufes wieder und immer wieder mindestens zu versuchen. Die Philosophie ist noch lange nicht so weit, dies Gefüge von Denkformen, von Kategorien des Menschenlebens, des Verstehens und der Totalisierung voll zu durchschauen. Ich muß mich hier mit einer sehr einfachen, möglichst anschaulichen Beschreibung des Vorgangs begnügen, der sich vollzieht, wenn wir Geschichte *deuten*.

Der Standort dabei ist weder der absolute noch der bloß existentielle (punkthafte). Ich, der Deutende, stehe wohl auf der Schwelle *meiner* Gegenwart. Dabei habe ich einen Januskopf: das eine Gesicht ist der Vergangenheit zugewendet, von deren Verlauf ich weiß und die schon immer irgendwie vorläufig gedeutet *ist*. Das andere Gesicht richtet sich auf die noch ungestaltete Zukunft. Zu ihr verhalte ich mich dreifach: ich stelle mich ein auf das, was kommen *muß*, ich *will* in die Zukunft hinein, und ich bin mir zugleich bewußt, daß mein Wollen durch ein sittliches *Sollen* gebunden ist. *Müssen, Wollen* und *Sollen* – das sind die drei Kategorien, unter denen sich mir ein Bild der Zukunft formt. Dies ganze Gewebe in meinem Bewußtsein nach rückwärts und vorwärts nehme ich endlich in *einem* geistigen Griff zusammen. Ich verschlinge Vergangenheit und Zukunftsbild auf der Schwelle der Gegenwart zu einem Knoten. In jeder Deutung der Geschichte sind Wissen um Vergangenes, Einstellung auf die Zukunft und bedrängende Situation der Gegenwart aufs innigste verflochten.

Aus diesem Befund erklärt sich, daß die Geschichte, die als geschehene Geschichte unabänderlich still steht, als gewußte Geschichte immer wieder umgedeutet wird. Die *neue* Deutung erwächst aus *meiner* gegenwärtigen Geistesstruktur und aus *meiner* Haltung zur Zukunft, die ihrerseits wieder teils im Lichte des Müssens, teils im Lichte des Wollens, teils in dem des Sollens gesehen wird. Der Zukunftswille z. B. wird mit maßgebend dafür, welche Linien der Vergangenheit ich als wesentlich heraushebe, wie ich die Wertakzente auf sie setze und wie ich sie weiterziehe. Natürlich ist das Ich, von dem ich hier rede, nicht *mein* zufälliges Ich, sondern das übergreifende geistige Bewußtsein des Geschichtsphilosophen, das selbst schon Resultat der Vergangenheit ist und eine bestimmte Epochalstruktur besitzt.

Endlich noch ein letzter Zusatz zu der Standortfrage. Es hat sich gezeigt, daß das philosophierende Bewußtsein, das die Geschichte deutet, kein bloß feststellendes Denken ist. Der Mensch kann hier, wie Nietzsche gesagt hat, kein kalter Dämon der Erkenntnis werden. Vielmehr ist er selbst durch und durch geistige Lebendigkeit: der *ganze Mensch* mit seiner plastischen Einstellung zu Vergangenheit und Zukunft.

Nun gibt es eine geistige Lebensbewegtheit, die man als den *Urrhythmus des Lebens* bezeichnen könnte. Die existentiell gebundene Perspektive, aus der die Deutung der Geschichte erwächst, schließt in der Regel folgende Sehweise ein: Die Vergangenheit, aus der wir kommen, erscheint uns in ihren Ursprüngen als ein Land der Geborgenheit und der Ordnung, des eigentlich Normalen und des Glücks. Die Zukunft erscheint uns als etwas, das dunkel und gefährlich ist, aber besser werden kann und soll. Die unmittelbar gelebte Gegenwart jedoch ist der Ort der Nöte und Kämpfe, des Unvollkommenen und Unerlösten, das überwunden werden muß, wenn unser fragwürdiges Leben einen Sinn erhalten soll. Die Lebensbewegung, die so entsteht, kann durch eine Kurve von der Gestalt eines U symbolisiert werden. Schon das *Einzel*leben kommt aus einer Zeit her, die »gut« war. Die Gegenwart ist immer *Krisis*, die Zukunft soll die Lösung dieser Krisis bringen. Nicht anders bei ganzen *Völkern*. Sie bilden sich den Mythos vom goldenen Zeitalter, ähnlich dem Paradiese. Die Gegenwart ist in Leid und Not und Schuld verstrickt; irgend ein Sündenfall muß daran beteiligt sein. Die Zukunft wird in ihrer letzten Phase die alte Vollkommenheit wieder herstellen und *überbieten*. Der Endzustand, das Eschaton, erscheint zuletzt als die Epoche der vollendeten Erlösung von Schuld und Leid.

Dieser Urrhythmus des Lebens ist es, der die Struktur der Philosophie der Geschichte bestimmt. *»Die Gegenwart ist immer Krisis«*. Es hat kaum eine Epoche gegeben, die sich nicht als unzulänglich und verirrt empfunden hätte: das Negative soll sich in der Zukunft zum Positiven wenden. – Allerdings gestattet dieser Grundtypus zwei charakteristische Abwandlungen. Die *reine* Fortschrittstheorie verzichtet auf das goldene Zeitalter, das in frühesten Epochen bestanden haben soll: es geht zu allen Zeiten aufwärts. Die *reine* Verfallstheorie läßt die gesunkene Gegenwart noch tiefer sinken; aber sie tut es doch im Sinne eines Erweckungsrufes;

hinter ihrem scheinbaren Pessimismus liegt eine verborgene Wiedergeburtshoffnung.

Das Ergebnis der Erörterungen über den Standort, von dem die Deutung des Gesamtsinnes der Geschichte ausgeht, formuliere ich so:

Die vielfältigen Systeme der Philosophie der Geschichte sind nicht ewige Wahrheiten, die aus unbeteiligter Betrachtung des Ganges der Weltgeschichte erwachsen wären. Sie alle sind aus dem Leiden an der Welt erwachsen, und natürlich vor allem an den Nöten der jeweiligen *Gegenwartskultur*. Jede Zeit leidet unter *ihrer* eigentümlichen Kulturkrisis. Sie schafft sich eine Ideologie, in der nicht kühle Erkenntnis liegt, sondern der *Wille*, dem Leben in der Welt einen Sinn abzugewinnen und ihm eine bessere und reinere Gestalt zu geben. In ihrer höchsten Ausprägung sind die Deutungen der Geschichte Erlösungslehren. Ihr charakteristischer Kern liegt in den Bildern vom Endzustand, in den Eschatologien, die sie entwerfen. Die schon abgelaufene Vergangenheit (dies an sich Feststehende, Wirklich-Gewesene) wird unter solchem Gesichtspunkt neu bewertet. Ihre Linien werden so ausgezogen, daß sie entweder den Abfall vom rechten Wege unterstreichen oder die hoffnungsvollen Ansätze zeigen, in deren Richtung der Fortschritt zu suchen ist.

II.

Einige historische Beispiele werden bestätigen, daß stark empfundene Kulturkrisen den Antrieb zu philosophischen Deutungen des gesamten Kulturprozesses geben.

Gleich das gewaltigste Werk der christlichen Geschichtsphilosophie, das die Denkweise von Jahrhunderten beherrscht hat, ist aus einer ebenso gewaltigen Kulturerschütterung hervorgegangen. Hinter ihm liegt die Untergangsstimmung des späten Römischen Reiches. Alarichs Westgotenscharen sind 410 in die Hauptstadt eingebrochen. Man wirft den Christen vor, daß ihre weltflüchtige Haltung die Katastrophe herbeigeführt hätte. Da beginnt der noch ganz antik gebildete Philosoph, der in langer Seelenqual zum christlichen Glauben durchgedrungene Rhetor Augustinus, sein Werk ›De civitate Dei‹. Er stellt diese irdische Welt unter ganz andere Wertgesichtspunkte als die Römer. Nicht auf die Macht der Staaten kommt es an. Es gibt nur *einen* Gegensatz in der Welt, der auf den letzten Sinn Bezug hat: die beiden Stände der Erwählten und der Verworfenen. Man spürt den Rest der alten manichäischen Lehre vom Reich der Finsternis und dem Reich des Lichtes. Also: eine tiefe Gegenwartskrisis hat die ursprüngliche negative Haltung des Christentums gegenüber der Welt verschärft und zu einer philosophischen Gesamtdeutung der Geschichte ausgeweitet. Es ist interessant, wie auch sie in den folgenden Zeiten gemäß der anderen Gegenwartslage wieder anders verstanden worden ist. Man trug den Gegensatz von Staat und Kirche hinein, der in Augustins Urkonzeption gar nicht gemeint war.

Nun ein weiter Sprung sogleich zur Neuzeit! Das ganze rationale Naturrecht des 17. und 18. Jahrhunderts beruht auf einer geschichtsphilosophischen Konstruktion. Der Naturzustand liegt in der Vergangenheit, gleichviel, ob er als gut und schön, oder selbst schon als unerträglich gedeutet wird. Am eigentlich kritischen Punkt, auf der entscheidenden Schwelle, wird ein Urvertrag abgeschlossen. Von seinem Gehalt hängt es ab, wie der echte und gerechte Staat der Zukunft aussehen soll. Wieder derselbe Urrhythmus des Lebens! Aber dies Grundschema kann, je nach den Zeitkonstellationen, mit ganz verschiedenem Inhalt gefüllt werden.

J. J. Rousseau denkt wesentlich in solchen Kategorien. Ihn könnte man als den eigentlichen Vater der Geschichtsphilosophie der Neuzeit bezeichnen. Voltaire, dem sonst diese Rolle zugebilligt wird, lebt noch in dem fast ungebrochenen Fortschrittsglauben der Aufklärung. Aber Rousseau trägt den romantischen Traum von ursprünglicher Güte und ursprünglichem Glück in sich. Die aufgeklärte, verkünstelte Kultur seiner Zeit empfindet er als eine große Verirrung. Ein halbes Jahrzehnt kämpft er rein negativ gegen den dürren Vernunftstolz seiner Epoche: der früheste Prophet vom Verfall des Abendlandes! Dann erst enthüllt er seine positiven Ideale: das eine, im ›Emile‹ entworfen, betrifft die erhöhte Wiederherstellung des Menschen, der sich aus Urquellen der Natur verjüngt. Das andere – im ›Contrat social‹ – gilt *dem* Staat, der die Urrechte des Volkes wiederherstellt und in dem der einzig echte und gerechte Gesamtwille herrscht.

Es verdient angemerkt zu werden, wie sehr die durch Rousseau ausgelöste Beunruhigung: »Geht es mit uns vorwärts oder rückwärts?« zur Ausbildung eines tieferen historischen Bewußtseins beigetragen hat.

J. G. Fichte ist der erste, der sich nicht nur im stillen, sondern ausdrücklich dem Thema nach die Aufgabe stellt, eine Diagnose vom sittlich-geistigen Zustand seiner Gegenwart zu liefern. Die ›Vorlesungen über die Grundzüge des gegenwärtigen Zeitalters‹ (1804/05) zeichnen ein düsteres Bild von der flachen Verstandesaufklärung dieser Zeit des »Abfalls« und der »vollendeten Sündhaftigkeit«. Aber wer über den Verfall predigt, stößt damit schon einen Erweckungsruf aus. Der Prophet Fichte ruft auf zum höheren Leben in der göttlichen Idee. Die Konzeption vertieft sich, als die Krise zur Katastrophe wird. Der Zusammenbruch Preußens bei Jena bestätigt ihm, daß eine Weltepoche abgelaufen ist und daß die deutsche Nation jetzt vor der Entscheidung steht, ob sie die Idee der Freiheit oder den Untergang wählen will. Der göttliche Weltplan, den Fichte als spekulativer Philosoph festhält, hilft ihm, auch den Sinn der *kommenden* Epochen zu deuten. Sie können nichts anderes bringen als den Sieg der eigenen Philosophie – der Fichteschen Wissenschaftslehre.

Der Fall Fichte ist für uns deshalb interessant, weil bei ihm in dem spekulativen Rahmen, der vom absoluten Standort entworfen sein will, doch ein ganz starkes *existentielles Gegenwartsgefühl* durchschlägt: die existentielle Not, daß die Menschheit sich von den metaphysischen Wurzeln ihres Lebens losgerissen hat; modern gesagt: daß sie ihre »Eigentlichkeit« verfehlt hat.

Das gleiche scheint sich bei Hegel nicht nachweisen zu lassen. Der gewaltige Dom seiner Geschichtsphilosophie scheint unberührt von den Leiden der Zeit entstanden zu sein. Der Philosoph sieht gleichsam aus dem Himmel dem irdischen Mühen und Treiben nur zu. Er weiß aus spekulativen Gründen, daß dabei nichts anderes herauskommen kann als der Wille Gottes. Nur soll dieser *an sich* geltende göttliche Wille nun auch im Bewußtsein der Menschen mehr und mehr druchbrechen. Das ist eigentlich schon geschehen, als Jesus Christus die höchste Botschaft brachte vom Sein des Menschen in Gott und in der göttlichen Liebe. Nun kommt es nur noch darauf an, daß die ewige Wahrheit auch in die Wirklichkeit der Welt, in das Ganze der Kultur, hineingearbeitet werde. – Und doch: man beachte die Stelle in der Vorrede zur ›Rechtsphilosophie‹, an der Hegel davon spricht, man solle lernen, »die Rose im Kreuz der Gegenwart« zu erkennen. Das Leiden der Gegenwart, das Kreuz der Gegenwart, mildert sich, wenn man es sub specie aeternitatis betrachtet, d. h. als ein Verschwindendes im großen Ganzen der Geschichte, die in ihrem Kerngehalt die Selbstentfaltung des göttlichen Weltgeistes darstellt. Gewiß ist diese Philosophie der Ausdruck einer tiefen mystischen Frömmigkeit; sie ist zeitlos gemeinte Theodizee. Aber es schwingt auch etwas Zeitgebundenes, etwas von Restaurationsphilosophie mit: Nach den Stürmen der Französischen Revolution und dem Chaos der Napoleonischen Kriege gehen die Völker nun wieder, durch die Bezwingung unerhörter Gegensätze emporgehoben, den sinnvollen Weg weiter, der aus Gott kommt und zu Gott zurückführt.

Von Hegel aus folgen wir den drei großen Verzweigungen, in denen sich sein Denken fortgebildet hat – zu Marx, Kierkegaard und Nietzsche hin.

Der Marxismus, so pflegt man zu sagen, ist das Umschlagen der Hegelschen Philosophie des Geistes in einen radikalen Materialismus, besser Ökonomismus. Aber von Hegel bleibt dreierlei erhalten: 1. die grundsätzliche Deutung der Gegenwart aus dem *historischen Prozeß* heraus; 2. die Voraussetzung, daß dieser Prozeß, wenn auch zwangsläufig, einem *sinnvollen* Ziel zustrebt; 3. das dialektische Denken, das Denken in Gegensätzen, die sich versöhnen müssen; nur daß die Gegensätze hier den sehr realistischen Sinn von gesellschaftlichen *Revolutionen* empfangen. Die Gegenwart (um 1844/48) ist voll von der Gewitterschwüle einer großen Revolution. Der verworrene Knoten der Zeit muß sich lösen, wenn man erkannt hat, daß diese Gegenwart den schwersten Widerspruch in sich enthält. In der Weltordnung ist etwas gestört. Es besteht eine schwere Krisis. (Das Wort Kulturkrise ist teils von Jacob Burckhardt, teils von Marx herzuleiten.) Heute wird meistens übersehen, daß jene Gegenwartslage, aus der die Theorie vor mehr als hundert Jahren entstand, längst nicht mehr da ist und daß dadurch allein ihre Weitergeltung in Frage gestellt sein muß.

Kierkegaard, fast um die gleiche Zeit beginnend, hat keine profane (weltliche) Geschichtsphilosophie entwickelt. Aber er hat im System von Hegel die Stellen entdeckt, an denen seine eigentliche Schwäche sitzt. Sie liegt darin, daß man zwar *vergangene* Ereignisse und Taten so behandeln kann, als ob sich über den schroffen Gegensätzen immer von selbst eine friedliche höhere Synthese bilden müßte. Aber wenn man vor die noch ungestaltete Zukunft gestellt ist, dann helfen die bloß gedanklichen Vermittlungen nichts. Dann müssen *echte Entscheidungen* getroffen werden. Auf der Schwelle der Gegenwart spricht das wache Gewissen. Und obwohl es *nur* Gegenwart zu sein scheint, erfolgt in ihm doch die einzige Begegnung mit der Ewigkeit. Das Gewissen fordert die Entscheidung vor dem Absoluten. Da endet das lässige Einerseits-Andrerseits. *Das existentielle Denken ist radikales Entscheidungsdenken.* Kulturkrisis ist keine Einzelsituation. Es ist das Wesen der Kultur, in der Krisis zu stehen. – Und noch an anderer Stelle glückt nach Kierkegaards Überzeugung die Synthese nicht. Nie können Mensch und Gott als miteinander wesensgleich gedacht werden. Da bleibt vielmehr, solange nicht das Paradox des Glaubens aufleuchtet, die ungeheure Kluft: *»Gott ist alles, der Mensch ist nichts.«*

Den umgekehrten Weg versuchte Nietzsche zu gehen. Er gelangte mehr und mehr zu der ebenso schroffen Diastase: *Gott ist tot; der Mensch ist alles.* Man kann verfolgen, wie er in diese Richtung gedrängt worden ist. In seiner Jugend rang *er*, der klassische Philologe, noch mit der Geschichte. Sie war durch den kraftlosen Historismus, der die Werte nivellierte, zu einer Übermacht geworden, die den Lebenden das Blut aussog. In der Jugend schon litt er unter seiner Gegenwart, die er nicht nur als Kulturverfall, sondern als Verlust aller gesunden Vitalität, als Décadence, empfand. So brach er mit der Vergangenheit, mit dem gelehrten Humanismus, mit dem Christentum, mit Gott. Aber wenn es keinen Gott mehr gab, was blieb ihm übrig, als *alles* dem Menschen aufzubürden und ihn zu dem Titanen der Zukunft zu übersteigern? Die Wurzel des Lebens ist Wille zur Macht. Nietzsche selbst übernahm die Rolle, die alten Wertetafeln zu zerbrechen und als der *sittliche Diktator* einer neuen Weltepoche aufzutreten. Sein älterer Zeitgenosse, der Historist Dilthey, hatte, ebenfalls sehr einseitig, behauptet: »Was der Mensch sei, das sagt ihm nur die Geschichte.« Nietzsche hingegen will alles aus der einsamen Individualität des großen Genius herausspinnen: Was der Mensch sei, das sagen ihm nur seine Instinkte, und auch die geistigen Instinkte kommen noch aus seinen tierhaften Untergründen her. Der Sinn der Zukunft wird hier dekretiert aus der heroisierten Existenz heraus. Ein tragisches Schauspiel, dieses Ringen des Zarten und Kranken gegen sich selbst! Es wäre für die von diesem Pseudoevangelium berauschte europäische Jugend heilsam gewesen, wenn sie bemerkt hätte, daß bloß literarische Prophetie noch keine Wirklichkeit gestaltet. Aber aus der gewaltsamen Rassenideologie und Geschichtsdeutung des Nationalsozialismus blickt überall auch das Antlitz von Nietzsche heraus, diesem sensibelsten Menschen, der Gott selbst sein wollte.

Weit harmloser ist die Geschichtsphilosophie des französischen Positivismus. Sie ist ein Kind der großen Revolution und des Ingenieurgeistes. Die Kulturkirsis, von der Condorcet, St. Simon, Comte u. a. beunruhigt werden, ist die schwere Erschütterung der alten Gesellschaftsordnung und das lange Andauern gefährlicher Schwankungen. Durch die Aufklärung sind die religiösen Sicherungen schwach geworden. Die Gesellschaft erzuckt unter immer neuen Stößen aus dem Untergrund. Trost in dieser Unsicherheit gibt nur der ständige Fortschritt der Wissenschaft. Wenn es dieser Wissenschaft gelungen ist, die Bewegungen in der Natur zu berechnen und zu lenken, so wird es in Zukunft auch eine Wissenschaft von den gesellschaftlichen Bewegungen geben – eine physique sociale oder Soziologie, die zugleich die *Ordnung* der Gesellschaft und ihren *Fortschritt* gewährleistet. Der Geist der Technik, der Ingenieurgeist, dringt also in das Innere der sciences morales et politiques vor: savoir pour prévoir, prévoir pour régler! Die positive Wissenschaft und die Menschheit – beide werden nun große Göttinnen! Die Wissenschaft bietet sich als Religionsersatz an. Religion und Metaphysik müssen abgebaut werden. Die Menschheit, von den unablässigen Fortschritten des Wissens geleitet, wird immer mehr eine friedliche und industrielle Gesellschaft werden. – Auch Marx und Engels stehen trotz ihrer Dialektik insofern unter dem Einfluß des Positivismus, als sie den Arbeitern eine Theorie, ein *Wissen,* liefern wollen, das sie befähigt, ihre soziale Lage und ihre Zukunftsmission zu begreifen. Wer *begriffen* hat, der will nicht mehr gegen die Notwendigkeit. Wer das Notwendige auch bejaht und will, dem ist der Sieg sicher.

Man hat sich selten ganz klar gemacht, was der Einbruch des Positivismus in die Geschichtswissenschaft und in die Sozialwissenschaften eigentlich bedeutet. Dreierlei ist hervorzuheben: Einmal spricht sich darin das Erlebnis aus, daß die moderne Kultur eine überindividuelle Macht geworden ist, gegen die der einzelne, auch die große Persönlichkeit, wenig vermag. Bei Hegel war es der Weltgeist, der die Individuen für seine Zwecke ergriff und über ihre flüchtige Existenz hinweg *sich* durchsetzte. Er nannte das »die List der Vernunft.« Bei den Positivisten und Soziologen trat an die Stelle des Weltgeistes die Gesellschaft: die *Kollektiva* sind die eigentlichen Mächte der Geschichte. Sodann: Wenn es Gesetze für den Ablauf der Geschichte gibt, so kann man die Zukunft vorausberechnen. Man kann in immer größerem Umfang voraussagen, wie sich die mächtige Maschine der Geschichte weiter bewegen, meinetwegen auch dieser große Organismus weiter entwickeln *muß*. Das Dritte aber ist das Verhängnisvollste: wer Geschichte vorausberechnet, verzichtet damit auf den Anteil der Freiheit und der sittlichen Entscheidung. Er liefert sein Leben der Kategorie des *Müssens* aus. Und ein Prozeß, der mit Notwendigkeit nach ehernen Gesetzen abläuft, ist auf eine merkwürdige Art zweideutig: Man kann ihn vielleicht in einigem Grade lenken; aber indem man sich dabei – wie bei der technischen Beherrschung der Natur – weithin dem Unabänderlichen unterwirft, empfangen die bereits vorhandenen »Tendenzen« ein Gewicht, das allmählich die Kraft entschiedenen Wollens erdrückt. Ein automatischer Geschichtsprozeß könnte zwar noch für irgendwen einen Sinn haben. Aber es ist dann nicht mehr ein Sinngehalt, den der Mensch gestaltet, sondern einer, den er erleidet. Die immer stärker hervortretende Neigung des 19. Jahrhunderts, nach bloß kausalen Gesetzen des historisch-gesellschaftlichen Geschehens zu suchen, hat der Geschichte ihren eigentlichen Sinn genommen und die Kategorie des Schicksals für das Bewußtsein des Menschen zur Großmacht erhoben, obwohl diese Denkweise ihn freimachen wollte, den Prozeß zu lenken!

In Spenglers Werk ›Der Untergang des Abendlandes‹ lautet der erste Satz: »In diesem Buch wird zum ersten Mal der Versuch gewagt, Geschichte vorauszubestimmen.« Der erste Versuch war es freilich nicht. Die Voraussage konnte sich für den Genossen der späten abendländischen oder

»faustischen« Kultur auch nur noch auf ihren langsamen Sterbeprozeß beziehen. Ich habe schon erwähnt: wenn in der Geschichte sich nur die Lebensläufe von Kulturen abspielen, die miteinander gar nichts zu tun haben, so hat das Ganze der Weltgeschichte keinen Sinn. Sie wird dann zu leeren Wiederholungen ähnlicher Wachstums- und Verfallsprozesse, in denen nichts Bleibendes erarbeitet wird.

Toynbee, der englische Geschichtsphilosoph, übernimmt die Kreislauflehre von Spengler. Auch bei ihm, dem Zeitgenossen zweier Weltkriege, ist Untergangsstimmung: die größte aller uns bekannten Kulturkrisen ist da. Er aber rettet zweierlei: einmal einen Anteil von Freiheit. Denn der Ursprung jeder Hochkultur liegt für ihn da, wo auf den Druck der Not und auf die Existenzbedrohung eine schöpferische Antwort gegeben wird. Ferner entnimmt dieser Deuter der Geschichte aus dem Untergang des Römischen Reiches den Glauben, daß in solchen Krisenzeiten das Proletariat eine Erlösungsreligion emporträgt und zum Siege bringt, die in eine neue Hochkultur hinüberführt. Das Aufkommen des Christentums im späten Rom wird für Toynbee zum Modell des Überganges von Kultur zu Kultur überhaupt. Ja von *unserer* Situation behauptet er sogar, das Christentum habe sich noch nicht erschöpft; es werde noch höher wachsen. Der Kreislauf aufblühender und zerbrechender Weltstaaten bedeutet nur die Räder, die den Wagen der höheren Kultur bewegen. Der letzte Sinn der Weltgeschichte liegt in der Religionsgeschichte. Das tragische *politische* Schicksal der versinkenden Hochkulturen befördert die Blüte der Welt*religionen.* So ist es das Christentum, dem die Zukunft gehören wird, allerdings – gemäß dem übermächtigen Gang der Dinge, an dem die freie Entscheidung nur geringen Anteil haben kann!

III.

Das Thema, das ich hier – sehr skizzenhaft – behandelt habe, ist keine Schulfrage der Philosophie, sondern greift tief hinein in unsere Lebensführung und unsere Arbeit an der Kultur.

Wir müssen immer wieder neu den Versuch machen, den Sinn der Geschichte zu deuten. Aber wir kommen damit zunächst auf kein endgültiges Wort der Lösung, das für alle Zeiten Wahrheit hätte. Wir tun es immer in bezug auf *unsere* Zeit, *unsere* Kulturproblematik, *unseren* existentiellen Standort mitten im Fluß der Geschichte. Die gewußte Geschichte als Einzelwissenschaft ist schon ein *Geistes*produkt (wie übrigens auch die sog. »Natur«). Die Bruchstücke, die wir kennen, sind zu einer Erzählung zusammengefaßt, die »realitätsbezogen« sein will, d.h. durch die nackten, unabänderlichen Tatsachen *gebunden* ist. Aber in der Tatsachenauswahl und Tatsachenverknüpfung liegt auch schon etwas von Deutung und Bewertung. Niemals begegnet uns bloßer Rohstoff. Bereits der Chronist beginnt mit dem Sinndeuten. Wenn wir überkommene Geschichtsdeutungen *um*deuten, dann tun wir es, weil der Mensch selbst im Prozeß der Geschichte ein anderer wird, weil andere Verstehenskategorien sich entfalten, vor allem aber, weil andere Aufgaben und Nöte ihn bedrängen.

Zu allen Zeiten ist der Mensch materiell und geistig in Bedrängnis. Jede Gegenwart ist »Kultur in der Krisis«. Aber das ist unbestreitbar, daß die abendländische Menschheit niemals in so äußerster Gefahr gestanden hat wie jetzt. Es ist wirklich die Gefahr des Unterganges. Ich brauche die Lage nicht zu schildern; jeder kennt sie und erlebt sie als eigene Erschütterung. Daraus erwächst die Pflicht, sich in der Kulturwelt neu zu orientieren, also auch, sich in der Geschichte neu zu orientieren. Waren vor kurzem noch die Nationen und Nationalstaaten die Subjekte, um deren Schicksal und Erhaltung es wesentlich ging, so ist jetzt die Erde klein geworden. Frühere Großmächte sind heute gleichsam nur noch Territorialstaaten, kleine Heimaten auf der kleinen Erde. Es wird keinem Volk leicht werden, von seinem guten Nationalbewußtsein zum Europabewußtsein oder gar zu dem einer Weltgemeinschaft vorwärtszugehen. Das verlangt heute die Gesamtlage von uns. Anderseits müssen wir uns bei der Bedrohung unserer gemeinsamen geistigen und sittlichen Güter ebenfalls neu darüber orientieren, *auf welchen sittlichen und religiösen Fundamenten der Bau des Abendlandes eigentlich errichtet ist.* Es stehen sich nicht nur zwei oder drei politische Weltblocks gegenüber, sondern auch ganze mächtige Weltanschauungen. Die Schlacht der Geister auf den katalaunischen Feldern ist ausgebrochen. Es geht ums Letzte oder Eigentliche.

Wenn wir in *dieser* äußersten Kulturkrisis den Sinn der Geschichte deuten wollen, also auch sagen wollen, in welcher Richtung sie weitergeht oder weitergehen soll, so spiegelt sich in dem Stil der Deutung unvermeidlich auch das, was wir selber *sind.* Denn jede Deutung erwächst aus einer Begegnung zwischen der Sache und der *Wertgebung* durch den lebenden Menschen. In dieser Hinsicht zeigt sich eine bedenkliche Schwäche. Wir sind, so sagte ich schon, im Grunde von dem unheimlichen Bewußtsein erfüllt, daß der moderne Kulturprozeß gar nicht mehr lenkbar sei. Er ist zu einer kompakten Macht *über* uns und *gegen* uns, die gerade jetzt Existierenden, geworden. Sein Tempo beschleunigt sich von Jahr zu Jahr. Dieser Kulturprozeß ist in seiner jetzigen Gestalt mehr zwingendes Schicksal als noch unser Werk, das uns das Leben erleichterte, vor allem aber:

vor unserem sittlichen Kulturgewissen standhielte. Die Natur haben wir in bescheidenem Maße gebändigt. Nun ist es die Kultur, die *uns* zwingt. Wir Lebenden müssen sie gewiß noch weiter tragen. Aber eigentlich sind *wir* es schon, die von ihr getragen, ja fortgeschwemmt werden:

Es schwinden, es fallen
Die leidenden Menschen
Blindlings von einer Stunde zu andern
Wie Wasser von Klippe
Zu Klippe geworfen
Jahrlang ins Ungewisse hinab.

In der Philosophie der Geschichte spiegelt sich dieses Übermächtigwerden der kulturellen Objektivitäten in der einseitigen Betonung der Kategorie des Müssens. Man könnte sie die *Schicksalskategorie* nennen. Wenn man Geschichte mit Sicherheit vorausberechnen kann, wo bleibt da das Bewußtsein der Freiheit? Der Mensch, der in einem maschinenhaft gewordenen System nur *muß*, ist der *Massenmensch*. Ihn gibt es heute nicht nur in den totalitären Staaten. Der seelenlos funktionierende Mensch weiß vor allem nicht mehr, daß er an seiner kleinen Stelle Verantwortung für den Gang der Kultur trägt. Er wagt schon nicht mehr, entschieden in die Zukunft hinein zu *wollen*. Noch viel weniger lebt in ihm ein Kulturgewissen, d. h. das Bewußtsein, eine echte Kultur der Menschenwürde und des Menschenrechts aufbauen zu *sollen*. Die Kultur ist in Gefahr, ihren ethischen Gehalt zu verlieren. Es ist kein energisches Ethos mehr dahinter. Ist das nicht der wesentliche Grund, weshalb die Kulturkrise sich verewigt? Bei Toynbee fanden wir noch eine gesunde Gegenwehr angedeutet: Kultur erwächst aus einem schöpferischen Kultur*willen* und aus einer religiös fundierten Kultur*verpflichtung*.

Alle Geistesträger im Abendlande sollten sich von neuem darauf besinnen, *woraus* eine alte hohe Kultur *eigentlich lebt*. Nur dann ist sie am Leben zu erhalten. Sie wird aber nicht am Leben erhalten, wenn man die Geschichte ausschließlich als das Reich des Fatums betrachtet, das man aushalten *muß*. Das ist sie *auch*. Aber es bleibt immer ein Spielraum der Freiheit, und auf ihn kommt es gerade an. Wir sollten aufwachen zu der Verantwortung für die geistig-sittlichen Schätze, die noch im Bau des Abendlandes ruhen. Wir sollten versuchen, uns zurückzuverwandeln in echte, freie Kulturträger. Das ist die Pflicht der Stunde, das Heilmittel in der Krisis der Kultur. Denn es ist nicht die tatsächlich so oder so fest gewordene und erkannte Vergangenheit, die uns sagt, was wir *sollen*. Wir selbst, die Existierenden, auf der Schwelle der Entscheidung Stehenden, sind es, die ihr den tieferen Sinn erst *geben*, indem wir für sie leben und leiden, arbeiten und opfern, gebunden durch den göttlichen Ruf in uns. Wenn wir sagen, daß wir das Abendland »retten« müßten, meinen wir nicht diesen oder jenen kostbaren Sachbesitz; wir meinen eigentlich, daß wir lernen sollten, die Stimme Gottes in uns wieder zu hören.

An dem hier gezeichneten Bilde der Grundstruktur des geschichtsphilosophischen Denkens könnte es als beunruhigend erscheinen, daß die Geschichte immer wieder »neu« gedeutet werden soll. Droht damit nicht alles Feste und Überzeitliche noch mehr im Fluß des Wandelbaren zu versinken, als es schon in dem viel geschmähten Historismus vom Anfang des 20. Jahrhunderts der Fall war? Das Thema ist zu groß, um es hier noch anhangsweise zu erörtern. Auch die feineren Spielarten des Zusammengreifens von Vergangenheit und Zukunft im Knoten der Gegenwart mußten ja außer Betracht bleiben. Aber vielleicht ist folgender Gedanke geeignet, jener Beunruhigung entgegenzuwirken: Wenn in jeder beengten und bedrängten Gegenwart immer wieder an unser wertprüfendes Kulturgewissen appelliert wird, so ist in ihm der feste Ewigkeitsbezug enthalten. Der »Inhalt« dieses Gewissens wechselt mit den Zeiten und Konstellationen. Die Ansicht, daß es immer feinfühliger und zugleich gestaltungskräftiger werde, dieser »Fortschrittsgedanke« ist freilich keine Feststellung eines tatsächlichen Befundes, sondern auch wieder nur Ausdruck der Verpflichtung, daß es so sein *sollte*. Genug: dadurch, daß der Gang der Geschichte an das jeweilige existierende Gewissen gebunden wird, ist es auf ewige Leitsterne droben bezogen, und es ist mindestens das eine als bleibender Sinngehalt der Geschichte ausgesprochen: Die sittliche Freiheit des Menschen darf nicht untergehen. Sie soll wachsen, auch wenn die Krisen immer schwerer und die Verantwortungen immer umfassender werden.

TEIL II

Zur geistigen Lage der Gegenwart

1930

In dem Dunkel unserer Tage empfinden wir doppelt stark das Bedürfnis, das noch jede geistig lebende Generation gefühlt hat, zur Klarheit zu kommen über den Sinn der Gegenwart, vielleicht sogar fortzuschreiten zu einer »Kritik unserer Zeit«. Denn Schicksal und Bestimmung eines jeden von uns sind gekettet an Schicksal und Bestimmung der Epoche, in der wir leben.

Ernst Troeltsch hat aus dem Reichtum seiner geistesgeschichtlichen Überschau im Jahre 1907 gewagt, das ›Wesen des modernen Geistes‹ in einen kurzen Aufsatz für die »Preußischen Jahrbücher« zusammenzudrängen. Es ist für uns Nachkriegsmenschen sehr interessant, diese Vorkriegsdeutung zu verfolgen. Sie stellt bekannte Züge in den Vordergrund: kulturbejahende Diesseitigkeit, technische Naturbeherrschung und intellektuelle Kritik; Individualismus, Autonomie und Humanitätsideal. Sie betont die Weiträumigkeit aller Verhältnisse und den alles umklammernden Aufbau des Staates. Am Schluß die zukunftsschweren Worte: »Möglich, daß unserer Welt eine große Krisis droht.« Vielleicht hat Troeltsch seine Diagnose über den Zeitgeist allzusehr den *wissenschaftlichen* Denkformen entnommen. Es ist zwar ein naheliegender Gedanke, das Gesicht der Kultur nach dem Stande der Geisteswissenschaften zu beurteilen, deren letzter Sinn ja die Selbsterkenntnis des Geistes ist. Aber die Wissenschaft wendet sich doch vorwiegend zu bereits herausgebildeten Formen und insofern zu dem, was teilweise »erledigt« ist. Sie erfaßt nur selten die ganze Schwere des Leidens an der Zeit und reicht kaum an jene Schwelle heran, auf der die schicksalhaften Entscheidungen getroffen werden. Eine andere Möglichkeit, die Gegenwart zu deuten, liegt darin, daß man den Menschentypus herausarbeitet, der als der »moderne Mensch« soeben im Werden ist. Von der Voraussetzung aus, daß jeder Kultur und Kulturstufe ein bestimmtes Seelentum zugrunde liege, hat Spengler den Inhalt unserer Spätepoche in vergleichend-historischer Betrachtung zu deuten versucht. Er kennzeichnet die moderne Kulturseele durch den weiten Namen »Sozialismus«, der für ihn zwischen einem welterobernden harten Willen zur Macht und dem sogenannten Lazarettsozialismus spielt. Karl Lamprecht dagegen hat in einer psychologisch unterbauten Geschichtskonstruktion unsere Epoche als das Zeitalter des Subjektivismus charakterisiert und die »Reizsamkeit« als hervorstechenden Wesenszug des gegenwärtigen Menschen hingestellt. Graf Keyserling hält den Chauffeurtypus für symptomatisch bedeutsam. Ich kann die Fülle weiterer Bemühungen, den Pulsschlag unserer Zeit vom artvertretenden Einzelmenschen aus zu erfassen, hier nicht weiter verfolgen.

Denn abgesehen davon, daß meist ein einziges Stichwort eine ganze flutende Welt innerer Erlebnisformen und Ideale decken soll, ist es ein einseitiger Ausgangspunkt, wenn man den Menschen und seine Seelenart so isoliert herausstellt. Die entscheidende Dynamik stammt gar nicht nur aus seinem Inneren; vielmehr ist es heute sein wesentliches Schicksal, daß er Seele und Sehnsucht in sich ständig unter dem *Drucke* der gewaltigen Macht findet, die als Kultur ihm ebenso gegenübersteht, wie er von ihr getragen und durchwaltet wird. In einigem Maße war das immer so. Das entscheidende Kennzeichen unserer Zeit, von dem wir ausgehen wollen, liegt aber darin, daß Kultur und Seele geradezu feindlich einander gegenübergetreten sind. Der Kampf des Menschen mit der Kultur, diese Tragödie der Kultur, von der schon Georg Simmel gesprochen hat, ist für unsere Lage von ausschlaggebender Bedeutung.

Eine seltsame Parallele drängt sich auf: Der Mensch zog aus, die Natur zu beherrschen; je mehr er Sieger über sie wurde, um so mehr verfiel er auch ihrer Herrschaft. Er stieß dabei an Grenzen, die er früher nie empfunden hätte. Andrerseits: Der Mensch baute sich – aus Herrschaftswillen und Ewigkeitssehnsucht – eine Kultur in seinen naturhaften Lebensraum hinein. Unzählige Hände haben mitgebaut. Heute aber sieht das Gebilde ihn vielfach fremd und unheimlich an; ja es beherrscht ihn auch und zwingt ihn oft zu widerwilligem Dienst. Die Geister, die wir riefen, sie handeln und bewegen sich nach eigenem Gesetz, für das die Zauberformel manchmal fehlt. Es ist ein Satz von allgemeinster Lebensbedeutung: Was wir beherrschen, das beherrscht auch uns.

Wenn der Mensch mit seiner Arbeit hineingelangt hat in ideale Sphären, die wir uns gern als zeitlos ruhend denken, so hat er damit zugleich geistige Mächte auf den Plan gerufen, die in der Geschichte wachsen, wandern und sich wandeln. Ihre Bewegung geht über uns hinweg. Kultur ist keineswegs nur Ausdruck menschlichen Seelentums. Einmal geschaffen, bedeutet sie ein Eigenreich, in dem überseelische Gesetzlichkeiten walten. Sie will daher nicht nur erkämpft werden, sondern sie muß ebenso oft vom

Menschen bekämpft werden. Mit dem Ringen gegen die Natur hat ein Wesen begonnen, das selbst naturgeboren war; mit dem Ringen gegen den historisch gewordenen Geist fährt der Kulturmensch fort, der sich selbst als geistesgeboren weiß. Was wir heut am stärksten spüren, ist nicht mehr der Druck der Natur auf den Menschen, sondern der Druck der Kultur auf die Seele.

Das große Gewebe von Einssein und Zwietracht des Menschen mit dem Geist, der in der Geschichte wird, hat zuerst Hegels gewaltiger Weltmythos geschildert, damals noch mit der unbedingt optimistischen Hoffnung, daß Freiheit der Kern des Ganzen sei, also auch der Mensch zur substanziellen Freiheit durchdringen werde. Aber schon hier erschien der Einzelmensch nur als ein modus, eine Welle im großen Meer eines überindividuell dahinströmenden Prozesses. Der Marxismus hat von einer bestimmten Seite her, vom Wirtschaftlichen aus, die über das Individuum hinweggehende Gesetzlichkeit der Kultur gleichfalls zur Grundanschauung erhoben; auch er noch mit dem hoffnungsvollen Ausblick, daß der »Sprung in die Freiheit« einmal gelingen werde. Die Situation, in der wir heute leben, ist diese, daß der tiefe Bruch uns aufgegangen ist. Wir stehen – wer wollte es leugnen? – in einer späten Instanz des großen Prozesses Mensch contra Kultur, den schon Rousseau, und auch er nicht als erster, angestrengt hat!

Aber *welcher* Mensch ist da gemeint? Ist nicht gerade nach jenen Lehren, die uns in Fleisch und Blut übergegangen sind, der Mensch schon immer von der Kultur geformt? Sprechen nicht aus seiner Wesensart je nachdem ältere oder neuere Geistesschichten in ihrer sehr verschiedenen Bestimmtheit? Haben wir ein Recht, so einfach von *dem* Menschen zu reden? – Wir haben es in doppeltem Sinne, der für unsere Stellungnahme in dem Konflikt Ausgangspunkt bleiben muß. Dieser Mensch ist, wo er auch lebe, immer zwischen zwei Grenzen eingespannt: Er ist ein biologisches Wesen, ein Geschöpf, das geboren wird, wächst und stirbt, von der Natur mit Trieben und Kräften ausgestattet, die weder dem All noch dem Ewigen standzuhalten vermögen. Von dem Menschen in dieser Bedeutung fragt es sich immer, ob er die Kultur physisch auszuhalten vermag. Der Mensch ist aber auch ein geistiges Wesen; er sucht in allem Leben einen ihm verständlichen, ihm lebbaren Sinn und ist infolgedessen immer erfüllt von einer religiösen Sehnsucht nach dem letzten Sinn, der das flüchtige Dasein mit ewigen Weltgehalten verbindet. Von dem Menschen in dieser Bedeutung fragt es sich immer, ob die Kultur einen Sinn hat, den er moralisch auszuhalten vermag. Weil wir heute diese Doppelfrage dringlicher in den Vordergrund schieben als die Epoche, die unbedingt an Freiheit, an das ideale Zusammenfallen von Mensch und Trieb und Geist glaubte, deshalb ist unser Denken »existenziell«, und deshalb nennt sich die Philosophie, die am stärksten Zeitsymptom ist »Existenzialismus«.

Aber verweilen wir nicht zu sehr im Allgemeinen! Unsere Aufgabe ist, an Einzelgebieten des Geisteslebens zu zeigen, wie überall, an Stelle freier Harmonie von Seele und Kultur, der *Druck der objektiven Kultur* empfunden wird. Die nächste Folge ist die Revolte gegen die Kultur, unter Umständen ein Fluchtversuch: im günstigsten Falle mag der Kampf zur Überwindung und zu Neubauten führen. Ohne Zweifel aber erfassen wir in jenen Revolten das Herz unserer Zeit, wo es am leidenschaftlichsten schlägt, zugleich aber die Stelle, wo neue Kulturgestalten werden.

I.

1. »Unser Schicksal ist die Wirtschaft.« Diesen Satz hört man auch von solchen Zeitgenossen, die sonst keineswegs marxistisch denken. Es ist nicht nötig, ein Bild dieser Wirtschaft zu entwerfen. Sie hat sich längst über die Stufe vorwiegend agrarischer Bedarfsproduktion erhoben. Zur Industrie erweitert, von großartiger Technik unterbaut, sucht sie den Absatz auf allen Weltmärkten und bringt die fernsten Länder miteinander in eine Verflechtung, die ebenso Interessengemeinschaft wie Konflikt bedeuten kann. Ein gewaltiger Apparat ist zwischen das Bedürfnis und die Bedürfnisbefriedigung geschaltet worden und hat die Bedürfnisse selbst ungemessen gesteigert. Der Mensch ist in diesem Gefüge nur noch als Konsument eine Ganzheit. Als Produzent hat er sich spezialisieren müssen, gleichviel, ob es sich um einfache mechanische oder um leitende geistige Arbeit handelt. Noch weiter vom Persönlichen abgelöst ist die Funktion des in der Geldform oder Kreditform neutralisierten Kapitals. Ein moderner Produktionsbetrieb ist, wie Werner Sombart sagt, in hohem Maße »vergeistet«, aber eben deshalb in gleichem Maße »entseelt«.

Denn so sehr wir das rationelle Moment als wichtiges Merkmal der heutigen Wirtschaft betonen mögen: es läßt sich nicht leugnen, daß das große Ganze auch nur eines nationalen Wirtschaftskörpers, geschweige denn der Weltwirtschaft, *nicht* rationalisiert ist. Das bedeutet ein Doppeltes: Dieses verwickelte Kräftespiel ist von niemandem mehr *übersehbar*, es ist aber auch nicht einfach nach Wohlfahrts- oder Machtgesichtspunkten *lenkbar*. Es hat zwar seine eigene ökonomische Gesetzlichkeit; wir wissen, daß da nichts zufällig geschieht; wir wissen auch, daß das Tun und Leiden lebendiger Menschen immer hineingeflochten ist. Trotzdem ist das Ganze von einer Inhumanität, deren Tragik mit jedem Jahrzehnt schärfer empfunden wird. Zeigt doch die industrielle Entwicklung, die vor hundert Jahren in übervölkerten agrarischen Gegenden ungeahnte Rettung bot, auch schon bedenkliche Spuren, daß dieser Entfaltung Grenzen gesetzt sind. Der Anbau neuer Rohstofferzeugungsgebiete über See zum Beispiel hat zu einer Krisis der Weltpreise geführt, deren verhängnisvolle Wellen jetzt jedes Kulturland erreichen.

Vielleicht ist es für das Gesamtleben der Menschheit eine der schlimmsten Folgen dieser komplizierten Entwicklung, daß künftig überhaupt nur noch wenige Weltwirtschaftssachverständige Politik treiben können. Der Führer alten Schlages, der schlichte Mann von Gesinnung und Tatkraft, vermag als solcher das Getriebe nicht mehr zu übersehen. Für ihn ist daher in der heutigen Welt großer Politik kaum noch ein erheblicher Wirkungsspielraum. Man sagt uns zwar, daß wir alle zur Mitlenkung der Schicksale unseres Staates berufen seien. Man sagt uns aber zugleich, daß uns auch nur zum Mitdenken durchaus der Sachverstand fehle. Im Grunde sehen wir das auch alle ein und trösten uns mit der Hoffnung, daß eine Weltkonferenz von Wirtschaftssachverständigen wohl noch irgendeinen Weg finden werde. Der einfache Mann aber, der nur aus reiner Gesinnung das Beste seines Volkes will, wird darauf verwiesen, sich auf seinen Geschäftskreis zu beschränken. Dies also ist der Gipfel der erreichten Arbeitsteilung, daß die Rollen des ethisch-politischen Führers und des weltwirtschaftlichen Sachverständigen so lange auseinanderfallen, bis uns ein glückliches Geschick einmal beide Qualitäten in einer Person beschert.

Seit langem revoltiert die Menschheit gegen die unpersönliche Dämonie des wirtschaftlichen Weltgeschehens. Von dem einfachen Arbeiter, der gegen eine neue Maschine wütet, bis zu einem ganzen Volk, das sich gegen die wirtschaftliche Vernichtung durch eine Gruppe von siegreichen Ausbeutermächten empört, reicht eine einzige Kette von unerträglichem Druck und unsäglichen Leiden. In der Tat hat heute kein einzelner und keine Machtgruppe mehr den Zauberstab in der Hand, der dem Walten dieser teils zerstörenden, teils segensvollen Kräfte die gewünschte Richtung geben könnte. Schweigen wir von denen, die in ihrer Ratlosigkeit einfach alles zerschlagen möchten (etwa in der Hoffnung, wie man gesagt hat, daß ein anderer Affe sich günstiger entwickeln werde), so stehen sich zwei Hauptrichtungen abstrakt genommen gegenüber, die einen Ausweg zu wissen behaupten. Die einen hoffen, durch eine möglichst weitgetriebene Organisation und Rationalisierung (die dann natürlich die ganze Weltwirtschaft umspannen müßte) die verderblichen Wirtschaftskrisen zu verhüten. Die anderen glauben: wenn man in dem großen Kräftespiel nur jedem vorwärtsstrebenden Gliede volle Freiheit lasse, sich in spezifisch ökonomischem Sinne auszuwirken, so werde dadurch allein das Bestmögliche herauskommen. Die ersten träumen von einer lenkenden Allwissenheit, die niemand haben kann und niemand haben wird; die anderen von einer Vernunft in den Dingen, die sich doch gerade im menschlichen Sinne einer brutalen Unvernunft als fähig gezeigt haben. Und bis auf weiteres bleibt es wohl bei der unvollkommenen Synthese, daß energische Wirtschaftskapitäne, geleitet von Weitblick und Weltkenntnis, das Schiff schlecht und recht zwischen den drohenden Klippen hindurchsteuern. –

Mit der Wirtschaft aufs engste verbunden sind die Errungenschaften der modernen Technik, wennschon nicht alle Technik nur wirtschaftliche Bedeutung hat. Sie ist der größte Stolz der gegenwärtigen Menschheit und gibt ihr ein Gefühl von weltbewegendem Titanentum. Man hat freilich oft genug bemerkt, daß die Technik als solche gar kein eigenes Sinngebiet darstellt, sondern ihren Sinn und Segen erst von den wertvollen Kulturzwecken empfängt, in deren Dienst sie ihre Leistungen entfaltet. Ist doch selbst Naturbeherrschung noch ein problematisches Ziel, wenn nicht weiter gefragt werden darf, cui bono denn diese Herrschaft erstrebt wird. Aber lassen wir diese Feinheiten. Wiederholt sich nicht hier das früher erwähnte Schicksal, daß alles, was wir beherrschen, in beinahe gleichem Maße auch uns beherrscht? Es ist die Rache der Natur, die wir durch Maschinen in unseren Dienst gestellt haben, daß sie nicht nur den Menschen zum Dienste der Maschine zwingt, sondern das »Maschinenartige« nun bis in die Seele des Menschen hineinträgt. Ist die Maschine die Fortsetzung des Menschen oder – auf die Massen gesehen – nicht ebenso sehr der Mensch eine Fortsetzung der Maschine? Dies trifft nicht nur den Handarbeiter. Unsere schönsten Fortschritte, man denke an Film, Tonfilm und Rundfunk, haben ja gerade das zum Prinzip, das Fluidum beseelten Lebens auszuschalten und das Unseelische und Unbelebte übrig zu lassen. Auch sie dienen jener allgemeinen Neutralisierung, die Carl Schmitt, unser geistvoller Staatsrechtslehrer, als ein Kennzeichen der modernen Kultur hervorgehoben hat und deren älteste Form wahrscheinlich die Neutralisierung aller Güter in der Ebene des Geldes gewesen ist.

Es ist nicht nur schwächliche Romantik, wenn man gegen die Herrschaft der Technik oder gegen den sogenannten Amerikanismus revoltiert. Selbst in der Blütezeit der Jugendbewegung bedienten sich die Wandervögel des Fernsprechers so gut wie der Eisenbahn. Wir wissen alle, daß wir von der Welt der Technik nicht loskommen, nicht hinter sie zurückgehen können, sondern da irgendwie hindurch müssen. In der Tat bemerken wir in neuester Zeit eine Versöhnung mit diesem Geiste, so daß man heute wieder mit charakteristischem Stolze von unserem »Technischen Zeitalter« spricht. Auch das aber bedeutet eine Art von Revolte gegen die bloße Maschine, wenn der Mensch sich wieder als der maßgebliche Lenker in die Technik einschaltet. Georg Försters neues Buch ›Machtwille und Maschinenwelt‹ deutet Nietzsches Willen zur Macht so um, daß eine beherrschende Menschenkraft sich in der Technik *ihre* Welt nach eigenen Maßen baut. Freilich sind in dieser Welt die meisten Menschen nur »Tropfen des Benzins, das den Maschinenwagen der Menschheit in die Zukunft und – vielleicht – zu einem großen Ziele treibt«. Aber es ist ein neuer Heroismus, der in der Wiedereinschaltung des Menschen in die Technik zum Durchbruch kommt. Die Ozeanflüge und Nordpolflüge sind – dem tieferen Sinne nach – geboren aus dem Wettlauf des Menschen mit der Maschinenkraft. Ein modernes Heldentum verkörpert sich in den Hünefeld und Eckener. Der Mensch soll die Technik haben, nicht die Technik den Menschen. Nur wird dieser Wettlauf so lange nicht gelungen sein, als stumpfe Massen bloße Zuschauer eines Übermenschentums von einzelnen sind. Noch ist die Frage ungelöst, wie die Seele der vielen sich vor dem Schicksal retten kann, nur Hebel in einem Kultur*mechanismus* zu sein. –

Mit Wirtschaft und Technik geht ein drittes Geschick der modernen Menschheit Hand in Hand, das aus der Siedlungsform entspringt. Auch die Großstadt ist eine im günstigsten Falle noch unbewältigte Kulturaufgabe. Ich verzichte darauf auszumalen, was jeder kennt; Vermassung, Verflachung, Verelendung, Naturferne und Physiognomielosigkeit sind das Los des großstädtischen Geschlechts. Ob man New York oder Paris, Berlin oder Rio de Janeiro sieht, – überall nicht nur der gleiche beengte Grundtypus des Daseins, sondern dieselbe merkwürdige Rückkehr in das Primitive und Niggerhafte, dieselbe Passivität im eigentlich Ethisch-Kulturellen, bei scheinbar aufs höchste gesteigerter Leistungskraft. Es fehlt, wie schon Spengler betont hat, jedes Band zum Metaphysischen hin. Diese Menschheit ist Durchgangspunkt einer neutralisierten und verdünnten Kultur; sie lebt nicht mehr aus einem Mittelpunkt. Die Jugend war es begreiflicherweise zuerst, die gegen diese Fesselung revoltierte, und indem sie aus der Großstadt hinausdrängte, beabsichtigte sie eine ganz allgemeine Sezession von der Kultur, deren Umrisse sie nur erst ahnend vor sich sah. Da die Bewegung einen stark romantischen Zug in sich barg, konnte es ihr freilich nicht gelingen, auch nur den Dämon Großstadt zu besiegen. Das Naturheimweh ist jedoch bei dem Großstädter seitdem nur immer gewachsen, wie sich schon in der Wochenendbewegung zeigt. – Aber auch hier fehlt in neuester Zeit nicht das kräftigere

Ja, das die großstädtische Entwicklung in gesundere Bahnen lenken möchte. –

Es wäre sehr falsch, wenn man aus der Tatsache, daß wir die sogenannten Realfaktoren der Kultur (Wirtschaft, Technik, Siedlungsform) vorangestellt haben, den Schluß zöge, der Druck komme nur von der Zivilisation her und der Kampf sei ein bloßer Kampf hinsichtlich der äußeren Lebensbedingungen. Die Trennungslinie zwischen einem realen Unterbau und einem idealen Überbau ist überhaupt nicht durchzuführen. Denn wie in der Technik schon Wissenschaft steckt, so steckt in der Wirtschaft schon Recht und Staat. Es gibt hier keinen Unterbau und Überbau, sondern nur ein hin und her verschlungenes Gewebe.

2. Daß dieses Gewebe den Einzelmenschen nur als Masche einschließt, wird am *Staat* nicht minder sichtbar als an der Wirtschaft. Stellen wir deutsche Verhältnisse der Einfachheit halber in den Vordergrund, so hängt es mit unauslöschlichen Geschehnissen unserer Vergangenheit zusammen, daß wir den Staat nicht nur als eine dann und wann nötige Schutzorganisation sehen, sondern als den Verwalter der *ganzen* Kultur. Er gilt für uns als der Großbetrieb aller Kulturgebiete, von dem man nur ungern zum Kleinbetriebe zurückkehren würde. Seine Grundformen stammen aus der Epoche des Absolutismus; damals gelang es ihm, sich gleichsam an die Spitze der Kulturarbeit zu schieben. Seinen Charakter als Großverband und weltpolitischen Machtkörper konnte er aber nur gewinnen, indem er sich über wesentliche Kulturunterschiede hinüberbaute. Er mußte, um wieder den Ausdruck von Carl Schmitt zu gebrauchen, die geistigen Mächte, die er sich eingliederte, neutralisieren. So überwand er der Reihe nach die Stände, die religiösen Konfessionen, die Stämme. Nur mit dem Unterschiede der Nationalitäten ist er bis in die unmittelbare Gegenwart hinein nicht fertig geworden – hauptsächlich deshalb, weil er selbst es war, der die Nation als geistige Größe erst erzeugen half. Insofern aber der Staat *der* Verwalter des objektiven Geistes zu werden strebte, mußten die revoltierenden Kräfte sich am sichtbarsten gegen ihn wenden. Seit eineinhalb Jahrhunderten arbeitet man daran, sich von dem Drucke des Staates zu befreien, und der Prozeß ist heute beinahe so weit gediehen, daß man von einer Auflösung des eigentlichen Staatsgedankens sprechen kann.

Die erste große Gegenwelle, die bis heute fortwirkt und vielleicht nie aufhören darf zu wirken, pflegen wir als Liberalismus zu bezeichnen. Dies vieldeutige Wort deckt sehr Verschiedenartiges und sehr Verschiedenwertiges. Jede Form von Eigenleben im Staat – Stämme, Stände, Weltanschauungsgruppen – kann dies Gewand anziehen. Hier sind jedoch zwei wesentlich verschiedene Gedankengänge auseinanderzuhalten. Eine Form des Liberalismus tritt vor allem ein für die Freiheit der Person, für *ihre* Gewissensfreiheit, Denkfreiheit, Wirtschaftsfreiheit, Bewegungsfreiheit. Dann handelt es sich um die »Emanzipation« des Individuums. Sie hat in unserer Welt einen Gipfel erreicht, der schwerlich zu überbieten ist, und beginnt ihre unheilvollen Folgen immer deutlicher zu zeigen. Ein anderer, tieferer Liberalismus geht von der Ansicht aus, daß es im Kulturzusammenhange ganze Geistesgebiete gibt, die ein Eigengesetz haben und nicht einfach der Machtpolitik ausgeliefert werden können, dürfen. Es gilt, das Eigenreich der Wirtschaft, das Eigenreich der Wissenschaft und Kunst, das Eigenreich der Weltanschauung unter Umständen gegen die Eingriffe des Staates zu schützen. – Nur wo sich der Gehorsam gegen ein solches Gesetz der Sache mit dem Begriff der Freiheit verbindet, hat auch jener individualistische Liberalismus ein sittliches Recht. So erklärt es sich, daß mit der vielgerühmten Freiheit ebenso die höchste sittliche Verantwortung gemeint sein kann wie bloße Erwerbsfreiheit oder die Selbstsucht der Schöngeisterei, die noch niemals in der Welt den Staat zu ertragen geneigt war.

Indem die liberalen Gedanken sich durchsetzten, erweiterten sie sich notwendig zur Demokratie. Konnte doch die Freiheit aller nur bestehen, wenn auch die Gleichheit aller gewährleistet war. Mit dem demokratischen Prinzip kam an sich ein festerer Staatsgedanke empor; denn der Volksstaat setzt eine geschlossene volonté générale voraus, dic der Idee nach den einzelnen und seinen Privatwillen binden soll. Zugleich liegt darin die Hoffnung auf eine Vollendung des Rechtsstaates. Anstelle dieser Idee verwirklichte sich aber in der Form des Parlamentarismus zunächst nur der Kampf der Parteien um den Staat. Und hatte früher das Individuum den Staat ausgehöhlt, so fuhren nun die Parteien mit diesem Aushöhlungsgeschäft fort. Es handelt sich dabei keineswegs nur um Interessengruppen und äußere Machtgelüste; sondern es waren große Weltanschauungsrichtungen, die gegeneinander aufstanden. Jede einzelne Partei bedeutet in Deutschland ein ganzes Kulturprogramm.

In dieser neuen Lage zeigte sich, daß die Fiktion vom absolut neutralen Staat nicht aufrecht zu erhalten war. Man kämpfte doch nicht nur für materielle Güter gegen den Druck, der von ihm ausging, sondern auch für höchste geistige Werte und für letzte sittliche Überzeugungen. Nur dieser ethische und religiöse Kampf fesselt hier unseren Blick; denn er ist von tragischer Bedeutung. Der Staat, in dessen altem Gebäude es sich jeder nach seiner Art wohnlich zu machen versucht hatte, erwies sich plötzlich als ein durchaus unfertiger Bau. Er, der versprochen hatte, jedem

Raum geben zu können, steht wieder im Kreuzfeuer weltanschaulicher Gegensätze von ungeahnter Schwere. Auch die Demokratie konnte es nicht vermeiden, gelegentlich einen Gesinnungsdruck auszuüben, der bis in die Schulen und Hochschulen hinein spürbar wurde. Die große Spannung zwischen dem überindividuellen Gebilde und dem Leben, das es in sich fassen wollte, brach wieder aus. Es ist nicht anders: auch der Staat steht heute vor der Notwendigkeit, sich weltanschaulich zu entscheiden. Der Boden absoluter Neutralität konnte nur solange erreichbar scheinen, als die tiefen Überzeugungsgegensätze verdeckt blieben. Denn da sie nicht, wie der Liberalismus glaubte, nur im Gedankenreich bestehen, sondern als ausgeprägte Kulturideale Wirklichkeit gestalten wollen, so verträgt sich nicht alles auf gleichem Raum beliebig nebeneinander.

Bis in die Einzelheiten der Gesetzgebung und Rechtsprechung, ja bis in einzelne Gesetzesparagraphen hinein, spürt man den Kampf der Weltanschauungen. Die schwersten Gegensätze lodern wieder empor, die bisher wie ausgeglommene Funken schienen. Und wir beginnen zu begreifen, daß auch hinter allen früher geschaffenen Rechtsordnungen so große Weltanschauungskämpfe gespielt haben müssen. Die Gefahr, die wir heute vor Augen sehen, ist die, daß dabei der Staatsgedanke selbst Schiffbruch leidet; denn keine Gruppe ist bereit, das Maß von Druck auszuhalten, ohne das es nun einmal in der Welt keinen Staat geben kann.

»In diesem innern Sturm und äußern Streite« deuten sich wieder zwei verschiedene Zukunftslinien an. Wir schweigen von denen, die das unauslöschliche Lebenselement der Macht ausschließlich für den einzelnen reklamieren und ihm schrankenlosen Spielraum geben möchten. Ein solcher Anarchismus verneint im Grunde den Staat und hat seinen Sinn niemals verstanden. Teilen wir nur ganz roh auf, so will eine große Gegenwartsströmung den Rechtscharakter des Staates weiterbilden. Aber dieses allen zuteilende Recht soll nicht nur im Innern walten, sondern auch zwischen den Staaten selbst Platz greifen. Im Völkerbund, diesem noch vieldeutigen Gebilde, erblickt man den Ansatz zu einer überstaatlichen Organisation, deren große Leistung es wäre, nun auch über die nationalen Individualitäten hinüberzugreifen. Nationalität war das Zeichen, in dem die meisten modernen Staaten sich gegeneinander abgegrenzt hatten. Nationalität als geistige Volksindividualität bedeutete (von wenigen Ausnahmen abgesehen) die Grenze, an der die Neutralisierungstendenz des Staates halt gemacht hatte. Es ist die schicksalhafte Situation des Völkerbundes, daß er diese Grenze in demselben Augenblick zu überschreiten strebt, in dem das nationale Prinzip noch einmal mächtig auflodert, nicht zum wenigsten infolge unmöglicher Regelungen bei den letzten Friedensschlüssen. So steht der Völkerbund in unklarer Mitte zwischen einem neuen Stil der großen Mächte, Prestigepolitik zu treiben, und gewissen Ansätzen zu internationalen Friedensgarantien, die die noch immer schwelende Kriegsgefahr bannen sollen. Er ist mit Gegensätzen belastet, die nicht durch *Diskussion* aus der Welt zu schaffen sind, sondern – juristisch gesprochen – zur *Dezision* treiben.

Wird auf dieser Seite der demokratische Rechtsstaatsgedanke auf die Verhältnisse der Staaten untereinander, das parlamentarische System zu einem Staatenparlament ausgedehnt, so sucht eine entgegengesetzte Richtung das *Macht*moment des Staates zu stärken, die politische Diskussion zu ersetzen durch politische Aktion. Wir sehen diese Bewegung zunächst in der Form der Gruppendiktatur: Bolschewismus und Faschismus haben dies gemeinsam, daß eine Partei aus dem parlamentarischen Zusammenhang herauswächst und gleichsam der Staat selbst wird. Freilich mit dem Unterschiede, daß der Bolschewismus schon eine durchgearbeitete Ideologie, eine politische Dogmatik besitzt, während der Faschismus – dem élan vital verwandter – auf Theorie überhaupt wenig Gewicht legt. – Hat die Völkerbundspolitik die Gefahr in sich, über dem Rechtsgedanken den Machtgedanken zu verlieren, ja den Willen zum selbständigen staatlichen Dasein in die Übernationalität irgendeines neuen Imperialismus aufgehen zu lassen, so entschwindet der Diktatur leicht die große Errungenschaft des Rechtsstaates, auf den doch jede Gruppe gern zurückgreift, wenn *ihr* Einfluß in Frage steht.

Alles in allem: die einfache Auseinandersetzung Staat und Mensch, die in den Anfängen des Liberalismus brennend war, ist längst überholt und spielt nur noch in sentimentalen Dichtungen eine Rolle. Zwischen beide Pole haben sich gruppenhafte Gebilde geschoben, die irgendwie *für* den Menschen, im *Namen* des Menschen handeln, aber dabei doch ihre überindividuelle Dynamik entfalten. Diese geht nun einmal über den einzelnen hinweg. Von den Handelnden zweifelt niemand, daß es in der Politik nur die Alternative: Macht oder Ohnmacht gibt. Und jeder spürt, daß große Entscheidungen unmittelbar bevorstehen. Der Weltkrieg wenigstens hat in politischer und kultureller Hinsicht bis heute noch nichts entschieden. Die Staaten sind in ihren inneren wie in ihren äußeren Beziehungen unfertiger als je. Wir treten ohne Zweifel in eine Epoche neuer politischer Formen und Methoden ein, von denen nur das eine feststeht, daß sie mit Weltbewegungen von nie gesehenem Ausmaße verbunden sein werden.

3. Ist es dem Staat nicht gelungen, das absolut Allgemeine, das absolut Neutrale und also allseitig Bindende zu finden, so hat sich seit der Zeit der Unionsbestrebungen und der Aufklärung alle Hoffnung der *Wissen-*

schaft zugewendet, von der man bestimmt erwartete, daß sie die restlose Einigung wenigstens in Gedanken vorbereiten könne. Der Positivismus und mit ihm die Soziologie als Versuch einer Universalwissenschaft stammen aus der gleichen geistigen Quelle. Seit Condorcet und Comte erscheint die wissenschaftliche Erleuchtung des Verstandes als das Heilmittel aller gesellschaftlichen Schäden. In der Tat ist nicht zu leugnen, daß in das Gefüge der modernen Kultur ungeheuer viel Wissenschaft mit eingebaut ist. Nicht nur die Technik und die Wirtschaft sind rationalisiert, sondern ebenso Politik, Moral, selbst Religion. Dieser Prozeß von Infiltration der Wissenschaft in das Kulturganze war so stark, daß sich am Ende des 19. Jahrhunderts niemand gewundert hätte, wenn man ihm gesagt hätte, die Verdauung lasse sich künftig durch theoretisches Nachdenken über sie ersetzen. Aus dieser Selbstsicherheit ist die Wissenschaft in unseren Tagen grausam aufgeschreckt worden. Zu ihrem Ruhme muß gesagt werden: vor allem dadurch, daß sie sich selbst ganz ernst nahm. Es ergab sich zunächst eine Fülle von aufgeschichtetem Stoff, dessen niemand mehr Herr zu werden vermochte. Die Folge war eine ans Sinnlose streifende Spezialisierung. Endlich trat eine Zersplitterung der Ansätze und Methoden hinzu, die in schreiendem Mißverhältnis zu dem Anspruch auf Allgemeingültigkeit stand. Auf dem lebenden Menschen, der Erkenntnis suchte, begann dies alles in dem Maße zu lasten, daß »Erkenntnis und Leben« zu einem Gegensatz wie Wasser und Feuer wurden. Dabei war jedoch das Schicksal der Wissenschaftszweige sehr ungleich. Gegen die Naturwissenschaften, besonders die exakten, ließ sich insofern nicht gut revoltieren, als sie sich immer auf ihre Erfolge in der Praxis, zunächst in der Technik, berufen konnten. Freilich wurde immer klarer, daß sie zur grundsätzlichen *Sinn*deutung des Lebens nichts Wesentliches beizutragen vermochten, schon weil sie von Anfang an nicht danach gefragt hatten. Und auch bei ihnen ereignete sich in den Spitzenleistungn das Auffallende, daß kaum noch der Nachbar den Nachbarn verstand.

Weit schlimmer erging es den Geisteswissenschaften. Ich will nicht dabei verweilen, daß sie mindestens vor kurzem noch durch einen relativierenden Historismus auf das Leben drückten und eine ganze Generation geistig suchender Menschen geradezu gelähmt haben. Denn das Gespenst des Historismus, mit seiner Bindung an Überlebtes und seiner Relativierung der Werte, haben wir vielleicht durch tiefergehende Erkenntnis gebannt. Um so stärker wirkt noch heute der Anspruch nach, die Wissenschaft vom Geist und von der Gesellschaft könne gleichsam das Leben *machen;* sie könne es – wieder jener seltsame Zug! – so weit neutralisieren, daß alle Kulturkonflikte nur noch Folge eines nicht genügend aufgeklärten Verstandes wären. Wie sehr liegt vielen unserer Zeitgenossen dieser Spuk noch in den Gliedern! Die Geisteswissenschaften können verstehen wollen und zur Besinnung über umfassende Zusammenhänge führen. Sie können aber nicht einfach die letzten Werte neutralisieren, so daß der Einsatz des Lebens und der Person überflüssig würde durch ein folgerichtiges »Nachdenken über«.

Die Wissenschaft als Ganzes – wenn man überhaupt so sagen darf – hat also nicht nur durch ihre Dimensionen den Menschen erdrückt; sie hat auch durch die falsche Übersteigerung der Ansprüche, die man an sie stellte, schwere Enttäuschungen bereitet. Denn wenn sie schon dem Romeo keine Julia machen konnte, so kann sie ganz allgemein keinen Homunculus zum lebendigen Menschen machen.

Die Folge solcher Nöte und Enttäuschungen war jene Flucht vor der Wissenschaft, die wir miterlebt haben. Manche verfluchten sie überhaupt, andere forderten eine Wissenschaft, die nicht mehr Wissenschaft war. Sie beriefen sich ohne methodische Rechtfertigung auf das »Erleben« oder die »Schau«; eigentümliche Ersatzgebilde für Wissenschaft, wie Anthroposophie, Astrologie, Chiromantik und andere Geheimlehren fanden reichliche Nachfrage. – Weit höher stand das Bestreben der George-Schule, Wissenschaft, Kunst und Mythos miteinander zu verflechten, obwohl auch hier der reine Sinn der Erkenntnis gefährdet werden mußte. Die größte Gefahr für alles wissenschaftliche Denken erwuchs aber aus der pragmatischen Wissenschaft, die sich etwas darauf zugute tat, unmittelbar aufs Tun zugespitzt zu sein. Wir kennen sie in Deutschland vor allem in der Form der sogenannten Ideologienlehre. Über Karl Marx hinausgehend, behauptet sie, alles Wissen diene nur der Sicherstellung einer gesellschaftlichen Gruppe; sie sei nur ihr verkappter Lebens- und Machtwille, und die neu heraufkommende Klasse habe jeweils die größten Chancen zur Erkenntnis der Wahrheit. Es war ein richtiger Gedanke, wenn man darauf hinwies, daß auch die Forschung in den Kulturwissenschaften seinsgebunden und standortsgebunden sei: Jeder denkt von einer bestimmten historischen, sozialen, ja persönlichen Perspektive aus; aber der Sinn der Wissenschaft muß notwendig zerstört werden, sobald man ihr Eigengesetz verkennt und in den Irrtum verfällt, daß noch irgend jemand überhaupt »Wissenschaft« treiben könne, nachdem sie als Politik entlarvt worden ist. Es besteht eine eigentümliche Parallele zwischen der naturwissenschaftlichen Relativitätstheorie und dieser sozialen Standortslehre. Die Relativitätstheorie betont sogar die *Beliebigkeit* des gewählten Bezugssystems. Man kann aber mit ihm nur arbeiten, wenn die verschiedenen Bezugssysteme innerhalb eines geschlossenen theoretischen Zusammenhanges nach festen Gesetzen aufeinander zurückgeführt werden können. Entsprechend hier: man mag herkommen, von welchem Standpunkt man will: mit dem ersten Schritt, den man in wissenschaftlicher Absicht tut, unterwirft man sich dem Eigengesetz gegenständlicher Erkenntnis, oder man betrügt sich und die Welt. Dies alles ist schon in Platos ›Gorgias‹ so deutlich auseinandergesetzt, daß die ganze Frage eigentlich keine Beunruhigung mehr hervorrufen sollte.

Wichtiger ist es, den richtigen Weg zwischen der Überschätzung und der Unterbewertung der Wissenschaft zu finden. Zu den höchsten Leistungen theoretischen Geistes gehört immer wieder die Selbstbegrenzung der Wissenschaft. In dieser Hinsicht können wir Kants Vorbild noch heute nicht entbehren; denn jeder übersteigerte Anspruch führt nicht nur zur Anklage gegen die Theorie überhaupt, sondern er täuscht die Menschen über Verantwortungen, die sie tragen, und über das Wirken sittlicher Kräfte, die nicht durch bloßes Denken aufzubringen sind. Die Wissenschaft ist dem Auge vergleichbar; aber das Auge ist nicht der ganze lebende Organismus. Deshalb hat die Revolte gegen die Wissenschaft überall da berechtigten Sinn, wo das Wissen die tiefsten Kräfte des Lebens erdrückt, und überall da, wo etwas der Neutralität des Begreifens unterstellt werden soll, was nicht *be*griffen, sondern nur im geistigen Wagnis *er*griffen werden kann.

II.

Es ist auch eine theoretische Vereinfachung, wenn wir den Druck der Kultur und die gegen sie revoltierenden Kräfte nur auf dem Gebiete der Wirtschaft, des Staates und der Wissenschaft verfolgt haben. Wäre Vollständigkeit beabsichtigt, so müßte auch von der Schichtung der Gesellschaft, also von dem sozialen Druck, die Rede sein. Wir alle kennen diese Seite unserer Gegenwart zu gut, als daß sie hier einer neuen Auseinandersetzung bedürfte. Zögen wir die *Kunst* in unsere Betrachtung mit hinein, so würden in ihrem Spiegel die hier hervorgehobenen Verhältnisse vielleicht noch deutlicher erscheinen als in der bloß begrifflichen Feststellung. Denn ohne Zweifel schlägt sich gerade in den Schöpfungen der Kunst die Sehnsucht des geistigen Lebens mit besonderer Ausdruckskraft nieder. Aber es war wiederum ein Irrtum, wenn man alle Kunst nur von dieser Ausdrucksfunktion her deuten wollte. Die Gebilde künstlerischen Schaffens beruhen auch auf dem Ringen der Seele mit dem Überseelischen. Auch sie greifen in die Welt der Gehalte und der ewigen Gestalten ein, wenn auch in der freiesten, bildsamsten Zone. Alle höhere Kunst ruht darauf, daß begrenztes seelenhaftes Leben mit bereits geformten geistigen Mächten zusammentrifft und über sich selbst hinausgeführt wird. Andererseits hat jede Kunst, sie sei so fragwürdig, wie sie wolle, doch Symptomwert für den Stand einer Menschengruppe zwischen Leben, Seele, Geist, Idee. Aber wir verzichten für diesmal auf das Reich plastisch bildender Phantasiekräfte, um der *Realität* selbst ins Auge zu schauen.

Erinnern wir uns jener beiden Fragen, die wir vorangestellt haben: Wie wirkt die Kultur auf den Menschen als biologisches Wesen? Wie wirkt sie auf den Menschen, der der Welt einen letzten Lebenssinn abzugewinnen sucht?

Die Kultur, geschaffen, *auch* um das Leben zu fördern, wirkt in ihrer heutigen Gestalt mindestens ebenso oft lebensfeindlich wie lebenfördernd. Schon die bloß biologische Kraft des Menschen ist durch die Ansprüche der Kultur gefährdet. Nicht davon reden wir, daß wir uns in ihrem Dienst verbrauchen; denn dazu sind wir da. Bedenklich wird der Druck der Kultur erst dann, wenn er die wesentlichen Bedingungen in Frage stellt, ohne die auch die Kultur nicht fortbestehen kann: nämlich die Erzeugung einer Nachkommenschaft überhaupt und die Erzeugung einer gesunden Nachkommenschaft. Wichtiger als alle Kunstformen der Gesellschaft sind ihre auf Blutzusammenhang beruhenden Naturformen: die Familie und das Volk, schon als reine »Lebens«gebilde genommen. Beide sind in ihren Wurzeln bedroht. Für die Familie braucht das leider kaum noch ausgeführt zu werden. Was das Volk betrifft, so sind wir heute in Deutschland so weit, daß der Wille zum Kinde von anderen sittlichen Motiven her die stärkste Einschränkung erfährt. Vielleicht liegt darin der tragischste Konflikt, den unser Kulturleben überhaupt in sich trägt. Für wen arbeiten wir als Volk, wenn der Blutszusammenhang in die Zukunft hin fraglich wird?

Aber die Schädigungen gehen weiter. Es gibt spezifische Kulturneurosen. Der vom Druck der Kultur erschlaffte Mensch ist vielfach – gleichsam durch die Rache der Natur – einem abnorm gesteigerten Sexualleben verfallen, das von der gesunden Totalität leiblich-seelischen Menschentums abirrt und neurotische Konflikte erzeugt. Je einseitiger sich der moderne Mensch auf die Arbeit – sei es geistige oder mechanische – konzentriert, um so mehr spaltet sich sein leiblich-vitales Leben ab. Es wird zu der Schicht seines Lebens, das unter dem Einfluß einer ebenso einseitig sinnlichen Phantasie die bequemste Gelegenheit zu Entspannungen gewährt. Dieser »Ausweg« steht immer offen, und in seltsamer Werttäuschung über den Totalsinn der *Lebens*zone wird sie nun isoliert zu dem »Eigentlichen«, in das man immer flüchten kann, während alles

Geistige dazu herabgemindert wird, »nichts anderes als« verkappte libido zu sein. Nur für einen durch die Großstadtkultur geistig entwurzelten Menschen gilt die psychoanalytische *Deutung*, daß in seiner seelischen Organisation das Sexuelle den letzten Kern bilde. Wohl aber ist gewiß, daß die Kultur in einer schon erheblich geschwächten Generation ungeheuere seelische Belastungen erzeugt, so daß die *Psychosynthese* – eine wesentliche Aufgabe der sittlichen Selbstgestaltung – vielen nicht mehr gelingt. Eine Fülle von Geisteskrankheiten und Neurosen ist die Folge. Vermutlich ist die nivellierte Gesellschaftsordnung unserer Zeit, in der grundsätzlich jeder alles werden kann, daran schuld, daß neben einem gesunden Aufstiegswillen stark verkrampfte Formen des Geltungstriebes und der Überbetonung eigenen Wertes entstanden sind. Diese Menschenart ist heute so häufig, daß Alfred Adlers Individual-Psychologie aus ihr eine ganze Seelentheorie entwickeln konnte. Allgemein gesprochen: jeder einseitig entwickelte Typus des Kulturmenschen erzeugt heute seine zugehörige, meist ebenso einseitig gerichtete Psychologie.

Die Auflehnung gegen die Schädigung der *»Lebens«*grundlage durch die Kultur hat zu einer gewaltigen Gegenbewegung geführt. Der Sport als weitgreifende gesellschaftliche Erscheinung ist geboren aus der Angst vor dem Versagen vitaler Kräfte. Der dunkle Drang eines Selbstheilungswillens treibt die Menschen dazu, an der Gesundheit ihres Leibes zu arbeiten, um den Anforderungen der Kultur weiter standhalten zu können. Das Rekordwesen ist gleichsam der Wettlauf des leiblich-seelischen Menschen mit der Kultur: er möchte dem, was gefordert ist, immer noch um eine Ellenlänge voraus sein. Die tiefe Wahrheit Nietzsches, daß Gesundseinwollen und Starkseinwollen zur Sittlichkeit gehört, ist in weite Kreise durchgebrochen. Den fein getönten Zusammenhang zwischen dem Seelischen und Leiblichen suchen zahllose Systeme der Körperkultur zu ergründen und zu veredeln. So ist vor unseren Augen tatsächlich ein ganz anderer, körperfroher Mensch im Entstehen, der auch im Sexuellen wieder einfacher, gesunder, offener empfindet. Nur unsere Bühnenkunst bevorzugt noch die schwüle Dekadenz eines Zeitalters, das wir gottlob zu überwinden beginnen. –

Aber ist nun auch diese Kultur, für die so viele Opfer an Leben und Arbeit gebracht werden, wirklich geeignet, dem Dasein letzten Sinn und Inhalt zu verleihen? – Zwei scharf entgegengesetzte Antworten werden von unserer Zeit auf diese Frage gegeben. Für viele ist die objektive Kultur wirklich *der Gott* geworden, über den hinaus zu forschen sinnlos ist. Sie kennen nichts als die immer bessere Gestaltung des Diesseits, und das heißt für sie: die größtmögliche Wohlfahrt der größtmöglichen Zahl. Für sie hängt es zuletzt nur vom Fortschritt der Wissenschaft und der gesellschaftlichen Einsicht ab, wie weit sich das Leben auf Erden vervollkommnen läßt. Glück und Friede durch soziale Organisation erscheint ihnen als höchste Aufgabe. Daß dabei die letzte Sinnfrage unbeantwortet bleibt, kommt ihnen kaum zum Bewußtsein. Was aber sollte den einzelnen verpflichten, sein zeitliches Dasein einer ebenso zeitlichen und vergänglichen Kultur zu opfern, wenn er nicht glaubte, über das spärliche Maß von Glück hinaus *seiner Seele einen Wert zu verleihen*, der in der Tiefe von überzeitlicher, von absoluter Herkunft ist?

Seit etwa zwei Jahrzehnten hat sich gegen den Geist der Weltlichkeit immer entschiedener eine Gegenbewegung erhoben, die wieder das Leben aus dem Absoluten heraus fordert. Aber diese entschiedenen Absolutisten kommen zu einer entgegengesetzten Übersteigerung. Für sie ist die Kultur keinen Schuß Pulver wert. Auch der Mensch selbst gilt ihnen als abgrundtief böse. So entsteht die radikale Kulturverneinung, die in der jüngsten protestantischen Theologie den beherrschenden Grundton bildet. Am weitesten geht Gogarten, wenn er ein »totales Entwerten alles dessen« fordert, »was unser gewöhnliches Leben ausmacht und unsere gewöhnliche Wirklichkeit konstituiert«. . . . »Die Welt, so wie sie ist, ist ein Abfall von Gott und . . . darum bis auf den Grund zu verneinen.« Wie sich diese Richtung als »Theologie der Krisis« bezeichnet, so ist sie selbst auch unverkennbar ein Erzeugnis der tiefen Kulturkrisis, die durch den großen Krieg zum Bewußtsein gekommen ist. Alle Formen, alle Ideen, alle gestalteten Mächte der Kultur erscheinen nunmehr als fragwürdig; am fragwürdigsten aber der Mensch selbst, der aus dem Wahn seines Schöpfertums aufgeschreckt und seiner restlosen Abhängigkeit von Gott bewußt geworden sei. Ein leidenschaftlicher Kampf gegen jede Form des Humanismus, d. h. gegen die Bejahung des Menschen, seiner Freiheit und seines Willens zum Guten ist entbrannt. Man wirft sich in den Abgrund der göttlichen Barmherzigkeit, um – alles aus der Hand der Gnade *wieder*zuempfangen.

Denn so berechtigt der Zweifel am Werte dieser Welt und so echt die Hinwendung zum wirklich Absoluten ist, in der Kierkegaard unserer Generation vorangegangen ist: als einen Übungsstoff der sittlichen Kräfte und des religiösen Glaubens wird auch diese Theologie die Kultur gelten lassen müssen, wenn der in der Entscheidung stehende Mensch sich nicht vor dem Nichts und dem Leeren, vor der Verzweiflung der absoluten Sinnlosigkeit seines Daseins finden soll. Die Spannung zwischen Kultur und göttlicher Ewigkeit bleibt bestehen; aber jenes begrenzte Wirkungsfeld unserer Arbeit am Diesseits ist doch der Ort, an dem wir allein Gott erfahren können. Die gedeutete Kultur wie die Natur ist die *Wirklichkeit*, an der und aus der wir allein das Angesicht Gottes spüren. Sie ist das *zwischen* Gut und Böse: *Seine* große Frage an uns, *unsere* große Aufgabe, damit wir wachsen und stark werden. So viel also lehrt uns jene ernste theologische Bewegung, die auch in der Philosophie ihren Widerhall findet, daß jede Kulturarbeit außer gesunder Kraft auch einen *Glauben* braucht.

Wir stehen nicht vor dem Ende einer »Illusion«, sondern eine gewaltige religiöse Vertiefung wird von uns gefordert. Aus dieser allein kann ein neuer Kulturwille geboren werden, oder die Kultur selbst erliegt dem Schicksal dieser Sinnlosigkeit. Die Seele in methaphysischer Bedeutung ist es, an deren Ewigkeitscharakter und sittlicher Forderung wir zuletzt doch allen Wert der Kultur messen. Deshalb wird keine Kultur unseren Anteil verdienen, die über diese lebendige Seele des Menschen achtlos hinweggeht. Freilich meinen wir damit die Seele, die sich als Trägerin letzter Werte und Ideen verantwortlich weiß, die Seele, die dem Nächsten, dem Staat, der Kulturgemeinschaft durch ihren geistigen Lebensgehalt verhaftet ist; nicht die bloße, mit sich und ihrem Daseinsanspruch beschäftigte Sonderwelt.

Ist es aber so, daß der Mensch heute wieder in letzter Gewissenstiefe eine Kulturverantwortung fühlt, fühlen *soll*, dann steht er vor großen Entscheidungen. Dies ist der Sinn der heute viel gehörten Rede von dem Menschen, der an der Grenze steht, der in der Verantwortung, der in der Krisis steht. Es ist die *sittliche* Kultur, um die heute wieder mit ganzem Ernste gerungen wird. Gerade weil man hinter dem eigenen Wollen die Verantwortung vor dem Absoluten spürt, haben die großen Auseinandersetzungen der Gegenwart wieder den Charakter entscheidender Weltanschauungskämpfe angenommen. Die beteiligten Gegner werden nur mit vorläufigen Namen und in roher Begrenzung sichtbar: Amerikanismus, westeuropäischer Internationalismus, Bolschewismus, Faschismus – sie sind nur Symbole, hinter denen sich grundsätzliche Einstellungen zum sittlichen Sinn der Kultur verbergen. Man muß sich *entscheiden*. Das Zeitalter einer gleichgültigen und neutralen Toleranz ist abgelaufen. Es klingt heute fast archaisch, wenn man hört, daß irgend etwas geistig Großes bewirkt werden solle »gemeinsam, ohne Unterschied der Weltanschauung«. So konnte man denken, als man noch hoffte, die Wissenschaft werde einmal eine einzelne Weltanschauung als die allein richtige erweisen. Diese Hoffnung hat die Wissenschaft selbst zerstört. Die Wahrheit ist eine gestaltende Kraft im Leben, und auch sie stammt aus dem Absoluten. Aber es geht nicht nur um Dinge der Erkenntnis, sondern es geht darum, zu welchen letzten Voraussetzungen der geistigen Existenz und des kulturellen Aufbaues man *Ja* sagen will. Bloße Gedanken mögen leicht beieinander wohnen und sich vertragen; aber ein Kulturideal bleibt nicht bloßer Gedanke, sondern es will in der Wirklichkeit Raum gewinnen, und auf dem Boden, auf dem das eine sitzt, kann nicht auch das andere herrschen. Kein Zweifel, wir gehen einem Jahrhundert großer weltanschaulicher Auseinandersetzungen entgegen. Eine neue Geisterschlacht auf den katalaunischen Gefilden steht bevor.

Welches Ziel und welche Hoffnungen dürfen wir in solcher Stunde der Weltentwicklung hegen? – Die großen objektiven, überindividuellen Kulturmächte, die miteinander ringen, sind von der schwachen Hand des einzelnen nicht zu lenken. Wir stehen selbst unter ihrem Druck. Aber wenn es darauf ankommt, die Spannung zwischen der modernen Kultur und dem Menschen zu verringern, so liegt darin die Forderung, daß das Menschendasein diesem großen kommenden Kampfe gewachsen sei. Die unsagbar schwere Verantwortung von Bildung und Erziehung in unserer Zeit türmt sich vor uns auf. Wir werden nicht glauben, daß wir Menschen machen könnten einfach nach einem Bilde, das uns vorschwebt, und wäre es das höchste. Aber es war immer so, daß die ältere Generation durch ihren Erziehungswillen Gewichte hineingab in die kommende Entwicklung. Wie die Saat aufgeht, liegt dann in Gottes Hand. Von dieser Pflicht können wir uns auch heute nicht entbinden, etwa unter dem Vorwand, wir wüßten selbst nicht Rat, oder der Jugendliche entscheide allein aus sich selbst. Erst müssen ihm die Mittel gegeben sein, sich zu entscheiden.

Es ist überhaupt ein falscher Boden, auf den wir uns stellen, wenn wir den Kampf zwischen dem Alten und dem Neuen so auffassen, als ob das Neue von vornherein das unbedingte Recht auf seiner Seite hätte. Dies ist so wenig der Fall, wie das Alte nur seines Alters wegen gerechtfertigt ist. Wenn wir nicht der Überzeugung sind, daß in den wechselnden Formen und Erscheinungen des Historischen irgend etwas von zeitlosem Werte waltet und beharrt, dann können wir dem Leben überhaupt keinen Sinn abgewinnen. Was sich wandelt, ist immer nur der Anwendungsbereich von menschlichen Kräften und Gesinnungen, denen im Kerne ein Ewiges innewohnt. Wie auch die Wissenschaft fortschreite: der Wille zur Wahrheit wird als bleibender Sinn hinter ihr liegen müssen. Wie auch die Verhältnisse unter den Menschen schwanken mögen: Gerechtigkeit und Treue werden unverrückbare Richtpunkte bleiben. Wir reden von den »ewigen Ideen«, wenn wir diese *Sinnkonstanten* bezeichnen wollen. Der Ausdruck ist schon ein wenig trivial geworden, und es ist zweifelhaft, ob man sich immer das Richtige dabei denkt, vor allem: ob man es in seiner praktischen Lebensbedeutung erfaßt. Machen wir uns also ein wenig deutlicher, was das heißt. Niemand wird zweifeln, daß die gesellschaftliche Moral als ein Gebilde geschichtlicher Herkunft mit der Gestaltung der Kulturinhalte wechselt. Die inhaltlichen Werturteile haben eine sinnvolle und nicht zufällige Abhängigkeit von den Aufgaben, die mit den Kulturbeständen einer historischen Gesellschaft gesetzt sind. Unwandelbar ist aber ihrem Wesen nach die Sittlichkeit, die im einsamen Gewissen des Menschen gegenwärtig ist. So ist, um das größte Beispiel zu nennen, der Lehrgehalt der Bergpredigt keine »Moral«, die auf besondere historische und nationale Umstände Bezug hätte, sondern es ist die ewige »Sittlichkeit«, für deren letzten Sinn es keinen anderen Ausdruck gibt, als »das reine Herz«. Auch Kant hat wohl gewußt, daß der unübersehbare Inhalt sittlicher Aufgaben und ihrer Anwendungsfälle nicht überhistorisch formuliert werden kann. Gerade deshalb wies er hin auf den einen Punkt, der sich im Wechsel nicht wandelt, nämlich auf das Gute selbst und auf das wache Gewissen, das in jeder Situation die Selbstprüfung seiner Motive neu unternimmt. Man hat diesen Formalismus zu Unrecht getadelt. In Wahrheit kommt es darauf an, eben diese Fixsterne im Auge zu behalten und im Bewußtsein lebendig zu bewahren. Angewandt auf die Erziehung: Wir werden niemals der ganzen Fülle möglicher Lebensaufgaben in ihr gerecht werden können, am wenigsten jenen Aufgaben, die mit einer noch ungekannten Zukunftsgestalt der Kultur auftreten werden. Deshalb muß notwendig jede Erziehung unsicher werden, die sich einseitig an Zukunftsforderungen orientiert. Aber auch das Vergangene als Vergangenes vermag den Halt nicht zu bieten, den der Mensch mit einem begreiflichen Sicherungsbedürfnis von ihm erhofft. Natürlich müssen Stoffe und Gebiete der Erziehung der Wirklichkeit unseres heute lebendigen Geisteszusammenhanges entnommen werden; aber doch immer mit der Blickrichtung auf das Ewige, das durch sie hindurchschimmert und *an* ihnen lebendig gemacht werden kann. Das Ewige liegt nicht in den Stoffen, sondern immer im Menschen selber. Der Sinn der Erziehung – auch er ein ewiger Sinn – geht also darauf, an allen noch so verschiedenen Materialien das Bewußtsein des Werdenden zu wecken, daß aller Kampf im Zeitlichen um ein Ewiges geführt wird. Und bis zu dem ahnenden Erfassen dieser ewigen Sinnrichtungen müßte die Erziehung vordringen, die mehr sein will als bloße Ausstattung mit nützlichen Kenntnissen und Fertigkeiten: nicht etwa, als ob die Gestalt der Kultur inhaltlich gleichgültig wäre, – aber doch aus der Gewißheit heraus, daß alle kommenden Kulturgesellschaften ohne dieses Letzte wertlos und haltos sein müssen, nämlich ohne Menschen, die aus der Tiefe der sittlichen Entscheidung und aus einem Glaubensmittelpunkte heraus leben. Um den Menschen in diesem Sinne wird es zu allen Zeiten gehen. Das ist schon in dem Bibelwort enthalten: »Was hülfe es dem Menschen, so er die ganze Welt gewönne und nähme doch Schaden an seiner Seele?« Es bleibt dabei, daß das *Ideenhafte* in der Seele entbunden werden muß, sei es auch nur als eine Ahnung, die durch die Kraft der unformulierten und unformulierbaren Gewißheit hindurch wirksam wird. Denn die letzte Überzeugung haben wir *nicht* in der Form begrifflicher Klarheit.

In der Gegenwart ist es um so wichtiger, diese Wahrheit festzuhalten, weil jene großen Kulturentscheidungen bevorstehen, die wir mit ihren vorläufigen Namen kurz angedeutet haben. Sie kommen heran, wie gewaltige Wellen, die den einzelnen mit fortzuspülen drohen und dies auch in der Tat tun werden, sofern er nichts ist als dieser vergängliche einzelne. Der Mensch aber, der sich einem Ewigen verpflichtet weiß, kann den Massentendenzen und anonymen Weltmächten nicht einfach passiv verfallen. Besonders da, wo es sich darum handelt, Führer heranzubilden, die in dem nahestehenden Sturm feststehen und den Weg zu zeigen vermögen, kommt es darauf an, daß die Tiefenschicht ihrer Seele aufgegraben sei, in der sie die Verantwortung für die künftige Gestalt der Welt erfassen und erfahren. Dies ist unendlich dringender als jede Erörterung über die Ausstattung mit nötigen und nützlichen Bildungsgütern; denn die Diskussion hierüber wird doch nie zu irgendeinem Ende führen. Das aber ist entscheidend, daß die deutsche Erziehung sich allen Bewegungen entgegenwerfe, die diese Verantwortung abschwächen und durch die Übermacht herrschender Kollektivgebilde ersetzen wollen. Mit anderen Worten: Die heutige Jugend muß sittlich stark werden für den *Kampf;* aber jeder Kampf, vor allem der geistige, hat zum Ziele eine neue, bessere Ordnung der Welt. Wie die Rechtsordnung selber überall das Doppelgesicht trägt, zugleich Kampfordnung und Friedensordnung zu sein, so liegt im sittlichen Leben überhaupt die Dialektik, daß nur im Sicheinsetzen und Durchhalten wirklich neue höhere Formen menschlichen Daseins gestaltet werden können. Und praktisch gesehen, geht es um ein neues *Recht* auf Erden, dessen Inhalt wir heute noch nicht ahnen. Es genügt aber, daß dieser Wille zum Recht als unbeirrbare und vielleicht auch noch unformulierbare Gewißheit in uns walte. Die bloße Tatsache, daß Menschen von dieser Art da sind und wirken, wird von gestaltgebender Bedeutung für die Zukunft der Welt sein. –

Es ist keine übertriebene Selbstschätzung, wenn wir glauben, daß gerade dem deutschen Volke nach seinen tragischen Schicksalen eine besondere Verantwortung in dieser Hinsicht auferlegt sei. Wir spüren dies an dem Ernste und der Glut, mit der wir untereinander darum ringen, wie denn nun jenes Gute in der Wirklichkeit aussehen solle. Wenn es nur darauf ankommt, als Nation einig zu sein, so werden andere Völker unzweifelhaft besser daran sein als wir. Sie haben ihren vorwiegenden Kulturstil; der innere Kampf ist also leichter oder bleibt ganz erspart. Deutschland ist auch im geistigen Sinne das Land der Mitte, insofern alle Gestaltungen des Geistes, die sich heute gegeneinander zu rüsten beginnen, in ihm durch große Volksgruppen vertreten sind. Marxistische und kapitalistische, nationalistische und internationale, pazifistische und aktivistische, diesseitige und jenseitige Standpunkte sind lebendig. Die einen sehen in Amerika, die anderen in Italien, die nächsten in Moskau und wieder andere in Genf die beste Zukunftsgestalt der Kultur verkörpert. Wer sich für die Erziehung des Volkes verantwortlich fühlt, wird achtgeben müssen, daß das Volk durch diese Spannungen nicht geistig und politisch auseinandergesprengt werde.

Der Kampf selbst ist nicht zu umgehen; aber er soll mit geistiger Werbekraft, nicht mit roher Gewalt und mit Gesinnungsdruck geführt werden. Die Geschichte lehrt, daß in der wirklichen Bewegung der Kultur alle zunächst abstrakt formulierten programmhaften Gegensätze sich im Resultat durchdringen. Nur können solche Synthesen nicht auf dem Papier oder durch bloße Begriffskünste gemacht werden. In der lebendigen Auseinandersetzung, durch Tat und Wagnis allein, bilden sich die höheren Formen der Kultur. Und ebenso gewiß ist es, daß aller Kampf zuletzt den Frieden meint, daß also eine neue *Kulturgemeinschaft* das Ziel ist; diese Gemeinschaft wird nicht ohne ein neues Recht sein können. Denn das Recht ist in der Ordnung der Kultur die eigentlich aufbauende, synthetische Macht, und jeder echte, sittlich gemeinte Kampf ums Recht ist produktiv. –

Aber auch das Recht bleibt eine παλίντροπος ἁρμονίη (aus Gegensätzen gespannte Harmonie). Dieser Spannungscharakter liegt im Wesen des Lebens auf allen seinen Stufen. Das absolute Glück, der restlose Friede vermag in der Struktur der Welt nicht zu gedeihen. Denn wenn wir alles, was wir berührt haben, zuletzt in einem großen Bilde zusammenfassen dürfen, so liegt hinter dem Gegensatz: »Kultur und lebender Mensch« eine noch viel tiefere metaphysische Spannung. Der Mensch ist wirklich »Wanderer zwischen beiden Welten«. Angeheftet an den Boden und die Kräfte der Natur, die durch ihn hindurchlebt, rührt er mit dem Scheitel an das Ewige, Göttliche. Er baut sich dazwischen sein geistiges Reich, das aus Vergänglichem und Ewigem gemischt ist. Helfen wir mit – als einzelne, als Volk, als Menschheitsglieder –, daß er nicht falle, sondern von Stufe zu Stufe geläutert mit seiner Seele und mit seinen Werken aufwärts steige, entgegen dem Licht, aus dem wir leben, weben und sind!

Wissenschaft – Ideologie – Gesellschaft

1937

Moderne Kultur ist nicht denkbar ohne Wissenschaft. Bei oberflächlicher Betrachtung könnte es so scheinen, als ob Schulen und Hochschulen die Theorie pflegen, die Praxis aber davon unbeirrt ihren gesunden Weg ginge. In Wahrheit ist das ganze Leben um uns herum voll von Wissenschaft, die längst zur selbstverständlichen Praxis geworden ist: von der Schrift und den Zahlen bis zum Thermometer, zur elektrischen Bahn und der Statistik, die der Steuerverwaltung zugrunde liegt. Wissenschaft ist also nicht nur ein Zweig der Kultur, sondern sie ist in alle Kulturgebiete seit Jahrtausenden eingeschmolzen.

Um so überraschender ist es, daß gerade in der rationalen Kultur des Abendlandes neuerdings ein Kampf gegen die Wissenschaft begonnen hat, der vielfach fast aus Haß hervorzugehen scheint. Man kann für diese Erscheinung eine Anzahl von Gründen zweiten Ranges anführen. Die abendländische »Wissenschaft« ist von der uralten »Weisheit« des Orients dadurch unterschieden, daß sie Forschung ist. Forschung aber muß sich mit dem einzelnen und Kleinsten beschäftigen. Sie wird daher unendlich und unübersehbar. Sie drückt auf das Gemüt des Lernenden und erweckt in ihm den Widerstand des Verzweifelnden, ungefähr so, wie der Europäer in höherem Alter daran zweifelt, noch jemals die Zeichen der chinesischen Schrift zu erlernen. Ferner: allzu viel Besinnung lähmt die Tatkraft; wer da handeln will, darf nicht zu sehend sein. Endlich: die Wissenschaft gibt selten eindeutige, fertige Resultate. Ihre Vertreter fressen sich gegenseitig auf, ohne beiderseits erkennbare Reste zu hinterlassen.

Dies alles mag man gegen die Wissenschaft anklagend einwenden. Man geht zwar im nächsten Augenblick doch zum geprüften Arzt oder man telephoniert oder vertraut der sicheren Konstruktion eines Schiffes. Die Anklagen richten sich also weniger gegen Medizin, Naturwissenschaft und wissenschaftliche Technik als gegen denjenigen Zweig, den man in Deutschland die Geisteswissenschaften nennt, in England moral sciences. Wenn man ihnen heut Mißtrauen entgegenbringt, so ist es nicht erwiesen, daß es nur auf der Unwissenheit der Laien beruht. Es ist auch denkbar, daß die Wissenschaft selbst ihr eigentliches Wesen verfehlt haben könnte und daß sie selbst an der Krisis schuld trägt, in die sie geraten ist.

Beleuchten wir dieses Problem einleitend durch einen kurzen historischen Rückblick! Man darf behaupten, das, was wir im Abendlande Wissenschaft nennen, gehe auf *einen* Mann zurück, der das Programm gefaßt hat: auf Plato. Aristoteles hat das Verdienst, die Logik des Abendlandes, besser, ihren Haupttypus ausgebildet zu haben. Die Grundidee der Wissenschaft selbst aber stammt von Plato. Und bei ihm bedeutet Wissenschaft noch die Einsicht in den Weg der richtigen Lebensführung. Da diese außerhalb des Staates nicht möglich ist, bedeutet Wissenschaft für ihn zuletzt die Lehre vom wahren Staat. Im christlichen Mittelalter geht der Anspruch der Wissenschaft, nämlich der Scholastik, noch höher: Sie versucht, die Tiefen der Gottheit nachzudenken, und errichtet ein Gesamtgebäude des Wissens, das Himmel und Erde umfaßt. Seit der Renaissance im 16. Jahrhundert scheint der moderne Wissenschaftsgeist erst seine eigentlichen Triumphe gefeiert zu haben. Und doch kann man nicht leugnen, daß sie sich in den Jahrhunderten seit Descartes und Baco immer mehr verflacht hat. Leibniz und Newton verwendeten in ihrer Erklärung des Universums noch den Gottesbegriff. Kants theoretische Philosophie aber gipfelt darin, daß der Gottesgedanke als wissenschaftlich unbrauchbar aus der Theorie herausgeworfen wird. Und der französisch-englische Positivismus läßt nur noch empirische Einzelwissenschaft gelten. Metaphysik ist für ihn eine völlig überwundene Denkform.

Das heißt aber, daß die Wissenschaft ihren ursprünglichen Anspruch, Führerin des Lebens zu sein, freiwillig aufgegeben hat. Der Positivismus diskutiert in der Regel das Problem der Werte und Ziele überhaupt nicht mehr. Fortschritt, Ordnung der Gesellschaft, das größtmögliche Wohlbefinden der größtmöglichen Zahl verstehen sich für ihn von selbst. Gerade dies eben trifft nicht zu! Denn in der Gesellschaft, die in der großen französischen Revolution von 1789 erschüttert wurde, sind viele Parteien entstanden. Jede von ihnen hat einen besonderen Wissenschaftstypus entwickelt. So haben wir, wenigstens in Frankreich und den angelsächsischen Ländern, seit 1789 das Schauspiel, daß die Gesellschafts-Wissenschaft ein Instrument politischer Richtungen geworden ist. Im Mittelalter war sie die Dienerin der Theologie. Heut ist sie die Dienerin der Parteipolitik geworden. Dies könnte man den Sündenfall der Wissenschaft nennen. Sie ist nun ein bloßes vielgestaltiges *Mittel* zum Leben geworden. Sie hat ihren Charakter als Herrscherin und Führerin verloren. Deshalb steht sie in der Krisis.

Dieser Selbstverzicht der Wissenschaft hat vor einigen Jahren in Deutschland einen charakteristischen Ausdruck gefunden. Max Weber sprach 1919 vor Studenten über das Thema: »Wissenschaft als Beruf«. Er führte aus, daß das Ziel der Erkenntnis die Entzauberung der Welt sei. Diese Überwindung magischen Denkens aber beruhe auf rationaler Kausaleinsicht und nur auf Kausaleinsicht. Es ist der Wissenschaft nach Weber verboten, Werturteile zu fällen, und es ist ihr unmöglich, Wertstandpunkte zu begründen. Die Soziologie erforsche nur die kausalgesetzlich geordneten *Mittel* des Handelns. Sie stelle die berechenbaren Erfolgschancen dar, die dieses oder jenes Verhalten habe. Von welcher Weltanschauung oder welchem politisch-sozialen Wertstandpunkt aus man aber das System geordneter Mittel in Bewegung setzt, das gehöre nicht mehr in den Bereich der Wissenschaft; es sei Sache persönlicher Stellungnahme, die *vor* aller Theorie liegt. Wissenschaft habe nicht zu agitieren oder zu prophezeien, sondern einfach: Kausalrelationen festzustellen.

Dieses vielbeachtete Programm war ein letzter Versuch, die Weltanschauungsfreiheit oder, wie man dafür kurz sagt: die Voraussetzungslosigkeit der Wissenschaft zu begründen. Es wird hier zwar schon zugegeben, daß man sich der Wissenschaft von ganz verschiedenen weltanschaulichem Boden aus bedienen kann; aber die Weltanschauung selbst bleibt außerhalb der wissenschaftlichen Diskussion und Begründung.

Schon Max Weber selbst hat praktisch ganz anders gearbeitet, als er es programmatisch festgelegt hat. Neuerdings aber ist man von dem Ideal, daß die Wissenschaft voraussetzungslos sein müsse, ganz energisch abgerückt. Da man jedoch die Wissenschaft einseitig in den Dienst der Politik gerückt hatte, so ergaben sich zwei neue Aufgaben, mit denen die abendländische Wissenschaft jetzt ringt: 1. Die Abhängigkeit des Wissenschaftsbetriebes von gesellschaftlichen und politischen Verhältnissen *überhaupt* darzustellen; 2. trotz dieser unleugbaren Relativierung zu zeigen, welches nun jeweils die *richtige* gesellschaftliche und politische Voraussetzung der Wissenschaft ist. Die zweite dieser beiden Aufgaben hat zu sehr verwickelten Ansichten geführt. Man bezeichnet diese Lehre als »Soziologie des Wissens«. Es wird sich zeigen, daß der neue Versuch einer Soziologie des Wissens seinen Mittelpunkt in dem Streit um das Wesen der Ideologie gefunden hat. Ich werde dies am besten klarmachen können, wenn ich in einem ersten Teil rein historisch die vier Stufen darstelle, in denen es zu der heutigen problematischen Lage der Wissenschaft und damit zu ihrer Anfeindung gekommen ist.

I.

Die Behauptung, daß Wissenschaft entscheidend beeinflußt sei von der gesellschaftlichen Lage, von der aus sie getrieben wird, daß sie folglich notwendig von einer sozialen Perspektive aus getrieben werde, ist zuerst von Marx und Engels aufgestellt worden. Diese Lehre ist allgemein bekannt als Unterscheidung einer bürgerlichen und einer proletarischen Wissenschaft. Sie hat aber einen Hintergrund, den man nicht ganz verstehen kann ohne Erinnerung an Hegels Geschichtsphilosophie. Hegel hatte die Weltgeschichte als die fortschreitende Darstellung und Bewußtwerdung des Weltgeistes selbst aufgefaßt. In dieser Entwicklung ist jede Stufe notwendig und sinnvoll; jede aber ist einseitig. Erst am Ende steht der absolut vollendete Zustand: die restlose Selbstverwirklichung des Weltgeistes.

Zu dieser Philosophie gaben Marx und Engels die bekannte Antithese. Sie bestritten, daß es die Idee sei, die den Kern des Seins bilde, und behaupteten, daß die materielle Seite der Kultur, die wirtschaftliche Entwicklung das Entscheidende, Erste und Richtunggebende sei: Die Idee ist für sie nur oberflächenhafte Spiegelung des »eigentlichen« Geschehens, nämlich der ökonomischen Produktionsverhältnisse. Oder mit ihren eigenen Worten: Nicht das Sein richtet sich nach dem Bewußtsein, sondern das Bewußtsein richtet sich nach dem Sein, d. h. hier nach dem ökonomisch-gesellschaftlichen Sein. Demgemäß unterschieden sie am historischen Prozeß den ökonomischen *Unterbau* und den ideologischen *Überbau* des Geschehens. Richtunggebend seien nur die wirtschaftlichen Verhältnisse, nicht die Ideen.

Diesen Grundgedanken wandten sie auch auf die Wissenschaft an. Sie behaupteten ihre Determiniertheit durch die soziale Lage und Perspektive. Der Feudale muß feudalistisch denken, der Bourgeois bürgerlich, der Proletarier proletarisch, – jeder, weil er so *ist*. So bezeichneten sie die vorgefundene Wissenschaft ihrer Zeit als bürgerliche Wissenschaft. Sie sahen in ihr bloß eine Verkleidung des bürgerlichen Lebens- und Machtwillens. Weil sie aber – im Stile der Hegelschen Epochenlehre – überzeugt waren, daß die Bourgeoisie ihre historische Rolle ausgespielt habe, erklärten sie diese ganze Wissenschaft für eine falsche Sicht, oder, nach ihrer neuen Terminologie: sie nannten sie eine bloße Ideologie, nicht echte Wissenschaft. *Ideologie* bedeutet also hier: gedanklichen Ausdruck für den sozial bedingten Machtwillen einer einzelnen Klasse.

Im Gegensatz hierzu erblickten sie die *echte* Wissenschaft in der eigenen Geschichts- und Gesellschaftslehre, dem sog. Marxismus. Weil nach Marx und Engels das Proletariat die Zukunft hat, hat es auch die ganze Wahrheit. Erst wenn sich die klassenlose, staatsfreie Gesellschaft herausgebildet hat, kann und muß auch die echte Wissenschaft in allen Köpfen durchdringen, weil erst dann alle die richtige Perspektive haben werden. Hieran ist zweierlei beachtenswert: 1. Marx und Engels behalten die Hegelsche Grundüberzeugung bei, daß ein definitiver, absolut befriedigender Weltzustand kommen muß. Bei ihnen nimmt diese Eschatologie die Gestalt der Verkündigung einer klassenlosen kommunistischen Gesellschaft an. 2. Marx und Engels bewahren den Glauben an die Möglichkeit echter Wissenschaft. Sie unterscheiden sie ausdrücklich von Ideologie. Für sie ist Ideologie *falsches* Bewußtsein über die eigene historische Situation, Selbsttäuschung, vielleicht sogar absichtliche Verfälschung des gedanklichen Überbaus im Interesse der Herrschaft der eigenen Klasse. Man beachte ferner, daß hier Wissenschaft angesehen wird als *seinsverbunden*, also als soziologisch *sehr* voraussetzungsvoll. Nach Marx und Engels ist die Wissenschaft gebunden an das vorgegebene gesellschaftliche Sein derer, die sie treiben.

Wenn man diese erste Stufe der soziologischen Auffassung der Wissenschaft folgerichtig weiterbildet, gelangt man zu einer zweiten, noch radikaleren. Aus der tatsächlichen politischen Entwicklung ergab sich der naheliegende Gedanke: auch der Marxismus ist nicht die reine Wahrheit selbst. Auch er ist *nur* Ideologie, nämlich der als Wissenschaft verkleidete Lebens- und Machtwille der proletarischen Klasse mit ihren in allen Ländern gleichen Daseinsbedingungen. Man kann sich ausmalen, daß eine neue Wendung der politisch-sozialen Verhältnisse eine neue Machtgruppe heraufbringen wird. Auch sie wird ihre eigentümliche Ideologie, ihr Kampfprogramm ausbilden, und auch sie wird es für die eigentliche wahre Wissenschaft ausgeben. In diesem Sinne etwa hat Pareto, der auf Mussolini eingewirkt hat, behauptet, daß immer diejenige politische Gruppe, die an der Spitze zur Machtgewinnung marschiert, vermöge ihrer realen Position die größte Chance habe, die gesellschaftliche Wahrheit zu Gesicht zu bekommen.

Dies Maskenspiel mag eine Zeitlang so weitergehen. Immer wieder neue Theorien, die aber im Grunde nicht Ausdruck des Willens zur Wahrheit, sondern des Willens zur Macht sind. Einmal muß doch die Stunde zur Demaskierung kommen. Oder deutlicher gesagt: schließlich wird niemand mehr auf solche Ideologien hereinfallen. Man wird sie entlarven als das, was sie sind: als politische Kampf- und Stoßprogramme. Dann aber wird folgende Wahl notwendig werden: entweder es gibt *nur* Ideologien und eigentliche, wahre Wissenschaft erweist sich als Illusion; oder man wird die echte Wissenschaft energisch von allen Arten politisch-sozialer Ideologien unterscheiden müssen.

Halten wir an diesem Knotenpunkt einen Augenblick still. Es ist die Soziologie des Wissens, die in diese Relativierung der strengen Wissenschaft hineingeführt hat. Man kann die soziologische Betrachtung der Wissenschaft in zwei Formen vertreten: in einer gemäßigten und in einer radikalen Form. Die gemäßigte Soziologie des Wissens liegt vor, wenn nur behauptet wird, die tatsächliche historische Gestalt der Wissenschaft sei durch soziale Faktoren mitbestimmt. Es wird niemand leugnen, daß schon das Subjekt des Wissenschaftsbetriebes auf ihre Richtung Einfluß hat: eine Priesterschaft wird metaphysische Fragestellungen bevorzugen; eine industriell-technisch interessierte Gruppe wird positive, kausal erklärende Wissenschaft treiben. Ebenso zweifelt niemand, daß mit der politischen Gesamtsituation die wissenschaftlichen Interessen wechseln und daß dementsprechend die Auswahl der Themen, die Bevorzugung der Wissenschaftsgebiete wechseln wird. Diese gemäßigte Soziologie des Wissens betrifft eigentlich nur den tatsächlichen Betrieb. Sie beansprucht nicht, die inneren Wahrheitskriterien für die wissenschaftlichen Urteile selbst zu geben. Max Scheler hat die Aufgabe einer Soziologie der Wissensformen in diesem unanfechtbaren Sinne aufgefaßt.

Davon unterscheidet sich grundsätzlich die radikale Form. Für sie gibt es geradezu soziologische Wahrheitskriterien. Für sie ist die Grundlage der Wissenschaft nicht nur Logik und Erkenntnistheorie, sondern – mindestens in den Geisteswissenschaften – auch die Soziologie. Dieser radikale, reine Soziologismus ist in neuester Zeit mit einem großen Aufwand verwickelten Denkens durchgeführt worden. Wir kommen damit zur dritten Stufe der Entwicklung. Ihr Hauptsatz läßt sich im voraus so formulieren: In jeder Wissenschaft ist unvermeidlich als wesensmäßiger Bestandteil auch Ideologie enthalten.

Auf dieser dritten Stufe wird der Gedanke, daß alles geisteswissenschaftliche Denken seinsverbunden ist, festgehalten; das heißt: in jedem Wissenschaftssystem steckt eine gesellschaftlich-politische Substanz als Voraussetzung. Es wird ferner festgehalten die Hegelsche Ansicht, daß jede historische Epoche in der Gesamtentwicklung einen eindeutig festgelegten Sinn hat. Diesen und nur diesen hat die Wissenschaft zu ergreifen. Man kann ihn verfehlen, dann hat man ein »falsches Bewußtsein«. Nach Karl Mannheim hat es zur Folge, daß man in die gegebene historisch-politische Wirklichkeit hinein mit einem falschen Bewußtsein nicht sinnvoll und erfolgreich handeln kann. Macht man mit dieser Anschauung ernst, so wäre es also dringlichste Aufgabe der Sozialwissenschaft, die aktuelle Gegenwart auf ihren Sinn zu deuten, gleichsam Zeitdiagnostik zu treiben und damit ein unmittelbares Fundament für politische Aktion zu liefern. Bis zu dieser Konsequenz ist Hans Freyer in seinem anregenden Buch: ›Soziologie als Wirklichkeitswissenschaft‹ vorgestoßen. Man könnte geradezu von einem soziologischen Existenzialismus reden. Aber er unterscheidet sich von anderen Formen des modernen Existenzialismus dadurch, daß hier immer noch mit Hegel die Voraussetzung gemacht wird: Jede Epoche hat einen eindeutig vorbestimmten Sinn im Weltgeschehen. Jede Wissenschaft muß also nicht nur seinsverbunden, sondern auch »zeitgemäß« in dieser tiefen Bedeutung sein. Nur dann kann die Wissenschaft auch mit unmittelbarer politischer Aktualität geladen sein.

Man sieht, wie weit sich diese Anschauung von dem Positivismus Max Webers entfernt hat. Bei Weber bleibt die wertende Stellungnahme, die der Forscher vollzieht, wissenschaftlich undiskutiert und undiskutierbar. Bei Freyer ist gerade die Diskussion der wertenden Stellungnahme zu der Zeitsituation der Kern derjenigen Wissenschaft, die soziale Realität erfassen und sogleich politisch weiterbilden will. Wenn sich die Wissenschaftslehre zwischen zwei so schroff entgegengesetzten Extremen bewegt, so ist es kein Wunder, daß man über ihre eigentliche Linie unsicher und gegen sie mißtrauisch geworden ist. Der Grund zu der aktualistischen Wendung bei Freyer ist offenbar, daß er die Wissenschaft von ihrer viel getadelten Lebensfremdheit befreien möchte. Nach ihm soll sie tatsächlich die zeitgemäße Ideologie machen, diejenige Auffassung nämlich, die die größte Stoßkraft und Erfolgschance hat. Man könnte also auch von Pragmatismus reden. Damit aber sind wir bei der Gefahr eines jeden Pragmatismus, nämlich daß der Wille zum Nützlichen oder der Wille zur Macht den Sieg behält über den eigentlichen Willen zur Wahrheit. Das wäre dann die vierte Stufe der Entwicklung.

Wenn nämlich die Bewegung in der Richtung auf eine solche soziologische Zurechtmachung und Politisierung der Wissenschaft noch weitergeht, dann ist sehr bald mit dem Tod der Wissenschaft überhaupt zu rechnen. Die Sache fing an mit dem Satz: Wer Wissen besitzt, hat Macht. Es ist nur noch ein Schritt bis zu der gefährlichen Umkehrung: Wer die Macht hat, hat die Wahrheit. Es gibt dann nur noch Willenschaft, nicht mehr Wissenschaft. Die Vertreter dieser radikalsten These berufen sich auf die Worte von Nietzsche, die gut klingen, aber sachlich schlecht durchdacht sind, aus seinem Nachlaßwerk ›Der Wille zur Macht‹. Da heißt es z. B.: »Wahrheit ist die Art von Irrtum, ohne welche eine bestimmte Art von lebendigen Wesen nicht leben könnte.« Nach Nietzsche besteht das Kriterium der Wahrheit in der Steigerung des Machtgefühls.

Der Wille zur Wahrheit verliert seine Eigenbedeutung und verwandelt sich in eine Ausdrucksform für den grundlegenden Willen zur Macht.

Wenn man diese glitzernden Gedanken zu Ende denkt, so kann jeder Machtträger seine eigene Wahrheit beanspruchen und setzen. Dann verlaufen die Grenzen der Wahrheiten genau da, wo die Grenzen der Machtkörper verlaufen. Jede Nation, jede soziale Gruppe würde die ihr passende Wissenschaft als Wahrheit geltend machen. Aber warum nicht auch jede einzelne Person? Und so wären wir wieder bei derselben Sophistik, die Plato ethisch und theoretisch mit den besten Gründen erfolgreich bekämpft hat. Erinnern wir uns, daß wir unter Ideologie den gedanklich gefaßten Lebens- und Machtwillen einer Gruppe verstanden haben – dann hätte in dieser Soziologie des Wissens die Ideologie auf der ganzen Linie gesiegt. Denn Ideologien stehen ihrem Wesen nach ausschließlich und feindlich gegeneinander. Die Wissenschaft aber wäre unter die Räder gekommen. Denn Wahrheit (als das Ziel der Wissenschaft) kann ihrem Wesen nach für Freund und Feind nur *eine sein.*

Dies ist die Gefahr, in der sich die... Wissenschaft jetzt befindet – offenbar nicht nur eine Krisis, sondern eine ausgesprochene Todesgefahr.

II.

Es kommt jetzt darauf an, diese Notlage der Wissenschaft, die früher oder später in jedem Kulturkreis auftreten kann, aus tieferen Zusammenhängen zu verstehen. Wir müssen uns daran erinnern, daß Wissenschaft überall aus dem Mutterschoß der Religion hervorgegangen ist. Im Orient ist diese Herkunft deutlicher erkennbar als im Abendland. Im Orient ist der Triumph des Denkens *Weisheit,* d. h. Vertiefung in das Lebensproblem überhaupt, im Okzident *Forschung,* d. h. Spezialisierung der Sachprobleme und persönliche Arbeitsteilung unter zahllose Mitarbeiter. Hier wie dort erwuchs aus dem gleichzeitigen Anspruch von Religion und Wissenschaft, letzte Erkenntnisse zu geben, der typische Konflikt zwischen Glauben und Wissen. Es war für das Leben der Wissenschaft ein fruchtbarer Konflikt, weil er immer daran erinnerte, daß das Wissen nicht vollendet ist, wenn es nicht die Totalität des Lebens umfaßt und letzte metaphysische Tiefen enthüllt.

Je weiter sich die abendländische Forschung verzweigte, um so mehr blieb sie die Antwort auf diese wichtigsten Fragen schuldig. Und doch brauchten die Menschen einen Lebensglauben, um zu existieren. Da die moderne Wissenschaft ihn von sich aus weder geben noch stützen konnte, so zog er sich in andere geistige Ausdrucksformen zurück. Auch die überlieferte Religion war im Abendlande seit der Aufklärung schwächer und schwächer geworden. So entstanden *zwischen* Religion und Wissenschaft die eigentümlichen Gebilde, die wir soeben als Ideologien, als aktive Glaubensmächte kennen gelernt haben.

Die Soziologie des Wissens traf nur auf einen bestimmten Typus von Ideologien, nämlich die politisch-sozialen, die seit der Erschütterung der Gesellschaft durch die große französische Revolution in Fülle emporgewuchert waren – gleichsam als irdische Evangelien, als ein unvollkommener Religionsersatz. Es gibt aber schon seit sehr viel längerer Zeit solche Ideologien. Außer jenen Gesellschafts- und Herrschaftsideologien begegnen uns eigentliche Heilsideologien, ethische Ideologien, ja sogar Bildungsideologien wie der Neuhumanismus, der in allen europäischen Ländern zutage getreten ist. Man erkennt leicht, daß sie alle zuletzt einen religiösen Ursprung haben, d. h. daß sie von einem grundlegenden Lebensglauben getragen sind. Ganz allgemein wollen wir jetzt unter Ideologie verstehen: *eine gedankliche Deutung, unter die man den sinnvollen Lebensvollzug stellt.*

Wenn es zutrifft, daß Ideologien eine Form von Religiosität oder mindestens einen Religionsersatz bedeuten, dann wird auch meine weitere These verständlich: In früheren Zeiten erwuchs an der Stelle, wo Religion und Wissenschaft aufeinandertrafen, das Problem: *Glauben und Wissen.* Dieses selbe Urproblem erscheint heute verwandelt wieder in dem Kampf *Ideologie und Wissenschaft.*

Diese These bestätigt sich, wenn wir den Bau der meisten Ideologien näher ins Auge fassen. Ich muß mich dabei naturgemäß auf die mir allein vertrauten Erscheinungen des Abendlandes beschränken. In dem Aufbau aller Ideologien spiegelt sich der Rhythmus des Lebens, der aus dem Schicksal der Zeitlichkeit folgt. Sie alle sind gegliedert nach dem Dreitakt: Deutung der Vergangenheit, der Zukunft und von da aus der Gegenwart, die immer zwischen geschehene Vergangenheit und gehoffte oder geforderte Zukunft eingespannt ist. Der Wertakzent wird dabei so verteilt, daß der positive Wert auf Vergangenheit und Zukunft fällt, die Gegenwart aber als im Zustand der Not, der ungelösten Kämpfe und des Höherstrebens betrachtet wird. Man kann sich diesen Sachverhalt durch eine Kurve symbolisieren, die parabelartig von einem Hochpunkt abfällt bis zu einem Tiefpunkt, dann aber wieder zu einem Hochpunkt ansteigt.

Anders formuliert ergeben sich drei Sätze: 1. »Es war einmal« ein befriedigender Gesamtzustand der Welt, sei es ein beglückender oder ein sittlich vollkommener. 2. Die Gegenwart, die Schwelle der Existenz, ist voll von Leid, von quälenden Disharmonien und unbewältigten Problemen. 3. Es wird oder soll in Zukunft eine Wiederherstellung des vollkommenen Zustandes, vielleicht sogar seine Überbietung zum besseren eintreten. Dies wird das Ende sein, das Eschaton. Daher der Name Eschatologie.

Mit noch kürzeren Benennungen: Paradies, irdisches Jammertal, endgiltige Verklärung. Vielleicht ist die positive Wendung des Zukunftsglaubens eine Besonderheit des Christentums und des christlichen Abendlandes. Auch bei uns gibt es zwei einseitige Umformungen jenes Grundrhythmus': Wenn der vollkommene Urzustand geleugnet wird, bleibt die reine *Fortschritts*ideologie. Wenn der vollkommene Endzustand verneint wird, bleibt die reine *Verfalls*ideologie. Hierfür ist Spenglers Lehre vom Untergang des Abendlandes ein bekanntes Beispiel.

Nur kurz deute ich weitere Beispiele und Bestätigungen an: Religiöse Heilsbotschaften erscheinen bei uns meist als Predigten von der Wiederherstellung des eigentlichen Guten, z. B. als *Re*form oder als *Re*formation. Die Bildungsgedanken des Humanismus, in der *Re*naissance, folgen dem erwähnten dreiaktigen Rhythmus: 1. die ideale Kultur der alten Griechen, 2. der Verfall des Modernen, 3. die Wiedergeburt durch Vermählung des griechischen und modernen Geistes. Auch die sozialen Ideologien und politischen Glaubensbekenntnisse drücken meist aus, daß es nur gelte, eine verlorene Ordnung wiederherzustellen, ein gestörtes System der Kräfte wieder ins Gleichgewicht zu bringen. Die alten wie die neuesten Verkündigungen vom »Dritten Reich« enthalten schon in der Benennung den Hinweis auf den Urrhythmus eines absteigenden, gefährdeten und eines aufsteigenden veredelten Zustandes.

In solchen Ideologien steckt der Lebensglaube der sie jeweils tragenden Generation. Sie sind daher *mehr* als Wissenschaft, wenn man unter Wissenschaft nach moderner Art nur versteht die Erkenntnis dessen, was *ist*, ohne Rücksicht auf seinen Wert oder Unwert. Aber eben diese wertfreie Haltung, diese Gleichgültigkeit gegen das eigentliche Ziel des Lebens bedeutet eine Grenze der heutigen Wissenschaft. Immer wieder meldet sich das Bedürfnis, den *Sinn* zu ergründen, nicht nur das *Sein;* das *Ziel* zu bestimmen, nicht nur mögliche *Wege*. Solange die Wissenschaft auf solche letzten Satzungen verzichtet, wird sie wechselnde, aus dem totalen Leben geborene Ideologien sich gegenüber finden und den Kampf mit ihnen bestehen müssen.

Ideologien sind älter als strenge Wissenschaft; sie sind auch totaler als bloße Wissenschaft. Sie drücken die Schwellensituation des Menschen aus: seine Existenz zwischen gestern und morgen, zwischen geformter Vergangenheit und noch ungeformter, ungewisser Zukunft. Es wird nun verständlich, daß sich kaum eine Form von Wissenschaft findet, in der nicht etwas von Ideologie, d.h. von Lebens- und Kampfwillen, mitenthalten wäre. Denkt man sich aber Ideologie und Wissenschaft einmal voneinander getrennt, so läßt sich leicht voraussagen, wie ihr Verhältnis zueinander sein wird: Die lebendige Ideologie findet die Wissenschaft lau und neutral, also auch inaktiv und unfruchtbar. Sie möchte sie in ihren Bann ziehen, sie so zurechtstutzen, daß sie als Waffe gebraucht werden kann. Die methodisch strenge Wissenschaft hingegen vermißt in den Ideologien die logische Begründung. Besonders in den *politischen* Ideologien sieht sie bloße Parteidogmen, Verkleidung einseitiger Interessen, mehr Willenschaft als Wissenschaft. Sie wird sich mit den zeitgemäßen Ideologien auseinandersetzen müssen. Sie empfängt von ihnen Themata zur Untersuchung und Anregungen zu neuen Forschungsgebieten. Aber ihre Grundstruktur ist anders als die von Kampfevangelien, und ihr Verfahren ist wesensmäßig und infolge der spezifischen Entwicklung des wissenschaftlichen Geistes ein ganz anderes.

III.

Wir sind damit bei der letzten entscheidenden Frage. Wenn ein Unterschied zwischen dem Wesen der Ideologie und dem Wesen der Wissenschaft behauptet wurde – worin besteht denn nun die unterscheidende Eigentümlichkeit der Wissenschaft und ihr unveräußerliches Recht?

Der Kern der Antwort, die nicht in einem Satz gegeben werden kann, soll doch vorweggenommen werden. Der tiefstliegende Unterschied ist ein Unterschied in der erzeugenden Gesinnung. Die politische Ideologie erwächst aus dem Willen zur Macht und zur Geltung. Die Wissenschaft erwächst aus dem Willen zur Wahrheit. Der letztere bewirkt zunächst eine kontemplative Haltung, d.h. eine objektive Einstellung. Sie ist nicht charakterlose Neutralität, sondern ein Wille zu gerechtem Urteil, eine Gerechtigkeit des Urteils, zu der gerade Charakter und Selbstüberwindung gehört. Und es ist Sache des tiefsten, von außen unkontrollierbaren Gewissens, ob ein Forscher sich wirklich so einstellt und sich mit ganzer Strenge an dieses Gesetz bindet. In dieser Ehrlichkeit und Unbestechlichkeit liegt der eigentliche sittliche Ursprungspunkt der Wissenschaft. Wenn dieses Ethos zerstört wird, dann ist der Geist wahrer Wissenschaft in einem Volke erstorben.

Wenn aber dieses Zentrum der Wissenschaftsgesinnung gesichert ist, treten noch drei weitere Kennzeichen echter Wissenschaft hinzu:

1. Die Arbeit des Erkennens hat ihre Tradition von anerkannten und erprobten Methoden. Wie schon das Handwerk auf überlieferten Verfahrensweisen beruht, die der Lehrling kennen muß, so auch das Werk des Geistes. Der Anfänger muß erst in den historisch gegebenen Stand der Probleme, Methoden und Ergebnisse eingeführt werden. Nicht jeder Laie kann darüber mitreden, obwohl es häufig geschieht. Über die Arbeit des Zimmermanns würde niemand ohne Sachkenntnis ein maßgebliches Urteil wagen. Auch die Wissenschaft hat ihre inneren Gesetze erst in einem langen historischen Prozeß gefunden.

2. Die Mannigfaltigkeit der wissenschaftlichen Richtungen ist kein Einwand gegen das Suchen nach Wahrheit. Denn einmal bietet der Gegenstand selbst der Betrachtung viele Seiten dar. Und ferner: in solchen Gegensätzen und Spannungen besteht das *Leben*, in der Wissenschaft wie sonst. Durch Rede und Gegenrede, durch Satz und Gegensatz, kurz durch Diskussion, windet man sich zu höheren Gesichtspunkten empor. Die Grundrichtungen der Wissenschaft scheinen nie auszusterben. Aber wenn scheinbar überwundene wiederkehren, so geschieht es auf einer anderen Stufe und mit neuen fruchtbaren Zusammenhängen.

3. Die Wissenschaft ist nicht voraussetzungslos, wie man gemeint hat. Sondern sie hat sowohl theoretische wie übertheoretische Voraussetzungen. Die ersteren sind ganz unentbehrlich, obwohl man immer wieder dem Phantom einer ganz reinen Erfahrung nachgejagt hat. Jede Wissenschaft hat ein Apriori, d. h. ein (bestimmtes, entwicklungsfähiges) System von Kategorien, später auch von Begriffen, die nur relativ a priori sind, und von Hypothesen. Es versteht sich von selbst, daß jede Einzelwissenschaft danach streben muß, sich über diese ihre theoretischen Voraussetzungen und Ursetzungen klar zu werden. – Es gibt aber auch unvermeidliche außertheoretische Voraussetzungen, die in den Geisteswissenschaften eine besonders große Rolle spielen. Denn in den Geisteswissenschaften ist es der Geist, der über seine eigenen Gestalten nachdenkt. Der historische Forscher ist z. B. ein Glied des geschichtlichen Prozesses selbst, den er zu durchleuchten und zu verstehen bemüht ist – wie Theodor Litt wiederholt eindrucksvoll ausgeführt hat. Als solches Glied hat er seine Stelle in einer bestimmten Nation mit einer bestimmten Sprache, in einer bestimmten Zeitepoche, in einer sozialen Schicht. Dazu kommt schließlich noch seine persönliche Eigenart, die ihn befähigt, manches besonders gut zu verstehen, während sie ihm andere Perspektiven verschließt. Er hat ein Maß von Lebenserfahrung und sittlicher Reife, von Enge und Weite. Dies alles ist für das geschichtlich-gesellschaftliche Erkennen nicht gleichgiltig, sondern es kann fruchtbar werden als Kraft persönlicher Formung und ein-

heitlicher Zusammenschau. (Nicht nur der Astronom, auch der Historiker hat seine persönliche Gleichung.) »Glaubt einer Geschichtsschreibung nicht, wenn sie nicht aus dem Haupte der seltensten Geister herausspringt«, sagt Nietzsche.

Solche Voraussetzungen bleiben oft unbemerkt, und sie *können* ohne Schaden für den praktischen Erfolg unbemerkt bleiben. Nur in Krisenzeiten der Wissenschaft wird die Besinnung über die Methoden und Auffassungen bis in diese tieferen Schichten zurückgraben. Und die *Philosophie* hat in jedem Fall die Aufgabe, noch die Theorie der persönlich beeinflußten Theorie anzustreben.

Man erweist also der Wissenschaft einen schlechten Dienst, wenn man ihre Geltung mit unzulänglichen Gesichtspunkten verteidigt. Ein solcher unglücklicher Gesichtspunkt ist die früher verbreitete Rede von der »Voraussetzungslosigkeit der Wissenschaft«. Sie erweckt den Anschein, als könnte ein Forscher irgendwo völlig außerhalb der Natur und der Geschichte seinen Standort nehmen oder als könnte sein Bewußtsein wirklich tabula rasa sein. In Wirklichkeit hat das erkennende Bewußtsein, wie wir gesehen haben, immer einen Bestand von theoretischen Deutungskategorien, die an die Gegenstände herangebracht werden. Sie sind in jedem Zweig der Wissenschaft anders; sie unterliegen auch einem Wandel in der Zeit, schon weil sie immer feiner durchgearbeitet und reicher gegliedert werden sollen. Das erkennende Bewußtsein ist aber faktisch niemals *rein* theoretisches, überindividuelles Bewußtsein, niemals faktisch das sog. »Bewußtsein überhaupt« der Kantianer, sondern es ist immer verflochten mit dem Erlebnisbewußtsein eines Individuums an diesem Ort, zu dieser Zeit, von solcher Art.

Wir wollen diese Bedingtheit des lebenden Forschers seinen *Standort* nennen. Dann gibt es in der gegenwärtigen Wissenschaftslehre ausdrücklich ein *Standortsproblem*. Und alles, was ich ausgeführt habe, könnte man auch unter den Titel bringen: »Das Standortproblem in den Geisteswissenschaften.«

Es muß sofort auffallen, daß neuerdings auch das »Standortproblem in den Naturwissenschaften« aufgetreten ist. Beide Fragestellungen stehen in voller Parallele zueinander. In der Naturwissenschaft redet man von der Relativitätstheorie. Ihr Kern ist nicht die alte Einsicht, daß in der analytischen Mechanik die Wahl des Koordinatenausgangspunktes beliebig ist. Man hat längst gewußt, daß in diesem Sinne alle Orts- und Zeitbestimmungen relativ sind. Neu ist 1. die Einsicht, daß ein einmal gewähltes Bezugssystem auch in Bewegung sein kann, und 2. die Frage, ob und wie verschiedene, gegeneinander bewegte Bezugssysteme ineinander überführt werden können. Viel einfacher gesagt: Es gibt auch für den Naturforscher nicht den absolut ruhenden Archimedischen Punkt, sondern er ist selbst ein Glied der Natur. Dieser Sachverhalt und seine Bedeutung für das physikalische Experiment kommt auch in Heisenbergs »Unsicherheitsrelation« zur Geltung.

Ähnliches trifft nun auch für den geisteswissenschaftlichen Forscher zu. Er ist ein Glied der Geistesbewegung, die er erforscht, wie der Naturforscher ein Glied der Natur ist. Der wesentliche Unterschied aber liegt darin, daß der Vertreter der Geisteswissenschaften seinen Koordinatenausgangspunkt nicht beliebig wählen kann, wie der Physiker es in seinen Konstruktionen und Ansätzen vermag. Sondern er steht notwendig an einer bestimmten Stelle. Und *diese* Voraussetzung kann er nicht überspringen, wie nach Hegels Wort auch die Philosophie nicht über Rhodos hinausspringen kann.

Machen wir uns deutlicher, worin diese Gebundenheit besteht. Sie ist das, was man auch die Seinsgebundenheit des geisteswissenschaftlichen Erkennens genannt hat. Es ist ein unabänderliches Faktum: Der geisteswissenschaftliche Forscher arbeitet in einem bestimmten Lande und in einem bestimmten Volk. Er redet die Sprache dieses Volkes und übernimmt mit ihr nicht nur geprägte Begriffe, sondern auch geprägte Werturteile und psychologische Bedeutungsschattierungen. Er gehört einem Generationstypus an. Er hat eine persönliche Eigenart mit ihren Stärken und Grenzen. Er besitzt ein Maß von ethischer Lebensreife und Bildung. Schon seine Fähigkeit, Geistiges zu *verstehen*, wird dadurch gelenkt, geformt und schließlich auch eingeengt.

Volksmoral und persönliche Sittlichkeit

1939

Es war ein wichtiger Wendepunkt in der Geistesgeschichte, als man einsehen mußte, daß es auf der Erde nicht nur *eine* Kultur gibt – die abendländische –, sondern daß es »Kulturen« gibt und gegeben hat. Es war aber geradezu ein erschütternder Augenblick, als man zu der Einzahl des Wortes »Moral« den Pluralis »Moralen« hinzufügte. Denn die absolute Geltung der einen, streng verbindlichen Moral war damit in Frage gestellt.

Nietzsche, der literarische Feind christlicher Wertetafeln, schreibt noch über die ›Genealogie *der* Moral‹. Max Scheler spricht bereits vom ›Aufbau der Moral*en*‹. Man wird einwenden: der Gedanke, daß es verschiedene Moralen gebe, sei keine neue Entdeckung der letzten Jahrhundertwende; über Sitten und Gebräuche fremder Völker hätten schon die Weltreisenden und Missionare berichtet; auf diesem Boden sei dann, besonders in England, die historische Soziologie entstanden, und Herbert Spencers Evolutionismus der Moral habe auch auf dem Festlande weithin Anhänger gefunden. – Gewiß, selbst Nietzsches Gedankengänge wären nicht möglich gewesen ohne die Erweichung geltender sittlicher Überzeugungen durch den westlichen Positivismus. Aber der Positivismus von Bentham bis Spencer hatte noch ein Festes besessen in dem allerdings mageren Leitgedanken: Moral ist der Inbegriff der jeweils für die Gesellschaft nützlichen Verhaltensweisen, gleichsam das Selbsterhaltungssystem der Gesellschaft; der Inhalt des Nützlichen mag sich historisch und geographisch ändern; der Wert selber, der Endwert Nutzen gilt immer.

Die Lage wurde erst gefährlich, als man über die Endwerte selbst zu streiten begann. Die einen errichteten mit kämpferischem Bekennermut neue Wertetafeln gegen die überlieferte Moral. Die anderen verloren gegenüber der historischen Mannigfaltigkeit geltender Wertsysteme die Sicherheit der eigenen Orientierung und verfielen jenem historischen Relativismus oder relativistischen Historismus, den schon Nietzsche als ein Zeichen der Décadence gebrandmarkt hatte. So herrschte seit der Jahrhundertwende auf dem Gebiet der Moralanschauungen nicht nur Unsicherheit, sondern fast das Chaos. Die Sehnsucht nach dem echten Maß, nach festen Maßstäben wurde gleichzeitig brennend.

Wir kennen genau eine ähnliche Situation in der Vergangenheit. Auch in der Demokratie Athen hatte sich in der zweiten Hälfte des 5. Jahrhunderts vor Christus die überlieferte Moral und Frömmigkeit aufgelöst. Auf die Frage, die soeben als die unsrige bezeichnet wurde, erklang die Antwort: »Der Mensch ist das Maß aller Dinge.« Sie war gewagt und unbestimmt genug. Sie rief Sokrates auf den Plan, der sich mit heiligem Ernst darum bemühte, das eigentlich *Feste* im Innern des Menschen zu suchen. Dieses Suchen fand seine erste Erfüllung in Platos Ideenlehre und in der Entdeckung der Sonne, die in der sittlichen Welt leuchtet: der Idee des Guten. Aristoteles hat diesen ethischen Standpunkt kritisiert und ihm die reichere Anschauung entgegengestellt: der Mensch steht in der Wahl zwischen der Mannigfaltigkeit der Lebensgüter; die richtige Wahl gilt dem höchsten Gute.

Sokrates, Plato, Aristoteles gehen im einzelnen sehr verschiedene Wege. Aber gemeinsam ist ihnen der ethische Ausgangspunkt: *der Einzelmensch in der Situation der sittlichen Entscheidung.* Dieser Ausgangspunkt ist individualistisch, mag er im Resultat auch zu einem politischen Neubau aus der Kraft der Philosophie führen.

Wir stellen fest: Der Ursprung der philosophischen Ethik im Abendland ist verbunden mit dem Erwachen des Individualismus – besser: eines Individualismus. Der typische Ansatz der abendländischen Reflexion über das Sittliche ist das Modell: der Einzelmensch gegenüber der Idee des Guten oder in der Wahl zwischen Gütern verschiedener Höhe, die ihm je ein Maß von Beseligung (Eudämonie) versprechen. Und wenn Kant das Phänomen des Sittlichen bis zu dem Prinzip zurückverfolgt, nach dem die Person ihre moralischen Maximen bilden *soll,* so ist auch dieser Standpunkt im Ansatz individualistisch: Er betrachtet den Einzelmenschen, wie er sich – gleichsam noch im moralfreien Raum – original entscheidet.

Dieser Ansatz aber ist wirklichkeitsfremd und schon insofern unzuzureichend. So wenig der Mensch sich seine Sprache selber erfindet, so wenig schafft er sich seine Sittlichkeit selbst. So wenig sein Denken nur sein persönliches, privates Denken ist, so wenig steht er mit seiner Moral auf der Spitze seiner eigenen einsamen Entscheidung. Vorbehaltlich späterer Korrekturen gilt der Satz: alle persönliche Entscheidung erfolgt in einem schon gebildeten moralischen Medium; alle persönliche Sittlichkeit hat zum lebendigen Hintergrunde eine historisch erwachsene Volksmoral mit all ihrer Bindekraft und mit all ihrer Problematik. Wenn man dies berücksichtigt, ergibt sich für die philosophische Ethik, die immer nur

Denken, Theorie *über* das Sittliche ist, ein ganz anderer Ansatz. Er begegnet uns in der Philosophie weit seltener als jener erste. Er tritt uns aber zum Beispiel bei Hegel schon in seinen frühesten veröffentlichten Werken mit den lapidaren Sätzen entgegen: »Das absolut Sittliche ist das Angehören einem Volke«. »Die sittlichen Totalitäten, wie es die Völker sind, konstituieren sich als (historische) Individuen und stellen sich hiermit einzeln gegen einzelne Völker«. Hegel hat diesen seinen Ausgangspunkt immer wieder gegen die bloße sittliche Subjektivität bei Sokrates und bei Kant abgegrenzt.

Trotz Hegels kräftigem Vorstoß ist das Phänomen *Volksmoral* noch wenig untersucht. Dies überindividuelle Gewebe hat sein Werden, Wachsen und Vergehen ganz ähnlich wie eine Volks*sprache*. Es gleicht auch darin der Sprache, daß es immer nur durch das Bewußtsein lebender und erlebender Individuen hindurch wirksam werden kann. Aber kein Individuum hat es von sich allein aus gemacht; sondern jeder ist immer schon in diesen Zusammenhang hineingeboren, in ihn verwoben und wird von ihm getragen. So ergibt sich ein vollständiges Bild der sittlichen Welt erst, wenn wir Volksmoral und persönliche Sittlichkeit in ihren gegenseitigen Bezügen und in ihrer lebendigen Wechselwirkung betrachten. Ich versuche, diese Strukturen der geistigen Welt in einigen Grundzügen zu skizzieren, indem ich zuerst die Volksmoral kennzeichne, dann auf ihrem Hintergrund die persönliche Sittlichkeit; schließlich deute ich an, wie nur im Kampf der Moralen das Ewige sich für die Welt und das Bewußtsein herausarbeitet, in dem der eigentliche metaphysische Grund der sittlichen Verpflichtung ruht.

I.

Was ist eine Moral? – Sie ist mehr als ein System von Lehren oder Vorschriften. Sie ist eine übergreifende Ordnung des Zusammenlebens. Wir nehmen an, daß der Rahmen der Gemeinschaft, den diese Ordnung umspannt, ein *Volk* im Sinne einer Bluts- und Abstammungsgemeinschaft sei. Allerdings ist diese Ausdehnung ihres Wirkungsbereiches schon ein spätes Stadium. Ältere Stufen der Moral sind noch historisch erkennbar, in denen mindestens die Friedensmoral auf den Bereich einer Sippe beschränkt war, während zwischen den Sippen noch ein Kampf- und Vergeltungsrecht herrschte. Andererseits zeigt die europäische Moral ein noch späteres Stadium. Denn im christlichen Abendland ist die nationale Moral durch die Sittlichkeit einer Weltreligion überbaut, auf die ich noch zurückkomme. Wir verweilen bei der Mittellage: Moral als Äußerung eines Volkstums.

Eine erste Frage hinsichtlich des Baues einer Volksmoral geht dahin, ob es nicht noch andere Ordnungen des Volkslebens gibt als die moralische. Neben ihr finden wir Brauch und Sitte, Rechtsordnung und politische Ordnung. Man hat viel Scharfsinn darauf verwandt, diese Ordnungsformen gegeneinander abzugrenzen: mindestens begrifflich; denn in der Realität sind sie unlösbar miteinander verwoben. Ich weise nur auf das äußerlichste Kennzeichen hin: Politische Ordnung und Rechtsordnung haben zur Durchsetzung ihrer Forderungen einen eigenen sichtbaren Apparat; die Moral hat keinen. Der Staat als Machtordnung bedarf der Organisation: des Herrschers, des Heeres, der Verfassung und Verwaltung. Zum Recht gehört ein ordentliches Gericht mit Richtern, Klägern, Zeugen und formell geregeltem Verfahren. Die Moral kommt ebenso wie diese beiden Ordnungsformen aus einem überindividuellen Lebensgrund und repräsentiert ebenso einen überindividuellen Willen – eine volonté générale. Aber sie wirkt unorganisiert, ungreifbar, im stillen. Über die vierte Lebensordnung, die Sitten als gemeinsame Gewohnheitsregeln des Verhaltens, bemerke ich nur, daß sie in späteren Zeiten nicht mehr als verbindliche Gesinnungssache angesehen werden.

Die Moral bindet nicht nur das Verhalten, sondern normiert auch die Gesinnung. Trotzdem: die übliche Volkskunde geht fehl, wenn sie Sitten und Gebräuche eines Volkes ohne vorherige Darstellung seiner Sittlichkeit behandeln zu können glaubt. Denn die »Sitten« bei der Arbeit und beim Fest sind oft nur stehengebliebene Reste der »Sittlichkeit«, die einen Bedeutungswandel durchgemacht haben oder gar für das Bewußtsein der Mitlebenden schon sinnentleert sind.

Die zweite Frage ist demgemäß, wie denn nun die überindividuelle Lebensordnung »Moral« selbst aufgebaut ist. Drei Erscheinungs- und Wirkungsformen sind zu unterscheiden, gleichsam verschiedene Aggregatzustände: 1. Gemeinschaftsbindungen, 2. generelle Vorurteile und Normen, 3. konkrete Reaktionen im einzelnen Fall. Die menschlichen Lebensgemeinschaften sind zum Teil schon biologisch bedingt, zum Teil stehen sie im Dienste gewollter Einzelzwecke. Ihre moralische Seite erfassen wir, wenn wir darauf achten, daß sie nicht nur Gemeinschaften sind, sondern Bindungen mit einem Forderungscharakter, der sofort hervortritt, wenn sich ihnen jemand entziehen will. Sie sind nicht nur Gemeinschaftsbildungen, sondern, wie ich sagte, Gemeinschafts*bindungen.* Das Hauptbeispiel liefern Ehe und Familie. Sie sind gleichsam formgewordene Moral. Die Familie in ihren historisch sehr verschiedenen Gestalten, die polygame und die monogame Ehe bedeuten Bindungen, die bis in die Gesinnung der Beteiligten hinabgreifen. Das Verhältnis von Eltern und Kindern untereinander ist überall mit sittlichen Forderungen ganz bestimmter Art verbunden. Verwandte unter sich unterliegen abgestuften Normen. Weitere Beispiele für solche Gemeinschaftsbindungen sind die Nachbarschaft, die Dorfgemeinde, die Kaste, der Stand, die Arbeitsgemeinschaft oder der Betrieb, die Freundschaft und die Gastfreundschaft. Das ist die Moral in ihrem festen Aggregatzustand.

Darüber hinaus äußert sie sich als eine Seite der öffentlichen Meinung, gleichsam luftförmig. In jedem Volk, ja in jedem Lebenskreise innerhalb seiner, sind allgemeine Werturteile und Normen im Umlauf über das, was man tun soll und nicht tun darf, ja sogar, wie man gesinnt sein soll und welche Gesinnung als schlecht gilt. Diese Normen und Lehren »verdichten« sich in verschiedenster Form: in der Dichtung, in Sprichwörtern, im Gerede der Umstehenden; manchmal kommt es sogar – aber spät – zu schriftlichen Formulierungen und philosophischen Durchdringungen. Die ungeheuer mächtige Morallehre des Konfuzius im fernen Osten ist das größte Beispiel einer geradezu kodifizierten Sittenlehre. – Endlich spitzen sich diese allgemeinen Normen auf den konkreten Fall zu (ich möchte mein Bild nicht pressen und hier vom tropfbar flüssigen Aggregatzustand reden). Der einzelne wird beurteilt und gewertet. Er erhält einen guten »Ruf«, wenn er im Sinne der Moral geartet ist und lebt; im entgegengesetzten Fall erhält er einen schlechten Ruf, einen üblen Leumund. Im äußersten Fall wird er geächtet und aus der Gemeinschaft ausgestoßen. Die Moral wirkt also doch nicht, wie vorhin gesagt, völlig ungreifbar. Sie bedient sich des wirksamen Mittels der Ehrverleihung und Ehrentziehung. Aber dies geschieht unorganisiert, unverabredet, gleichsam automatisch. Jeder weiß aus eigener Erfahrung, welche große überindividuelle Macht, welche unwiderstehliche Formungskraft und Motivsetzung in dieser Wirkungsweise der Moral liegt. Wir sind von ihr abhängig, auch wenn wir es gar nicht merken.

In allen drei Erscheinungsweisen der Moral – bindenden Gemeinschaftsformen, generellen Werturteilen und praktischen Reaktionen gegenüber der einzelnen Person und dem einzelnen Fall – steckt etwas Normatives, d. h. eine Forderung, die sich an das Verhalten, ja an die Gesinnung der Moralgemeinschaft richtet. Kant hat recht: Das äußere Kennzeichen des Sittlichen ist ein *Sollen*. Wer erhebt diese Forderung? – Das ist ein drittes Problem. Offenbar ist es kein bestimmtes Individuum und keine eingesetzte Behörde, sondern jenes unbestimmte Gruppensubjekt, für das die deutsche Sprache das Wörtchen »man« gebildet hat. Im englischen people ist der Übergang von der Bedeutung »das Volk« zu der blasseren Bedeutung »die Leute« noch klar erkennbar. Dieses unbestimmte Kollektivsubjekt hat – nicht erst bei Rousseau – jeder individualistischen Ableitung immer widerstanden. Es ist ein Grundbestand des Lebens, wie die menschliche Gattung, die Art oder Rasse, die Sippe, die sich durch das Blutserbe von Generation zu Generation erhalten, oder wie der Gruppen*geist*, der eine Sprache schafft und an ihr unablässig weiterwebt, fast ohne daß es die beteiligten einzelnen merken. Entsprechend bei der Moral: *Man* fordert, daß Fortpflanzung und Kinderaufzucht in gewissen geordneten Formen erfolgen, daß im Kampf bestimmte ehrenhafte Formen innegehalten werden und daß das friedlich gewordene Ringen um eine Sache, genannt »Handel«, mit einem Maß von Ehrlichkeit stattfinde. Das Subjekt dieser Gebote ist das anonyme Gesamtwesen »man«. Aber auch der Adressat ist zunächst jeder beliebige: Man soll nicht stehlen, man soll nicht lügen, und es hat schon etwas drohend auf den Leib des einzelnen Rückendes, wenn stattdessen gesagt wird: Du sollst nicht stehlen, du sollst nicht ehebrechen. Denn aktuell bewußt und wirksam werden die moralischen Normen in voller Kraft erst dann, wenn der Fall der Übertretung gegeben ist. Dann strömen wie bei einem kranken Organ im Organismus alle Säfte abwehrend und heilend genau an diese Stelle. Die sonst verborgen ruhende Macht der Moral wird plötzlich sichtbar. Noch deutlicher sind die entsprechenden Erscheinungen beim Recht, dessen Ursprung aus einer verborgenen volonté générale man immer gesehen hat. Aber erst dem Rechtsbrecher gegenüber wird der juristische Apparat mobilisiert.

Die Volksmoral besitzt, wie schon hervorgehoben, keinen solchen organisierten Apparat. Sie wirkt ohne planmäßige Veranstaltung, solange der Volkskörper gesund ist. Aber sie bedarf doch auch – das ist der vierte Gesichtspunkt – einer höheren Instanz, durch die sie ihre Forderungen legitimiert. In Jugendzeiten des Volkslebens erfolgt diese Sanktionierung, diese »Heiligung«, regelmäßig durch religiöse Begründung: Es sind die nationalen Götter, die hinter den moralischen Forderungen stehen. Je mehr eine Religion sich versittlicht, um so mehr wird den Göttern auch eine solche moralschützende Funktion zugeschrieben, meistens nach einem arbeitsteiligen System. Der Sinn der Moral ist es, ein bestimmtes Wertniveau des Zusammenlebens zu sichern. Wertforderungen lassen sich nicht rational ableiten. Sie sind zum Beispiel nicht bloß aus sozialer Zweckmäßigkeit abzuleiten, wie es die positivistische Soziologie oft versucht hat. In der religiösen Sanktionierung liegt der richtige Instinkt, daß die gemeinsamen wie die einsamen Werte des Lebens aus einer metaphysischen Bindung und einer höheren Scheu herstammen. Religio selbst heißt nichts anderes als Bindung. – Wenn nun in Aufklärungszeiten eines Volkes diese religiöse Beglaubigung ihre Kraft verliert, so schwebt die überlieferte Moral zunächst in der Luft. Die Philosophie tritt als Ersatz ein. Aber philosophische Reflexion löst ebensosehr auf wie sie bindet und neu begründet. Das hat Hegel an der Gestalt des Sokrates gezeigt. Die weltlich gewordene Moral (die säkularisierte Moral) funktioniert zum großen Teil noch weiter. Das Wort Sanktion macht dann den Bedeutungswandel durch von »Heiligung« zur bloßen »Sicherung«, zur »Vergeltung«, zur »Strafe«. Sanktionen im Völkerrecht sind Strafmaßnahmen. Die Moral straft durch Ehrentziehung, durch Verachtung und Ächtung. Die zentrale Stelle, die die *Ehre* im moralischen Gebiet einnimmt, wird aufs neue sichtbar. Zur Verwirklichung dieses moralischen Regulierungssystems gehört allerdings die nachbarliche Kontrolle des »Nächsten«. In großstädtischen und individualistischen Verhältnissen wird auch dieser Faktor schwach. Die öffentliche Meinung kann nur über Tatbestände richten, die schon öffentlich bekannt geworden sind. Die Anonymität des Großstadtlebens wirkt daher moralauflösend. Woher sollen neue moralschöpferische Kräfte aufsteigen? Gelegentlich, in Zeiten der Bedrohung, eilt jene andere Form der Ordnung des Volkslebens, der Staat oder die politische Machtordnung, der Moral zu Hilfe. Durch Machtmittel und planmäßig gelenkte Erziehung wird die Moral, die sonst im stillen wächst und im stillen zerfällt, bewußt erneuert. Schon Plato hat der sich auflösenden Sittlichkeit seiner Vaterstadt dies Heilmittel verschrieben. Und Hegel sah im Staate nicht nur die höchste sittliche Leistung eines Volkes, sondern auch den letzten Garanten der Volkssittlichkeit. Der Staat als Erzieher des Volkes ist uns heute eine geläufige Vorstellung. Aber man muß auch umgekehrt fragen: woher nimmt der Staat die moralschöpferische Kraft, wenn er nicht an gesund gebliebene Seiten des Volkslebens anknüpfen kann? –

Der letzte Gesichtspunkt, der für die Kennzeichnung einer Volksmoral überhaupt in Betracht gezogen werden muß, ist der *Sachgehalt*, der ihrer Regelung unterliegt. Die Moral ist eine Ordnungsform des volkhaften Zusammenlebens. Sie normiert Gesinnungen und Verhaltensweisen, sie regelt interpersonale Beziehungen und Handlungen. Aber Gesinnungen und Handlungen haben immer auch eine Intention auf Sachbereiche. Moralische Bindungen erstrecken sich auf *alle* Sachgebiete, die im Menschenleben überhaupt eine Rolle spielen. Wir bemerken, daß in Frühzeiten der Kultur die Vorschriften über Reinlichkeit, Ernährungsweise und Gesundheitspflege entschieden sittlich betont werden. Ein weiteres, grundlegend wichtiges Gebiet ist das der Sexualbeziehungen und Fortpflanzungsformen. Noch heute klingt in den deutschen Worten Sittlichkeit und

Unsittlichkeit die Vorzugsstellung der geschlechtlichen Angelegenheiten hindurch. Das ganze Feld des Arbeitslebens, des Erwerbs und des wirtschaftlichen Verkehrs hat entschieden moralische Bedeutung. Pestalozzi hat immer wieder hervorgehoben, wie wichtig gesichertes, wenn auch bescheidenes Eigentum für das Gedeihen der Volkssittlichkeit ist. Wer nichts zu verlieren hat, steht damit allein schon fast außerhalb der Moral.

Endlich gelten moralische Normierungen auch für alle Formen des Wettbewerbs im Ernst und im Spiel, für alle Arten des Kampfes im Frieden und selbst im Krieg mit anderen Völkern. – Die Normierung führt besonders in Frühzeiten der Völker nicht nur bei der Rechtsordnung, sondern schon in der Moral zu rituellem Verhalten. Der Ritus ist sinnfälliger Ausdruck für das Walten eines Regelhaften. Abweichen vom geregelten Wege des Tuns wird schon als Versündigung empfunden. In manchen orientalischen Sprachen sind die Worte für Weg und Moral dieselben: die Moral ist gleichsam die gebahnte Verkehrsstraße des Lebens im Volke. Was immer geübt worden ist, was zum normgemäßen Brauch geworden ist, erscheint schon durch sein Alter als geheiligt. Abweichen vom Brauchhaften deutet auf eine fragwürdige Gesinnung, die sich von Fesseln befreien möchte. Für traditionsgebundene Völker kommt es nicht nur darauf an, *was* getan wird, sondern daß es auch *auf die rechte Art*, d.h. auf gerichtete, normierte Art getan werde.

Bei der allgemeinen Charakteristik der Moral unter den fünf Gesichtspunkten: Abgrenzung gegen andere Ordnungssysteme, Erscheinungsformen, überindividueller Ursprung, Sanktion und Sachgehalt – habe ich schon mehrfach auf historische Stufen der Moralbildung Bezug nehmen müssen. Die Frage, wie eine Moral sich entfaltet, was sie stärkt, was sie schwächt und woran sie möglicherweise stirbt, ist ein eigenes Thema der Moralwissenschaft, dessen Problematik ich hier nur andeuten kann.

Wir besitzen viele und höchst verschiedene Systeme philosophischer *Ethik*. Wir haben aber kaum eine vielseitige, die Einzelheiten tiefer durchdringende *Beschreibung* einer tatsächlich geltenden, wirklichen und das heißt wirksamen Volksmoral. Das lebendigste Gemälde einer solchen ist vermutlich immer noch Pestalozzis Roman ›Lienhard und Gertrud‹, der die moralische Verfassung schweizerischer Kleinbauern im kritischen Übergang zur Hausindustrie und Geldwirtschaft schildert. Wer wollte es wagen, ein ähnliches Bild von unserer großstädtischen, industrialisierten, mit der Überwindung des Hochkapitalismus, Individualismus und Rationalismus ringenden Gesellschaft zu zeichnen? Und doch wäre erst dies die ausreichende Grundlage für die sittliche Reflexion in einer philosophischen Ethik, die diesen Namen verdient.

In den Frühzeiten der Völker finden wir weithin typisch gleichartige Verhältnisse. Die Ethnologie, Soziologie und die spärlichen Anfänge einer eigentlichen Moralwissenschaft haben sich damit beschäftigt. Eine vergleichende Betrachtung, die außer dem Gemeinsamen auch die Unterschiede herausarbeitet, ist hier möglich und fruchtbar. Die allgemeinen biologischen Lebensgesetze zum Beispiel strahlen auch in gleichartige Moralregeln aus. Auf spätere Stufen der Völker wirken singuläre historische Umstände und Schicksale ein, die viel geistesgeschichtliche Vorarbeit erfordern, ehe man zum spezifisch Moralischen gelangt.

Im Abendlande ist die einheimische Volksmoral durchweg von den Einwirkungen des *Christentums,* von den Formkräften des griechisch-römischen *Humanismus* und der volkstümlich gerichteten *Aufklärung* des 18. Jahrhunderts überbaut worden. Noch verwickelter ist die Schichtung in Japan, einem Lande, dessen gesicherte Volksordnung dem Besucher von allem den stärksten Eindruck macht. Die Grundlage bildet der urjapanische Geist, der Shintoismus mit seinem noch heute lebendigen Kern, dem Ahnenglauben und der kultischen Verehrung des Kaiserhauses. Darüber hat sich, von China kommend, erst die konfuzianische Morallehre, dann der mystisch gerichtete Buddhismus gelagert. Aus dem letzteren erwuchs eine höfisch-ästhetische Kultur. Viel von ihr blieb in der nachfolgenden Kriegerkultur der Samurai erhalten. Unter dem Namen Bushido ist diese Rittermoral noch heute japanisches Volksideal. Aber die absolutistische Volkserziehung der Tokugawaperiode hat natürlich vieles davon schon umgebildet. Seit der Meijiära ist auch eine Morallehre nach amerikanischer Methode in den Schulen hinzugetreten. Alle diese Schichten sind in der heutigen japanischen Moral noch erkennbar. Aber ihren Anteil im einzelnen zu bestimmen, bedeutet eine noch ungelöste und schwer lösbare Aufgabe der östlichen Geistesgeschichte.

Wenden wir unseren Blick vom fernen Osten zurück zum christlichen Abendland im 19. Jahrhundert, so bietet es uns das Bild ungeheurer Errungenschaften auf dem Felde der Wissenschaft und Technik, der Wirtschaft und der Organisation. Aber die moralschöpferischen Kräfte der Völker haben mit dem rasenden Tempo der Spezialfortschritte nicht schritthalten können. Es ist das Elend des 19. Jahrhunderts, daß es eine alte Moral weithin auflösen mußte und die neue, die der Industrie und dem Großstadtleben gemäß gewesen wäre, nicht aufzubauen vermochte, ja nicht einmal den Sinn für diese Notwendigkeit besessen hat. Wiederum muß ich auf Pestalozzi hinweisen, der schon in den Anfängen die Gefahren des Industriezeitalters gesehen hat und dessen Volkserziehungsarbeit man nicht versteht, wenn man sie nicht in diesem großen historischen Rahmen betrachtet. Seine Warnungen waren vergeblich. Auch die Volksmoral ist im 19. Jahrhundert unter das Räderwerk der Maschinenwelt und in das Triebwerk der freien Konkurrenz geraten. Was wir heute Liberalismus im schlechten Sinne nennen, ist ein Auflösungsprodukt, ein Anzeichen für den gefährlichen Zerfall der Volksgemeinschaft, das der Nationalsozialismus mit gesundem Sinn erkannt hat.

Bei weitem der wichtigste Vorgang in der Entfaltung der Moral der neueren Völker ist die Übernahme des Christentums und seiner ethischen Anschauungen in früher Jugendzeit. Soweit man das Christentum historisch abzuleiten vermag, ist es auf dem Boden einer Spätkultur und einer übernationalen Kultur erwachsen. Es kommt aus metaphysischen Tiefen, die jungen Völkern nicht sogleich in vollem Umfange zugänglich sein konnten. Wir übersehen den langen, schwierigen Aneignungsprozeß noch nicht genau genug. Aber wir kennen doch schon die allgemeinsten Erscheinungen: den Rhythmus von Widerstreben und Genehmigung, von Verstehen und Mißverstehen, von Umbildung der fremdartigen in artgemäße Formen und von Weiterbildung auf dem Boden heimischer Geistesart. Der Gesamtvorgang ist vergleichbar der Ausbreitung und Umwandlung des Buddhismus in Japan. Die einzigartige Höhe der japanischen Kultur wäre ohne den Antrieb der Fremdreligion nicht erreicht worden. Max Rumpf hat neuerdings in seiner ›Religiösen Volkskunde‹ für süddeutsche bäuerliche Verhältnisse gezeigt, wie noch heute alte moralische Volksanschauungen mit christlichen Forderungen ringen.

Das große Thema der Durchdringung von Moralen, die aus verschiedenem Kulturboden erwachsen sind, ist damit nicht erschöpft. Ich komme am Schluß noch einmal darauf zurück. Zunächst bedarf das Bild einer sittlichen Welt, die als in sich geschlossen gedacht wird, der Vervollständigung. Wir haben die Volksmoral als ein überindividuelles Gewebe von Regelungen betrachtet, das den zugehörigen einzelnen umspannt. Nunmehr wenden wir uns zu der Rolle, die das lebendige Individuum in diesem Ganzen spielt.

II.

Es gehört zur eigenartigen Struktur des geistigen Lebens, daß alle überindividuellen Mächte – in unserem Falle Volk, Volksordnung, Volksmoral – doch nur zur Wirkung gelangen können durch die Individuen hindurch. Der überindividuelle Blutszusammenhang und Geisteszusammenhang hat für sich kein Bewußtsein. So ergibt sich die Paradoxie, daß das flüchtige

Individuum, das die kurze Spanne zwischen Geburt und Tod durchläuft, doch zum unentbehrlichen und verantwortlichen Träger für alle zeitüberwölbenden Geistesgehalte wird. 1. Das Volk ist mehr als die Summe der gerade lebenden Individuen. Aber Volkstum und Volkskraft aktualisieren sich nur *durch* die Individuen hindurch. 2. Die Sprache ist mehr als nur Werk und Besitz des einzelnen. Aber sie *lebt* ausschließlich in denen, die sie sprechen oder Gesprochenes und Geschriebenes bewußt verstehen. Die Moral ist in ebenso langen historischen Zeiträumen zu ihrer jeweils gegenwärtigen Gestalt gewachsen wie die Sprache. Aber Sinn und sinnvolle Wirkung entfaltet sie nur, wenn sie in Individuen bewußt wird, die auf solche Bindungen und Forderungen irgendwie antworten. Dieses Antworten bedeutet zugleich Verantwortung tragen. Auch für Hütung und Reinhaltung des Bluterbes liegt die Verantwortung immer in lebendigen Menschen. Sie sind somit die Knotenpunkte, in denen die Fäden der überindividuellen Lebens- und Geistesgewebe sich treffen. Das Bewußtsein der reifen Lebenden ist das Schlachtfeld, auf dem alle akuten Geisteskämpfe ausgefochten werden, auch die moralischen.

Wir nennen den Ort im individuellen Bewußtsein, der das Zentrum moralischer Erfahrungen, Kämpfe und Entscheidungen ist, das Gewissen. Es ist nicht möglich, hier eine ausgeführte philosophische Theorie des Gewissens zu geben, die übrigens seit der Scholastik, also gerade in der Zeit der Befreiung der Gewissen, auffallend wenig bearbeitet worden ist. Soviel aber ist ohne lange Auseinandersetzungen klar, daß die Theorie des Gewissens ganz anders ausfällt, wenn man sie auf dem Hintergrunde der überindividuellen Volksmoral behandelt, als wenn man die Person in künstlicher Isolierung – ich sagte früher: im noch moralfreien Raum – zum Ausgangspunkt wählt. Im ersten Falle nämlich treten die Bindungen und Forderungen der kollektiven Moral von vornherein in den Bestand des Gewissens mit ein. Es ist nicht so, daß der einzelne sich in jeder sittlich bedeutsamen Situation gegenüber der Rangordnung der Güter oder dem ewigen Reiche der Werte oder dem Gebot des Sittengesetzes neu zu entscheiden hätte. Dieses freie, autonome Wesen gibt es in der Wirklichkeit so wenig, wie es die abstrakten Individuen des Naturrechts gibt, die sich entschließen, in eine Gesellschaft einzutreten. Sondern jeder von uns ist durch die geltende Moral seines Volkes und seiner Lebenskreise schon geformt, wenn er zu sittlicher Selbständigkeit erwacht, so wie die Muttersprache schon fertig ist, wenn er die ersten Sprechversuche beginnt.

Was wir in ethisch belangvollen Lebenssituationen tun sollen, ist in der überwiegenden Zahl der Fälle schon vorentschieden. Es bedarf nicht bei jeder gegebenen Gelegenheit des sittlichen Entschlusses, nicht zu stehlen.

Wir müssen uns nicht jeden Morgen von neuem den kategorischen Imperativ vorhalten, um unsere Berufspflicht zu erfüllen. Mit einem Wort: Die Autorität der Moral wird im allgemeinen anerkannt. Selbst in individualistischen Zeiten bleiben die überindividuellen sittlichen Mächte noch erstaunlich stark.

Ich bitte, es nur als eine schematisierende Betrachtung anzusehen, wenn ich nunmehr vier typische Hauptfälle aufzähle, die in dem Verhältnis zwischen persönlicher Sittlichkeit und Volksmoral eine wesentliche Rolle spielen.

Der erste ist problemlos: Das Individuum unterwirft sich der Forderung des »man«, wobei wir vereinfachend annehmen wollen, daß diese immer genügend eindeutig sei. Die Macht der Volksordnung ist so stark, daß weder ein Widerstreben, noch eine Reflexion, noch gar ein Gewissenskampf eintritt.

Der zweite Fall ist der der schuldhaften Auflehnung gegen die geltende Moral. Die Gewalt der Triebe durchbricht den aufgerichteten Wall von Bindungen und Geboten; oder kluge Berechnung sucht sich einen Sondervorteil zu schaffen; oder naive Unwissenheit versündigt sich gegen das Geltende und von der Gesamtheit Anerkannte. Diese speziellen Umstände sind für den gemeinten Fall gleichgiltig. Die Hauptsache ist, daß kein Nebenton im Bewußtsein mitklingt, es bestehe ein höheres persönliches Recht zum Abweichen von der Norm.

Erst der dritte Fall beansprucht ein eingehenderes Interesse. Das Individuum findet in der geltenden, meist durchschnittlichen Moralordnung nicht das volle Wertniveau ausgedrückt, dem es sich in seinem Gewissen persönlich verpflichtet fühlt. Es glaubt, in sich selbst höhere Wertmaßstäbe zu besitzen. Dieser Glaube kann täuschen. Kant hat sich immer sehr mißtrauisch über die sog. Genietugend und das sog. Überverdienstliche geäußert. Er bekannte sich zur schlichten Uniformität der Pflicht. Aber Künstler pflegen moralische Sonderrechte für sich in Anspruch zu nehmen, gleichviel, ob es vor einem letzten Richterstuhl zu billigen wäre. Der Hochbegabte verlangt von sich selbst stärkeren Einsatz und höhere Leistungen. Vor allem aber gehört hierhin der individualistische Drang nach einer eigenpersönlichen Sittlichkeit. Man meint, sich aus dem Reichtum des eigenen Innern auch eine eigene sittliche Welt aufbauen zu können. Wir nennen dies sittliche *Emanzipation* und erinnern uns der mannigfachen Emanzipationsbewegungen des 19. Jahrhunderts. Henrik Ibsen ist der große Dichter dieses Evangeliums der persönlichen Autonomie geworden. Welches Maß von Recht diesem Standpunkte innewohnen kann, wird sich erst beim nächsten Punkte zeigen. Soviel steht fest, daß er für die Festigkeit der Volksmoral eine Gefahr bedeutet. Ausnahmesittlichkeit ist immer ein Wagnis. Wer gewährleistet mir, daß ich wirklich eine solche Ausnahmenatur bin, daß mein Gewissen mich nicht täuscht oder vielmehr: daß ich dabei mein Gewissen nicht belüge? Hegel hat daher den Standpunkt des sog. subjektiven Gewissens überhaupt bekämpft. Dieses Gewissen – als einer bloßen, zufälligen Einzelperson angehörig, vermag nach ihm die Weisheit der überindividuellen Ordnungen, die Vernunft des historisch Gewordenen, den höheren Instinkt des Volksgeistes nicht zu überbieten.

Bliebe es aber ein für alle Male bei dieser Bindung an das Geltende, so wäre nicht einzusehen, wie sich ein nationales Moralsystem jemals weiterentfalten könnte. Und entfalten muß es sich, sobald neue Kulturinhalte auftreten, die einer neuen moralischen Regelung bedürfen. Man denke nur an das Äußerliche: den Übergang von der Naturalwirtschaft zur Geldwirtschaft, von der Landwirtschaft zur Industrie, von der Gentilverfassung zur ständisch gegliederten Gesellschaft. In solchen Übergangszeiten bedarf es auch der sittlichen Durchbrüche. Allgemein wird gefühlt, daß neue Wertetafeln emporkommen. Aber es muß auch der eine kommen, der das Neue erst in einsamem Gewissen durchkämpft, nicht nur für sich, sondern für die Gesamtheit. Das sind die prophetischen und moralschöpferischen Naturen. Ihre Aufgabe ist tragisch. Denn das Zerbrechen alter Ordnungen erfolgt nie ohne Schuldigwerden. Die Heiligkeit des Alten muß angetastet werden. Das Wagnis ins Unerprobte, Neue muß durchgehalten werden.

Die Geschichte bietet viele Beispiele für solche moralischen Führernaturen; man nannte sie früher auch Gesetzgeber. Auf späteren Stufen der Kultur geht meistens eine literarische Vorbereitung voran. Aber bloß von der Literatur her wird keine neue Sittlichkeit. In das weiche Element des Papiers läßt sich vieles hineinbilden, was die Probe des Lebens nicht aushält. Nietzsche kann man lesen, aber nicht leben. Aufwühlen ist noch kein Starkmachen zum Kampf. Jede Umformung der geltenden Volksmoral, auch wenn sie auf Höherbildung gerichtet ist, führt zu schweren Erschütterungen des Volkslebens, und nur langsam folgt den heftigen Ausschlägen des Pendels wieder eine Ruhelage.

Wir Deutschen heute brauchen nach eindrucksvollen Beispielen nicht lange zu suchen. Denn wir stehen selbst in einer solchen großen moralischen Revolution drin. Sie ist für unser Thema um so lehrreicher, als sie darauf gerichtet ist, dem *Volk* als einem biologisch-geistigen Lebewesen wieder Geltung zu verschaffen gegenüber den eigensüchtigen Ansprüchen des einzelnen. Die atomistische Zersplitterung des Volkes im 19. Jahrhundert soll überwunden werden. Neues Verantwortungsbewußtsein für das Ganze, neuer Gemeinsinn soll entstehen. Solche Umbildungen des Volksethos vollziehen sich erst von heute auf morgen. Innere und äußere Kämpfe sind damit verbunden, Erziehung muß langsam Boden gewinnen, und schroffe Einseitigkeiten müssen abgeschliffen werden. Denn das bloß Einseitige ist niemals lebensfähig.

III.

Volksmoral und persönliche Sittlichkeit stehen zueinander immer in Beziehungen, die mannigfache Spannungen in sich tragen. Auf dieser inneren Dynamik beruht die Lebendigkeit der sittlichen Welt. Solche Konflikte enthalten teils das Negative des Schuldigwerdens, teils das Positive der Weiterbildung.

Wir werden heute kaum noch in Versuchung sein, an einen geradlinigen moralischen Fortschritt der Menschheit zu glauben. Der Aufbau von Moralen ist für uns mit dem Leben und Schaffen von Völkern verbunden, also auch mit Rassen, denen diese Völker angehören. Die Menschheit schlechthin ist noch nichts Gegebenes; man kann allenfalls im biologischen Sinne von der menschlichen Gattung überhaupt reden. Im geistigen Sinne ist sie nicht das Uranfängliche, sondern höchstens eine Idee, eine Aufgabe. Die Auseinandersetzungen zwischen Völkern sind immer auch Auseinandersetzungen zwischen verschiedenen Moralen. Es war also berechtigt, wenn ich im Anfang schon den Pluralis Moralen gebrauchte. Man kann die Weltgeschichte, wenn es eine solche gibt, auch unter dem Gesichtspunkt betrachten, daß ihr Inhalt der Kampf zwischen Gestalten der Sittlichkeit ist, die von den geistig führenden Nationen erarbeitet worden sind und getragen werden. Jeder Krieg zum Beispiel bedeutet in diesem höheren Sinne ein moralisches Ringen, nicht bloß eine Probe der Tapferkeit.

Aber der Pluralis Moralen ist noch in einer anderen Hinsicht gerechtfertigt. Wir würden uns die Struktur der sittlichen Welt zu einfach vorstellen, wenn wir eine sog. Volksmoral selbst als ein ganz eindeutiges Gebilde ansähen. Das ist sie nicht einmal auf primitiven Kulturstufen; denn schon auf ihnen herrscht Differenzierung nach Geschlechtern, Lebensaltern, Beschäftigungen und Begabungen. Je weiter eine Volkseinheit sich innerlich gliedert, weil die Mannigfaltigkeit sachlicher Aufgaben verschiedenartige Menschen fordert, um so mehr individualisieren sich auch die moralischen Perspektiven. Es gibt eine Kriegermoral, eine Handwerkermoral, eine Kaufmannsmoral, eine Gelehrtenmoral mit spezifisch verschiedenen Sinnerfüllungen des Daseins. Entsprechend gilt auch eine Kriegerehre, eine Handwerkerehre, eine Kaufmannsehre und eine Gelehrtenehre. Diese abweichenden Gestaltungen der Sittlichkeit stoßen oft hart aufeinander. Überall finden wir – im Innern der Völker und zwischen den Völkern selbst – den Kampf der Moralen. Fiele er ganz fort, so würde dem Leben die ideale Spannfeder fehlen. Es würde wohl Ruhe herrschen, aber die Ruhe des Friedhofs.

Die brennende Frage, die schon im Anfang aufgeworfen wurde, ist die, ob mit diesem Gegeneinander nicht die absolute Geltung des Sittlichen erschüttert wird. Wo aber die Moral beliebig wird, verliert sie nicht nur ihren heiligen Ernst, sondern geradezu ihren Sinn.

Man hat die strenge Verbindlichkeit und Allgemeingiltigkeit der Moralen in der Richtung gesucht, daß sie schließlich in eine allgemeine menschliche Moral einmünden müßten, oder in der Richtung, daß diese eigentlich hinter allem schon liege und daß die historischen Erscheinungsformen nur unwesentliche Abweichungen des ewigen, kernhaften Sittlichen seien. Es ist nicht nur Kant gewesen, der für die Begründung einer absolut allgemeingiltigen Moral das Beispiel der Logik aufgerufen hat: Wie die logischen Gesetze zeitlos und unbedingt giltig wären, so unterliege auch das Sittliche dem transfundamentalen Maßstabe einer unbedingten Allgemeingiltigkeit. Oder wie es im Logischen eine untrügliche Evidenz gebe, so sei auch für das sittliche Bewußtsein eine unbedingte Wertevidenz zugänglich, unberührt von der Individualität der Zeiten und Völker. Es sind die Prinzipien des abendländischen Rationalismus, die in solchen logischen und axiologischen Argumenten zutage treten. Aber so kampflos und kontemplativ gelingt die Wegorientierung in der sittlichen Welt nicht. Man muß sich schon auf das Meer des tätigen Daseins und der ungedeckten Entscheidungen hinauswagen, wenn man jener ethischen Evidenz auch nur ansichtig werden will. Ohne den Einsatz der Person keine ethische Tiefenerfahrung. Dieser Einsatz freilich erfolgt nicht nur im Felde, sondern auch in den täglichen Pflichten und in scheinbar friedlichen Entscheidungen, die mutig durchgehalten werden müssen.

Es ist hier nicht der Ort, die Untersuchung durchzuführen, in welchen historischen Epochen der Gedanke eines allgemeinen Menschentums und einer Menschheitsmoral aufgekommen ist. Wie es im Orient damit steht, ist uns noch ziemlich unbekannt. Im Abendlande hängt die Entstehung des Gedankens mit dem Aufbau der hellenistischen Reiche und des römischen Imperiums zusammen. Und der erwähnte abendländische Rationalismus ist bei den Stoikern wie bei den Aufklärern des 18. Jahrhunderts ideologisch hinzugetreten. Aber dieser Rationalismus verdeckt zu leicht, was wir über die geschichtliche Welt und ihre höchst mannigfaltigen Bildungen wissen. In dieser Wirklichkeit bleibt die Verschiedenheit von Rassen und Nationen, von Entwicklungsreihen und Entwicklungsstufen, also auch von Moralen, die sich widersprechen und bekämpfen.

Sollen wir nun daraus die Folgerung des Relativismus ziehen: entweder jeder hat von seinem Boden aus recht, oder keiner hat recht und der Streit geht eigentlich um nichts; denn alle moralischen Standpunkte jagen nur einem Phantom nach? Wäre es so, dann verlören auch der Kampf und die Auseinandersetzung der Moralen jeden echten Gehalt, die ganze Erörterung des heutigen Abends bliebe ohne jeden Sinn. Es muß einen Weg geben, der uns tiefer in die Wahrheit und in das unwiderruflich Bindende hineinführt. Ich deute ihn zum Schluß in zwei Gedankengängen an.

Den ersten Aufschluß gewinnen wir durch einen Blick auf die moralschöpferische Persönlichkeit. Woher entnimmt sie die neuen Leitlinien und Maßstäbe? – Sie trägt gleichsam ein Doppelgesicht. Einerseits ist sie der Wirklichkeit des zu ihrer Zeit bestehenden Zusammenlebens zugewandt. Sie lebt diese Verhältnisse mit und leidet diese Leiden mit. Andererseits steht sie durch ihr Gewissen in Berührung mit dem Metaphysischen. Sie empfängt von dort die Schau des Neuen, Höheren, und die Kraft, es in die Wirklichkeit hineinzuarbeiten. Es ist nicht nur das ehrlich ringende, aber begrenzte Einzelwesen, das entscheidet. Sondern eine solche Natur trägt den ganzen Geist ihres Zeitalters und ihres Lebenskreises in sich. Um mit Hegel zu reden: Es ist nicht mehr das subjektive Gewissen, sondern das objektive, das wahre Gewissen, das hier Stellung nimmt.

Tiefer werden wir in diese Geheimnisse nicht hineinblicken können. Wir können sie uns höchstens verdeutlichen an den historischen Persönlichkeiten, in denen ein solcher Durchbruch erfolgt ist. Auch dann finden wir noch sehr verschiedene Typen: Buddha, Sokrates, Mohammed, Augustinus, Franz v. Assisi, Luther, Fichte – als Aufrüttler mögen Tolstoi und Gandhi hinzugefügt werden. Es ist wichtig zu beachten, wie sie sich selbst gedeutet haben. Denn sie haben natürlich ein Bewußtsein von ihrer »Sendung« gehabt. Die Beglaubigung ihrer »Mission« kam immer aus dem Metaphysischen, aus der Berührung mit dem Göttlichen. Ihre Kraft war die der weltgestaltenden Mystik, nicht der weltflüchtigen Mystik. Aber sie alle mußten die Welt erst überwinden, um sie zu gestalten.

Damit wäre nun die historische Mannigfaltigkeit der Geschichte, die sie gehabt haben, noch nicht beseitigt; und sie darf auch nicht beseitigt werden. Denn alles sittliche Leben bleibt konkretes, erdgebundenes, der Zeit verhaftetes Leben. Aber ein zweiter Gedankengang führt uns weiter.

Wir werfen einen Blick auf das größte historische Beispiel: auf das Christentum.

Man hat oft gesagt: die Moral, die in alter Zeit, fern im Orient, unter Fischern und Zöllnern am See Genezareth gepredigt wurde und dort gelebt werden konnte, – sie gebe für unsere so veränderte Zeit und Welt keine bindenden Anweisungen. In der Tat: was Jesus verkündet hat, war auch keine Volksmoral, die bis in ganz konkrete Umstände durchgebildet war. Dann wäre sie auf ihre Zeit und die gerade umgebende Welt beschränkt geblieben. Die Ethik der Bergpredigt aber wendet sich nur an das Innerste der Gesinnung. Sie zielt auf den verborgensten Erzeugungspunkt des Sittlichen. Sie meint die ethische Intention gleichsam an der Stelle, wo sie noch gar nicht in konkrete Anwendung auf dieses oder jenes Gebiet der Wirklichkeit übergegangen ist. Das ist der Unterschied sogar gegenüber den überlieferten jüdischen Geboten. Jesus will zeigen, daß sie fast sämtlich schon zu äußerlich sind. Das eigentlich Sittliche liegt noch tiefer, noch mehr im Innersten. Man erinnere sich etwa an die Kritik des Gebotes: du sollst nicht ehebrechen. Diese Kritik wie die ähnlichen sonst lösen das Gesetz nicht auf, sondern erfüllen es, d.h. sie geben ihm erst den tiefsten ethischen Hintergrund in der Reinheit der Gesinnung. Die ganze christliche Sittlichkeit ist daher in den Satz zusammenzudrängen: »Selig sind, die reinen Herzens sind«.

Bei allen Völkern höherer Kultur begegnet uns dieser Gedanke oder dieses Bild der *Reinheit.* Es ist schwer zu konkretisieren, weil es eben das Metaphysische im Menschen, mystisch gesprochen: den *Seelengrund* meint. Und ich erinnere für Kenner im Vorübergehen daran, daß auch Kants Ethik nur den »reinen Willen« betrifft, das Apriori des Sittlichen überhaupt, noch nicht seine empirischen Erscheinungsweisen. Nur dieser Brennpunkt ist überzeitlich; alles andere muß das Kostüm bestimmter Zeiten anziehen. Kants vielgetadelter ethischer Formalismus ist also höchste Weisheit, errungen zumal in einer Zeit, die noch nicht vom historischen Relativismus beunruhigt war wie die unsrige.

Weder die Bergpredigt noch Kants Ethik enthalten eine durchgeführte Volksmoral. Beide geben nur den Hinweis auf das ewige ethische Urphänomen, auf die Sittlichkeit erzeugende ethische Gesinnung. Dies Metaphysische, Ursprüngliche muß immer wieder in die Wirklichkeit historischer Umstände und Lebenskreise hineingearbeitet werden. Die Aufgabe ist oft vergessen worden. Wo diese Kraftquellen versiegen, gelingt nur Halbes. Es gibt keine christliche Sittlichkeit, die für alle Zeiten *inhaltlich* gleich wäre. Nur die christliche Gesinnung, die ethische Urintention bleibt sich gleich. Sie wird sich oft genug an der Welt wundreiben. Aber die Auseinandersetzung mit Staat und Wirtschaft und Gesellschaftsproblemen erfolgt in immer neuer Form und führt zu immer neuen konkreten Wertgestalten. Dieser Gestaltungsarbeit darf sich keine Epoche entziehen. So muß zum Beispiel das Verhältnis von Volk und Christentum heute neu durchdacht, und nicht nur durchdacht, sondern tätig durchgeformt werden.

Über diese inhaltlichen Probleme denke nun jeder zu seinem Teile nach. Ich habe nur die Struktur des sittlichen Lebens in ihren Umrissen zeichnen wollen. Es ergab sich, daß es auf dem fruchtbaren Boden volkhaften Zusammenlebens erwächst, daß es aber seinen höchsten Beziehungspunkt im Metaphysischen hat. Oder einfacher gesagt: Der Mensch in seiner sittlichen Bestimmung ist volksgebunden und gottgebunden. Das zweite ist keine neue und keine alte Wahrheit: es ist eine ewige Wahrheit. Aber der Blick für das sittliche *Wesen* Volk und für unsere Verpflichtung ihm gegenüber mußte uns vielleicht erst zurückgegeben werden, nachdem wir durch die Epoche der Emanzipationen hindurchgegangen waren. Es *ist* uns nun eröffnet, und wir fühlen die starken Kräfte, die uns von dort zuströmen und die *auch* aus metaphysischen Tiefen kommen. Es ist gerade ein Jahr her, daß Österreich und das Reich sich wiederfanden. *Als* sie sich aber fanden, fühlten beide Volksteile, daß sie in einem zeitüberlegenen Sinne zueinander gehören und daß sie in der Welt eine untrennbar gemeinsame sittliche Aufgabe zu erfüllen haben.

Zwei Auffassungen vom Wesen der Philosophie

1942

Es gibt kein hoffnungsloseres Unternehmen als das Suchen nach einer allgemeingiltigen Definition der Philosophie. Sie ist das Werk lebendiger Menschen und erscheint daher stets im Kostüm einer bestimmten Zeit, durchblutet von nationaler Eigenart, durchseelt von dem persönlichen Geist, der sie erzeugt. Die sich gleichbleibende Intention aber, die dahinter liegt, läßt sich nicht formulieren, weil sie nicht als Ganzes erscheinen kann, sondern immer nur fragmentarisch, nur einseitig, zum Beispiel nur als Gegenwurf eines früheren Wurfes, der nicht gelungen war. Die Folge ist, daß ich eine unübersehbare Fülle verschiedener, ja sich widersprechender Wesensbestimmungen der Philosophie vor Ihnen ausbreiten könnte. Wenn ich stattdessen im Titel meines Vortrages von *zwei* Auffassungen spreche, so werden Sie mit Recht erwarten, daß ich auf eine bestimmte, sehr tiefgehende Spaltung der Ansichten hinweisen will, deren Wirkung sich von der Wurzel des Philosophierens bis in die letzten Verzweigungen erstreckt. Als eine solche wäre etwa die Unterscheidung von wissenschaftlicher und nichtwissenschaftlicher Philosophie zu bezeichnen. »Über wissenschaftliche und nichtwissenschaftliche Philosophie« hat Alois Riehl 1883 in Freiburg eine berühmt gewordene Antrittsrede gehalten. Aber ich will mich auf den Bereich *der* Philosophie beschränken, die wissenschaftlich zu sein beansprucht. Weltansichten, die sich in der Form von Hymnen, Essays, Aphorismen, oder in symbolischen Kunstwerken, sei es der reinen Dichtung oder etwa des Musikdramas aussprechen, sind keiner Kritik durch Gründe fähig. Sie reißen mit sich fort, oder sie lassen unberührt. Wissenschaftlich gemeinte Philosophie hingegen will durch die Allgemeingiltigkeit ihrer Begründung siegen. Dieses Kennzeichen wird man als vorläufige Minimaldefinition von Wissenschaft gelten lassen. Denn was im genauerem Sinne so genannt werden darf, ist immer strittig und kann erst innerhalb einer konkreten Philosophie selbst entschieden werden.

Aber eine einzige inhaltliche Bestimmung des Wissens, nach dem die Philosophie strebt, darf vielleicht vorweggenommen werden. Die Philosophie geht nicht auf irgend ein sachliches Teilgebiet möglichen Wissens, sondern auf den *ganzen* Zusammenhang möglichen Wissens. In ihm soll aufgefangen werden oder sich abbilden, was wir mit einem scheinbar bequemen, aber sachlich schwer belasteten Wort »die Welt« nennen. Wenn auch die Kräfte des einzelnen auf dem Wege zu diesem weltumspannenden Wissen früh erlahmen, so dürfen wir doch die Sehnsucht des Philosophen wie die des Magiers mit den Worten Fausts umschreiben:

Daß ich erkenne, was die Welt
Im Innersten Zusammenhält.

Dieselbe Faustgestalt wird noch in anderer Hinsicht für unser Thema symbolisch. Woher kommt es, daß die ersten Versuche Fausts, dem Universum sein Geheimnis zu entwinden, scheitern, daß die Philosophie mit der Verzweiflung am Wissenkönnen, die Magie mit der Enttäuschung an den weltbezwingenden Kräften der Seele endet? Was geschieht später noch, wodurch Faust in den Ursinn des naturhaft-geistigen Kosmos tiefer eindringen könnte? Offenbar ist es eine Folge von *Selbstverwandlungen,* die Faust auf dem Wege durch das konkrete Dasein durchmacht, – Suchen nach Genuß und Glück, dann rastlose Tätigkeit bis ans Ende, schließlich Verklärung des immer Strebenden durch die ewige Liebe, in der das geteilte Leben sich auflöst und vollendet.

Das dichterische Beispiel legt die Frage nahe, ob es uns möglich ist, ausgerüstet mit einem guten Verstande, mit einer treuen Hingabe an die standhaltende Sache, mit einem möglichst reichen Besitz von Fragestellungen und Erkenntniskategorien auf die große Fahrt der Philosophie auszuziehen, oder ob zuvor und während des Philosophierens selbst in unserem Innern Revolutionen vorgehen müssen, durch die gleichsam neue Organe des Welterfassens in uns aufbrechen. Ferner umgekehrt gesehen: Hält die Sache, über die wir philosophieren, wirklich stand, oder erfährt auch sie Verwandlungen mit dem *Standort,* auf dem wir als Philosophierende stehen, mit dem Niveau der Standebene, zu der wir uns emporzuschwingen vermochten?

Dies ist unverkennbar ein entscheidendes inhaltliches Problem der Philosophie, nicht bloß eine der Methodenfragen, mit denen man den Eintritt in die Arbeit selbst zu verzögern pflegt. Aber die Formulierung ist zu kompliziert, um gleich verstanden zu werden. Es ist notwendig, die möglichen Ansatzpunkte, an denen das ganze Schicksal des weiteren Philosophierens sich schon entscheidet und die beiden Hauptwege für immer auseinandergehen, zu Beginn in der naivsten Fassung auszusprechen. Ich versuche es, indem ich das philosophierende Bewußtsein an diesem Scheidewege gleichsam Zwiesprache mit sich selbst halten lasse:

Werde ich der wesentlichen Aufgabe der Philosophie gerecht, indem ich von mir (dem Lebenden, Kämpfenden und nicht bloß Denkenden) in einem großartigen Selbstverzicht absehe und die Frage so stelle, wie sie wohl auch der Physiker für sein Gebiet im stillen formuliert: Wie ist die Welt als solche aufgebaut? Oder soll ich von vornherein *mich* (den nicht bloß Denkenden, sondern mit der Welt leidend und tätig Ringenden) in mein Philosophieren mit aufnehmen? Geht es nur um den einen Pol: die Welt, wie sie ist? Oder sind von vornherein zwei Pole da: *Ich* in meiner verborgenen Rätselhaftigkeit *und* die mir begegnende *Welt* in ihrer Bezogenheit auf mich? Im ersten Falle würde die Urfrage der Philosophie in einfachster Formulierung lauten: *Wie erkenne ich die Welt in ihrem Ansichsein?* Im zweiten Falle scheint nur eine geringe Modifikation vorzuliegen, nämlich die Fassung: *Welches ist der Sinn der Welt?* (Natürlich ein Sinn der Welt, an dem ich selbst beteiligt bin.) – Im ersten Falle geht es um das Sein in seiner Unberührtheit von mir, dem Menschen, nun gar diesem Menschen hier. Die Philosophie fragt dann nach dem Sein selbst, griechisch dem ὄν; sie ist im Kern Ontologie. Im zweiten Falle spiegelt von vornherein die vielleicht sehr menschliche Erwartung eines τέλος, also (wie Ernst Otto betont hat) einer zielgerichteten Bewegung, hinein: Die Sinnfrage ist dann der bloßen Seinsfrage übergeordnet. Wir haben für diesen Typus der Philosophie keinen kurzen Namen. Aber vertraut ist jedem das Problem mindestens in der Kantischen Fassung, ob der rein theoretischen oder der praktischen Vernunft der Vorrang in der Philosophie gebühre.

Ehe ich die beiden Ausgangspunkte in ihre Konsequenzen hinein verfolge, füge ich noch zwei Bemerkungen hinzu, die Mißverständnisse fernhalten sollen: 1. Es versteht sich von selbst, daß ein Philosoph, der mit der reinen Seinsfrage beginnt, im weiteren Ausbau seines Gedankenwerkes auch auf die Sinnfrage geführt wird. Und ebenso: daß in der Sinnfrage immer als ein wesentliches Moment die Seinsfrage (nämlich die Frage nach der Struktur der gegenständlichen Welt) mitenthalten ist. Aber ich glaube zeigen zu können, daß der gesamte Aufbau der Philosophie sich verschieden gestaltet, je nachdem, ob man das eine oder das andere Thema voranstellt. 2. Es sind zwei Idealtypen möglichen Philosophierens, die ich hier entwickeln will. In ihrer Reinheit können sie nur konstruiert werden. Die in Geschichte und Gegenwart auftretenden Systeme halten in der Regel beide Themata nicht in voller Strenge auseinander. Ich werde aber ziemlich reine Annäherungsfälle aus der deutschen Philosophie der

Gegenwart vorführen können. Und ich gestehe, daß es gerade bedeutende Gegenwartsphänomene gewesen sind, die mich veranlaßt haben, die grundsätzliche Differenz in ihrer gesamten Tragweite zu entwickeln.

I.

Die beiden Auffassungen von der Philosophie, die ich in Gegensatz zueinander stelle, lassen sich durch die beiden Grundthesen charakterisieren:

1. Die Aufgabe der Philosophie ist Erkenntnis der Welt.
2. Die Aufgabe der Philosophie ist Sinndeutung der Welt.

Sie unterscheiden sich folglich von einander so, wie sich Erkenntnis und Sinndeutung unterscheiden. Wenn man aber diesen Unterschied zu definieren versucht, vollzieht man bereits philosophische Urentscheidungen, die alles Weitere maßgebend beeinflussen. Unternehmen wir dies Wagnis im Anschluß an das, was man sich unter dem *Erkennen* einerseits, dem *Sinndeuten* andrerseits zu denken pflegt.

Das Erkennen ist eine geistige Leistung des Menschen, die den einseitigen und begrenzten »Sinn« hat, den Gegenstand (in weiter erkenntnistheoretischer Bedeutung) so zu erfassen, wie er an sich ist. Und das heißt: wie er auch dann noch wäre und beharrte, wenn ihm *kein* erkennendes Subjekt zugewandt wäre. Dieser Satz scheint dem eigentlichen Sinn des Erkennens Rechnung zu tragen. Er wird uns später noch problematisch werden. Daß wir hierbei schon den Grundbegriff des zweiten Standpunktes verwandt haben, indem wir vom »Sinn« des Erkennens sprachen, hätte sich vielleicht vermeiden lassen. In der Wesensbestimmung des Erkennens, wie sie gegeben worden ist, liegt von vornherein eingeschlossen, daß die psychologisch vorfindbare Verschiedenheit der erkennenden Subjekte nur eine nebensächliche Bedeutung hat. Da es nur auf das Sein in seiner reinen Objektivität ankommt, so ist auch nur dasjenige Subjekt philosophisch belangvoll, das sich in der Intention des Erkennens dem eindeutigen Sein völlig anmißt. Es muß also das *Normalsubjekt* gefunden werden, das dieser Bedingung genügt. Dieses zu finden, mag die umfangreichsten Untersuchungen erfordern. Aber was es sein darf und nicht darf, was es zu leisten hat und nicht außerdem noch anstreben darf, das liegt von Anfang an fest: Es ist vom Sein her eindeutig eingegrenzt.

Hingegen legt jede Sinndeutung von vornherein auf das Beteiligtsein eines lebendigen Subjekts Gewicht. Wenn das Wort »Sinn« fällt, so muß man sofort weiterfragen: »Sinn für wen?« Der Gegenstand ist hier nicht *allein* maßgebend, sondern sogleich in seiner *Bedeutsamkeit* für ein bewußtseinsfähiges Subjekt. Die neue Umweltlehre des Frhrn. v. Uexküll zum Beispiel ist nicht zufällig in seiner letzten Veröffentlichung zur »Bedeutungslehre« geworden. Diese Biologie macht den prinzipiellen Ansatz, daß für jedes Lebewesen die Inhalte seiner Umwelt primär Bedeutungsträger sind, daß sie ursprünglich positiv wertvoll oder negativ akzentuiert sind. Die *eine* identische Welt, die wir als eine selbstverständliche Voraussetzung anzusehen geneigt sind, ist *nicht* gegeben, sondern aufgegeben. Damit ist aber unverkennbar ein stark relativierendes Moment gesetzt. Man kann den Satz aufstellen: *Soviel verschieden organisierte Subjekte, so viel verschiedene Bedeutungswelten.* Beginnt man auf dieser Basis zu philosophieren, so liegt das Problem nicht nur auf der Gegenstandsseite, sondern ebensosehr auf der Subjektseite. Welches Subjekt soll man zugrunde legen: den vollebendigen Menschen mit all seinen besonderen biologischen Ausstattungen? oder ein höheres, bereits gereinigtes Subjekt, zum Beispiel das reine Vernunftwesen, das noch Kant voraussetzt? oder den geistig weit entwickelten Menschen unserer Kulturepoche mit seinem historischen Horizont? Jede Philosophie, die so anfängt, hat hierüber Urentscheidungen zu treffen. Sie entscheidet sich meist für irgendein sog. »ursprüngliches Weltbild« samt dem ihm zugehörigen ursprünglichen Subjekt. Welche Fülle von Möglichkeiten hier besteht, lehrt die kurze Erinnerung an Descartes' cogito, an Lockes oder an Humes Ideal der reinen Erfahrung, an Diltheys Erlebnissubjekt oder an Heideggers »Dasein in der Geworfenheit«: Es ist kein Zweifel, daß dieser zweite Ausgangspunkt mit sehr viel mehr Schwierigkeiten belastet ist als der klare erste Standort: »Es geht von Anfang an um das Sein selbst, das in seinem Bestande von allen subjektiven Perspektiven als unabhängig zu denken ist.«

Ich verdeutliche den Gegensatz sogleich an einem ziemlich hochgelegenen Beispiel:

Es ist nicht dasselbe, ob eine wissenschaftliche Geschichtsdarstellung einfach feststellend erzählen will, »wie alles gewesen ist«, oder ob sie außerdem noch den Sinn des Geschehenen deutet. Das letztere wird nur möglich sein, indem man ein Subjekt hinzunimmt, für das der behauptete Sinn gelten soll. Er wird ein anderer sein, wenn man ausgeht vom Standort der Franzosen oder der Deutschen, ein anderer aus der Perspektive von 1900 als aus der von 1942, ein anderer schließlich gedacht von den höchst verschiedenen Positionen der Menschen und einem angeblichen absoluten Weltplan Gottes aus. Schon aus diesem Sonderfall ergibt sich: Alle Sinndeutung ist irgendwie perspektivisch; sie bringt zunächst ein relativierendes Moment in die Philosophie hinein. Weit unangreifbarer scheint derjenige dazustehen, der im Geiste des ersten Standpunktes ausruft: »Deutet Sinn aus der Geschichte heraus oder in sie hinein, so viel ihr wollt! Ihr werdet dadurch an dem Geschehenen selbst nichts ändern. Was geschehen ist, ist geschehen; in dieser (zwar vergangenen) Realität ist es ein eindeutiges Sein und steht unabänderlich fest.«

Der Vertreter des zweiten Grundstandpunktes wird freilich erwidern: »An das Geschehene selbst im strengsten Sinn kommen wir niemals heran. Es ist nur eine Arbeitshypothese. Anstelle des unübersehbaren Geschehenen selbst haben wir immer nur die Geschichte als eine geordnete geistige Konstruktion, die von ihrer Wurzel an unvermeidlich schon Deutung ist und demgemäß auf einer sinngeleiteten Auswahl beruht.«

Der Verfechter des ersten Standpunktes aber fällt wieder ein: »Diese Konstruktion ist doch nicht beliebig, sondern *gebunden* an Tatsachen, die als gewesene beglaubigt sind.« Und er scheint damit das letzte Wort zu behalten.

Das Beispiel hat uns mitten in die Antinomien hineingeführt, die zwischen den beiden Ansätzen bestehen. Wir haben aber hier die noch schwierigere Aufgabe, sie für die *Philosophie als Ganzes* und folglich in der grundsätzlichsten Form durchzuführen. Zu diesem Zweck muß es mir erlaubt sein, den Gegensatz an solchen Ausprägungen zu verfolgen, die ihn gleichsam in klassischer Reinheit zeigen. Die Philosophie der Gegenwart gestattet dies, ohne daß ich ganz anonyme Richtungen zeichnen müßte. Denn die Differenz ist in der Ontologie von Nicolai Hartmann einerseits, der Existenzphilosophie von Jaspers und Heidegger andrerseits in aller wünschenswerten Klarheit repräsentiert.

1. Für N. Hartmann ist die wesentliche Aufgabe der Philosophie das Erfassen des ὄν, des Seins also, wie es an sich ist. Daher »Ontologie«. Das Sein ist freilich nur der allgemeine vorwegnehmende Name für sehr verschiedene *Seinsweisen.* Es gibt reales Sein und ideales Sein. Das reale Sein umfaßt keineswegs nur das der sog. materiellen Außenwelt, sondern auch das lebendig-organische Sein, das seelische Sein und das geistige Sein als Regionen oder Schichten der Realität. Es liegt also keineswegs eine vorgreifende Verengerung des Weltbildes vor. Aber dies ist nun der entscheidende Ursatz der Hartmannschen Ontologie: Das Sein selbst ist gleichgiltig dagegen, ob es in die Subjekt-Objektkorrelation eintritt oder nicht. Es wird dadurch in keiner Weise geändert. Das Eintreten in die Subjekt-Objektkorrelation bedeutet, allgemein gesagt, das Für-ein-Bewußtsein-werden. Auch diese Relation faßt Hartmann nicht einseitig als Erkenntnisbeziehung zwischen Subjekt und Objekt auf. Er erkennt an, daß im Lebenszusammenhange sehr viel ursprünglicher die Beziehung ist, die ich

künftig im Gegensatz zur bloß intellektuellen Erkenntnisrelation *die plastische Auseinandersetzung* zwischen Bewußtsein und gegenständlicher Welt nennen werde. (Sie besteht im Betroffensein von der Härte der Realität, im Fürchten, Hoffen, Erwarten; in der tätigen Gegenwehr des Begehrens, Handelns, Bearbeitens; kurz in dem vollen Lebensgewebe, aus dem sich dann der Erkenntniswille nur als eine besonders wichtige, aber einseitige Relation zwischen Subjekt und Objekt heraushebt.)

Trotz dieser Anerkennung des vollen Lebens und Erlebens ist mit dem bezeichneten Ausgangspunkte doch eine Vorentscheidung – und es ist eine Entscheidung! – getroffen, die für den ganzen weiteren Ausbau dieser Philosophie von schicksalhafter Bedeutung ist. Ich drücke mich absichtlich stark bildlich aus: In das Weltgefüge kommt hier das menschliche Bewußtsein gleichsam nur nachträglich herein. Das Sein ist, wie es ist. Durch sein Für-ein-Bewußtsein-werden wird es nicht im mindesten tangiert. Gewiß, alles Sein *kann* zum Beispiel Gegenstand der Erkenntnis werden. Aber das Sein selbst verwandelt sich dadurch nicht in bloße Erscheinung. Es mag halb oder ganz, richtig oder falsch erfaßt werden. Das Sein selbst ist hiervon unberührt das gleiche. Diese Voraussetzung muß gemacht werden. Denn die Erkenntnis verlöre ihren »Sinn«, wenn sie auf der Jagd nach dem Sein etwas anderes erfaßte als – das Sein, wie es ist.

Das große Gewicht dieser mit äußerster Feinheit durchgeführten Argumentation wird auf niemanden seinen Eindruck zu machen verfehlen. Trotzdem weise ich schon hier auf Bedenken hin, die eine Grenze ihrer Durchführbarkeit bezeichnen.

Daß das Bewußtsein gleichsam nur nachträglich in die Welt hineingekommen ist, bleibt ein vollziehbarer Gedanke, solange nur die bewußtlosen Schichten des Seins zum Gegenstande des Erlebens und Erkennens werden. Schwieriger wird die Sache schon, wenn das bewußte Leben, das seelische und das auf Bewußtsein angewiesene geistige, zum Gegenstande des Erkennens werden sollen. Natürlich ist dann das Bewußtsein, das erkennt, etwas ganz anderes als das Bewußtsein, das erkannt wird; jenes ist nämlich doch ein übergreifendes reines Bewußtsein. Entscheidend aber ist der letzte Punkt: Muß man nicht die *höchste Position des Bewußtseins schon innehaben,* um auch nur sagen zu können: Das Sein selbst wird vom Eintreten in ein Einzelbewußtsein nicht modifiziert? Denn wie könnten wir auch nur diese Urthese aufstellen, wenn sie nicht zum Wissen gehörte? Wie will jemand das Sein bestimmen anders als mit den Mitteln seines denkenden Bewußtseins? Das Sein an sich im strengsten Sinne ist stumm. Was wir von ihm nicht wissen können, ist uns absolut unzugänglich.

2. Versuchen wir es also einmal mit dem entgegengesetzten Standpunkt, dessen Ansatz schon in den letzten Worten hindurchgeklungen ist. Er geht von der These aus, daß alles Sein, von dem wir wissen und reden können, immer in der Subjekt-Objektkorrelation auftritt. Er fügt die zweite These hinzu, daß diese Korrelation nicht bloß die Beziehung des erkennenden Ich zum erkennbaren Gegenstand einschließt, sondern auch ein Sinnerleben und Sinnfordern, kurz eine lebendige Auseinandersetzung zwischen Ich und Welt (wie ja auch bei Nicolai Hartmann). Aber *hier* steht nun dieses Sinnproblem an der Spitze, nicht nur die Frage nach dem Sein als unabhängig vom Bewußtsein Seiendem. Es handelt sich jetzt um Deutung, um Auslegung des für das Subjekt zuhandenen und vorhandenen Seins.

Das Problem der Philosophie wird nun viel schwieriger. Es fehlt der feste Punkt des Anfangens, der im vorigen Fall mit dem Feststehen des einen Pols, des Gegenstandes, gegeben war. Der andere Pol, das Subjekt, das den Sinn bzw. Widersinn der Welt erlebt und dann philosophisch tiefer ergründen will, kann die verschiedensten Gestalten annehmen. Die einfache Lebenserfahrung lehrt, daß der Sinn der Welt sich mit den Wandlungen des Subjektes verwandelt. Er ist für das Kind ein anderer als für den Jüngling, für den Mann ein anderer als für den Greis. Alles scheint sich hier in bloß perspektivische Weltbilder aufzulösen. Sollen trotzdem Aussagen über den Sinn der Welt gemacht werden, denen Allgemeingiltigkeit zukommt, so muß das philosophierende Subjekt tiefer in sich selbst zurückgehen, um einen Kern in sich zu finden, der der *einen* identischen Welt korrespondiert. Diesen Glauben an ein sog. *reines* Bewußtsein, das der transzendentale Ursprung aller echten Gegenständlichkeit ist, hat Kant noch gehabt. Aber er hat schließlich doch den allgemeingiltigen Willenskern des Subjekts, die praktische Vernunft, über den theoretischen Kern, die spekulative Vernunft, triumphieren lassen. Eben diesen metaphysischen Grund des Subjekts, *die tätige Freiheit*, haben Fichte und Hegel dann sehr viel lebendiger gefaßt. Sie haben, populär gesprochen, in der Innerlichkeit noch ein ganzes Stufenreich von Schichten des Ichs entdeckt. Jeder Wandlung und Vertiefung des Subjekts muß nunmehr auch eine andere, tiefer gesehene Objektwelt entsprechen. Die Gegenstandsordnung ändert sich, indem das Subjekt in seine Tiefen hinabsteigt. Die Welt bleibt bei dieser Art des Philosophierens nicht starr, sondern sie wird zu einem Werde*prozeß*. Indem der Mensch philosophiert, geschieht etwas an der Welt, geschieht etwas »*Weltbewegendes*«. Es handelt sich nicht mehr nur um Erkenntnis des Seins, wie es ewig *ist*, sondern um Entdeckung neuer Seinsschichten, die sich nicht zeigen würden, wenn das philosophierende Subjekt in seiner vorausgesetzten ewigen Normalgestalt beharrte.

Indem so die beiden Pole der Subjekt-Objektkorrelation sich wandeln, wandelt sich natürlich auch der *Sinn*, der zwischen ihnen aufleuchtet. Wir wollen dieses Problem nur an einem fruchtbarsten Punkte erläutern, in freier Anlehnung an die neueste Existenzphilosophie.

Angenommen, das Subjekt, von dessen Stufe aus philosophiert wird, sei das Bewußtsein eines biotisch bestimmt organisierten Lebewesens, das mit einem vorgreifenden Wissen ausgestattet ist, so daß es um seinen früher oder später bevorstehenden Tod weiß. Es ist der Fall des Menschen. Wir befinden uns mit diesem Tatbestand schon im Zentrum des Sinnproblems. Denn wenn hiermit das letzte Wort gesprochen wäre, so würde in absehbarer Zeit die Auslöschung des philosophierenden wie des schlicht erlebenden Bewußtseins erfolgen. Es würde damit in das Nichts zurücksinken. Gäbe es nichts anderes als *dieses* Lebewesen mit seinem allerdings rätselhaft überlegenen Wissen, so wäre es nur wie eine schwimmende Insel auf dem unheimlichen Abgrund des Nichts. Mit dem Tode hört die Subjekt-Objektkorrelation auf; möglicherweise schließt sie sich wieder in das ungespaltene Subjekt-Objekt zusammen. In ihm aber gibt es kein Wissen und Erleben mehr.

Martin Heidegger hat in einem berühmten Kapitel seines Werkes ›Sein und Zeit‹ ausgeführt, welche »Existentialien« mit diesem Sein zum Tode für das Dasein, d. h. die lebendige Person, gesetzt sind, nämlich die Angst als immer begleitende Weltangst. Zugleich aber hat er eben hierin, in dem Verhältnis zu *meinem* Tod, die Möglichkeit aufgedeckt, sich von dem Verfallensein an den Tod, den *»man«* stirbt, zu dem eignen Tode zu befreien. Erst in dieser *Freiheit zum Tode* taucht die Möglichkeit eines existentiellen eigentlichen Selbstseins auf. Darin liegt dann die Basis alles gehaltvollen Philosophierens.

Jaspers hat den Gedanken weiter ausgesponnen: »Es gibt nicht eine beharrende, als richtig auszusagende Stellung zum Tode«, so behauptet er. »Vielmehr wandelt sich meine Haltung zum Tode in Sprüngen neuen Erwerbens durch das Leben, so daß ich sagen kann: *der Tod wandelt sich mit mir*... Er ist nicht endgiltig, was er ist, sondern aufgenommen in die Geschichtlichkeit meiner sich erscheinenden Existenz.«[1]

Gegenüber solcher äußersten Krisis des Sinnes hat die Ontologie von Nicolai Hartmann den Trost, daß das Sein selbst von den Schicksalen des Bewußtseins unerschüttert bleibt. Es ist auf diesen Bund nicht angewiesen.

---

[1] Karl Jaspers, Philosophie. Bd. 2 (Existenzerhellung). Berlin 1932. S. 229.

Da es unvermeidlich ist, daß sich in einer Philosophie, die die objektive Realität von Raum und Zeit voraussetzt, das naturalistische Weltbild behauptet, so kann ihr Vertreter aus diesem (freilich nicht bewiesenen) Vorwissen heraus etwa sagen: Wenn das eine Bewußtsein verschwindet, wird ein anderes fortleuchten und werden neue aufleuchten. Und sollte einmal das Auge des letzten Menschen, der die Welt leidend und beseligt erblickt, sich geschlossen haben, so bleibt doch das materielle Sein und das Leben und das tierische Seelenleben erhalten. Nur der Geist, der auf menschliches Bewußtsein als seinen Träger angewiesen ist, würde wieder abgebaut werden. Menschliches Sterben, so klingt es einmal bei Nicolai Hartmann, ist eine sehr alltägliche Sache. Man muß daraus nicht viel machen.

Das angedeutete Beispiel zeigt, daß eine Philosophie, die nur nach dem Sein, nicht nach dem Sinn von Sein fragt, eine der wesentlichsten Wurzeln des Philosophierens von vornherein abschneidet. Denn zu allen Zeiten hat sich an dieser Zentralfrage, wie Leben und Tod ineinandergemischt sind, die philosophische Not und Leidenschaft erst entzündet. Die Geschichte der Philosophie lehrt, daß von diesem Boden aus die verschiedensten Gedankengänge versucht worden sind, von Platos ›Phaidon‹ über Augustinus und Kant bis zu Kierkegaard. Es ist damit auch gar keine schwächliche oder lebensfeindliche Haltung der Philosophie gegeben. Man denke nur daran, daß die Anschauungen der heldenmütigen Japaner von den uns geläufigen offenbar weit abweichen müssen. Anscheinend kennen sie diesen scharfen Bruch zwischen Tod und Leben, wie ihn die Abendländer empfinden, gar nicht. Tod und Leben sind ihnen keine absoluten Gegensätze. Das Leben mag ihnen ebenso als Totsein erscheinen wie das Totsein als ein erhöhtes Leben. Das alles ist unendlicher Stoff zum Philosophieren.

Es ist hier nur meine Aufgabe zu zeigen, daß aus zwei unscheinbar verschiedenen Ansätzen ganz verschiedene Möglichkeiten des Weiterphilosophierens folgen; nicht aber, diese Möglichkeiten auch selbst auszuspinnen oder gar Lösungen anzudeuten. Aber das eine will ich wenigstens im Vorübergehen betonen, daß hinsichtlich des hier herangezogenen Sonderproblems *beide* Standpunkte eine Voraussetzung machen, die sie sich selbst nicht verschweigen dürfen. Ein Bewußtsein, das nicht bloß vom Leben, seinem Leben, weiß, sondern auch über den Tod, seinen Tod, reden kann, steht offenbar selbst weit *über* dem Bewußtsein, das stirbt. Es hat teil an einem geistigen Zusammenhange, der ein zeit- und raumübergreifendes Wissen von der Welt ermöglicht. Je mehr sich das Subjekt in seiner Auseinandersetzung mit der Welt zu diesem höheren Standpunkte emporwandelt, um so mehr muß es auch auf dieses sein eigenes Tun reflektieren.

Es muß den höchsten Punkt im Bewußtsein selbst erfassen, der es ermöglicht, Leben und Tod zu transzendieren. Seit alter Zeit wird mit Recht gesagt, daß wir durch diesen einen Punkt auf geheimnisvolle Art an der Ewigkeit Anteil haben. Dieser Punkt aber ist gewonnen durch Vertiefung des Subjektes in sich selbst, nicht einfach vom Sein her.

II.

Die beiden Auffassungen von der Aufgabe der Philosophie, die ich in großen Zügen gekennzeichnet habe, erscheinen vielleicht noch immer nur als unerheblich verschieden. Es ist daher im II. Teil meine Aufgabe zu zeigen, daß sie sich immer weiter voneinander entfernen, je weiter man sie in ihre einzelnen Konsequenzen verfolgt.

1. Ich beginne mit der Stellung, die die *Erkenntnistheorie* in der einen und der anderen spielt. Lange Zeit – eigentlich schon von Descartes an – ist es für die neuere Philosophie fast selbstverständlich gewesen, daß sie mit einem erkenntnistheoretischen Vorbau zu beginnen habe. (Diese vorsichtige Grundierung ist noch von der Ursetzung her zu verstehen, daß die erste Aufgabe der Philosophie die Erkenntnis der Welt sei, wie sie nun einmal unabänderlich ist.) Auch Kant ist diesen Weg gegangen. Er beginnt mit einer Kritik der reinen theoretischen Vernunft. Er führt sie durch, bis er in einer Weise auf das Sinnproblem stößt, daß er diese einseitige Linie allein nicht weiterverfolgen kann. Der Punkt, an dem er diese Hemmung erfährt, ist das Problem, das er sehr bezeichnend so formuliert: Ob die Freiheit des Menschen zu *retten* sei oder nicht? In seinen ethischen Grundschriften entwickelt er nun nicht, welcher schmale Spielraum der Freiheit etwa noch im fest geschlossenen Seinsgefüge vorbehalten sei; sondern er beginnt gleichsam noch einmal von vorn: Er denkt jetzt von der Voraussetzung der Freiheit und des Phänomens des Sollens aus. Damit wechselt er den Boden grundsätzlich: Es geht von jetzt an um das Problem des Sinnes, um die *Bestimmung* des Menschen in der Welt. Und er findet sich genötigt, das entscheidende Prinzip des Primats der praktischen Vernunft aufzustellen. So bietet uns das Ganze der Kantischen Philosophie das eigenartige Bild, daß ihre beiden Hälften die beiden möglichen Ausgangspunkte der Philosophie repräsentieren: Die Kritik der reinen Vernunft beantwortet die noch auf das Sein als solches gerichtete Frage: Was kann ich wissen? Die Kritik der praktischen Vernunft die Sinnfragen: was soll sich tun? und: was darf ich hoffen? (Man erinnert sich vielleicht, daß schon die ›Grundlegung zur Metaphysik der Sitten‹ mit

der teleologischen Erwägung einsetzt, wie die schaffende Natur (natura naturans) den Menschen hätte ausstatten müssen, wenn sie ihn zur Glückseligkeit eines Naturwesens statt zur Sittlichkeit eines Vernunftwesens bestimmt hätte.) Von der Entscheidung über den Sinn der Welt aus empfängt nachträglich das für das Erkennen gesicherte Sein eine ganz neue *Ausdeutung:* Es kann nur eine »erscheinende Natur« sein, nicht das definitive Sein. Von der Entscheidung über den *Sinn* aus verwandelt sich also für Kant der Seinscharakter und der Seinsrang der ursprünglich als giltig deduzierten Realität. –

Auch eine Philosophie, die mit dem Sinn anfängt, bedarf natürlich einer Erkenntnistheorie. Denn auch hier wird ein gegenständlicher Zusammenhang anerkannt, mit dem das bewußtseinsbegabte Subjekt gleichsam ringt. Aber der Unterschied zwischen beiden Typen der Philosophie reicht bis in die ersten Wurzeln des erkenntnistheoretischen Ansatzes hinab. Man übersieht meistens die anscheinend geringfügige Differenz, die schon mit der ursprünglichen Wesensbestimmung des Erkennens gegeben ist. Der erste Typus der Philosophie, der zur reinen Ontologie hinstrebt, stellt die schon früher erwähnte These auf: »Das Erkennen ändert nichts am Sein.« Der zweite Typus wagt die zunächst überraschende Antithese: »Im Erkenntnisprozeß ändert sich stufenweise der Gegenstand des Erkennens.«

Für den ersten Standpunkt könnte ich Max Scheler zitieren. Ich begnüge mich aber auch hier mit der besonders klaren Formulierung, die sich wieder bei Nicolai Hartmann findet: »Für ein Seiendes ist es offenbar ganz gleichgiltig, ob und wie weit es zum Gegenstande der Erkenntnis wird. Es besteht so, wie es ist, an sich. Und wenn es der fortschreitenden Erkenntnis gelingt, es ganz oder teilweise zu ihrem Objekt zu machen, so ändert das nichts an ihm.« Die Verwandlungen fallen also ganz in das erkennende Subjekt; sie sind fortschreitende Anmessungen an das Sein. Die Gegenstandsseite ist und bleibt nur die dem Subjekt zugewandte Seite eines an sich unwandelbaren Seins. Nichts erscheint selbstverständlicher als dies. –

Und doch gibt es eine Antithese, die der sorgfältigen Erwägung wert ist. Die ganze Einleitung zu Hegels ›Phänomenologie des Geistes‹ kann als Gegenbeispiel dienen. Hegel verwendet zwei Bilder, die freilich (für ein Urphänomen sui generis, wie das Erkennen) immer etwas Unzulängliches behalten müssen: Betrachtet man das Erkennen als ein Werkzeug, das den Gegenstand bearbeitet, so läßt es natürlich den Gegenstand nicht unverändert. Betrachtet man das Erkennen als ein Medium, in das der Gegenstand eingeht, so muß er doch die Natur dieses Mediums annehmen. Ohne

Bild und mit Hegels eigenen Worten: »... in der Veränderung des Wissens ändert sich ihm in der Tat auch der Gegenstand selbst, denn das vorhandene Wissen war wesentlich ein Wissen von dem Gegenstande: mit dem Wissen wird auch er ein anderer...«[2] Nach Hegel ist also der Erkenntnisgegenstand nicht unabhängig von dem Erkenntnisprozeß. Was wir sein »An sich« nennen, das ist gleichsam nur eine Kraft, ein Motor, der das zugehörige Erkenntnissubjekt durch immer neue Gegenstöße vorwärtstreibt. Dadurch ändert sich zunächst das Erkenntnissubjekt: Es ersteigt eine höhere Stufe. Indem es sich dann dem Gegenstande wieder zuwendet, findet es ihn nicht mehr so vor wie zuerst, sondern auch auf einer höheren Stufe. So zwischen Subjekt und Objekt spielend, läßt der Erkenntnisprozeß den wahren Gegenstand erst *werden*. Es wäre falsch zu sagen, daß beispielsweise auf der primitiven Stufe bloß sinnlichen Meinens der Gegenstand schon *das* war, was er erst werden kann, indem das Subjekt sich zu höheren Erkenntnisformen emporbewegt. Denn das Erkennen ist nicht eine Drehung des Subjektes um den festen Pol des Gegenstandes, sondern ein immer zweipoliges Geschehen, ein Hin- und Herspringen des Funkens.

(Man mag einwenden: die beiden Anschauungen führten auf dasselbe hinaus. Denn beide müßten doch ein Ansichsein voraussetzen. Aber für den zweiten Standpunkt kommt es beim Erkennen auch auf das anfangs noch verborgene Ansichsein des Subjektes an, für den ersten wesentlich auf das Ansichsein des Objektes, nach dem sich das Subjekt einfach richtet.) Man kann (aber auch) nicht sagen, der eine Standpunkt sei richtig, der andere falsch. Sondern es zeigt sich hier, daß weltanschauliche Unterscheidungen schon für den ersten Schritt in die Erkenntnistheorie hinein maßgebend sind. Insofern liegt doch eine primäre Sinngebung schon vor dem ersten Ergreifen des Seins.

Als weltanschauliche Urentscheidung betrachtet, besagt der Gegensatz sehr viel mehr als einen technischen Kunstgriff des Anfangens. *Für Hartmann ist die Welt fertig*. Er möchte (mit einem berühmten Wort Rankes) sein Selbst auslöschen, um sich dem Sein anzuvertrauen, wie es ist. Für Hegel ist die Welt, wenn man sich überhaupt auf den menschlichen Erkenntnisprozeß einläßt, im Werden. Dem Menschen ist hier eine zu vollbringende Leistung auferlegt. (In der Weiterführung eignet sich Hegel als Beispiel insofern nicht mehr, als auch für ihn das Ziel festliegt, allerdings nicht mehr im absoluten Objekt, sondern im absoluten Subjekt-Objekt.) Auch ganz unabhängig vom Hegelschen Standpunkte wird man zugeben müssen: Die sog. Natur baut sich für uns erst in einem geistigen

[2] Georg Wilhelm Friedrich Hegel, Phänomenologie des Geistes. Hg. von G. Lasson. Philos. Bibliothek. Bd. 114. Leipzig 1921[2]. S. 60 f.

Formungsprozeß auf. Wir kennen nur die historisch wechselnden Naturauffassungen, nicht die Natur selbst. Erst recht gilt dies von der Geschichte: Auch sie ist ein geordnetes Produkt des konstruierenden Geistes. Die Geschichtsbilder wechseln. Die Geschichte *an sich,* das Geschehene *an sich,* ist für keinen Sterblichen erreichbar. Es ist der *schaffende* Geist, der beide Weltbereiche, den der Natur und den der Geschichte, *für* das Bewußtsein aufbaut. Und immer ist das Ringen des vorwärtskämpfenden Geistes um den *Sinn* der Welt für den Menschen schon in die Fundamente mit eingemauert.

2. Damit erweitert sich unsre Betrachtung. Die Erkenntnistheorien, die zu den beiden philosophischen Grundsatzstandpunkten gehören, bedeuten nur eine Seite des Gegensatzes und seiner Konsequenzen. Beide Philosophien nehmen natürlich auch eine *totale Auseinandersetzung* an zwischen dem lebendigen Subjekt und der Welt, die zunächst nur als *seine* Welt gegeben ist. Zwischen Subjekt und Objekt spielt nicht nur die monotone Melodie des rein objektiv gerichteten Erkennens. In ihrer Begegnung leuchten auch ganz andere Beziehungen auf: Das Subjekt erlebt die sog. objektive Welt plastisch als Widerstand und als Druck, auf höherer Stufe als bedrängendes Schicksal und als Forderung an das eigne Verhalten. Das Subjekt bäumt sich gegen die lastende Realität auf; es begehrt etwas von ihr; es fordert etwas von der Weltordnung; es handelt in die Welt hinein und erfährt dann wieder den Rückstoß des unverstandenen Schicksals. Es versucht, das Schicksal zu verstehen, es sich vertraulich zu machen (entweder nur als ein gesetzlich geordnetes System des Geschehens oder als teleologisch gelenkten Weltplan; zuhöchst als göttliche Vorsehung auch im Persönlichsten). In dieser plastischen Auseinandersetzung ist die Welt nicht mehr für die bloße Erkenntnisintention gemeint, sondern für ein Erleiden im mannigfachsten Sinne und ein Gestalten im ebenso mannigfaltigen Sinne. (Von Anfang an aber ist dieser Lebenszusammenhang, wie Heidegger ausgeführt hat, immer schon ausgelegt. In-der-Welt-sein ist immer schon »Verstehen«. Die Bedeutung wird nicht erst nachträglich über die Gegenstände geworfen.[3])

Ich wiederhole: natürlich müssen diese Auseinandersetzungsformen in beiden Grundformen der Philosophie Berücksichtigung finden. Aber sie spielen in beiden eine verschiedene Rolle. Für die reine Ontologie ist auch in dieser Hinsicht der Weltrahmen fertig. Es gibt in ihm nichts von Belang zu schaffen. Auch die geistige Welt ist nur der Natur übergebaut, folglich dauernd von dem Schicksal abhängig, das diese Natur trifft. Es gibt

---

[3] Martin Heidegger, Sein und Zeit. Halle 1929². S. 150.

keinen Durchstoß in supranaturale Bereiche, in der die Seele und der Geist nach ihrem eigenen Recht eine eigne Weltordnung aufbauen könnten (wie etwa Kants Postulate der praktischen Vernunft eine zweite Weltordnung gleichsam auf den Schultern der Freiheit tragen). Es ist kein Zufall, daß auch das ideale Sein bei Nicolai Hartmann seinen Gipfel hat in dem Bereich *von ewig ruhenden Werten*. Dieses Reich der Werte mit seinen mannigfachen Wertqualitäten und seinen evidenten Rangabstufungen ist das Gegenstück zu der eindeutig festliegenden Sphäre des realen Seins. Es gibt ein ideales Ansichsein der Werte. Der Mensch kann im Stellungnehmen die richtige Rangordnung ergreifen oder verfehlen. Er soll auch den höheren Wert in die Realität hineinbilden = realisieren. Aber an der Welt ändert sich durch solche Modifikationen nichts von Belang. Denn die Werte selbst sind ja etwas eindeutig Ruhendes. Man sieht nicht ein, wie an ihr etwas Wesentliches dadurch umgestaltet werden soll, daß der Mensch sie in der beweglichen Sphäre der Realität zu seinem kleinen Teile realisiert. *Der Welt selbst* kann es gleichgiltig sein, ob der Mensch sittlich handelt oder nicht. Ihr wesentliches Schicksal hängt davon nicht ab.

Ganz anders die Philosophie der Sinndeutung. Hier kommt es von vornherein zentral auch auf den Pol des Subjektes an. Sein Stellungnehmen ist nicht eindeutig durch den ruhenden Fixsternhimmel des idealen Seins der Werte gelenkt und gedeckt. Sondern hier besteht der *Kampf*, dessen Ausgang ungewiß ist. Es gilt keine von Ewigkeit her begründete Wertevidenz: Der Mensch kann nicht nur *vorgebildete* Wertverhalte entdecken, sondern vielleicht auch neue Wertstandpunkte *erkämpfen*. Und der Gedanke ist nicht völlig abzuweisen, daß diese innern Aufschwünge auch für das Schicksal der sog. Welt etwas bedeuten. Alles zum Beispiel, was in einsamem Gewissenskonflikt durchgefochten wird, ist für uns von dem Sinnakzent begleitet, *daß es eben hierauf in der Welt ankomme* und auf alle noch so realen Gegeninstanzen gar nicht. Ist das eine Täuschung? Natürlich kann die Philosophie solche Phänomene auch wegdeuten, und sie hat es tausendfach getan. Aber gerade Hartmann hat den Grundsatz aufgestellt, daß man bei dem sich aufdrängenden Phänomengehalt so treu wie möglich verweilen solle. (Übrigens hat auch er in seiner ›Ethik‹ einen Abschnitt mit der Überschrift: »Der Demiurg im Menschen«.)

Die Philosophie der Sinndeutung hat folgerichtig nicht das seinserfassende Erkennen zur letzten richtenden Instanz erklärt, sondern sich dem Zeugnis von Lebensbewegungen und Aufschwüngen anvertraut, die über die Sphäre des formal-logisch Kontrollierbaren hinausliegen. Ich nenne Beispiele: Platos Eros, Plotins Eros und Ekstase, Brunos und Shaftesburys

Enthusiasmus, Schellings intellektuale Anschauung. Hierhin gehört aber auch die höhere Logik, die meist Dialektik genannt wird, wie sie bei Nicolaus Cusanus oder Hegel auftritt; ferner Diltheys Philosophieren mit der Totalität aller Gemütskräfte. Dies alles deutet darauf hin, daß das Alltagsinstrument des sog. Erkennens, das übrigens auch noch keine festen Umrisse hat, nicht genügt, um den Gehalten des Lebens, das zwischen Subjekt und Objekt spielt, gerecht zu werden. Die Landkarte der Welt ist eben nicht beim Auszug des Sich-Entscheidenden und Handelnden festgelegt. Der Weg ist dunkel und auch das Ziel, wie Nietzsche einmal klagend ausgerufen hat. Die Philosophie bildet daher nicht nur ab, sondern sie bildet unter Umständen vor. Niemand hat die schöpferische Leistung im Sittlichen zeitlebens so leidenschaftlich betont wie Fichte. (»Immer und ewig siegt der, der begeistert ist, über den, der nicht begeistert ist«, heißt es in den ›Reden an die Deutsche Nation‹.) Und an einer großartigen Stelle der ›Vorlesungen über das Wesen des Gelehrten‹: »Die ursprüngliche göttliche Idee von einem bestimmten Standpunkte in der Zeit läßt größtenteils sich nicht eher angeben, als bis der von Gott begeisterte Mensch kommt und sie ausführt. Was der göttliche Mensch tut, das ist göttlich. Im allgemeinen ist die ursprünglich und rein göttliche Idee – das, was der unmittelbar von Gott Begeisterte soll, und wirklich tut, – für die Welt der Erscheinung schöpferisch, hervorbringend das Neue – Unerhörte, und vorher nie Dagewesene. Der Trieb des bloßen natürlichen Daseins geht auf das Beharren beim Alten ... und höchstens auf kleine Verbesserungen desselben: wo aber die göttliche Idee rein und ohne Beimischung des natürlichen Antriebes ein Leben gewinnt, da baut sie neue Welten auf, auf den Trümmern der alten.«[4]

Eine solche Philosophie erhebt sich zu prophetischem Pathos. Max Weber hat diejenigen, die Prophetie suchen, ins Konventikel verwiesen, und das heißt: aus den Hallen der Wissenschaft verbannt. Auch wir wollten nur »wissenschaftliche« Philosophie in Betracht ziehen. Aber gerade Fichte war felsenfest überzeugt, daß seine Philosophie der Freiheit zugleich die allein echte Wissenschaftslehre bedeute. Der Wissenschaftsbegriff kann von keiner Philosophie als eindeutig vorausgesetzt werden. Er ist selbst ein großes philosophisches Problem. Die Auffassung von Wissenschaft, die der Philosophie des reinen Seins entspricht, steht der forschenden Haltung der Einzelwissenschaften sehr viel näher. Sie orientiert sich geradezu an ihrem Ideal der strengen Einzelanalyse. Jede speku-

[4] Johann Gottlieb Fichte, Über das Wesen des Gelehrten, und seine Erscheinungen im Gebiet der Freiheit. Sämtl. Werke. Hg. von J. H. Fichte. Bd. 6. Leipzig 1844. 2. Vorlesung S. 368.

lative Wissenschaft ist von ihr schon verworfen, ehe die Philosophie anfängt. Damit ist nicht gesagt, daß diese höheren Formen des Erkennens und Wissens widerlegt seien. Es bestätigt sich, was ich hier allein ausführen wollte, daß es sich von der Wurzel an um zwei grundverschiedene Auffassungen vom Philosophieren handelt.

3. Die Differenz der beiden Grundstandpunkte, die ich bisher an der Fassung der Erkenntnistheorie und an der Besinnung, die die lebendige Auseinandersetzung zwischen Ich und Welt begleitet, erläutert habe, läßt sich nun drittens noch von einem Gesichtspunkt beleuchten, der durch diese Erörterungen schon vorbereitet ist. Denn schon sie betrafen das Thema der *Voraussetzungen*, die eine Philosophie macht oder machen muß. Niemand wird heute mehr der Meinung sein, daß irgendeine Philosophie ganz voraussetzungslos aufgebaut werden könnte (ja selbst gegen den Versuch, von irgend einem isolierten Satz oder einem streng definierbaren Ansatz auszugehen, ist man mit Recht mißtrauisch geworden). Zunächst ist es doch immer ein lebendiger Mensch in einer bestimmten historischen Situation und mit einer bestimmten Geistesausstattung, der da philosophiert. Ebendeshalb fragen wird gegenüber jeder ausgeführten Philosophie heute, wo wir historisch zu denken nicht mehr umhin können, grundsätzlich auch danach: *»Wer ist es eigentlich, der hier philosophiert?«* Diese Frage braucht nicht zu bedeuten, daß wir die philosophische Objektivation ausschließlich als *Ausdruck* von Geistesart und Lebensgeschichte ihres Urhebers verstehen. Aber daran kann kein Erfahrener zweifeln, daß in jeder Philosophie, sie mag noch so sehr aus der Intention auf das Allgemeingiltige hervorgegangen sein, sich unvermeidlich eine lebendige Individualität *mit*abdrückt.

Der Streit der beiden Richtungen beginnt jedoch erst da, wo es sich um den philosophischen *Wert* von solchen Bedingtheiten durch die historische Epoche, die nationale Geistesart, den spezifischen Denktypus und schließlich die lebendige Individualität handelt.

Für den ersten der hier herausgehobenen Standpunkte sind diese bedingenden und zunächst relativierenden Faktoren bloße Trübungen dessen, worauf es eigentlich ankommt, Gesichtspunkte allenfalls, die man nachträglich und nebenbei beachten muß. Die Welt oder das Sein ist für alle identisch, gemäß der Voraussetzung von der Unberührbarkeit des Seins. Ernsthaft kann also für diese Auffassung nur ein philosophierendes Subjekt in Betracht kommen, das von vornherein auf das Sein als solches gerichtet ist: also gleichsam ein Normalsubjekt, das sich ebenfalls unter allen variierenden Umständen gleichbleibt oder doch gleichbleiben sollte. Die Wahrheit kann, wie die Welt, für alle nur *eine und dieselbe sein.* In dieser Position liegt eine große Stärke. Man ist zunächst geneigt, ihr unbedingt Beifall zu zollen.

Aber die Durchführung dieses Standpunktes ist nicht so einfach. Schon hier geht es meist nicht ab ohne Anforderungen an die Beschaffenheit des philosophierenden Subjektes. Sie beschränken sich allerdings fast ganz auf seine intellektuelle Seite: Wer auf einer erreichten Stufe des Philosophierens fruchtbar mitarbeiten will, muß mindestens über eine angemessene Problemeinsicht verfügen. Er muß die ewigen Sachprobleme schon klar zu Gesicht bekommen haben.

Unser zweiter Haupttypus der Philosophie geht weiter, schon gemäß seiner früher entwickelten Ansicht, daß sich im Philosophieren das Subjekt verwandelt. Er stellt nicht nur intellektuelle Anforderungen, sondern auch solche an die ethische Substanz und das geistige Volumen der Person. Berühmt ist der Satz von Fichte: »Was für eine Philosophie man wähle, hängt davon ab, was für ein Mensch man sei.« Dieser Satz ist oft mißverstanden worden, als ob Fichte damit nur psychologisch feststellbare Charakterzüge gemeint habe, die bei verschiedenen Philosophen sehr verschieden seien. Fichte meint aber seine These normativ: Es kommt auf das Niveau des Philosophierenden an, in diesem Falle darauf, wie weit er schon seiner schöpferischen Freiheit und seines unaufhebbaren metaphysischen Ich bewußt geworden sei. In ähnlichem Sinne haben andere Vertreter des zweiten Haupttypus behauptet, daß der Gehalt einer Philosophie wesensmäßig abhängig sein vom geistigen *Rang* des Philosophierenden. Spuren davon können wir schon bei Plato im 7. Brief entdecken. Ganz klar ist die geistesaristokratische Grundhaltung bei Nietzsche. Schon in seiner Frühzeit hat er vom bloßen Historiker eine den Durchschnitt überragende persönliche Seelengröße und Wesensfülle gefordert; später noch entschiedener von dem Philosophen, der neue Wertetafeln aufrichten will. *»Die schreckliche Konsequenz der ›Gleichheit‹«* – so heißt es im ›Willen zur Macht‹. *»Schließlich glaubt jeder das Recht zu haben zu jedem Problem. Es ist alle Rangordnung verloren gegangen.«* Das größte Beispiel für diese Lehre von der Standortgebundenheit der Philosophie ist Hegels ›Phänomenologie des Geistes‹. Für Hegel steht die Rangordnung der Positionen zwischen dem bloß sinnlichen Bewußtsein und dem höchsten, den absoluten Geist ausschöpfenden Bewußtsein allerdings von Anfang an fest.

Wenn aber dieser spekulative Gedanke vom Anstieg zum Absoluten fortfällt, dann scheint der zweite Haupttypus der Philosophie im völligen Relativismus zu stranden. Es bleibt dann eine Mannigfaltigkeit möglicher Perspektiven, zwischen denen keine Entscheidung nach dem Maßstab von höher und niedriger, geschweige denn nach dem Maßstabe von wahr und falsch mehr möglich scheint. Im besten Falle käme man noch zu einer begrenzten Zahl von Grundtypen der Weltanschauung wie Dilthey, oder von ursprünglichen Denkformen wie Leisegang. Angesichts dieses Ergebnisses drängt sich dann wieder die große Festigkeit und Eindeutigkeit des ersten Haupttypus gefangennehmend auf.

Aber ganz so relativistisch braucht der zweite Typus nicht zu enden. Wir bemerken, daß man auf seinem Boden zwei charakteristisch verschiedene Richtungen eingeschlagen hat, um die Wahrheit zu retten.

Der eine Weg geht dahin, in dem philosophierenden Subjekt selbst die Prinzipien des Allgemeingiltigen aufzusuchen, das sog. Apriori des Erkennens, des sittlichen Wollens, des ästhetischen Gestaltens. Es ist der Weg, der im Neukantianismus aller Färbungen am deutlichsten zutage tritt. In allen diesen Formen geht es doch darum, im zufälligen Individuum so etwas wie einen substantiellen Vernunftkern bloßzulegen, wenn auch diese Vernunft sehr viel plastischer und elastischer ist als die des 18. Jahrhunderts.

Der zweite Weg geht gerade umgekehrt *in das Intimste und Einsamste der Person.* Gerade sie, als diese hier, an eine bestimmte Stelle des Raumes und der Zeit gebunden, mit dieser einzigartigen Individualität, – gerade sie steht in der freien und fruchtbaren Situation, die Wahrheit in ihrer unaussagbaren Wucht und Fülle zu erfassen. Das ist der Weg der sog. Existenzphilosophie, die an Kierkegaards existentielles Denken anknüpft. Das ausgeführteste Beispiel bietet uns die Philosophie von Karl Jaspers. Bei ihm gliedert sich die Philosophie in drei Leistungen: die erste ist *Weltorientierung;* hier geht es noch um das allgemein vorfindbare Sein. Die zweite ist *Existenzerhellung;* Existenz ist das ganz individuelle, der Freiheit fähige, zur Entscheidung berufene Dasein der Person. Nur zu ihr spricht die dritte Leistung der Philosophie: die *Metaphysik* als Enträtselung der Chiffren des Seins. (Ich zitiere eine gedrängte Formulierung über die existentiellen Antriebe des philosophischen Transzendierens: »Dieser Impuls ist für die Weltorientierung: *Die Welt soll erkannt werden, um zu sehen, was das Sein ist!* Für die Existenzerhellung: Ich komme zu mir selbst nur mit dem Anderen und durch die Welt, in der ich tätig bin: *Es kommt auf mich an!* Für die Metaphysik: *Ich kann Gott suchen!*«) »Das metaphysische Transzendieren *beschwört* für (die) Existenz das Sein«, heißt es bezeichnend weiter. *»Existenz trotzt gegen dieses Sein, das ihren eigenen Ursprung seiner Selbstverständlichkeit beraubt.«*[5]

[5] Karl Jaspers, Philosophie. Bd. 1 (Philosophische Weltorientierung). Berlin 1932. S. 52.

Mußten wir vorhin die Überlegenheit einer Ontologie und eines Wahrheitsbegriffes bewundern, für die das Ansichsein der unverrückbare Ausgangs- und auch wieder Zielpunkt ist, so zeigt sich jetzt, auf dem Boden der existentiellen Sinnphilosophie, daß jener erste Standpunkt durch seine allzu einfache Vorentscheidung vielleicht die Möglichkeiten abgräbt, die für die Philosophien des zweiten Typus bestehen, sich des eigentlichen und zunächst noch tief verborgenen Seins durch eine ganz personale Leistung zu vergewissern.

4. Von dieser entscheidenden Stelle aus ist nun der Übergang zu dem vierten Gebiet leicht, in das hinein wir die Konsequenzen der zwei Ausgangsstandorte verfolgen wollen. Für beide ergeben sich völlig verschiedene Auffassungen von der Aufgabe der *Geschichtsschreibung der Philosophie.* Ich bekenne, daß der Berliner Akademievortrag von Nicolai Hartmann aus dem Jahre 1936, »Der philosophische Gedanke und seine Geschichte«, mir die Differenz der beiden Grundanschauungen zuerst deutlich gemacht hat. Nicolai Hartmann zieht hier die Folgerungen aus seiner alten Unterscheidung von Problemdenkern und Systemdenkern. Nach ihm sind die philosophischen Systeme vergänglich, während die sachlichen Einzelprobleme immer beharren. Die Geschichte der Philosophie habe demgemäß zum zentralen Gegenstande nicht die »Systeme«, sondern die Arbeit an den »Problemen«. Diese Arbeit denkt sich Hartmann als ablösbar von dem eigenartigen Geist der Nationen, von dem jeweiligen Zeitgeist, von der besonderen Geistesart der philosophierenden Personen. Dem geschärften philosophischen Auge zeigen sich nach ihm die Probleme selbst in all diesen verschiedenen Einkleidungen als identisch. Das eigentliche Verdienst der früheren Philosophen liegt an den Stellen, wo sie die ontologischen und gnoseologischen Probleme gesehen, sie als Aporien formuliert und vielleicht ihrer Lösung ein wenig näher gebracht haben. Entsprechend liegt das eigentliche Verdienst des Historikers der Philosophie darin, daß er selbst volle sachliche Problemeinsicht besitzt. – Dies ist fast die einzige Anforderung an seine Person und ihr Niveau und daß er den Fortschritt der Problemlösungen verfolgt, der natürlich nicht immer ein geradliniger ist.

Geschichte der Philosophie sei also Problemgeschichte, nicht Systemgeschichte und nicht Geistesgeschichte. So lautet Hartmanns Forderung.

Von dem Bilde der zwei Philosophien aus, das ich hier zu zeichnen versucht habe, liegt die Differenz in der Stellung zur Geschichte der Philosophie doch ein wenig anders. Probleme sind der Mittelpunkt *jeder* Philosophie, die diesen Namen verdienen will. Aber man kann, wie wir gesehen haben, schon das philosophische Grundproblem verschieden formulieren.

Fragt man nur nach *dem Sein,* wie es unabhängig vom erlebenden, erkennenden, sinnsuchenden Menschen ist, so kann man die Tendenz auf »das Ganze, Letzte, Grundsätzliche«, die ebenfalls zu jeder Philosophie gehört, gleichsam dem Sein selber aufbürden. Dieses selbst ist ein fester Zusammenhang. Er wird nicht verloren gehen, wenn die forschenden Philosophen ihn bald an dieser, bald an jener einzelnen Stelle anbohren. Fragt man hingegen nach dem *Sinn des Seins oder der Welt,* so kommt es auch auf die philosophierenden Subjekte an. Sie sind geradezu genötigt, ihren Horizont bis zum Ganzen und Letzten zu erweitern. Darin liegt das Motiv für die Neigung zur Systembildung, die die meisten Philosophien zeigen, wenn auch keineswegs alle. Aber nicht die Systembildung als solche bringt den unsicheren und schwankenden Gang in die Geschichte der Philosophie hinein, sondern primär ist die Tatsache, daß jeder sinnsuchende Philosoph von einem eigentümlichen, ja einzigartigen *Standort* ausgeht. Dieser Standort ist vorbelastet, vielleicht aber auch fruchtbar gefördert durch den nationalen Geist und Zeitgeist, von denen ein Denker getragen ist, ebenso durch die mitgebrachte Geistesart und den Reifegrad, die er als totaler Mensch repräsentiert. Zieht man dies alles als bloße sog. »Umstände« ab, dann bleibt ein völlig Unlebendiges, Fragmentarisches übrig: ein Bündel von Sachproblemen, die bei allen Denkern in völlig identischer Bedeutung wiederkehren sollen.

Eine Geschichtsauffassung, die so nur die über die Zeiten weg identisch bleibenden Inhalte der Geschichte beachtet, erinnert ein wenig an den Rationalismus, der *vor* dem Durchdringen des historischen Bewußtseins herrschte: Damals befragte man die Zeiten nur nach dem Grade ihrer Annäherung an oder Abirrung von der ewig gleichbleibenden, allein maßgebenden Vernunft. So befragt Hartmann die vergangenen philosophischen Gedankengebilde nur nach dem Grade ihrer Einsicht in die ontologischen, erkenntnistheoretischen und werttheoretischen Grundprobleme und ihre »allein richtige« Formulierung bzw. Lösung. (Die Geschichte der Philosophie wird dadurch wieder vom Boden einer reinen Fortschrittstheorie wertend beurteilt. Das »eigentlich« Historische, die einzigartigen Gestalten und die Wandelbarkeit gerade dieser Geistesstrukturen, fällt unter den Tisch.)

Insbesondere scheint mir zweierlei nicht zu seinem Recht zu kommen: Einmal die große Spielweite, in der die Probleme verschieden gefaßt werden können. Hartmann setzt unvermeidlich *seine* Problemfassungen absolut und macht sie zum alleinigen Maßstab aller früheren. Sodann aber bedeutet es einen großen Unterschied, *an welcher Stelle* einer philosophischen Gesamtstruktur je ein scheinbar indentisches Problem steht, wie es bei einem Organismus einen großen Unterschied macht, an welcher Stelle das Ernährungssystem oder das Fortpflanzungssystem oder das Fortbewegungssystem in das Wirkungsganze eines lebendigen Systems eingefügt ist.

(Die beiden Grundauffassungen von der Geschichte der Philosophie scheinen mir durch die Antithese: Problemdenker und Systemdenker nicht zentral gefaßt. Auch Hartmanns Philosophie rundet sich mehr und mehr zum Ganzen eines Systems. Vielmehr entsteht die Differenz aus den beiden Grundauffassungen von *dem* Problem der Philosophie selbst.) Die Tragweite der hier vorgetragenen Unterscheidung bestätigt sich also – wie es zu erwarten war, – bei ihrer Ausdehnung auf die Vergangenheit der Philosophie ganz besonders. Steht das Sein selber von Anfang an fest, so liegt auch der Maßstab für die Annäherung oder Verfehlung in früheren Zeiten unverrückbar fest. Ist aber Philosophie ein Ringen mit dem Sinn der Welt, so wandelt sich mit der Eigenart des philosophierenden Subjekts und dem Begriffsapparat, den ihm der objektive Geist seiner Epoche zur Verfügung stellt, auch das Weltbild beträchtlich. Die Geschichte der Philosophie bleibt dann eine wesentliche Seite der Geistesgeschichte. Man kann nicht für alle Zeiten apriori bestimmen, zu welcher Endgestalt der philosophierende Geist schließlich kommen *soll.* (Wenn Hegel dies noch vorauszuwissen glaubte, so ist dies eine Besonderheit bei ihm, die übrigens auch in dem Erbe des von ihm vertieften Rationalismus begründet ist: Die Weltvernunft gelangt in einem kreisförmigen Prozeß explicite nur zu dem, was sie von Anfang an implicite schon war.)

Ich möchte anhangsweise noch auf einen andern Gesichtspunkt hinweisen, der mir in der Hartmannschen Auffassung von der Geschichte der Philosophie zu kurz zu kommen scheint. Sie setzt im stillen voraus, daß es so etwas wie eine rein immanente Wesensklarheit und Zielbewußtheit der Philosophie von Anfang an gegeben habe. Nun hat sich aber die Philosophie nur langsam aus ihrer Verwebung mit andern Geistesstrukturen herausdifferenziert: aus Mythos und Poesie und Religion und traditioneller Moralordnung. Vor allem liegt *vor* jeder großen Philosophie und ihrer selbständigen Entfaltung ein Glaubenssystem, sei es in Gestalt einer nationalen Religion oder schon einer sog. Weltreligion. Auf lange Strecken hin ist das Hauptgeschäft der Philosophie Kritik oder Durcharbeitung solcher Glaubensstandpunkte gewesen. Wir können diesen Prozeß sowohl im Abendland wie bei der Entwicklung des philosophischen Gedankens im Orient deutlich verfolgen; übrigens auch den umgekehrten, daß Resultate der Philosophie wieder in den großen Strom der Glaubensmächte zurückgehen. In der Form des Glaubens ist immer schon eine lebendig durchgefochtene Stellung zum Sinn der Welt vorgebildet. Die Philosophie findet hierin einen fruchtbaren Boden für ihre eigenen Anstrengungen. Da nun jede Religion schon ein Wurf nach dem Sinn der Welt und des Lebens in ihr ist, so bestätigt sich hier aufs neue, daß das umfassende Sinnproblem mannigfaltigere Gestalten der Philosophie hervorbringt als die Frage nach dem unberührbaren Sein. Im letzteren Falle liegt doch die Gefahr einer Verengung auf bloß positivistische Erkenntnisleistungen nahe. (Aber auch diese werden sich schwerlich auf geschichtlich durchgehende, im Kern immer gleichbleibende Einzelprobleme zurückführen lassen, ohne daß der fruchtbaren Singularität des Historischen Gewalt geschieht.)

Wir nähern uns dem Schluß.

Es widerstrebt natürlich der philosophischen Intention auf endgiltige und eindeutige Antworten, einfach zwei Grundtypen der Philosophie nebeneinander stehen zu lassen. Denn – so sagt man mit Recht – die Wahrheit kann nur eine sein. Dieser Satz bezieht sich allerdings zunächst auf Urteile, die sich kontradiktorisch ausschließend einander gegenüberstehen. Wenn es sich nicht um zwei Sätze handelt, sondern um ganze Philosophien, so getraue ich mir nicht, aus der Fülle geschichtlich gegebener und künftig noch möglicher Philosophien genau zwei herauszusuchen, die sich so gegenüberstehen, daß die eine als wahr und die andere als unwahr bezeichnet werden könnte. Vielmehr scheint mir wieder zugunsten des zweiten hier behandelten Typus zu sprechen, daß der Unterschied beider Typen auf einer verschiedenen *Urentscheidung* beruht, die gar nicht dem Kriterium »wahr oder falsch« unterstellt werden kann. Insofern aber die getroffene Entscheidung schon eine Stellungnahme zum *Sinn* des Philosophierens bedeutet, neigt sich die Waage zur Seite der Philosophie des Sinnsuchens hin. (Es ist ferner klar, daß man von den beiden verschiedenen Ansatzpunkten auch zu verschiedenen Wahrheitsbegriffen gelangen muß, wie ich teilweise schon ausgeführt habe.)

Andrerseits läßt sich nicht leugnen, daß auf jeder von beiden Seiten am Schluß Restbestände bleiben, die nicht aufgehen und in denen die Alternative des Ausgangspunktes noch einmal in Gestalt einer Antinomie wiederkehrt. Nimmt man nämlich mit dem zweiten Typus an, daß im Prozeß des menschlichen Philosophierens gedanklich neuer Sinn geschaffen werde, so fehlt doch ein klares Kriterium, ob dieser Sinngehalt nun der richtige sei oder nur ein zuletzt unhaltbares menschliches Wagnis. Nimmt man aber mit der Gegenseite an, daß der Sinn der Welt in der unabänderlichen Struktur des Seins schon eindeutig vorgebildet sei, so ist es für die Welt gleichgiltig, ob der Mensch diesen Sinn ergreift oder verfehlt. Im großen Weltgefüge ändert sich dadurch nichts; die *ganze Weltgeschichte* kann ihm nichts hinzufügen, was nicht in der ewigen Ordnung der Werte schon längst ohne alle Rücksicht auf den Menschen entschieden gewesen wäre. Drücken wir es einmal in religiös-spekulativer Fassung aus: Der zweite Standpunkt kennt so etwas wie den in der Geschichte als Entscheidungswelt erst *werdenden Gott;* für den ersten Standpunkt gibt es nur den *ewig unverändert beharrenden Gott,* dessen Stelle bei Nicolai Hartmann das zwar vielgestaltige, aber im wesentlichen gegen den Menschen gleichgiltig beharrende Sein einnimmt. (In jenem Falle geschieht etwas, das vor Gott oder in Gott noch *nicht* da war – ein offenkundiger Widerspruch gegen Gottes Allmacht; im letzteren Fall geschieht im Grunde nichts – eine offenkundige Sinnentleerung des menschlichen Lebens und seiner verantwortlichen Entscheidungen. Ein Gott, in dem nichts geschieht, widerspricht ebensosehr der göttlichen Allmacht.)

Bekanntlich ist es die *größte* Synthese in Hegels Philosophie, mit der er diese These und diese Antithese zu vereinigen sucht: Gewiß, Gott befindet sich selbst im Prozeß des Werdens, nämlich des Sichbewußtwerdens über seinen unendlichen Gehalt. Aber am Ende des Prozesses »werdender Gott« ist doch nichts anderes da, als was von Anfang an schon an sich da war: der absolute Weltgeist. Das Ganze ist also nur ein Kreislauf, innerhalb dessen keine Phase aus dem Zentrum des Absoluten ganz herausfallen kann. Wir wagen es heute nicht mehr, so über das Absolute zu spekulieren. Aber auch das bloß religiöse, gläubige Bewußtsein würde sich gegen die Annahme sträuben, daß der Mensch mit irgendeiner Sinn-produzierenden Leistung über Gott hinausginge. An diesen Grenzen bewegt sich unser Denken tatsächlich im Kreise.

Das Bild gestaltet sich allerdings anders, wenn wir ganz und gar bei der Position des *Menschen,* heute »Existenz« genannt, bleiben und von vornherein einkalkulieren, daß das menschliche Wissen wesensmäßige Grenzen hat. Wir sind dann wieder in der fruchtbaren Nähe Kants. Dann nämlich kommt alles darauf an, daß wir das Wagnis der Freiheit aufbringen, auch an jenen Grenzen des Wissens noch um den uns aufgegebenen Sinn zu ringen. *Das Wissen endet, aber das Gewissen und die Verantwortung des Menschen endet nicht.* Dieser tapfere Kampf an den Grenzen trägt doch über die Grenzen des Wißbaren und logisch Begründbaren hinaus. Die Leistung, die hier aufgebracht wird, ist keine *bloße* Leistung des philosophischen Gedankens. Sondern der Gedanke begleitet diesen Kampf nur und hellt die Situation einigermaßen auf, in der er geführt wird. Die Entscheidung selbst, das Wagnis, nimmt uns keine apriorische Werteinsicht ab.

Weil mir dies als die höchste, freilich auch begrenzte Aufgabe der Philosophie im Leben erscheint, deshalb habe ich mich, wie Sie wohl längst bemerkt haben, für den zweiten Grundtypus der Philosophie entschieden. Ich berühre mich darin vielfach mit dem gedankenreichen Buch von Otto Julius Hartmann: ›Der Mensch im Abgrunde seiner Freiheit‹, das die besten Traditionen des deutschen Idealismus weiterführt. (Dort heißt es gegen Schluß: »Das Seiende will nicht allein in Gott sein, es will aufgehen in einer Welt der Freiheit, die es sich selbst gibt. ›Welt‹ ist also nicht nur die Ganzheit und Wahrheit des Seienden im göttlichen Geiste, sondern auch die offenbare Ganzheit für einzelne, im Ganzen selbst stehende, sich selbst in Freiheit erschlossene und darin die wache Einordnung in die Welt vollziehende Individuen... Jedes ›Ich‹ hat ›Welt‹ eröffnet.«[6]) – Die menschliche Freiheit schafft die gegenständliche Welt natürlich nicht; aber sie schafft dem Menschen, gegenüber diesen Gegenständen, eine eigene, würdige, verantwortliche Position. Ich verschließe mich nicht, wie Sie ebenfalls bemerkt haben, der Größe und gedanklichen Konsequenz der Ontologie von Nicolai Hartmann und dem Wert ihrer unübertrefflich scharfsinnigen Einzelanalysen. In der Freiheit aber, jener allem Philosophieren vorausgehenden Urentscheidung, beginne ich mit einem andern Ansatz. Eine bloß logische Synthese zwischen beiden Standpunkten gibt es nicht. Die Synthese liegt allein in der Ehrlichkeit der philosophischen Gesinnung, die tiefer bindet und befreundet als bloße Übereinstimmung in den Resultaten. Denn wer dürfte sich rühmen, daß er die volle Wahrheit selbst besitze? Sie ist, nach Lessings Wort, für Gott allein. *Unser* Anteil ist das Suchen, das nicht müde wird.

[6] Otto Julius Hartmann, Der Mensch im Abgrunde seiner Freiheit. Frankfurt/M. 1941[2]. S. 139 f.

Kulturbegegnungen als philosophisches Problem[1]

1948

Kulturbegegnungen vollziehen sich in Reiterstürmen, Völkerwanderungen und Kreuzzügen, in friedlicher Kolonisation und kriegerischer Eroberung; im Welthandel auf Karawanenstraßen und an Hafenorten. Sie spielen aber auch in dem beweglicheren, mehr zeitentbundenen Element der Literatur und der atmosphärisch verbreiteten Ideologien. Jeder kleine Akt sprachlichen Übersetzens ist eine punktuelle Kulturbegegnung. Die Erscheinungen gipfeln in der Auseinandersetzung der großen Weltreligionen. Bei früheren Bemühungen um das Thema »Kulturmorphologie« habe ich die Beobachtung gemacht, daß uns das geeignete empirische Material zum Studium der vielgestaltigen Typen von Kulturbegegnungen fehlt.[2] Der Grund liegt darin, daß die Historiker selten mit den erforderlichen Fragestellungen und Kategorien gearbeitet haben. Man wird also das Problem zunächst von der Seite der Philosophie her in Angriff nehmen müssen.

Ich fuße nicht nur auf der Geschichte, sondern auch auf Eindrücken meiner Lebenszeit – in mannigfacher Hinsicht: Während dieses Zeitraums haben zwei große Kriege die Kulturen der Erde von den höchsten bis zu den primitiven in nahe Berührung gebracht. Ein einjähriger Aufenthalt in dem – angeblich! – klassischen Lande immer neuer Kulturrezeptionen, in Japan, hat mir die Augen ein wenig dafür geöffnet, wie verschiedene Wege das Abendland und der Ferne Osten gegangen sind und wo die Grenzen von Kulturübernahmen liegen. Wird man aufmerksam auf die Methoden der Kolonialpolitik und Eingeborenenerziehung wie auf die

---

[1] Vortrag, gehalten auf dem Philosophischen Kongreß in Mainz, am 2. August 1948.– Es ist die Grenze jedes philosophischen Kongresses, daß niemand im Rahmen einer Stunde eine philosophische Grundansicht entwickeln kann. So sind auch hier nur Stichworte für Themata gegeben.

[2] Eduard Spranger, Probleme der Kulturmorphologie. Sitzungsberichte der Preußischen Akademie der Wissenschaften, Phil.-Hist. Klasse. Berlin 1936. Derselbe, Kulturmorphologische Betrachtungen. In: Die Erziehung. Bd. 12. Leipzig 1937. – Derselbe, Kulturpathologie? In: Reden bei der Eröffnung des Sommersemesters an der Universität Tübingen. Tübingen 1947.

großen kollektiven Lernvorgänge bei den Völkern überhaupt, so eröffnet sich dem Nachdenken das neue Feld der Völkerpädagogik. Die Anwesenheit von vier Besatzungsmächten auf deutschem Boden führt Tag für Tag zu Erfahrungen über mißlingendes und gelingendes Sichverstehen.

Es scheint mir eine Pflicht der Philosophie der Gegenwart, sich nicht nur einzuspinnen in die Geheimnisse der menschlichen Individualität, sondern sich wieder zur Kulturphilosophie zu erweitern. Denn in der kollektiven »Sorge«, die uns alle um das Schicksal unserer abendländischen und der Weltkultur erfüllt, trägt auch das philosophische Denken seinen erheblichen Teil an Zukunftsverantwortung. Wenn ich von dem kleinen Zweigthema *»Kulturbegegnungen«* aus heute diese Gedankenarbeit in Gang zu setzen versuche, so ist mir dabei die große Kluft durchaus bewußt, die die objektivierende historische Betrachtung von der existentiellen Entscheidung im Gegenwartsringen trennt; die letztere erfolgt niemals aus bloßer Wissenschaft heraus, darf aber auch nie ohne umfassende Besinnung erfolgen.

Ich kläre im ersten Teil drei Grundfragen meines Themas, um im zweiten Teil einige Anwendungen zu versuchen.

I A

Wenn von Kulturbegegnungen die Rede sein soll, so muß vorher feststehen, welche Subjekte dabei aufeinandertreffen. Man muß wissen, wann wir eine so geschlossene Kultureinheit (Kulturindividualität) vor uns haben, daß eine zweite und dritte als fremde Kulturen von ihr abgegrenzt werden können. Damit betreten wir sehr unsicheren Boden. Spengler hat sich durch einen kühnen Griff ins Metaphysische geholfen: Eine mystische, stark landschaftsbedingte Überseele soll sich über Völker und historische Epochen hinweg als großes pflanzenhaftes Lebewesen auswachsen und auslegen. Arnold Toynbee versucht es von der Seite der historischen Methode aus: »Eine Kultur ist die kleinste Einheit historischen Studiums, zu der man gelangt, wenn man versucht, die Geschichte des eigenen Vaterlandes zu verstehen«.[3] Offenbar bleiben die Grenzen dann ganz unscharf; denn dieser Verstehensprozeß führt ins Unbestimmte zurück.

Für Sprachgebrauch und Begriffsbestimmung besteht in der Tat ein hoher Grad von Freiheit. Aber zwei prinzipielle Möglichkeiten scheiden sich. Wir können die Einheit in den Kultur*trägern* suchen oder in dem

---

[3] Arnold H. Toynbee, Civilization on trial. Oxford 1948. S. 222.

getragenen Kultur*gehalt*. Im ersten Falle reden wir – vorzugsweise Abstammungseinheiten zugrundelegend – von Stammeskulturen und Volkskulturen (beziehungsweise Nationalkulturen). Auch einzelne Volksgruppen im Gesamtkörper können noch eine spezifische Kultur erzeugen; ja, schließlich darf man von ganz persönlicher Kultur reden. Aber die eigentliche Hypothese pflegt diese zu sein: Eine blutsmäßig einheitliche große Gruppe erzeugt je eine einheitliche Kultur. Ändern sich die in diesem Sinne »biologischen« Träger, so muß sich auch der Kulturgehalt ändern. Die Feststellung wirklicher Abstammungseinheit ist schwer. Oft ist sie nur geglaubt; oft tritt das unsichere Kriterium der Muttersprache ergänzend hinzu. Aber wenn einmal die Geschichte (in doppelter Bedeutung als das Geschehen selbst und als das Wissen vom Geschehenen) eine solche Volkseinheit geprägt hat, so kann man ganz empirisch verfahren: Was die Griechen erzeugt haben, ist dann ihre geschlossene Kultur; die sogenannten Römer haben eine andere geschaffen; man liest sie von ihrer Geschichte ab.

Der Sachbefund, daß ein und derselbe Grundstil der Kultur über mehre Völker hinweggreifen kann, hat zu dem zweiten Standpunkt geführt, wie ihn zum Beispiel Spengler vertritt.[4] Stark ausgedrückt: Nicht je ein Volk hat seine Kultur, sondern eine Kultur hat ihre Völker. Dann also sucht man das Einheitskriterium im Kultur*gehalt*. Es ist noch schwerer anwendbar. Populär kann man sagen, die Einheit einer Kultur beruhe auf dem gleichen Grundstil der Umwelt- und Innenweltgestaltung. Denn jede Kulturarbeit gibt einerseits der naturhaften Umgebung wie dem geistig-gesellschaftlichen Milieu eine bestimmte Prägung. Sie kultiviert die Natur und schafft objektivierten Geist in Wirtschaft, Wissenschaft und Kunst. Andererseits formt sie damit auch die beteiligten Individuen und ihre Sozialkörper – durch Umgang, Tradition und Erziehung. Eine Sprache ist immer beides: Umwelt und Innenwelt.

Der heute gebräuchliche Kulturbegriff beruht auf der unscharfen Verbindung jener beiden Hauptgesichtspunkte. Ein unser Thema betreffendes Symptom dieser Unklarheit ist, daß wir nicht ausmachen können, wie weit eine Kultur überhaupt von den blutsmäßig geeinten Trägern ablösbar und auf andere übertragbar ist. Jedenfalls wird niemand leugnen, daß den überpersönlichen Kulturgehalten auch ein überindividueller Lebensprozeß zugrunde liegt. Dieser biologische Prozeß der Generationenfolge mit ihrem Blühen und Altern, Erkranken und Aussterben ist wenig erforscht. Wir wissen kaum. was wir meinen, wenn wir sagen: »ein junges Volk«.

[4] Oswald Spengler, Der Untergang des Abendlandes. Bd. 1. München 1920[6]. S. 153. Bd. 2. 1922. S. 132, 197.

Ich kehre zu den Kultur*gehalten* zurück. Auch in bezug auf sie machen wir eine Hypothese, nämlich die, daß alle Kulturarbeit geleitet sei von dem Drang oder Willen zur *Wertverwirklichung*. Diese steigt von der Befriedigung ursprünglicher Triebe über die planmäßige Ausnützung und Beherrschung naturhafter Umweltbedingungen empor bis zur Ausbildung von Moralen, Religionen und Weltanschauungen. Soweit nicht nur der bloße Trieb maßgeblich ist, beruht der Aufbau der Kulturwerke und Gesellschaftsformen auf einer ungeheuren Schichtung kleinster *Wertentscheidungsakte*. Die geistige Einheit einer Kultur liegt dann in dem – (keineswegs spannungslosen!) – Gesamtstil der Einstellung zu den Werten und der getroffenen Wertentscheidungen. – Die Annahme eines eindeutigen ewigen Reiches der Werte ist nur eine philosophische Konstruktion des Abendlandes. Historisch haben wir es nicht zu tun mit einer ewigen *Rangordnung der Werte*, sondern je mit einer konkreten *Wertordnung des Lebens*. Es wird also erlaubt sein, jede eigentümliche Kultur schließlich auf eine bestimmte Wertordnung und Weltanschauung zurückzuführen. Freyers Ausdruck: »weltanschauliches Apriori« ist nur eine unvollkommene Analogie; denn hier fehlt eben die strenge Allgemeingültigkeit. Historisch gelten viele solcher Aprioris.

Eine wichtige Unterscheidung ist hinzuzufügen: Jede Kultur enthält bereits realisierte Werte, und Werte im freieren Aggregatzustande des Forderns beziehungsweise Gefordertseins, des Wollens, beziehungsweise des Gesolltseins. Das heißt erstens: Die Wertordnung und Weltanschauung einer Kultur lebt nicht nur in den Köpfen formender und geformter Einzelmenschen, sondern sie hat sich bereits objektiviert, realisiert, verfestigt zu Mächten, die nun wieder auf die Menschen bestimmend und nötigend zurückwirken. Unsere abendländische Kultur sieht uns an aus unseren Fabriken, Eisenbahnen und Flugzeugen, aus unseren Staatsbildungen und Gesellschaftsschichtungen, aus unseren Kirchen, Kunstwerken und aus unserer Literatur. Das alles ist *geronnene* Wertentscheidung. Nachdem sich zum Beispiel die Chinesen einmal für die Bilderschrift entschieden hatten, könnte sie davon heute nur eine geistige Revolution befreien.

Zweitens: Es bleibt in jeder Kulturgegenwart ein Überschuß noch unrealisierter Werte. Es bleibt ein gemeinsames Fordern nach weiterer Wertgestaltung und ein Verpflichtungsbewußtsein gegenüber noch höheren Werten. Diesen Überschuß nennen wir spezifischen Kulturdrang, Kulturwillen, Kulturverantwortung und Kulturgewissen. Die Charakteristik einer Kultur stützt sich auf beides: realisierte Werte und geforderte Werte.

Wichtig ist diese Unterscheidung, weil sie gegen eine bestimmte Art von Unterbau-Überbaulehren polemisiert. Es gibt nur *eine* Art von Unterbau der Kultur: jenen biologischen Lebensprozeß samt den Naturbedingungen der jeweiligen Siedlungsumwelt. Denn nur wo eine bestimmte Spezies Mensch sich weiterzeugt und zu leben vermag, kann es überhaupt Kultur geben. Hingegen ist die Zerreißung der Kultur in Realfaktoren und Idealfaktoren, wie bei Scheler, in bloß Ökonomisches und davon eindeutig Abhängiges, wie ursprünglich bei Marx, für die Praxis der Geschichtsbetrachtung völlig undurchführbar. Sie wird hier ersetzt durch die Unterscheidung von bereits realisierten Werten und weiterdrängenden Wertforderungen, die immer die Totalität leiblich-seelisch-geistiger Lebensbestimmtheit betreffen. So ist zum Beispiel die Moral einer Kultur zu gliedern in wirklich erreichte, wirksame Gesittung und in das fordernde, verpflichtende Ethos der Lebenden, in welchem eine Kultur ihren existentiellen Herzpunkt hat. Allgemein gesagt: es gibt in der ganzen Breite und Höhe einer Kultur erledigte Entscheidungen und unerledigte. Die ersteren brauchen nicht im höheren Sinne sittlich oder richtig zu sein. Sie äußern sich aber als reale geistige Mächte, die die Freiheit für weitere Entscheidungen einengen. Das spielt bei allen Kulturbegegnungen eine schicksalhafte Rolle.

Das Ergebnis ist vorläufig: die letzte Einheitswurzel einer Kultur liegt in ihrer spezifischen Weltanschauung, das heißt in der bereits geschaffenen Wertordnung und dem noch fortzeugenden Wertwillen. Diese Prägung wird als Totalität sehr schwer begrifflich zu fassen sein. Wir stehen mit unserer Kulturphilosophie noch ganz in den Anfängen. Eine Einzelbestätigung meiner Ansicht aber ist, daß wir in dem Augenblick, als wir uns veranlaßt sahen, über das einheitliche Fundament Europas nachzudenken, zunächst – eng genug – nichts anderes fanden als das Christentum und den Humanismus, zwei Weltanschauungsmächte, die sich in einer Fülle von Objektivationen verfestigt haben, aber *fordernd* noch immer weiterwirken.

I B

Daß wir Kulturen im eben erörterten Sinne als abgegrenzte Lebenseinheiten betrachten, ist ein Produkt der Makrohistorie. Die Mikrohistorie würde bei einzelnen Übergängen in große Verlegenheit geraten. Ebenso befindet sich nun auch die Lehre von dem inneren Aufbau der Kulturen, die *Kulturmorphologie*, noch in ihrem spekulativen Stadium. Aber wenn man in dieser Richtung weiterkommen will, so bedarf es einiger leitender

Kategorien. Trotz des Namens Morphologie dürfen sie sich nicht zu nahe an die Biologie anlehnen. Die Biologie hat es nicht mit Gebilden zu tun, in denen Zweckdenker vorkommen, Wertentscheidungen fallen und geistige Gehalte erarbeitet werden.

Ebensowenig aber würde für das Verständnis der großen Kulturgefüge eine Individualpsychologie ausreichen, die den einzelnen wie einen uniformen Baustein des Ganzen auffaßt. Vielmehr ist das Eigentümliche gerade der geistigen Schicht der Kultur: die schwer faßbare, lebensvolle Verschränkung des Individuums mit überindividuell bedeutsamen Gehalten und seine Einbettung in Kollektivkörper der verschiedensten Art. Das Bewußtsein des einzelnen ist niemals eine adäquate Repräsentation des Kulturzusammenhanges, in den er eingelagert ist. Und doch sind die unvollkommenen Bewußtseinsrepräsentationen gerade die Stellen, die man als die Merkvorgänge der Kultur bezeichnen dürfte. Die Individuen sind Signalstationen und Aktionszentren. Ein Beispiel: der Primitive, der von Auswirkungen der westlichen Kultur umfaßt wird, hat kaum ein Verständnis für das, was mit ihm geschieht. Er reagiert auf seine Art aus seinem Kulturstil heraus, der wieder von der anderen Seite nicht verstanden wird. Aber dieses Produkt zweiseitiger Mißverständnisse entfaltet doch seine Wirkung in der Begegnung. Allgemein formuliert: nicht nur das Richtige – im weitesten Sinne – ist ein Bewegungsfaktor in der realen Kultur. Auch das, was den eigentlichen Sinn verfehlt, ja das Sinnwidrige, hat Folgen, einfach dadurch, daß es in der Welt ist.

Die gegenwärtige Philosophie des Geistes pflegt das Überindividuelle, das durch die Individuen hindurchlebt, von dem Außerindividuellen, das ihnen als fixierte Objektivität gegenübersteht, zu unterscheiden. Sie nennt das erste den objektiven Geist, das zweite den objektivierten Geist. Gleichviel, ob man den Namen *Geist* dafür annimmt; die Tatbestände sind da. Beides hat in jedem Individuum seine eigentümlichen, aber stets inadäquaten, perspektivischen Bewußtseinsreflexe. Von diesen seinen Sinnerlebnissen aus reagiert es auf den flutenden Gemeingeist wie auf die formgewordenen Werke des objektivierten Geistes. Und in den bewußten Stellungnahmen liegt, wie betont, doch das eigentlich lebendige Moment des ganzen Kulturgefüges. Die Normenkomplexe, die das Zusammenleben und Schaffen einer Gruppe regeln, sind eine so wichtige Seite des objektiven Geistes (oder Gemeingeistes), daß ich sie unter dem Titel *»normativer Geist«* noch gesondert heraushebe. Aber auch dies Normative kann nur wirken, wo es auf ein normvernehmendes Bewußtsein auftritt. Ein Staat ist immer mehr und anderes als das Staatsbewußtsein aller seiner Glieder. Trotzdem kann der Staat nur durch diese – zustimmenden oder widerstrebenden – Bewußtseinssphären hindurch wirken und leben.

Nur ein *Bewußtsein* kann vernehmen. Aber auch: Nur ein *Bewußtsein* kann Zwecke setzen und Verpflichtungen erleben. Will nun ein solches Bewußtsein an der objektiven Kultur etwas steuern, so stellen sich ihm jene überindividuellen, bereits geronnenen Mächte entgegen, als massive verfestigte Gebilde, die sich vom einzelnen nicht mehr beliebig umformen lassen. Wir unterscheiden also weiter an jeder Kultur einen noch steuerbaren und einen nicht mehr steuerbaren Bereich. Das Gefühl für die Übermacht schon verkrusteter Kulturgebilde – Verbände, Institutionen und Werke – ist in den letzten zwei Jahrhunderten der abendländischen Kultur ungeheuer stark geworden. Die Folge ist eine schwere Lähmung des sittlichen Kulturwillens. Was nicht mehr gemäß den innersten Entscheidungen gesteuert werden kann, muß als schicksalhafte Macht hingenommen werden, wie die Gesetzlichkeit der Natur *da,* wo man sie allenfalls noch einsehen, aber nicht mehr lenkend beeinflussen kann. Hegel spricht von der »List der Vernunft«; Marx von der »unentrinnbaren Eigengesetzlichkeit der materiellen Produktionskräfte«; Simmel von der »Tragödie der Kultur«.

Abgesehen von der vielgestaltigen Verschränkung der Bewußtseinsträger in den Gemeingeist, den objektivierten und den normativen Geist sind noch zwei weitere Gesichtspunkte für die innere Gliederung der Kulturen von Belang. Zunächst die in *Kulturgebiete,* die so allgemein bekannt ist, daß sie zum Beispiel von der Einteilung unserer Tageszeitungen abzulesen ist. *Sachgebiete* der Kultur sind Wirtschaft (nebst Technik), Wissenschaft, Kunst. *Sozialformen* sind Gesellschaftsschichtung und Staat. *Normative Ordnungen* sind Sitte, Moral, Recht (samt dem Staatsrecht). *Inspirationsbereiche* nenne ich die persönliche Sittlichkeit und die Religion. Diese Gliederung spielt auch bei den Kulturbegegnungen eine Rolle, insofern ihr Motiv oder ihr Schwerpunkt mehr auf dem wirtschaftlichen oder politischen, mehr auf dem rechtlichen Gebiet (zum Beispiel internationales Privatrecht und Völkerrecht) oder dem religiösen Felde liegen können. Ihre Abgrenzung ist trotzdem in einzelnen Fällen unscharf, und es handelt sich überhaupt immer nur um vorwiegende Akzentuierung, da alle Kulturgebiete in ständiger Wechselbeziehung untereinander stehen.

Der letzte Gesichtspunkt leitet bereits zu dem *Lebensprozeß der Kulturen* über, weil er den Charakter ihres Bewegungsverlaufes betrifft. Man hat von den Schichten der Persönlichkeit gesprochen.[5] Auch in jeder Kultur gibt es Vorgänge, die an bloß vegetatives Leben erinnern; andere, die

[5] Erich Rothacker, Die Schichten der Persönlichkeit. Leipzig 1941².

triebhaften Bewegungen ähneln. Darüber erheben sich rational geplante Zweckhandlungen und endlich Entscheidungen aus sittlichen Motiven. Was dem vorwiegend biologischen Untergrund des Völkerlebens angehört, pflegt sich vegetativ-triebhaft zu vollziehen. Dahin gehören auch: Beharrungsgründe, gedankenlose Tradition, automatische Nachahmungen im Sinne Gabriel Tardes. Wanderungen primitiver Hirtenstämme und Reiterhorden machen den Eindruck eines dumpfen Dranges, obwohl im einzelnen dabei vieles geplant werden muß. Mit wachsender Kultur werden die vegetativ-triebhaften Verhaltensweisen immer mehr von rationalen Organisationen überlagert, die trotz ihres Namens eben unorganisch sind. Erst ganz spät gewinnen sittliche Vorstellungen auf große Völkeraktionen Einfluß. Man denke an die sehr langsame Versittlichung der Kolonisation oder an das Eindringen moralischer Motive in die Völkerrechtsbildung. Aber wie im Einzelmenschen bleiben auch im großen Kulturganzen vegetativ-traditionale, triebhafte, zweckhaft rationale Vorgänge und ethische Stellungnahmen eng ineinander verschlungen. Junge Völker leben aus einem ursprünglichen Drang heraus. Was später rationale Überlegung und verantwortungsbewußtes Handeln noch zu steuern vermögen, bleibt immer nur ein enger Ausschnitt.

I C

Die Konstruktion selbständiger und in sich abgeschlossener Kultureinheiten, gleichviel, ob sie ihnen Einzelvölker oder Völkergruppen zugrunde legte, mußte im Zeitalter des Positivismus zu der weiteren Hypothese führen, daß sich ein idealtypisches Gesetz aufstellen lasse, das für den *Lebensprozeß* jeder Kultur gültig wäre. Ältere Beispiele für diese Kulturzyklentheorie habe ich in einem früheren Vortrag gesammelt.[6] Am weitesten sind in dieser Auffassung wohl Karl Lamprecht, Kurt Breysig, Leo Frobenius und Oswald Spengler gegangen.[7] Die Theorie ist nicht auf streng positivistische Kreise beschränkt geblieben. Vico ist ihr Begründer. Herder und Hegel glauben ebenfalls an einen typischen Lebensrhythmus der Völker. Wer wirklich historisch denkt, wird dem Versuch, einen Nor-

[6] Eduard Spranger, Die Kulturzyklentheorie und das Problem des Kulturverfalls. Sitzungsberichte der Preußischen Akademie der Wissenschaften, Phil.-Hist. Klasse. Berlin 1926.

[7] Hauptquellen: Karl Lamprecht, Moderne Geschichtswissenschaft. Leipzig 1909². – Kurt Breysig, Der Stufenbau und die Gesetze der Weltgeschichte. Stuttgart 1927². – Leo Frobenius, Paideuma. Zuerst München 1921.

malverlauf der Kulturentwicklung anzunehmen, nur den Wert sehr blasser Modellkonstruktionen beimessen. Allenfalls ist er für die Frühzeiten der Völker fruchtbar, obwohl Thurnwald neuerdings auch hier vor zu großen Hoffnungen gewarnt hat.[8]

Wäre es möglich, jenen biologischen Untergrund des Völkerlebens zu isolieren und Erscheinungen wie Jungsein und Altsein der Völker genau zu definieren, so käme vielleicht eine begrenzte Gesetzlichkeit heraus. Eine zweite Quelle für Gesetzlichkeit könnte in *den* Bereichen der Kultur gesucht werden, wo es sich um fortschreitende Aufschichtung von Erfahrungen und Kenntnissen sowie um fortschreitende Zentralisierung von Organisationen handelt. Beides hat seine Analogien im Einzelleben: Man mag noch so großes Gewicht auf die Entscheidungen einer Person legen: jung zu bleiben oder alt zu werden, liegt nicht in ihrer Entscheidung; und was sich in ihrem Lebensgange aufschichtet, kann sie weder beschleunigen noch rückgängig machen.

Trotzdem bleibt die Annahme eines immanenten Normalverlaufes jeder Kultur eine gewagte Sache. Die singulären Abbiegungen durch historische Sonderkonstellationen, vor allem auch jene schicksalhaften Begegnungen mit anderen Kulturen, von denen wir reden, verhindern, daß die reinen Fälle zutage kommen, an denen sich das Gedankenexperiment bestätigen könnte. Und im Bereich rationaler Zwecksetzungen, erst recht im Bereich situationsbedingter Entscheidungen, gelten überhaupt keine bloßen Ablaufgesetze mehr. Die Geschichte wird gleichsam immer historisch-singulärer, je weiter wir uns von dem Übergewicht des Vegetativ-Triebhaften in den Urzeiten entfernen.

Andererseits läßt sich nicht leugnen, daß vorzugsweise im Felde des Wirtschaftlichen und des Sozial-Institutionellen, aber auch in der wissenschaftlichen und religiösen Vorstellungsbildung sich gewisse Erscheinungen *ceteris paribus* typisch wiederholen, die geradezu eine *vergleichend*-kulturgeschichtliche Betrachtung herausfordern. Sie bedarf freilich der sorgfältigsten Tatsachenforschung, wie das eine Beispiel des Vergleichs zwischen abendländischem und japanischem Feudalismus lehrt.[9] Ebensowenig kann man leugnen, daß bei dem Aufeinandertreffen zweier Kulturen sich nicht nur der Eindruck eines verschiedenen Stiles, sondern auch einer verschiedenen *Stufe* aufdrängt. Gerade für das Studium der Kulturbegegnungen bedürfte man also einer ausgearbeiteten Kulturstufen-

---

[8] Richard Thurnwald, Aufbau und Sinn der Völkerwissenschaft. Abhandlungen der Deutschen Akademie der Wissenschaften, Phil.-Hist. Klasse. Berlin 1947.

[9] Otto Hintze, Wesen und Verbreitung des Feudalismus. Sitzungsbericht der Preußischen Akademie der Wissenschaften, Phil.-Hist. Klasse. Berlin 1929.

theorie, ja einer vergleichenden Kulturmorphologie überhaupt. Hiermit sind wir noch ganz in den Anfängen. Also wird man heute noch nicht einmal eine Typenlehre der Kulturbegegnungen aufstellen können. Sie bleibt aber Aufgabe.

Weltanschaulich ist es ein Problem von höchster Bedeutung, wie weit sich in der Geschichte eine Gesetzlichkeit geltend macht, die über das Wollen der Individuen und die Entscheidungen ganzer Generationen hinweggeht. Im Augenblick sind zwei große Kulturgruppen in politisch-ideologische Auseinandersetzung geraten, von denen die eine (marxistische) die Unentrinnbarkeit einer freilich dialektisch gedachten gesetzlichen Bewegung behauptet, während die andere (westliche) das Moment der persönlichen Gewissensentscheidung voranstellen möchte. Auch die zweite wird zugeben müssen: die Entscheidung erfolgt immer nur in dem schmalen Raum, den der biologische Lebensprozeß der Völker und die Aufschichtung des Geschichtlichen noch offen läßt.

Für mein Thema verzichte ich auf die Zugrundelegung irgendeiner Kulturstufentheorie; die bisherigen Resultate sind noch zu unfertig. Ich verzichte erst recht auf die Annahme einer oberflächlichen Fortschrittstheorie und rede statt dessen nur von Differenzierungsgraden der Kultur. Aber die Tatsache wird dadurch nicht aufgehoben, daß gerade bei den Kulturbegegnungen der deutliche Eindruck von Verschiedenstufigkeit entsteht. – Auf dieser Basis kann ich eigentlich nur in Beispielen reden. Diese würden in drei Gruppen zu gliedern sein.

1. Kulturbegegnungen, die sich früher zwischen gleichzeitig lebenden Kulturen im *Raum* vollzogen haben und zu einseitigen beziehungsweise beiderseitigen Rezeptionen geführt haben.

2. Kulturbegegnungen, die sich über die *Zeit* hinweg vollzogen haben; diese lerndenden Rückgriffe auf eigentlich tote Kulturen müßten im Gegensatz zu den ebenfalls häufig auftretenden einheimischen Renaissancen als Fremdrenaissancen bezeichnet werden. (Problematischstes Modell: die Renaissance des römischen Rechts.) Jedoch übergehe ich heute diese Gruppe, um

3. von der gegenwärtigen großen Kulturbewegung zu reden, die zu existentieller Stellungnahme herausfordert. In der historischen wie in der Gegenwartsbetrachtung schränke ich das Problem weiter auf die Hauptfrage ein: *Welche* Kultur siegt, und was heißt *siegen?*

II A

Wo das Wissen noch lückenhaft ist, siedeln sich gern vorweggenommene Weltanschauungen an. Eine Partei preist die Reinkultur als anzustrebendes Ideal. Die andere behauptet, es habe noch keine Hochkultur gegeben, die nicht, durch Mischung und Schichtung entstanden, in langem Lernprozeß ältere und fremde Kulturergebnisse verarbeitet hätte. Die letztere darf sich vor allem auf die ungeheure Erbschaft der sogenannten Antike berufen, deren Aneignung und Vertiefung mehr als ein Jahrtausend erfordert hat. Eine Geschichte auch nur der *septem artes liberales* wäre sehr lehrreich.

Die Vertreter des ersten Standpunktes dürfen an die Fälle planmäßiger *Kulturabschließung* erinnern, wie sie schon Plato befürwortet hat. In der historischen Wirklichkeit waren die Motive dazu verschieden. Das einzige Beispiel auf der Stufe der Begegnung von Hochkulturen ist Japan (1616–1854). Stand hier nur die Kontrolle des Handels mit dem Westen im Vordergrund, oder die Wiederausscheidung des Christentums, das die ideologische Geschlossenheit des ohnehin zum religiösen Synkretismus neigenden Volkes bedrohte?

Über jene prinzipiellen Fragen scheinen Frobenius und Spengler miteinander in Uneinigkeit geraten zu sein. Der eine sang das hohe Lied der fruchtbaren Verschmelzung von Patriarchat und Matriarchat. Der andere erklärte eigentliche Übernahmen fremder Kulturseelenmotive überhaupt für unmöglich und bildete den herabwertenden Begriff der »Pseudomorphosen«.

Eine Klassifikation der tatsächlichen historischen Erscheinungen von Kulturbegegnung, wenn sie heute schon möglich wäre, würde eintönig wirken. Man müßte Totalrezeptionen und Teilrezeptionen unterscheiden; man müßte auf Gleichstufigkeit oder Verschiedenstufigkeit achten; man müßte oberflächliche Ansteckung, tiefere Angleichung, bewußte Aufprägung und williges Lernen unterscheiden. Ferner wäre es notwendig, die Wanderungen der Urzeiten zu studieren, wobei »Urzeiten« bis in historische Epochen hineinreichen können. Das alte Unruhezentrum in Mittelasien, um das Tarimbecken herum, bietet für sich allein einen Knäuel von Problemen. Goethe erfaßt die ungeheure Bedeutung des Phänomens »Wanderungen der Völker« schon, wenn er Lenardo im ›Wilhelm Meister‹ eine Rede über die Formen menschlichen Wanderns halten läßt. Thurnwald wirft ein Licht auf die Begegnungen von Jägern, Pflanzern und Hirtenstämmen im gleichen Terrain. Die gegenwärtige amerikanische Kultur ist das Ergebnis sehr verschieden motivierter Auswanderungen aus

Europa. Die deutsche Besiedlung des Ostens erfolgte unter der militärisch-missionarischen Ägide des Deutschritterordens. Landnahmen überhaupt!

Sodann der Handel als eine Form des Transportes von Kulturgütern nicht nur wirtschaftlicher Art in die Ferne! Welche Einsichten würden sich uns, über die Funde von Turfan hinaus, eröffnen, wenn wir eine Zeitlang an der Karawanenstraße durch die Wüste Gobi beobachten könnten, wie hellenistischer Westen mit dem fernen Osten in Berührung kommt! Und wie hat sich der Buddhismus auf dem Wege von Indien nach China und Japan verwandelt! – Ganz anders, wenn der neuzeitliche Kapitalismus die Stunde regiert und in seinem Gefolge ein Stil des Imperialismus auftritt, der mindestens Kulturen nivelliert, wenn er sie nicht ausrottet! – Aber genug! Ich greife willkürlich ein paar typische Hauptfälle heraus.

1. *Hochkulturen in dauernder Bedrohung von primitiveren Grenzstämmen her.* Ostrom und Westrom stehen jahrhundertelang unter diesem Schicksal. Das Hauptergebnis dieser Wirren ist nach Toynbee der Sieg einer reifsten Spätreligion, die sich nun gleichsam junge Völker greift, um auf ihnen eine neue Kultur zu erzeugen. China sucht sich gegen die unablässigen Mongoleneinfälle durch die große Mauer zu schützen. Erst siegen die Mongolen, dann die Mandschus. Beide Male empfängt China eine völlig veränderte politisch-militärische Gestalt. Darunter aber erhält sich die uralte chinesische Kultur mit einer Zähigkeit, die man hauptsächlich auf die Kraft der Sippenverfassung, des Ahnenglaubens und des Bauerntums zurückführt. Was wird das Ergebnis der neuesten Bedrohungen sein, nachdem die beiden ersten Pfeiler gefallen sind und das langsam einsickernde Christentum sich noch nicht gefestigt hat? – Bis ins 18. Jahrhundert hat sich Westeuropa gegen die Türkeneinfälle wehren müssen. Die Grenzwacht Ungarns bleibt unvergessen. Heute, unter veränderten Gesamtverhältnissen, ist dies Tor offen.

2. Eine zweite Gruppe von Beispielen wird zusammengehalten durch das feststehende Moment der politischen Übermacht auf der einen Seite, die auf politisch schwach gewappnete Kulturen auftrifft.

a) Jede Gebiets*eroberung*, ja auch nur zeitweilige Gebietsbesetzung, pflegt (nicht nur in alten Tagen) begleitet zu sein von dem Willen, den Unterworfenen die Kultur des Siegers aufzuprägen. Der Unterlegene ist ohnehin in dem Glauben an seine Götter erschüttert; seine Moral ist in Auflösung. Der Widerstand auf eigentlich geistigem Gebiete ist schwach. Unter europäischen Nationen sind keine fremden Götter und keine stark abweichenden Moralen mehr zu bekämpfen. So unterdrückt man wenigstens die Sprache der Bezwungenen, in dem richtigen Gefühl, daß in ihr die alte Weltanschauung ein zähes, stilles Weiterleben führt. Denn die Muttersprache ist das Heimatlichste, was der Mensch hat.

Trotzdem sind in der Geschichte die Fälle nicht selten, daß der militärisch-politische Sieger nachher der überlegenen Geistigkeit des Gegners verfällt. Das denkwürdigste Beispiel ist der geistige Sieg von Hellas über das politisch stärkere Rom. Eine grundsätzliche Hochachtung für den durchschnittlichen Griechen hat der Römer trotzdem nie gehegt. Er empfand Schwächen an dieser Gesamtkultur, die wir heute weniger empfinden. Worin liegen Schwächen einer Kultur? Vermutlich besonders in mangelhafter Ausgewogenheit unter all den Faktoren, die dazu gehören, eine Kultur auf der Höhe zu halten.

b) Das vielgestaltige Phänomen der *Kolonisation* berühre ich nur in der Epoche seit dem frühesten Beginn des kapitalistischen Wirtschaftssystems. *Vorstufen* waren vereinzelte Handelsniederlassungen (Konzessionen) über See. Die kleine Insel Deshima bei Nagasaki war Jahrhunderte lang das einzige Einfallstor europäischer Kultur nach Japan hinein, wo längst eine eigene Hochkultur blühte. In den vollen Weltwirtschaftsverkehr ist Japan erst 1853 durch das Erscheinen einer amerikanischen Flotte *gezwungen* worden. Seitdem ging mit rapidem Tempo eine Europäisierung vor sich, die aber vor dem neuesten Kriege die tieferen weltanschaulichen Fundamente der japanischen Kultur noch lange nicht erreicht hatte.

Überseeische Kolonisation der europäischen Mächte hatte lange Zeit einseitig wirtschaftlich-kapitalistische Ausnützung zum Zweck. Bis vor kurzem war damit ein System der Eingeborenenerziehung verbunden, das auf einfache Übertragung der westlichen Kultur hinauslief *(assimilation)*. Die eigentliche Aufgabe der Völkerpädagogik war noch unbekannt. Seit Oldham (1930) verfolgt die englische Kolonialpädagogik das Ziel, möglichst viel von der einheimischen Kultur zu erhalten *(adaptation)*.[10] Das Motiv ist doppelter Auslegung fähig: im ganzen Abendland ist seit 1918 die Furcht vor der vollen Wettbewerbsfähigkeit der nichtweißen Rassen gewachsen. Das neue System kommt vielfach zu spät. Auch in den Kolonien war der Zusammenbruch der traditionalen Weltanschauung das eigentlich kulturzerstörende Schicksal. Neue, feste Orientierung wächst nicht von heute auf morgen.

c) Ein weiteres weltumspannendes Problem ist die Kulturaussaat, die ich die *Technokratie des Abendlandes* nenne. Warum ist die rationalisierte Technik des Westens auf der ganzen Welt in unaufhaltsamem Fortschreiten? Der entscheidende Anstoß zur Übernahme kam bei Hochkulturen von

---

[10] Herbert Theodor Becker. Die Kolonialpädagogik der Großen Mächte. Hamburg 1939.

der Wehrtechnik her, wie für Japan die Selbstbiographie von Fukuzawa allein eindeutig beweist. Man vergißt oft, daß die japanische Technik in unserem Sinne nicht älter als 80 Jahre ist. Das Wettlaufen um die Atombombe heute bestätigt, daß der Primat des wehrtechnischen Motivs fortdauert. Erst in zweiter Linie kommt das der wirtschaftlichen Wettbewerbsfähigkeit, in dritter das Komfortmotiv. Niemand wird bestreiten, daß die moderne Technik allein schon durch das Tempo ihrer Entwicklung alles organisch Gewachsene, tiefer seelisch Gegründete zerstört. Bei uns selbst hat diese verhängnisvolle Kulturvereinseitigung begonnen; in der ganzen Welt setzt sie sich fort, wie die Ringe im Wasser, wenn man einen Stein hineingeworfen hat.

3. Eine letzte, ganz andere Gruppe von Problemen bietet die spontane Wanderung von Ideologien über verschiedene Nationen und Kulturen hinweg, sowie ihre planmäßige Ausbreitung bis zu der modernen Propaganda hin, die mit den Mitteln der Presse und des Rundfunks arbeitet. Was die Wissenschaft als solche betrifft, so kommt nur den Naturwissenschaften ihrem Wesen nach volle Internationalität zu. Die Geisteswissenschaften bleiben schon infolge der Rolle, die die seelisch-nüancierte Sprache in ihnen spielt, stark national gebunden, ganz abgesehen von der Verschiedenheit der geistesgeschichtlichen Fundamente. Wenn die neueste Soziologie des Wissens ihre Aufgabe weit genug erfaßt, so wird sie zu untersuchen haben, wann Völker und Volksgruppen für gewisse Gedanken »reif« werden. Es liegt nicht *nur* an ökonomisch-sozialen Strukturen, sondern zum Beispiel auch an der Bildsamkeit. Auf dem Gebiet der schönen Literatur und der Publizistik fällt, vulgär gesprochen, die »Exportfähigkeit« einzelner Autoren und Themata auf. Sie ist nicht immer »echt«. Manchmal handelt es sich nur um geschickte »Mache«. Wenn politische Ideen über die Nationen hinweg wandern, wie jetzt die bolschewistischen und faschistischen, liegt die Vermutung nahe, daß die Aufnahmebereitschaft durch die allgemeine Kultursituation vorgebildet ist. Trotzdem erfahren sie überall einen Bedeutungswandel. – Auf viel einsamerer Ebene liegen die Missionsunternehmungen. Aber die Frage, welche Religionen überhaupt Mission treiben und wie sinnvoller Weise missioniert werden kann, ob unmittelbar von oben oder nur von breiteren Kulturfundamenten her, ist ebenfalls eine kulturphilosophische Frage. –

Ich bin am Ende meiner willkürlichen Liste. In das Zentrum der Philosophie führt erst die folgende Überlegung zurück. Es ist immer vom historischen Siegen und Unterliegen kultureller Gehalte die Rede gewesen, als ob eindeutig feststünde, was hier Siegen heißt. Aber damit werden wir selbst vor die größte Entscheidung gestellt.

Sieg kann erstens heißen: der Erfolg in der Gestaltung der historischen Welt, wie sie nun einmal geworden ist. Besonders von der Politik pflegt man leichthin zu sagen: Der Erfolg entscheidet. Im allgemeinen versteht man darunter den bloßen äußeren *Macht*gewinn. Etwas feiner ist die Antwort schon, wenn sie lautet: ein innerlich berechtigter Sieg liegt dann vor, wenn eine möglichst große Zahl Menschen dadurch *glücklicher* wird.

Als Mitgenosse des christlichen Abendlandes aber müßte ich mich schämen, wenn ich es bei diesen Kriterien bewenden ließe. Die allein würdige Antwort müßte doch wohl lauten: gleichviel, was in der Welt den Erfolg hat, sich durchzusetzen: innerlich legitimiert und sieges*würdig* wäre nur die Kulturleistung, durch die die beteiligten Menschen sittlich veredelt werden. Erst dann dürfte man wohl behaupten, daß auch die Kulturen, beziehungsweise eine erhoffte Weltkultur, besser werden können.

Der Satz: »Die Weltgeschichte ist das Weltgerichte« hatte bei Hegel einen ganz speziellen religiösen Hintergrund. Ohne diesen Hintergrund ist er das Gedankenloseste, was über die Geschichte gesagt werden kann. Denn was heute Erfolg hat, kann morgen zusammenbrechen. Das tausendjährige Reich Hitlers dauerte 12 Jahre. Und ewig dauert auf der Erde vermutlich nichts. Ferner: Wann tritt das *Welt*gericht zusammen, um einen endgültigen Spruch zu fällen? Das *Gottes*gericht aber spricht nur im Innersten der Seelen, und zwar nicht in Sessionsperioden, sondern in jedem Augenblick solcher Entscheidungen, an denen Ewigkeitsgehalt haftet. Auch die alte magische Ansicht, daß der Krieg ein Gottesurteil sei, ist ersichtlich falsch. In der Welt ist schon das Würdigste unterlegen und untergegangen. Die Weltgeschichte ist nicht einmal der »Boden des Glücks«. Derselbe Hegel sagt: »Welcher Reisende ist nicht unter den Ruinen von Carthago, Palmyra, Persepolis, Rom zu Betrachtungen über die Vergänglichkeit der Reiche und Menschen, zur Trauer über ein ehemaliges, kraftvolles und reiches Leben veranlaßt worden...«

Wem der Gedanke vom Gottesgericht als ein zu schneller Sprung aus der Philosophie in die Theologie erscheint, der wird doch zweierlei zugeben müssen: 1. Die Frage nach dem inneren Wert, nach der sittlichen Legitimiertheit (Rechtfertigung) der Kulturen führt aus der bloßen Geschichte heraus und *tief ins Metaphysische hinein.* Und 2.: Vor den ganzen Ernst dieser Frage werden wir gar nicht gestellt, solange wir uns nur als geruhige Zuschauer gegenüber einer Vergangenheit verhalten, die wir uns noch dazu nur nach lückenhaften Quellen zurechtgelegt haben. Erst wo wir selbst als Lebende in existentieller Entscheidung über das stehen, was Kultur sein soll und nicht sein soll, erst da spüren wir die ungeheuren Gewichte, die an dieser Frage hängen. *Hic Rhodus, hic salta!*

II B

Die großen Kriege des 20. Jahrhunderts haben alle Kulturen, die auf der Erde eine Rolle spielen, miteinander in Berührung gebracht. Auch der Krieg ist eine Kulturbegegnung, höchst einseitig, aber voll äußerster Kraftkonzentration. Wo die Waffen schweigen, können *schon* oder *noch* die Moralen und Weltanschauungen miteinander ringen. Düstere Prophezeiungen für unsere Zeit haben recht behalten. Das Chaos ist da. Die Frage kann nur noch lauten: ist es, im Sinne etwa von Toynbee, ein fruchtbares Chaos, aus dem ein Besseres, Neues geboren werden *kann?*

Beschränken wir unseren Blick auf Europa, so ist seine Kultur seit Jahrhunderten ebenso bereichert wie gefährdet durch die Herausbildung scharfer Nationalprofile. Zwischen den Nationen spielt noch einmal der Antagonismus, der zwischen den großen Weltkulturen besteht, und keineswegs mit geringerer Heftigkeit. Nordamerika hat unter leichten Bedingungen seine Kraft zur Überwölbung von Nationalitäten schon bewiesen; auch die Schweiz. Die Stunde fordert, daß die Einheit Europas über seine alten Differenzierungen gestellt werde. Wie die Glaubenskriege des 17. Jahrhunderts die christlichen Konfessionen nicht ausgelöscht haben, sondern sie miteinander zu leben gelehrt haben, so können die historisch erwachsenen Nationalindividualitäten nicht einfach wieder eingewalzt werden. Die erste Aufgabe, die zu bewältigen ist, ist Erziehung zur nationalen Toleranz. Diese aber kann nur auf der Grundlage der Parität erwachsen, das heißt aus dem ernsthaften Willen zu gegenseitigem Verstehen und aus der ritterlichen Anerkennung jedes eigentümlichen positiven Wertgehaltes. Jenes Verstehen ist noch immer nicht leicht und bedarf der sorgsamsten geistigen Pflege.

Machtpolitische Gegensätze müssen durch weitblickende konstruktive Politik gemildert werden. Vor allem aber muß man wissen, worin man ideologisch einig ist. Dies Bewußtsein wächst, wie stets, durch die gemeinsame Front gegen einen Gegenspieler. Wenn immer wieder das Christentum und der Humanismus als fortdauernde Fundamente Europas einmütig hervorgehoben werden, so weisen diese keineswegs eindeutigen Namen darauf hin, daß man sich zu einer Kultur bekennt, die auf der sittlich selbständigen, sich frei entscheidenden Persönlichkeit aufgebaut ist, genauer: *der* Persönlichkeit, die sich in ihrem Gewissen vor einer metaphysischen Macht gebunden weiß. Gegenspieler ist einerseits der *Kollektivismus,* der den Willen des einzelnen in übermächtigen Sozialkörpern untergehen läßt, andererseits der *Faschismus,* der den Willen des einzelnen zugunsten des einen, des Führers, entmächtigt. Man darf nicht sagen: es gehe um die Rettung der Persönlichkeit. Daß sie im vollen Sinne *noch gar nicht da war*, daß insbesondere das Gewissen des einzelnen sich seiner politischen Überlastung durch die Flucht in die Diktatur zu entziehen strebte, wird an den allenthalben aufflackernden faschistischen Tendenzen erkennbar. Es ist notwendig, daß wir uns in vollem Umfang klar machen, was das heißt: Erziehung zur sittlich selbständigen Persönlichkeit, und wie ungeheuer schwer das ist, wenn nicht bloße Kulissen errichtet werden sollen. Ich beleuchte dieses Ziel abschließend von zwei Seiten her, beide Male im Kontrast zu Kulturidealen anderer Struktur, die uns begegnen und zur Stellungnahme nötigen.

1. Die Kulturwelt ist nicht der Boden unbedingter Freiheit. Wie der Einzelmensch seine Vergangenheit nicht einfach auslöschen, einmal getroffene Entscheidungen aus seinem Wesen nicht wieder ausscheiden kann, so ist auch das »historisch Geronnene« zu einer Macht über die Gegenwart geworden. Es bleibt aber jener lebendige Überschuß über das bereits Geformte, von dem die Rede war: ein fortzeugender Kulturwille, ein von dem Ewigen verpflichtetes Kulturgewissen. Die christlich fundierte Kultur des Westens entscheidet sich, gerade diesen schmalen Raum der Freiheit als den wesentlichen Ort neuer Kulturgestaltung anzusehen. Nicht alle Zeitgenossen sind dafür auch nur entfernt reif. Der erste Gegenspieler ist – mindestens theoretisch – überzeugt, daß der überindividuelle Prozeß der Kulturbewegung einer immanenten Notwendigkeit unterliegt und sich nicht steuern läßt. Er empfängt allerdings aus dieser angeblich fatalistischen Haltung, aus der Hineinstimmung in die eindeutig erkannte Bewegungsrichtung jene Stoßkraft, die selbst stumpfe Massen beflügeln kann.

Der zweite Gegenspieler, die Diktatoren der letzten Epoche, empfanden es ebenfalls, daß das Kulturgefüge und der politische Kulturapparat zu schwerfällig geworden waren, um den sittlichen Überzeugungen der einzelnen noch einen belangvollen Anteil an der Steuerung zu gestatten. Sie versuchten es mit gewaltsamer Gleichschaltung der Weltanschauung und wandten sich zur *action directe.* Mit der Beseitigung der Diktatoren ist das Problem selbst noch nicht beiseite geschafft. Es gibt keine Kulturverirrung, die nicht Symptom wäre für eine echte Kulturnot. Die Erzeugung einer gerechten *volonté générale* aus der Fülle der Gruppenwillen (Parteiwillen) und gar der Einzelwillen ist noch schwerer geworden als zu Rousseaus Tagen. Deshalb ist die Rückwendung zum demokratischen Grundgedanken nicht der Weg zu einer fertigen Lösung, sondern zu absolut *neuen* Aufgaben.

2. Ihre Bewältigung würde nur gelingen durch die *Umschaffung der*

Person als Kulturträger. Solange der Mensch nichts im Auge hat als Durchsetzung seiner Lebensansprüche, allenfalls unter Schonung der irdischen Glücksansprüche der übrigen, verdient er nicht die Freiheitssphäre, die der Staat ihm garantiert. In jedem müßte ein höheres Kulturgewissen lebendig werden, das aus einer metaphysischen Inspiration heraus lebt. Er müßte sein Menschentum (Humanität) so verstehen, daß sein eigentliches Wesen nicht nur ein Überbau über seiner biologischen Natur und nicht nur ein Kultureffekt des sozialen Kräftespiels ist. Er müßte, philosophisch formuliert, seine Vernunft nicht nur betrachten als die letzte synthetische Funktion, welche Eindrücke aus der täglichen Erfahrung ordnet, sondern wirklich als ein Organ höheren Vernehmens, das unter letzte gottgewollte Verpflichtungen stellt. Dies nenne ich mit einem historisch möglichst neutralen Namen: *metaphysische Inspiration.*

Die Gegenspieler leugnen, daß eine derartige Kraft jemals aus der menschlichen Natur herauszuholen sei. Und wer wollte sich dieser Sorge ganz verschließen? Sie wollen auf dem Wege der Organisation erreichen, was der Freiheit nach ihrer Ansicht nie gelingen wird. Sie wollen den Menschen nötigenfalls zu seinem Glücke *zwingen;* vielleicht folge dann automatisch die sittlich vollkommene Gesellschaft und ein menschenwürdiges Leben.

Auch wir werden uns hüten müssen, Unmögliches zu begehren. Alle Menschen sind Kulturträger, aber der Grad ihrer Verantwortung für das Ganze bleibt *ungleich.* Auch eine Demokratie bedarf einer führenden Elite. Das Problem ist seit den Tagen Platos das gleiche geblieben: Wo sind die Menschen, die es aushalten können, Macht zu besitzen, ohne an ihrer Seele Schaden zu nehmen? Die Macht ist nicht an sich böse, aber sie bringt in Gefahr. Man kann die Schicksalsfrage unserer Gegenwart auch so stellen: Sollen wir denen folgen, die grundsätzlich überzeugt sind, daß die große Politik jenseits von Gut und Böse liege? Sollen wir denen vertrauen, die in der Politik nur den Mantel der Tugend umnehmen, weil man bei den »vielen« mit einer solchen primitiven Psychologie leichter Erfolg hat? Oder sollen wir hoffen, daß denjenigen, die aus einer höheren sittlich-religiösen Inspiration heraus leben und handeln, auch eine Neuordnung der irdisch menschlichen Verhältnisse gelingen werde? Ich sehe diesen umgeschaffenen führenden Menschentypus noch nicht. Aber wir haben es lange genug auf den anderen Wegen versucht; das Resultat ist das Chaos, das uns umgibt. Versuchen wir es ernsthaft mit der Umkehr, die nur durch eine Wiedergeburt des transzendent gebundenen Menschen möglich wäre!

Die geistige *Kuturbegegnung*, die heute spielt, läßt sich auf die Formel bringen: Ökonomisch-soziale Revolution dort, Revolution der Innerlichkeit hier. Es ist nicht das leichtere Teil, für das wir uns entschieden haben. Gingen wir in diesem Zeichen äußerlich unter, so gingen wir im höchsten Sinne immer noch siegreich unter!

Grenzen der Menschheit

1950

In einer Tragödie des Sophokles singt der Chor weltberühmte Worte, die auf Griechisch lauten:

πολλα τα δτινα κοὐδεν ανθρωπου δεινοτερον πελει

Sie werden lexikonmäßig oft übersetzt: Es gibt viel Gewaltiges, aber nichts ist gewaltiger als der Mensch. Ohne Zweifel bringt das nicht den Sinn, den der Dichter meint, heraus.
δεινός – im Griechischen bedeutet das: was Furcht erregt, was unheimlich ist, was man nur mit religiöser Scheu betrachtet.

Also müßten wir übersetzen: Es gibt nichts Rätselhafteres, nichts Mysteriöseres als den Menschen. Das sagt der griechische Mensch über sein Geschlecht, das Geschlecht der Sterblichen: Der Mensch ist sich selbst ein großes Geheimnis. Hört er auf, sich so zu betrachten – wird er sich selbstverständlich wie der moderne Betriebsmensch – so ist er um das Beste seines Wesens gekommen.

Wenn wir heute miteinander über die Grenzen der Menschheit nachdenken wollen, so geschieht es nicht, um den Menschen zu verkleinern oder um ihn an seine Rolle als ein armseliges Tier zu erinnern, das der Natur nicht recht geglückt ist, sondern um ein wenig deutlicher zu sehen, in welcher Richtung etwa der Mensch seine *wahre* Sonderstellung sehen darf.

Blicken wir über die abendländische Geistesgeschichte hin, blicken wir auch nur über unsere Gegenwart hin, so ist der Mensch – in einer zeitgemäßen Sprache gesagt – den größten Währungsschwankungen ausgesetzt [zwischen dem entarteten Raubtier und dem Ebenbild Gottes]. Noch besser: Blicken wir ein jeder in sein eigenes Innere, so findet er da die widersprüchlichsten Grundgefühle über sich selbst. Es sind nicht nur jene zwei Seelen von denen Faust spricht:

Zwei Seelen wohnen, ach! in meiner Brust,
Die eine will sich von der andern trennen:
Die eine hält, in derber Liebeslust,
Sich an die Welt mit klammernden Organen;
Die andre hebt gewaltsam sich vom Dust
Zu den Gefilden hoher Ahnen.

In uns ist nicht nur eine erdgeborene und eine himmelstürmende Seele, sondern ein ganzes rätselhaftes Spiel von inneren Welten, die in Spannung zueinander stehen, und wenn Hegel gesagt hat »Ich bin der Kampf«, so könnte man ebensogut sagen: *Der Mensch ist der Widerspruch in sich.* Bald fühlt er sich den Göttern gleich und möchte, wie Prometheus, Menschen formen nach seinem Bilde. Bald heißt es wieder:

Denn mit Göttern
Soll sich nicht messen
Irgend ein Mensch

Die demütige religiöse Sprache nennt den Menschen ein *Geschöpf*, eine creatura, also ein durch und durch abhängiges Wesen. Aber alte Sagen sind voll von Symbolen frevelhaften Übermuts: Der Turmbau zu Babel bedeutet das frühe Scheitern einer gewaltigen Stadtkultur. Der erste Versuch zu fliegen wird zum Ikarusflug. Die Hybris, der Übermut ganzer Heldengeschlechter wird den Nachfahren zur Warnung besungen. Ganze Weltreiche sind in Trümmer gesunken und vergessen. Auf den Ruinen von Karthago trauert ein sinnendes Haupt. Es ist der Mensch *überhaupt*, von dem der Versucher sagt:

Vom Himmel fordert er die schönsten Sterne
Und von der Erde jede höchste Lust,
Und alle Näh' und alle Ferne
Befriedigt nicht die tiefbewegte Brust.

Es ist der Mensch *überhaupt*, der sich dann wieder zusammenzieht in stoischer Resignation und der sich selbst, sein Inneres, als die letzte Burg betrachtet, über die allein er wirkliche Macht besitzt. Es ist der Mensch überhaupt, der sich der heiligen Wehmut hingibt, und *er* ist es, der nach stürmischen Kämpfen bekennt: Mein Herz ist unruhig, bis es Ruhe findet, o Herr, in dir. Von diesem rätselhaften und widerspruchsvollen Gewirr der menschlichen Seele, auf deren Schauplatz diese Schicksale spielen, möchte ich heute zu Ihnen reden, *nicht als Theologe* – Sie werden in dieser Vortragsreihe noch eigentlich theologische Stimmen hören –, *sondern als Psychologe*, d.h. ganz weltlich als ein einfacher Betrachter des menschlichen Lebens. Aber es soll diesmal die Rede sein von den *Grenzen* der Menschheit. Und so beginne ich im I. Teil mit einem Blick auf die Bereiche, in denen gerade der moderne Mensch in Gefahr ist, seine Kräfte zu überschätzen.

I.

Den Gebieten, von denen ich zuerst reden werde, ist gemeinsam, daß die Versuche des Menschen, seine *Macht über das Leben* auszudehnen, mit schmerzlichen Rückschlägen enden. Das heißt: sie fördern kaum das bescheidene Ziel des *Glückes*, zu schweigen von der damit verbundenen Schuld. Im Resultat zeigen sich Rechenfehler. Es war also irgendetwas bei der Rechnung nicht in Ordnung.

Wie steht es – dies Gebiet stelle ich an die Spitze – mit unserer hochbewunderten Technik?

1. Technik: Sie bedeutet, im allgemeinsten Sinne genommen, eine Erweiterung der Macht des Menschen über die *Kräfte der Natur*. Das Motiv erscheint als einwandfrei. Handelt es sich doch eigentlich nur um tägliche Vervollkommnung der Werkzeuge, ohne die der homo faber nicht Mensch wäre. In allen ihren Spielarten ist die heutige Technik nichts als die Verlängerung oder die Nachahmung von Organen und Organtätigkeiten, die die Natur dem Menschen mitgegeben hat, [und zwar] unter der Leitung seines Ausnahmeorgans, *des Verstandes*. Dieser Verstand ist nur zum kleinsten Teil ein schöpferischer Verstand. In der Hauptsache ist er ein *gehorchender* Verstand. Nur indem wir den erkannten Gesetzen der Natur *gehorchen*, gewinnen wir ein wenig mehr Herrschaft über sie: parendo vincimus.

Täuschen wir uns nicht: Die Erweiterung unserer Herrschaft über die Natur ist sehr klein. Sie bleibt erdgebunden wie der Mensch überhaupt. Vielleicht sind wir nicht weit davon entfernt, daß wir unseren Planeten *zerstören* können. Lenken können wir ihn nicht. Und um welchen Preis sind schon die *kleinen* Herrschaftserweiterungen erkauft? a) Die Natur wird aus unserer Mutter immer mehr zu unserem Mittel. Sie wird zur Maschine gemacht. Sie verliert mehr und mehr das wohltätig Organische. Man sehe die Außenbezirke einer großen Stadt. Selbst Fortschritte, die die Gesunderhaltung und die Lebensverlängerung betreffen, haben ihre unheilvolle Kehrseite. Denn wer wollte es leugnen, daß eine ganz wesentliche Quelle unsrer Leiden die nie dagewesene Übervölkerung ist. b) Aber auch der Mensch als solcher wird geschädigt. In einem Rechensystem, das sich wesentlich auf *Mittel* zum Leben bezieht, wird der Mensch unvermeidlich in die Rolle des Bloßmittelseins miteinbezogen. Man glaube nicht, daß das nur vom Arbeiter gelte. Es trifft uns alle: Wir sind durchweg Räder im Getriebe geworden. Wir sind durch und durch technisiert und unorganisch organisiert. Das Schlimmste ist, daß wir diesen Verlust vielfach gar nicht mehr bemerken. Weiter: Da das Grundgeheimnis der Technik Rechnen und Vorausberechnen ist, so ist der moderne Mensch durch und durch intellektualisiert. Er will alles *machen*, er kann kaum noch etwas *wachsen lassen*, geschweige denn beseelend bilden.

Es sei ferne von mir, in diesem Hause nur von den Schattenseiten unserer Technik zu reden. Ich bewundere sie, wie wir alle sie bewundern *müssen*. Aber sie selbst wird nicht leugnen, daß sie, bildlich gesprochen, nur ein *Arm* des Menschen ist, nicht sein ganzer lebendiger Organismus, nur eine Seite des Geistes, nicht der ganze Menschengeist. Es muß zu ihr noch etwas hinzukommen. Was vor allem? Man antwortet: das *Ethische*. Die sittliche Verantwortung und Verpflichtung.

2. Aber auch auf ethischem Gebiet finden wir heute manchmal eine verhängnisvolle Überschätzung des menschlichen Vermögens. Ich illustriere dies nur an einem hervorstechenden Fall, da ich ja in einer Stunde keine Gesamtgemälde des menschlichen Lebens geben kann. Nietzsche, der immer noch viel Bewunderte, hat die Behauptung aufgestellt, der Mensch könne von sich aus eine neue Tafel der sittlichen Werte *setzen* und die alten Tafeln zerbrechen. Der Mensch produziert also nicht nur Güter, Gebrauchs- und Verbrauchsgüter [sowie] Kunstwerke, er produziere auch die Werte selbst. Er bestimme mit freier schöpferischer Kraft, was – schlicht gesprochen – gut sei, schön sei, wahr sei. Das Unternehmen wird dadurch potenziert, daß dem Menschen nicht nur *diese* Macht zugeschrieben wird, sondern daß der letzte *Gehalt* aller Werte wieder auf *Macht* zurückgeführt wird: Sittlichkeit ist eigentlich Wille zur Macht, Wissenschaft ist Wille zur Macht, Kunst ist absolute schöpferische Macht. Kein Wunder, daß die alles durchwaltenden Ordnungen sich gegen diese Überspannung rächten, daß jene Rückschläge eintraten und jene Rechenfehler alles verdarben. Der geistige Typus *Nietzsche* ist es, der uns in das Chaos geführt hat. – Nicht der geistige Typus von Kant. Denn wenn Kant von sittlicher Autonomie redet, so meint er nur die bescheidene Autonomie, die eigentlich Gehorsam gegen die uns von Gott verliehene *Vernunft* ist.

Aber . . . wie steht es mit dem Vertrauen auf die Vernunft?

3. Es ist jetzt von der spekulativen *Vernunft* die Rede, nicht von dem ordnenden und vorausberechnenden *Verstand*, also von der Vernunft, die

in metaphysische Tiefen eindringen kann. Ist es nicht der Vorzug des Menschen, daß er eine *Welt* denken kann, nicht nur sich in seinem nächsten Milieu zum Zweck seiner Selbsterhaltung orientieren kann? Man geht aber weiter und argumentiert so: Es liegt im Wesen des Denkens, daß es nur *ein* Denken geben kann. (Wie es nur eine Wahrheit geben kann.)

Erstens hat (nach unserer Überzeugung) Gott das Alldenken, so können das nicht zweierlei Denken sein. Zweitens hat der Mensch die Fähigkeit des Denkens. Das menschliche Denken muß mindestens ein Fragment des göttlichen Denkens sein.

Zum Beispiel: Der Mensch treibt Matematik mit Erfolg; [dabei ist] Gott nach Ansicht des Jahrhunderts von Leibniz: der universale Weltmathematiker.

Aber wenn wir den letzten Zusammenhang von Gott, Welt und Menschenleben denken wollen, dann handelt es sich ja nicht um Denkformen von dem Typus 2 x 2 = 4, sondern es handelt sich um das Denken von größeren und größten Sinnzusammenhängen. Wozu die Welt; wozu der Mensch; wozu mein individuelles Dasein? Da kann es nun kein Zweifel sein, daß dieses Denken über Sinnzusammenhänge für den Menschen immer an seine totale Lebensorganisation gebunden bleibt. Es ist immer ein *seinsgebundenes Denken*. Zum Beispiel: wäre der Mensch nicht selbst ein Organismus, so könnte er nicht einmal ahnen, was ein Organismus ist.

Wir Menschen denken immer in Kategorien des menschlichen Lebens: in Hunger und Durst und Liebe; in Kampf und Frieden; in Leben und Sterben. Schon ein anders oder höher organisiertes Wesen wird anders denken – geschweige denn Gott. Obwohl wir heute eine Kritik der menschlichen Vernunft anders schreiben würden als Kant 1781, war es doch ein Verdienst von Kant, auf die Erdgebundenheit unserer Vernunft hingewiesen zu haben; – auf die unüberwindlichen Anthropomorphismen, in denen wir denken. Es ist ein frommer, theodizetischer Gedanke, wenn Kant dem Schlußabschnitt seiner ›Kritik der praktischen Vernunft‹, die von Rousseau beeinflußte Überschrift gibt »Von der der praktischen Bestimmung des Menschen weislich angemessenen Proportion seiner Erkenntnisvermögen«. Aber reicht es denn dazu?

4. Mit dem vierten Gesichtspunkt für die Grenzen menschlicher Macht kehren wir noch einmal in rein irdische Geschehnisse und Zusammenhänge zurück. Sollte der Mensch nicht wenigstens *das* sinnvoll lenken können, was man als sein eigenstes Werk bezeichnet, nämlich seine Kultur und die Entfaltung seiner Kultur, die wir kurz Geschichte nennen?

Es ist von vornherein nicht sehr wahrscheinlich, weil alles menschliche

Wollen und Handeln diesen gigantischen Fels sich gegenüber hat, *das Schicksal, das unverstandene Schicksal,* dem die Griechen selbst ihre Götter unterworfen dachten, das alles zermalmende Schicksal. Die Menschen sind ausgezogen, um durch den Aufbau ihrer Kultur *frei* zu werden. Sie sind nur abhängiger geworden. Das ist die *Tragödie der Kultur*. Es gilt der Satz: Je mehr Kultur..., desto mehr Abhängigkeit.

Die ich rief, die Geister,
Werd' ich nun nicht los.

[Es gilt die] nicht genug bekannte Wahrheit, daß der politisch Mächtigste zugleich auch der Abhängigste ist. Das ist »unseres Willens einsamste Trübsal«, die gerade unser Jahrhundert in tragischer Weise erfährt: Wir können dieses übermäßig gewordene Gebilde Kultur nicht mehr *steuern:* weder technisch (sog. Technik) oder gar ethisch (mit gutem Willen). Es ist uns längst über den Kopf gewachsen. Es gibt eine über die Welt hin verbreitete Theorie, die – unter dem Einfluß naturwissenschaftlichen Denkens – behauptet: man könne wenigstens den zukünftigen Geschichtsprozeß voraus*wissen* und voraus*berechnen*. Auf diese Notwendigkeit müsse man sich dann einstellen und sie bewußt bejahen. Ich meine den *Marxismus*. Aber gerade an ihm erkennen wir das Schrecklichste: Der Mensch verzichtet hier sogar auf seine sittliche Freiheit, auf das Innerste seines Menschenwesens. Das Individuum ist jetzt nur noch Kräuselung auf einer Welle eines Stromes, der unerbittlich dahinfließt: Unda fert, nec regitur. Kann man sich ein lauteres Bekenntnis unserer Abhängigkeit denken? Ist damit nicht auch die Geschichte *eigentlich* sinnentleert, wenn sie wieder ganz zum äußeren *Schicksal* (wenn auch eines erkennbaren Schicksals) geworden ist, das zu besiegen wir ausgezogen waren? In der Tat: hier zeigt sich jener *Rückschlag* gegen den wollenden Menschen am deutlichsten, jener große Rechenfehler, der aber wahrscheinlich etwas viel Schlimmeres ist als ein Rechenfehler!

II.

Ruhen wir uns in einem Intermezzo ein wenig aus, indem wir große deutsche Lebensdeuter befragen, wie sie über die Grenzen der Menschheit gedacht haben. Ich wähle Goethe, Hegel und einen zeitgenössischen Existenzphilosophen [Jaspers]. 1. Es scheint ein unausrottbares Vorurteil zu sein, daß Goethe mit dem titanischen Drang seines Übermenschen Faust sympathisiert habe, während er doch eindeutig genug zeigt, daß dieses unbedingte Streben nach Glück und diese wahllose Tätigkeit auf allen Stationen des Lebensweges *scheitert;* daß Faust sich den Himmel *nicht verdient,* sondern von der entgegenkommenden göttlichen Gnade begnadigt wird. Schon der Faust ist eine Philosophie des Scheiterns. Man achte einmal darauf, welche große Rolle in Goethes Lebensanschauung der charakteristische Begriff der Schranke spielt. Um dieses Gedankens willen liebte er seinen Spinoza. Wilhelm Meisters Weg ist ein fortschreitendes Sichbeschränken und Entsagen. Der Mensch ist nicht eher glücklich. Nur ein Zitat aus dem Kreise eines philanthrophischen Großgrundbesitzers: »Der Mensch ist ein beschränktes Wesen: unsere Beschränkung zu überdenken, ist der Sonntag gewidmet.«

Auch der Naturforscher Goethe weiß, daß jedes lebendige Wesen in Schranken eingeschlossen ist. Nur innerhalb dieser hat es Macht oder Spielraum. Positive und negative Ausstattung halten sich bei jedem die Waage:

> Dieser schöne Begriff von Macht und Schranken, von Willkür
> Und Gesetz, von Freiheit und Maß, von beweglicher Ordnung,
> Vorzug und Mangel erfreue dich hoch! . . .

So muß auch der Mensch die Gesetze ehren, die in ihn hineingelegt sind, die um ihn herum walten. Wenn sie Schranken errichten, wie sind diese Schranken zu deuten? Es sind Schranken der ewigen Liebe, die das Universum zusammenhalten.

> Gott der Herr:
> Das Werdende, das ewig wirkt und lebt,
> Umfaß' euch mit der Liebe holden Schranken.

D. h.: das Erscheinende, das Erschöpfliche, das durch die Schranken der Liebe zusammengehalten wird, umfasse euch, ihr Engel, die ihr fähig seid, es auf ewige Ideen zurückzuführen.

Etwas aber gibt es nach Goethe, das über alle Schranken, selbst über die des Todes, hinausträgt: *die Hoffnung.*

> Doch solche Grenze, solcher eh'rnen Mauer
> Höchst widerwärt'ge Pforte wird entriegelt,
> Sie stehe nur mit alter Felsendauer!
> Ein Wesen regt sich leicht und ungezügelt:
> Als Wolkendecke, Nebel, Regenschauer
> Erhebt sie uns, *mit* ihr, *durch* sie beflügelt;
> Ihr kennt sie wohl, sie schwärmt durch alle Zonen;
> Ein Flügelschlag – und hinter uns Äonen!

Bitte beachten Sie die eigentümliche Lebensbewegung, die schon hier ausgesprochen wird. Würde die Schranke nicht als Schranke empfunden – woher die unstillbare Sehnsucht. Gäbe es nicht den Schmerz, so gäbe es auch nicht die Erlösung. Gäbe es nicht die Schuld, so keine Gnade. Gäbe es nicht den Tod, so auch nicht die Hoffnung eines wahren Lebens. 2. In solchem Lebensrhythmus, der aus dem Negativen erst das Positive geboren werden läßt, entsteht auch Hegels Dialektik, von der man gesagt hat, sie drücke gerade die Eigentümlichkeit des schwäbischen Denkens aus. Wieder und wieder findet sich bei Hegel der Gedanke: Im Bewußtsein der Schranke liegt das Darüberhinaussein. »Als Schranke, Mangel wird etwas nur gewußt, ja empfunden, indem man sogleich darüber hinaus ist.« Dieser Gedanke ermutigt dann Hegel, sich zum *unbeschränkten* Denken zu erheben, zu einer Spekulation, die auch die Tiefen der Gottheit noch durchleuchten möchte. Auch dies ist eine Art von Frömmigkeit, von Gottvertrauen. Aber es ist die Frage, ob diese Spekulation zugleich schon eine Lebensbewegung ist, die *gottgleich* macht, oder nur ein tiefsinniges Gedankenspiel, hinter dem der Mensch mit seinen realen irdischen Fesseln immer zurückbleibt. »Du bist am Ende – was du bist«. Endlich von dem *Elend* des Menschen hat dann Marx geredet. Von dem Elend seiner Schuld Kierkegaard. Zwischen den Parteien [Hegel einerseits, Marx und Kierkegaard andererseits] hat schon ein anderer Großer [vor ihnen allen] gerichtet, nämlich Pascal mit seinem berühmten Wort: »Der Mensch erkennt, daß er elend ist; er ist also elend, da er es ist; er ist aber sehr groß, *da er es erkennt.«* Das macht ihn groß, um seine Endlichkeit zu wissen. 3. Der dritte Zeuge, den wir aufrufen, ist die zeitgenössische Existenzphilosophie – vor allem Jaspers und als tiefster Vertreter der Psychoanalyse Fritz Künkel. Ganz allgemein: man spricht heute nicht nur *essentiell* von dem Wissen um die Grenzen des Menschen*wesens* sondern existentiell; praktisch, von dem Menschen, dem endlichen Menschen, wie er wirklich ist in den *Grenzsituationen.* Was sind Grenzsituationen? Ich sage es mit schlichten, verständlichen Worten: a) typische Situationen, in denen der Mensch mit seinem Leben an die Grenzen seiner Machtsphäre stößt, (jedoch an metaphysische Grenzen, nicht irdisch-alltägliche, wie die Grenzen seiner physischen Kraft oder seiner Zahlungsfähigkeit!) Situationen, in denen er scheitern *muß,* wenn er nicht in eine *ganz andere* Dimension des Lebens ausweicht. Dieses ganz andere nennen manche das Nichts, manche besser Gott. Nehmen wir den letzten Sprachgebrauch an: *Situationen [also], in denen dem Menschen seine Begegnung mit Gott so zum Bewußtsein kommt,* daß er nicht mehr ausweichen kann, ohne sein eigentliches Menschentum zu verlieren. Gibt es da noch eine Flucht oder eine

Betäubung, so wäre sie die Flucht in das Nichts – und damit eine feige Versündigung gegen das Gebot, *Mensch werde wesentlich*. Wir kennen diese Flucht. Sie ist heute das Entrinnenwollen in flachen Genuß, in den Daseinsstil der *Masse*, die ihre Seele verspielt und verloren hat. Betäubung als Angst vor dem Metaphysischen. Aber *einem* Geschick, *einer* Begegnung kann er nicht entrinnen – der Begegnung mit dem Tod, den Hegel seinen (des Menschen) *absoluten Herrn* nennt. Es kommt *täglich* darauf an, wie, in welchem Sinn, der Mensch seine Todesfurcht besteht. b) Ich sagte vorhin: es gebe typische Grenzsituationen. Sie sind nun bei jedem Menschen noch ganz einzigartig, ganz singulär. Die Existenzphilosophie legt den Ton gerade auf dieses Einsamste, Unvergleichliche: *Mein* Schmerz über den Tod eines *mir* ganz nahe stehenden Menschen ist nicht der typische Schmerz. Aber an dieses Intimste kann ja die Philosophie als eine Leistung des allgemeinen Denkens gar nicht heran. Darin liegt: die Grenze jeder Existenzphilosophie... Vielleicht haben Sie einmal Gelegenheit, das feinsinnige Kapitel von Jaspers im 2. Band seines dreibändigen Werkes ›Philosophie‹ zu lesen. Es beschäftigt sich mit vier Hauptformen: dem Kampf; dem Leiden; der Schuld; dem Tod. Erinnern Sie sich an Faust II: Mangel; Schuld; Not; Sorge. Ihnen allen folgt er – der Bruder – folgt er, der Tod. Das alles sind zunächst Negationen des Lebens. *Des* Lebens nämlich, das sich selbst erhalten möchte, sich Macht erringen möchte, sich Genuß verschaffen, sich – frei von Schuld – den Seelenfrieden erhalten möchte. Aber nun sind wir an der entscheidenden Stelle, an der ich noch einen dritten, ganz kurzen Gedankengang anklingen lassen möchte.

III.

Es ließe sich viel über die Grenzsituation meditieren. Unsere heutige Philosophie tut es; aber ich kann und will hier ganz kurz sein, weil es mir zum Schluß nur darauf ankommt, daß Sie einen Schritt mit mir vollziehen, einen großen, entscheidenden Sachverhalt verstehen und nie wieder vergessen: *da*, wo die Grenzen der Menschheit berührt, erfahren werden, gerade da und nur da tut sich für den Menschen eine ganz neue Dimension seines Wesens, ein ganz neuer Bezug dessen auf, was wir sein Leben nennen. Am Negativen [im Negativen] offenbart sich das Positive. Bezeichnen wir diese neue Dimension als das Transzendente, d. h. das, was den bloß irdischen Bezug übersteigt. (Die Philosophie spricht auch vom Meta-physischen.) [Der] Name [ist] gleich, die Sache [hier] alles. Schon die Alltagssprache sagt: Erst das Leiden macht *tief*. Erst das Schuldigwerden führt uns dazu, »für unsere Seele besorgt zu sein und zu sorgen.« Erst das Nichtwissen lenkt auf die wesentlichen Geheimnisse des Lebens hin. Erst die Verzweiflung zeigt den Weg zur Seligkeit. Erst die Gewißheit des Todes belehrt über die Fragwürdigkeiten der Spanne zwischen Geburt und Sterben. Gäbe es das alles nicht, diese schmerzlichsten Rätsel, so bliebe der Mensch bloß irdischen, also vergänglichen Bindungen verhaftet. Der Jagd nach einem flachen Glück; dem besinnungslosen Streben nach Erfolg; dem Aufbau einer leeren Zivilisation. Goethe hat darum gewußt. Er faßt dieses schmerzlich schöne Wissen in den drei Worten zusammen: *»Stirb und werde!«* Ehe der Mensch nicht der Flächendimension des Lebens abgestorben ist, ehe er nicht durch Leiden, Verfehlungen, [und] immer neue Vernichtungen hindurch gegangen ist, weiß er nicht, was *Leben* heißt; weiß er nicht, was *Menschentum* heißt. Sagen wir es anders – und deutlicher. An den Grenzen der Menschheit ist es, wo der Mensch unwiderruflich dem allmächtigen *Gott* begegnet. Machen wir uns das noch in drei Richtungen klar. 1. Wer den Sinn seines Lebens nur in diesem zeitlichen Leben sucht, der stellt es von vornherein auf eine sinnlose Basis. Denn mein irdisches Leben vernichtet der Tod und alle seine noch so segensreichen Erfolge wird die Vergänglichkeit fressen. Nicht anders ist es mit dem großen Lebensprozeß, den wir Geschichte nennen. Orientieren können wir uns zuletzt nur am Ewigen. Dies Ewige aber spricht nur zu mir in der Tiefe meiner Seele. Der Sinn des Lebens liegt *über* dem Leben... »Denn wer sein Leben erhalten will, der wird's verlieren; wer aber sein Leben verliert um meinetwillen, der wird's finden«. 2. Dies Gespräch mit dem Ewigen in meiner Seele wird am vernehmlichsten im *Gewissen.* In allen Gewissensanrufen und -entscheidungen geht es zuletzt nicht um dieses oder jenes Tun in das Vergängliche und Vergeßbare hinein, sondern immer um mich, um mein Vor-Gott-Stehen. Deshalb ist die Entscheidung des Augenblicks eine Entscheidung vor der Ewigkeit. Und in diesem Sinne, nicht im Sinne des Glückes, gilt das Wort: »Im Augenblick ist Ewigkeit.« 3. Ist es aber so – nämlich an den Grenzen der Menschheit –, so wird mein aus letzter Tiefe kommendes Tun nicht mehr mein Tun sein, das Tun dieses endlichen Wesens, sondern es wird empfunden als die Hand Gottes, der darin mich führt und *in* mir handelt. Die religiöse Sprache nennt das Gnade. Die Gnade nimmt auch das Fleckenhafte hinweg, das immer in der begrenzten, bedürftigen, schwachen Seele bleibt. Die Gnade begnadigt nicht nur, sondern sie erlöst, d. h. sie löst die Fesseln, sie beseitigt die Schranken, die wir selbst nicht durchbrechen können. Woher wissen wir das? Wir wissen über diese Mysterien *nichts* in der Form eines Begrifflichen oder beweisbaren Wissens. Wir spüren nur etwas Geheimnisvolles an den Wurzeln unserer Existenz – und wenn wir es doch in wiederum menschliche Worte fassen sollen: Wir spüren, daß wir umfangen sind von dem Walten einer unendlichen Liebe – trotz allem. Wir spüren, daß wir geborgen sind, trotz allem Negativen und Leidvollen des menschlichen Lebens ... Das hat Jesus Christus offenbart und in seinem Leiden und Sterben vor uns hingestellt als das Größte aller Mysterien.

Davon zu reden, ist nicht mehr Sache des Psychologen und des Philosophen, sondern des Theologen. Genug, daß wir an den geheimnisvollen Grenzen unseres engen Lebens gewiß sein dürfen: Nichts kann herausfallen aus der Liebe Gottes, des jenseitigen Gottes, aus dem und zu dem alles ist. Der Druck unserer Grenzen führt uns auf einen neuen Weg: »Mein Herz ist unruhig – friedlos – bis es Ruhe findet, Herr, in Dir.«

Aufgaben der Philosophie in der Gegenwart

1953

Es ist sehr fraglich, ob es Sinn hat, der Philosophie von außen her Aufgaben zu stellen. Die Einzelwissenschaften sind sich in weitem Umfang klar darüber, welche Landstreifen auf ihrem Acker noch unbearbeitet sind. Ebenso weiß die Schulphilosophie, oft auch Kathederphilosophie genannt, wo die zähesten Probleme sitzen und wie viel an ihnen noch zu tun ist. Aber so ist das Thema wohl nicht gemeint. Seine stille Voraussetzung ist eine tief gefühlte Not der Zeit. Aus ihr ist die Sehnsucht nach einer großen Gedankentat erwachsen, die unserer geistig-seelisch bedrängten Generation helfen soll, d. h. ihr den Weg weisen und ihr einen inneren Halt geben könnte. Man sucht also begierig nach einer »zeitgemäßen« produktiven Philosophie.

Wird damit nicht schon die ewigkeitsbezogene Philosophie, die philosophia perennis, im Stich gelassen und der Weltweisheit ein unziemlicher Dienst zugemutet? Darf sie darauf beschränkt werden, einer Epoche, zum Beispiel unserer Gegenwart, die Diagnose zu stellen? Diese Art von Philosophie hat mit Rousseau und mit Fichtes ›Grundzügen des gegenwärtigen Zeitalters‹ begonnen. Berühmt ist vor allem Hegels Wort: die Philosophie sei »ihre Zeit in Gedanken erfaßt«. Aber niemals hätte Hegel ernsthaft zugegeben, diese Leistung mache das Ganze der Philosophie aus. Pessimistischer Weise hat er jenem Satz hinzugefügt: die Eule der Minerva beginne erst mit der einbrechenden Dämmerung ihren Flug. Das heißt zweierlei: Was die Menschen einer Epoche im geistigen Sinne noch nicht *sind*, das können sie auch nicht auf einen philosophischen Ausdruck bringen; es heißt aber auch: *wenn* sie es können, dann sei diese Epoche schon vorbei: »Wenn die Philosophie ihr Grau in Grau malt, dann ist eine Gestalt des Lebens alt geworden, und mit Grau in Grau läßt sie sich nicht verjüngen«. Bliebe es dabei, dann wäre alles Philosophieren eine bloße Abrechnung mit der Vergangenheit, und um die Welt zu belehren, käme sie immer zu spät.

Wir heute befinden uns in einer Lage, die alle bloßen Wiederherstellungen (Restaurationen) ausschließt. Insofern philosophieren wir, wenn wir überhaupt philosophieren, jugendlicher. Wir wagen es wieder, etwas von der Zukunft zu fordern, also etwas von uns selbst zu fordern und uns für oder gegen mögliche Positionen zu entscheiden. Halten wir jedoch fest: das ist eine Grundeinstellung zur Philosophie, die eben nicht identisch ist mit der philosophia perennis. Vielmehr setzt sie voraus, daß der Philosophie eine *Kulturfunktion* zukomme, wie es Dilthey in berühmten Aufsätzen entwickelt hat. Mag man diese Auffassung unzulänglich schelten, – sie allein soll bei vollem Bewußtsein ihrer Einseitigkeit für die folgenden Ausführungen maßgeblich sein.

Nur kurz erinnere ich daran, daß die deutsche Philosophie der jüngsten Zeit zwei höchst verschiedene Hauptrichtungen gezeigt hat. Sie setzte ein mit der Frage: was ist der Mensch? – war also Anthropologie. Oder sie begann mit der Frage nach dem Sein überhaupt – war also Ontologie, verstärkt, »Fundamentalontologie«. Die erste Richtung mußte daran scheitern, daß man vom Menschen nichts wissen kann, ohne seine Stellung im Kosmos zu kennen. Die ›Stellung des Menschen im Kosmos‹ heißt daher mit Recht Schelers letztes Werk zur Anthropologie. Die zweite Richtung mußte scheitern, weil es – wie man sich auch wende – unmöglich ist, den Aufbau des Seins (oder den Kosmos) in Gedanken gleichsam erst fertig zu machen und hinterdrein in das fertige Haus auch noch den Menschen einziehen zu lassen, als ob die Philosophie nicht eben eine Geistesleistung des *Menschen* wäre und – vorsichtig gesagt, zunächst *nur* des Menschen.

Der ersten Richtung, der Anthropologie, begegnete es nicht zufällig, daß sie immer mehr zusammenschrumpfte zur Existenzphilosophie, d.h. zu sehr ernsten, aber ganz intimen Bekenntnissen, denen ein anderer Philosoph andere Bekenntnisse gegenüberstellen konnte. Selten hat die Philosophie einen so großen Substanzverlust erfahren wie in diesem extremen Subjektivismus, mag er auch religiös den *Punkt* ausgezeichnet haben, auf dem jeder in letzter Hinsicht steht. Aber es war nicht mehr als »ein Punkt«.

Ebenso einseitig hielt sich die ontologische Richtung an das reine Objekt. Sie durchhieb den Knoten und sprach von dem Sein an sich, dem alten »Ding an sich«, als ob es erfaßbar wäre, ohne den menschlichen Geist vorauszusetzen (wie zum Sehen doch immer ein Auge gehört). Was soll man sich, um die schärfste Konsequenz hervorzuheben, etwa denken unter den *Werten an sich*, die droben hängen, unveräußerlich, und auch dann ewige Wesenheiten blieben, wenn es kein Wesen gäbe,das sie zu fühlen, zu wählen oder zu verwerfen imstande wäre?

Genug, man sehnt sich heute nach einer Philosophie, die wieder mit den Füßen auf die Erde kommt und keine der großen Realitäten aus dem Blick verliert, die im menschlichen Leben eine Rolle spielen. Wie man auch über den Marxismus denke: *Das* Beispiel hat er jedenfalls gegeben, daß ein Gedankengebilde – denn das ist er – heute noch große Massen in Bewegung setzen kann. Wenn diese Ideologie einseitig ist, nachweisbare Irrtümer enthält, – nun wohl, wo ist der produktive geniale Kopf, der dem Wahrheitsgewissen der abendländischen Menschheit besser genügen könnte und ihr den festen Boden geben könnte, auf dem sie im geistigen Sinne zu stehen vermag?

Ihn herbeizuwünschen, ist etwas anderes, als seine Leistung zu vollbringen. Aber wenn einmal gewünscht wird, darf man auch wagen, diese Hoffnungen auf ihn noch weiter zu spezialisieren.

I.

Die erste Richtung, in der sie gehen, ist schon angedeutet: Jener große Geist müßte all die Realitäten umfassen, die für den Menschen Schicksalsmächte oder Dämonen seiner Freiheit, seiner gestaltenden Kraft, werden können. Er müßte also zunächst die alte Frage klären: »Was ist Wirklichkeit?« Ihre Bedeutung für das Leben geht zum Beispiel daraus hervor, daß an diesem Punkte Marx seine Sezession von Hegel vollzogen hat. Der Marxist sieht die Wirklichkeit anders als der Idealist. Aber es handelt sich nicht nur um den engeren Bezirk »gesellschaftliche Wirklichkeit«, sondern um Wirklichkeit überhaupt.

Zu dem festen Sinngehalt des Wortes scheint es zu gehören, daß es für alle erfahrungsfähigen Wesen nur *eine* Realität geben kann. Dies ist aber naive, philosophisch ungeprüfte Anschauung. Zunächst kennen wir nur Formen des Wirklichkeits*bewußtseins.* Daß sich die Realitätsebene mit den Lebensaltern verschiebt, hat Goethe in einer berühmten Reflexion ausgesprochen. Da heißt es zum Beispiel: »Das Kind erscheint als Realist; es findet sich so überzeugt von dem Dasein der Birnen und Äpfel als von dem seinigen.« Das Problem ist jedoch sehr viel komplizierter geworden. Die moderne Physik zweifelt nicht daran, daß sie mit ihrer Forschung durch die Hülle der erlebbaren und erlebten Natur durchgestoßen sei zu der eigentlich wirklichen Natur. Gleichviel, ob wir an die klassische Physik oder an die neueste Atomphysik denken: ist dieses in doppeltem Sinne auf Quanten reduzierte Gebilde nun die *echte* Wirklichkeit? Das Weltbild, das unserem täglichen »Wirken« zugrunde liegt, gibt die Physik jedenfalls nicht, vielmehr entfernt sie sich immer weiter von ihm, da es ihr ja darauf ankommt, alles Anthropomorphe so weit wie möglich auszuscheiden.

Auf der anderen Seite betont ein Zweig der modernen Biologie, die sogenannte »Neue Umweltlehre« des Frh. v. Uexküll, daß jedem Lebewesen *seine* eigentümliche Wirklichkeit, seine eigentümliche Merkwelt und Wirkwelt, zugeordnet seien. Der Anthropos hat demgemäß gerade *seine* anthropomorphe Wirklichkeit, und jede andere Art von Lebewesen hat *ihr* davon abweichendes spezifisches Wirklichkeitsrelief. Man sollte annehmen, daß diese Differenzierung in subjektbedingte Umwelten nicht hätte vollzogen werden können, wenn nicht irgendeine Normalwirklichkeit vorausgesetzt worden wäre, von der sie sich unterscheiden. Aber diese ist nicht die plastische Erlebnisumwelt des Menschen mit ihren sinnlichen Qualitäten, sondern die bereits umgedachte Welt der Physik. Ihre Symbole sind aufzufassen als der Versuch einer neutralisierten Sprache, in der sich *alle* Lebewesen verständigen könnten, wenn sie nur fähig wären, ihre Sinnesempfindungen in rationale Formeln umzudenken. Also wäre das Weltbild der Physik eine vom Denken geformte Wirklichkeit. Darf man das noch echte Wirklichkeit nennen?

Steigen wir von der sogenannten bloßen Natur aufwärts zu der vom Menschen geschaffenen Kultur, zum Beispiel zur gesellschaftlichen Wirklichkeit, so haben wir es mit einem dritten Weltrelief zu tun. Denn hier spielen nun die höchst mannigfachen *Bedeutungen* eine Rolle, die den Umweltinhalten aufgeprägt worden sind. Ist zum Beispiel das Geld etwas Wirkliches – oder nur ein *Symbol?* Wenn Wirklichkeit mit Wirken zusammenhängt, also das betrifft, was auf uns Menschen wirkt und worauf wir wirken, so ist Geld natürlich eine eminente Realität.

Neueste Philosophen wollen aber unter der Fülle wertbestimmter Situationen und Konstellationen nur *die* als »eigentliche« Wirklichkeit gelten lassen, in denen der Mensch sich vor dem Absoluten entscheidet. Danach wäre voll »wirklich« nur die jeweilige Schwelle der Gegenwart. So Eberhard Grisebach. Die Schwelle der Gegenwart, auf der wir uns absolut verantwortlich entscheiden, heißt seit Kierkegaard die »Existenz« oder der existentielle Moment. Die Existenzphilosophie hat also einen noch engeren Wirklichkeitsbegriff.

Von da ist nur ein Schritt bis zur Sprache der Theologen. Für sie ist Gott der allein Wirkliche, und diese Wirklichkeit ist gewiß nicht überbietbar. Jedoch wollen wir hier nicht so hoch emporsteigen.

Genug, von der Philosophie gilt: so viel Köpfe, so viel Wirklichkeiten. Man hat beklagt, daß sich um 1890–1910 die deutsche Philosophie in bloße Erkenntnistheorie aufgelöst habe. Nicht zufällig! Denn die Geschichte der Erkenntnistheorie ist die Geschichte der Jagd nach der echten definitiven Wirklichkeit. Niemand wird bestreiten, daß dieses Thema der Philosophie für das Leben von größter Bedeutung ist. Sollte doch *die* Wirklichkeit eigentlich die feste Basis sein, auf die wir unser lebendiges Verhalten und unser Miteinandertun gründen. Nun aber ist dieser Boden völlig ins Schwanken geraten. Wenn es verschiedene Wirklichkeiten gibt, so redet jeder eine andere Sprache. Die babylonische Sprachverwirrung strahlt aus bis in politische Bereiche. Wenn man nicht weiß, was in der Welt wirklich und was in der Welt möglich ist – wie will man in ihr sinngemäß handeln und – wie will man in ihr sinnvolle Ziele setzen?

II.

»Ziele setzen!« Damit sind wir bei einer zweiten vordringlichen Aufgabe der Philosophie angelangt. Blicken wir auf ihren klassischen Gipfelpunkt in der griechischen Antike zurück, so finden wir es nicht nur als selbstverständliche, sondern als erste und würdigste Bestimmung der Philosophie ausgesprochen, daß sie *das Gute* zu erkennen habe. Sie sollte zugleich den Weg der rechten Lebensführung und den der gerechten Staatsführung lehren. In diesem Sinne heißen fernöstliche Weisheitsbücher oft einfach »der Weg«. Im Abendlande hat er sich früh gemäß den Hauptideen differenziert: Das Gute, das Wahre, das Schöne, das Gerechte sollten über dem irdischen Pfade der Menschen leuchten. Plato ordnete diese Probleme dem vorhin berührten Wirklichkeitsproblem sogar über, indem er den Ideen die höhere eigentliche Wirklichkeit über der Schattenwirklichkeit der räumlich-zeitlichen Welt zuschrieb. An die Stelle der Ideen sind in der deutschen Philosophie der letzten Jahrhundertwende die termini Wertwesenheiten und Geltungswerte getreten. Insofern Wesen und Geltung der Werte für den Menschen in allgemeinen Normen ausstrahlen, können wir das Thema, das uns jetzt beschäftigt, auch das Problem der Normativität nennen. Vollständiger formuliert: *»Wie ist der Geltungsanspruch von Normen philosophisch zu legitimieren?«*

Aber ist er überhaupt kraft eines Denkens – Denken hier in möglichst weiter Bedeutung genommen – zu legitimieren?

In dieser Hinsicht ist die neueste Philosophie sehr zaghaft geworden. Darin spiegelt sich die lange Herrschaft des philosophischen Positivismus. Ihm geht es nur um das Konstatieren dessen, was ist, also um Tatsachen und um ihre gesetzlichen Zusammenhänge. Das Wertproblem, die Frage nämlich, was realisiert werden *soll*, tritt gegenüber den bloßen Ablaufsgesetzen völlig in den Hintergrund. Dahin wirkte auch der Grundsatz, daß jede Einzelwissenschaft »wertfrei« getrieben werden müßte, also sine ira et studio. Zunächst sollte damit nur die rein konstatierende Haltung der Erfahrungswissenschaften bezeichnet werden; es sollte also keine wertende Einstellung den Blick für das, was als Tatsache gegeben ist, trüben. Aber das Prinzip wurde dann auch auf Werte und Wertungen als *Gegenstände* der Besinnung ausgedehnt. Max Weber dekretierte in einem berühmt gewordenen Vortrag von 1919: ›Wissenschaft als Beruf‹: Die Wissenschaft könne ihrem Wesen nach Wertstandpunkte weder begründen noch widerlegen. Sie seien ausschließlich Sache persönlicher Überzeugung, und Derartiges könne die Philosophie nicht kritisieren, sondern sie müßte gegebene Weltanschauungen als unableitbar hinnehmen. Er selbst nannte das »Polytheismus der Werte« – was eigentlich Relativismus heißt und mit der Herrschaft eines extremen Psychologismus und Historismus am Anfang des 20. Jahrhunderts gut übereinstimmt. Verstärkend wirkte die Grundtendenz der Naturwissenschaft mit ihrem savoir pour prévoir. So schrumpfte nicht nur die Wissenschaft, sondern auch die Philosophie auf das Ideal zusammen, Prognosen zu ermöglichen, auf die man technische Regelung und Beherrschung sowohl der Natur wie der Gesellschaft gründen könnte. Was aber im Wollen und Handeln angestrebt werden *soll*, davon war im Zeitalter der Technik immer weniger die Rede. Plato würde, wenn er diesen Zustand heute kennen lernte, unzweifelhaft sagen: nunmehr habe die Wissenschaft ihren tiefsten Sinn verloren.

Ich weiß, daß die von mir herausgehobene Linie nur *einen* Strang der philosophischen Entwicklung in Deutschland darstellt. Die Neukantianer behandelten noch das Problem der Normativität oder das der Geltungswerte. Max Scheler und Nicolai Hartmann arbeiteten geistvoll ganze Landkarten des Reiches der Wertwesenheiten aus. Die Frage nach dem, was sein *soll*, ist also wenigstens für das Gebiet der Ethik nicht ganz verloren gegangen. Aber die Lösungen blieben, trotz der Versicherung des Gegenteils, ganz im Formalen. Was fehlte, will ich an einem, praktisch besonders wichtigen Beispiel illustrieren. Die Philosophie der Aufklärung brachte noch den Mut zu einem Naturrecht auf, wofür wir heute auch sagen könnten: zu einem philosophisch fundierten *normativen* Recht, an dem die positiven Rechtsnormen gemessen werden sollten und das den Juristen einen Ausgangspunkt für Diskussionen de lege ferenda bieten sollte. Diese Stelle ist in der gegenwärtigen Philosophie leer geblieben. Nach der tiefen Erschütterung durch den relativistischen Historismus kann man nicht einfach zum Naturrecht zurückkehren. Ernst Troeltsch hat das Problem in seinem ganzen Umfang gesehen, auch in seiner zentralen Bedeutung für die Religionsphilosophie. Er hat sein Leben lang damit gerungen. Ein neuer klarer Standpunkt ist aber bisher nicht gewonnen worden. Die Existenzphilosophie hieb den Knoten einfach durch, erklärte damit aber auch: auf einem wissenschaftlichen Wege könne man nicht zur Begründung von Richtlinien des Lebens gelangen. Es fehlt eine »Richtigkeitslehre«, wie August Emge das nennt.

Wiederum ist es klar, daß die offen gelassene Frage von höchster praktischer Bedeutung ist. Mindestens müßte geklärt werden, wo die Grenze verläuft zwischen der Leistungsfähigkeit des Wissens und dem Einspringen eines Gewissens, dessen Aussprüche nicht mehr philosophisch zu legitimieren sind. Vermutlich wird es so sein, daß philosophische Besinnung immer noch hineingewoben ist in totale Lebensstrukturen, die sich als ganze jeder Auflösung ins rational-Begründbare entziehen. Da unsere Kultur in früher nie gekanntem Maße auf Wissenschaft beruht, wird beides fruchtbar sein: sowohl die *Kraft* wie die *Grenzen* der Theorie herauszuarbeiten. Für die persönliche Lebensführung, für die Staatsführung und für jede Art von kulturellem Schaffen ist eine Durchleuchtung der Wertstandpunkte in diesem Sinne dringendes Erfordernis.

III.

Damit eröffnet sich von selbst der Ausblick auf eine dritte Aufgabe der Philosophie gerade in unserer Zeit: die energische Wendung zur Kulturphilosophie.

Die lange Vorherrschaft der sogenannten Existenzphilosophie hat die Philosophie auf ein äußerst enges Gebiet eingegrenzt. Sie ist Rückzug in das Subjekt, und zwar in das je-meinige, intimste Subjekt. Sie setzt eigentlich das Organon der Philosophie, das Denken, außer Funktion, insofern existentielles Denken laut Definition nicht nachkontrollierbares Denken ist. Die inhaltlichen Bereiche der Kultur: Wirtschaft, Staat, Erfahrungswissenschaften, Volksmoral erscheinen bei den Existenzphilosophen fast nur in negativer Beleuchtung. Die Aufgabe jedoch, die uns in Europa von der geschichtlichen Situation – wirklich von einer *Grenz*situation her – gestellt ist, ist der Wiederaufbau der abendländischen Kultur, noch mehr: ihre Rettung. Daß wir in einer Kulturkrise leben, brauchen uns die Philosophen nicht länger zu sagen. Was *sie* in dieser Lage beisteuern könnten, wäre – ich wiederhole es – eine große gedankliche Zusammenschau der Mächte, die im gegenwärtigen Abendland als unser Schicksal oder als unsere Freiheit eine Rolle spielen. Seit Hegel und Marx ist keiner mehr gekommen, der die Macht des philosophischen Gedankens in der Welt bewiesen hätte, wohl aber viele, die ihre Harfen an den Wassern Babylons aufgehängt haben.

Ich nenne diese Aufgabe der Philosophie, die natürlich nicht ihre einzige bleiben soll, bewußt Kulturphilosophie, *nicht* Soziologie, auch nicht Kultursoziologie. Weshalb, kann ich hier nicht vollständig begründen. Nur zwei Gesichtspunkte hebe ich hervor: Erstens ist die Soziologie ein indirekter Abkömmling der Französischen Revolution, deren hinterlassene Sozialproblematik allmählich aufhört, für uns zentral zu sein. Sodann vermag die Soziologie als Kind des Positivismus keine Normen zu legitimieren; sie studiert gegebene Zusammenhänge. Wenn sie alles auf das ens realissimum »Gesellschaft« zurückführt, so verbaut sie Einsichten, auf die es gerade ankommen wird.

Auch hier nur ein Beispiel: die Gesamtlage der Welt fordert ein produktives rechtsphilosophisches Denken. Völkerrechtliche Aufgaben größten Umfanges sind zu lösen. Ein neuer Grotius und ein neuer Pufendorf tun der Welt not. Solche Gegenstände können philosophisch nur im Rahmen einer Gesamtkonzeption des Kulturlebens behandelt werden. Wohl oder übel muß der Philosoph wieder, wie früher, auch ungeheure Mengen von Wissens*stoff* beherrschen. Historische Werke wie die von Alfred Weber und Hans Freyer zeigen, daß ein Denkertypus von dieser Art langsam wieder heraufkommt. –

Hoffnungen und Wünsche – vielleicht zu kühn! Wir erwarten auch nicht, daß die Welt an der Philosophie allein genesen werde. Aber daß es nicht ohne Philosophie gehen wird, zeigen die meist resultatlosen Debatten über Humanität oder Menschlichkeit, bei denen fast immer vergessen wird, daß es *den* Menschen nicht gibt, sondern immer nur einen Menschen, der von der Natur und von der Kultur *seiner* Zeit umfaßt ist, für den also sein Naturbild und sein Kulturbewußtsein entscheidende Faktoren bedeuten. Nur der Denker, durch den diese beiden Mächte innerlich so stark hindurchleben, daß er – gleichsam eine Welt *in sich* tragend – vor das göttliche Mysterium treten kann, wird imstande sein, als ein wahrhaft Gedankenmächtiger das Gewissen der Zeit zu reinigen und fruchtbare Zukunftswege zu weisen.

Ist der moderne Kulturprozeß noch lenkbar?

1953

Der abendländische Mensch trägt einen unauslöschlichen Drang in sich, seine Zukunft selbsttätig mitzugestalten und in sein Schicksal lenkend einzugreifen. Wie man sich zu Schicksal und Zukunft verhält, das ist Sache einer religiösen Grundeinstellung. Man könnte nach dem Maße, in dem der Mensch sich für fähig hält, auf die sichtbaren oder unsichtbaren Mächte um ihn her im Sinne seiner Intentionen einzuwirken, eine Stufenordnung bilden. Sie ginge vom müdesten Fatalismus bis zum himmelstürmenden Titanentum.

Der moderne Abendländer ist nur scheinbar ein Himmelstürmer. Er ist eigentlich ein kluger Rechner; und als solcher hat er sich besonders auf *eine* Seite geistiger Leistungen geworfen, die schon den ältesten Astronomen bekannt war, die er nun aber auf die Erde geholt hat: Es ist möglich, in einigem Umfang das Verhalten von Naturfaktoren vorauszuberechnen. Was man vorausberechnen kann, das läßt sich zum Teil durch planmäßige Herbeiführung geeigneter Konstellationen in den Dienst menschlicher Willensziele stellen. Diesem Unternehmen hat sich der moderne Abendländer seit rund 350 Jahren mit der Leidenschaft des Spezialisten verschrieben.

Man kann sich eine ganz andere Wissenschaft vorstellen als diejenige, die nur künftiges notwendiges Geschehen voraussagt; man kann sich eine ganz andere Praxis ausmalen als die, die die Dinge nur beherrschen will, um von ihnen Nutzen zu ziehen. Aber der für unsere Zeit repräsentative Mensch ist nun einmal so, daß er Wissenschaft vorwiegend treibt nach dem positivistischen Grundsatz: savoir pour prévoir, prévoir pour régler, und er ist so, daß er das Maximum des äußeren Nutzeffekts zum Leitstern seines Handelns erhoben hat. Man müßte also ein bekanntes Faustwort für ihn so abwandeln: »Drum hab' ich mich der Technik ergeben«. Das ist *seine* Magie.

Trotz aller Fortschritte auf diesem Gebiet muß man sich eingestehen, daß es ein sehr schmaler Bezirk ist, innerhalb dessen dem Menschen von heute wirkliche Naturbeherrschung vergönnt ist. Falls es wahr ist, daß er jetzt die Mittel in der Hand hat, unseren Planeten zu zerstören – wer sollte ernsthaft stolz darauf sein? Ja, wenn es gelungen wäre, den Tod abzuschaffen, den bloßen gemeinen Hunger zu beseitigen, auch nur Erdbeben zu verhüten – das wäre etwas, das imponieren könnte. Imponieren wird uns gewiß Scharfsinn und Fleiß des menschlichen Geistes, der das Lenkungswissen so gefördert hat, daß heute die Technik schon die Forschung lenkt, während es früher umgekehrt war. Aber gemessen an zwei Größen: am Kosmos und an der inneren Seelennot des Menschen, sind alle diese Errungenschaften – drücken wir uns in der Handelssprache aus: ein kleiner Posten.

Als jene positivistische Wissenschaft vor rund 150 Jahren führend wurde, trat sogleich der Gedanke mit auf: wenn es eine Technik der Natur gebe, so müsse es auch eine Technik der Gesellschaft geben, d. h. eine Möglichkeit, gesellschaftliche Vorgänge durch Planung und Zielsetzung zu lenken. Ich bediene mich einer anderen, nicht positivistischen Terminologie und sage stattdessen: Wenn wir die Natur in einigem Grade steuern können, so sollte man meinen, daß wir die Kultur und den Kulturprozeß erst recht steuern können. Denn die Kultur ist von uns selbst geschaffen, was von der Natur durchaus nicht gilt. Sie ist von vornherein unser Arm, der zwar auch Natur gestaltet (z. B. als agricultura), aber doch sehr viel mehr am Menschenleben gestaltet. Vielleicht können wir uns über die Definition von Kultur so einigen, sie sei »Aufprägung menschlicher Sinngebungen auf die vorgefundene Natur und über sie hinaus; Inbegriff menschlich-geistiger *Werke* und also Inbegriff menschlich-geistiger *Werte*, aufgeschichtet in jahrtausendelanger Arbeit«. Man kann auch anders formulieren; genug, die Kultur ist von Menschen geschaffen, und es scheint, als ob der Mensch sie auch umschaffen könnte, sobald er nur will. Freilich wird sogleich hinzuzusetzen sein: gewisse Naturabhängigkeiten und schicksalhafte Ereignisse kann er nicht abbiegen oder aufheben. Vom äußeren Schicksal kann er sich nicht emanzipieren, weil es nur zu einem kleinen Teil vorausberechenbar und auch dann nicht immer abwendbar ist. Dies zugegeben, sollte man erwarten: im Bereich dessen, was die Menschen selbst aufgebaut haben, werden sie auch die Lenkung in der Hand behalten.

Wie sehr diese Hoffnung eingeschränkt werden muß, ergibt sich schon, wenn wir einen Augenblick bei dem Bedeutungswandel verweilen, den das Wort »Kultur« seit etwa 150 Jahren erfahren hat. In Goethes Sprachgebrauch gibt es, soviel ich sehe, keine Stelle, bei der man nicht mit der Deutung auskäme: Kultur ist etwas, das der Einzelmensch als persönliche

Beschaffenheit besitzt. Man könnte fast immer anstelle von Kultur setzen: Bildung der Persönlichkeit, cultura animi; etwas, das aus der geistigen »Pflege« des Selbst erwachsen ist. Hingegen ist Kultur für uns heute das *überindividuelle* Gebilde, das im Laufe der Geschichte von Menschengruppen, meistens Völkern, zwar erzeugt ist, nun aber ihnen auch als eine unabhängig gewordene Macht entgegentritt. Ihre innere Verwebung beruht auf Eigengesetzen, die die zugehörigen Individuen bedrücken und bedrängen. Die Kultur hat eine eigentümliche Massivität erhalten; der Kulturprozeß wälzt sich wie ein mächtiger Strom weiter, in dem die einzelnen mitschwimmen als nantes in gurgite vasto (Schwimmer im Wirbelstrom). In der klassischen deutschen Zeit überwog noch die Vorstellung: der Mensch *hat* Kultur. Heute muß man zugeben: die Kultur hat auch den Menschen. Ja man könnte vielleicht noch weitergehend behaupten: der Mensch ist nur noch etwas *an* dieser rätselhaften überseelischen und außerseelischen Realität: Kultur und Kulturprozeß, eine Modifikation an einem überindividuellen Wesen, eine Welle im Meer.

Hegels Philosophie des Geistes zeigt schon in Goethes Tagen die entschiedene Wendung zu dieser veränderten Auffassung: der Geist als Volksgeist und als Weltgeist geht zwar immer *durch* die Individuen *hindurch*, weil sie allein Bewußtseinsträger sind, aber auch über sie *hinweg*, wie eine zunächst anonyme und fremde Macht. Den gleichen Sachverhalt hat Georg Simmel in seinem berühmten Aufsatz im ›Logos‹ von 1912 ›Der Begriff und die Tragödie der Kultur‹ packend dargestellt. Damit ist das Zauberlehrlingsschicksal der Menschheit gemeint: Was aus Wunsch und Willen von Menschen emporgestiegen ist, wendet sich im Resultat als ein feindlicher Gegenspieler gegen sie selbst zurück. »Die ich rief, die Geister, werd' ich nun nicht los.« Ohne Bild: der Mensch von heute findet sich dem erschreckenden Schicksal ausgesetzt, daß er den Kulturprozeß, den er selbst und um *seinet*willen angekurbelt hat, nicht mehr zu seinem eigenen Heile lenken kann. Er hat anscheinend den hilfreichen Zauberspruch vergessen.

Die Kulturphilosophie von heute kann sehr wohl eine Antwort darauf geben, wie es zu diesem tragischen Ergebnis gekommen ist. Sie kennt z. B. die Eigengesetzlichkeiten der einzelnen Kulturgebiete, die zu großen Zusammenballungen geführt haben, so daß der schlichte Kulturträger weithin von ihnen vergewaltigt statt gefördert wird: von *der* Wirtschaft, von *der* Wissenschaft, von *der* Technik, von *der* Religion, und ebenso von einem Staate, in dessen Willen er nur schwer seinen eigenen Willen wiedererkennt, wie ihm doch zugemutet wird.

Aber in eigentlich kulturphilosophische Gedankengänge will ich mich hier nicht einlassen. Ich will sehr viel lebensnäher bleiben. Nur ist es dazu nötig, daß das Lebensproblem, das mich beunruhigt, zunächst von jedem in seiner Tragweite voll verstanden werde. Ich formuliere daher noch einmal kurz und klar: wir alle sind über die Zukunft unserer Kultur, also der abendländischen, mit Grund in größter Sorge. Wir wollen sie auf einem heilsamen Wege steuern, wir fühlen uns verantwortlich dafür. Aber wir bemerken mit Erschütterung: das Steuer ist uns längst entglitten. Unda fert nec regitur. Wir haben nicht einmal *den* Teil unserer Lebensbedingungen noch in unserer Hand, von dem man glauben sollte, eine bloße Umstellung unseres Wollens könne ihn umformen, günstig beeinflussen. Dies ist der Tatbestand. Und nun werfe ich die Fragen auf:

I. An welchen Symptomen zeigt sich diese Notlage der Gegenwart? *(Symptomatik)*

II. Welche Probleme liegen hinter unserem Verhalten gegenüber der Zukunft? *(Problematik)*

III. Was können wir tun und was dürfen wir hoffen? *(Therapie)*

Ich füge einleitend noch hinzu: Um den Kulturprozeß im großen zu lenken, wird allenfalls die mächtigste Instanz, die wir z. Z. kennen, ausreichen. Mindestens nominell ist das jeweils der Staat. Mein Thema ist also keineswegs ein intern philosophisches, sondern eine eminent politische Frage. Sie wird sich auch dahin zuspitzen müssen, ob gerade die demokratische Staatsform geeignet sei, die Geschicke der Völker wirksam zu steuern.

I.

Wenn ich im I. Teil von den angestrengten Versuchen rede, den Kulturprozeß im großen trotz aller Schwierigkeiten noch von menschlichen Zielsetzungen aus zu dirigieren, so ist dabei im Auge zu behalten, daß sie in der Wirklichkeit alle durcheinandergreifen. Die Reihenfolge ist also keine Rangordnung, sondern zunächst nur eine Aufzählung.

1. Das große Zauberwort unserer Tage heißt *Organisation.* Sie spielt eine größere Rolle als jemals früher. Unter Organisation verstehe ich die einheitliche Ausrichtung vieler Einzelwillen auf einen gemeinsam zu befördernden Zweck, vermöge von Arbeitsteilung im Dienste einer Gesamtleistung, die der einzelne niemals vollbringen könnte. Diese Organbildung eines Gesamtwillens kann im herrschaftlichen oder im genossenschaftlichen Stil erfolgen; sie kann dauernde oder vorübergehende Zwecke verfolgen; sie kann privater oder öffentlich-rechtlicher Natur sein. Auch der

Staat fällt unter den Oberbegriff Organisation, allerdings mit sehr eigentümlichen Sondermerkmalen.

Es ist ein bekannter Satz: Wer nicht organisiert ist, vermag heutzutage gar nichts. Das System der Großorganisationen ist ein in die Augen fallendes Charakteristikum unserer Kultur. Längst sind die künstlichen Gruppenbildungen über die alten, einfachen, auf Blutsverwandtschaft und Gesinnungsverwandtschaft ruhenden Verbände hinausgewachsen, nicht ohne die letzteren immer mehr auszuhöhlen. Um mit Tönnies zu reden: Der Sozialtypus Gesellschaft hat die tiefer wurzelnden Gemeinschaften überwuchert. Was in der Wirtschaft, in der Technik, auch in der Wissenschaft zu leisten ist – schon damit die Sache nur *in Gang* bleibt –, hat so gewaltige Dimensionen, daß es nur noch in Großverbänden gefördert werden kann. Dem Menschen von heute liegt das Organisieren geradezu im Blute. Er ist daher oft schon beruhigt, wenn »der Apparat läuft« – wie der bezeichnende Ausdruck lautet. Es gibt bekanntlich viel organisatorischen Leerlauf in unserer Kulturwelt.

In den Organisationen steckt eine Fülle von psychologischer Hebelkunde. Da es sich immer um Zweckverbände handelt, ohne daß doch der Wille zu diesem Zweck in jedem Eingegliederten direkt wirksam wäre, bedarf es einer klugen Berechnung, wie man ihn an das Gesamtunternehmen ketten kann. Es sind überwiegend sehr farblose Motive im Menschen, an die man dabei appeliert. Verdienenmüssen und Verdienenwollen werden ins Spiel gesetzt. Ein schwarzer Pessimist könnte behaupten, das Organisieren bestehe in der List, daß ein Angestellter durch Bezahlung dahin gebracht wird, nicht mehr zu wollen, was *er* will, sondern was der Chef will. Jedenfalls waltet auf diesem Gebiet mehr Psychotechnik als Psychagogik. Es ehrt den Menschen, wenn er das Geflecht durcheinandergreifender und sich überlagernder Organisationen mehr und mehr als eine schwere Last empfindet. Das Gebäude ist künstlich; man kann in ihm nicht voller Mensch bleiben. Aber wenn unsere verwickelte Kultur in Gang gehalten werden soll – was nur gelingt, wenn sie auch in immer schnellerem Tempo weitergebildet wird –, so gibt es für niemanden ein Entrinnen aus solchem Räderwerk.

Es ist nicht erforderlich, bei einer so bekannten Erscheinung zu verweilen. Das wichtigste Beispiel sind die wirtschaftlichen Großunternehmungen bis zu Trusts und Kartellen hin. Da aber auch sie nicht beziehungslos nebeneinanderlaufen können, wenn auch nur etwas *ökonomisch* Sinnvolles herauskommen soll, so bedarf es immer höherer Spitzenorganisationen. Eine bezeichnende neue Erscheinung des 20. Jahrhunderts sind die zahlreichen Vierjahrespläne, Fünfjahrespläne usw., die unsere

Generation erlebt hat. Sie bedeuten die Mobilisierung aller Energien, die äußerste Anspannung des Tempos für Gesamtleistungen, die in der Regel zunächst auf wirtschaftlichem und technischem Gebiet liegen, zuletzt aber der politischen Machtentfaltung dienen. Man könnte solche Steuerungen mit gewaltigen Preß- oder Pumpmaschinen vergleichen. Aber diese Maschinen sind aus Menschen gebaut.

Nun ist es freilich schwer zu entscheiden, welcher Satz für unsere Zeit gilt: Napoleons Wort: »Die Politik ist das Schicksal« oder Rathenaus These: »Die Wirtschaft ist das Schicksal«. Demgemäß begegnet uns heute ein eigenartig schillernder moderner Führertyp, dem Burnham den umstrittenen Namen Manager verliehen hat.[1] Wie man ihn definieren mag: es muß heute Menschen geben, in deren Hand alle Fäden der Rohstoffbeschaffung, der Produktionstechnik, der Transportmittel, der kaufmännischen Kalkulation zusammenlaufen. Dadurch sind sie von selbst auch politische Größen. Bewundernswerte Köpfe, die zu viel zu besorgen haben, um auch noch über ein Herz verfügen zu können! Ist nun die Behauptung richtig, daß es dieser Menschentyp ist, der heute eigentlich den Kulturprozeß steuert? Wir werden noch andere Mächte ins Auge fassen müssen. So ganz im Bereich der Stoff- und Energiewirtschaft allein vollzieht sich unsere Kulturbewegung nicht. Der Kulturbetrieb – dies charakteristische Wort wähle ich absichtlich – bedarf doch auch der leitenden *Gedanken.*

2. Welche Kraft eignet den *Gedankenmächten,* um den Kulturprozeß in gewollter Richtung zu bewegen?

Man wird zunächst an Steuerung durch die Wissenschaft denken. Denn unsere Kultur steckt innerlich so voll von praktisch verwerteten Resultaten der Wissenschaft, daß es naheliegt, ihre letzte Antriebskraft ebenfalls in dem Wissensdrang zu suchen, wie es die französischen Positivisten lange Zeit getan haben. Aber gerade dieser Wissenschaftstypus, von dem wir hier ausgegangen sind, enthält in sich gar keine Kraft zur Willensankurbelung. Er eignet sich vortrefflich zur Selektion der Mittel und zur Erwägung von Erfolgschancen. Ein Ziel des Lebens, wie es Plato der Wissenschaft zugetraut hatte, stellt er nicht auf. Er berechnet ja nur Abläufe gemäß erkannten Kausalgesetzen. Ideen kann er so wenig aufbringen wie Wertsetzungen legitimieren.

Es ist nicht nur der Marxismus, der den Ideen die Kraft abstreitet, irgend etwas an der gesellschaftlichen Wirklichkeit zu ändern. Auch Max Scheler hat mitten in seiner idealistischen Epoche behauptet: der Geist

---

[1] James Burnham, Das Regime der Manager (1941). Deutsche Übersetzung. Stuttgart 1949.

ruhe zwar in seinen ewigen Geltungen und Wahrheiten; aber er besitze von sich aus nicht die mindeste Kraft, um in der *Wirk*lichkeit zu *wirken.*[2] Dazu müsse er die Pferde der menschlichen Triebe vorspannen. Die hier gemeinte Verlegenheit wird in jedem philosophischen System anders beschrieben. Halten wir uns an die einfache, aus der Erfahrung bekannte Tatsache: Was er nur intellektuell als gut einsieht, das tut der Mensch – trotz Sokrates – noch lange nicht. Es muß ein starkes *Motiv* zu den ewig wahren Ideen und Einsichten hinzutreten, also wörtlich: eine *bewegende* Kraft. Derartige Gedanken*mächte* sind dann nicht mehr reine Wissenschaft. Es hat sich im 19. Jahrhundert eine neue Bezeichnung für einen Sachverhalt herausgebildet, dem wohl auch ein neu geschautes Phänomen zugrunde liegt: Man redet heute weniger von Ideen und Idealen als von Ideologien. Ideologien schließen die Intention in sich, praktisch zu wirken, und nur von ihnen, nicht von rein wissenschaftlichen »Einsichten« in das, was ist und werden kann, soll jetzt die Rede sein.

Es gibt bereits eine weit ausgebaute Ideologienlehre, an die ich hier nur erinnern kann. Im System von Marx, das nur *eine* Ursprungsstelle des Begriffes repräsentiert, hat sich das Wort bekanntlich den Sinn von Gedankengebilden, die eine Selbsttäuschung über die soziale Wirklichkeit einschließen oder gar Täuschung anderer bewußt beabsichtigen. Diese rein negative Bewertung lasse man für das Folgende beiseite. Unter Ideologie soll hier verstanden werden ein gedanklich gefaßtes Leitbild für das Handeln in die Zukunft hinein, das von dem Glauben an seine Wünschbarkeit und Realisierbarkeit getragen ist und folglich dem entsprechenden Handeln *Stoßkraft* verleiht. Eine »*bloße* Idee«, wie Kant gesagt hätte, kann sowohl etwas Kühl-Theoretisches wie etwas ganz Wirklichkeitsfernes sein. Was eine Ideologie von ihr unterscheidet, ist die Temperatur der Leidenschaft, die zum Handeln drängt und Aktionsenergien entfesselt. Uns interessieren vor allem die Ideologien, die von ganzen Gruppen getragen werden. Damit sind aber nicht nur Klassen der Gesellschaft gemeint. Älter als die Klassenideologie ist z. B. die nationale Ideologie. Es gibt auch religiöse Ideologien, Kunstideologien, Bildungsideologien und dgl. Derartige idées-forces, wie sie der französische Soziologe Alfred Fouillée genannt hat, können unter sittlichem Gesichtspunkt gut oder böse, echt oder verlogen sein. Das bleibe noch außer Betracht. Sie können Kampfparolen oder Friedensrufe mit Kampfcharakter sein (denn das Leben ist paradox).

Wenn es sich gemäß dem Thema nur um den Gesichtspunkt handelt,

---

[2] Max Scheler, Die Wissensformen und die Gesellschaft. Leipzig 1926.

wie weit der überindividuelle Kulturprozeß als ganzer zu lenken sei, so wird *die* Gruppe im Vorteil sein, die über eine Ideologie mit stark motivierender Wucht und mit Werbekraft verfügt. Eine andere hingegen, die vielleicht aus nüchternem Realitätssinn weniger zu versprechen wagt: wird weniger Aktionskraft entfalten. Wir Vertreter des Abendlandes wissen, daß unsere Ideologie, etwa die Europaidee, heute noch schwach ist gegenüber der Sowjetideologie. Das muß man mit Sorge betrachten.

Wer die Zukunft gestalten will, der sollte eine Art von Kreuzzugsstimmung in den Massen erwecken können, die als solche schwer zu bewegen sind. Kommt es nur auf das Maß von Stoßkraft an, so wird eine Mischung von »panis et circenses« mit darunter schwelender pseudoreligiöser Glut am wirksamsten sein. Und eine psychologisch gut angesetzte Propaganda darf auch nicht fehlen. Es ist ein interessantes Studium, wie jede der politischen Parteien, die seit 1789 aufgetreten sind, sich ihre eigentümliche Ideologie gebildet hat. Karl Mannheim hat dazu besonders beachtliche Beiträge geliefert; allerdings redet er in diesem Zusammenhang von Utopien statt von Ideologien.[3]

Ein demokratischer Staat birgt in seinem Inneren immer eine Vielzahl von politisch-sozialen Ideologien. Das schwierige Kunststück der eigentlichen Demokratie besteht darin, daß sie eine überwölbende Synthese aus so verschiedenen Aktionsprogrammen sein soll. Nur selten gelingt sie wirklich.

3. Von hier aus wird ein drittes Phänomen unserer Zeit verständlich, das nicht immer genug von diesem Gesichtspunkt aus beleuchtet worden ist: die sog. *totalitären Regierungssysteme*. Nicht zufällig wachsen sie aus unserer Gesamtlage wie Pilze hervor. Das komplizierte Gebilde des demokratischen Rechtsstaates hat unverkennbar den Mangel, daß es die einheitliche politische Führung stark erschwert. Wer mit wirklicher Wucht eingreifen will, wird ein Interesse daran haben, unmerklich vom Pluralismus der Parteien zum Einparteiensystem überzugehen. Er muß zu diesem Zweck nicht nur die *Führer*ideologie als solche schüren, die wie eine messianische Erwartung im Untergrunde unserer Kultur schon lange miniert und pocht. Er wird darüber hinaus die *eine* Ideologie propagieren müssen, die für alle verbindlich sein soll, die konkurrierenden aber gewaltsam unterdrücken. Von dem diktatorischen Willen aus, den Kulturprozeß in bestimmtem Sinne wirksam zu lenken, lassen sich fast alle Begleiterscheinungen der totalitären Systeme leicht verstehen: Die Gleichschaltung der Weltanschauungen muß durchgeführt werden. Eine ungemessene

---

[3] Karl Mannheim, Ideologie und Utopie. Bonn 1929.

Propaganda muß dafür sorgen, daß die herrschende Staatsideologie den Gemütern eingehämmert wird, so daß sie schließlich der Suggestion erliegen und zum Glauben buchstäblich gezwungen werden. Der widerstrebende Menschentypus muß schonungslos ausgerottet werden, damit nur der leicht lenkbare, systemgebundene Menschentypus übrigbleibt. Die Reste des überkommenen Staatswesens werden von dem Apparat der herrschenden Partei überlagert. Die Organisation steigert sich ebenfalls zu ungeheuerstem Umfang. Und schließlich kann es bei nationalen Begrenzungen nicht bleiben, auch wenn man gelegentlich noch mit der nationalen Parole operiert. Eine Weltideologie muß geschaffen werden. Denn die Zukunftsplanung im großen nimmt unvermeidlich den Stil des Imperialismus an, freilich eines ganz anderen Imperialismus, als er im 19. Jahrhundert bekannt war.

Man wird mich hoffentlich nicht so mißverstehen, als ob ich alle diese Methoden zur Anwendung empfehle. Was ich mit meinen Ausführungen verständlich machen will, ist nur dies: Wenn es ausschließlich darum geht, die politischen Machtmittel in die Hand zu bekommen, mit denen man dem schwer lenkbar gewordenen Kulturprozeß nach eigener Intention Richtung geben kann, dann sind die angegebenen Mittel hervorragend geeignet, Erfolge zu erzielen, *falls nämlich die Menschen da sind, die sich das gefallen lassen.* Dies ist die Schicksalsfrage der autoritären Systeme: »Mit welchem Menschentypus hat man zu rechnen?« Und – leider – sie sind heute da, diese lenksamen Menschen, nicht nur in Gestalt der Massen, die es gelernt haben, auf ihr eigenes Gewissen zu verzichten. Alle modernen Diktatoren sind Schüler Machiavellis, insofern sie sein Rezept befolgen: Politik im moralfreien Raum, Macht um der bloßen Macht willen, ein Analogon zu dem anderen Prinzip, das wir längst kennen: Erwerb um des Erwerbs willen – oder Kunst um der Kunst willen.

Eben jenes erschreckende Phänomen aber nötigt uns, noch nach den edleren Mächten Ausschau zu halten, die zu Führungsmächten der Zukunft werden könnten: nämlich nach der Kraft der Religion und der Kraft der Erziehung.

4. Es ist schwer zu entscheiden, ob wir, wie in älteren Zeiten, dem *religiösen* Geist heute noch die Fähigkeit zutrauen können, von sich aus die Gestalt der Zukunft zu prägen.

Seitdem der Positivismus die Behauptung verfochten hat: Wissenschaft sei der höherwertige Ersatz für Religion, also seit reichlich 150 Jahren, ist die kulturgestaltende Macht der Religion ständig zurückgegangen. Die katholische Kirche wird in Westeuropa ihren Einflußbereich einigermaßen gewahrt haben; in Frankreich hat sie ihn sogar erweitert. Die evangelische

Kirche hat da, wo sie stark unter dem Einfluß von Karl Barth stand, sich über den Gang der irdischen Dinge wesentlich negativ ausgesprochen und sich entschieden von ihnen distanziert. Ich möchte hier in keine Polemik eintreten, da sie nicht mit Gründlichkeit durchgeführt werden könnte. Ich stelle nur fest.

Kein Zweifel, daß Kulturziele, die einen religiösen Enthusiasmus hinter sich haben, zu allen Zeiten die größte Wucht entfaltet haben, da sie damit, wie Scheler sagt, in die absolute Sphäre gerückt sind. Die Frage ist nur, ob eine solche religiöse Glut, die auch die Massen ergreift, heute noch zu entfachen ist, und ob es das echte Christentum sein wird, dem eine solche Wiedereroberung des Kulturterrains gelingen wird, oder ob wir schon in das Stadium des religiösen Synkretismus und der Sektenbildung eingetreten sind, das für Spätkulturen charakteristisch ist.

Ich bin nicht der Meinung, daß der moderne abendländische Mensch völlig irreligiös geworden sei. Einen Menschen ohne alle Religiösität oder ohne jede Bindung zum Metaphysischen hin gibt es nicht. Aber diese Bindungen und Kräfte haben sich in unserer Zeit an Stellen verlagert, wo sie oft gar nicht mehr als religiös zum Bewußtsein kommen. Die Glaubenskräfte sind weithin säkularisiert. Schon Max Weber hat von unserem »Polytheismus der Werte« gesprochen; das heißt: wir haben wieder viele Götter. Wenn man die Lage unter diesem Gesichtspunkt ansieht, dann leben wir, ohne es zu merken, mit einem ständigen Religionskrieg im Untergrunde. Teilziele der Kulturarbeit werden heilig gesprochen, andere werden verketzert. Es fehlt die große Einigkeit der Überzeugungen, die gerade für Europa heute so dringend notwendig wäre. Eine *junge* Weltreligion bringt sie noch auf. In ihren Spätstadien zieht sie sich immer mehr in die Intimität der Einzelseelen zurück.

Daß die Prophezeiung des Positivismus, fortan werde die Wissenschaft den Religionsersatz bilden und die Führungsfunktion übernehmen, eine Illusion war, ist schon angedeutet worden. Nicht die reine Theorie führt heute, sondern jene Ideologien. Wir erleben heute den *ständigen Kampf divergenter Ideologien.* Jede möchte den Kulturprozeß unter ihre Fahne zwingen. Eben deshalb hat keine von ihnen die Führung, steuert keine den Kulturprozeß aus innerer fortreißender Geistesmacht. Den totalitären Systemen wird die Erfahrung nicht erspart bleiben, daß Unechtes nicht lange lebt.

5. Es bleibt noch ein letzter Weg, maßgeblich lenkend in den modernen Kulturprozeß einzugreifen, nämlich durch *Erziehung* der kommenden kulturtragenden Generation. Über die Erziehung kann an dieser Stelle nur vorläufig und einschränkend folgendes gesagt werden: Es wird zwar

von einigen Vertretern der Pädagogik behauptet, daß das Erziehungsdenken *von sich aus* künftige Kulturgestaltungen sanktionieren könne, die das wirkliche Kulturleben selbst noch nicht zu Gesicht gebracht hat. Daran wird man zweifeln müssen, obwohl ich auf die Gründe dafür hier nicht eingehen kann. Aber wenn man etwa an den Fall denkt, es könnte wieder einmal ein ganz großer Erzieher wie Sokrates oder Comenius auftreten, der nicht bloß Exponent seiner Zeit wäre, sondern ein durchaus produktiver Kulturdenker und Kulturgestalter – wir heute jedenfalls freuen uns dieses Segens *nicht*. Vielmehr ist es, um nur ein Teilgebiet herauszugreifen, gerade das Entmutigende und Bedrückende, daß sich in unseren Schulen bis zur Hochschule hin so gar nichts von der energischen Bewegung zeigt, die in der schweren Gesamtkrisis unserer geistigen Welt eigentlich nötig wäre. Es geht da alles noch in alten gewohnten Bahnen. *Von einem radikalen Durchdenken unserer Kulturproblematik unter dem Gesichtspunkte, daß neue Lebensbedingungen auch eine neue Erziehung fordern, ist wenig zu merken.* Und so müssen wir denn die Erörterung über Anforderungen *an* die Erziehung und Möglichkeiten *der* Erziehung noch zurückstellen, bis wir uns klarer geworden sind, was es eigentlich bedeutet, den Willen zu energischer Einflußnahme auf den künftigen Gang der Kultur in der jungen Generation zu stärken.

II.

Nach der Aufzählung charakteristischer Symptome komme ich im zweiten Teil auf die tiefer liegende Problematik des Themas. Eigentlich ist sie ohne ein wenig Philosophie nicht zu entwickeln. Ich will das aber auch an dieser Stelle so weit wie möglich vermeiden. Deshalb kläre ich den Sachverhalt nur durch eine Analogie auf, die jedem verständlich sein wird.

Auch der Einzelmensch führt sein Leben ständig hingespannt auf die Zukunft, das heißt, nach dem ursprünglichen Sprachsinn, auf das Stück Leben, das auf ihn »zukommt«. Dabei handelt es sich natürlich nicht nur um ein *Erwarten* des Kommenden, um eine innere Bereithaltung dafür. Vielmehr stellen wir uns – jeder prüfe sich selbst – in dreifacher Weise auf das X ein, das wir Zukunft nennen:

1. Wir wissen, daß einiges gänzlich ohne unser Zutun kommen wird und muß. Es heiße: *die Seite des Schicksals*, dessen also, was uns einfach geschickt wird.

2. Wir *wollen* aber auch in die Zukunft hinein; wir verhalten uns nicht nur passiv und reaktiv, sondern fordernd und gestaltend. *Die Seite des Wollenkönnens.*

3. Wir erfahren in der Tiefe unseres Gewissens, daß auch etwas von uns gefordert *wird*, daß wir nicht beliebig wollen dürfen, sodern daß wir Bestimmtes wollen sollen und anderes nicht wollen dürfen. *Die Seite des Wollensollens.*[4]

Im Leben sind alle drei Kategorien – das Müssen, Wollen, Sollen – so eng miteinander verflochten, daß sie uns nicht immer in ihrer Verschiedenheit zum Bewußtsein kommen. Verweilen wir noch einen Augenblick bei ihrem Verhältnis zueinander!

Schicksal im strengsten Sinne ist das, was wir nicht ändern können. Am zukünftigen Schicksal sind aber noch zwei Bedeutungen auseinanderzuhalten: das berechenbare und das unberechenbare. Was nach gewußten oder wißbaren Gesetzen so notwendig kommt, wie die Jahreszeiten oder die Lebensalter aufeinander folgen, beunruhigt uns weniger als das, was als unerwartetes Unglück oder Glück plötzlich hereinbricht. Wir sind gewöhnt, die Gesetze der Natur anzuerkennen, und wir bemühen uns, auch Ablaufgesetze von Kulturzusammenhängen zu finden, damit wir wissen, worauf wir uns einzustellen haben. Über unserem Leben aber walten darüber hinaus »Mächte, die keines Menschen Kunst vertraulich macht«, und Ereignisse, die uns als »zufällig« erscheinen, weil wir nicht allwissend sind. Die letzteren Faktoren machen unser Dasein irrational. Der klügste Politiker kann Fortuna nicht zwingen und Fatum nicht bezwingen.

Nur innerhalb dieses unentrinnbaren Geschehens ist ein schmaler Spielraum unserem *Wollen* vergönnt. Wir erweitern ihn ein wenig, indem wir automatisch verlaufende Vorgänge, deren Gesetz wir erkannt haben, in den Dienst unserer Zielsetzungen stellen. Wollen schließt immer auch eine Selektion aus kausal geordneten Mitteln ein, allerdings nur so weit, als wir über diese Mittel verfügen und sie zu neuen Ursachenkomplexen zusammenfügen können.

Endlich aber: nicht jedes Wollen ist unter ethischen Gesichtspunkten erlaubt. Wir sind eingefügt in überindividuelle moralische Ordnungen, die von uns sittliche Befolgung fordern, und unser *Gewissen* ist die Oberinstanz, an der wir auch diese Ansprüche noch messen. Viele Zeitgenossen ziehen diese Seite schon gar nicht mehr in Betracht. Es sei mir erlaubt vorauszusetzen, daß das Gewissen kein Phantom ist. Aber auch das Gewissen spricht nicht immer eindeutig. Niemand kommt um schwere Gewissenskämpfe herum. Niemandem werden ethische Wagnisse ganz erspart. Über diese Grenze fragen wir hier nicht hinaus, um den Gedankengang nicht mit zu schweren metaphysischen Gewichten zu belasten.

---

[4] Ich verweise auf die gleichsinnigen Ausführungen in meinem Buch: Pädagogische Perspektiven. Heidelberg 1952[2]. S. 3 ff.

Abschließend: schon im Einzelleben ist der Bereich dessen, was wir leiden und tun *müssen,* offenbar größer als der, innerhalb dessen wir wollen können. Und der Bereich des Wollenkönnens ist größer als der des Wollendürfens. Der letzte aber, der des sittlich gebundenen Wollens, ist von der ernstesten Bedeutung. Auf der schmalen Schwelle je unserer Gegenwart entscheiden wir nicht nur über dies oder das, sondern über unsern persönlichen Wert oder Unwert, und zwar verantwortlich vor dem ganzen Sinn unseres Lebens. –

Die hier aufgezählten Gesichtspunkte übertragen wir vom Einzelleben auf den Kulturprozeß im Großen, dessen Mitträger ja auch das bescheidenste Einzelleben ist. – 1. Auch hier gibt es Unabänderliches, gibt es Schicksal. Einiges davon kann vorausgesehen werden, [und zwar] um so mehr kann vorausgesehen werden, [je mehr] wir unser Wissen um gesetzliche Kulturzusammenhänge erweitern. Anderes kann entschieden *nicht* vorausgesehen werden, z. B. gewisse Fernwirkungen in der Sphäre dessen, was an sich unserem Wollen zugerechnet werden kann und wofür wir Verantwortung tragen. – 2. Jeder von uns strebt, der vorgefundenen Kultur etwas aus seinem eigenen *Wollen* heraus aufzuprägen, und wäre es auch nur durch das kleinste Tagewerk. Jeder wirkt mit am künftigen Weltschicksal. – 3. Bei diesem Wollen aber stehen wir unter einer sittlichen Verpflichtung, die ihm Richtung geben soll und Schranken setzt. Je größer und wichtiger der Wirkungskreis eines Menschen ist, um so größer ist auch seine ethische Verpflichtung. Das *Maß* der Kulturverantwortung ist ungleich. Aber es gibt keinen Menschen, der nicht in die große Solidarität der Kulturverantwortung als mittragendes Glied eingefügt wäre.

Nach dieser Reflexion kehre ich zu meinem Hauptgedanken zurück. In der neuen Ausdrucksweise lautet er so: Für den Menschen des 20. Jahrhunderts ist die Kultur, in die er hineingeboren ist, mehr zum Schicksal geworden als zum Betätigungsfelde seiner schöpferischen Kraft. Sie muß von ihm zunächst *ausgehalten* werden. Das ist nicht wenig. Ja schon das bloße Hineinwachsen in ihre Formen und Forderungen verschlingt sehr viel Energien, obwohl es in der höheren Schule oft eher ein Sichhineinbildenlassen als ein aktives Antreten der Erbschaft ist. Man hat bei einem erheblichen Teil der großstädtischen Jugend den Eindruck, daß sie müde und teilnahmslos geworden ist, ehe ihre eigentliche Kulturarbeit anfängt. Also: die Kultur wird häufig wie ein aufgenötigtes Schicksal nur *ausgehalten.* Selbstverständlich gilt das in höchstem Maße von den unlenkbaren »accidents«, Kulturkatastrophen.

Die Generation, die kurz vor 1900 geboren ist, hat einen Schicksalsschlag nach dem anderen mit leidensfähigem Bewußtsein erlebt: den ersten Weltkrieg, die Inflation, die große Arbeitslosigkeit von 1931, ohne die kein Hitler gekommen wäre, das sog. Dritte Reich und seinen von Anfang an tragischen Krieg, Eroberung, Flucht, Gefangenschaft. Dann Währungsreform – und noch immer zeigt sich kein sicherer Boden, dem man dauernd vertrauen könnte. Schon nach 1918 wurde das Wort »Kulturkrisis« zum täglichen Sprichwort. Kein Wunder, daß sich bei der um 1930 geborenen Generation von vornherein Kulturmüdigkeit, Kulturpessimismus, ja manchmal ein Kulturnihilismus bemerkbar macht. Die Versuche, die späte abendländische Kultur noch zu steuern, scheinen sämtlich mißlungen. Die Regierenden vor 1945 haben nicht den Weitblick bewiesen, den man von ihnen hätte erwarten sollen; die Älteren haben sich blamiert, die Gelehrten haben sich verrechnet. Die Worte, die einst hohe Ideale bezeichneten, haben sich verbraucht. Sie gelten als Phrasen oder als leere Propaganda. Dies alles bedeutet, von unserem Thema her betrachtet, wenn man es ganz kurz ausdrückt: »Es will nicht mehr gehen. Die zähe Masse der komplizierten Kultur läßt sich durch Vernunft und guten Willen nicht mehr bewegen. Geben wir es auf!«

Das Schicksal in seiner zweiten Bedeutung, nämlich als ein Weltgeschehen, das man in gewissem Umfange vorausberechnen kann, mit Sicherheit erwarten muß, wirkt zwar nicht ganz so zerstörend, befördert aber eine andere, ebenfalls unerwünschte Einstellung. Das Gewicht der Notwendigkeit erdrückt den Glauben an Freiheit und damit gegebene Verantwortungen. Es kommt ja doch alles so, wie es muß. Was hilft es, sich dagegen aufzulehnen? Die Geschichtsauffassungen, die den Kulturprozeß als ein unentrinnbares Geschehen betrachten, mehren sich. Vor allem die marxistische Geschichtsauffassung deutet die Übermacht des Überindividuellen als einen Prozeß, in dem man nicht selbständig wollen, sondern allenfalls mit dem unabänderlichen Gang der Dinge mitwollen kann. Man hat diese Lehre den Massen gepredigt, sie dadurch teils gefügig gemacht, teils eingefangen und gläubig gestimmt für eine Ideologie (in die allerdings verstohlen doch ein Kulturziel hineingemischt war, wie es dem Wollen des marxistischen Führungsstabes entsprach). Aber sie rechnet nicht mehr auf die freie Aktivität des einzelnen. – Spenglers Prophezeiungen waren inhaltlich ganz anders, mußten aber doch nach derselben Melodie gesungen werden: gegen die innere biologische Gesetzlichkeit, die im Leben jeder Kultur waltet, hilft kein tapferes Wollen. Es geht zu Ende. Der Untergang des Abendlandes ist nahe herbeigekommen. Der Sterbensprozeß äußert sich nur noch in gewaltigen, aber seelenlosen technischen Leistungen und in Machtkämpfen später Cäsaren, die auf die Dauer das Ende nicht aufhalten können.

Wiederum sage ich das nicht, um derartige Einstellungen zur Kultur zu rühmen und um zu entmutigen. Erst muß einmal der Krankheit die Diagnose gestellt werden; sie muß schonungslos mit ihrem Namen genannt werden. Nennen wir sie eine weitgehende Kulturapathie und eine Vermassung, bei der dem Menschen das Wertvollste seines Wesens verloren gegangen ist: das mutige Wollen in die Welt hinein, der Schwung der Freiheit und die Orientierung dieses Wollens an sittlichen Maßstäben.

Was den ersten Verlust betrifft, nämlich den des tapferen Wollens, so verdient der Unterschied zwischen der Geschichtsphilosophie des Deutschen Spengler und des Engländers Toynbee beachtet zu werden. So viel der letztere, Toynbee, von Spengler übernommen haben mag: er sieht doch den eigentlichen Hebel des Kulturprozesses oder das Lebensprinzip der großen Kulturen an ganz anderer Stelle. *Challenge and response*, das ist das große Geheimnis der schöpferischen Völker: Herausforderung durch das Schicksal und als Antwort energische Erfüllung der *Forderungen*, die zu seiner Überwindung helfen. Schon im Einzelleben gilt: Wer sich durch Schwierigkeiten entmutigen läßt, der verfällt einem unfruchtbaren Ressentiment und versinkt in einen pathologischen Lebensstil. Wer die heroische Antwort »Dennoch« gibt, der holt aus der hoffnungslosesten Situation noch etwas Heilsames heraus. Ebenso im Großen: Wenn das Abendland aufhört, an die Werte zu *glauben*, die in seiner Kultur verkörpert sind, dann ist es mit ihm aus, und es bleibt nicht einmal der Trost, daß es *dann* der Bessere, der sittlich Stärkere ist, der es zu Boden wirft. Darüber sollten wir uns ganz klar sein.

Andererseits: Es ist nicht so, daß der bloße gute Wille Beliebiges vermöchte oder daß eine historisch gewordene Kulturgestalt von heut auf morgen umgebaut werden könnte. Gerade davon sind wir ja hier ausgegangen: das Stück Wirklichkeit, das der Mensch unter dem Namen Kultur in die Natur hineinarbeitet und über sie hinauswölbt, ist ein Gebilde von vielen Schichten. Sie sind längst aus dem feurig-flüssigen Zustande heraus und bieten massiven Widerstand. Wir sind von diesen Mächten schon so stark geprägt und gepreßt, daß viele sich mehr leben lassen als aus eigenem Zentrum heraus leben. Sie nehmen sich, was aus diesem Betriebe noch an Genüssen abfällt. Sonst aber repräsentieren sie nur den unerfreulichen Typus des »Mitläufers«.

Im vollen Bewußtsein der Tatsache, daß es sogar im Innern des Menschen Prozesse gibt, die einfach mechanisch ablaufen, hat Kant den entscheidenden Hinweis gegeben: der Mensch würde vielleicht gar nicht merken, daß für sein Wollen eine Freiheitssphäre besteht, wenn er nicht in seinem Wesenskern dem metaphysischen Erlebnis begegnete, daß er Bestimmtes unbedingt *soll.* Wir sind jetzt an dem Punkte angelangt, wo zwei Einstellungen und zwei Lebensstile sich mit schärfster Deutlichkeit scheiden.

Man kann die Kultur, insbesondere Wirtschaft und Staat, ansehen als einen Mechanismus, dem man sich als Rad einzufügen hat, oder man kann innerhalb ihres Gefüges *sittliche Aufgaben* sehen, deren Erfüllung an einem Gewissen zu prüfen ist. Das ist der wesentlichste Weltanschauungsunterschied, den es gibt: Sichtreibenlassen oder Sichverantwortlichfühlen. Fichte hat das mit der ihm eigenen hochfliegenden Prophetensprache schon in den ›Reden an die deutsche Nation‹ so formuliert: »Der eigentliche Unterscheidungsgrund liegt darin, ob man an ein absolut Erstes und Ursprüngliches im Menschen selber, an Freiheit, an unendliche Verbesserlichkeit . . . glaube, oder ob man an alles dieses nicht glaube, ja wohl deutlich einzusehen vermeine, daß das Gegenteil von allem diesem stattfinde.«[5] Wenn jeder an seinem kleinen oder großen Platz sich jederzeit dieser Alternative bewußt ist, so wird sich am Ganzen der betreffenden Kultur ablesen lassen, ob sie eine Kulturmaschine ist oder eine von ethischen Kräften getragene Kultur.

Nun aber erhebt sich die große Frage: Worin liegt denn der sittliche Sinn der Kultur? Gibt es so etwas wie eine allein echte und richtige Kulturnorm, wenn auch zunächst nur zugespitzt auf den Bereich unserer gegenwärtigen Epoche? Muß nicht einer von den drei oder meinetwegen zwölf führenden Köpfen, bei denen das Schicksal der Welt liegt, diese Norm oder dieses Kulturprogramm mit klarem Bewußtsein besitzen? Oder mindestens als sicheren genialen Drang in sich tragen?

Auf diese Frage antworte ich: Vielleicht ist niemals eine Zukunftsnorm der Kultur formulierbar gewesen. Heute jedenfalls ist das Kulturleben dafür viel zu kompliziert. Nur Träumer können glauben, es gebe da das eine große Lösungswort (z.B. Weltabrüstung oder Rasse oder Sozialisierung), und darin liege der Schlüssel zu allem Großen und Guten. Selbst der Mächtigste hat heute nur einige wenige Hebel des Geschehens in der Hand. Manchmal versagen auch sie, wenn er darauf drückt, und der Mächtigste ist vielleicht der Abhängigste, abhängig nicht nur vom Schicksal, sondern ebensosehr von den Menschen, die er regiert. Das Heilmittel muß an ganz anderer Stelle gesucht werden. Wo, *das* vermag ich in einer Formel auszusprechen, die noch ein wenig ins Konkrete hinein verfolgt werden muß: Wir brauchen im Abendlande einen bestimmten Menschen-

---

[5] Johann Gottlieb Fichte, Reden an die deutsche Nation. Philosoph. Bibliothek (Meiner). Bd. 204. Leipzig 1943. S. 123.

typus, nämlich durchweg *den* Menschentypus, der sich an seiner kleinen Stelle für das Ganze der Kulturbewegung mitverantwortlich weiß.

III.

Was wir wollen und was wir nicht wollen, was wir sollen und was wir nicht wollen *dürfen,* das wird uns am deutlichsten an einem entgegengesetzten System im Osten, das täglich vor unseren Augen liegt: auch dort ist die Einstellung sichtbar: *»Wir brauchen einen bestimmten Menschentypus.«* Ihn wollen wir mit aller Kraft heranzüchten durch Auslese, Organisation, Ideologienbildung, Propaganda, autoritäre Führung. Der widerstrebende Menschentypus aber wird schonungslos ausgerottet: durch Ausschaltung, Verhaftung, Verschickung, Hinrichtung. Achten wir auf die Intention dieser Ausscheidung! Sie trifft eben *den* Menschentypus, der ein persönliches Gewissen hat, ein Gewissen vor allem, das sich nicht bloß auf die intimste Privatsphäre bezieht, sondern auf die sittliche Gestaltung der kleinen und größeren Kreise, für die der Mensch arbeitet und wirkt. Diese Pädagogik durch Kontrast lenkt uns ganz von selbst auf die richtige Spur. Der Kulturprozeß darf nicht so gesteuert werden, daß dabei der Mensch seine eigentümliche Menschlichkeit verliert und die Kultur ihm restlos zu einem äußeren Schicksal wird, das er einfach zu erdulden hat. Eine solche Kultur wird früher oder später an ihrer inneren Hohlheit und Unwahrhaftigkeit zusammenbrechen. Denn sie ist eigentlich gar keine Kultur, höchstens ein entseelter Apparat, der der Willkür weniger Mächtigen ausgeliefert ist. Macht um der Macht willen ist das leerste Ideal, das sich denken läßt.

Woher kommt es aber, daß ein derartiger Kulturstil sich einnisten konnte und von Volk zu Volk, von Staat zu Staat über die Erde wandert? Die allgemeine Antwort auf diese Frage liegt in dem Gedanken, den ich hier zur Erörterung gestellt habe: Es ist heute unendlich viel schwerer, die Kultur zu steuern, nun gar im sittlichen Sinne zu steuern, als etwa noch vor 150 Jahren. Die seelischen Reaktionen auf diesen Tatbestand sind verschieden.

Es gibt zahllose Menschen, die es als willkommene Entlastung ihres Lebens empfinden, sich von ihrem Gewissen dispensieren zu können. Das ist bequem und zugleich gefahrlos. Darin besteht das Massenmenschentum. Denn wie auch die Masse zustande gekommen sei: der Massenmensch ist immer ein Wesen ohne Gewissen und ohne eigenes Verantwortungsbewußtsein. Es gibt Masse auch »oben«.

Wir finden andere Menschen, die nach der Maxime leben: »Rette deine Seele! Die Kultur im großen ist vor Gott doch deinen Pfifferling wert. Also ziehe dich zurück in dein einsames Verhältnis zu Gott und laß die Kultur ihren Weg ins Verderben weiter gehen, wohin sie auch gehört.« Diese Haltung scheint edler, ja sie scheint christlich zu sein. Ich glaube nicht, daß sie es in Wahrheit ist. Denn wenn ihr sonst nichts fehlte, so fehlt ihr die Liebe: man bringt sich in die Sicherheit der Transzendenz und läßt Mitmenschen seelisch zugrunde gehen, ohne einen Finger zu rühren.

Es gibt endlich Menschen, die das alles einsehen und bester Gesinnung sind. Aber sie resignieren, indem sie zu sich selbst sagen: »Es geht über meine Kraft. Ich habe keine Ansatzmöglichkeiten; meine Wirkungssphäre ist zu klein. Also werde ich ›Privatmann‹«.

Vielleicht lohnt es sich noch am meisten, der letzten Gruppe gut zuzureden. Jeder kann doch in seinem Bereich dazu mitwirken, daß der Mensch als Mensch, mit seinen eigentümlichen Menschenrechten und seiner sittlichen Entscheidungsfreiheit erhalten bleibt.

Wir wissen, daß zu den wesentlichsten Grundlagen des Abendlandes dieses Menschentum gehört, diese Freiheitssphäre, die ihm *nach oben* den Bezug zum Göttlichen offenhält, *nach unten* hin die sittliche Würde mitten unter allen Bindungen der Natur und Kultur, in die er verflochten ist. Es hat sich gezeigt, daß diese Güter noch am besten in der demokratischen Staatsform gesichert sind, deren Wesen naiv so ausgedrückt werden kann, daß alle Mündigen nach ihrem ethisch gerichteten Willen gefragt werden. Gerade die Demokratie aber läßt auch dem Pluralismus der sittlichen Ideale und Weltanschauungen Raum, zu schweigen von dem nackten Pluralismus der Interessen, für den sie ebenfalls gefällig Spielraum bietet. Demokratie ist ihrem Wesen nach Kampf, und jeder weiß, wie schwer schließlich die friedliche Synthese glückt. Nicht immer ist man sich über das Geheimnis klar, weswegen trotz dieser sichtlichen Mängel und Mißbräuche die Demokratie doch die heilsamste Staatsform ist: Sie verlegt den Kampf, ohne den kein Leben ist, an eine Stelle, an der er noch auf die geistigste Weise ausgefochten werden kann: ohne Blutvergießen, ohne völlige Knechtung der Gewissen.

In der Demokratie zeigt sich im kleinen, was ich hier vom Großen der abendländischen Bewegung behauptet habe: Sie ist sicher die am schwersten lenkbare der möglichen Staatsformen. Ja, man muß weitergehen und zugeben, daß die Demokratie überall da scheitern *muß*, wo jener Menschentyp nicht vorhanden ist, den sie im stillen voraussetzt. Und da liegt nun der *praktisch*e Kern des Problems.

Keine Demokratie kann auskommen ohne eine Elite. Wir in Deutschland haben immer eine »geistige« Elite gehabt. Hier aber ist nicht eine freischwebende Intelligenz und Künstlerschaft gemeint, sondern eine auf den Staat und die öffentlichen Angelegenheiten gerichtete Elite. In allen Kulturstaaten hat es so etwas gegeben wie eine spezifisch *staatstragende Schicht*. Haben wir das in Deutschland einmal gehabt, so ist es in seiner alten Form doch heute nicht mehr da. Statt dessen hat sich bei uns (nicht *nur* bei uns) ein Riß des Mißtrauens zwischen den verschiedenen Bevölkerungsschichten gebildet, der verhängnisvoll ist. Wir leben noch immer von den alten deutschen Verneinungen.

Es muß leider festgestellt werden: *den* Menschentyp, dem man die Sorge für das freie Abendland anvertrauen könnte, sieht man bei uns selten. Ich habe ihn charakterisiert als den Menschen, der vor seinem Gewissen Kulturverantwortung übernimmt. Noch immer waltet bei uns Deutschen treue Pflichterfüllung im persönlichen Beruf. Dieser Horizont stammt aus einer Zeit, in der das große Ganze landesväterlich von oben besorgt wurde. Sie ist nun vorbei. Werden wir die Forderungen der Stunde endlich erkennen? Wir haben Verfassungen, die uns ein freies, sittlich-gewissenhaftes Handeln und andere grundlegende Menschenrechte garantieren. Machen wir von diesen Möglichkeiten den sinngemäßen Gebrauch?

Sollte man auf diese Frage erwidern: »dazu müsse eine künftige Generation erst erzogen werden«, dann wäre es notwendig, sich nunmehr zu überlegen, wie denn eine solche Erziehung aussehen müßte. Das würde viel zu weit führen und überschreitet das Thema. Ich sage nur das eine Wort: Wenn unsere Jugend nicht aus sich selbst heraus ein Kulturideal des Abendlandes frei produziert, so werden wir der östlichen Ideologie nichts entgegenzustellen haben, was zündet und bewegende Kraft entfaltet. Es ist heute notwendig, daß den jungen Menschen durchweg zum Bewußtsein kommt, woraus eine Kultur eigentlich lebt und wie sie innerlich aufgebaut ist. Sonst haben sie nicht gelernt, was himmelhoch wichtiger ist als jedes einzelne Fach.

Aufgebaut aber ist die Kultur so: Sie ist ein überindividueller Sinn- und Lebenszusammenhang, unter dessen Einfluß wir täglich atmen, vielfach leiden, aber auch *wachsen*. Denn das Paradoxe an dieser übergreifenden Macht ist doch, daß sie nicht weiter existieren könnte, wenn sie nicht immer wieder als Aufgabe und Verpflichtung in die Seelen der einzelnen hineingenommen, verstanden, ausgehalten und verantwortlich weitergebildet würde. Sittliche Entscheidungen fallen nur in der Einsamkeit der Person. In diesem Sinne ist Hegels großes Wort zu verstehen: »Ich bin der Kampf.«

Deshalb muß jeder einzelne in sich einen Mittelpunkt haben: das sich selbst kontrollierende wissende Selbst, das wir das wache Gewissen nennen und das auf mehr als Irdisches bezogen ist. Fehlt dieses Zentrum, so entsteht ein Massenmensch, sei es auch in Funktionen und Stellungen, die viel Macht verleihen. Es entsteht der »systemgebundene Mensch«, *der der Totengräber der abendländischen Kultur sein wird.* –

Gibt es schon eine solche Erziehung zum Gewissen, also zur Verantwortung, zuletzt zur weit ausgreifenden Kulturverantwortung?

Ich sehe davon nicht viel. Solange es aber so bleibt, wird auch in dem engen Bezirk, in dem es uns möglich ist, den Kulturprozeß des Abendlandes noch zu steuern, eben *nicht* gesteuert werden, und wir werden dem Schicksal zum Opfer fallen, das wir nicht rechtzeitig als Gefahr erkannt haben.

[Die Wirtschaft unter kulturphilosophischem Aspekt]

1954

Immer häufiger hört man die Redewendung: unsere abendländische Kultur sei nur »ein Experiment«; man wisse noch nicht, ob es geglückt sei; denn 2000 Jahre seien in der Entwicklung der Menschheit nur ein kurzer Zeitraum. Wenn man sich so ausdrückt, denkt man wahrscheinlich weniger an ein Forschungsexperiment als an einen Konstruktionsversuch. Man hat ihn mit einem Schwung unternommen, der nicht mit Unrecht faustisch genannt worden ist. Im 20. Jahrhundert aber, mitten unter den glänzendsten Entdeckungen und Erfindungen, ist das Unsicherheitsgefühl auffallend angewachsen, ob das stolze Gebäude auch standhalten wird, oder ob ihm etwa das Schicksal des Turmbaus zu Babel droht.

»Was ist bei dem Experiment herausgekommen?« Das ist eine vieldeutige Frage. Sie kann darauf gerichtet sein, ob der Mensch dabei veredelt worden sei, ob die Glücksquellen vermehrt worden seien, ob der Wille Gottes besser verstanden worden sei, ob man dem Mysterium des Menschseins in der Welt einiges Licht abgewonnen habe. Da wir Abendländer aber in erster Linie Techniker sind, so ist die Frage vermutlich gar nicht so tief gemeint. Man ist zunächst einmal neugierig, »ob die Sache hält«, oder ob sie in absehbarer Zeit einstürzen wird.

Wir Abendländer sind nicht nur Techniker; wir sind auch Unternehmer. Vielleicht wäre es noch angemessener gewesen, die von Menschen aufgebauten Kulturen mit Unternehmungen zu vergleichen. Jede hat eine andere Grundkonzeption. Wenn diese große Form der Planung auch oft mehr ein halb unbewußter Traum als eine durchgedachte und durchgerechnete Auseinandersetzung mit dem Wirklichen und Möglichen gewesen sein mag. Diese Unternehmungen stehen, wenn sie gleichzeitig auftreten, in Konkurrenz miteinander. Sie lernen auch von einander, übernehmen dann und wann ein einzelnes Motiv aus einer fremden oder nötigen ihre Methoden der Mitwelt gebieterisch auf. Die Firma Abendland hat bekanntlich eine ganze Fülle von Ideen der Stammfirma Griechenland-Rom zu verdanken.

Auch wenn man sich dieses Gleichnisses bedient, läßt sich die Frage nicht wegscheuchen, ob solche Unternehmungen solide sind. Ruht »das Unternehmen abendländische Kultur« auf guten, gesicherten Fundamenten? Wird es auf die Dauer rentabel bleiben? Das ist eine Wendung aus der Geschäftssprache. Ein wirtschaftliches Unternehmen verliert seinen Sinn, wenn es schließlich nur noch mit Verlust arbeitet. Eine Kultur, darin sind wir uns einig, hat nicht nur einen wirtschaftlichen Sinn. Bei ihr geht es um mehr: um die Erfüllung des echten Totalsinnes, den das Menschenleben erfüllen *soll.* Aber da diesmal nicht dieses größte philosophische Thema gestellt ist, sondern von Anforderungen an den wirtschaftlichen Unternehmer die Rede sein wird, bleiben wir vorläufig bei dem Gleichnis der Rentabilität, behalten uns allerdings vor, diesen Ausdruck im weitesten Sinne zu fassen und ihn zum Schluß tiefer auszulegen, als es seiner direkten Herkunft entspricht.

Auch der einfache Mann findet sich manchmal vor die Frage gestellt: »*Lohnt es sich eigentlich* zu leben?« Die größere Parallelfrage – lohnen sich die Opfer an Arbeit, Geisteskraft und Glück, die wir unserer, der abendländischen Kultur bringen – wird ganz von selbst so abzuwandeln sein: »Unter welchen Bedingungen hat das alles Sinn?«

Der moderne Mensch ist geneigt, in Kategorien zu denken, die ihre Heimat im Wirtschaftsleben haben: Risiko, Konto, Bilanz, Kredit, Defizit entstammen diesem Gebiet, haben sich aber weit darüber hinaus verbreitet. So finden wir denn in der heutigen Geschichtsphilosophie – nicht zufällig bei einem Engländer – den Versuch, »das Unternehmerhafte« zur Wurzel aller aufstrebenden Kultur überhaupt zu machen. Den Ausdruck »das Unternehmerhafte« werde ich mir oft gestatten. Er soll in Erinnerung an Goethes Gedanken von den Urphänomenen andeuten, daß der Unternehmungsgeist ein Grundphänomen des Menschenlebens ist, das nicht erst in der kapitalistischen Epoche aufgetreten ist. Wie Urgedanken der Gottheit die Natur durchwalten, so kann man sie auch aus dem Geistesleben »herausschauen«.

In Arnold Toynbees großem Werk, A Study of History (1933/1939)[1] und in der Sammlung prinzipieller Aufsätze, die englisch unter dem Titel ›Civilization on Trial‹ (1948)[2] zuerst erschienen ist, spielt der Gedanke eine große Rolle, daß kulturschöpferische Leistungen eine »Antwort« sind,

---

[1] Deutsch: Studie zur Weltgeschichte – Wachstum und Zerfall der Zivilisationen. Hamburg 1949.

[2] Deutsch: Kultur am Scheidewege. Zürich, Wien 1949.

die ein Volk oder eine andere Menschengruppe auf »Herausforderungen« von seiten der naturhaften Umwelt geben. Der Druck, den die Natur unter Umständen auf die Menschen ausübt, wird dann zur »Herausforderung«, sobald dadurch die Bedingungen des Lebenkönnens in Frage gestellt werden. Er kann die Betroffenen erdrücken, wenn sie passiv verharren. Er kann aber auch ihre verstärkte Aktivität und Erfindungskraft wecken. Im zweiten Falle erfolgt auf die Herausforderung (challenge) eine positive, schöpferische Antwort (response). Neues wird geschaffen, die Lebensbedingungen werden künstlich verbessert, eine »Kultur« ist im Werden.

Hauptbeispiel ist der Fall, daß eine Bevölkerung, deren Siedlungsgebiet nicht die geeigneten Voraussetzungen für die Existenz von Menschen bietet, diese Bedingungen durch planvolle Maßnahmen verbessert – also eine Naturlandschaft in Kulturlandschaft verwandelt. Dieser einfachste Grundfall wiederholt sich aber dann in anderen Beziehungen und auf immer höheren Stufen.

Die Grundkonzeption von Toynbee ist eine bewußte Korrektur an den geschichtsphilosophischen Prinzipien von Oswald Spengler. Für diesen deutschen Denker sind Kulturen überindividuelle Lebewesen, die – an eine Landschaft gebunden – ihre eigentümliche, von der Umwelt geprägte »Landschaftsseele« entfalten und in ihrer einzigartigen Gestalt »ausleben«. Sie unterliegen dabei der bloß biologischen Gesetzlichkeit von Erwachen, Blüte, Reife, Verfall und Tod. Das Schicksal geht über sie hinweg. Der Wille des einzelnen, auch der der Mächtigsten und Stärksten, kann daran nichts ändern. Nach Spengler ist die abendländische oder faustische Kultur schon an einem späten Lebensstadium angelangt. Der Verfall ist schon da; das Ende ist nicht aufzuhalten. Daher der Titel des Hauptwerkes von Spengler: ›Der Untergang des Abendlandes‹.[3]

Der Engländer empört sich gegen diese Unterwerfung unter ein unentrinnbares Schicksal, obwohl auch er die Berechtigung der Kulturkreislauflehre teilweise anerkennt. Wie er sich den Gesamtfortschritt der Menschheit denkt, ist für unser Thema nicht von Belang. Vielmehr verharren wir bei dem einen Punkt der Lehre: der kulturschöpferischen Bedeutung des typischen Vorganges von challenge und response und seiner Wiederholung in immer neuen, eigentümlichen Gestalten.

Die deutsche Individualpsychologie hat eine ähnliche Theorie für das Einzelleben ausgebildet und dafür die Formel »Ja-Nein-Trotzdem« geprägt. Jeder Mensch will leben und sich durchsetzen: »Ja«. Der Druck, der von der Umgebung (Natur und Gesellschaft) ausgeht, droht ihn lahm-

---

[3] 1. Auflage, Bd. 1. Wien, Leipzig 1918.

zulegen: »Nein«. Nun kommt alles darauf an, ob es bei dieser Passivität bleibt, so daß allenfalls die Ressentimenthaltung eintritt: »Ich will eigentlich auch gar nicht«, – oder ob sich ein »Trotzdem« losringt, das im Individuum verdoppelte Energien und höhere Anstrengungen wachruft.

Das »Unternehmerhafte« ist unzweifelhaft aus dem »Trotzdem« geboren. Auch wenn man es nur im bloß wirtschaftlichen Bereich studiert, findet man seine eigentlichen Wurzeln in dem Willen, den Nahrungsspielraum einer Bevölkerung zu vergrößern und die Existenzbedingungen zu verbessern. Allerdings ist es Zeit zu begreifen, daß der Unternehmungsgeist eben *nicht* allein aus dem Gewinnstreben hervorgeht. In den Anfängen des kapitalistischen Zeitalters mag es so gewesen sein. Vorher und nachher war die Intention des Unternehmertums keinesfalls nur auf Profit gerichtet. Es war auf total-kulturelle Leistungen bedacht, und es ist nicht seine Schuld, daß unter den vielen Mächten, die die Möglichkeiten menschlichen Schaffens einschränken, nicht an letzter Stelle die ökonomischen eine maßgebende Rolle spielen. Auch der schaffende Künstler, der forschende Gelehrte könnten viel Größeres leisten, wenn sie nicht in diese Schranken eingeschlossen wären.

Es wäre aber auch ein Irrtum zu glauben, mit der Formel von Toynbees challenge und response, die wir künftig mit »Druck« und »Gegenwehr« übersetzen wollen, sei die Situation des Unternehmerischen schon ausreichend charakterisiert. Das Thema der folgenden Ausführungen ist es zu zeigen, daß hier ein dritter wesentlicher Faktor fehlt. Ich gebe ihm den Namen »der Rückstoß« und erläutere den Sinn dieser Bezeichnung ganz allgemein so: Überall da, wo das Wollen und Planen des Menschen unter der leitenden Idee, etwas an der Umweltkonstellation zu verändern, in die Natur, die Gesellschaft, den einzelnen Menschen eingreift, werden außer den gewollten Veränderungen ungewollte Nebenwirkungen wachgerufen, die ein neues regulierendes Eingreifen erfordern, und so geht das Wechselspiel bis ins Unbestimmte weiter. Der einmal eingeleitete Prozeß empfängt eine immer stärkere *eigene* Dynamik. Je mehr Ziele des Wollens erreicht werden, um so mehr Mächte von selbständiger Gesetzlichkeit werden berührt und aktiviert. Das Wirken der anfangs nicht gesehenen, in das Planen nicht mit einbezogenen Mächte wird dem Urheber des Unternehmens zum wesentlichen Schicksal. Ich nenne es den Gegenstoß oder den Rückstoß. Die Art von Genie, die als das subjektive Urphänomen dem über Subjekt und Objekt übergreifenden »Unternehmerischen« korrespondiert, besteht darin, schon im frühesten Planen den Rückstoß immer mit einzuberechnen und nach Möglichkeit mit zu bewältigen. Aber diese

Möglichkeit hat ihre Grenzen. Es bedarf daher neben der Voraussicht jener heldenhaften Gelassenheit, die sich immer wieder gegen neue Schicksale wappnet.

I.

Jedes Unternehmen beginnt mit einer Planung, d. h. mit einer gedanklichen Vorwegnahme dessen, was geschaffen werden soll. Indem aber der Gedanke allein zu bauen versucht, weckt er die Rache der Wirklichkeit, die von ihm unterworfen werden soll. Sie läßt die Kräfte und Verknüpfungen hervortreten, an die *nicht* gedacht worden ist. Wilhelm Wundt hat von einem Gesetz der »Heterogonie der Zwecke« gesprochen. Eigentlich sollte es heißen »Heterogonie der Wirkungen«. Denn es besagt, daß in der Wirkung eines Tuns anderes und mehr enthalten ist, als in der Zwecksetzung gewollt wurde. Damit aber entsteht eine unvorhergesehene Situation, die zu neuen Maßnahmen nötigt. Auch sie enthält eine Herausforderung, auf die eine weitere tätige Antwort gegeben werden muß. Der Gegenstoß ist es, der nun weitertreibt.

Diese Art von Erfahrung ist eine der alltäglichsten, die die Menschen machen. Nur die allgemeine Formel dafür ist manchem vielleicht neu. Sie soll anregen, derartige Erscheinungen auch auf Gebieten zu beachten, auf denen man sie bisher übersehen hat. Indem der entwerfende Mensch mit Dingen, Personen und Geistesmächten handgemein wird, stößt er auf etwas Fremdes, das sich ihm nur allmählich enthüllt. Die Freiheit des Handelnden wird durch das Recht des »Anderen« im weitesten Sinne eingeschränkt. Es bedarf einer neuen Einstellung. Sie aber bringt den Gewinn, daß man im Kennenlernen des »Anderen« auch sich selbst besser kennenlernt und so erst zu der eigentlichen menschlichen Freiheit gelangt, die darin besteht, daß man durch besonnenes Gehorchen ein wenig Herrscher wird. Andernfalls tappt man blind in der Welt herum und verfällt immer wieder dem Schicksal des Zauberlehrlings. An ihm nämlich liegt das Mißlingen, weil er nur über die halbe Weisheit verfügt. Der echte Meister hat auch die Gegenwirkung der Mächte, die er aufruft, im voraus bedacht.

Das Wechselspiel beginnt schon bei der Begegnung mit den Kräften und Gesetzen der toten Natur. Es steigert sich gegenüber der belebten, organischen Natur. Von beidem reden wir nur, um an vertraute Beispiele aus der einfachsten Schicht zu erinnern. Ernster wird es, wenn es um die Behandlung lebendiger Menschen geht. Aber auch die objektive Kultur, die sie aufgebaut haben, bekundet ihre selbständig gewordene Macht durch

Rückstöße. Dabei denken wir zunächst an die Sachgebiete der Kultur wie Wirtschaft, Wissenschaft und Technik; dann an die gesellschaftlichen Mächte bis empor zur Rivalität der Staaten. Im Umgang mit ihnen leuchten sittliche Forderungen auf, deren Rückstöße den schaffenden Menschen in sein Inneres zurücktreiben. Und schließlich empfängt das ganze große Gebäude seine Krönung in einer Weltanschauung, die aus der Summe der Erfahrungen von Druck, Gegenwehr und Rückstoß geboren ist. Hier liegt das Ziel. Denn wir gehen diesen Weg, um die Weltanschauung des Unternehmers zu durchleuchten und zu vertiefen.

Das einfachste Modell für nicht gewollte Nebenwirkungen in der organischen Natur bietet das Verhalten des Wassers gegenüber Eingriffen des bauenden Menschen. Ein Bahndamm, der ohne genügende Vorausberechnung in dieser Hinsicht angelegt wird, kann Grundwassersenkungen und Überschwemmungen zur Folge haben, die eine ganze Landschaft schädigen. Durch Abwässer großer Fabriken wird die Trinkwasserversorgung von Ortschaften in Frage gestellt. Anfangs beklagte man nur das Fischsterben. Heute ist das Problem »Trinkwasser« zu einem Gegenstand schwerster Sorgen geworden. Mühsame Gegenmaßnahmen sind im Gange. Legt man Leitungen von stehenden Gewässern in die Städte, so ruft die Senkung des Wasserspiegels nachteilige Veränderungen am ganzen Ufer hervor. Noch augenfälliger tritt die gleiche Rückwirkung bei Flußregulierungen und bei Stauanlagen für die Elektrizitätserzeugung zutage. Die Kette der Kausalitäten geht bis in die fernsten, kaum geahnten Glieder fort.

Mit Bezug auf die Luftverschlechterung durch chemische Werke war man in früheren Zeiten, als es sich um seltene Ausnahmen handelte, ziemlich gleichgiltig. Allmählich ist aus den erforderlichen Gegenmaßnahmen ein eigener Bereich der Technik geworden. Der Unternehmer eines solchen Werkes, in dessen Absicht es ganz bestimmt nicht gelegen hat, schlechte Luft zu erzeugen, kann sich der Verantwortung für solche Fernwirkungen nicht mehr entziehen. Auch Kosten entstehen für ihn auf einem Gebiet, das mit der zentralen Absicht seiner Produktion keinen unmittelbaren Zusammenhang zu haben schien.

Wie die Atomkraftwerke auf die ganze Umgebung wirken werden, wissen wir heute nur sehr unvollkommen. An diesem Beispiel kann man daher das Problem der »Rückstöße« am besten studieren. Manche Fachleute bestreiten, daß daraus eine Gefährdung für Menschen entstehen werde, andere warnen mit größtem Ernst. Man weiß noch nicht, welche Schicksalsmächte diese moderne Technik wachrufen wird. Auch mit den Wasserschäden hat man ja nur allmählich Erfahrungen gemacht, die dazu nötigten, sie bei der Gesamtplanung im voraus zu berücksichtigen. Ein solches »Lernen« dient dann wieder dem Fortschritt. Aber es wurde durch den Rückschritt erst angeregt. Das alte Wort: »Durch Schaden wird man klug« stammt aus einer sehr primitiven Denkweise. Es entfaltet seine Wahrheit in sehr verschiedenen Höhenlagen, bis zu dem tiefen Erleben: »durch Leiden wird man besser« –, aber doch nur dann, wenn man es durch tapfere Gegenwehr überwunden hat.

Wenn man glaubt, es bedürfe heute der Erinnerung an so triviale Erscheinungen, wie sie im Anfang berührt worden sind, nicht mehr, so wäre darauf aufmerksam zu machen: gerade die urtümlichsten Lebensbedürfnisse des Menschen – wie gute Luft und reines Wasser – werden durch technisch-wirtschaftliche gefährdet. Also ist die Technik überhaupt ein Instrument, das mit Bedacht gehandhabt werden sollte. Die Bumerang-Natur dieser Waffe muß man kennen. Der Höhenflug des Anfangs, das Triumphgefühl des 19. Jahrhunderts hat sich in unserem Jahrhundert in ein Mißtrauen verwandelt, das nicht lähmen, aber besonnen machen soll: Schon in der materiellen Wirklichkeit hängt alles mit allem zusammen, und man kann nicht das kleinste Stückchen der naturhaften Umweltkonstellation verändern, ohne daß nah oder fern Rückwirkungen entstehen. Man soll sie so weit, wie irgend möglich, von Anfang an miteinkalkulieren. Diese Forderung wird hier deshalb vorangestellt, weil sie als ein leicht verständliches Symbol dienen soll für ähnliche Zusammenhänge, die in der moralischen Welt auftreten.

II.

Fast jede Art von lebendiger Arbeit ist dazu bestimmt, einer Not des Menschen abzuhelfen, mindestens eine Bedürftigkeit zu erfüllen. So sehr diese Bedürfnisse schließlich ins Geistige emporsteigen mögen: die Natur als dasjenige Medium, von dem wir primär abhängig sind, muß immer dabei mithelfen. Die tote Natur verlangt als Entgelt nicht mehr, als daß man ihre Gesetze anerkenne. Tut man es nicht, so bekunden sie doch ihr Recht, indem sie von irgendeiner Seite her auf den Planenden und Gestaltenden zurückschlagen. Der genialste Baumeister kann sich von den Gesetzen der Statik und Dynamik nicht dispensieren.

Auch die lebende Natur hat ihre Gesetze. Aber was nach ihnen geschieht, ist viel schwerer vorauszuberechnen. Pflanzen und Tiere haben ihr eigenes Steuerungssystem in sich, bei dem anscheindend ganz singuläre Situationen schon eine größere Rolle spielen als für die anorganische Natur. Greift man in Lebensprozesse ein – und der Mensch muß es, wenn er sein eigenes Leben erhalten will –, so zeigen sie eine größere Verletzlichkeit als bloße Rohstoffe und Energiequellen. Das Leben bleibt immer ein »Wagnis« der Natur. Sie enthält sehr Langlebiges, besonders wenn man in Erbsträngen, nicht in Individuen denkt. Aber Unsterbliches kommt in ihr nicht vor.

Wir sagen daher, daß wir die lebendigen Naturgebilde »pflegen« (cultura = Pflege), womit wir andeuten, daß wir sie schonender behandeln müssen als das Material, das sich relativ willig in unsere Konstruktionszusammenhänge einbauen läßt. Trotz der vorgeschrittensten Kenntnis und Technik müssen wir immer noch auf Rückschläge gefaßt sein. Eine Ernte mißrät, eine Tierzucht bleibt Krankheitsanfällen ausgesetzt. Hierfür bedarf es keiner Beispiele.

Auch *die* Einsicht ist alt, daß in der Natur »alles mit allem zusammenhängt«. Aber die Einzelheiten dieser wechselseitigen Abhängigkeit sind noch lange nicht ausreichend erforscht. Immer wieder wird Neues entdeckt, und zwar gerade dann, wenn der Mensch durch seine Eingriffe in das Lebendige Zusammenhänge des Aufeinanderangewiesenseins arglos zerstört hat. Dann belehrt ihn der »Rückschlag« darüber, daß er maßgebende Faktoren nicht in seinen Entwurf aufgenommen hat. Die Erforschung der Erscheinungen von Symbiose ist daher einer der wichtigsten Zweige der gegenwärtigen Biologie geworden.

Wo Wälder abgeholzt werden, zum Beispiel für den ungeheuren Papierbedarf der heutigen Welt, ergeben sich schädliche Klimaänderungen, Veränderungen des Wasservorrats, Vernichtungen von ganzen Tiergattungen. Schon die Beseitigung von Gebüsch und Hecken kann für die Ertragsfähigkeit eines Ackers nachteilig werden. Man weiß heute, daß gegen Versteppung der Landschaft rechtzeitig Maßnahmen ergriffen werden müssen. Rottet man eine Insektenart aus, so vermehrt sich dadurch eine andere in unheilvoller Weise. Vogelarten sind – auf die Interessen des Menschen bezogen – in der einen Hinsicht nützlich, in der anderen schädlich. Gäbe es nicht noch anderes, so könnte man sagen: der Mensch hat die Aufgabe, in der organischen Natur das ihm vorteilhafte Verhältnis von Fressen und Gefressenwerden herzustellen: vor allem aber dafür zu sorgen, daß er selbst nicht gefressen wird. Dabei geht es aber so zu, daß ein Sieg, der an dieser Stelle errungen wird, an einer anderen Stelle unvermeidlich Niederlagen und Gefährdungen nach sich zieht. Schon in dieser Schicht von Kultur, der bloßen Pflege nützlicher Lebewesen, ist des Nachbesserns kein Ende. Ein kleiner Fehler in der Behandlung gefällten Holzes kann den Borkenkäfer auf den Plan rufen und ganze Wälder der Vernichtung ausliefern. Daß der gemischte Waldbestand dem Leben gemäßer ist als die nivellierende Anpflanzung gleichnamiger Bäume, ist eine noch ziemlich neue Einsicht bzw. Wiederentdeckung. Denn die Natur selbst macht derartige Fehler nicht.

Der Unternehmer ist immer auch ein Finder und Erfinder. Je größer seine Macht wird, Veränderungen in der Natur – sei es der unbelebten oder der lebenden – zu bewirken, um so mehr verborgene Zusammenhänge lernt er kennen. Um so mehr aber wird er [sich] auch der Ohnmacht bewußt, die seiner Machtausdehnung wie ein Schatten folgt. Gerade im Atomzeitalter ist uns erschütternd zum Bewußtsein gekommen, daß man nicht alles tun *darf*, was man tun *kann*. Dieses Lernen ist aber keine bloße Lektion aus dem Bereich der Naturwissenschaft. Es greift schon tief in ethische Erfahrungen hinein. Man könnte nämlich den Sinn der beiden bisher behandelten Gesichtspunkte so zusammenfassen: Das Streben nach Macht ist zwar an sich nicht böse. Aber alle Macht will in den rechten Maßen gebraucht werden. Und diese Tugend ist eine der schwersten, schon der Natur gegenüber betätigt. Noch schwieriger wird sie im Staatsleben sein. Dafür liefert uns die berechtigte Gegenwehr der Natur gegen die Ausübung unserer Willkür schon ein vielsagendes Symbol.

III.

Das Problem des Rückstoßes erscheint in seiner vollen Bedeutung erst dann, wenn das »Material«, auf das der Unternehmer einwirkt, der Mensch selbst ist, der einzelne Mensch in seiner leiblich-seelischen Lebendigkeit. Es sträubt sich in uns etwas gegen die Verwendung des Ausdruckes »Material« in diesem Zusammenhang. Man hat früher gelegentlich auch von Schülermaterial und von Krankenmaterial gesprochen. Aber die Zeit, aus der diese bezeichnende Redeweise stammt, liegt hinter uns. Harmloser klingt es, wenn wir von dem »Personal« reden, mit dem es der Unternehmer zu tun habe.

Unter dem Leitmotiv: »Ungewollte Rückwirkungen« entfaltet sich nun eine gestaltenreiche Dialektik, die nur an zwei Gliedern verfolgt werden soll. Das erste fällt unter den Gesichtspunkt: »Industrie formt Menschen«.[4] Das zweite eröffnet den Blick auf den Gegenschlag: der Mensch revoltiert gegen die Industrie. Die Synthese in dieser Spannung zu finden, ist eine schwere Aufgabe der gegenwärtigen freien Wirtschaft.

1. Es kann kein Zweifel sein, daß derjenige, der für sein »Werk« in dem

---

[4] Vgl. Heinrich Kautz, Im Schatten der Schlote. Köln, Straßburg 1928.

Doppelsinn von Leistung und Berufsorganisation Menschen »braucht«, auf diese formend einwirken muß. So ist es nicht nur in der industriellen Gesellschaft. Das Handwerk hat einen bestimmten Menschentypus hervorgebracht, die Armee bedarf eines anderen, die Schiffahrt wieder eines anderen, und schließlich hat jeder Beruf, den es überhaupt gibt, seine Prägungskraft und Prägungspflicht. Überall, wo viele zu einem Zweck zusammenarbeiten, kommt es darauf an, was der leitende Mann aus den Mitgliedern seines »Betriebes« »herausholen« kann.

Auch dieser Ausdruck ist bezeichnend und nötigt zu längerem Verweilen.

Das »Herausholen« besagt, daß in dem Subjekt, auf das sich der Formungswille bezieht, schon irgend etwas dafür Geeignetes vorgebildet sein muß. In der Tat: Wenn früher gesagt wurde, daß tote Stoffe ihr Eigengesetz haben, das nicht ignoriert werden kann, daß Lebewesen schon eine ihrer Gattung eigentümliche innere Steuerung besitzen, die man pflegend behandeln muß und nicht beliebig abbiegen kann, so wird Ähnliches erst recht von dem Wesen »Mensch« gelten. Soll der Mensch in einen Betrieb eingestellt werden, so kommt es darauf an, ob und wie weit man die erforderlichen Eigenschaften und Leistungen aus ihm »herausholen«, milder gesagt: »in ihm entwickeln« kann. Man wird sich auch in diesem Falle darauf gefaßt machen müssen, daß etwas aus ihm »zurückschlägt«, wenn der Druck auf seine leiblich-seelische Eigengesetzlichkeit zu stark werden sollte.

Prägungsarbeit ist in den Anfängen der kapitalistisch-technischen Produktionsweise in großem Umfange geleistet worden. Die industriellen Herstellungsverfahren fordern von den Arbeitern ein gewisses Maß von Bereitschaft zum Fleiß, von Zuverlässigkeit, Geschicklichkeit und spezifischer Intelligenz. Jedes Volk, das den Prozeß der Industrialisierung und Technisierung durchmacht, geht durch ein längeres Stadium hindurch, in dem es an der nötigen Zahl derartig qualifizierter Menschen fehlt. Steht eine geeignete Arbeiterschaft zur Verfügung, so ist noch nicht gewährleistet, daß die mittleren Posten, wie sie auch heißen mögen, besetzt werden können. Mit anderen Worten: Die Aufgabe, die dem Unternehmer in dieser Hinsicht gestellt wird, nötigt ihn, aus sich selbst ebenfalls eine neue Person »herauszuholen«, den *Erzieher*. Weder der Techniker noch der wirtschaftliche Kalkulator mit ihren je eigentümlichen Befähigungen reichen für diese Anforderung aus. Man hat lange geglaubt, es genüge, wenn der Betriebsleiter drittens auch Organisator sei, nämlich eine Führernatur, die auf dem Wege der Arbeitsverteilung gemäß den eigentümlichen Fähigkeiten des einzelnen, also durch Herstellung einer vielgegliederten

Willensvereinigung, seinen leitenden Willen durchsetzen könne. Das Motiv des Dabeibleibens, auf das man zählte, sollte die entsprechende Entlohnung sein. Auf solche Art konnte nichts als ein seelenloser Apparat herauskommen. Es fehlte die eigentlich innere Verbindung mit dem Werk, das eben *keine* Nachbildung der Maschine ist, sondern seinen eigentümlichen *Geist* hat. Man kann Menschen nicht als Maschinenteile behandeln. Sie sind Zentren eigenen Lebens und eigener Entscheidungen. Will man sie zu einem Ganzen des Tuns vereinigen, so muß man ihre Seele an die Sache ketten, d. h. sie im Geiste und zum Geiste des Ganzen erziehen. Das bloße »Ausbilden« in Fertigkeiten bleibt zu äußerlich. Diese vierte Aufgabe ist um so schwieriger, als es sich nicht immer um Menschen handelt, die noch jugendlich und leicht formbar sind.

Es wurde zur Tragödie der frühen industriell-technisch-kapitalistischen Epoche, daß man glaubte, ohne die vierte Funktion auskommen zu können. Der bloße Wirtschaftler meinte, es genüge, die Arbeiter allein von dem in ihnen wirksamen Gewinnstreben aus zu bewegen. Der Techniker gar wollte sie wie die Räder in den Betrieb einstellen und – da der Techniker immer etwas vom Machtmenschen in sich hat – sie nötigenfalls die überlegene Macht des Eigentümers der Produktionsmittel spüren lassen.

Zweierlei geschah: Es wurde tatsächlich ein neuer Menschentypus geformt, der Industriearbeiter alten Stiles. Aber er stellte einen in sich verarmten, einseitigen Menschentypus dar, der, um mit Spengler zu reden, in gefährliche Nähe zum Fellachentum zurückführte. Sodann: diese Menschenart erkrankte am Ressentiment des ungelebten Lebens. Das in ihr unentfaltet gebliebene Menschentum schlug zurück, anfangs gegen die Maschine, dann gegen die Unternehmer, schließlich gegen die Gesellschaftsordnung überhaupt, die – als ein Resultat der industriell-wirtschaftlichen Revolution – in sich noch unfertig, nicht mehr traditionsfest und noch nicht modern genug war. Es entstand der Revolutionär in Permanenz, der wesensmäßig Unbefriedigte, der grundsätzliche Negativist. Die wirtschaftliche und die technische Seite befanden sich in unleugbarem Fortschritt. Aber der Mensch, der unter die Räder der Maschine und in das Getriebe einer bloß ökonomisch interessierten Gesellschaft geraten war – er war es nun, der ein Eigengesetz geltend machte und *alles* in Frage stellte. Denn im Grunde hatte man in der Eile des Fortschritts vergessen, den lebendigen Menschen »mit einzukalkulieren«.

2. Man darf behaupten, daß die Menschheit nie so viel und so schnell über sich selbst gelernt hat wie in den beiden Epochen der aufsteigenden und der reif gewordenen rationalen Technik. Gewiß wurde hier ein neuer Typus geformt: der der Maschine verbundene Mensch. In der leitenden

Schicht entfaltete sich der Ingenieurgeist zu ungeahnter Leistungshöhe. Der Arbeiter erschien in sehr verschiedenen Gestalten, von dem Ungelernten empor bis zu hochqualifizierten Meistern. Dazwischen stand noch der nicht-akademische mittlere Techniker. Um dieses neue Heer mit seinen Offizieren, Unteroffizieren und seiner Mannschaft heranzubilden, hatte es einer langen Schulung bedurft. Dieses Experiment ist geglückt, wenn man den Maßstab anwendet, ob das Ganze äußerlich »funktioniert«.

Aber es ist doch nicht ganz geglückt, wenn man die Frage mitaufwirft, ob die Menschen dieser neuen Welt sich innerlich befriedigt fühlten. Natürlich: der schöpferische Ingenieur genießt das Glück, das mit jeder gestaltenden Leistung verbunden ist. Aber auffällig ist seine Klage, daß er nie Zeit habe. Im ganzen klassischen Altertum und im Mittelalter hört man diese Rede nicht. Wozu möchte denn der Arbeitsführer in der industriellen Gesellschaft Zeit haben? Vielleicht nicht bloß dazu, um noch mehr Arbeit von der gleichen Art zu leisten. Vielleicht verbirgt sich hinter der Sehnsucht nach Zeit das sich selbst nicht ganz verstehende Bewußtsein, daß man noch etwas anderes sein möchte als eben das, was man ist. Die einseitige Emporzüchtung einzelner Kräfte und Betätigungen ist zu weit gegangen. Irgendein Vermissen meldet sich: *es schlägt etwas zurück*. Beim einfachen Arbeiter wird dieses Vermissen natürlich noch stärker, weil er an schöpferischer Leistung keinen Anteil mehr hat. Er verlangt nach »Freizeit«, sehr oft ohne zu wissen, was er denn mit ihr anfangen würde und ob er in ihr [eine] echtere Befriedigung fände als in der Arbeit. Denn – das ist nun der entscheidende Punkt: er kennt sich selbst nicht genug, um zu fühlen, welche Seiten des vollen Menschentums ihm verloren gegangen sind.

Ehe wir in diesem Gedankengang fortfahren, muß wohl ein Wort der Beruhigung eingefügt werden. Es ist kein Mangel, keine Unsicherheit und keine Undankbarkeit, wenn ein ganzes Kulturwesen wie das der abendländischen industriell-technischen Gesellschaft anfängt, sich selbst zu kritisieren. Im Gegenteil: nur dann kann auf weitere Fortschritte gerechnet werden. Das hier aufgeworfene Thema, das man auch unter den Titel bringen könnte: »die unbewältigten Reste«, soll einer solchen Besinnung dienen. Es kommt darauf an, die »Rückschläge« rechtzeitig aufzufangen und geistig zu bewältigen.

Man denke an Parallelerscheinungen: Eine Armee auf der Grundlage der allgemeinen Wehrpflicht, wie sie zum Beispiel in Preußen von 1813 bis 1914 existiert hat, ist zu ihrer Zeit ein stolzes und höchst wirksames System gewesen. Trotzdem wäre es völlig unmöglich, es heute in der gleichen Weise durchzuführen. Und zwar nicht nur deshalb, weil die Kriegstechnik sich im 20. Jahrhundert total verändert hat, sondern – weil der Mensch, der in dieses überindividuelle Gefüge eingebaut werden soll, – es *so* nicht mehr will. Auch dies ist ein Rückstoß, den man nicht unbeachtet lassen kann.

Derartige Auseinanderentwicklungen zwischen überindividuellen Systemen und der Menschenart, die sie eigentlich tragen soll, kommen in der Geschichte immer wieder vor. Der Ausweg kann in zwei Richtungen gesucht werden. Entweder das System behauptet sich, indem es die Menschen hineinpreßt durch Propaganda, Schulung, Zwang. Oder man stellt dem Menschen die Aufgabe, das System so abzuwandeln, daß seine Vorteile erhalten bleiben, die Druckstellen aber immer mehr gemildert werden.

Jeder Zeitgenosse kennt die beiden Kultur- und Gesellschaftsstile: Ganz von selbst haben sich in letzter Zeit Namen dafür gebildet. Den ersten verwirklichen die totalitären Systeme; der zweite ist der Weg der »freien Welt«.

Wo das erste Modell maßgebend wird, ist natürlich für den freien Unternehmer ebensowenig Platz wie für den freien Arbeiter. Eine oberste Stelle muß die Steuerung in die Hand nehmen, gleichviel, ob die Diktatur in einer Einzelperson verkörpert ist oder in einer Gruppe. Die Methode der Menschenführung muß hier immerfort darauf bedacht sein, den Individuen einzureden, auch für sie gebe es keinen anderen Weg zum Heil und Gedeihen als die Einfügung. Ein letzter Rest des Freiheitsgeistes! Dieses große Experiment läuft gegenwärtig in einem Teil der Welt. Man weiß noch nicht, was dabei herauskommen wird. Denn einige Momente der Gesamtlage, die hier nicht näher beleuchtet werden sollen, sprechen gewiß auch *für* den Versuch. Wo die Menschen schon Massenwesen geworden sind und sich die Unbequemlichkeit eines persönlichen Gewissens, einer eigenen Entscheidung und Verantwortung *gern* abnehmen lassen, sind viele Vorbedingungen für das Gelingen erfüllt, zumal wenn die Beweismethode eines rücksichtslosen Zwanges hinzukommt.

Das andere Verfahren ist sehr viel umständlicher. Es muß auf die innere Zustimmung hingearbeitet werden. Aber dies entspricht der Tradition, die aus den großen westlichen Unabhängigkeitsbewegungen herkommt. Der letzte Kern des Menschen, der hier aufgerufen wird, ist religiösen und ethischen Ursprunges. Es muß immer wieder eine Art von Gleichgewicht zwischen der persönlichen Freiheit und den Notwendigkeiten überindividuellen Zusammenwirkens angestrebt werden. Ohne Rest geht diese Rechnung nicht auf. Die entscheidende Frage ist, ob der einzelne bereit ist, die Forderungen der objektiven Kultursysteme wie Staat, Technik, Wirtschaft *mit in sein Wissen und Wollen aufzunehmen, sie mit seinem Gewissen zu tragen und gemeinsame Aufgaben dem engen Einzelinteresse voranzustellen.* Die Erziehungsarbeit, die für diese Art von Kulturbewußtsein zu leisten ist, ist noch viel größer als in früherer Zeit die Anleitung zu spezialistischen, technisch-industriellen Leistungen. Aber vor dieser Aufgabe stehen wir westlichen Menschen jetzt. Anders ausgedrückt: *das* hätte schon in den Anfängen der ersten industriellen Revolution mit angestrebt werden müssen. Weil es nicht geschehen ist, blieb die Planung hinsichtlich der Umformung der unheimlich anwachsenden Industriebevölkerung unvollständig, und diese Rückstände haben sich im ganzen 19. Jahrhundert als Rückstöße unerwünschter Art bemerkbar gemacht. Das soziale Problem war ungenügend gelöst. Seit zwei Menschenaltern sind wir bemüht, daran zu bessern, und offenbar – so lange die freie Wirtschaft blüht und gedeiht – mit erfreulich wachsenden Erfolgen. Nur dürfen wir es uns nicht verbergen: Auch dieser Kulturstil ist vorläufig noch ein Experiment. Ob es uns glückt, hängt von der Weitsicht, dem guten Willen und der Selbstdisziplin jedes einzelnen Unternehmers wie jedes einzelnen Arbeiters ab. Es ist natürlich sehr viel schwerer, freie Menschen zu einem Gesamtwerk zu vereinen, als einen Führungsstab zu schaffen, der die Gefolgschaft einfach mit brutalem Zwang behandelt. Auf diese »Herausforderung« kommen wir zurück, wenn von der modernen Demokratie die Rede sein wird

3. Hier aber, wo es zunächst um die Wirkung des industriellen Betriebes auf den einzelnen Menschen geht, wird man die Frage stellen: Was liegt denn nun noch innerhalb des *frei* Gewollten? Wo beginnen Druck und Zwang? Die Beantwortung dieser Frage führt in die interessantesten psychologischen Zusammenhänge hinein. »Der« Mensch ist eine bloße Fiktion. Er ist nach Rassen, Zeiten, Ständen, Erziehungssystemen, seelischen Konstitutionen selbstverständlich höchst verschieden. Wir können zwei Extreme konstruieren: die eine Belegschaft ist sehr zufrieden und fühlt sich »frei«, wenn sie nur materiell sicher gestellt ist und niemand etwas anderes von ihr fordert als pflichtgetreue Ausführung der aufgetragenen Arbeit. Andere sind bei bester wirtschaftlicher Versorgung unglücklich und stehen unter ständigem »Druck«, weil die Sache, die sie zu leisten haben, in keinerlei Verbindung mit ihrem inneren Leben zu bringen ist. Das letztere schlägt dann mindestens zeitweise heraus wie eine Flamme, die lange geschwelt hat. Mancher Streik hat sein Motiv mehr in der Langeweile, die man durch »Sensationen« unterbrechen möchte, als in erhöhten Lohnforderungen.

Prinzipiell kommt also hier das Problem zum Vorschein, – *welcher* Freiheit der moderne abendländische Mensch bedürftig ist und *welcher* er fähig ist. Die Ausdrucksweise im Anfang war also gar nicht schlecht: Es ist hier eine Art von »Materialprüfung« im Gange. Aber das »Material« wird nicht nur auf seine physiologisch-psychologischen, sondern auch auf seine moralischen Eigenschaften geprüft. Daß es in dieser Hinsicht die verschiedensten Abstufungen geben wird, ist zu erwarten. Man glaube also nicht, daß man sich schon genügend deutlich ausgedrückt habe, wenn man fordert, der Arbeiter solle ein »freier Mensch« bleiben. Mit solchen abstrakten Stichworten kann man einen Wahlkampf führen, aber nichts Dauerhaftes in der Wirklichkeit gestalten. Wenn der Unternehmer auch *Erzieher* werden soll, dann muß er auf lebendige Menschen zu wirken verstehen. Und da es fertige Menschen sind, kann er sie nur noch in der Zusammenarbeit formen. Er muß wissen, was für Typen er vor sich hat, und je nach ihrer Qualität wird er höher oder niedriger ansetzen. Am erfolgreichsten aber wird er sein, wenn es ihm gelingt, ihnen auf die Höhe emporzuhelfen, wo sie ihm mit einem bewußten Selbsterziehungswillen antworten. Dies »Antworten« heißt nämlich, daß sie selbst Verantwortung mitzutragen bereit sind. Erst hier beginnt die echte Freiheit.

Die Emporverwandlung aber geht nicht nur in *einer* Richtung. Es *wirkt* wiederum etwas *zurück*. Der Betriebsleiter muß auch bereit sein, sich selbst so verwandeln zu lassen, daß er die werdende echte Freiheit ehrt und schont. Denn es gibt nirgends auf der Welt wahre Erziehung, bei der nicht auch der Erzieher selbst immer weiter miterzogen würde. In dieser Atmosphäre der Menschlichkeit und der gegenseitigen Veredlung hat die Langeweile keinen Platz mehr. Es ist ein volles Zusammenleben eingeleitet. Da geschieht jeden Tag Neues. Die unabänderliche Einseitigkeit und Monotonie des Arbeitsprozesses ist eingebaut in eine Gemeinschaft von Gefährten, die Schicksale miteinander tragen. Denn wie steht es denn mit der gerühmten Freiheit? Immer gelangt sie an eine Grenze, an der man nur noch in *dem* Sinne frei ist, daß man zu Schicksalen ja sagt, die mächtiger sind als der gute Wille des Menschen. Dann noch willig standzuhalten – das ist der Gipfel ethischer Freiheit.

IV.

Um dem Druck der Welt nicht zu erliegen, muß der Mensch danach streben, das bescheidene Maß von Macht, das ihm zur Verfügung steht, zu verstärken. An den Wurzeln der Existenz des einzelnen wie der ganzen Kultur liegt der Drang zur Macht – wenn auch nicht als einziges »Existential«. Eine der Formen, in denen der Mensch sich des Begegnenden geistig be*mächt*igen kann, ist *die Erkenntnis*. Denn wenn ich das Eigenwesen des »anderen«, sei es eine Sache oder eine Seele, erfaßt habe, so hat es schon seine dämonische Unheimlichkeit für mich verloren. Es gibt sogar einen philosophischen Standpunkt, auf dem man sich dabei beruhigt, die Dinge und den Lauf der Welt erkannt zu haben. Sie sind dadurch dem Denker geistig »zu eigen« geworden.

Kein Wunder, daß sich in jeder höheren Kultur sehr früh ein eigenes Gebiet herausbildet: »die Wissenschaft«. Ihre Gegenstände reichen von den höchsten, religiös betonten Geheimnissen bis zu den kleinen Dingen des Tages. Der Vermehrung des Wissens widmet sich, wenn es aus der Pflege der Priesterschaft entlassen ist, ein eigener Stand. Für die Fortpflanzung des Wissens in die junge Generation hinein sorgen Schulen. Denn im Lauf der Zeit entfaltet sich ein umfangreiches Traditionsgut. Es entsteht ein ganzes »Kultursystem«.

Die Wissenschaft dient uns als Modell, um zu erläutern, was ein »Sachgebiet der Kultur« ist. Ein solches System ist eine überindividuelle Geistesmacht. Denn im Lauf der Geschichte schichtet sich das Wissen auf, erst bei einzelnen Völkern, dann bei der ganzen Kulturmenschheit. Die Güter, die so aufgesammelt werden, haben in einer Einzelseele (in einem einzelnen »Kopf«) nicht mehr Platz. Sie sind also nicht mehr seelischer Art. Wir rechnen sie zum »objektivierten Geist«. *Die* Wissenschaft – ebenso wie *die* Kunst, *die* Technik, *die* Wirtschaft – sind Überschriften für ganze Bereiche des objektivierten Geistes. Jedes von ihnen dient seinem eigentümlichen Sinnbezug im Ganzen des Geisteslebens, hat seine eigene Aufbaugesetzlichkeit und seine ebenso spezifische Wirkungsweise.

So wenig, wie eine Sprache von einem einzelnen erschaffen werden kann, so wenig schafft der einzelne als solcher ein ganzes Kultursystem. Vielmehr tritt es ihm als eine überlegene, festgewordene Macht entgegen. In jedem findet er Sinngebilde, an deren Verwirklichung auch ihm gelegen sein muß. Sie haben aber jeweils eine besondere geschichtliche Gestalt. Nicht immer sagt die Generation, die ein solches Erbe antritt, zu ihm ja. Manchmal werden Spannungen empfunden, die zu ähnlichen Widerstandsbewegungen führen, wie sie auf dem gesellschaftlich-politischen Gebiet unter dem Namen »Revolution« bekannt sind. Der Vorgang lehrt, daß in den »objektiven« Mächten Gebilde entstanden sind, die auf das Erleben und den Lebensplan der gerade jetzt Existierenden wie etwas halb Fremdes zurückschlagen.

Verfolgen wir dieses uns schon bekannte Grundphänomen nun auf dem Gebiete des objektiven Kultursystems *Wissenschaft!*

1. Kein Gedanke der Menschheit ist eine folgenreichere Entdeckung gewesen als der, daß man Ereignisse der Natur (und vielleicht noch über

sie hinaus) voraussagen kann, wenn man das gesetzliche, regelhafte Verhalten aller der Faktoren kennt, die ihr Eintreten bedingen. Zwar bedeutet dies zunächst wirklich nur ein Voraus*sagen* können, wie beispielsweise der Lauf der Gestirne mit großer Genauigkeit vorausberechnet werden kann. Aber es gibt einen – natürlich sehr viel engeren – Bezirk, in dem man, vermöge der Einsicht in die Gesetze jener Faktoren, auch in den Verlauf des Geschehens selbst verändernd eingreifen kann. Man stellt dann künstlich Ursachenkomplexe zusammen, aus denen gemäß erkannter Gesetzlichkeit Wirkungen hervorgehen, die erwünscht sind und also als Zwecke menschlichen Wollens gesetzt werden. Dabei bestimmen die Kausalgesetze die Seite willigen Gehorchens, die Zwecksetzungen die – allerdings bescheidene – Sphäre der Freiheit.

Verfährt man nach diesem Rezept, so erfüllt sich, was im Anfang gesagt wurde: Die Erkenntnis wird zum Machtmittel. In den wenigen Worten, die soeben formuliert wurden, ist die *Grundidee der rationalen Technik* ausgesprochen, durch die sich die Menschheit aus dem Bann vieltausendjährigen magischen und traditionalen Handelns befreit hat. Ist diese Idee einmal aufgeleuchtet, so muß man die Reihenfolge umkehren: die Zwecksetzung (die praktische Aufgabe) voranstellen und die Erforschung der beteiligten Gesetzlichkeiten im Sinne eines »ad hoc« folgen lassen. Diese Umkehrung ist nichts Nebensächliches. Denn durch sie erst wird die bloße Theorie zur Technik. Es ist im höchsten Grade erstaunlich, daß die Griechen, die schon im Besitz sehr vieler Naturgesetze waren, diese Umkehrung vorzunehmen, wenig geneigt waren. Eine ganz ausreichende Erklärung dafür ist, trotz mancher Bemühungen, immer noch nicht gefunden worden. Auch bei den sog. neueren Völkern ist dieser Schritt erst spät – nur wenig vor der Renaissance – getan worden. Genug aber: Nachdem man sich einmal durch das Dickicht anderer älterer Wissenschaftsformen den Weg zu einer Wissenschaft, die vermöge des Voraussagens eine begrenzte Lenkung von Naturvorgängen ermöglichte, gebrochen hatte, fraß diese Art des Denkens gleichsam alle anderen möglichen Denkweisen auf. Es geschah, was nicht ausbleiben konnte: Dieser Triumph des Geistes hatte auch ungewollte, ja ungeahnte Nebenwirkungen. Und mit ihnen hat es die abendländische Kultur gerade jetzt zu tun.

2. »Wissen ist Macht«, »Wissen macht frei« sind verbreitete Schlagworte. Aber im Lichtkegel unserer Fragestellung erweisen sie sich als Halbwahrheiten. Denn, nachdem die Art von Wissen einmal angebahnt worden ist, die eine Vorausberechnung von Vorgängen in der Wirklichkeit und ein regelndes Eingreifen in sie zur Erreichung selbstgesetzter Ziele gestattet, entfaltet dieses System seine Eigen-Macht. Es kommt dahin, daß

die Wissenschaft ebenso den Menschen hat, wie der Mensch über sie verfügt. Das erfährt auch der Unternehmer. Er unterliegt dem allgemeinen Schicksal der unaufhaltsamen Rationalisierung.

Unter Rationalisierung soll hier verstanden werden: das Handeln und Gestalten auf Grund der Einsicht, daß nicht bloß die Natur und der von der Natur umfangene (natürliche) Mensch einer Eigengesetzlichkeit unterliegen, sondern auch Kulturwerke, die von geistigen Menschen geformt werden. Der Typus des Kausalgesetzes bietet hierfür das Hauptmodell und hat... eine allzuweite Ausdehnung, ja eine Monopolstellung empfangen. Es gibt auch ganz andere Gesetzlichkeiten, auf die hier naturgemäß nicht eingegangen werden könnte, ohne daß wir uns tief in das Dickicht der Philosophie verlören. Wir wählen also die Beispiele aus dem Bereich der »bloßen« Kausalgesetze.

Das Gesetz von Ursache und Wirkung besagt in seiner vorsichtigsten Fassung: Es wird *vorausgesetzt*, daß Wirklichkeitsveränderungen in der objektiven (mathematisch meßbaren) Zeit nach der Regel vor sich gehen: Auf eine eindeutig bestimmte Konstellation folgt eine, aber auch nur *eine* ebenfalls eindeutige andere Konstellation. Es besteht keine freie Gabelung des Geschehens. Um diesem Geheimnis auf die Spur zu kommen, müssen die beiden, oft höchst komplizierten Konstellationen auf die in ihnen enthaltenen Teilfaktoren hin analysiert und die Verknüpfungen der vorangehenden mit den folgenden Faktoren aufgesucht werden, die überall, wo sie auftreten, den Charakter des eindeutigen notwendigen Miteinander-Verknüpftseins zeigen. Da eine solche Analyse oft nur in Gedanken erfolgen kann, sind Kausalgesetze »abstrakte« begriffliche Einsichten, die nicht einfach am oberflächlich sichtbaren Verlauf des Geschehens abgelesen werden können.

Kausalgesetze in diesem Sinne sind also »Rationalisierungen«. Sie stehen und fallen mit der (nicht beweisbaren) *Voraussetzung* des eindeutigen Aufeinanderfolgens gewisser Elementarfaktoren in der Zeit. Ist diese Voraussetzung einmal gemacht, so nötigt sie zu unablässiger Fortsetzung des Forschens. Denn die gesuchten Zusammenhänge liegen ja nicht einfach »am Tage«. Anders gesagt: wer sich mit dieser Denkweise einmal eingelassen hat, kann sie nicht an beliebiger Stelle wieder aufgeben. Es ist ein Verfahren eingeleitet, das auf den Urheber »zurückschlägt« und zu immer weiterer Anwendung des gleichen Prinzips geradezu *zwingt*. »Beim ersten sind wir frei; beim zweiten sind wir Knechte.«

Zuerst wird die Natur durchrationalisiert, dann auch die Gesellschaft und die gesamte gesellschaftliche Kultur. Die Einstellung des Blickes auf die entscheidenden Kausalfaktoren hat zur Folge, daß schon an der Natur kaum noch anderes gesehen wird als das, was ermöglicht, »mit ihr zu rechnen« und Teilvorgänge in ihr zu lenken. Der magische Mensch hatte noch ein tiefes Verwandtschaftsverhältnis zur Natur. Der künstlerische Mensch lebt in ihren Bildern und läßt seine Seele mit ihren Rhythmen mitschwingen. Der forschende Mensch zerschlägt sie in Elemente, deren Verhalten eindeutig bestimmt ist, so daß sie unter Umständen als bloße Mittel in ein technisches Herstellungsganzes eingesetzt werden können. Die Maschine ist, respektlos gesprochen, ein Trick, den man der Natur abgelauscht hat. Wer immerfort mit Maschinen umgeht, wird schließlich in seinem ganzen Denken und Tun von dem Modell »Maschine« beherrscht. Es kann damit so weit kommen, daß der Mensch wie ein bloßer Anfang zum Maschinenwesen erscheint. Das Geschöpf des Gedankens wird zum Tyrannen des Denkens. Da haben wir wieder das Phänomen des »Rückstoßes«.

Der alte Lordkanzler Baco v. Verulam forderte, daß man »die Natur zerschneide« (naturam secare). In der Tat wurde seit Baco und Descartes alles Organische und Beseelte in der Natur »zerschnitten«. Seit dem Siege des *Ingenieurgeistes* am Ende des 18. Jahrhunderts und seinem weit ausgreifenden Projekt einer »Technik der Gesellschaft« wurden aber auch alle traditionellen Lebensformen und Gemeinschaftsbildungen der Menschen – wenn nicht zerschnitten, so doch der Rationalisierung unterworfen. Es zeigte sich bald, daß es nicht so leicht ist, es in diesem Bereich besser zu machen als es Natur und Tradition gemacht haben. Man lernte zu »organisieren«. Aber dabei berücksichtigte man ausschließlich Faktoren des Menschenwesens, die man schon erkannt zu haben glaubte. Unablässig mußte nachgebessert werden, z.T. auf Grund neuer, scheinbarer oder echter Erkenntnisse über die Natur des Menschen. Trotz allem wurde das 19. Jahrhundert das Jahrhundert der sozialen Revolutionen, wie das 20. Jahrhundert das der Weltkriege werden sollte. Jeder Unternehmer weiß, daß des Rationalisierens kein Ende ist und daß sehr oft die neueste Rationalisierung alle früheren wieder auffrißt.

Jeder Rückstoß, so betonten wir früher, hat als eine neue Herausforderung auch seine heilsame Seite. Dahin ist zu rechnen, daß die rationale Technik – von den neuen Zielsetzungen her – den Fortschritt der exakten Naturwissenschaft ungeheuer beflügelte. Das Tempo der Entdeckungen und Erfindungen wurde immer schneller. Alle echten Wahrheiten müssen willkommen sein. Aber als die Biologie sich der gleichen Methoden lange genug bemächtigt hatte, kam als Gegenstoß eine neue tiefere Ansicht vom Leben empor. Und auch die Geisteswissenschaften revoltierten seit etwa 1900 gegen die Fremdherrschaft des bloß kausalen Denkens. In beiden

Bezirken entdeckte man Gesetzlichkeiten ganz anderer Art, die man vielleicht nicht gefunden hätte, wenn keine Gegenwehr notwendig geworden wäre. Es ging auch hier erstaunlich schnell voran. Jedoch sind die Auseinandersetzungen zwischen den verschiedenen Denkweisen, die auf den Plan traten, noch keineswegs abgeschlossen. Wir brechen diese Erwägungen kurz mit dem Hinweis ab, daß im gegenwärtigen Augenblick ein heißer Streit darüber entbrannt ist, ob nicht die Triumphe der exakt kausalen Denkweise zuletzt dahin geführt haben, das Leben auf der Erde überhaupt zu gefährden. Das Geschöpf dieser geistigen Einstellung droht den Schöpfer selbst zu vernichten. Es gibt kein eindrucksvolleres Beispiel für das Phänomen der ungewollten Nebenwirkungen und der unbewältigten »Reste«. –

Wenn ganz im Anfange gesagt wurde, »unsere« Kultur – die nun geradezu: die durchrationalisierte Kultur genannt werden kann – sei vorläufig noch ein Experiment, so zeigt sich an dieser Stelle, daß im Experimentieren mit der menschlichen Kultur eine große Verantwortung liegt. »Bloß ein Experiment« bedeutet aber auch, daß ganz andere Möglichkeiten bestanden haben, als man sich entschloß, gerade diesen sehr einseitigen Weg zu gehen. Von dem Wege der Erkenntnis her betrachtet: Es gibt auch andere Erkenntnisformen als die, die sich am Ideal des Voraussagenkönnens von Ereignissen orientiert. Es gibt zum Beispiel die Betrachtung der Formen und Formverwandlungen in der Welt, die das ganze Interesse von Plato, Aristoteles und Goethe in Anspruch nahmen. Auch diese – noch in der Scholastik vorwaltende – Formenschau hätte vielleicht weiterentwickelt werden können. Vielleicht hätten wir dann eine mehr künstlerische als technische Kultur. Jedoch – das sind bloße Träume. Nachdem das Abendland sich für die Erforschung der Kausalitätsketten entschieden hat, muß es auf diesem Wege tapfer weitergehen. Es muß aber auch erkennen, daß eine solche Denkweise ihre wesensmäßigen Grenzen hat und daß andere Denkmotive zur Geltung kommen müssen, wo es sich um das Leben, den Menschen und die sittliche Gesellschaft handelt. Denn in diesen dreien hat der Geist nach einem anderen Prinzip gearbeitet als im Bereich der toten Stoffe und der »Arbeit leistenden« Kräfte.

V.

»Ja, es ist jetzo die Zeit der Einseitigkeiten; wohl dem, der es begreift, für sich und andere in diesem Sinne wirkt,« sagt der greise Goethe in ›Wilhelm Meisters Wanderjahren‹.[5] So fahrlässig pflegen wir zu zitieren. Denn

[5] Johann Wolfgang v. Goethe, Jubiläumsausgabe, Cotta. Bd. 19. Stuttgart, Berlin o. J. S. 39.

eigentlich redet hier eine Gestalt des Romans, Jarno, der schon in den ›Lehrjahren‹ eine rein realistische Weltläufigkeit vertreten hat und jetzt, zu einer Art von Bergwerksdirektor geworden, den Spezialismus als Weltanschauung proklamiert. In der Tat, auch Lebensansichten unterliegen dem Los der Einseitigkeit. Aber nicht sie und nicht das unvermeidliche Spezialistentum will Goethe preisen. Vielmehr ist der zweite Teil des ›Wilhelm Meister‹ der Durchführung des großen Gedankens gewidmet, der schon im »Lehrbrief« des ersten Teils angedeutet war: »Nur alle Menschen machen die Menschheit (das Menschentum) aus, nur alle Kräfte zusammengenommen die Welt.«[6] Es handelt sich also bei jenem Zitat um Goethes Altersidee von dem umfassenden *Ganzen*, in dem jeder seine eigentümliche sittliche Aufgabe zu erfüllen hat, »für sich und für andere«.

Einseitigkeit ist das Schicksal des Menschen. Aber sobald er anfängt, sich dieser Einseitigkeit bewußt zu werden, lebt er schon in einer höheren Wahrheit.

Auf einem ersten Sachgebiet der Kultur, der Wissenschaft, hat sich gezeigt, daß Einseitigkeiten an Grenzen stoßen, wo sie sich selbst widerlegen. Wenn man, bildlich gesprochen, nur das Stichwort »Kausalität« in den Wald hineinruft, ist es kein Wunder, daß nichts anderes aus ihm zurückschallt. Aber es ist nicht diese Formel allein, mit der der große Zauberer die Welt regiert. Es gibt Geister, die sich ihr nicht fügen.

Ähnliches wiederholt sich auf einem zweiten Sachgebiet der Kultur, von dem der Philosoph nur mit Zagen redet, weil er sich auf ihm nicht sicher fühlt. Er zögert um so mehr, wenn er einen ketzerischen Gedanken aussprechen möchte, der mit den herrschenden Vorstellungen nicht ganz übereinstimmt. Jedoch! – wenn unsere Kultur nur ein Experiment ist, warum sollte man nicht, mindestens in Gedanken, von anderen Ansätzen aus experimentieren?

1. Zuerst ist ein weltanschaulich bedeutsamer Punkt ins Auge zu fassen, der nicht zufällig zum Mittelpunkt der größten Auseinandersetzungen in der Gegenwart geworden ist. Man soll von uns nicht sagen, daß wir die Erdgebundenheit, die Existenz-Enge und unaufhebbare Bedürftigkeit des Menschen vergäßen. Von dem Wort des alten Weisen »primum vivere, deinde philosophari« bis zu dem Ausspruch Walter Rathenaus »die Wirtschaft ist das Schicksal« klingt die einfache Wahrheit durch die Geschichte, daß der Mensch sich ernähren muß, ehe er anderes leisten kann; daneben haben wir jedoch die tröstliche Rede im Ohr »der Mensch lebt nicht vom Brote allein«.

---

[6] Johann Wolfgang v. Goethe, Jubiläumsausgabe, Cotta. Bd. 18. Stuttgart, Berlin o. J. S. 326.

Jenem ersten Text hat Marx eine Melodie untergelegt, die heute von Millionen gesungen wird. Als Philosophie formuliert, bedeutet sie: Alles in dem Kulturganzen und in der historischen Entfaltung der Kultur richtet sich ausschließlich nach dem Stil der Technik, mit der die Menschen für die Erhaltung und Fortzeugung ihrer Existenz sorgen. Gesellschaftsbildungen, Denkweisen, Rechtsanschauungen, Kunstwerke, letzte Einstellungen zum Lebenssinn sind bloße Reflexe dieses Eigentlichen, also der Produktion wirtschaftlicher Güter. Wird der daraus erwachsene Kampf einmal auf die rechte Weise ausgetragen sein, dann erst wird der wahre Mensch auf Erden erscheinen. Vorher ist er hoffnungslos »sich selbst entfremdet«.

Weltanschauungen werden zwar auch durch theoretische Begründungen gestützt. Gerade der Marxismus tut sich auf seine Wissenschaftlichkeit viel zugute. Die logischen Gründe sind aber nicht ihr tiefstes Fundament; denn das Existieren ist vor dem Argumentieren. Tragende Voraussetzungen müssen sich im Leben »bewähren«, d. h. in diesem Sinne »bewahrheiten«. Der Marxismus ist theoretisch längst widerlegt worden. Aber er *lebt* noch. Und er wird um so stärker leben, wenn auf der Gegenseite eigentlich dieselbe Grundhaltung maßgebend ist, nur mit einigen Akzentverlagerungen, die allerdings gerade die aufreizende Eigentumsfrage betreffen. Solange im freien Westen ebenfalls die Überzeugung herrscht: »Die Wirtschaft sei das Eigentliche, alles andere sei irgendwie ein Luxus, den man sich erlauben dürfte, falls die Wirtschaft ungewöhnlich viel abwirft«, – solange nach dieser stillen Voraussetzung gelebt wird, ist der Unterschied zwischen den Grundsätzen hüben und drüben nicht so groß, daß man mit absolut verschiedenen Waffen kämpfte. Dann geht es nämlich zuletzt doch nur darum, wie materielle Güter verteilt werden sollen. An ihnen möchte natürlich jeder einen *möglichst großen* Anteil haben. Das ist – wenn es nur diese Art von Gütern geben sollte – jedermanns ursprünglichstes Recht.

Das gewagte Gedankenexperiment, das man sich erlauben darf, weil es ja in einer Welt des rein Materiellen »nichts als ein Gedanke« und insofern »gar nichts« ist, bewegt sich nun in der Richtung, daß es eine zeitbedingte Einseitigkeit ist zu behaupten, ein Unternehmen sei seinem Begriff nach nur ein wirtschaftliches Unternehmen und »sonst nichts«. Im Wort »Unternehmen« selbst klingt etwas von Wagemut an. Außerdem aber deutet es hin auf eine Persönlichkeit oder eine Gruppe, die etwas im Geist vorwegnimmt, noch ehe es Wirklichkeit ist. Planen kann man nur im Geist. Man mag sogleich tadelnd fortfahren: solange ein Unternehmen nur gedanklicher Entwurf sei, sei es auch »bloß« im Geist und noch nicht in das harte Gestein der Wirklichkeit hineingemeißelt. Auch dies ist wahr.

Jedoch im Wesen des freien Unternehmers liegt es, daß er an den Vorrang des Geistes glaubt. Denn wenn ihm kein schöpferischer Gedanke einfiele, so geschähe um ihn herum vermutlich gar nichts oder wenigstens nichts Neues.

In dem Augenblick, wo der gedankliche Plan durchgeführt wird, verfällt er jenen Gesetzlichkeiten, von denen wir hier reden. Er verfällt dem Geflecht der Kausalitäten. Er verfällt vor allem auch dem ökonomischen Gesetz, welches besagt: Ein Unternehmen, das keinen Gewinn abwirft, sei auf die Dauer nicht möglich. Damit ist aber noch nicht gesagt, daß es *ausschließlich* um des Gewinnes willen in Gang gesetzt werde. Das ist die Einseitigkeit, die sich in der Epoche des Hochkapitalismus in den Köpfen und in der Wirklichkeit festgesetzt hat. Ihr Höhepunkt liegt hinter uns. Denn es ist das Schicksal extremer Einseitigkeiten, daß sie keinen langen Bestand haben können.

2. Die weit ausgreifende Vorerwägung sollte der Werbung für die Behauptung dienen: Auch die Wirtschaft – als ein Sachgebiet der Kultur betrachtet – ist etwas Geistiges. Selbst wenn alle Güter, die sie für die Bedürfnisbefriedigung zur Verfügung stellen soll, nur materielle Güter wären – es gehen in sie aber auch ausgesprochen geistige Güter ein –, so wäre ihre Behandlungsweise doch immer vom Denken gelenkt. Die Technik der Produktion, auf die die ökonomische Geschichtsauffassung so großen Wert legt, ist nicht mehr primitiv, sondern ungeheuer durchgeistigt. Die maßgeblichen Planungen samt Arbeitsteilung und Arbeitsvereinigung sind aus dem Geist geboren. Vor allem aber ist die Wirtschaft deshalb ein Betätigungsgebiet des Geistes, weil sie ihr spezifisches (einseitiges) Struktur- und Funktionsgesetz hat, wie es im vorigen Abschnitt hinsichtlich der Wissenschaft behauptet wurde. Die Wirtschaft erfüllt im Ganzen der Kultur einen spezifischen *Sinn*. Nur wo ein Geisteszusammenhang ist, gibt es Sinnzusammenhänge.

Der Sinn der Wirtschaft liegt in der Arbeit zur Befriedigung von menschlichen Bedürfnissen, seien es ursprüngliche oder durch den höheren Kulturstand bedingte. Die dazu erforderlichen Güter sind nicht in beliebiger Menge verfügbar. Sie müssen herbeigeschafft oder hervorgebracht werden. Unser Urphänomen zeigt sich hier in größter Einfachheit und Deutlichkeit: Die Knappheit der Bedürfnisbefriedigungsmittel übt einen ständigen Druck auf den Menschen aus (challenge). Die Arbeit ist die Form seiner planvollen Gegenwehr (response). Die planende Arbeit aber greift in ein Fremdes ein, das auf die mannigfachste Art zurückschlägt und dadurch neue Arten der Gegenwehr erforderlich macht. Diese Zusammenhänge von Sinnerfüllung und Sinngefährdung sind so alltäglich, daß die hier nicht gemeint sein können. Es geht um etwas anderes, das oft nicht genügend beachtet worden ist.

Der Sinn der Wirtschaft, der überall darin besteht, einen Mangel zu beheben, d.h. ein Negatives in ein Positives zu verwandeln, bestimmt natürlich jeden einzelnen Schritt, der in ihr getan wird. Überall muß der Erfolg größer sein als der Aufwand, der Gewinn größer als der Verlust. Sonst ist das Unternehmen »unwirtschaftlich«. Es ist das einheimische Grundgesetz und Sinnprinzip der Wirtschaft, mit möglichst geringem Nutzentgang einen möglichst großen zu erzielen. Dies Prinzip drückt aus, was »die Wirtschaft zur Wirtschaft macht«. Wir können es daher auch ihr konstituierendes Prinzip nennen. So vielgestaltig das Wirtschaften in seiner heutigen weiten Verzweigung ist – in tausend Verwandlungen tritt immer die gleiche Sinnforderung auf: Verfahre sparsam, strebe nach Rentabilität, erzeuge einen Überschuß, verschwende nichts, wäge Verlust und Gewinn gegeneinander ab usf. usf.

Wo ausschließlich nach diesem Prinzip verfahren wird, tritt eine zweite Art von Rationalisierung ein: die ökonomische. Früher war von der rationalen Technik die Rede. Beide sind nicht immer genug von einander unterschieden worden. Sie fallen nicht zusammen. Ein technisches Verfahren kann schon rational sein, d.h. auf klarer Einsicht in gesetzliche Zweck-Mittelzusammenhänge beruhen, ohne auch schon wirtschaftlich rationell, d.h. so billig wie möglich gestaltet zu sein. Umgekehrt: Was ökonomisch am rationellsten ist, empfiehlt sich nicht immer in der Technik, zum Beispiel weil es mit Gefahren verbunden ist.

Es ist eine altbekannte Wahrheit der Wirtschaftstheorie, daß es ein *rein* ökonomisches System der Gütererzeugung und Marktgestaltung in der Wirklichkeit nicht geben kann. Wo man es in der deduktiven Volkswirtschaftslehre einmal durchkonstruiert hat, war es ein reines Gedankenexperiment, gegen dessen einfache Linien sich wie in einer Zeichnung die verwickelten, auch historisch bedingten Figuren der Realität abheben sollten. Wohl aber hat einmal eine so starke Annäherung an die absolute ökonomische Rationalität stattgefunden, daß es vorher nicht ihresgleichen gab und kaum wieder geben kann: die Epoche des Hochkapitalismus. Natürlich ist die Rechenhaftigkeit nicht das einzige Merkmal dieses Wirtschaftsstiles. Hier wird es in den Vordergrund gestellt, um zu sehen, welche Folgen eine solche Hypertrophie für das Ganze der Kultur gehabt hat.

Es ergab sich nämlich: Wo radikal wirtschaftlich gedacht wurde, wurde schließlich auch mit Menschen »gewirtschaftet«. »Die Arbeit – eine Ware«, das ist ein Satz, der nur aus jener Einseitigkeit zu verstehen ist. Aber mehr: die Arbeiter mußten unvermeidlich von dem gleichen »Geist«

ergriffen werden. Verfuhr der Unternehmer ausschließlich unter ökonomischen Gesichtspunkten, so mußte er zur Ausbeutung der Arbeitskraft vorschreiten. Der Arbeiter seinerseits, der bloß ökonomisch angesprochen worden war, antwortete auch nur als homo oeconomicus. Nicht die Leistung, sondern die Lohnforderung erfüllte den ganzen Raum seines Bewußtseins. Man verkehrte miteinander nur auf der Ebene des Arbeitsmarktes. Die anderen Seiten des Menschentums, die sich nicht unmittelbar in Zahlen von Gewinn und Verlust ausdrücken lassen, kamen gar nicht mehr zur Geltung. Es ist nicht erfreulich, das Bild einer Zeit zu rekonstruieren, in der das Unternehmertum fast im Rechnertum aufging. Es wäre ebensowenig erfreulich, wenn man jetzt hinzufügen müßte: Als endlich die »human relations« wieder entdeckt und ihre Pflege empfohlen wurde, sprachen manche davon mit dem Zusatz: Es habe sich herausgestellt, daß die Berücksichtigung von gewissen »Gemütsfaktoren« sich besser rentiere als ihre Außerachtlassung.

»Jedes Volk hat die Regierung, die es verdient.« »Jeder Unternehmer hat die Arbeiterschaft, die er verdient.« Ein herrschendes Wirtschaftssystem prägt natürlich den Arbeitertyp. Ruft man dem Mitarbeiter nur die Parole des ökonomischen Prinzips zu, so wird er auch mit keiner anderen antworten. Diese Art von Rückwirkung ist um so unheilvoller gewesen, als sie nicht auf die Domäne der eigentlichen Wirtschaft beschränkt blieb. Wir wundern uns heute, daß *alle* Menschen nur noch in Tarifen und Lohnbzw. Gehaltszahlen denken. Aber *konnte* es anders kommen? Alles Qualitative ist längst in Gefahr, ins bloß Quantitative umzuschlagen. Nicht ohne Grund sagt Hegel: »Die Quantität ist die geistloseste Kategorie.«

Auf die Seite des Quantitativen gehört auch das Tempo von Kulturprozessen. Wie jede technische Rationalisierung sofort durch eine neue überholt wird, so hat auch die ökonomische Rationalisierung eine Verschnellerung des gesamten Umschwungs zur Folge. »Immer *mehr* produzieren! Immer billiger produzieren! Immer neue Artikel auf den Markt werfen!« Massenproduktion trägt immer die Gefahr von Schundproduktion in sich. Die Konkurrenz drückt die Preise herab und läßt die Qualität sinken. Die Wirtschaft hat sich schließlich in dem Grade überschlagen, daß sie nicht mehr vorhandene Bedürfnisse befriedigt, sondern neue hervorruft, damit die Anlagen sich rentieren, mehr produziert, mehr abgesetzt werden kann. In dieses rasende Räderwerk beliebig mäßigend einzugreifen, ist nicht mehr möglich. Es ist nun tatsächlich die Wirtschaft geworden, die an der Atemlosigkeit unseres *ganzen* Lebens Schuld hat. Man kann kleine Gegengewichte gegen alle erwähnten und nicht erwähnten schlimmen Nebenwirkungen einschalten. An dem Tempo im ganzen ließe sich nur etwas ändern, wenn man den Stillstand einzelner Teile des Motors riskierte. Nachdem wir das Experiment unserer »rationalisierten« Kultur einmal angefangen haben, müssen wir weiter in dem dahinsausenden Zuge mitfahren. Mehr als ein paar Sicherheitsapparate stehen nicht zur Verfügung. Gerade sie aber werden nun von der höchsten Bedeutung. Und es steht fest, daß die Sicherungen nicht bloß ökonomischer Natur sein werden, sondern daß man sie in scheinbar recht fernliegenden Kräften suchen muß.

3. Es ist unzweifelhaft eine bis zur Verzerrung gehende Einseitigkeit, wenn man den freien Unternehmer von heute als reinen homo oeconomicus charakterisiert und als zweites Kennzeichen seines Wesens nur hinzufügt, daß er Privateigentümer der Produktionsmittel sei (oder gar von seinem bloßen Privatinteresse gelenkt [sei]). Vielmehr vereinigen sich in ihm, wenn er mehr als eine durchschnittliche Figur ist, sehr widersprechende Züge zu einer dialektischen Einheit. Natürlich: Er ist in zwei Systeme von Gesetzlichkeiten mitverwoben: in die technische Rationalität, die durch die Formel umschrieben werden kann: »es geht«, und in die ökonomische Rationalität, deren Formel lauten würde: »es rentiert sich«. Aber das macht noch lange nicht den Geist aus, den man »das Unternehmerische« nennen könnte. Vielmehr beginnt jenseits dieser Gebundenheiten der Bereich der eigentlich schöpferischen Planung. Selbst in einem rein wirtschaftlich gemeinten Unternehmen steckt etwas »Spekulatives«. Nicht zufällig redet man dann von einer »spekulativen« Philosophie, wenn sie über das logisch Begründbare hinausgreift in Zusammenhänge, die man nur intuitiv, nur in der Ahnung antizipieren kann. So kombiniert auch der Gründer eines Werkes in der entwerfenden Phantasie geahnte Möglichkeiten miteinander. Hier liegt die eigentliche Freiheit, nicht bloß in der freien Verfügung über Produktionsmittel kraft des privaten Eigentums an ihnen. In bloßen Gedanken läßt sich leicht spekulieren; aber schon der Philosoph unterliegt einer bindenden Verantwortung, die geradezu religiösen Ursprungs ist. Denn das Wort spekulieren hängt mit speculum (Spiegel) zusammen und bedeutet: der Denker soll ein Spiegel sein, in dem die Fülle der Strahlen, die aus der göttlichen Einheit kommen, aufgefangen wird. Noch größer aber wird die Verantwortung des tätigen Unternehmers, da er ja nicht nur mit Geld und anderen Gütern spekuliert, sondern unter Umständen mit dem Schicksal lebendiger Menschen. Ihr Schicksal und sein Schicksal sind aneinander gekettet. Hat er ins Leere hinein entworfen, so schlagen die Mächte, die er nicht mit einkalkuliert hat, in erster Linie auf ihn selbst zurück; in zweiter auch auf seine Mitarbeiter. Der freie Unternehmer steht also immer in einem ethi-

schen Wagnis, das zur Tragik werden kann. Er nimmt diese Gefahr auf *seine* Schultern, während in einer vom Staat oder von einer herrschenden Gesellschaftsschicht gelenkten sozialistischen Wirtschaft die Verantwortung meistens anonym bleibt. In dieser Exponiertheit gewiß auch liegt die Chance eines höheren Gewinns. Aber sie entbehrt der Sicherheit, die das Gehalt eines bloßen Betriebsdirektors bietet. Er muß in den unvorhersehbaren Situationen entscheiden und sie durchhalten; es muß ihm »etwas einfallen«; er muß das Ganze wie ein großes System von Kräften und Gegenkräften im Kopf haben. Kurz: Wenn man *diese* Freiheit einfach mit der Freiheit der Verfügung über die Produktionsmittel gleichsetzt, so faßt man sie von ihrer äußerlichsten Seite her und zeigt, daß man von dem eigentlichen Geist einer freien Unternehmung keine Ahnung hat. Besser versteht es Goethe am Schluß von Fausts Erdenwanderung:

> Daß sich das größte Werk vollende,
> Genügt ein Geist für tausend Hände.

Der ahnend in die Zukunft blickende Dichter hat hier wirklich den Großunternehmer des 19. Jahrhunderts gezeichnet, auch mit seinen negativen Seiten. Unsicherheit, der Drang der Eile, Schuldigwerden, Massenresistenz, Scheitern – alles klingt an. Davon, daß sich auch das investierte Kapital erneuern und durch Gewinn erhöhen müsse, hört man nichts. Es gibt einen Drang zum Unternehmertum, der aus höheren Motiven geboren ist als aus kapitalistischem Profitstreben.

Man wird sich über das Wesen des Unternehmergeistes gewiß nicht bei einem Dichter Auskunft holen und am wenigsten bei einem Manne, der nur vorgeahnt hat, was sich im 19. Jahrhundert erst zur vollen Höhe entfaltete. Aber daß das Außerökonomische nicht nur entbehrliches Beiwerk ist, daß vieles, was zeitweise so beurteilt wurde, mit zur Grundintention gehört, das dürfen wir Goethe schon glauben. Erst das 20. Jahrhundert hat die Totalgestalt des echten Unternehmers auf die Bühne treten lassen.

4. Erst seit die Wirtschaft die Hegemonie über alle Seiten der Kultur erlangt hat, gilt es als selbstverständlich, daß ein Unternehmen eine ausschließlich wirtschaftliche Intention hat. Daß die absolute Hegemonie der Wirtschaft zum Marxismus als Weltanschauung geführt hat, tritt in jeder seiner Formeln deutlich zutage. Vielleicht kommt es doch in der freien Welt einmal zu der Ansicht, daß der Mensch sich so lange noch halb in der Sklaverei befindet, als er ausschließlich wirtschaftlich denkt, das heißt aber heutzutage: ausschließlich unter der Kategorie »Geld verdienen« denkt. Die uralte Geschichte vom König Midas, der darum bat, daß ihm alles, was er berührte, zu Gold werden möge, illustriert die Sinnlosigkeit

einer solchen Lebensgestaltung. Der Umlauf des Geldes wird zum Leerlauf, wenn es nicht sinnvoll in konkrete Güter umgesetzt wird.

Andererseits dürfen wir keinen Idealismus predigen, der illusionär würde. So viele Menschen, wie heute in den Kulturländern leben, könnten ohne industrielle Massenproduktion gar nicht ernährt werden. Wo aber das Stichwort »Masse« einmal aufgetaucht ist, breitet es sich aus wie die Sporen eines Pilzes: Massenproduktion, Massensiedlung, Massenhysterie, Massengeschmack, Massendenken, Massenvergnügungen – das hängt alles miteinander zusammen. In dieser Lage muß sich der Unternehmer, der einen Blick für Kulturzusammenhänge gewonnen hat, über eines ganz klar sein: *Je mehr wir Abendländer in die Vermassung hineintreiben, um so weiter entfernen wir uns vom Geist der freien Welt.* Wollen wir nicht mit den Marxisten bekennen, daß wir nur noch ohnmächtige Partikelchen eines überindividuellen Prozesses sind, den wir nicht mehr steuern können, so muß mit Entschiedenheit erkannt werden, daß eine freie Wirtschaft auf die Dauer nur da möglich sein wird, wo man bewußt auf die »Entmassung« – ein schlimmes Wort hämmert sich dem Bewußtsein am besten ein – hinarbeitet.

So liegt denn die Aufgabe und Aussicht des Unternehmers in der Mäßigung jener radikalen Rechenhaftigkeit. Er wird seinen Platz suchen müssen in der Mitte zwischen dem Verdienenwollen und dem Dienenwollen. Diese Umstellung vom reinen Wirtschaftsführer zum Diener der Gesamtkultur ist längst im Gange. Man kann an den großen Betrieben unserer Zeit schon ablesen, was geschehen muß, wenn die freie Wirtschaft und mit ihr die Freiheit der Menschen gerettet werden sollen.

Daß der Unternehmergeist nicht an Unternehmungen gebunden ist, die sich wirtschaftlich rentieren, zeigt sich am deutlichsten im Bereich des *Bauens.* Könige haben stolze Denkmäler errichten lassen; Stätten der Gottesverehrung haben die Arbeit von Generationen in Anspruch genommen. In Rathäusern und Bankpalästen spiegelt sich ein moderner Kulturgestaltungswille. Sogar an die Notwendigkeit von Schulbauten beginnen Staat und Gemeinden wieder zu denken. Auch in diesen Dingen mußten natürlich die Grenzen des wirtschaftlich Möglichen innegehalten werden. Jedoch äußert sich in ihnen ein Wille, kulturschöpferisch tätig zu sein, der nicht mit jedem Pfennig rechnet.

Eine solche »totale Baugesinnung« ergreift immer weitere Kreise unseres Unternehmerstandes. Er erhebt sich über das Niveau von bloßen Geschäftsleuten, [aber] ohne zu vergessen, daß er an erster Stelle dem Gebiet der Kultur dient, das einer gewaltigen Zahl von Menschen die Existenz ermöglichen soll. Aber doch nicht bloß die »nackte Existenz«. Es soll ihnen eine menschenwürdige, eine wirklich »kulturelle Existenz« ermöglicht werden. Das schließt selbstverständlich ein, daß sie selbst daran bewußt und verantwortlich mitarbeiten.

Wenn es erlaubt ist, einen Augenblick zu träumen, so würde in Erinnerung an Richard Wagners Idee eines Gesamtkunstwerkes vor der Seele das Bild eines *Gesamtkunstwerkes* auftauchen, für das Unternehmer und Arbeiter gemeinsam ihre besten Kräfte einsetzen. Das wirtschaftliche Werk soll nicht mehr als ein Zeichen einer traurigen Notwendigkeit kahl in seiner Umgebung dastehen. Es soll zeugen von der Freiheit, die sich Menschen gegen den Druck der Welt errungen haben. Es wird also außer seiner ökonomischen Bestimmung und Leistung auch ein Sozialwerk, ein Volkserziehungswerk, eine Stätte der Kunstpflege, vielleicht sogar ein zweckbezogenes Forschungsinstitut mit umschließen.

Das weit ausgesponnene »Gedankenexperiment« ist nicht bloß ein Traum. An vielen Stellen der freien Welt hat sich der Unternehmergeist schon über das kapitalistische Gewinnstreben hinaus auf solche Höhen erhoben, in solche Weiten ausgeweitet. Der Auftrag der freien abendländischen Welt an den Unternehmer ist als ein Gesamtkulturwerk verstanden worden:

> Solch ein Gewimmel möcht' ich sehn,
> Auf freiem Grund mit freiem Volke stehn.

VI.

Die mit Hilfe der rationalen Technik aufgebaute Großindustrie hat auf politisch gesellschaftlichem Gebiet eine Folge gehabt, die sie nicht gewollt hat: die Vermassung der Bevölkerung in städtischen Zentren. Wie die technischen Eingriffe in die Natur unvorhergesehene Rückwirkungen ausgelöst haben, so sind politische Veränderungen eingetreten, die im Anfang der Industrialisierung kaum jemand geahnt hat. Wir verfolgen die Dynamik der Macht zunächst im Innern der Staaten, natürlich nur unter dem Leitgedanken unseres Themas.

1. Die große französische Revolution von 1789 trug sehr vielfältige Motive in sich. Das blasse Schlagwort »Freiheit und Gleichheit« aber deutet die Hauptrichtung an. Jede dieser Parolen hat ihre sehr eigentümliche Vorgeschichte, auf die hier nicht einzugehen ist. Rousseaus Bedeutung in der Geschichte der politischen Theorien liegt darin, daß er sich aufs äußerste angestrengt hat, einen Staat zu »erdenken«, in dem die beiden genannten Hauptmotive auf ein dauerhaftes Gleichgewicht gebracht wären. Er

wußte sehr wohl um die Lebenswahrheiten: »Je mehr gesellschaftliche Freiheit, um so mehr Ungleichheit.« »Je mehr Gleichheit, um so mehr Unfreiheit.« An dieser Antinomie mühte er sich ab. Dabei erhielt im Ergebnis das egalitäre Moment doch das Übergewicht. Anders ließ sich die Freiheit der einzelnen nicht sichern.

Es ist immer das Schicksal der Doktrinäre, daß die politische Wirklichkeit andere Kräfte wachruft, als sie vorausberechnet haben. Auch dies gehört unter den Gesichtspunkt unseres Themas. Am Anfang des 19. Jahrhunderts steht weder ein Apostel der Freiheit noch einer der Gleichheit. Was Napoleon I. bewirkt hat, war eine Diktatur. Wir beobachten hier zum ersten Male das paradoxe Rezept der Geschichte, das heute in den sowjetisch beeinflußten Ländern befolgt wird: »Demokratie durch Diktatur«. Freilich sehen wir noch nicht, wann die Diktatur, diesmal die des Proletariates, aufhören wird, um einer wohl ausgewogenen Demokratie Platz zu machen.

Rousseau hat den Siegeszug der Industrie auf der Grundlage einer rationalen Technik mit dem Ziel der Massenproduktion noch nicht vorausgesehen. Sobald dieses System emporwuchs, schuf es einen gewaltigen Herd der Ungleichheit. Allerdings handelte es sich nicht nur um den Unterschied zwischen den Proprietären der Produktionsmittel und den besitzlosen Verkäufern ihrer Arbeitskraft. Es bestand auch ein Unterschied der Köpfe und der Energieentfaltung. Je weniger Selbständigkeit auf der Seite der (ungelernten) Arbeiter im Hinblick auf intellektuelles und finanzielles Vermögen noch blieb, um so mehr entstand wirkliches Proletariat oder »Masse«. Damit wurde die Gefahr der Revolution in den industrialisierten Staaten zu einer Dauerbedrohung. Man fand sich zwischen zwei gleich unerwünschten möglichen Extremen: der Diktatur des Kapitals und der Diktatur des Proletariats.

Es blieb kein anderer Ausweg als die Herstellung einer echten Demokratie, in der wenigstens die Gleichheit der politischen Rechte gewährleistet würde. Hierum haben sich – wenigstens in Deutschland – die Arbeiterbewegung, das Unternehmertum und der Staat mit gleichmäßigem Ernst bemüht. Die Erfolge sind groß. Aber kein Kunstwerk ist schwerer als die Staatsform der Demokratie. Auch heute noch hat man nach meinem Eindruck nicht voll begriffen, daß ihre Voraussetzung ein gewaltiges Volkserziehungswerk ist.

Marx hielt von der Erziehung gar nichts. Nach ihm sollte der über die einzelnen hinweggehende Prozeß der Ausbalancierung von Wirtschaft und Gesellschaft, Staat und Recht ganz automatisch vor sich gehen. Sein fast eschatologischer Glaube an das notwendige Kommen eines wohlausgewogenen Endzustandes war noch ein Erbe des gleichen Optimismus, den der wirtschaftliche Liberalismus mit Bezug auf die heilsamen Folgen der freien Konkurrenz gehegt hatte. Die Unternehmerschaft mußte von Jahrzehnt zu Jahrzehnt mehr lernen, daß durch bloßes Abwarten kein Heil kommt. Gerade gegen die *ungewollten* Folgen der wirtschaftlichen Expansion mit ihren Hochkonjunkturen und Krisen mußte man *wollen* und etwas tun. So wurde dem Wirtschaftsführer unter dem Druck der Wirtschaftsnotwendigkeiten... klar, daß er als Betriebsführer geradezu gezwungen sei, eine neue Aufgabe mit zu übernehmen, die des Erziehers. Und zwar nicht nur in der Rolle des Lehrherrn, der Werkschulen gründet, sondern als politischer Erzieher in viel weiterem Sinne.

Auch die in der Sozialdemokratie und in den Gewerkschaften vertretene Arbeiterbewegung hat diese unumgehbare Pflicht erst spät eingesehen, eigentlich erst seit dem Anfang des 20. Jahrhunderts. Die Mahnungen und Warnungen, die Pestalozzi schon in den Anfängen der industriell-technischen Entwicklung erhoben hatte, waren damals kaum beachtet, großenteils falsch verstanden und dann vergessen worden. Seitdem hatte sich die Lage total verändert; alles war viel schwerer geworden, eben deshalb, weil so viel Versäumtes *nach*geholt werden mußte.

Gleichviel: Die Wendung zum Verständnis der – nicht sowohl neuen, als versäumten Aufgaben war eine große Sache, und es ist in kurzer Zeit Bewundernswertes geleistet worden. Da wir hier vorzugsweise vom Unternehmer reden – ohne die Mitarbeit der anderen Seite zu vergessen und irgendwie geringer zu schätzen, ist mit Betonung hervorzuheben, welche großen neuen Pflichten der »Wirtschaftsführer« seitdem auf sich genommen hat und in welche Weiten sie ihn künftig noch hinausführen werden. Auch diese großen Leistungen aber wären nicht eingetreten, wenn man nicht aus jenem Rückschlag gelernt hätte, der die Folge einer anfangs unvollständigen Planung war.

2. In der Außenpolitik hat die Technisierung und Industrialisierung abendländischen Stiles zu Folgen geführt, die man durchaus voraussehen konnte, die aber durch den Zeitpunkt, zu dem sie am stärksten hervortraten, große Schwierigkeiten verursachten. Wir stehen heute mitten in dem Prozeß der Verselbständigung aller kulturfähigen ehemaligen Kolonialländer gegenüber dem Abendland.

Es stand von vornherein fest, daß ein Land, das nicht aus dem kulturellen Wettbewerb ausscheiden wollte, die abendländische Technik übernehmen und mindestens in einigen Zweigen eine eigene Industrie aufbauen mußte. Japan ist eines der wenigen Länder, die die Phase der kolonialen Abhängigkeit zu überspringen vermochten. Dafür mußte es sich allerdings einem Lernprozeß unterziehen, dessen Tempo kaum seinesgleichen haben dürfte.

Die Epoche der Kolonialbildungen ist vorbei. An ihre Stelle sind mehr oder weniger freie Bündnisse zwischen den führenden und unterentwickelten Staaten getreten. Die ersten, nämlich die äußerlich-zivilisatorisch fortgeschrittensten Mächte, haben eingesehen, daß sie auf diesem Gebiet fortan den anderen eine Art von Erziehungshilfe zu leisten haben. Natürlich soll daran auch verdient werden;... Aber es ist doch ein gewaltiger Stilwechsel von der mehr oder minder maßvollen Ausbeutung zu einer erziehenden Haltung, die mutatis mutandis an die Funktion der merkantilistischen Epoche der Wirtschaftspolitik in den Staaten des europäischen Kontinents erinnert. Der Unternehmer bleibt nicht bei der Rolle des Produzenten und Kaufmanns. Er wird auch Berater. Dazu bedarf es bei ihm eines immer wachsenden Horizontes und innerer Umstellungen, zu denen auch die Entwicklung eines Organs für Völkercharakterologie gehört. Wie es bei der Wehrmacht seit langem eine Abteilung »Fremde Heere« gegeben hat, so muß der Wirtschaftsführer nicht nur ein Büro »Fremde Völker« in seinen Betrieben errichten. Auch bloße Informationsreisen werden in der neuen Epoche nicht mehr genügen. Man muß sich schon ein wenig theoretisch darüber orientieren, wie man in die Geistesart eines Volkes eindringt, noch dazu, wenn es sich um Völker ganz anderer Rasse und ganz anderer Kulturstufe handelt.

Ebenfalls ist vorauszusehen, daß diese Art von wirtschaftlicher Erziehungshilfe – die schon die freieren Formen angenommen hat, wie sie angebracht sind, wenn der Zögling in die Phase selbständiger »Reifung« eingetreten ist – daß diese Epoche nicht sehr lange dauern kann. Hier aber beginnen die Probleme bedeutsam zu werden, die mit unserem Thema zusammenhängen.

Bei dem seit dem ersten Weltkrieg immer deutlicher werdenden Rückstoß der unterentwickelten Völker gegen die Vormacht des sog. Westens kommt es für diesen zunächst sehr stark darauf an, *welchen* Wirtschaftserzieher sie sich wählen werden. Sowjetrußland bietet einige ganz verständliche Vorzüge: Es hat soeben selbst einen ungeheuer beschleunigten Prozeß der Technisierung und Industrialisierung durchgemacht. Es hat eine Staatsform, die eine zentralistische Lenkung von oben gestattet (und von dem freien Willen der einzelnen ist im Anfang nicht viel zu erhoffen). Es hat einen radikalen Glauben an die heilsame Bedeutung des Intellektes und empfiehlt sich außerdem durch eine leicht begreifbare Gesellschafts- und Staatstheorie, die die Befreiung von bisherigen Bedrückern in Aussicht stellt. Die Leute des Westens aber gelten den meisten Völkern Asiens und

Afrikas einfach als »Bedrücker«, ohne daß viel nachgeprüft würde, ob sie es gerade deshalb sind, weil sie das freie Unternehmertum und das Privateigentum an den Produktionsmitteln bejahen.

Das Begehren nach den westlichen Zivilisationsgütern rückt also jetzt an uns in Formen heran, die viel politisches Fingerspitzengefühl erfordern. Gerade für den Unternehmer in Deutschland ist es von entscheidender Bedeutung, ob er diese Konstellation voll begreift und gut ausnützt. Gewiß sind unsere Technik und unsere industriellen Erzeugnisse noch von hervorragender Qualität. Die Spitze halten können sie aus bekannten Gründen leider nicht mehr oder nicht mehr lange. Manche Nationen Asiens und anderer Gebiete kaufen nur deshalb bei uns, weil sie bei anderen, wie England oder USA, eben *nicht* kaufen wollen. Sie zeigen außerdem deutlich die Absicht, dann, wenn sie einmal »nachgeholt« haben, den Wettbewerb mit dem Westen auf ein ganz anderes Gebiet als das bloß wirtschaftliche zu schieben. Sie wollen das Wertvolle ihrer eigenen Tradition wieder zur Geltung bringen. Heute noch bloße Lehrlinge und Käufer – werden sie morgen in manchem schon selbständige wirtschaftliche Konkurrenten sein und übermorgen vielleicht moralische Konkurrenten.

Manche erinnern sich noch, wie man sich um 1900 von seiten der deutschen Reichsregierung bemüht hat, die Bevölkerung zur Kolonialpolitik und zum Überseedenken zu erziehen. Damals kamer wir zu spät. Vielleicht erweist sich das nachträglich als heilsam. Denn wir sind bei den Völkern, deren Siedlungsgebiet einmal eine »Kolonie« war, nicht mit einer Vorgeschichte aus dieser älteren Epoche belastet. Aber um so mehr bedarf es jetzt der Voraussicht und des behutsamen Vorgehens.

Was den Rückstoß der Völker, die die abendländische Zivilisation bisher nur teilweise übernommen haben und aus Gründen der nackten Selbsterhaltung weiter übernehmen müssen, so gefährlich macht, ist eben der Zeitpunkt, in dem diese Emanzipation wirksam wird. Dadurch ist in politischer Hinsicht neben dem sowjetisch geführten Ostblock und dem amerikanisch geführten Westblock eine dritte Zusammenballung entstanden. Sie ist noch keine Einheit, sie ist noch nicht fertig; aber sie kann schon Gewichte in die Waagschale werfen, die für das Schicksal des Abendlandes verhängnisvoll werden könnten. Denn Indien und China – um nur diese zu nennen – werden sich gewiß nicht auf lange Zeit ins Schlepptau nehmen lassen. Ein freies Unternehmertum kann seine Vorfühlversuche leichter durchführen als Mächte mit Planwirtschaft und Zwangswirtschaft. Sie müssen aber psychologisch feinfühlig unternommen werden.

Ist also dieser freie Unternehmer unter dem Einfluß der Lehren der

Zeit genötigt gewesen, im eigenen Lande, nach innen hin, die Rolle eines psychologisch denkenden Volkserziehers zu übernehmen, so wird er sich bald der schweren Aufgabe nicht entziehen können, auch völkerpsychologisch zu denken, andern Völkern bei ihrem Kulturaufbau zu helfen und dabei ein Bild moderner Kultur sichtbar werden zu lassen, das man zum Vorbild nimmt; – nicht mehr, weil man *muß*, sondern weil man darin Züge findet, die man für die heimische Gestaltung als wertvoll innerlich bejahen kann....

Die kulturphilosophischen Voraussetzungen der gegenwärtigen Bildungsaufgabe

1955

Ich komme aus dem altersgrauen Tübingen. Dort kann man jetzt vielfach beobachten, wie in baufällige Häuser horizontale Eisenträger eingezogen werden. Damit dies geschehen kann, werden die oberen Stockwerke zeitweise durch schräggestellte Pfosten gestützt. Während dieser Prozedur bleibt das Haus oben bewohnt. Das Ganze sieht sehr beunruhigend aus; aber nachher hält der Bau wieder stand. – Ist es nicht ähnlich beim Bau unserer Kultur? Die Menschen, die sie tragen, werden immer wieder aus der jungen nachwachsenden Generation ersetzt. Inzwischen geht das Leben der Kultur weiter; nur im Erdgeschoß passiert das Wagnis, das wir Erziehung und Schulung nennen. Es kommt sehr viel darauf an, daß es glückt. Bei einfachen Kulturen handelt es sich um ein bloßes Auswechseln, gleichsam um die »Ablösung« der Kulturträger. Bei einer so komplizierten und auch schon etwas lädierten Kultur wie der europäischen wird man wünschen, daß man nicht wieder bloße Holzbalken einbaut, sondern Eisenträger. Das ganze Unternehmen kann aber auch völlig mißlingen. Wird dabei unbesonnen gearbeitet, so kann der Gesamtbau einstürzen. Man darf zum Beispiel nicht, wie es in meiner jetzigen Heimat Württemberg, in Nagold, einmal geschehen ist, oben tanzen, während unten nur provisorische Pfosten aufgestellt sind. Jedoch: abreißen und ganz neu bauen können wir nicht. Wir müssen das alte Haus weiter benutzen. Alle Erziehung ist also Konservierung, Umbau und Neubau.

Wir alle spüren, daß in unserer Kultur manches schief steht. Nicht nur wegen Alters. Manches ist von vornherein zu eilig und schlecht gebaut worden. Heute verlangt nun die Baupolizei entschiedene Maßnahmen im Dienste der Sicherheit und Gesundheit. Ein Haus kann man allenfalls abreißen, an einer Kultur kann man nur renovieren. Derweilen daranzuschreiben: »wegen Renovierung geschlossen«, ist aber nicht möglich. –

Uns alle bewegt die ernste Sorge, die ich in den drei Fragen formulieren möchte: 1. Kann der Mensch von heute das noch leisten, was die objektive

Kultur, insbesondere ihr charakteristischer Bereich, die industrielle Gesellschaft, von ihm fordert? Und 2. radikaler gefragt: Kann der Mensch unter den Existenzbedingungen, die er sich selbst geschaffen hat, noch weiter existieren? (Das klingt sehr paradox, aber niemand wird bestreiten, daß wir heute schon einen großen Prozentsatz unserer Arbeit aufwenden müssen, um selbstgeschaffene Kulturschäden wieder herauszubringen. Dieser Prozentsatz wird immer größer werden, man denke nur an die Trinkwassernöte!) Endlich die 3. Frage: Angenommen, dies alles könne wohl noch eine Weile geleistet werden, so erhebt sich das düstere Problem: Wie, wenn der Mensch einer nahen oder fernen Epoche das überhaupt nicht mehr *will?* Das alte Römische Reich ist an der Desinteressiertheit seiner Bürger zugrundegegangen. Und diese Gleichgiltigkeit der Menschen gegen neueste Kulturanforderungen bemerken auch wir. Vielleicht würden wir uns über alle diese Probleme weniger bewußt sein und weniger Sorgen machen, wenn nicht im Osten Europas seit knapp vierzig Jahren ein ganz neuer Kulturbau entstanden wäre. Er braucht einen völlig anderen Menschentypus als unsere westliche Kultur. Gleichviel, welche Dauer wir diesem Experiment im Osten zutrauen: jedenfalls ist der Versuch nicht sogleich nach wenigen Revolutionsjahren zusammengebrochen. Wir sind also Tag für Tag zum Vergleich unseres Baustils mit dem Sowjetexperiment gezwungen. Angenommen, wir wären uns völlig einig darüber, daß wir weder diesen Kulturstil im großen, noch den dazugehörigen Menschentypus wollen, so bleibt doch zweierlei zu erwägen. 1. Kommt ein System wie das sowjetische gemäß seiner eigenen Behauptung ganz automatisch, etwa durch jene zunehmende Indifferenz des modernen Menschen? Und 2., kann man gerade durch Erziehung etwas dagegen tun?

In diesem Kreise setze ich Einigkeit darüber voraus, daß die zweite Frage mit »Ja« zu beantworten ist. Damit ist dann aber auch gesagt: Unsere bisherigen Erziehungsformen einfach konservieren können wir nicht. Wir müssen es im ganzen besser machen, und natürlich nicht nur in der Erziehung. Ja, wir müssen sogar im Westen besser *sein,* nicht bloß besser abschneiden.

Dies ist der große bedrohliche Hintergrund, auf dem wir die Bildungsproblematik unserer Zeit zu sehen haben...

I. Kulturstil und Menschentypus

Die Formulierung ist natürlich vereinfacht. Es gibt sehr viele und höchst verschiedene Arten und Schichten »Mensch« in unserer Kultur. Gemeint ist also hier, daß die Subjektstrukturen, so sagen wir in der Philosophie, und die überindividuellen Gebilde, man nennt sie manchmal jetzt auch die Superstrukturen – beispielsweise ein Betrieb –, daß dies beides, Subjektartung und objektive Forderung, zueinander passen; sonst zerfällt die Gesamtstruktur. Nun kann ich hier nicht beliebig weit differenzieren, sondern ich beschränke mich auf zwei extreme Standpunkte. Auf der einen Seite wird behauptet, die Kultur fahre am besten mit dem leicht organisierbaren Menschen, man könnte ihn auch den systemgebundenen, den genormten Menschen nennen. Der andere Standpunkt: Die Kultur fährt am besten mit dem Menschen, der ein eigenes sittliches Lebenszentrum ist, also urteilsfähig, entscheidungsbereit, verantwortungsbewußt. Was den ersten Typus betrifft, so hat man ihn oft verglichen mit der Rolle eines Maschinenteils im Ganzen einer Maschine. Ist der Mensch auch nur ein Motor oder ein Rad oder ein Kolben, so kann man mit hochgradiger Sicherheit auf ihn rechnen; er ist dann freilich auch nur eine Nummer in der Masse. Wenn es ausschließlich auf die geforderte Leistung ankommt, so genügt unter Umständen dieses Funktionieren; also: es genügt ein Mensch, der bloß Funktionär ist. Alle totalen Staaten wünschen sich diesen Typus: einen Menschen zwar nicht von primitiver Seelenart, aber einen reprimitivierten. Denn ihn kann man leicht lenken, vor allem durch Propaganda. – Das andere Extrem habe ich genannt, den selbstzentrierten Menschen. Er ist, von dem Willen zur Gesamtsteuerung her beurteilt, eigentlich unbequem. Und beispielsweise eine Staatsform wie die freie Demokratie ist die unbequemste, die man sich denken kann; denn es muß schließlich auf jeden Rücksicht genommen werden. Nun kann auch ein totalitäres System wie die Sowjetunion nicht leugnen, daß in mancher Beziehung jeder Mensch ein Zentrum bleibt; denn jeder hat einen Magen für sich und seine Privatbedürfnisse, jeder sucht schließlich auch Glück oder ein gewisses Maß von Befriedigung, andernfalls wird er Nihilist oder er wird zum stumpfen Tier. Soweit müssen also auch die totalitären Staaten die Eigenständigkeit des Menschen gelten lassen.

Überall, wo eine industrielle Gesellschaft sich gebildet hat – also auch bei uns im Westen – ist der neuralgische Punkt an folgender Stelle zu suchen: Diese Kultur ist entschiedene Arbeitskultur. Sie ist nicht wie im Orient Meditationskultur, sie ist nicht entfernt mehr, wie man wohl vom Mittelalter sagen konnte, eine »Kultkultur«, sondern eine völlig durchrationalisierte arbeitsteilige Leistungskultur. Sollte irgendwo in ihr der Punkt erreicht sein, wo die Arbeit die arbeitenden Massen nicht mehr befriedigt, weil diese Tätigkeit gar nicht mehr mit dem seelischen Zentrum verbunden ist, dann ist die Gesamtkultur an der Wurzel ihrer Sinngebung bedroht. Jeder weiß: diese Gefahr ist für die Unterschicht seit langem da. Die Führung hat sie längst erkannt. Man hat sonst alle Lebensbedingungen verbessern können durch Lohnerhöhung, Komfort und Genuß, durch Freizeitpflege, durch die Vertiefung der »human relations« usw. Aber dies alles kann gegen den einen Punkt nicht helfen, daß der Mensch keinen Ersatz findet für seine innere Beteiligung an der von ihm geleisteten Arbeit.

Daher möchte ich die These aufstellen: Wo ein gewisses Maß von Arbeitsfreude unterschritten wird, entartet der Mensch als Mensch. Die Arbeit darf nicht vom eigentlich Menschlichen abgetrennt werden, sondern gerade sie muß so weit wie möglich mit dem Zentrum lebendig verbunden bleiben.

Ich erlaube mir hier einen kleinen historischen Rückblick auf die industrielle Gesellschaft. Die bezeichnete Gefahrenecke ist in den Anfängen von ihrem Unternehmertum nicht sogleich erkannt worden. Es schien zunächst alles herrlich voranzugehen, bis man bemerkte, daß man sich in dem Menschen auf der anderen Seite, der Arbeiterseite, verrechnet hatte. Das nicht bloß Wirtschaftliche in ihm meldete seine Ansprüche. Insofern war die industrielle Gesellschaft zu einseitig und voreilig aufgebaut, und es bestand seit dem Anfang des 19. Jahrhunderts ein Nachholbedarf. An dem leiden wir noch heute, wäre es auch nur in der einen Hinsicht, daß das Mißtrauen der Arbeiter gegen das Unternehmertum immer noch nicht ganz überwunden worden ist. Oder etwas anders und prinzipieller ausgedrückt: Die Moralordnung, die Wertordnung und die Lebensformen, die unabdingbar zu einer industriellen Gesellschaft gehören würden, sie sind nicht gleichzeitig mit ihr produktiv ausgestaltet worden. Dies hat schon im 18. Jahrhundert ein merkwürdiger Mann vorausgesehen, nämlich Pestalozzi, von dem man immer noch für unsere gegenwärtige Problematik ungeheuer viel lernen kann. Heute nun, in der Mitte des 20. Jahrhunderts, arbeiten wir mit bewußter Energie an jener Nachholung. Aber das Nachholen ist schwer. Das große Thema, um das es sich hier handelt, steckt in den verschiedensten Konferenzen drin, oft nur unter Teilüberschriften wie »Humanisierung der Arbeit«, »human relations«, »Mitbestimmungsrecht«, »der Industriearbeiter als Mitarbeiter«, auch »Freizeitgestaltung« – und das Bildungsproblem gehört natürlich mitten in diese Zusammenhänge hinein. Die psychologische Wurzel all dieser Sorgen liegt sehr tief.

Am Schluß dieses ersten Teiles formuliere ich die Grundalternative, von der ich ausgegangen bin, etwas anders. Ich könnte nämlich, statt vom systemgebundenen und vom selbstzentrierten Menschen zu reden, die

Kantische Terminologie erneuern. Kant hat von dem Menschen als bloßem Mittel und dem Menschen als Selbstzweck gesprochen. Aber das ist noch zu blaß. Es handelt sich darum, ob der moderne Mensch gerettet werden kann und gedeiht dadurch, daß man ihm Wohlfahrt gewährt, etwa im Stile der alten Arbeiterwohlfahrt, oder nur dadurch, daß man in ihm einen selbständigen Kulturwillen und [eine] Teilnahme an der Kulturverantwortung erweckt. Sollen wir hierzu Stellung nehmen, so ist es notwendig, im zweiten Teil einen Blick zu werfen auf den Menschen von heute, den Menschen, wie er in unserer Kultur nun einmal geworden ist. Das ist Sache einer psychologischen Zeitdiagnose.

II. Diagnose

Es ist fraglich, ob so etwas wie eine psychologische Diagnose über den Typus einer ganzen Nachwuchsgeneration möglich ist. Die Vielheit der Schichten, der Berufe, der Stämme, zuletzt der Individualitäten scheint hier Grenzen zu setzen. Man braucht sich nur klarzumachen, welcher Unterschied etwa bestehen könnte zwischen dem jungen Arbeiter und dem jungen Studenten, um die Schwierigkeit der Sache einzusehen. Wir können aber darauf nicht ganz verzichten; denn alle Antworten auf Bildungsprobleme sind mitbestimmt duch die Bildsamkeit. Mit einem schlechten Ausdruck gesagt, durch das, was »das Material noch hergibt«.

Die rohesten Leitlinien, mit denen wir Menschentypen erfassen, wären gegeben durch die Motive, auf die sie am stärksten ansprechen. Wenn ich zum Beispiel einen anfangenden Lehrling im Gewerbe vor mir habe, so würde ich ihn psychologisch abtasten unter den Kategorien ... Ist er »lustorientiert«, d. h. vergnügungssüchtig; ist er »lohnorientiert« – erwerbssüchtig; ist er »loborientiert« – geltungssüchtig; ist er »leistungsorientiert«, d. h. an der Qualität seiner sachlichen Arbeit interessiert? Man würde noch weiter zu fragen haben: Ist er politisch eingestellt? oder sozial besonders beteiligt als klassengebundener Arbeiter? Schließlich, was das höchste wäre: Ist er »total-verantwortungsorientiert«? Das wäre der Mensch in seiner höchsten Gestalt. Es gibt natürlich niemanden, in dem nicht jedes dieser Grundmotive wirksam wäre; jedoch ist es in ungleicher Mischung der Fall und in sehr verschiedener Abstufung. Jener Lehrling war nur ein Beispiel. Wir müßten durch alle Schichten und Berufe hindurchgehen. Wir begnügen uns aber wieder mit einem blassen Schema, indem wir Grundschicht, Mittelschicht und Führungsschicht auseinanderhalten. Das wären also in der Industrie die Schicht der Arbeiter, die Schicht der Angestellten und die der Unternehmer, der Direktoren und der »Manager«, falls es etwas Derartiges geben sollte. Wissen wir, wohin diese Menschenarten je *tatsächlich* tendieren, und wissen wir, wohin sie unter kulturethischen Gesichtspunkten tendieren *sollten,* dann hätten wir Anfangspunkt und Endpunkt für die Linie des zu erörternden Bildungsprozesses. Das kann ich hier natürlich nicht vollständig durchführen; ich hebe nur die wichtigsten Gefahrenpunkte heraus; es sind drei:

Diejenige Gefahr, gegen die heute am lautesten geeifert wird, ist das Spezialistentum. Man behauptet, in unserer Kultur gedeihe nicht mehr der sog. *ganze* Mensch. Ich bin der Meinung, daß dieses Thema vielfach etwas gedankenlos erörtert wird. Denn es besteht nicht die mindeste Aussicht, daß wir in unserem Kulturhause je wieder von der Spezialisierung loskommen könnten. Außerdem kann jeder Spezialist von seiner Position aus ein sehr gutes und hohes Ethos entfalten. Ich erwähne die ärztliche Gesinnung, die Kaufmannsgesinnung, die Vorarbeitergesinnung. Es wäre interessant, ausführlicher davon zu reden; aber darauf kommt es heute nicht an. Die erste Gefahr liegt meines Erachtens, und zwar besonders für die mittlere und Unterschicht, an einer ganz anderen Stelle, nämlich darin, daß der Berufswille in immer weiteren Kreisen abstirbt und statt dessen übrigbleibt der nackte Erwerbswille, das bloße Geldverdienenwollen. Dies ist ja oft genug unter dem Titel »Job oder Beruf« verhandelt worden, und es ist dabei mit Recht immer auf die ganz anders gearteten Verhältnisse in den Vereinigten Staaten hingewiesen worden Die Gefahr, die ich hier meine, wird noch dadurch vermehrt, daß die grundrechtlich garantierte freie Berufswahl vielfach nur auf dem Papier steht. Weit entfernt nun, daß es unsere Aufgabe wäre, gegen den Spezialisten als Unternehmer, als Angestellten im Büro, als Handarbeiter ins Feld zu ziehen, sollten wir vielmehr Front machen gegen den Verlust der Dauerberufe, weil damit auch verloren gehen würde: das gediegene Berufswissen, das gediegene Berufskönnen und eine verfestigte Berufsgesinnung. Wie stark in alledem Wurzeln der Sittlichkeit liegen, brauche ich hier nicht auszumalen. Wohl aber wäre es zu diskutieren, bis zu welcher Schicht diese gefährliche Erscheinung schon emporreicht. In mancher Hinsicht hat sie bereits auf die Führungsschicht übergegriffen: Heute Direktor einer Brauerei, morgen Gründer einer Hagelversicherungsgesellschaft. Es zeigt sich hier, daß unsere Gesellschaft im Begriff ist, allzu flüssig zu werden, und zwar »geldflüssig«.

Ich gehe über zu einer zweiten diagnostischen Feststellung. Dieses verwickelt strukturierte und zum Teil schon zu sehr verflüssigte Gebilde »industrielle Gesellschaft« setzt doch voraus, daß jeder seine kleine oder große Rolle in ihr mit einigem Verständnis für den Gesamtzusammenhang spielt. Denn das ist es ja, was man heute dem Spezialisten oder Professionalisten vorwirft: er sehe weder seine Grenzen noch das, was er dem Ganzen gegenüber positiv zu verantworten hat. Es fehlt ihm eine auch nur bescheidenen Anforderungen genügende Kulturkenntnis. Um ein solches Organ für den Zusammenhang der Kultur zu entwickeln, bedarf es der Aufgeschlossenheit, ja, um ein Wort von Kerschensteiner anzuwenden, der »Aufwühlbarkeit«. In Bezug hierauf zeigt sich die zweite Gefahr, nämlich der zunehmende Verlust der Phantasie, sich fremde Lebensverhältnisse auch nur vorzustellen und sich für die Gesellschaftszusammenhänge zu interessieren. Dazu wäre ja erforderlich ein im Stillen des Bewußtseins vollzogener Standortwechsel, die Fähigkeit, von einem fremden Bezugssystem her zu denken. Es gibt sehr viele Arten von Phantasie – jede hat ihren eigentümlichen Wert –: die exakt-konstruktive, die in der Technik eine Rolle spielt, die poetische, die organisch-biologische Phantasie. Hier ist diejenige gemeint, die man besser als »Vorbildungskraft« bezeichnen würde und die auch Goethe im Auge hat, wenn er von sich sagt, er wäre fähig gewesen, das ganze Leben in der Vorstellung zu antizipieren. Diese Fähigkeit brauchen wir alle, einmal um uns auszumalen, wie anderen unter anderen Lebensbedingungen zu Mute gewesen ist oder jetzt ist; sodann: wie es in anderen Berufen zugeht; ferner: »wie alles sich zum Ganzen webt, eins in dem andern wirkt und lebt«. Vor allem aber brauchen wir sie, um höhere Lebensformen als Ziel der eigenen Daseinsgestaltung zu entwerfen. Ich nenne diese weiche, noch bildsame Hülle um die reale Persönlichkeit herum die »Aura«, gleichsam eine luftige Hülle. Diese nun hat, vielleicht unbemerkterweise, immer mehr abgenommen unter der Nüchternheit der gegenwärtigen gesellschaftlichen Wirklichkeit. Wo sie aber unentwickelt bleibt, wird das Dasein eng, und es bildet sich ein stumpfer Individualismus heraus. Was die Unterschicht betrifft, so läßt sich die Phantasie dort fast nur noch durch die Routinebilder des Kinos, durch entartete populäre Musik und durch den negerartigen Tanz einigermaßen in Bewegung setzen.

Aus dem wirklichen Leben möchte ich hier zwei Beispiele heranziehen. Das eine entnehme ich dem Ihnen wahrscheinlich bekannten Buch von Bednarik ›Der junge Arbeiter von heute‹, Stuttgart 1953. Der Verfasser legt die Verhältnisse in Wien zugrunde: vielleicht ist damit schon eine Einseitigkeit gegeben. Er schildert, was von dem einst klassenbewußten und militanten Arbeiter übrig geblieben ist, nachdem die sozialistische Ideologie erledigt ist und die wirtschaftliche Sicherstellung in weitem Umfange erreicht ist. Das Zerfallsprodukt, das übrig bleibt, nennt Bednarik den »Schlurf«. Gemeint sind junge Menschen, die sich nur noch in den Kinos und auf den Sportplätzen herumtreiben, keinerlei echte Gemeinschaft miteinander haben, sondern bloße Horden bilden; die das Lebensgefühl erfüllt: »Mich geht nichts an als ich mich selbst«. Ob das heute schon ganz so ist, möchte ich bezweifeln. Cattepoel in seinem Buche ›Sozialreise durch Deutschland‹, Düsseldorf 1953, bezeichnet das Bild, das Bednarik gibt, als eine Karikatur. Aber man sollte darauf aufmerksam sein, ob das, was heute noch nicht ist, vielleicht in einiger Zeit kommen muß.

Mir war das erwähnte Buch deswegen interessant, weil dort in der Arbeiterschicht fast die gleichen Phänomene festgestellt werden, die ich bei dem heutigen durchschnittlichen Studententyp sehe. Dieser Typus hat ganz im Gegensatz zu der Kriegsgeneration, die ausgezeichnet war, keine innere Lebendigkeit mehr, kein Interesse für Lebensgestalten, die man nicht selber lebt. Er ist vielfach »unaufgeschlossen« bis zur Stumpfheit. Mir ist zum Beispiel aus diesen Kreisen wie auch schon von Oberschülern versichert worden, eine eigentliche Freundschaft kennten sie nicht mehr, jeder lebe nur für sich, jeder nehme nur an seiner eigenen Sache Anteil. Es ist kein Schwung da. Menschen solcher Art sind nur geeignet, irgendwo als »Gelernte« im Betrieb gebraucht zu werden; aber man kann sie nicht inspirieren. Das also liegt schon in der sog. Oberschicht vor. Kein Wunder, wenn sich Ähnliches auch in der Arbeiterschaft anbahnen sollte!

Ich komme zu der dritten Gefahr; sie hängt mit dem eben Gesagten zusammen. Denn nach dem Satze: »was ich nicht weiß, macht mich nicht heiß«, wird ja gelten, daß solche Naturen, die absolute Individualisten geworden sind, auch in der Gemeinschaft keine verantwortliche Rolle mehr spielen wollen. Kann man aber Menschen ohne ein feineres Verantwortungsbewußtsein in irgend einem Betrieb brauchen? Man kann es ebensowenig, wie es im Staate der Fall wäre. Wenn ich von der Definition ausgehen darf: Demokratie soll die Staatsform sein, in der jeder ein Gewissen für das Ganze hat, so widerspricht dieser Wesensbestimmung der Befund, den wir heute haben. Denn im Grunde steigert sich immer mehr die Einstellung, der Staat habe die Pflicht, uns zu versorgen. Die Ansprüche an die Leistungen des Staates sind ungemessen. Was man selber etwa zu leisten hätte, wird gar nicht in Betracht gezogen. Und das ist nicht etwa nur bei dem Massenmenschen (der ja viele Spielarten hat) der Fall, sondern auch – sagen wir ruhig: in »unseren« Kreisen. Ein persönliches Gewissen zu haben, ist unbequem. Ich habe bei Studenten nicht selten diese Einstellung gefunden: »Man sage mir, was ich soll, und ich werde dafür dankbar sein. Entscheidungen kann ich nicht treffen.« An einem Lehrerseminar ist ausdrücklich erklärt worden: »Verantwortungen kennen wir überhaupt nicht«. Vielleicht muß man nuancieren: Auftragsverantwortung wird noch anerkannt; aber die Initiativverantwortung fehlt. Wenn nun solche Menschentypen sich weiter entfalten sollten, so wäre das die trübe Masse, von der sich alle totalitären Systeme nähren. Denn diese kommen ja nicht durch irgendeinen Zufall bei einer Wahl zutage, sondern in unserer Wirklichkeit ist der Boden dafür da, keineswegs nur dagewesen; er ist heute noch da.

Diese Diagnose berührt den Punkt, der für alle Pläne zur Erneuerung der Erziehung Mittelpunkt ist. Charakter haben, heißt Versuchungen standhalten und selbständige Entscheidungen durchhalten. Kontrast ist das, was im Sowjetsystem verlangt wird, nämlich das bloße Sicheinfügen in einen überindividuellen Apparat. Wenn wir uns einen Augenblick nur der Oberschicht im westlichen Deutschland zuwenden, so muß natürlich diese Führungsschicht ganz besondere Verantwortungen übernehmen. Ich liebe nicht den verschwommenen Ausdruck »Elite«; das gibt es nur in literarischen Kreisen. Hier handelt es sich um Führer freier Menschen. Und will sich der Privatunternehmer an der Führung behaupten, so ist an zweierlei zu erinnern. Erstens: der Unternehmer von heute ist etwas völlig anderes als der vor fünfzig Jahren. Er ist keineswegs nur Wirtschaftsführer, sondern er ist jetzt wesentlicher Kulturführer überhaupt. Und zweitens: die Anforderungen, die sonst an ihn gestellt werden, möchte ich formulieren durch Wiedergabe eines Zitates aus Cattepoels ›Sozialreise durch Deutschland‹: »Der Unternehmer muß wissen, wo er wurzelt. Seine weltanschauliche Grundlage ist mehr als eine Privatliebhaberei, sie ist eine Wirklichkeit, die von entscheidender Tragweite auch für die allgemeine gesellschaftliche Struktur heute und in Zukunft ist. Es geht um seinen Lebensstil und um seine Daseinsform. Denn der Unternehmer steht, wie wohl kaum ein anderer, heute an der Stelle, wo die Entscheidung fällt, ob der europäische Mensch sich behaupten wird oder nicht.«[1] Etwas anders gesagt: Wir können uns nicht auf die Amerikaner und ihre Macht verlassen; sondern nur wenn er, der europäische freie Unternehmer, seine Funktion voll erkennt, kann er uns behüten vor dem Sowjetsystem und seinem Menschentypus, wie auch, was hier nur angedeutet sei, vor dem Rückstoß der östlichen Kulturen gegen ihren nunmehr verhaßt gewordenen Lehrer Europa. Für diesen Unternehmertypus gilt gerade das, was ich vorhin hervorgehoben habe: Er muß sich das volle Berufsethos erhalten, er muß ein umfassendes Kulturbewußtsein haben und ein entsprechend – nicht »weites«, aber feines Kulturgewissen.

[1] Dirk Cattepoel, Sozialreise durch Deutschland. Düsseldorf 1953. S. 38.

III. Therapie

Die Diagnose könnte noch fortgesetzt werden, ich eile aber zum dritten Teil, den ich »Therapie« überschrieben habe. Deutlicher formuliert: wir kommen jetzt zu der pädagogischen Seite. Im voraus darf ich bemerken: es ist eine große und doch nicht ausreichend beantwortete Frage, ob die Erziehung das überhaupt zu leisten vermag, was hier erwartet wird, nämlich die »Hervorbringung« eines Menschentypus, der die komplizierte abendländische Kultur in sittlich richtiger Weise zu tragen vermag. Republikaner aller Zeiten waren in der Deklamation einig: wenn der Mensch seine Freiheit erst einmal verloren hat, oder auch, wenn er sie selbst nicht mehr *will*, dann kann sie ihm kein Gott wiedergeben. Ebenso steht es mit dem Gewissen.

Wenn aber diese Möglichkeiten der Erziehung bejaht werden, dann müssen wir auch ans Werk gehen. Auf die Alternative, ob Erziehung nur die Erhaltung der Lage, wie sie ist, im Auge hat, oder ob sie die Veredlung der gegebenen Kultur zu bezwecken hat, antworte ich: das zweite soll der Fall sein, jedoch nicht in dem Sinne der Aufstellung von weltfernen absoluten Idealen, sondern von dem Boden der gegebenen Realität aus. Deshalb habe ich die Diagnose vorangeschickt, denn auch die Erziehung muß mit dem arbeiten, was gegeben ist; wieder mit dem unschönen Ausdruck: sie muß anknüpfen an das Menschenmaterial, das sich uns bietet. Nun werden Sie mir zustimmen: ein eigentlicher Jubel über wiedererlangte Freiheit nach dem 3. Reich ist in Westdeutschland nicht zu hören gewesen. Und einen leidenschaftlichen Furor gegen die Knechtung unserer Landsleute in der Ostzone bemerkt man auch nicht überall. Ich habe das einmal in einem Aufsatz näher ausgeführt, bei dem ich mich auf Beobachtungen in der Studentenschaft gestützt habe.[2]

Natürlich kann ich hier nur ganz allgemeine Richtlinien aufstellen, die ich nachher der Diskussion zu unterwerfen bitte. Es sind Richtlinien, die sich auf alle Zweige des allgemeinen wie des beruflichen Bildungswesens gleichmäßig beziehen.

Der erste Leitsatz wird lauten: Das Schulwesen hat den jungen Menschen für die Mitarbeit an der gegenwärtigen, zunächst deutschen Kultur auszurüsten und ihm diese Mitarbeit als eine echt sittliche, nicht bloß sozialutilitarische Aufgabe ins Herz zu graben. Ich sage hier: »echt sittlich«, um die Verwechslung zwischen dem sozial Nützlichen und dem

---

[2] Eduard Spranger, Gibt es heute in Westdeutschland eine Jugendideologie? In: Spranger, Kulturfragen der Gegenwart. Heidelberg 1953, 1964[4].

eigentlich Sittlichen auszuschließen. Wenn ich das echt Sittliche in aller Kürze kennzeichnen soll, bin ich einigermaßen ratlos; gestatten Sie mir den Ausdruck: das von Gott mit dem Menschen eigentlich Gewollte. Die These, daß eine Einführung in die gegenwärtige Kultur stattfinden soll, schließt schon in sich: soweit es Schulen gibt, in denen man sich mit der antiken Kultur beschäftigt, ist dies eben nur einer der Wege, auf denen man das Ziel, Verständnis der Gegenwartskultur, anstreben kann. Die schwierigste Aufgabe dieser Erziehung liegt überhaupt nicht in der Auslese von geeignetem Lehrstoff, sondern darin, freie Menschen heranzubilden. Und da der Ausdruck Freiheit zu vieldeutig ist, sage ich noch einmal: Menschen, die selbst sittliche Entscheidungen treffen, Menschen, die Verantwortungen für ihre Gruppe fühlen und aktiv bewähren, Menschen, die sich in ihrem Gewissen vor Gott und nicht nur vor der Gesellschaft gebunden wissen. Demgegenüber sind alle Lehrplanfragen zweiten Ranges. Das, was ich soeben ausgesprochen habe, nämlich, daß es sich um die Erziehung freier und verantwortlicher Menschen handle, *das* ist ersten Ranges. Und jeder in unserem Kreise fragt sich wohl besorgt, ob nicht zu viel von der Erziehung verlangt wird, ob das überhaupt geht oder ob es *noch* geht, wobei ich gar nicht die Theorie zum Zeugnis heranrufe, sondern nur das, was jeder in seinem Kreise von der Neigung zur persönlichen Freiheit bei seinen Zeitgenossen spürt.

Ich führe das ein wenig näher aus. Zunächst ist festzustellen, daß die deutsche Erziehungstradition verglichen etwa mit der englischen in dieser wesentlichen Hinsicht [der] »Charaktererziehung« immer schwach gewesen ist. Denn in unserer Erziehung wirkt immer noch der alte Disziplingeist des Militärs und der Pflichtgeist des Beamtentums stark nach, wie beides in einem wohlgeordneten monarchischen Staat gefordert wurde und am Platze war. Sechsunddreißig Jahre sind vergangen, seitdem die Monarchie aufgehoben ist. Sechsunddreißig Jahre genügen nicht, um das ganze Volksethos umzubilden. Die anders erzogenen Väter müssen erst einmal ausgestorben sein, ehe die Forderung des neuen Stils ganz begriffen wird. Aber wissen muß man wenigstens, daß jener alte Stil sittlicher Pflichterfüllung und bloßer Auftragsverantwortung vorbei ist und daß man nun anfangen muß, in einem neuen Geiste zu erziehen. –

Im folgenden werde ich nur ganz kurz vom Unterricht, den Kenntnissen und Fertigkeiten sprechen, dann aber von jener neuen Charakterbildung.

Die Seite des Unterrichts ist in Deutschland eigentlich immer gut gewesen. Entsprechend ist es immer – von Kriegsbehinderungen abgesehen – zu guten Leistungen gekommen. Ich will hier nur bei den Mängeln verweilen, die der Unterricht bei uns noch gehabt hat und die sehr ernst zu beachten sind. Einmal ist der Geist der Selbständigkeit nicht genug gepflegt worden. Selber wissen wollen, selbständiges Denken ist viel mehr wert als ein Schatz von überlieferten Kenntnissen. Ferner: die Stoffüberlastung ist in allen Schulformen immer zu groß gewesen. Man ist immer dem Irrtum unterlegen, daß man in der Schule Proviant für die ganze Lebensreise eintun müßte. Dadurch ist leider die innere Lebendigkeit für eigentlich produktive Leistungen frühzeitig unterdrückt worden. Auf vielen Konferenzen wird jetzt gegen diese Masse des toten Stoffes geeifert. Man erklärt sich für das exemplarische Lernen, das ja besonders in der Berufsschule gut gepflegt werden könnte. Aber niemand findet sich bereit, an die schwere Arbeit des Umdenkens der Lehrstoffe heranzugehen, die nun erforderlich wäre. Ich muß nur einen Namen ausnehmen, den Mathematiker und Physiker Wagenschein in Darmstadt. Zu der Seite des Unterrichts würde auch gehören (was bisher gefehlt hat): eine Einführung in den Gesamtzusammenhang unserer Kultur, soweit die Stufe des Anfangs eine solche Übersicht schon ermöglicht. Aber das Prinzip der Kulturkunde, das eine Zeitlang aufkam, ist vielfach bekämpft worden. Ich möchte heute noch einmal dafür eintreten, daß das in irgendeiner Form zur Geltung kommen muß. – Was die *Organisation* der höheren Schule betrifft, so werden *mindestens* zwei Wege erforderlich sein: Der eine über die Antike führt durch die Geschichte zum Verstehen unserer Gesamtlage, der andere knüpft an die Bildungsgüter der modernen Welt an. Das Ziel aber ist beide Male jener freie und verantwortungsbewußte Mensch, der in seiner Gegenwart zu arbeiten hat und fähig ist, in ihr Kulturführer zu werden.

Mit Bezug auf die Unterrichtsseite bei der Volksschule und Berufsschule – Pflichtberufsschule natürlich – bemerke ich: Hier muß die Bildung großenteils an dem Arbeitsprozeß erfolgen: die denkende Hand, die zuverlässige Hand, muß so ausgebildet werden, wie das Kerschensteiner vorgeschwebt hat. In der Volksschule kommt es natürlich noch nicht auf irgendeine Art von Facharbeit an. Vielmehr müssen wiederum »Grundmodelle« einfachster Handbetätigungen gewählt werden, die gleichzeitig zum Planen und Denken, zum Messen und Berechnen Anlaß geben. Daran hat das Knabenalter eine natürliche Freude. Es bedarf kaum des Zusatzes, daß sich in solchen Übungen nicht alles erschöpft, was die Volksschule zu lehren hat. – In der Berufsschule kommen schon Fachaufgaben vor. Aber auch bei ihnen ist das Erziehliche wichtiger als die Nützlichkeit der hergestellten Sache. Die Seele des jungen Menschen muß in die Arbeit hineingelegt werden. Man redet jetzt allgemein von der »Humanisierung der Arbeit«. Was ist damit eigentlich gemeint? Es ist gemeint, daß jede Arbeit interessant gemacht werden muß, so daß sie dem Tätigen zur eigensten Angelegenheit wird, und daß sie den Charakter einer sittlichen Aufgabe erhält; ferner, daß diese Arbeit selbst als ein Gemeinschaftswerk erlebt wird; und endlich, wie schon wiederholt betont, daß ihre Stellung im Ganzen der Arbeitswelt und im Gesamtbau der Kultur intellektuell und sittlich verstanden wird. Mein Freund Jeangros, der Direktor des Kantonalen Berufsamtes in Bern, hat in einem kürzlich gehaltenen Vortrag von der »Partitur der Wirtschaft« gesprochen. Natürlich kann es sich nur darum handeln, diese Partitur notdürftig lesen zu lernen und nicht etwa nach ihr zu dirigieren. Nur dann, wenn in der Berufsschule denkende und durchseelte Arbeit den eigentlichen Bildungsprozeß beherrscht, können auch jenes *Berufsprinzip*, die Berufsgesinnung, die Berufsfreude bewahrt werden, die nach meinem Eindruck heute vielfach im Verschwinden begriffen sind. Wie das durchzuführen sei, das muß der Diskussion vorbehalten bleiben. Ich will aber ein gutes Beispiel nennen, das mir begegnet ist: Heinz Lang, ›Erziehung zur individuellen Arbeit‹, München-Düsseldorf 1954. Daraus habe ich jedenfalls sehr viel gelernt.

Alle diese Maßnahmen zielen indirekt schon auf die Seite der Charaktererziehung. Um was es hier eigentlich geht, müssen und können wir uns immer am Kontrastbeispiel des Sowjetmenschen klarmachen. Was den Unterricht betrifft, so arbeiten die von Rußland beeinflußten Länder gar nicht schlecht, sie arbeiten aber so, wie es eben ohne eigentliche Freiheit möglich ist. Auf welche Art man zum freien, entscheidungsbereiten, verantwortungsbewußten und gewissensgebundenen Menschen erziehen kann, ist ein großes Geheimnis und gewiß ein unendlich schweres Werk. Ich kann darüber nur eine Generalformel äußerlicher Art voranschicken. Wir müssen los von der in Deutschland beheimateten Alleinherrschaft des Prinzips »Erziehender Unterricht«. Es hat besagt: alle Erziehung sollte am Wortunterricht und durch Vermittlung von Kenntnissen erfolgen. Statt dessen müssen wir nicht nur im Programm, sondern auch in der Praxis an jugendgemäßen Lebensordnungen erziehen. Der Stil unserer Schulen ist immer noch klosterartig und scholastisch. Ich beschränke mich auf Imperative: Jugendgemeinschaft bilden! Fruchtbare Situationen erleben lassen! Tataufgaben stellen! Oder, um die Goethesche Formel anzuwenden: Denken und Tun, Tun und Denken müssen immer miteinander verbunden sein! – Von der Seite des Lehrers aus gesehen: Er kann niemanden zur Freiheit erziehen, wenn er nicht Ehrfurcht vor dem Eigenrecht des Kindes und Jugendlichen hat, wenn er es nicht versteht, aus diesem jugendlichen Wesen das eigentlich Geistige herauszuholen, statt es nur hineinzufüllen, wenn er nicht das Problembewußtsein in dem jungen Menschen zu wecken vermag, sowohl das intellektuelle wie das ethische

Problembewußtsein. Wer keine ethischen Probleme erlebt, der wird nicht fest, weil er sich nicht durchzukämpfen hat. Dies alles natürlich altersgemäß! Es wäre weiter zu wünschen, daß die gesamte Jugend stärker in dem öffentlichen Leben hervorträte, dort ihren Platz hätte, wie es etwa in den einfacheren Schweizer Verhältnissen geschieht, und offenbar mit großem Erfolg. Es bedeutet etwas für das Selbstbewußtsein der Jugend, wenn sie sagen darf: »Wir gehören mit dazu«. –

Die einzelnen Schulstufen sind mit Bezug auf die Erziehung zur selbständigen Persönlichkeit sehr ungleich gestellt. Solange die Volksschule gerade mit dem Einsetzen der Pubertät abbricht, kann man von ihr nicht erwarten, daß sie Endgiltiges leistet. Der Ruf mindestens nach einem 9. Schuljahr muß immer wieder erhoben werden, so viele wirtschaftliche Gründe dagegen angeführt werden mögen, ganz besonders von den bäuerlichen Kleinbetrieben aus. Alles in der Welt ist anspruchsvoller geworden; nur in der Volksschule sollte man noch mit der gleichen Zahl von Jahren auskommen wie im 18. Jahrhundert? In England hat Julian Huxley die gleiche Forderung aufgestellt. Gerade auch im Interesse einer vollwertigen Vorbildung für das Wirtschaftsleben muß endlich die Energie aufgebracht werden, allen Widerständen zum Trotz einen Schritt zu tun, dessen Notwendigkeit jeder Erfahrene einsieht.

Die Pflichtberufsschule hat die andere Schwierigkeit zu überwinden, daß sie mit dem vollen Sturm der Pubertät fertig werden muß, obwohl ihr die Jugendlichen nur für wenige, aufs stärkste mit Stoff beladene Wochenstunden zur Verfügung stehen. Eine charakterbildende Einwirkung ist auf dieser Stufe nur möglich, wenn der Lehrherr und die Schule ganz eng miteinander im gleichen Geiste arbeiten. Normalerweise imponiert dem jungen Menschen der Mann, der in seinem Fache ein wirkliches Können besitzt. Er fordert auch, daß echte Meisterschaft im Beruf und echte Meisterschaft im Leben in der Tiefe miteinander verbunden seien. Wer seine Führung übernimmt, sollte ihm vorleben, daß er etwas *kann* und etwas *ist.* Der Berufsschullehrer vermag nur dadurch die wilden Triebe an die Kette zu legen, daß er den Reiz der Sache voll erleben läßt. Die werkeigene Schule mit ihren reichen Mitteln bietet hierfür besonders günstige Bedingungen. Unter allen Umständen sollte Zeit dafür da sein, daß der Lehrling zu selbständiger Leistung kommt. Denn die Freude am eigenen Gelingen ist der wichtigste Hebel für das Weiterstreben. Die Ausbildung der Gewerbelehrer ist deshalb eine so schwere Angelegenheit, weil sich in ihm dreierlei verbinden sollte: fachliches Können, psychologisch-pädagogisches Geschick und eine mitreißende Persönlichkeit. Man kann nicht genug darüber nachdenken, wie man solche Naturen findet und sachgemäß fördert. Vorläufig ist dieser Beruf mit seinen Reizen und seinen Dornen in weiteren Kreisen der Bevölkerung noch wenig bekannt. Von seiner Leistung aber hängt es ab, ob jene Humanisierung der Arbeit und damit echte Freude an dem Beruf noch erzielt werden kann.

Die höhere Schule hat den beiden bisher erörterten Stufen gegenüber den Vorzug, daß sie ihren Zögling bis fast an das Ende seiner Reifungszeit führen kann. Sie entgeht jedoch nicht immer der Gefahr, sich wesentlich als eine Vorschule für gelehrte Berufe zu betrachten. Das soll sie *auch*. Wenn es ihr aber dabei nicht gelingt, den Menschen im Menschen zu entwickeln, so leistet sie auch den Hochschulen nicht den rechten Dienst. Es kommt bei ihr noch nicht darauf an, zu jener distanzierten Objektivität zu bilden, die für die Wissenschaft erforderlich ist. Das Umgekehrte ist wahr: Das innere *Beteiligtsein* am Großen und Guten, am menschlichen Sein und am schöpferischen Wollen muß erweckt werden. Ihr Lehrgut in allen seinen Besonderungen bietet dem jungen Menschen die Möglichkeit, sich leidenschaftlich mit solchen Gestalten der Vergangenheit zu identifizieren, in denen etwas von der Kraft des Überzeitlichen lebendig war. Das trägt noch den Charakter des vorbereitenden Experimentierens mit sich selbst. Zum Schluß aber soll der Keim und der Kern für ein Menschentum herauskommen, das zur rechten Führung im Kulturganzen gerüstet ist. Nur so rechtfertigt sich der lange Ausbildungsgang. Er soll wenigstens dies zum Bewußtsein bringen, was es heißt, sein höheres Selbst ausreifen zu lassen. Das errungene Reifezeugnis bestätigt zwar noch nicht das Vorhandensein irgend einer Reife, wohl aber die begründete Hoffnung, daß es dazu einmal kommen könne.

Wie problematisch es nämlich mit der Möglichkeit des Menschen, sich selbst zu vollenden, steht, ist dem europäischen Kulturträger vielleicht erst in den tragischen Zeiten unseres Jahrhunderts ganz klar geworden. Wir glauben nicht mehr recht an die schöne in sich geschlossene Persönlichkeit oder an die geprägte Form, die sich selbst genug zu tun vermag. Vielmehr spüren wir, daß wir uns das ganze Leben hindurch offen zu halten haben sowohl für immer neue Anrufe unseres Gewissens wie für neue Forderungen an unser Sein und unsere Leistung. Denn es geht immer etwas neben uns her, aus dem tiefere Verpflichtungen und höhere Kräfte erwachsen. Diesen Quell, aus dem wir »eigentlich« leben, mögen wir die metaphysische Tiefendimension nennen, deren Verlust uns zu einem bloßen Spielball der wechselnden gesellschaftlichen Verhältnisse machen würde. Wir können es aber in der alten religiösen Sprache auch so ausdrücken: Wenn der moderne Mensch keine stillen Begegnungen mit Gott mehr hat, der in seiner Brust lebt und ihn lenkt, so bleibt unsere Kulturbilanz jedenfalls negativ, und keine äußeren sogenannten Erfolge können dafür entschädigen – weder den einzelnen noch die abendländische Kultur als Ganzes.

Leitsätze

I. Kulturstil und Menschentypus

1. Die Fortführung der abendländischen Kultur ist dadurch gefährdet, daß der eigentümliche Menschentypus, den sie als ihren Träger voraussetzt, nicht mehr in ausreichender Zahl zur Verfügung steht.
2. Unbeschadet der Vielfalt der Berufe und Leistungsgebiete, die sich in der europäischen Kultur verweben, ist sie in allen Schichten angewiesen auf den selbständig denkenden, sich verantwortlich entscheidenden und gewissensgebundenen Menschen.
3. Das weltgeschichtliche Experiment mit einem anderen Kulturstil und Menschentypus, das im Osten Europas vollzogen ist, nötigt uns zur Entscheidung zwischen den beiden Extremen des systemgebunden funktionierenden Menschen und jenes in sich selbst zentrierten Menschen.
4. Die offene und nie ganz heilbare Wunde der abendländischen Kultur liegt darin, daß immer Formen von monotoner Arbeitsverrichtung notwendig sein werden, die das Menschliche im Menschen nicht fördern. Auch wohlgemeinte neueste Gegengewichte helfen dagegen nicht (zum Beispiel die sog. »human relations«).

II. Psychologische Gegenwartsdiagnose

5. Menschentypen müssen von den Grundmotiven her charakterisiert werden, denen ihr Lebensvollzug unterliegt. Demgemäß sind etwa folgende Fragen zu stellen: lustorientiert? lohnorientiert? loborientiert? leistungsorientiert? machtorientiert? klassengebunden? oder: – *totalverantwortungsorientiert?*
6. Nicht das Spezialistentum ist die eigentliche Gefahr der Gegenwart, sondern umgekehrt: der Verlust des Willens zu einem spezifischen Dauerberuf und damit des Berufswissens, Berufskönnens, Berufsethos.
7. Eine zweite Gefahr ist der Verlust der beweglichen Phantasie (Vorbildungskraft), auf der das Teilnehmen an fremden Lebensverhältnissen,

die ahnende Übersicht über den Gesamtzusammenhang unserer Kultur (Jeangros: ›Partitur der Wirtschaft‹) und der Schwung zu eigenen starken Lebensentwürfen beruhen.

8. Die dritte, größte Gefahr ist die Verantwortungsscheu und der Wunsch, von eigenen Entscheidungen entlastet zu werden. Die Wirtschaft verliert damit ihre produktive Spannkraft; der Staat wird zum Allversorgungsstaat, von dem man ungemessene Wohlfahrtsleistungen fordert.

III. Therapie

9. Es ist im höchsten Grade problematisch, ob man überhaupt zu einer menschlichen Haltung erziehen kann, die durch Komplikation der Gesellschaftsordnung, durch Überforderung und moralische Ermüdung bereits verloren gegangen ist.
10. Die »ideale Forderung« an die Leistung der öffentlichen (schulischen) Erziehung lautet: Sie hat den jungen Menschen für die selbstgewollte Mitarbeit an der gegenwärtigen Kultur auszurüsten und ihm diese Mitarbeit als eine echt sittliche, nicht bloß sozialutilitaristische Aufgabe ins Herz zu graben.
11. Freude an der denkenden Arbeit der Hand muß schon in Lehre und Berufsschule das Bewußtsein vom sittlichen Wert der Arbeit aufkeimen lassen und den gefährlichen Bruch verhüten, daß die Arbeit aus den eigentlich menschenwürdigen Gütern des Lebens ausgeklammert wird.
12. Bildung zur Leistungsfähigkeit ohne Verankerung in wertvollen menschlichen Eigenschaften führt nur zu Scheinerfolgen.
13. Die traditionsbedingte Schwäche der deutschen öffentlichen Erziehung hinsichtlich der *Charakterbildung* muß mit größeren Anstrengungen als bisher überwunden werden. Andernfalls bleibt demokratischer Geist in Staat und Wirtschaft eine Fiktion.
14. Charaktererziehung darf nicht auf den sog. »erziehenden Unterricht« beschränkt bleiben, sondern muß an jugendgemäßen plastischen Lebensformen und Gemeinschaften stattfinden, – Stoffüberlastung im Unterricht schädigt auch die Charakterentwicklung.

Schluß

15. Eine Kultur, deren Menschen jeden Bezug zu metaphysischen Lebenstiefen verloren haben, hat keine Zukunft.

Weltverkehr und geistige Kultur

1956

I.

Wir leben im Zeitalter der Weltpolitik, der Weltwirtschaft und des Weltverkehrs. Die Berührung aller Staaten und Völker mit allen anderen wäre wohl nicht so schnell herbeigeführt worden, wenn unser Jahrhundert nicht auch die Epoche der Weltkriege geworden wäre. Aus den Störungen und Zerstörungen, den Leiden und Verzweiflungen, die sie gebracht haben, muß nun die Menschheit ein neues Heil und einen neuen Frieden zu gewinnen suchen. Man geht auf dem ganzen Erdkreis nicht ohne schwere Besorgnisse in die Zukunft. Sollte es gelingen, die Gefahr weiterer Kriege zu bannen, die schließlich zur Weltkatastrophe führen müßten, so herrscht doch überall Trauer, daß eigenwüchsige Kulturen zugrunde gehen, heilige Traditionen abgerissen werden und das Charakteristische der Völker zu einem grauen Einerlei verblaßt. Dieses Schicksal droht den heute lebenden Menschen aller Länder. Es trifft aber auch die überindividuellen Geistesgebilde, in denen sich das Charakteristische der Nationen am zartesten spiegelt: die Sprachen. – Weltverkehr, Weltwirtschaft, Weltpolitik fordern für ihre Angelegenheiten auch eine Weltsprache. Je weniger Volkseigentümliches, je weniger national Geprägtes sie enthält, um so besser erfüllt sie ihre Aufgabe. Ihr Wortschatz muß sich nach der Seite dessen hin ausbilden, was überall gleich ist. Sie muß für den täglichen Gebrauch bequem sein. Gebiete, an denen feinere Gemütserregungen beteiligt sind, braucht sie kaum zu besiedeln.

Trotzdem sind die Versuche, eine künstliche Sprache zu schaffen, die in aller Welt gesprochen werden kann, nicht recht vorwärts gekommen. Es scheint darin etwas gegen die Natur zu sein. Zum Ersatz sind für einzelne Erdteile historisch gewachsene Sprachen zu übernationalen Verständigungsmitteln geworden: hier die französische, dort die englische, wieder anderswo die spanische.

Aber keine dieser »großen« Sprachen ist nur Verkehrssprache. Sie ist darüber hinaus Bildungssprache. Als solche bringt sie eine schöpferische

Stellung je ihres nationalen Geistes zu »der Welt« zum Ausdruck. »Welt« bedeutet hier etwas völlig anderes als vorhin. Es ist nicht mehr gemeint, was die Römer »orbis« nannten. Vielmehr heißt das Wort »Welt« nun so viel wie das der Seele Gegenüberstehende. Es bedeutet die Objektzusammenhänge in Natur und Kultur, die die Menschen eines Volkes gemeinsam zu verarbeiten haben. Landschaft, historische Schicksale, politische Notwendigkeiten gehören mit zur Objektwelt in diesem Sinne. Toynbee faßt die Forderungen der Umwelt und die schöpferische Gesamtreaktion einer Menschengruppe darauf unter dem Stichwort »challenge and response« zusammen. – Kurz: eine Sprache drückt auch aus, was eine Nation aus sich gemacht hat oder wie sie sich gebildet hat. Die nationale Literatur, die in ihr geschrieben ist, unterrichtet nicht nur über Tatsachen, die für den Verkehr wichtig sind. Sie dokumentiert ein geistiges Schöpfertum. Von ihm Kenntnis zu nehmen, ist für die anderen Völker interessant und ebenfalls bildend. Eine derartige Wirkung kann sogar noch von Nationen ausgehen, die längst aus dem realen Verkehr ausgeschieden sind. Das römische Reich im alten Sinn besteht nicht mehr; aber der Geist der Römer wirkt heute noch. Ähnlich steht es mit den alten Griechen: das Beste des Abendlandes stammt von ihnen. Die Welt, in der Konfuzius gelebt hat, ist längst versunken. Aber der Konfuzianismus ist in die gegenwärtige Geisteswelt von Ostasien unwiderruflich eingeschmolzen. Das eindrucksvollste Beispiel aber geben die *Welt*religionen. Sie sind ursprünglich einmal in einer Nationalsprache verkündet worden. Dann aber sind sie in eine Mannigfaltigkeit anderer Sprachen übergegangen und haben dabei je etwas von der Eigenart der betreffenden Nationen in sich aufgenommen. Die Menschheit ist dadurch bereichert worden.

Zu den unzähligen Versuchen, »Bildung« als Besitz eines Menschen zu definieren, füge ich einen neuen hinzu. *»Bildung« bedeutet die Gestalt, die das Innere eines Individuums dadurch empfangen hat, daß es Welteindrücke und Schicksale gemäß ihrem abgestuften Wertgehalt für die Person produktiv in sich verarbeitet hat.* Etwas Entsprechendes gilt für die Bildung einer ganzen Nation. Sie wird keineswegs nur *aus* der Literatur entnommen. Aber die Literatur spiegelt, was in einem Volke auf die bezeichnete Art Gestalt gewonnen hat.

Im Welt*verkehr* geht es um Macht, um Einflußgebiete, um Warenaustausch, um gegenseitige Hilfeleistung in Dingen der äußeren Zivilisation. Bei der Bildung geht es aber darum, daß man Hochformen des Menschentums kennenlernt und sich innerlich mit ihnen auseinandersetzt. Es ist Sache einer weltanschaulichen Entscheidung, was man für wertvoller hält. Überall dämmert aber jetzt die Ahnung auf, daß die herrlichsten Sachgüter nichts nützen, wenn sie nicht mit einem sittlich hochstehenden Menschentum verbunden sind. Ja, ganz sicher haben Bildungswerte schon deshalb einen höheren Rang als Werte des äußeren Verkehrs, weil die letzteren gar nicht sinnvoll gestaltet und sinnvoll gebraucht werden können, wenn sie nicht durch die Wertprüfung einer gebildeten Seele und eines wachsamen Gewissens hindurchgegangen sind.

Daß ohne ein solches sittliches Fundament Machtgewinn und materielle Güter kein Gedeihen haben, hat Deutschland in seiner letzten schuldhaften und tragischen Epoche erfahren. Es ist, wie wir hoffen möchten, feinhöriger geworden für die sittlichen Forderungen, die auch in der Politik gelten. Mit diesem durch eine schwere Schule geschärften Wertgewissen prüfen die geistigen Wächter der Nation noch einmal alles an unserer gegenwärtigen Kultur durch. Es wäre überhaupt der versöhnlichste Ausklang eines halben Jahrhunderts von furchtbaren Kriegen, wenn allenthalben sich die geistige Haltung herausbildete, die wir mit einem stark abkürzenden Wort nennen: *das Weltgewissen.*

II.

Das Wort »Gegenwart« hat für den Menschen des 20. Jahrhunderts ein ungeheuer verstärktes Gewicht erhalten. Denn in der Tat: Sie ist mit allen früheren Zuständen unvergleichbar; diese erscheinen fast als primitiv gegenüber unserer »fortgeschrittenen« Kultur. Aber auch abgesehen von dem beschleunigten Tempo der Verwandlungen lag zu jeder Zeit auf der Gegenwart der Akzent, daß in ihr wesentliche *Entscheidungen* getroffen werden mußten, während das Vergangene im Ganzen erledigt zu sein schien. Jedoch enthält unsere glänzende Gegenwart nicht nur den herrlichen Sieg der Technik. Sie ist erfüllt von dem Bewußtsein einer schweren Gesamtkrisis der Kultur. Gegenwartsgefühl und Krisenbewußtsein sind heute fast untrennbar voneinander. Die moderne Philosophie, die sich Existentialismus nennt, spiegelt beides: den Vorrang der Gegenwart vor dem Historischen und die Unsicherheit der »Existenz« gerade auf der Schwelle dieser krisenhaften Gegenwart. Vereinzelung und Vereinsamung mußte überall kommen, wo die Geborgenheit in religiöser Tradition zerbrochen wurde. Und das ist heute beinahe auf der ganzen Erde der Fall. Es ist jedoch ein schwerer Lebensirrtum zu glauben, daß irgendeine Gegenwart allein aus der »Existenz«, d. h. aus der Haltung eines extremen Subjektivismus etwas Neues aufbauen könnte. Irgendwelche alten Normen müssen fest bleiben, und wäre es auch nur als Ansatzpunkt für die Bildung der Jugend.

In einem langen Leben hat sich mir aus zahllosen Eindrücken die Überzeugung gebildet, daß man da, wo es gar kein maßgebendes »*Klassisches*« mehr gibt, überhaupt nicht erziehen kann. Die Jugend selbst zwar möchte immer bei dem Neuesten anfangen; ein Studium der Philosophie zum Beispiel bei der soeben erwähnten Existenzphilosophie. Aber es zeigt sich immer wieder, daß diese isolierte, wurzellose Existenz unfruchtbar bleibt und keine gesunden Maßstäbe des Echten und Lebenskräftigen herzugeben vermag.

Ich kann hier nicht auf die schwere Problematik eingehen, die mit dem Begriff des Klassischen verbunden ist. Vermutlich gehört zu seinen wesentlichen Merkmalen, daß man an klassischen Gebilden zwar nicht vorübergehen kann, daß sie aber auch in jeder Generation wieder umkämpft werden müssen. Andernfalls stirbt das erstarrte Geistesgut ab und hat nichts mehr zu bedeuten.

Jede große Kulturnation hat einmal auf geistigem Gebiete, speziell hinsichtlich der Gestaltung ihres Menschenideals, ihre besonders schöpferische Epoche gehabt. Von den europäischen Völkern ist es bekannt, daß sie auf drei Fundamenten aufgebaut haben: auf dem tief angeeigneten Erbe der griechisch-römischen Kultur, auf dem Christentum und seinen Durchformungen, endlich auf den Schöpfungen der Epoche, in der sie zum Bewußtsein ihrer Eigentümlichkeit gelangt sind, also auf dem reifgewordenen Bewußtsein ihrer nationalen Sonderkräfte. Anders liegt es bei den Völkern des fernen Ostens. Die japanische Nation zum Beispiel lebt ebenfalls aus drei klassischen Vorbildern. Von China kam das Moralsystem, das bis auf die Zusammenfassung alter Weisheit durch Konfuzius zurückgeht. Auf dem Wege über China kam auch die Weltreligion, der Buddhismus, aber in der verwandelten Form des Mahayana. Das Einheimische endlich knüpfte an den alten ursprünglichen Shintoglauben an, der in immer wiederholten Renaissancen immer neue Gestalt erhielt. Auch hier also gab es drei klassische Geistesmächte, die fest in den Volksgeist eingesenkt waren, ebenso aber immer wieder umkämpft wurden, um veredelt und vertieft dem jeweiligen Gegenwartsleben einverleibt zu werden.

Ich möchte hier als Sonderbeispiel nur die deutsche Klassik heranziehen, um zu erläutern, daß die Beschäftigung mit ihr auch fremden Nationen etwas zu bieten vermag, woran sie ihren eigenen Geistesbestand bereichern können. Es handelt sich einerseits um die große Dichtung, die von 1770 bis 1830 geblüht hat. Ich nenne nur die Namen Goethe und Schiller; andererseits um die gleichzeitige große Philosophie, die mit Kant und Herder beginnt und ihre Synthese in dem gewaltigen System von Hegel gefunden hat. Was ist es denn eigentlich, was hier geleistet worden ist?

Zunächst ist hier die ganze Fülle der Grundmotive verarbeitet, aus denen sich das menschliche Leben zusammenwebt und die sich in der Prägung ganzer Kulturgebiete Ausdruck verschafft haben. Hier klingen nicht bloß einzelne, gerade momentan hervortretende Eindrücke auf. Keine Seite des Menschenlebens und kein Kulturgebiet fehlt ganz. Sondern der Geist hat sich zu einer Breite der Bewältigung erhoben, die seitdem kaum wieder erreicht worden ist.

Zugleich aber hat dieser Geist seine Wurzeln weit in die Tiefe gesenkt. Alles ist bis in seinen religiösen Untergrund zurückverfolgt worden. Der Kenner spürt, daß hier noch die alte deutsche Mystik nachwirkt, in der der christliche Glaube zum persönlichsten Anliegen wurde. Er hat sich aber insofern verwandelt, als es in der Klassik nicht bei der Jenseitssehnsucht blieb. Die religiöse Inbrunst durchglühte nun auch die Gehalte des Diesseits und verlieh allen einen Bezug aufs Göttliche. Eine Dichtung wie Goethes ›Faust‹ führt wirklich »vom Himmel durch die Welt zur Hölle«. Es ist ein wertvolles Teilergebnis, das sich in den Worten ausspricht: »Nur der verdient sich Freiheit wie das Leben, der täglich sie erobern muß.« Weit höher hinauf führt die in den allerletzten Worten ausgesprochene Vision: »Alles Vergängliche ist nur ein Gleichnis.«

Wer nun den Weg durch diese Tiefen und über diese Höhen mitgegangen ist, der hat aus Lebensfülle und religiöser Deutung eine Gestalt des Menschentums zu Gesicht bekommen, die im höchsten Maße durchgeformt ist. Sie verdient »Bildung« zu heißen. Denn in der deutschen Klassik ist eine *»Totalität«*, eine Ganzheit der Personformung erreicht, die mehr als Vielseitigkeit ist.

Nicht anders bei Hegel. Seine Philosophie ist der letzte grandiose Versuch, die Welt aus den Tiefen der Gottheit zu verstehen. Zugleich aber ist jeder einzelnen Seite des Menschenlebens und jeder einseitigen Betätigung der Gesellschaft ihr Ort angewiesen, jeder historischen Epoche ihre Stelle in der Entwicklung des Weltgeistes zum Bewußtsein seiner selbst hin bestimmt und der Rang genau angegeben, den das Partikulare in der lebendigen Totalität beanspruchen darf. Die auf Hegel folgenden Denker haben gleichsam nur darüber noch Streit führen können, ob das Einzelgebiet, dem sie ihre persönliche Lebensenergie zuwandten, bei der Verteilung und Gliederung der Welt nicht zu schlecht weggekommen sei. So verlangte Marx den entscheidenden Vorrang für das Wirtschaftlich-Technische, Kierkegaard für die intime religiöse Entscheidung. Marx und Kierkegaard beeinflussen am stärksten die Problematik der Gegenwart. Man kann sie aber nicht verstehen, wenn man nicht auf »ihre andere Seite«, nämlich auf Hegel zurückgreift.

Goethe und Schiller, Hegel, Marx und Kierkegaard liegen nicht auf der Ebene des täglichen Verkehrs. Sie nötigen, die letzten Voraussetzungen noch einmal nachzuprüfen, aus denen die heutige Menschheit »existiert«. Sie drängen sich aber auch den anderen Nationen nicht auf, sondern bieten nur Modelle der Lebens- und Kulturgestaltung dar, die ein Niveau repräsentieren. Das ist ja die Funktion jeder Art von Klassik, daß sie Maßstäbe aufrichtet, hinter denen man nicht zurückbleiben darf, auch wenn man, dem eigenen Dämon folgend, inhaltlich ganz andere Wege gehen muß.

III.

Die maßgebende Funktion des Klassischen wird problematisch, wenn man den Einwand hört: »Wir wollen diese hohen Zeugen der Vergangenheit in Ehren halten.« Aber die Bedingungen unserer Gesamtexistenz haben sich inzwischen so verwandelt, daß es unmöglich wäre, ein »Leben mit Goethe« zu führen oder die Welt so zu interpretieren, wie sie Hegel interpretiert hat. Es genügt, darauf hinzuweisen, daß beide von der industrielltechnischen Gesellschaft noch nichts gewußt haben, die ebenso unser Stolz wie unsere Not geworden ist.

Die beiden Deutschen sind hier nur als Beispiel gewählt worden. Ist es nicht überall auf der Welt so, daß hohe Werte und ernste Bindungen der Vergangenheit hinfällig geworden sind? Ist nicht der Übergang zur Industrie, zur technischen Denkweise, zur Massenproduktion und Massenorganisation, zu erdumspannenden Machtkörpern für alle Völker wie ein Schnitt, der das moderne Leben von jedem früheren trennt?

Gewiß! Wir stehen unter dem Druck von Kulturerrungenschaften, die wir selbst geschaffen haben und die uns nun zum Schicksal geworden sind. Eben deshalb ist es überall die entscheidende Frage, die vielleicht in dem zertrümmerten Deutschland am stärksten empfunden wird, was wir von innen her solchen Schicksalsmächten entgegenzusetzen haben. Wer den ganzen Prozeß der Technisierung des Lebens seit etwa 1890 miterlebt hat, wird es als bemerkenswert empfinden, daß er anfangs von einem jubelnden Gefühl des Aufschwungs begleitet war, daß aber seit etwa drei Jahrzehnten eine grämliche Stimmung aufgekommen ist, die sich langsam ausbreitet. Ich erinnere mich, daß ich über den Mut des Sprechers gestaunt habe, als ich zum erstenmal die Wendung hörte, der moderne Mensch sei »unter die Räder der Technik gekommen«. Ganz im stillen hat sich der Fortschrittsglaube des 19. Jahrhunderts in die ständig wiederholte Rede von der Kulturkrise verwandelt.

Die letztere versuche ich, optimistisch so zu deuten: Unsere moderne Kultur ist *unfertig*. Auf einigen Gebieten ist sie ungeheuer vorangeeilt, auf anderen hat man das Zurückbleiben nicht einmal gespürt. Das letztere gilt vor allem von den moralischen Neubildungen, die notwendig gewesen wären, um die industrielle Gesellschaft auf festen Boden zu setzen und ihr die Erschütterungen zu ersparen, die dann von ständigen sozialen Erdbeben hergekommen sind. Man hat schließlich geglaubt, den Schaden durch eine völlige Umorganisation, durch Kollektivierungsmaßnahmen heilen zu können. In Wahrheit hätte man *das sittliche Fundament* reformieren müssen. Schon Pestalozzi hat gesehen, daß die Industrie einen anderen Stil der Volksmoral und der Volkserziehung fordert als die alte, in ständischen Traditionen ruhende Gesellschaft.

Daß es überhaupt möglich ist, bei veränderten Gesamtverhältnissen einen ethischen Neubau zustande zu bringen, gerade dies hat uns die deutsche Klassik gelehrt. Sie ging aus von den Erschütterungen der französischen Revolution (1789). Sie gab den politischen Kampfbegriffen »Freiheit und Gleichheit« einen sittlichen Inhalt; sie rechtfertigte den neuen Nationalgedanken vor dem Menschheitsgedanken, und sie faßte das neue idealistische Lebensideal noch einmal unter dem beflügelnden Namen »Humanität« zusammen.

Wer sich an dieser geistigen Bewegung gebildet hat, der weiß, daß es überhaupt einen Sieg des inneren Menschen über neue Umweltbedingungen geben kann. Er hat eine feste Gestalt des Lebens kennengelernt. Nun aber nicht, um untätig und reaktionär in ihr zu verharren, sondern um sich seinerseits in Bewegung zu setzen und aus den Materialien seiner Zeit einen Neubau zu schaffen, der trotz seiner Neuheit wiederum vor dem ewigen Maßstab »Humanität« bestehen kann. Die Menschheit wandert auf noch verborgene Ziele zu. Aber sie sollte dabei von inneren Sternen geleitet sein, die immer leuchten. Vielleicht ist der alte kultische Name der *Reinheit*, der Reinheit der Gesinnung, dafür der beste.

Möge mich der Eindruck nicht täuschen, daß im gegenwärtigen Deutschland ein solcher Geist langsam im Erwachen ist! Es sind immer einzelne, die mit einer solchen Revision ihrer selbst und der menschlichen Kulturarbeit vorangehen. Es sind einzelne Vorläufer, manchmal sogar »Stille im Lande«, die die Öffentlichkeit noch gar nicht kennt.

Über das Gewissen

1959

Ob es dem Menschen erwünscht sein könnte, ständig einen Mitwisser seines Innenlebens um sich zu haben? Gewiß, oft rufen die Seelennot oder die Überfülle der Freude oder die Ratlosigkeit einen mächtigen Drang hervor, sich einem mitfühlenden Herzen anzuvertrauen. Nicht immer, wenn man einen Mitwisser haben möchte, ist er zu finden. Ist er aber da, so kann er auch unbequem werden, dann nämlich, wenn man Grund hat, etwas zu verbergen. Verschweigen möchte man, was Gefahr oder Unehre bringt, sobald es anderen bekannt wird. Es gibt auch edle Gründe für die Zurückhaltung. Heute wollen wir unseren Blick nur auf die verborgenen Seelenfalten richten, die näher oder ferner mit dem Bezirk von Gut und Böse etwas zu tun haben. Bisher waren mit der Bezeichnung »Mitwisser« andere Menschen gemeint. Man wird erstaunt einwerfen, diese Feststellung sei überflüssig, denn daß man selbst wisse, was in dem eigenen Innern vorgehe, das sei doch selbstverständlich. Aber gemach, so hell ist die Straßenbeleuchtung gerade in den schlechten Vierteln der Seele nicht, und außerdem gibt es da eine Art von Mitwisserschaft, die höchst rätselhaft ist, schon weil sie nicht mit der Freundschaft verbunden ist, die man bei einem Vertrauten sonst erwartet und gern finden möchte. Man versteht sofort, was ich hier meine; wenn man das Wort »mitwissen« genau ins Lateinische übersetzt, dann ergibt sich »conscientia«. Diesen Ausdruck aber pflegen wir etwas anders ins Deutsche zurückzuübersetzen, nämlich mit Gewissen, ein Wort von wuchtigstem Gehalt. Es gibt primitive Sprachen, in denen kein Ausdruck für die Erscheinung zur Verfügung steht, die wir Gewissen nennen. Als der Missionar und Psychologe Bruno Gutmann für die Sprache der Kilimandscharo-Neger eine sinnfällige Umschreibung von Gewissen suchte, kam er auf die Wendung »vom Dachpfosten des eigenen Hauses erschlagen werden«. Das ist ja ein schöner Mitwisser, der einen im eigenen Hause erschlägt. So schlimm machen es die anderen, die etwas von unserem Inneren kennen, im allgemeinen nicht. Leider kann ich nun nicht fortfahren. Die deutsche Sprache besitzt das Wort Gewissen, also wird wohl auch jedem Sprachgenossen genau bekannt sein, was das ist, das Gewissen. Vielmehr ist es in einem ersten Teil notwendig, sich sehr sorgfältig, um nicht zu sagen sehr gewissenhaft, darauf zurückzubesinnen.

I.

Nach volkstümlicher Auffassung ist das Gewissen einer Stimme vergleichbar, die man innerlich vernimmt, aber immer nur jeder einzelne in seiner verschwiegenen seelischen Einsamkeit für sich. Sie flüstert einem Werturteile zu über etwas, das man gerade jetzt erwägt, will, tut, oder auch über etwas, was man schon getan hat. Die Bewertung betrifft allein das Gutsein oder Bösesein meiner Regungen und Handlungen. Ob sie klug oder dumm sind, ob sie irgendwie nützlich oder schädlich sind, interessiert das Gewissen nicht unmittelbar. Auch selbst dann, wenn es sich um Dinge handelt, die im *Strafgesetzbuch* nicht verboten sind, läßt sich das Gewissen sein Recht zur Mißbilligung nicht rauben. Eine Stimme kennen wir sonst nur als Äußerung einer Person. Dem trägt die Sprache dadurch Rechnung, daß sie die vielgestaltigen Vorgänge, die zu den Gewissensregungen gehören, personifizierend zu einer Einheit zusammenfaßt, wie sie es ja auch in anderen Fällen macht, zum Beispiel wenn sie von »der Phantasie« redet. Diese nie gesehene und nie sichtbare Person Gewissen tut dann allerlei, mag sie auch lange Zeit schlummern, plötzlich erwacht sie. Ihre Hauptleistung ist, daß sie sittliche Urteile über mich, meine Gesinnung, mein Verhalten fällt. Es geschieht nicht in kühler Feststellung, sondern, wie es scheint, in leidenschaftlicher Parteinahme. Das Gewissen vertritt immer nur die Partei des Guten; nach dem Zeitpunkt, zu dem es eingreift, kann man unterscheiden: das warnende Gewissen vor der inneren Entscheidung; das tadelnde Gewissen während der Tat, wenn sie sittlich schlecht ist; das strafende Gewissen nach der bösen Tat. Im dritten Stadium hört es auf, bloß zuschauend zu urteilen, es fällt nun gleichsam über den Täter her und beginnt ihn zu peinigen, obwohl bereits an der vollbrachten Tat als solcher nichts mehr zu ändern ist. Dieses schlechte, dieses schuldbewußte Gewissen wird zu einer Seelenmarter. Die rätselhafte Person Gewissen sitzt in meiner Person mit drin. Es ist also eine Spaltung in mir vorgegangen. Bin ich es aber noch selbst, der da mit mir redet und rechtet? Das wäre an sich nichts Befremdendes, denn ich führe ja auch sonst manchmal stille Gespräche mit mir. In der Regel sind das harmlose Auseinandersetzungen, denn ich stehe mit mir selbst auf gutem Fuße. Gelegentlich muß ich allerdings zu mir selbst sagen: »Da bist du einmal gründlich dumm gewesen«, das hat jedoch mit dem Gewissen nichts zu tun. Das Gewissen sagt immer nur: »Du bist schlecht gewesen.« Darin liegt ein unüberhörberer Ton von Widersacherschaft, der Widersacher ist in mir selbst. Sagen wir aber, um dieser engen Zusammengehörigkeit Ausdruck zu verleihen, ich habe ein Gewissen, so kann ein schlimmes Mißverständnis entstehen, denn das sieht so aus, als ob ich über mein Gewissen, sein Lautwerden und Schweigen, die Verfügung hätte. Das Gegenteil ist der Fall. Diese Stimme ist nicht zu überhören, dieser Druck ist nicht wegzudrücken. Sehr oft versuche ich zwar mit dem Gegner Verhandlungen einzuleiten. Vielleicht kann ich das Gewissen überzeugen, daß ich recht habe, wenn ich nur alle Gründe zusammensuche, die für mich sprechen. Aber seltsam, ich habe dabei kein gutes Gewissen. Der Schlange ist nur ein zweiter Kopf zugewachsen. Und oft geht es fort. Wenn es sich um schwere Untaten handelt, die ich begangen habe – aber das Gewissen ist auch in kleinen Dingen sehr wachsam –, dann hat zwar die Warnung vor der Tat und der Tadel bei der Tat selber keine zurückhaltende Macht über mich gehabt, jedoch um so stärker wütet dann das strafende Gewissen gegen mich. Die Sprache denkt wohl auch an das Bild der Schlange, wenn sie von Gewissensbissen redet. Es kann so weit kommen, daß die einmal ausgebrochene Uneinigkeit mit mir selbst gar nicht wieder heilen will. Ich bin dem quälenden Schicksal der Zerrissenheit ausgeliefert. Man darf den seelischen Vorgang, den wir Reue nennen, nicht mit dem verurteilenden Gewissen selbst gleichsetzen. Dieses kann weiterwüten, ohne daß eigentliche Reue eintritt, und wenn sie eintritt, beschwichtigt sie allein noch nicht den qualvollen Zustand der Gewissensnot. Wir wollen heute überhaupt nicht erwägen, ob es Heilmittel gegen sie gibt, denn wenn wir damit anfingen, würden wir zu früh der leichtfertigen Neigung des Menschen nachgeben, die einzigartige Wucht des Gewissens dadurch abzuschwächen, daß man Beruhigungspillen einnimmt. Diese bestehen unter anderem auch in Theorien über das Gewissen, die man sich zurechtdreht. Es gibt aber Mächte im Menschenleben, die durch bequeme Theorien nicht wegzubringen sind. Eben daß dieser praktische Erfolg nicht eintritt, beweist, daß die Theorie ein Selbstbetrug ist. Sehen wir uns einige solcher Wegdeutungs- oder Umdeutungsversuche einmal im zweiten Teil näher an. Im dritten Teil wird uns dann die Eigenart des Phänomens noch einmal unverstellt entgegentreten.

II.

Viele wissenschaftliche Theorien sind nach dem Schema aufgebaut: Unbekanntes ist erklärt, wenn es auf Bekanntes zurückgeführt werden kann.

So wäre auch das Befremdliche an den Gewissenserscheinungen beseitigt, wenn man sie als Sonderfälle von Vorgängen auffassen dürfte, die jeder kennt. Dann wäre dem Gewissen gleichsam seine Maske abgenommen. In der Psychologie spricht man heute auch sonst von Demaskierungstheorien. Blickt man hinter die schreckende Fassade des Tatbestandes, so liegt dahinter nun eben nicht anderes als etwas ganz Bekanntes, das man nicht besonders ernst zu nehmen braucht. In diesem Sinne behauptet die an Sigmund Freud anknüpfende Tiefenpsychologie: Das Gewissen ist nichts anderes als der aus der Kindheit stehengebliebene Vaterkomplex. Das männliche Kind, nur auf dieses paßt die Theorie, steht nach Freud wesensmäßig mit dem Vater in einem Nebenbuhlerverhältnis in bezug auf die Mutter. Der Vater droht mit Kastration. Dieser im Unbewußten spielende, aber an uralten Mythen noch erkennbare Konflikt dehnt sich dahin aus, daß der Vater als die lästige Autorität erscheint, von der alle triebhemmenden Forderungen überhaupt ausgehen. Hinter den Gewissensbeunruhigungen steht das ganze Leben hindurch, ohne daß man es weiß, also verkappt der Vater. Eigentlich also ist das Gewissen etwas ganz Vertrautes, es ist, so behauptet die Theorie, nichts anderes als eine Ausstrahlung des Vaterkomplexes. Man braucht nicht die ganze Sexualpsychologie von Sigmund Freud anzuerkennen und zu übernehmen, um den Kern des Gedankenganges zu verstehen. In der frühen Kindheit stellen sich alle moralischen Gebote als Verhaltensnormen dar, die der Vater aufrichtet. Meinetwegen mögen es neben ihm auch andere erwachsene Personen sein, die die gleiche unverstandene und noch unkritisierte Autorität verkörpern. Man weiß, wie stark sich Denkgewöhnungen und Glaubensbereitschaften aus der Kindheit in der Seele einnisten. So werden denn, vermöge eines Zwanges aus dem Unbewußten, die meisten die Furcht vor der väterlichen Autorität und ihren Ansprüchen auch als Erwachsene nicht los. Noch einfacher gesagt: eigentlich, und dieses »eigentlich« kehrt in allen modernen psychologischen Entlarvungstheorien wieder, ist das Gewissen nichts anderes als der unüberwundene Rest von moralischen Wertungen, die einmal in das Bewußtsein des Kindes hineingepredigt worden sind. Der Neugierige fragt weiter, irgendwoher aber muß doch ihr Gehalt kommen, will man nicht alles zuletzt Adam ins Gewissen schieben. So bietet sich hilfreich eine andere Theorie über die Entstehung des Gewissens an. Ihre ersten Behauptungen sind ganz annehmbar. Wie das Kind die Sprache der Gemeinschaft übernimmt, in die es hineingeboren wird, so übernimmt es auch die ringsum geltenden moralischen Anschauungen und Forderungen. Hier ist also nicht nur der Vater maßgebende Autorität, sondern die betreffende Gesellschaft. Worauf aber darf sie sich zur Legitimierung ihrer Maßstäbe berufen? Es wird behauptet, daß sich in ihr die Erfahrungen zahlreicher Generationen niedergeschlagen hätten über Gesinnungen und Verhaltensweisen, die der Selbsterhaltung der Gemeinschaft nützlich sind. Umgekehrt, was sie gefährdet, ist schlecht. Der einzelne muß sich diesem System einfügen, aber er nimmt dabei zugleich sein eigenes wohlverstandenes Interesse wahr, denn die Weisheit der Moral enthält auch Nützliches für den einzelnen. Sie ist ein wohlausgewogener Interessenausgleich zwischen der Gesamtheit und dem Individuum. Das ist teilweise annehmbar, obwohl es falsch ist, wenn man das Gute dem Nützlichen, das Böse dem Schädlichen einfach gleichsetzt. Wie soll nun aber aus den summierten Erfahrungen der Gesellschaft das intime Gewissen des einzelnen entstehen? Es kann dann wieder nur als hineingepredigte Autorität gedeutet werden. Der Hauptvertreter dieses Sozialutilitarismus, Herbert Spencer, spricht sogar von direkter Vererbung. Leider aber kennen wir im Geistesleben keine Vererbung, sondern nur Tradition. Bei der ersten Theorie war der springende Punkt der Druck der Vaterautorität, jetzt ist es der Druck der Gesellschaftsautorität. Lassen wir nun aber das Individuum selbst zu Worte kommen, so kann es in zwei Richtungen Stellung nehmen. Es kann erstens ausrufen: »Was ist mir der Vater, was ist mir das Wohl der Gesellschaft? Weder der eine noch die andere legitimiert das Recht der Gewissensforderung. Vielmehr bin ich jetzt diese Bindungen, diese Schreckgespenster endgültig los.« Es kann aber zweitens auch so reagieren: »Ich spüre in meinem Gewissen einen so feinen Regulator, daß die Lehren des Vaters und die grobschlächtigen Verhaltensregeln der Gesellschaft weit hinter seinem sittlichen Gehalt zurückbleiben. Wären beide Instanzen mit mir zufrieden, ich müßte mich vor mir selbst schämen, wenn ich die Stimme des Gewissens nicht heilig hielte, denn irgendwie ist es die Tiefe meines Selbst, die da zur Geltung kommt. Es ist mein Eigentliches daran beteiligt, freilich nicht im Zustand beliebigen Herrschertums, sondern im Zustand ernstester Gebundenheit.« Alles Drum und Dran am Gewissen mag erklärt sein, nur nicht die Tatsache, daß es die Seele bis in die letzten Tiefen hinein erschüttern kann, nur nicht die Tatsache, daß die innere Zerrissenheit durch alle diese vernünftigen Erwägungen nicht zu heilen ist: Es ist ein Einbruch in die Innerlichkeit des Untäters erfolgt, gegen den er sich nicht wehren kann. Vorher hat er über sein Verhalten verfügen können. Vielleicht kann er auch noch die äußeren Spuren der Tat gänzlich verwischen. Die inneren Spuren bleiben, und es ist keine Rede davon, daß er über seine Gewissensregungen nach Belieben Herr werden kann. Man erinnere sich an das Selbstgespräch des planmäßigsten Verbrechers, den die Dichtung kennt, an Richard III. bei Shakespeare: »O feig' Gewissen, wie du mich bedrängst!... Mein schauderndes Gebein deckt kalter Schweiß, Was fürcht' ich denn? Mich selbst? Sonst ist hier niemand. Richard liebt Richard: das heißt: Ich bin Ich. Ist hier ein Mörder? Nein! – Ja, ich bin hier. So flieh! – Wie, vor mir selbst? Mit gutem Grund:... « Und so geht das innere Wüten weiter, als ob Rachegeister den Mörder hetzen. Eben weil diese Stimme nicht zum Schweigen gebracht werden kann, tun wir gut, sie ganz in ihrer unheimlichen Eigenart zu fassen, statt sie mit Vertrautem zu vergleichen. In der Tat, jeder einzelne Zug ist höchst ungewöhnlich. Zählen wir uns die Kennzeichen in aller Kürze vor. Zunächst das Auftauchen dieses Mitwissers ganz allein im Innersten des Täters. Er redet nur zu mir, diesem hier, zu mir, dem Schuldigen. Vielleicht weiß kein anderer sonst etwas von der Tat, erfährt auch niemals jemand davon. Kein anderer hört etwas von dieser Stimme, nur ich bin mit mir in meiner Zerrissenheit allein. Das nennen wir die Intimität des Gewissens. Zweitens: Die Stimme sagt nur selten: »Das ist gut, das ist der Weg, den du gehen sollst.« Sie signalisiert nur: »Du bist in Gefahr, deine Reinheit zu verlieren.« Oder: »Du hast sie verloren.« Da hilft kein Deuteln und Drehen. Das Gewissen hat den schärfsten Blick für mein personal Böses. Ebenso, das ist das dritte Merkmal, erfaßt es in rätselhafter Schnelle dieses Ganze der einzigartigen Situation, in der ich mich befinde. Mein sittliches Bewußtsein sonst stützt sich auf die allgemeinen Vorschriften der geltenden Moral, wie sie etwa in den *Zehn Geboten* zum Ausdruck kommen. Sie gelten für typische Fälle, die oft wiederkehren können. Der Mensch orientiert sein Handeln fast durchweg an generellen Verhaltensregeln, das Gewissen jedoch springt im Moment mit fabelhafter Hellsichtigkeit ein. Es zielt auf mich, auch in einer Situation, die nie so war und niemals wiederkehren wird. Das Urteil erfaßt blitzschnell die Totalität der Umstände, es fällt über mich her mit der fertigen Entscheidung: Dein Fall, der von außen betrachtet gar nicht unter ein Strafgesetz oder eine Moralregel paßt, so wie er ist, belädt er dich mit schwerster Schuld. Noch merkwürdiger ist das vierte, die Unaustilgbarkeit. Auch wenn die böse Tat schon weit zurückliegt, niemand von den Betroffenen mehr da ist, die etwa noch Lebenden aber längst verziehen oder vergessen haben, schweigt das Gewissen beim Erinnern immer noch nicht. Das sieht so aus, als ob etwas Zeitloses angerührt worden wäre. »Du hast für alle Ewigkeit dir selbst etwas angetan, wodurch du um deine innere Reinheit gekommen bist. Es war nur ein Augenblick, trotzdem, dein Selbst ist beschädigt für immer.« Und endlich: »Wenn du deine Reinheit, wenn du etwas an deiner Ehre verwirkt hast, vor wem hast du sie denn verwirkt? Was innere Reinheit ist, weißt nur du selbst.« Ehre jedoch scheinen vor allem die Mitmenschen zu verleihen. Das könnte nun ziemlich gleichgültig sein, wenn nicht in jedem Menschen der geistige Trieb nach Selbstachtung lebendig wäre. Beides fordert sich gegenseitig, ja vielleicht ist das Verlangen nach Selbstachtung noch ursprünglicher. Das »Ehre haben« sitzt so sehr an den Wurzeln der Persönlichkeit, daß Ehrverletzung nach uralter Vorstellung nur mit Blut gesühnt werden kann. Auf höherer sittlicher Stufe aber kennen wir den Fall, daß jemand auf die äußere Ehre verzichtet, um nicht auf Selbstachtung verzichten zu müssen. Er hält den Konflikt durch, weil sein Gewissen von ihm fordert, seine Reinheit und damit seine Selbstachtung allen anderen Maßstäben voranzustellen. So hoch also steht der Richterspruch des Selbst. Allerdings kann damit nur das höhere Selbst in mir gemeint sein. Dort also werden wir vorläufig auch das Gewissen zu lokalisieren haben. Ich bin in Gefahr, mich selbst zu verlieren und damit aus der sittlichen Welt überhaupt auszuscheiden, wenn ich das Gewissen verleugne und damit jenes höhere Wesen beschädige, das in mir den Kontakt mit dem Ewigen und Göttlichen herstellt.

III.

Wir sind damit vor die letzte wichtigste Frage, die das Gewissen betrifft, gestellt. Wenn es wirklich so tief mit der Substanz der Person zusammenhängt, dann muß es ja wohl eine Legitimation für sich beanspruchen dürfen, die alle anderen an Geltungskraft übertrifft. Also werden, wenn das Gewissen auch keine ausreichenden positiven Richtlinien gibt, doch mindestens seine kritischen Richtersprüche unfehlbar sein. Das Gewissen, so scheint es, kann nicht irren. Es gehört zu den schwersten Belastungen des Menschenlebens, daß sich diese Auffassung nicht so einfach bestätigt. Läßt man alle anderen Bedenken beiseite, so ergibt sich eine Begrenzung des Gewissens schon aus den Grenzen des Wissens, mit denen es je im einzelnen auftritt. Nehmen wir den Fall einer weittragenden, höchst verantwortlichen Entscheidung in der Politik. Wo eine echte Demokratie besteht, ist jeder, auch der einfachste Bürger, an solchen Verantwortungen mit beteiligt. Aber es ist nicht zu ändern, daß der eine einen äußerst beschränkten politischen Horizont hat, der andere einen sehr viel umfassenderen. Allwissend ist niemand. Das gilt natürlich auch für Situationen des Privatlebens. Die Bereitschaft, auf das Gewissen zu hören, kann sehr wach sein, aber niemand kann die Folgen und Nebenfolgen eines Entschlusses vollständig übersehen. So weit reicht die Hellsichtigkeit des Gewissens in seiner einzigartigen Situation eben doch nicht. Soll man nun sagen, je klüger und kenntnisreicher ein Mensch ist, um so zuverlässiger ist auch sein Gewissen und um so höher steht er folglich in sittlicher Hinsicht? Wir alle fühlen, das ist so wenig wahr wie die Meinung, daß viel Wissen den Menschen schon gewissenhaft mache. Das Problem ist für die praktische Lebensgestaltung von großer Bedeutung. Die katholische Kirche ehrt zwar das persönliche Gewissen, erhebt es aber nicht zur höchsten Richtschnur. Der Philosoph Hegel hat in tiefsinnigen Abschnitten seiner *Rechtsphilosophie* entschieden erklärt, der Staat könne die Berufung auf das subjektive Gewissen nicht ohne weiteres anerkennen, die Weisheit, die sich in den geschichtlich gewordenen historischen Institutionen des Staates, in diesem Gefüge von Gewichten und Gegengewichten verkörpere, enthalte mehr an maßgebender Wahrheit. Der freie Staat des Westens aber bewertet die Gewissensfreiheit so hoch, daß er sie für das fundamentalste Menschenrecht erklärt, das von keiner staatlichen Instanz angetastet werden dürfe. Wie aber, wenn in der staatlichen Willensbildung die Gewissensstandpunkte sich schroff entgegenstehen? Wie soll in einer Demokratie, die auf jedes ehrliche Gewissen Rücksicht nimmt, ein einheitlicher Staatswille zustande kommen? Und wie unterscheidet man die echte Gewissensbindung von der, die nur Vorwand ist? Gegen die zuletzt genannte Schwierigkeit kenne ich kein sicheres Gegenmittel. Sonst aber lautet meine Antwort: Es wäre ein beglückender Fortschritt, wenn die Kämpfe um Geld und Macht, die nie aufhören werden, mit Beteiligung des Gewissens geführt würden, denn Gegensätze der Gewissensüberzeugung können in ruhiger Form und mit gegenseitiger Achtung ausgetragen werden. Man wird dann bemüht sein, das Gewissen des anderen zu klären und zu vertiefen, statt sich gegenseitig niederzubütteln. So weit sind wir noch lange nicht. Es wäre schon viel, wenn sich die Gehalte, die in die Gewissensprüfung mit eingehen, allmählich etwas erweiterten, so daß die gemeinsame Kultur als gemeinsame Verantwortung empfunden würde. Man dürfte dann von einem Kulturgewissen neben dem ganz persönlichen Privatgewissen sprechen. Der Gedanke lehrt jedenfalls, daß sich das Gewissen erweitern und vertiefen kann mit dem Wachsen des Bereiches, für den man Verantwortung übernimmt. Vorläufig bleibt unsere Überlegung bei dem Privatgewissen. Es spricht nicht immer so eindeutig wie bei der Abmahnung von einem Verbrechen. Es gibt auch innere Konflikte des Selbst, bei denen das Gewissen für jede der in Betracht kommenden Entscheidungen etwas geltend zu machen weiß. Das sind Gewissenskämpfe zweiter Ordnung. Gewissen kämpft dann gleichsam gegen Gewissen in mir allein, und ich werde hart an mir zu arbeiten haben, um das maßgebende Losungswort richtig zu vernehmen. Man wird auch erfahren, daß man aus manchem Konflikt sich selbst nicht so rein herausbringt, wie es uns die Stimme im Innersten lehrt. Kurz, das Gewissen selbst ist noch von der menschlichen Unzulänglichkeit beeinträchtigt. Man muß es an einem noch reineren Gewissen prüfen, also tief in sich hineingraben. Diese Not ist fruchtbar und macht den Menschen besser, er wird in seine Wesenstiefen hinabgeführt. Wer ist es denn nun aber eigentlich, dessen Stimme im Gewissen zu der einsamen Seele spricht? Wäre ich es selbst, so könnte dieses Selbst nur eine ungewöhnliche Tiefe meines Wesens sein, die da durchbricht. Wir wollen sie den metaphysischen Untergrund der Person nennen und streng von allen Tiefen, die in der modernen Tiefenpsychologie vorkommen, unterscheiden. In diesem Kern lägen dann alle regulierenden Kräfte, die die Person zum Sittlichen hinsteuern. Sie können sich spalten, in einen fehltretenden Angeklagten und in einen Ankläger. Aber das Gewissen funktioniert nicht nur als Ankläger, sondern auch schon als Richter. Kant hat mit Recht darauf aufmerksam gemacht, wie merkwürdig es wäre, wenn im Prozeß des Gewissens der Angeklagte und der Richter ein und dieselbe Person sein sollten. Kommt also jene rätselhafte Stimme vielleicht doch von einem ganz anderen? Die volkstümliche Ansicht ist, in der Stimme des Gewissens redet Gott selbst zu dem Irrenden, raunend, tadelnd, strafend. Wir sind heute aus religiöser Scheu vorsichtig darin geworden, Gott allzusehr nach Menschenart zu denken. Folgen wir, von dieser Scheu beseelt, trotzdem der angedeuteten Spur, dann kämen wir auf folgende Vermutungen: Es ist dem Menschen auch außerhalb sittlicher Versuchungen manchmal so, als ob er ganz im stillen mit seinem Gott reden dürfte. Es ist ihm auch sonst gelegentlich so, als ob er intimster Offenbarungen und Weisungen teilhaftig zu werden gewürdigt wäre. Die Gestalt, in der sich dann Gott gleichnishaft für uns erschließt, könnte wiederum gleichnishaft ein geheimnisvoller Mitwisser genannt werden, der uns innerlich ganz nahe ist. Der Mitwisser im Gewissen, in der »conscientia«, sind nicht wir selbst, sondern ein mysteriös heiliges Wesen, das immer mit uns geht. Im Gewissenskonflikt aber redet es mit lauter Stimme zu uns. Dieser unheimlich heilsame Denker läßt uns spüren, daß unsere Ehre vor ihm auf dem Spiel steht. Statt Ehre sagen wir wohl besser: unsere Reinheit, und auf die kommt es in einem allerletzten Sinne an. Religiöse Überzeugungen, die uns als Glauben lebendig sind, gehen in ihren Deutungen noch weiter. Sollen wir es aber philosophisch sagen, so ist das Gleichnis, das wir bei Fichte, dem tiefsten deutschen Mystiker des Ich, finden, nicht schlecht: »Das Gewissen ist der Strahl, an dem wir aus dem Unendlichen ausgehen.«

Leben wir in einer Kulturkrisis?

1960

Die Menschen erleben den Zeitabschnitt, der für sie »Gegenwart« bedeutet, immer als Krisis. Aus der Form der Zeitlichkeit, der das Dasein ausgeliefert ist, ergibt sich ein Urrhythmus des Lebens. Die Gegenwart hat etwas von der Unheimlichkeit der Schwelle. Blickt der Mensch auf ihr rückwärts, so spürt er den Kontrast zu der Geborgenheit seiner Kindheit. Mag die Vergangenheit reich an Schmerzen gewesen sein, sie ist nun wenigstens eindeutig festgelegt, vielleicht auch überwunden. Hingegen die Zukunft ist noch unbestimmt; niemand weiß, ob sie eine Wendung zum Schlechteren oder Besseren nehmen wird. Der Zeitpunkt aber, in dem sich Vergangenheit und Zukunft »scheiden«, dieser Zeitpunkt, der unablässig mit dem Menschen wandert, trägt die Benennung Gegenwart. Er hört niemals auf, bedrohlich zu sein. Die »gegenwärtige Existenz« läßt immer empfinden, was zum Glück und zur Vollkommenheit noch fehlt. Der Mensch »wartet« zwar einer besseren Zukunft »entgegen« (Gegenwart); aber er fürchtet zugleich das Ungewisse, das Schicksal, den Tod. So empfängt das Wort Krisis, das ursprünglich nur Scheidung, Trennung bedeutet, den Sinn einer gespannten, unbefriedigenden Lage, die so nicht bleiben kann und darf.

Jeder nennt seine Gegenwart eine kritische Zeit. Er tut es aus seiner historischen und »existentiellen« Perspektive heraus. Der Urrhythmus des Existierens in der Welt bringt es so mit sich. Wollte man aber beurteilen, ob eine Epoche *objektiv* schlechter ist als eine andere, so müßte man auf einem Standpunkt stehen, der *über* dem Wandel und der Geschichte liegt. Man müßte um den normalen oder guten oder gottgewollten Lauf der Geschichte schon wissen, wie etwa Augustinus, Hegel und Fichte ihn wenigstens rahmenhaft zu kennen geglaubt haben.

Für eine ganze Kulturgeneration wiederholt sich das Spiel, das sich im Einzelleben vollzieht, im Großen. Alle empirisch gewonnenen Geschichtsauffassungen sind von einer konkreten Gegenwart aus entworfen. Von ihr aus faßt man Vergangenheit, Zukunft und Gegenwart gleichsam mit *einem* Griff und knotet das Ganze zu einer Sinndeutung zusammen. Eine andere Epoche wird den *Sinn* der Geschichte wieder anders verstehen. Nur die spekulativen Philosophen unternehmen das Wagnis, nicht bloß menschlich wandelbare Gedanken, sondern die Gedanken Gottes selbst zu denken. Dazu hat die heutige Philosophie nicht mehr den Mut.

Das »Selbstverständnis einer Gegenwart« bleibt so perspektivisch. Es fehlt uns der absolute Maßstab, um zu entscheiden, ob eine – unsere gegenwärtige – Krisis schwerer ist als frühere, von denen wir als Historiker wissen.

Wie weit das Gefühl, daß wir mit unserer *abendländischen* Kultur heute in einer ungewöhnlich schweren Krisis stehen, in objektiven Tatbeständen begründet ist, können wir nicht an einer im voraus feststehenden Kurve des Geschichtsverlaufes ablesen. Ein einigermaßen wissenschaftliches Urteil über jenen Eindruck läßt sich nur so gewinnen, daß wir von der Analyse des inneren Gefüges jeder Kultur ausgehen, die Gelenke ausspüren, in denen sie sich bewegt, und von solchen Einsichten Anwendung auf die Gegenwartslage machen. Welche Bewegungsrichtung wir der Geschichte zuschreiben, hängt sehr stark von dem Zukunftswillen ab, der uns beschwingt. Gewiß: einiges wird nach der gegebenen Kräfteverteilung in vorauszusehender Weise kommen *müssen*. Aber eine Rolle spielt auch die Energie, mit der wir in der Richtung nach vorwärts *wollen*. Und wo ein Wollen ist, meldet sich unvermeidlich in irgendeiner Form das *Sollen*. Es müßte gezeigt werden, daß an diesem Lebensgefüge – denn jede Kultur ist ein überindividuelles Gebilde des Geistes*lebens* – etwas in Unordnung gekommen ist, was sich durch menschliche Bemühungen nur schwer wieder in Ordnung bringen läßt. Ein solches Thema ist an sich von unendlichem Umfang. Kein Leser wird von einem Aufsatz mehr erwarten als die Herausarbeitung von Gesichtspunkten, die im einzelnen weiter verfolgt werden müßten.

Wie wir bei organischen Wesen besondere Seiten ihrer Stärke, aber auch besondere Stellen ihrer Gefährdung finden können, ebenso gibt es in dem geistgeborenen Gefüge einer Kultur schwache Punkte.

Jede Kultur von durchgebildeter Eigentümlichkeit ist ein von Menschengruppen (Völkern) unternommenes *Experiment*. Dabei mag der Charakter der Landschaft mitsprechen (Spenglers Kulturseele), andere schicksalhafte Gegebenheiten mögen die Freiheit bedrängen und aufstacheln (Toynbees challenge and response), auch der unableitbare historische Zufall mag eine Rolle spielen – eine konkrete Kultur bleibt doch eine geistige *Sinngebung*, die eine Reihe von Generationen ihrer Umwelt und sich selbst (als den gestaltenden Subjekten) aufgeprägt hat. Die erste

Gefahr dabei ist eine fanatische Einseitigkeit, durch die die Ausgewogenheit des Ganzen leidet. Denn alles, was *leben* will, ist ein Ganzes mit gegliederter Funktion, in dem kein einzelnes Glied unterernährt und untätig bleiben darf. Die diesbezüglichen Lebensgesetzlichkeiten kennen wir im Tierreich und beim menschlichen Leibe. Wir kennen sie nicht oder noch nicht ausreichend für das überindividuelle Geistesgebilde »Kultur«. Aus diesem Grunde ist jede Kultur ein von Menschen unternommenes Wagnis. Man kann nicht wissen, ob sie auf lange Dauer lebensfähig sein wird. Vielleicht stellen sich nach Jahrhunderten scheinbar glücklichen Anlaufes schwere Schäden heraus. Sie können auf Einseitigkeit beruhen, wie eine eiseitige Lebensweise schon den Organismus des einzelnen schädigt.

Kein Lebensgebilde besteht freilich ohne innere *Spannungen*. Hegel hat die inneren Widersprüche des Geisteslebens ausdrücklich zu dessen »Lebensprinzip« erhoben und auf eine Dialektik gebracht. Wir heute werden den Prozeß kaum noch in ein solches Bewegungsgesetz von Gedanken und Begriffen pressen *(Panlogismus)*. Philosophen, die mit einer Werttheorie arbeiten, werden vielmehr von einem »Kampf um Werte« sprechen. Auch er ist unvermeidlich. Aber bei dieser Auffassung ist – im Gegensatz zu Hegels theodizetischem Harmonieglauben – eine erhöhte Gefährdung des Ganzen zu vermuten. Denn wenn bestimmte Werte, die für den menschlichen Lebensvollzug von wesentlicher Bedeutung sind, gar nicht mehr zur Geltung kommen, tritt eine Überspannung ein, und das Ganze zerfällt.

Jede menschliche Kultur ist ein Experiment. Es greift in unabänderliche Weltzusammenhänge ein und muß auf ihre Eigengesetzlichkeiten Rücksicht nehmen. Für das menschliche Handeln gilt daher immer das Gesetz der ungewollten Nebenerfolge. Wilhelm Wundt hat es das Gesetz der »Heterogonie der Zwecke« genannt. Es sollte besser das Gesetz der »Heterogonie der Wirkungen« heißen. So schlägt zum Beispiel das Eigengesetz der überindividuellen Sondergebiete des Kulturganzen auf die ihnen eingegliederten, die Kultur tragenden und von ihr getragenen Menschen in einer Weise zurück, die nicht vorauszusehen war. Es geht, wie es Goethes Zauberlehrling erging: Mit seiner Zauberformel bändigt er geheime Mächte und zwingt sie in seinen Dienst; dann aber hat er die Formel, sie wieder abzuberufen, vergessen. Das heißt: *Er selbst ist das schwache Glied in der Wirkungskette*. So verwandelt sich heilsames Können in unheilvolles Erleiden.

Die gefährdete Stelle jeder Kultur liegt in dem Verhältnis zwischen den immer mehr zusammengeballten überindividuellen Mächten (Objektivitäten) zu den einzelnen lebenden Menschen. Sie müssen die Last der fortwirkenden Vergangenheit aushalten, auch wenn sie nur noch partiell als sinnvoll empfunden wird. Die vorhin gebrauchte Formel vom Tragen und Getragenwerden drückt das paradoxe Verhältnis aus, das zwischen den (historisch verfestigten) Geistesmächten und den jeweils lebenden Individuen besteht: Die letzteren werden von den massiven Gebilden der Kultur getragen; sie müssen sie aber auch ihrerseits tragen, d. h. verstehen, bejahen, weiterbilden. Andernfalls entsteht ein Bruch. Jede Kultur muß sich den für sie geeigneten Menschentypus »bilden«. Darin liegt die von der historischen Lage her gestellte Aufgabe derjenigen Kulturarbeit, die wir »Bildung und Erziehung« nennen. Das Geforderte kann zu einem schweren Druck werden. Die Formbarkeit des Menschen hat schließlich ihre Grenzen, sowohl physische wie geistige.

In welchem Umfang es möglich ist, den Gang einer Kultur planmäßig zu steuern, hat man wenig untersucht. Von vornherein steht fest, daß der einzelne als einzelner dazu nicht fähig ist, mag er ein noch so großer Geist sein. Er kann es nur im Rahmen oder im Auftrag großer Steuerungssysteme.

Man hat es als die Eigentümlichkeit des *europäischen Abendlandes* im *Mittelalter* hervorgehoben, daß diese Kultur einen zweispitzigen Aufbau zeigte. In die Führung teilten sich weltliche Gewalten, deren höchste der Idee nach das Imperium war, und die geistliche Gewalt, die römische Kirche. Beide erhoben in räumlicher Hinsicht ursprünglich universale Ansprüche. Die unvermeidliche Rivalität zwischen beiden Mächten brachte natürlich eine dauernde Spannung mit sich. Gerade daraus aber erwuchs die innere Dynamik, die die *abendländische* Kultur vor jeder Art von reinen Theokratien oder rein weltlichen Staaten voraushat.

Seit der *Reformation* und der planmäßigen Säkularisierung der Politik verwandelte sich die Zweispitzigkeit in eine Vielspitzigkeit. Immer entschiedener ging die Führung der Gesamtkultur an Einzelstaaten über. Ihre Differenzierung folgte zunächst dem dynastischen Prinzip, dann dem unterirdisch schon lange wirksamen *nationalen* Prinzip. Jedoch blieb dabei immer noch die Leitidee erhalten: Es gibt ein Absolutes, das den letzten Bezugspunkt der Orientierung bedeuten sollte, auch wenn sein *Sinn* stark umkämpft wird. Blickt man weiter voraus, so zeigt sich, daß es nicht bei der Auseinandersetzung zwischen der Universalkirche, den Großstaaten und den konfessionell gewordenen Landeskirchen blieb. Im 18. Jahrhundert, dessen wesentliche Erscheinungen die *Aufklärung* und die *Französische Revolution* bedeuteten, traten zwei andere Mächte als weitere Rivalen auf den Plan: die allgemeingültige Vernunft und die »Gesellschaft«. Es ist kein Zufall, daß beide in den Stürmen der Französischen Revolution zeitweise zu Gottheiten erhoben wurden: die Vernunft und »das große

Wesen«. Wenn unter dem letzteren die Menschheit verstanden wurde, so war es doch eigentlich die gegen das *ancien régime* revoltierende »Gesellschaft«. Seit dem 19. Jahrhundert gingen die beiden neuen Prätendenten Hand in Hand. Das Produkt ihrer Vereinigung war die wissenschaftlich gelenkte Gesellschaft. Anders gesagt: die *Soziologie* warf sich zur Universalwissenschaft auf. In dem kräftigsten Zweig dieser Bewegung verband sich damit die Parole: »Der Staat stirbt ab.«

Gerade diese Prophezeiung aber erfüllte sich nicht, und sie wird sich auch künftig nicht erfüllen können. Man darf es vielleicht mit allen vorsichtigen Vorbehalten als *historisches Gesetz* aufstellen: Überall dann tritt eine gesteigerte Funktion der staatlichen Führung ein, wenn neue und besonders umfangreiche Aufgaben der Gesamtsteuerung zu bewältigen sind.

Schon die Epoche des *absolutistischen Staates* auf dem *europäischen* Kontinent vom 16. bis zum 18. Jahrhundert ist so zu begründen. Es mußte auf allen Gebieten der Übergang vom territorialen Eigenleben zu weiträumigen Leistungen vollzogen werden. Als es sich dann später umgekehrt darum handelte, den *kapitalistischen* Wirtschaftsstil zu beschränken, mußte wieder – trotz der gegenteiligen Versicherungenen der Marxisten – der Staat als Helfer herbeigerufen werden. – Höchst bedeutsam aber ist es, daß mit zunehmender Komplikation der Kulturverhältnisse ganz von selbst totalitäre politische Tendenzen zutage treten. Die Aufgabe der Steuerung scheint so schwer geworden zu sein, daß es ohne konzentrierte Gewalt nicht mehr abgeht. Politische Klubs werfen sich als Spitzenmacht auf und versuchen, in einer zersplitterten Welt noch einmal das Ganze zu organisieren. Ohne Gleichschaltung der weit differenzierten Weltanschauungen scheint dann keine Hoffnung auf Erfolg mehr gegeben zu sein. Spengler hat das Wiederauftreten von Despotien als einen überaus wesentlichen Zug aller Spätzeiten bezeichnet. Gleichviel, ob die betroffenen Menschen sich solchen *absolutistischen* Steuerungssystemen stumpf unterwerfen – womit sie selbst sich der mitsteuernden Aktivität begeben – oder ob sie aus einem ebenfalls »späten« *Individualismus* heraus wiederstreben – es ist damit eine Kulturkrisis von ungewöhnlicher Schwere entstanden. Der Kampf geht um die Freiheit und Würde des Menschen.

Bisher ist aus den Kulturverhältnissen, die bei jeder Kultur eine Rolle spielen, hergeleitet worden, an welchen Stellen besondere Gefahrenherde liegen. Es muß aber noch die scheinbar naive Frage nachgeholt werden: »Zu wessen Schaden wirkt sich denn die Kulturkrise aus?« Das wird nur allzu oft übersehen. Also: Geht es dann den einzelnen Menschen schlecht (Glücksverlust)? Oder gerät die überindividuelle Kultur in Unordnung, so daß sie schließlich überhaupt nicht mehr funktioniert (Funktionsstörung)? Oder besteht sie darin, daß die eigentliche Bestimmung des Menschen verfehlt wird (Sinnverlust)?

Es ist klar, daß die früher angedeuteten Seiten der Kultur (Objektivierter Geist, Gruppengeist, Einzelgeist) immer ein unlösbares Ineinander bilden; kein Glied wäre für sich selbständig. Es kann ferner kein Zweifel darüber sein, daß Störungen dieses Ganzen im Bewußtsein der zugehörigen *einzelnen* bemerkbar werden müßten. Denn die Kulturobjektivitäten selbst (die Sachgebiete und Gruppenbildungen) besitzen kein Bewußtsein. Also müßte das Vorhandensein einer Kulturkrise in das seelische Erleben der einzelnen hineinfallen, allerdings zunächst nur, soweit sich diese über ihr begrenztes Kulturbewußtsein erhoben hätten: als tätige Kulturführer, als betrachtende Kulturphilosophen, als Menschen, die eine Divination dafür haben, ob man auf dem rechten oder falschen Wege zur Erfüllung der Menschheitsbestimmung ist.

Sollte jedoch der abendländische Kulturprozeß ein automatisch-mechanisch ablaufendes Geschehen sein, in das die einzelnen nur wie kleine Räder eingefügt wären, so gäbe es kein »richtig« oder »falsch«. Was ausschließlich kausal abläuft, kann nicht zur Verantwortung gezogen werden. Verantwortung gibt es nur, wo ein Wille ist und wo ein Ziel »gilt«. Also liegt unser Problem in dem *Kulturwillen.* Und es kann jetzt schon behauptet werden: Wenn eine Kulturgruppe dahin gelangt ist, sich das übergreifende Kulturgeschehen als einen unabänderlichen, schicksalhaften *Mechanismus* zu denken, dann ist von vornherein alles verfehlt und muß von vornherein eine Kulturkrisis da sein. Man hätte ja dann das Steuer gänzlich aus der Hand gegeben, auch für den kleinen Spielraum, in dem ein Mitsteuern etwa noch möglich wäre. Wir Menschen von heute haben das Gefühl, eigentlich sei uns das Steuer längst entglitten. Hinc illae lacrimae!

Es kommt unendlich viel darauf an, wie die Menschen einer Kultur sich selbst verstehen. Haben sie darauf verzichtet, ihrem Leben ein Ziel zu setzen, weil sie glauben, daß es keinen Sinn mehr habe, selbst zu wollen, da man ja doch nur vom Schicksal hin und her geworfen werde, so mag das Kulturganze noch eine Zeitlang erträglich funktionieren und auch noch bescheidene äußerliche Glücksgewinne abwerfen – der *Sinn* des Ganzen wie des Einzellebens ist doch von der Wurzel her bedroht. Es ist also wichtig, die Stelle aufzuweisen, von der eine solche Denkweise ihren Ausgang genommen hat. Sie wird am deutlichsten in der Philosophie zutage treten. Denn diese sollte ihrem Wesen nach geistige Führungsmacht sein. Sie ist es ganz besonders in einer Epoche, in der man ausdrücklich den Gedanken einer *Lenkung der Gesellschaftsbewegung durch Wissenschaft* gefaßt hat. Die philosophischen Überzeugungen sickern ganz allmählich von der Intelligenzschicht bis in das Bewußtsein der einfachsten Leute hinab. Die Begründungen freilich fallen fort. »Man« denkt nun so, weil allgemein so gedacht wird.

Die entscheidende Wendung in der Philosophie des *Abendlandes* ist in dem Augenblick eingetreten, als man von ihren beiden Hauptaufgaben die eine als allein legitim erklärte. Die Philosophie hat einerseits das religiöse Glaubensgut durchzuarbeiten; sie hat andererseits das von der Einzelforschung gewonnene Wissen zu größeren Gesamtansichten zusammenzufassen. Im ersten Fall wird sie Metaphysik, im zweiten Falle »Synthese« des Erfahrungswissens. Ob die von zwei Enden her begonnenen Tunnelbohrungen so gut zusammenstoßen, daß sich ein geschlossenes Weltbild ergibt, kann a priori nicht ausgemacht werden. Kein Zweifel aber kann daran sein, daß die Erschließung der Werte, unter die das Menschenleben zu stellen ist, mit auf die erste Seite gehört. Welchen Werten man sich anvertraut, ist Glaubenssache, und es kann, trotz der modernen Versuche, apriorisch gültige Werttheorien zu entwerfen, niemals ganz zur Wissenssache werden; schon deshalb nicht, weil Wertstandpunkte die *Energie* des Durchhaltens erfordern. Die Evidenz des Einsehens genügt nicht.

Die Wissenschaftsauffassung des sogenannten *Positivismus*, die am deutlichsten in dem von Comte formulierten Dreistadiengesetz zum Ausdruck kommt, hat Religion und Metaphysik als überlebte Formen der Weltinterpretation verworfen. Sie läßt allein die zergliederte und generalisierende Arbeit der Einzelwissenschaften als fruchtbar gelten. In ihren Anfängen, als der Freiheitsruf der großen Revolution noch vernehmlich nachhallte, war es dieser Philosophie wohl nicht ganz klar, daß sie damit die Besinnung über die Geltung von Werten und Zielen völlig ausschloß und als Hauptaufgabe nur die Erkenntnis der kausalgesetzlich geordneten Mittel übrigließ. Dieses Ergebnis trat erst spät ganz scharf in Max Webers berühmter Rede ›Wissenschaft als Beruf‹ (1919) zutage: In ihr wird der Wissenschaft grundsätzlich das Recht entzogen, Werturteile zu fällen und Wertstandpunkte zu legitimieren. Sie unterrichtet nur über die Chancen, die ein schon wertbestimmter Wille hat, seine Ziele vermöge der kausalgesetzlich geordneten Zusammenhänge der Mittel zu »realisieren«.

Die Unbestimmtheit der Terminologie hinsichtlich der Grenzen zwischen »Wissenschaft« und »Philosophie«, die hier mitspielt, kann im Vorbeigehen nicht aufgeklärt werden. Kurz: es blieb das Modell des Denkens, das die Kultur- und Gesellschaftsbewegung steuert, das moderne Ingenieurdenken übrig. Es hat seine eigentliche Aufgabe nicht in der Kritik der

Ziele – diese werden dem Techniker in der Regel von anderer Seite her gegeben –, sondern in der wissenschaftlich fundierten Wahl der Mittel.

Mit dem allein übrigbleibenden Ziel, künftig Geschehnisse vorauszuberechnen, dispensierte sich der Mensch vom echten Wollen. Er gewöhnte sich daran, nur noch zu *wollen*, was er technisch *konnte*, hörte aber auf, zu wollen, was er *sollte*. Das Sollen nämlich erschließt sich nur einer Tiefenschau, mag sie nun in mystischer oder dogmatischer oder metaphysischer Sprache formuliert werden. Dort jedenfalls hat jeder echte Kulturwille seinen Wurzelgrund.

»Jede Kultur ist ein Experiment.« Jede schlägt einen einseitigen Weg ein. Gewiß ist dabei nicht unter unbegrenzten Möglichkeiten zu wählen. Es wird nur das Schwergewicht auf *eine* Seite des Lebenszusammenhanges gelegt: Wird diese geradezu überentwickelt, so muß früher oder später eine fühlbare Störung eintreten, weil normale Bedingungen des Lebens nicht mehr erfüllt werden können.

Die *abendländische* Kultur hat die rationale Form der Naturbeherrschung und die dadurch ermöglichte partielle Lenkung der Natur zu ungeahnter Höhe entwickelt. Es wäre überflüssig, dieses immer wieder behandelte Thema hier noch einmal auszuführen. Denn die Behauptung, darauf allein beruhten die Schwierigkeiten, in denen wir uns jetzt befinden, trifft nicht zu. Selbst wenn man die allerneueste Wendung mitbedenkt, die Tatsache nämlich, daß die rationale Technik, die niemals ohne schädliche Nebenfolgen für Leib, Seele und Geist der Menschen geblieben ist, nun ihre ganze lebenbedrohende Wirkung schrecklich enthüllt, wäre damit noch nicht die Stelle aufgezeigt, an der der eigentliche Mangel liegt.

Der große Irrtum des Experimentes nämlich besteht darin, daß man auch die Bewegungen der Gesellschaft einer »technischen« Lenkung unterworfen hat, das heißt der ratio, zugleich aber diese ratio derjenigen Eigenschaft entkleidet hat, die ursprünglich ihre Würde ausmachte: der Fähigkeit, über die eigentlichen Ziele des Gesamtlebens wie des Einzellebens zu reflektieren. Die ratio war das signum der Freiheit des Menschen. Wenn sie aber nicht mehr wußte, welche Ziele diese Freiheit sich setzen *soll*, so wurde sie zu einem sinnlosen Vermögen. An ihre Stelle trat die nie endende Erforschung von bloßen Kausalitäten. Hier war wirklich eine unendliche Aufgabe gestellt, aber im Sinne der »schlechten Unendlichkeit«, von der Hegel gesprochen hat. In der Tat: alle Völker, die diesen Stil von Wissenschaft ausgebildet haben, stehen nun unter der drängenden Hetze der mit Stolz verkündeten Parole: »Forschung tut not«. Wir wissen aber gar nicht mehr, zu welchem wertvollen Endzweck sie not tut. Es ist so geworden, wie es vorhin schon formuliert wurde: Wir tun vieles nur deshalb, weil wir es *können*, und wir erweitern diesen Können unablässig in der Meinung, daß diese Art von Machthaben uns besser mache, also ein echter Fortschritt sei. In Wahrheit werden wir dadurch dem Geflecht der Kausalitäten unterworfen. Das ist die Folge der Emanzipation des Systems der Mittel von der Lenkung durch *sinngebende Zwecke*.

Die Verwandlung der Welt in ein unendliches Netz von Kausalitäten ist mitverursacht und dauernd begleitet von einer künstlichen Art von Energiebeschaffung, die sich in den Anfängen als äußerst segensreich erwiesen hat, jetzt aber eine Fülle von unerwünschten Nebenwirkungen zeitigt. Segensreich war es, daß man die menschliche und tierische Arbeitskraft mehr und mehr durch Ausnützung von verfügbar gemachten Energien der unbelebten Natur entlasten konnte. Auf die positive Seite konnte es noch gesetzt werden, daß man durch Aufspeicherung von Energien gleichsam Vorratskammern schuf, die jederzeit lieferungsfähig waren; nicht nur dann, wenn gerade Wasser und Wind sich hilfreich darboten.

Hier wird nun aber – wenn man schon in lauter Kausalitäten denkt – auch ein psychologischer Motivationsmechanismus wirksam, der Gefahren enthält. Der Mensch verfährt mit seinen Projekten um so vorsichtiger, je mehr er darauf angewiesen ist, sie unter Aufbietung eigener Kraft auszuführen. (Das geht so weit, daß man besonnener formuliert, wenn man die eigne Hand bemühen muß, als wenn man diktiert.) Alte Märchen und Mythen sind voll von Beispielen, wie unheilvoll es für den Menschen werden kann, wenn seine »Möglichkeiten« und »Mittel« plötzlich über das normale Maß hinaus erhöht werden, auf das er ethisch eingeübt ist. Bei solchen Umwälzungen muß eine ganz *andersartige Energie* wachgerufen werden, die nicht als einfaches Glied in die Kette der Kausalitäten verflochten ist, sondern eigene Ziele setzt und unter Umständen den stumpfen Ablaufsprozeß hemmt. Von dieser Art sind die eigentlich sittlichen Energien.

Sie müssen mindestens in dem gleichen Grad wachsen wie die Vorräte von naturhaften Energien, wenn die letzteren jenen gerühmten segensreichen Anfangserfolg auch weiterhin haben sollen. Das ist aber nicht ohne weiteres der Fall. Im Gegenteil: der Mensch neigt dazu, um es noch zum dritten Mal zu betonen, um so unbesorgter seine Kraftreservoirs und Mittel ins Spiel zu setzen, je leichter sie sich ihm anbieten. Was er *kann*, das *will* er auch. Die Kontrolle über den Wert seines Wollens wird lässiger. Das gilt nicht nur im Sinne ökonomischer Sparsamkeit – man denke nur an den trivialen Fall des Wasserverbrauchs! –, sondern vor allen Dingen hinsichtlich der ethischen Selbstprüfung, was gewollt werden *darf* und – noch höher gegriffen – was gewollt werden *soll*. Die Versuchungen der

Macht sind altbekannt. Schon in Platos ›Gorgias‹ findet die Ethik: »was ich kann (vermag), das ist auch gut«, einen beredten Anwalt, der ebenso leicht in unserer Zeit gefunden werden könnte. Angesammelte Mittel, von welcher Art sie auch sein mögen, geben immer ein Sicherheitsgefühl: »Ich bin auf alle Fälle gerüstet; mir kann nichts passieren.« Vielleicht ist man auch wirklich vor Schaden einigermaßen geschützt. Aber man ist weniger geschützt vor der Art von Mißbrauch, die auf moralischem Gebiet liegt. Man ist es um so weniger, als man nur geübt ist, in Kausalitäten zu denken, nicht in Verantwortungen. Denn ihrer wird man nur inne, wenn man auf die Stimme des Gewissens hört.

Die Maxime, die in unserer Welt den Vorrang erhalten hat, würde, wenn sie zu vollem Bewußtsein gelangte, lauten: »Ich muß mich so einrichten, daß ich auf jeden etwa eintretenden Fall gerüstet bin – nicht bloß auf die normalerweise zu erwartenden Fälle. Dann bin ich *frei* und mächtig, was auch kommen mag.« Es ist leicht zu erkennen, daß in ihr ausschließlich über die Mittel reflektiert worden ist, keineswegs jedoch über die erlaubten, geschweige denn über die sittlich gebotenen Ziele. Diese Einseitigkeit muß schließlich als ein Störungsfaktor zutage treten. Zuerst geschieht es in der Form der ungewollten Nebenerfolge, weil nämlich die Mittel trotz aller Vorausberechnung unerwartete Eigengesetzlichkeiten entfalten. Sodann in einem *Leerlauf* des Automaten Kultur, den man sich da gebaut hat. Endlich aber wird man innewerden, daß eine Kultur, aus der man den ethischen Faktor ausgeschaltet hat, überhaupt ihren Sinn verliert. Sie macht nicht einmal mehr glücklich.

Die Stelle also, an der die schleichende Kulturkrisis unserer Tage zu suchen ist, kann durch den Kernsatz bezeichnet werden, der eine Einseitigkeit des abendländischen Kulturgefüges, ja seine zunehmende Sinnentleerung ausspricht:

Unsere gegenwärtige Kultur ist das System der unbegrenzten Verfügung über unbegrenzte Mittel.

Das Projekt ist in sich durchaus schlüssig, obwohl der Einwand wiederholt werden muß: Die Entscheidung für einen *Endwert*, für die inneren Gehalte der Kultur und der Lebensführung, ist hier fast in Vergessenheit geraten. Und seltsam! Diese leer gebliebene Stelle ist es, die uns drückt.

Aus der Generalformel ist abzulesen, daß nun ein ungeheurer Wettlauf mit Raum und Zeit, mit den Kräften der Natur und der Gesellschaft beginnen mußte. Überall mußte es auf die Größe der Dimensionen ankommen, also auf das Quantitative, zum Schaden des Qualitativen. Die »schlechte Unendlichkeit« hat auf der ganzen Linie gesiegt. Und, was das Schlimmste ist: dieser endlose Progressus ist im Grunde auch ziellos.

Es ist fruchtbar, sich darüber Rechenschaft abzulegen, daß die Geschichts- und Gesellschaftstheorie von Marx durchaus nicht völlig von der Voraussetzung der *positivistischen* Wissenschaftsauffassung beherrscht ist, die in dem Ideal des voir pour savoir, savoir pour prévoir, prévoir pour régler gipfelt. Marx hat bekanntlich starke Motive von Hegel beibehalten. Zunächst ist für ihn die Richtung des ganzen gesellschaftlich-historischen Prozesses im voraus festgelegt, freilich nicht in dem theodizetischen Sinne Hegels. Es gibt keine Freiheit, diese über die Individuen übergreifende und sie mitreißende Bewegung zu lenken. Die Bewegung selbst wird noch als ein dialektisch bestimmtes Geschehen verstanden, obwohl sich – wie Sombart gezeigt hat – die Vorstellung einer kausalen Gesetzlichkeit unklar damit vermischt. Die Hauptsache aber ist: dieser übergreifende Prozeß wird noch als *zielstrebig* gedacht. Er trägt eine – durchaus sinnvolle – Bewegungs*richtung* in sich. Man braucht ihn nicht zu steuern; er steuert sich selbst. Und wollte ihm jemand oder eine Gesellschaftsschicht eine abweichende Richtung geben, so wäre dies nach der hier maßgebenden Theorie ein ohnmächtiges Unterfangen. Es bleibt nichts übrig, als auch das Zieldenken dem immanenten Gesetz anzupassen, »bei Strafe des Unterganges«. Das Ziel aber soll sein die klassenlose, staatsfreie Gesellschaft, in der alle frei und gleich sein werden. Ehe dieser Gesellschaftszustand hergestellt ist, vielmehr: sich automatisch-dialektisch hergestellt hat, besteht nicht einmal für das Denken die Möglichkeit echter Freiheit. Hier waltet, wie eigentlich schon bei Hegel, der *Spinozistische* Freiheitsbegriff. Es gilt nicht die Freiheit der sich vor dem Gewissen entscheidenden Einzelperson, sondern nur das Mitwollen mit Gott, die willige Einfügung in den großen Weltplan. Bei Marx wird freilich das Absolute nicht mehr als Gott bezeichnet; an seine Stelle ist die (sinnvolle) Bewegung jenes »großen Wesens« getreten, das die erste europäische Revolution auf den Thron erhoben hat: die Bewegung der Gesellschaft, der überindividuelle Prozeß, dem niemand entrinnen und den niemand *anders* steuern kann, als er von selbst weiterläuft.

Wenn das Ergebnis dieses breit dahinströmenden Kulturablaufes noch »Freiheit« genannt wird, so ist offenbar eine andere Freiheit gemeint als diejenige, die in metaphysischer Tiefe der Person zu suchen ist. Nur aus ihr erwachsen überhaupt ethische Zielsetzungen. Die moderne Welt hat sich weitgehend entwöhnt, ihre Ziele sorgsam zu kontrollieren. Wollte sie es aber noch einmal versuchen, so müßte sie sich die Unbequemlichkeit machen, wieder ein Gewissen zu haben. Ein Gewissen hat nur der einzelne, und es entsteht sofort das Problem, ob denn die Gewissensentscheidungen so weit in *gleicher* Richtung gehen werden, daß überhaupt noch ein einheitlicher Wille herauskommt. Der Staat jedenfalls ist vor ungeheure Aufgaben gestellt, wenn er noch gemäß Rousseaus Terminologie zu einer volonté générale gelangen soll. Dies Wort aber wäre zu übersetzen: »Der echte und gerechte überindividuelle Wille«.

Es ist das Bemerkenswerteste an den neuen großen Auseinandersetzungen, daß sie vielfach unter Berufung auf das Gewissen geführt werden. Unterbleibt nämlich in der Politik diese Prüfung, so ist auch der Ruf nach Freiheit nicht viel mehr als ein Verlangen nach Komfort. Die Steuerung der Kultur im Sinne des bloßen Ingenieurgeistes »savoir pour prévoir, prévoir pour régler« betrifft nur die geschickte Wahl der Mittel. Und gewiß kann dadurch an der allgemeinen Wohlfahrt viel gebessert werden. Aber welche Art von Kultur man eigentlich wollen *soll* bzw. wollen *darf*, kommt dabei noch gar nicht zur Sprache. Mit anderen Worten: das ethische Kulturproblem kann bei dieser Denkweise völlig im Hintergrund bleiben. Hypothetische Imperative sind noch keine apodiktischen Imperative. Wo an keiner Stelle mehr das Absolutum maßgebend wird, ist die Freiheit des Menschen eigentlich ein Luxus.

Und wie steht es mit dieser Freiheit der Person, in der wir das unterscheidende Merkmal der *westlichen* Welt gefunden zu haben glauben? Nennt sie sich doch selbst neuerdings auch kurz »die freie Welt«.

Man darf nicht vergessen, daß zu jeder Art von Kultur ein Typus von Individuen gehört, der gerade sie auszuhalten vermag und dazu auch entschieden gewillt ist. Ist der spezifische Kulturwille nicht mehr lebendig, so schalten sich jene politischen Klubs ein, die der amorph gewordenen Masse die Mühe des Selberwollens abnehmen, nämlich: zwischen beiden Wegen optieren zu müssen. Das ist der Sinn der Schicksalsstunde des *Abendlandes:* Entweder wird es sich den Diktatoren ausliefern, die die Kunst verstehen, Massenmenschen zu zähmen. Oder es muß sich dazu aufraffen, der zweckmäßigen Beherrschung von Naturenergien die sittlichen Energien der persönlichen Selbstbeherrschung wieder voranzustellen.

In der Kulturphilosophie ist viel darüber gestritten worden, was man als Unterbau, was als Überbau der Kultur anzusehen habe. Will man diese Zweischichtenlehre überhaupt durchführen, so ist es wohl unumgänglich, der Kette der sich fortzeugenden Individuen die Rolle des Unterbaus zuzuschreiben. Das biologische Geschehen ist Vorbedingung für alles andere. Werden nicht mehr genügend Menschen geboren, so ist eine Kultur im wörtlichsten Sinne in Gefahr »auszusterben«, es sei denn, daß sie sich aus fremden Stämmen eine verwandte und gleichwertige Trägerschaft herbeiholen kann. Die Individuen sind es, die ihre Kultur »aushalten« müssen: physisch, seelisch und moralisch. Wie gesundheitsbedrohend eine hochtechnisierte Umgebung wirkt, bedarf keiner erneuten Beleuchtung.

Nehmen wir an, daß die hier angedeuteten Sorgen noch durch planmäßige eugenische und hygienische Maßnahmen behoben werden können, so meldet sich eine andere Not, von der heute wenig geredet wird, weil es als undemokratisch gilt, auf sie hinzuweisen: Wird es künftig noch eine ausreichende Zahl hinlänglich *Begabter* für die immer wachsenden Anspüche des »Gesamtbetriebes« geben? Da es kaum möglich ist, Begabungen anders zu messen als an vollbrachten Leistungen, so ist man bei der Diagnose über die Häufigkeit und richtige Verteilung der Begabungen in einem Volk auf Eindrücke je in einem begrenzten Erfahrungsfelde angewiesen. Kenntnisse und Fertigkeiten lassen sich normieren, auch in einigem Grade – mit einem Ausdruck von Schleiermacher – »anbilden«. Aber bekanntlich kommt es auf allen Gebieten des Geisteslebens darauf an, daß »einem etwas einfällt«. Diese Einfälle und Kobinationsleistungen gehören mehr der Spielsphäre des Bewußtseins an. Je strenger das rein logische Denken gefordert und gefördert wird, um so weniger pflegt für die Phantasie übrigzubleiben. An der Wiege aller Technik aber steht die Phantasie. Schon die Notwendigkeit der Arbeitsteilung schädigt die vorwegnehmende ganzheitliche Einbildungskraft.

Die bisher erörterten Gesichtspunkte liegen jedoch sämtlich noch vor dem Hauptpunkt: der *ethischen Seite* des Kulturwillens. Jede Kultur ist vergleichbar einem Bau, in dem eine eigentümliche Gestaltung des *Wertlebens* versucht wird. Die lebendigen, freilich immer wieder ausgewechselten Mitarbeiter an dem Bau müssen von einem entschiedenen *Ja* und dieser Art von Wertsynthese erfüllt bleiben. Es ist verhängnisvoll, wenn sie den Sinn ihrer Kulturidee nicht mehr *verstehen;* es ist gefahrdrohend, wenn sie schon physisch nicht mehr standhalten; aber es ist tödlich, wenn die sittlichen Energien dafür nicht mehr aufgebracht werden.

Der Verfall beginnt nicht etwa erst mit einer allgemeinen Sittenlosigkeit. Er kündigt sich schon in dem *individualistischen* Lebensstil an, der sich in allen »Spätzeiten« auszubreiten pflegt. Der einzelne mag dann immer noch ein ganz ordentliches Leben führen; aber er fühlt sich nicht mehr als verantwortlicher Mitträger des Ganzen. Schon zu der Zeit, als noch nicht vom »Untergang des Abendlandes« die Rede war, hat man uns auf dem Gymnasium die Muster des Gemeinsinnes im Altertum gepriesen. Man hat nicht nur den attischen Geist gefeiert, sondern auch spartanische und römische Bürgertugend. Es geschah oft nur als ein bescheidener Aufruf zur »Vaterlandsliebe«. Davor scheuen wir zurück, nachdem wir uns eines grenzenlosen *Nationalismus* schuldig gemacht haben. Es sollte aber nicht vergessen werden, daß Volk, Vaterland und Staat, wie Fichte gesagt hat, nur die Hüllen sind, in denen die höhere Menschenbestimmung Gestalt gewonnen hat. Für dieses Gemeinsame und Höhere muß man Opfer zu bringen gewillt sein. Eine demokratisch geordnete Gesellschaft verlangt sie noch mehr als eine Monarchie, die mit einer gut geschulten, von traditionellen Ehrbegriffen geleiteten Bürokratie arbeitet.

Wir wissen sehr wohl, was das Privatgewissen fordert. Wir fühlen die Verantwortungen, die wir in unserem Arbeitskreise zu tragen haben. Aber das genügt nicht. Man wird lernen müssen, was ein *Kultur*gewissen und was *Kultur*verantwortung ist. Diese Erweiterung folgt unmittelbar aus dem Gedanken, daß freie Persönlichkeiten die Kultur und also auch ihren Staat tragen sollen. Auf dieses Experiment haben wir uns einmal eingelassen. Sein tiefliegender Sinn muß nun auch durchgehalten werden.

Das aber ist keine Sache der Technik, und in diesem Punkte kann uns der glänzendste Ingenieurgeist nicht weiterhelfen. Denn hier handelt es sich nicht um Mittelbeschaffung, sondern um *Selbstwerte*. Alle Mittel sind relativ, d. h. je auf das Ziel bezogen, das schon als geltend gesetzt ist. Welche Ziele wir uns setzen, das entscheidet über Heil oder Unheil der Technik. Zuletzt aber geht es darum, welche Ziele wir uns setzen *sollen*. Und erst wenn dieses Bewußtsein wieder durchbricht, erfolgt die Berührung mit dem Absoluten. Unter dem Absoluten verstehen wir die Quelle der letzten und endgültigen *Sinngebung*. Die religiöse Sprache sagt dafür »Gott«.

Sind es die freien Einzelpersönlichkeiten, über denen der Bau der Kultur errichtet wird, so muß in jeder reifen Persönlichkeit ein letzter Regulator wirksam sein, der ihren Rückbezug auf das Absolute bedeutet. Rückbezug, Rückbindung heißt auf lateinisch religio. Eine Kultur, die nicht auf einer echten religiösen Überzeugung errichtet ist, ist wirklich nicht mehr als »ein Experiment«. Mit dem System der Mittel kann man experimentieren; mit der Bestimmung der Menschheit nicht.

Der entscheidende Regulator liegt nur im Inneren der gottverbundenen Seele. Äußere Notwendigkeiten mögen noch so sehr drängen und bedrängen: die Freiheit orientiert sich allein an den inneren Gestirnen. Sie also dürfen nicht aus der Sicht verloren werden. Gleichviel, ob die hier wurzelnden Gewißheiten noch »Wissen« genannt werden dürfen, ob man also den Aufbau einer *Metaphysik* wagt – oder ob man von den inneren Erschließungen redet, von der Mystik, aus der eigentlich jede Metaphysik geboren ist: die Stelle selbst darf nicht leer bleiben. Wo aber das bekannte *positivistische* Denken allein das Feld beherrscht, da ist sie leer geblieben, und alles endet schließlich in dem sinnlosen Kreislauf einer Mittelbeschaffung, von der niemand mehr angeben kann, wozu sie dient.

Theodor Litt hat wiederholt die Mahnung ausgesprochen, es solle niemand Klagerufe darüber ausstoßen, daß wir in einer Kulturkrisis stünden, der nicht auch Wege der Heilung anzugeben wüßte. In der Tat! Es ist leicht zu tadeln. Aber wenn daraus nichts folgte als vermehrte Skepsis und Desorientierung, so wäre es besser, daß der Kritiker seine Weisheit für sich behielte.

Wäre die Entfaltung der *abendländischen* Gesellschaft und ihrer Kulturarbeit wirklich ein überindividueller »Prozeß«, der sich vermöge einer inneren Zielstrebigkeit auf ein heilsames Ziel hinbewegte, so bliebe nichts übrig, als ihm zuzusehen oder sich ihm mitwollend einzugliedern, bis eines Tages das ersehnte Ziel von selbst käme. Diese Art von »prévoir« ist das Schlechteste, was man sich denken kann. Denn damit wäre das Ethische aus der Welt ausgeschaltet, und jede Art von Mittun, das ja nicht ausbleiben kann, dürfte sich ebenfalls außerhalb aller ethischen Maßstäbe stellen. Es fehlt uns nicht an Beispielen erschütterndster Art für diese »Despotie des Fatalismus.«

Ob aber vermöge der Freiheit angesichts der Übermacht schon gestalteter Kulturverhältnisse noch eine Umkehr möglich ist, entzieht sich ebenfalls dem »prévoir«. Vorausberechnen kann man höchstens den Ablauf in der Kette toter Mittel, und auch in dieser Hinsicht gelangt der Mensch nicht über jene Kalkulation der Handlungschancen hinaus, von der Max Weber gesprochen hat. In dem Augenblick, wo das Verhalten wollender Menschen mit in »Rechnung« gestellt werden muß, kann die Rechnung nur dann noch stimmen, wenn man bei den Menschen selbst jede ethische Entscheidung ausschließt und sie zu psychologischen Automaten degradiert, wie es etwa Machiavelli getan hat.

Ob also eine ethische Umkehr hinsichtlich des Kulturwollens kommen wird und ob sie nicht zu spät kommen wird, kann niemand prophezeien. Man kann nur warnen. Die schwere Erschütterung, die die neuesten technischen Entwicklungen schon über die Gemüter gebracht haben, verdient die stärkste Beachtung. Man beginnt wieder vom Gewissen zu reden. Das Reden allein hilft nicht viel. Die Gemüter müssen sich wieder der göttlichen Stimme eröffnen. An uns ist es, ernstlich zu *wollen*. Der Erfolg alles Wollens liegt in höherer Hand.

Das Historismusproblem an der Universität Berlin seit 1900

1960

Die Friedrich-Wilhelms-Universität zu Berlin hat im 19. Jahrhundert Historiker von Weltruf ihr eigen nennen dürfen, an ihrer Spitze Leopold von Ranke (1795–1886) und Theodor Mommsen (1817–1903). Seit der zweiten Hälfte des Jahrhunderts wurde im Bereich der Geisteswissenschaften der Einfluß der historischen Denkweise so stark, daß sie auch auf die Weltanschauung der Epoche prägend einwirkte. Im höchsten Greisenalter ging Ranke daran, sein umfassendes Werk mit einer »Weltgeschichte« zu krönen. Eine solche Gesamtschau liegt immer in der Sehnsucht des Geschichtsschreibers. Der Gedanke einer Universalhistorie der Menschheit hat allerdings seine Wurzeln in christlichen Glaubensvorstellungen, nicht in sich einfach darbietenden Sachverhalten. Augustinus hatte den Gedanken am großartigsten durchgeführt; seitdem ist er nie wieder ganz versunken. Am Anfang des Jahrhunderts, von dem wir reden, hatte ihn Hegel auf ein spekulatives System gebracht, in dem die Dimensionen: aus Gott, in Gott und zu Gott gleichmäßig zur Geltung kamen. Seine Art, alle Erscheinungen des »Geisteslebens« zugleich im Ewigen zu verankern, historisch flüssig zu machen und auf ein Endziel hinzulenken, zog Theologen und Philosophen, Juristen und Staatswissenschaftler in ihren Bann. Auch Ranke hatte sich in seiner Frühzeit mit Anregungen erfüllen lassen, die von der Spekulation Fichtes, Schellings und Hegels ausgingen. Er aber wollte die Mär der Weltgeschichte *erzählen*, nicht in Begriffen *konstruieren*. Das Ziel war zu begreifen, wie alles gewesen ist, also konkrete objektive Tatsachenzusammenhänge zu erkennen. Eine ungeheure Fülle von *Bildern* ließ er sich folgen. Und doch bewahrte er im Stillen die Festigkeit des theologisch-philosophischen Gesamtrahmens, wenn er andachtsvoll zu sagen wagte: »Jede Epoche ist unmittelbar zu Gott.«

Überschreiten wir die Schwelle zum 20. Jahrhundert, so bemerken wir einen auffallenden Wandel der Terminologie. Wilhelm Dilthey (1833–1911), der seit 1882 Mitglied der Berliner Universität war und schon vorher in der Atmosphäre Rankes gelebt hatte, spricht nicht einfach von »der« Geschichte, sondern vom »historischen Bewußtsein«. Der Schwerpunkt scheint also von der Seite des Seins auf die Seite des Wissens, des »Im-Bewußtseinhabens« verlegt. Wenn er den Plan faßt, eine Grundlegung der Geisteswissenschaften zu schreiben, so deutet der Pluralis »Geisteswissenschaften« auf eine Wendung zum Positivismus hin. Die Philosophie ist Wissenschaftslehre geworden. Und endlich: für Dilthey steht von vornherein fest, daß jede Einzelwissenschaft des Geistes sich auf ihre eigene Geschichte besinnen muß. Ja in der Ausführung kommt die Geschichte der Wissenschaften stärker zur Geltung als ihre Systematik, wie es auch bei seinem Zeitgenossen Gustav Schmoller der Fall ist. Diltheys gelegentliche Äußerung, es gehe ihm um eine »Kritik der historischen Vernunft«, ist kaum noch in Hegels Art als das Suchen nach der Vernunft in der Geschichte zu verstehen, sondern – in Analogie zu Kants Transzendentalphilosophie – als eine Kritik des historischen Bewußtseins. Aus dieser Gedankenrichtung allein ist auch die auffallende Fassung des Titels in dem Hauptwerk von 1911 zu verstehen: ›Der Aufbau der geschichtlichen Welt in den Geisteswissenschaften‹. Darin kommt wohl zum Ausdruck, daß wir die geschichtliche Welt nicht einfach »haben«, nicht so abbilden, wie sie »gegeben« ist, sondern daß wir sie im Wissen erst *aufbauen*. Oder, etwas vorsichtiger gesagt: *Im* historischen Bewußtsein bekommt die geistige Welt erst ihre Gestalt für uns.

Dieses historische Bewußtsein ist in der ersten Hälfte des 20. Jahrhunderts zu einem weltanschaulichen Hauptproblem geworden. Natürlich nicht *nur* in Berlin. Aber an der Berliner Universität finden sich die wichtigsten Träger der Auseinandersetzung zusammen. In alle Geisteswissenschaften spielt *der Historismus* hinein, ohne daß man angeben könnte, wo dieser Name, der auch den Verdacht einer möglichen Übertreibung andeutet, zuerst aufgekommen ist. Zunächst aber bezieht er sich auf die Auseinandersetzung mit der Seite der Welt, die von nun an geradezu als »geistig-geschichtliche Welt« bezeichnet wird. Von Rickert ist der Name »Kulturwissenschaften« statt Geisteswissenschaften bevorzugt worden. In Berlin sind Dilthey, Troeltsch, Meinecke zu Protagonisten im Streit der Ansichten geworden. Da nicht alle Verzweigungen verfolgt werden können, schließt sich diese gedrängte »Skizze« der Linie an, die durch die drei Namen bestimmt ist.

I.

Es war der unendliche Zauber in Diltheys Natur, der die Gemüter einer impressionistisch erregbaren Studentengeneration anzog, daß er alle fest gewordenen Gebilde der historischen Welt bis in die Tiefe subjektiven metaphysischen Erlebens zurückverfolgte. Er machte sie durch eine Kunst des Verstehens wieder lebendig, bei der alle Gemütskräfte aufgeboten wurden. Wenn er trotzdem jeder logisch konstruierenden Metaphysik abhold war, so hing dies nur teilweise mit der Verdammung der Metaphysik durch das Dreistadiengesetz und mit der erkenntnistheoretischen Sicherung der Einzelwissenschaften des Geistes zusammen. Er wollte »Leben« ergreifen, und zwar noch in seiner unverhärteten subjektiven Ursprünglichkeit. Diese Haltung war im Grunde religiös. Er gab sich der Fülle der historischen Erscheinungen mit einer Andacht hin, die schon durch seine Stimme hindurchzitterte. Aber eben diese Reduktion der Objektivitäten auf den lebendigen Ursprung sollte zugleich doch auch eine wissenschaftliche Methode werden. Noch klingt in meinem Ohr Diltheys emphatischer Ausruf im Seminar (1901): »Analyse und Deskription! Analyse und Deskription!«

Es liegt auf der Hand, daß bei dieser Liebe zum Einzigartigen wohl noch einige Linien im Geschichtsverlauf festgestellt werden konnten, aber keineswegs *die* Linie, in der sich etwa der Gesamtsinn des Prozesses enthüllt hätte. Selbst die Abkehr von der Metaphysik verlor in Diltheys eigener Entwicklung an Belang, und die genetisch verfahrende Standortdiagnose, d. h. die Charakterisierung der eigenen Zeitlage, spielt nur eine bescheidene Rolle. Die vergangenen Selbstwertgebilde aber werden mit unerschöpflicher ästhetischer Freude betrachtet.

Eines jedoch bleibt fest: die Überzeugung, daß der Mensch in einem so erweiterten Spiegel sich selbst und die Fülle seiner Möglichkeiten erkennen könne. In bewußtem Gegensatz zu Nietzsches Selbstzergrübelung wiederholt Dilthey häufig das Wort: »Was der Mensch sei, sagt ihm nur die Geschichte.« Aber diesen Satz hätte Dilthey wohl niemals zu dem Ausspruch erweitert: »Was der Mensch *soll*, sagt ihm nur die Geschichte.« Die Normenfrage blieb vom Boden des Historismus aus offen.

Das hat der tiefsinnige Denker selbst in der Rede zu seinem 70. Geburtstag mit überraschender Schärfe ausgesprochen. Am Schluß, nach einem Rückblick auf seine Pläne und Leistungen, heißt es da: »Ein scheinbar unversöhnlicher Gegensatz entsteht, wenn das geschichtliche Bewußtsein in seine letzten Konsequenzen verfolgt wird. Die Endlichkeit jeder geschichtlichen Erscheinung, sie sei eine Religion oder ein Ideal oder philosophisches System, sonach die Relativität jeder Art von menschlicher Auffassung des Zusammenhanges der Dinge ist das letzte Wort der historischen Weltanschauung, alles im Prozeß fließend, nichts bleibend. Und dagegen erhebt sich das Bedürfnis des Denkens und das Streben der Philosophie nach einer allgemeingültigen Erkenntnis. Die geschichtliche Weltanschauung ist die Befreierin des menschlichen Geistes von der letzten Kette, die Naturwissenschaft und Philosophie noch nicht zerrissen haben – aber wo sind die Mittel, die Anarchie der Überzeugungen, die hereinzubrechen droht, zu überwinden?«[1]

Dilthey fügt abschließend hinzu, daß er das Ziel sehe. »Wenn ich auf dem Wege liegen bleibe – so hoffe ich, werden ihn meine Weggenossen, meine Schüler, zu Ende gehen.«

Vielleicht darf man es als ein Symptom der aufgerissenen Problematik ansehen, daß einer dieser Schüler, voll jugendlichen Widerstrebens gegen den verehrten Meister, sich als Thema seiner Dissertation die Frage wählte, welchen Wert das nie vollendete geschichtliche Wissen überhaupt für den Lebenden habe. Es erging ihm, wie es ein Menschenalter früher Nietzsche widerfuhr: Indem er sich gegen die historische Einstellung empörte, mußte er zunächst lernen, wie tiefen Nutzen die Historie auch wieder spendet.

II.

Mit Ernst Troeltsch (1865–1923), der erst vier Jahre nach Diltheys Tode auf einen für ihn neu gegründeten philosophischen Lehrstuhl nach Berlin berufen wurde, kam eine andere Spielart des Historismus zur Geltung. Es fehlte natürlich nicht ganz an der inneren Kontinuität; denn Troeltsch hatte zu den frühesten Bewunderern der geistesgeschichtlichen Aufsätze gezählt, die Dilthey im letzten Jahrzehnt des 19. Jahrhunderts erscheinen ließ. Für die wissenschaftliche Intention, die sie durchweg beherrschte, ist charakteristisch der Titel des ersten: ›Auffassung und Analyse des Menschen im 15. und 16. Jahrhundert‹.[2] Er läßt in der Schwebe, ob es Dilthey ist, der hier den Menschen früherer Jahrhunderte analysiert, oder ob dargestellt werden soll, wie die Menschen jener Zeiten sich selbst verstanden haben. Beides fließt ineinander.

Aber Troeltsch war ursprünglich weder Historiker noch Philosoph. Er kam von der Theologie her und hatte in Heidelberg den Lehrstuhl für

[1] Wilhelm Dilthey, Rede zum 70. Geburtstag. In: Dilthey, Gesammelte Schriften. Bd. 5. Leipzig, Berlin 1924. S. 9.

[2] Derselbe, Auffassung und Analyse des Menschen im 15. und 16. Jahrhundert. In: Dilthey, Gesammelte Schriften. Bd. 2. Leipzig, Berlin 1929³.

systematische Theologie innegehabt. Seit Hegel war es auch bei Theologen wieder gebräuchlich geworden, den Gottesgedanken, ja Gott selbst, »das Absolute« zu nennen. Wenn die historische Denkweise »das Absolute«, sei es nun ein Wesen oder ein Gedanke oder eine Norm, in Frage stellte, so war das Zentrum der Weltanschauung bedroht. Troeltsch blieb nicht bei der religionsphilosophischen Seite des Problems stehen. Er weitete es immer mehr in ethischer und kulturphilosophischer Richtung aus. Aber daß Troeltsch von Herkunft Theologe war, läßt erwarten, daß er das Thema mit äußerstem Ernst von seinem Wurzelpunkt her ergreift.

Das Eindringen der historischen Methode in die Theologie beginnt schon in der Zeit des Renaissancehumanismus. Die Säkularisierung des Denkens über Gott schreitet in der Aufklärung fort. Hegels Spekulation verbindet grundsätzlich die Erfassung des Absoluten mit der Ableitung seiner dialektisch notwendigen historischen Konkretisierungen. Schließlich ist es die »Leben-Jesu-Forschung« des 19. Jahrhunderts, die das Interesse der liberalen Theologie auf sich zieht. War aber einmal der Gehalt des christlichen Glaubens von der empirisch gerichteten Forschung in historische Beleuchtung gerückt worden, so konnte man das Christentum nicht mehr isoliert behandeln. Es wurde zu einer Religion unter Religionen. Es war ebenso »Objekt« wie andere Weltreligionen, ja sogar wie Glaubensvorstellungen primitiver Völker. Die Herrschaft einer solchen psychologisch-historischen Methode fand Troeltsch in seinen Anfängen vor. Nur Rudolf Eucken warnte früh vor der Verflüssigung aller Grundüberzeugungen, die damit eintreten mußte.

Bei der einzigartigen Aufnahmebereitschaft für alle Motive des zeitgenössischen Geisteslebens, die Troeltsch mitbrachte und bewahrte, ist es nicht zu verwundern, daß seine philosophische Bildung etwas synkretistisch war: man kann bei ihm schon terminologisch die Spuren des Einflusses von Hegel und Eucken, von Neukantianern und Windelband-Rickert verfolgen. Mit jeder Methode experimentierte er. Jedoch konnte ihm nicht entgehen, daß das Hauptanliegen der Theologie, »Gott«, in Gefahr geraten mußte, wenn es in das Licht so menschlicher Betrachtungsweisen wie Psychologie, Erkenntnistheorie, Entwicklungsgeschichte und Werttheorie gerückt wurde. An dieser Stelle glüht das Zentralproblem seines Lebens.

Als Symptom für die Lage und als Symbol für die allgemeine Bedeutung des von Troeltsch aufgegriffenen Themas darf man es ansehen, daß der erste Rektor des 20. Jahrhunderts an der Universität Berlin in seiner Rede zu Ehren des Stifters die möglichen Folgen für die theologischen Fakultäten beleuchtete. Adolf Harnack sprach am 3. August 1901 über

»Die Aufgabe der theologischen Fakultäten und die allgemeine Religionsgeschichte«. Man hatte es mehrfach als eine Anomalie in der Hochschule und als einen Verstoß gegen die Voraussetzungslosigkeit der Wissenschaft bezeichnet, daß die Theologischen Fakultäten nicht nur die Wahrheit des christlichen Glaubens als feststehend voraussetzen, sondern ausdrücklich konfessionell gebunden sind. Anderwärts, zum Beispiel in Holland, hatte man in dieser Hinsicht schon manches geändert. Der Redner wehrte den Angriff hauptsächlich durch den Hinweis auf die fundamentale Kulturbedeutung des Christentums für das Abendland ab. Zu dem philosophischen Hintergrund der Frage nahm er nicht Stellung. Aber aus seinen Ausführungen klang deutlich die Hinneigung zur »Eminenztheorie« hervor. Diese besagt: man könne nicht wissenschaftlich beweisen, daß das Christentum die allein wahre Religion sei; aber es sei unzweifelhaft die höchste, die wir kennen. Außerdem enthalte sie eine unerschöpfliche Mannigfaltigkeit religiöser Motive in sich; der Abendländer könne überhaupt nur von christlicher Erlebnisweise aus den Zugang zu den Religionen anderer Kulturkreise finden.

Harnack stellte eine hochschulorganisatorische Angelegenheit in den Vordergrund. Im nächsten Jahr aber – 1902 – erschien nach langen Vorstudien das Buch von Ernst Troeltsch, das zwar noch zur Theologie gehört, aber nach Ausgangspunkt und Fragestellung auch für seine philosophische Periode als Hauptwerk angesehen werden muß: ›Die Absolutheit des Christentums und die Religionsgeschichte‹.

Es kann an dieser Stelle nicht die Aufgabe sein, Problemstellung, Methode und Lösungsansätze bei Troeltsch ausführlich darzustellen. Dazu müßte man die sehr verschiedenen Linien, die sich bei diesem temperamentvollen Denker ineinander verschlingen, erst einmal entwirren. In der ›Absolutheit des Christentums‹ klingt das Hauptmotiv Hegelisch; das hindert aber nicht, daß eine Stimme auch im Sinne des transzendenten Idealismus geführt wird und daß von Durchbrüchen des Jenseitigen im Diesseitigen geredet wird. In späteren Fassungen tritt Rickerts Lehre vom Individualbegriff und seine Wertlehre hervor. Auch der Begriff der unbedingten Normativität fehlt nicht, obwohl er ja zum Kantischen und nicht zum Hegelschen Denkstil gehört. Es werden eben alle Hilfstruppen herangeholt, die irgend aus der Verlegenheit helfen könnten.

Am meisten muß auffallen, daß die Fragestellung in der weiteren Entwicklung von Troeltsch gar nicht auf das religionsphilosophische Kernthema beschränkt bleibt, welche Religion den Charakter des Absolut-Endgültigen trage und wie trotz historischer Denkweise etwa der Offenbarungsbegriff zu fassen sei. Der historische Relativismus macht es darüber hinaus unsicher, ob die Geschichte überhaupt ein eindeutiges Ziel habe oder ob unbedingte Normen für die Gestaltung der Kultur, sei es im Ganzen oder in ihren Einzelgebieten, als gültig zu erweisen wären. Das Problem erweitert sich also zu der Frage nach verpflichtenden Maßstäben überhaupt. Troeltsch verläßt 1915 die Theologische Fakultät und wird Kulturphilosoph. Als solcher hat er acht Jahre in Berlin gewirkt. Für die Theologen bestätigte sich die Befürchtung: wird die Philosophie einmal in die Bereiche des Glaubens hineingelassen, so gelangt sie dort bald zur Herrschaft.

Die Position, zu der Troeltsch schließlich gelangte, verdient in den Annalen der Universität festgehalten zu werden, weil darin das für die Geisteswissenschaften im 20. Jahrhundert durchweg brennend gewordene *Standortproblem der Wissenschaft* sichtbar wird, das auf der Seite der Naturwissenschaften durch Einstein und Heisenberg in den Vordergrund gerückt wurde. In anderer Formulierung: an der Entwicklung von Troeltsch enthüllt sich, daß das Postulat der »Voraussetzungslosigkeit der Wissenschaft« nicht so einfach zu erfüllen ist, wie man im 19. Jahrhundert geglaubt hatte. Wir versuchen, an Hand der großen akademischen Rede, die Troeltsch zur Kaisergeburtstagsfeier 1916 gehalten hat, die Lage möglichst einfach darzustellen. Diese äußerst zusammengedrängte Erörterung seiner Ergebnisse führt den Titel: »Über Maßstäbe zur Beurteilung historischer Dinge«. In das Hauptwerk: ›Der Historismus und seine Probleme‹,[3] ist sie als Kapitel II eingegangen, jedoch sehr viel reicher ausgestattet, wie schon die Überschrift andeutet: »Über Maßstäbe zur Beurteilung historischer Dinge und ihr Verhältnis zu einem gegenwärtigen Kulturideal.«

Bereits in den oszillierenden Gedankengängen der 2. Auflage der ›Absolutheit des Christentums‹ (1912) arbeitet sich die Überzeugung durch, daß der Begriff der absoluten Religion oder auch nur der »normativen Religion« mit Hilfe eines historischen Evolutionismus nicht zu gewinnen ist. Irgendwo muß etwas »durchbrechen« oder eine Entscheidung getroffen werden, um überhaupt in den Bereich der Normativität zu gelangen: »Indem von der historischen Darstellung zur Stellungnahme gegenüber den in der Geschichte auftretenden Werten fortgeschritten wird, sind ... die Grenzen der darstellenden Historie und damit der Historie im eigentlichen und engeren Sinne überschritten«.[4] Ja sogar die Grenze des bloß theoretischen Verhaltens wird damit überschritten: »Im Mitleben der großen menschlichen Kämpfe, in dem hypothetischen Nachempfinden der

[3] Ernst Troeltsch, Der Historismus und seine Probleme. Tübingen 1922. S. 111–220.

[4] Derselbe, Die Absolutheit des Christentums und die Religionsgeschichte. Tübingen 1912². S. 58.

verschiedenen kämpfenden Gestaltungen muß er (der Maßstab) praktisch und persönlich immer neu gewonnen und erlebt werden.«[5] – »Das Absolute in der Geschichte auf absolute Weise an einem einzelnen Punkt haben zu wollen, ist ein Wahn, der nicht bloß an seiner Undurchführbarkeit scheitert, sondern auch an seinem eigenen inneren Widerspruch gegen das Wesen aller historischen Religiosität.«[6]

Den Durchstoß, der schließlich erfolgt, wird man leichter verstehen, wenn zunächst die naive Auffassung in einfachen Linien dargestellt wird: Der Historiker als solcher erkennt nur, was *gewesen* ist. Er überblickt das Auf und Ab der Geschichte bis zu ihrem vorläufigen Resultat, der Gegenwart. *Auf Grund* dieser Kenntnisse kann er nun philosophierend weiterfragen: Was *muß* (gemäß kausaler Determinierung) jetzt geschehen? oder: was *soll* (gemäß normativer Verpflichtung) jetzt gewollt werden? oder (gemessen an *dieser* Norm): was hat in der Vergangenheit hoch gestanden, was war geringerwertig? Das Absolute selbst wird ihm in der Dimension der bloßen historischen Tatsächlichkeiten nie begegnen können.

Bei dieser naiven Einstellung ist vergessen, daß an dem ganzen Verfahren das Subjekt des »jetzt« lebenden Historikers maßgebend beteiligt war. *Er* hat das Material ausgewählt, *er* hat es von seiner Geistesart aus gedeutet und verstanden; *er* hat die großen Linien gezogen, wobei seine Einstellung zur Zukunft schon mitgesprochen hat. Was nach seiner Meinung entweder kommen muß oder kommen soll, beeinflußt schon die Deutung des Vergangenen. Also ist eigentlich auszugehen von der Bewußtseinsverfassung des Subjektes, das Geschichte treibt. Die Wendung ist ähnlich wie bei Kant, nur daß die Allgemeingültigkeit und Zeitüberlegenheit des transzendentalen Bewußtseins (das vor allem Erkennen vorgegeben ist) *hier* nicht erreichbar ist. Auch Kant hatte ja für seine Erkenntnisbereiche diese Eindeutigkeit überschätzt.

Troeltsch ist aber bei der Kopernikanischen Wendung, die der Kantischen entspricht, nicht stehen geblieben. Er selbst hat gesagt, daß er mit dem Apriori nur experimentiert habe. Diese Aussage bezieht sich nicht nur auf das »spezifisch religiöse Apriori«, zu dem er in der Mittelperiode seine Zuflucht nimmt, um nicht in der Religionspsychologie zu versinken, sondern auch auf das Apriori des historischen Bewußtseins. Es wollte eben nicht den Grad von Sicherheit, Eindeutigkeit und Allgemeingültigkeit annehmen, den man von einem echten Apriori erhofft. Ohne Zweifel wußte Troeltsch, daß Georg Simmel schon als Privatdozent an der Berliner

---

[5] a. a. O., S. 65.
[6] a. a. O., S. 98.

Universität in der 1. Auflage seiner ›Probleme der Geschichtsphilosophie‹ 1892 von einem »relativen Apriori« des historischen Verstehens geredet hatte. Damit kam der Relativismus wieder zum Vorschein, der eigentlich bekämpft werden sollte. Was ist das also für ein Subjekt der Geschichtsauffassung, zu dem Troeltsch im Jahre 1916 mit seinem unablässigen Bemühungen um die Überwindung des Realitivismus gelangt ist?

Wenn man auf die Terminologie, die sich nunmehr von selbst einstellt, aufmerksam achtet, wird man finden: Troeltsch streift hier unmittelbar an die Grenze zur Existenzphilosophie heran. Oder um die Behauptung sogleich vor radikaler Einseitigkeit zu beschützen: Er entdeckt im Geistesleben den existentiellen Punkt, das persönliche Entscheidungsmoment, das bei Hegel noch fehlen mußte, weil er meinte, aus gottgleicher, zeitentrückter Höhe philosophieren zu können. Troeltsch wurde aber dadurch vor einem bloß punkthaften Standort und vor dem radikalen Subjektivismus der Existenzphilosophie behütet, daß er den Sinn für die großen Objektivitäten des Geisteslebens und ihren für den existentiellen Standort stets mitbestimmenden Einfluß nicht verlor. Hier macht sich Euckens große Bedeutung für Troeltsch bemerkbar. Andererseits: Die Wendung zum Existentiellen im historischen Bewußtsein ist um so auffallender, als für eine intensive Kierkegaardlektüre bei Troeltsch keine Spuren gegeben sind. Christoph Schrempf hatte zwar schon auf den großen religiösen Denker hingewiesen. Aber die deutsche Ausgabe seiner Schriften bei Eugen Diederichs begann erst seit 1922 zu erscheinen.

Diejenige Form des historischen Bewußtseins, bei der in Erinnerung behalten wird, daß das Subjekt selbst als ein endliches mitten im Strom der Geschichte steht, vom Rücken her bedingt, nach vorn hin einer noch ungestalteten Zukunft exponiert, könnte man *existentiellen Historismus* nennen. Die charakteristischen Hauptausdrücke der Existenzphilosophie drängen sich ganz von selbst hervor: Situation, Entscheidung, Wagnis, Tat, schöpferischer Aufschwung, Lebensgrenze. Es kann nicht überraschen, daß Troeltsch an diesen Punkt gelangte. Er hatte im Stil der Hegelschen Vernunftskonstruktion begonnen. Von dort stammte der beherrschende terminus »Absolutheit«. Gerade dies aber war der Irrtum des spekulativen Denkers, daß er die Welt fertig ansah und ihr Begreifen nur als einen Spätflug der Eule der Minerva hinzukommen ließ. Wer jedoch in eine noch ungeformte Zukunft hinein handeln muß, für den fallen alle Gewichte auf die (seine) *Gegenwart,* der muß die *Entscheidung* in einer ganz einzigartigen Situation auf sich nehmen, der verleiht, indem er sich entscheidet und handelt, der vor ihm liegenden Wegstrecke *Sinn.* Der Akzent der Absolutheit fällt für ihn auf die Stimme des prüfenden und sich selbst immer wieder prüfenden Gewissens. Wissenschaftliche Besinnung ist wohl beteiligt. Aber das Menschenleben ist nicht so beschaffen, daß es von der Wissenschaft eine vollständige Deckung seines bewußten Handelns erhoffen dürfte. In einer Welt der Freiheit gibt es nur *einen* Punkt, der absolut genannt werden darf: das persönliche selbständige *Gewissen,* das die Richtung der Entscheidung zwischen rivalisierenden Geistesmächten normativ bestimmt.

Der Existentialismus (wenn man dieses widersinnige Wort bilden darf) geht bei Troeltsch nicht so weit, daß er die gesuchten Maßstäbe aus der punkthaften Subjektivität des einzelnen herauszuholen versuchte. Die großen geistigen Objektivitäten, von denen Hegel, Dilthey, Droysen, Eucken gesprochen hatten, bleiben in Kraft. Die Geschichte wird zwar nur im Einzelbewußtsein, das auf der Schwelle seiner Gegenwart lebt, gedeutet und durchgekämpft; aber sie erweist sich doch als eine den einzelnen umfangende Macht. »Unsere Maßstäbe entstehen in Wahrheit durch eine kritische Auslese aus dem Kulturbesitze eines ganzen großen Wirkungszusammenhanges, wie etwa in unserem Fall des Ganzen der abendländischen Kultur, unter Rücksicht auf alle in ihm lebendigen, wenn auch vielleicht augenblicklich gerade zurückgedrängten Kräfte.«[7]

Auch die Existenzphilosophie kann also nicht bei der Punktualität des sich absolut verantwortlich wissenden Individuums stehen bleiben. Sie bedarf des übergreifenden Denkens. In einer gegebenen »Situation« kann man sich nur entscheiden, wenn der Sinn dieser Situation bereits aus großen Geisteszusammenhängen heraus *gedeutet* ist. Bei dem *Deuten* bereits muß man sich entscheiden, und so entsteht ein schwer entwirrbarer Knoten gegenseitiger Bedingtheit: Die Geschichte entscheidet über das Subjekt, das Subjekt wiederum nimmt deutend und richtend Stellung zur Geschichte. Man spürt, daß Troeltsch mit diesem Dilemma nicht ganz fertig wird. Aber – »so ist das Leben«.

Das Wechselverhältnis trifft nicht nur den Philosophen, sondern schon den Historiker. Wer Geschichte als Wissenschaft treibt, muß in mannigfacher Bedeutung sein eigenes Subjekt erst »reinigen«. Ranke sprach sogar übertreibend vom »Auslöschen des Selbst«. Andererseits muß der Geschichtsschreiber sich auch wieder mit der Fülle der Verzweigungen des großen Lebenszusammenhanges erfüllen. Er muß sich sogar in historischer Besinnung über die Geschichte seiner Wissenschaft klarmachen, wo er

---

[7] Ernst Troeltsch, Über Maßstäbe zur Beurteilung historischer Dinge (Rede zur Kaisersgeburtstagfeier der Berliner Universität). In: Historische Zeitschrift. Bd. 116. München und Berlin 1916. S. 28.

steht. Dies Werk hat dann Friedrich Meinecke in seinem hohen Alter unternommen.

Seitdem die Problematik, die Dilthey, Troeltsch und Meinecke aufgeworfen haben, mehr oder weniger deutlich zum Bewußtsein gelangt ist, rückt das alte Thema Fichtes wieder in den Vordergrund: »Deutung des gegenwärtigen Zeitalters«. Gerade Troeltsch hat hierfür geniale Beiträge geliefert. Genannt seien der Aufsatz: ›Das Wesen des modernen Geistes‹ in den ›Preußischen Jahrbüchern‹ 1901, und speziell für die Wissenschaftsgeschichte: ›Die wissenschaftliche Lage und ihre Anforderungen an die Theologie‹ in der ›Sammlung gemeinverständlicher Vorträge aus dem Gebiet der Theologie und Religionsgeschichte‹, Tübingen 1900.

Wer die Vergangenheit deuten will, muß implizite auch seine eigene Zeit deuten, und umgekehrt. Dieses existentielle Paradoxon bleibt übrig, nachdem die religiös-spekulativen Deutungen aus gottgleicher Zeitentrücktheit nicht mehr gewagt werden. Wer Geschichte nicht nur pragmatisch schreibt, sondern nach den letzten Sinnbezügen forscht, muß über seinen eigenen Standort reflektieren, und dies kann er nur, indem er auch diesen selbst historisch unterbaut.

Weiter ist Troeltsch in seinem Ringen mit dem Historismusproblem nicht gekommen. Er hat es mit voller Ehrlichkeit ausgesprochen, daß in seinem Ergebnis viel Resignation liegt. Im Grunde war der existentielle Standpunkt schon in der 2. Auflage der ›Absolutheit des Christentums‹ erreicht, wenn dort in bereits zitierten Worten von dem gesuchten »Maßstab« gesagt wird: »Im Mitleben der großen menschlichen Kämpfe, in dem hypothetischen Nachempfinden der verschiedenen kämpfenden Gestaltungen muß er praktisch und persönlich immer neu gewonnen und erlebt werden.«[8]

III.

»Besinnung über die Voraussetzungen der eigenen Existenz«. Unter diese Forderung fällt für das Subjekt, das Wissenschaft treibt, auch die Notwendigkeit, sich von den Voraussetzungen des eigenen Forschens Rechenschaft abzulegen. Im Sektor der exakten Naturwissenschaften, zu deren Objektbereich wertende Einstellungen noch nicht gehören, wird die Aufgabe durch eine regional spezialisierte Erkenntnistheorie seit alten Zeiten

---

[8] Ernst Troeltsch, Die Absolutheit des Christentums und die Religionsgeschichte. Tübingen 1912². S. 65.

erfüllt. Für die Geisteswissenschaften hat im historischen Zeitalter einer der jüngeren Weggenossen von Troeltsch an der Berliner Universität das Problem aufgegriffen in seiner Rede vor der Berliner Akademie der Wissenschaften von 1929: ›Der Sinn der Voraussetzungslosigkeit in den Geisteswissenschaften‹.[9] Rückblickend wäre aus dem gegenwärtigen Zusammenhang hinzuzufügen: Die historische Klärung des eigenen Standortes im Kulturprozeß gehört mit zu den Pflichten des historischen Forschers.

Unter dem Einfluß marxistischer Theorien ist die These aufgestellt worden: Wer nicht standortgemäß (d. h. mindestens seiner Bewußtseinsverfassung nach) zu der Klasse gehört, die allein die Chance hat, in der kommenden Epoche politisch zu siegen, ist dadurch von der Erfassung der Wahrheit ausgeschlossen. Hier liegt offenbar ein pragmatisches Wahrheitskriterium vor: Ob eine Lehre wahr ist, hängt vom Erfolg des auf sie gegründeten Handelns ab. Die These verbindet sich aber mit der weiteren Annahme: eigentlich sei es immer eine Klasse, ein Kollektivum, das Wissenschaft treibt, nicht der einzelne, an sein Wahrheitsgewissen gebundene Mensch. So ist es gekommen, daß man versucht hat, an die Stelle eigentlicher Erkenntniskritik eine *Wissenssoziologie* zu setzen.

Nicht nur Anhänger des Marxismus sind so weit gegangen, eine ganze Gruppenideologie einfach als richtig »vorauszusetzen« und a limine Ergebnisse für unstatthaft zu erklären, die von solchen Voraussetzungen abweichen. Die Sorgen wegen der Relativität der wissenschaftlichen Maßstäbe und wegen der Zulässigkeit des wissenschaftlichen Standortes wurde man dadurch los. Den spezifischen Sinn der *Wissenschaft* aber mußte man verfehlen. Denn der politische Erfolgswille ist eine ganz andere Sinn-Intention als der Wille, unter Verzicht auf Leidenschaften, in selbstverleugnender Hingabe zu erkennen, was *ist*. Die Welt zu verändern, ist gewiß eine wichtige Aufgabe; aber eben nicht die der Wissenschaft.

Aus der Ratlosigkeit, die das Historismusproblem und das Versinken in den Relativismus erzeugt hatten, ist es teilweise zu erklären, daß die Universität Berlin in unserem Jahrhundert zweimal unter die Herrschaft einer Gruppenideologie geraten ist. Erst wurde ihr eine Weltanschauung zur Pflicht gemacht, die – soweit sie Anleihen bei der Wissenschaft suchte – auf Rassentheorie, Vererbungslehre und Volkstumsmetaphysik gegründet war. Bald danach mußte sie sich einer in Rußland entstandenen Variante des Marxismus unterwerfen. Beide Ideologien haben bei aller sonstigen Verschiedenheit gemeinsam, daß sie sich auf die unbedingte

---

[9] Eduard Spranger, Der Sinn der Voraussetzungslosigkeit in den Geisteswissenschaften. In: Sitzungsberichte der Preuß. Akad. der Wiss., Phil.-Hist. Klasse. Jg. 1929. S. 2 ff.

Richtigkeit ihrer Zeitdeutungen beriefen. Diese wurden zu Dogmen erhoben, deren Nachprüfung untersagt war. –

Die voranstehenden Betrachtungen sind als Zwischenspiel in unseren Gedankengang eingefügt worden, weil sie die ungeheuren Konsequenzen des Historismusproblems vor Augen führen. Die moderne Universität ist sich vielfach über den rechten Standort, den sie zu wählen hatte, nicht klar gewesen. Die deutsche Universität kann, gemäß ihrer geistigen Tradition, schon deshalb keine Gruppenideologie übernehmen, weil Wissenschaft eine *ethische* Leistung ist. Ethische Verpflichtungen erlebt aber nur der einzelne; denn nur der einzelne hat ein Gewissen. Damit ist entschieden, daß der Forscher freie Persönlichkeit sein muß. Dieses ethische Minimum darf nicht preisgegeben werden. In der Politik mag eine andere Standortbestimmung möglich sein; in der Wissenschaft ist keine andere zulässig, weil sonst der *spezifische Sinn* des Wahrheitsuchens nicht erfüllt wird. Wie dann der Weg im einzelnen zu wählen ist, bleibt offen. Die Wissenschaft gestattet sehr wohl die Ausbildung verschiedener Richtungen, wofern nur die Reinheit der Grundgesinnung gewährleistet ist. –

Unter den führenden Philosophen der Universität Berlin im 20. Jahrhundert findet sich eine hervorragende Persönlichkeit, von der man sagen darf, sie habe unter der Problematik des Historismus nicht »gelitten«. Dazu gehört ja ein tiefes Untertauchen in das Meer der Spielarten menschlichen Geisteslebens. Nicolai Hartmann, ein Denker von größter Selbständigkeit und Produktivität, war doch erheblich von der Methode der Phaenomenologie (Wesensschau) beeinflußt. Sie sondert von vornherein ewige Wahrheiten vom fluktuierenden Tatsachenbereich ab. Sie übersieht daher leicht die Wandelbarkeit gerade der menschlichen Kulturgestaltungen. Geschichte der Philosophie zum Beispiel war für Nicolai Hartmann nur Geschichte der wechselnden, im ganzen aber eindeutig fortschreitenden Lösungsversuche von Sachproblemen, deren Sinngehalt im Kern unverändert beharrt. Welches nun der bleibende Kern ist, bietet sich dem mehr historisch Denkenden nicht so absolut sicher dar.[10]

Die Universität Berlin muß sich glücklich schätzen, in schwankender Zeit einen solchen Repräsentanten der Festigkeit besessen zu haben. Seine Natur hatte etwas Metallisches. Er ging seinen Weg klar und sicher, wie es um ihn herum auch stürmte. Daß aber auch ihn in letzter Tiefe die Frage beunruhigte, ob unsere Zeit nicht von der Krankheit des Relativismus schon stark angefressen sei, geht vielleicht daraus hervor, daß er in der Preußischen Akademie der Wissenschaften für das Einreichungsjahr

[10] Nicolai Hartmann, Der philosophische Gedanke und seine Geschichte. Abhdlg. der Preuß. Akad. der Wiss., Phil.-Hist. Klasse. Nr. 5. Berlin 1936.

1939 die Preisfrage stellte: »Die inneren Gründe des philosophischen Relativismus und die Möglichkeit seiner Überwindung«.

IV.

Der Titel des letzten großen Werkes, das der Vertreter der neueren Geschichte an der Universität Berlin, Friedrich Meinecke (1862–1954), geschrieben hat, deutet auf die lebhafte Anteilnahme dieses tiefen Geistes an den Problemen, die hier entrollt worden sind: ›Die Entstehung des Historismus‹, München-Berlin, 1936. Die beiden Bände enthalten aber keinen Beitrag zur Geschichte der Geschichtsschreibung. Es handelt sich vielmehr um die Entstehung einer Weltanschauung in den geistig führenden Ländern Europas, besonders in Deutschland. Die Intention des Hauptwerkes findet ihre Erläuterung in zahlreichen Vorstudien und Parallelbetrachtungen, die, lose in kleinen Bänden gesammelt, zwischen 1939 und 1948 herausgekommen sind.

Natürlich darf man nicht erwarten, daß Meinecke sich des Gegenstandes in streng philosophischen Kategorien bemächtigt. Damit hätte er das Organ des historischen Anschauens geschädigt, das in ihm so reich entfaltet war. Er redet als ein Weiser, den die Lebensproblematik und die Zeitkrise aufs tiefste bewegen. Er stellt sich damit in die Reihe der reflektierenden Historiker, an denen die Universität reich gewesen ist. Johann Gustav Droysen ist das größte Beispiel aus dem 19. Jahrhundert.

Troeltsch und Meinecke waren durch persönliche Freundschaft verbunden. Der dritte im Kreise war Otto Hintze. Wer die Schriften der beiden Erstgenannten kennt, spürt vor aller genaueren Analyse, daß sie mit dem Namen »Historismus« keineswegs das Gleiche meinen. Im Munde von Troeltsch hat das Wort immer den Klang eines nicht vermeidbaren, aber zu fürchtenden Schicksals, dem der abendländische Geist verfallen ist. Das wird schon deutlich durch den Titel eines nachgelassenen Werkes: ›Der Historismus und seine Überwindung‹, Berlin 1924.

Meinecke hingegen redet vom Historismus in rühmendem Ton; er sieht in ihm eine Gipfelleistung der Neuzeit, die eine gewaltige Vertiefung der Weltanschauung gebracht hat. Troeltsch, der ehemalige Theologe, bangt um die Erhaltung des Ewigen, schlechthin Verbindlichen, im Bewußtsein des modernen Menschen. Der Historiker muß in der Erkenntnis des Einzigartigen und Wandelbaren eine Bereicherung erblicken, da die »Breite der Gottheit« (Goethe) durch sie offenbar wird. Beide nähern sich einander da, wo sie die Welt als einen Strom auffassen, in dem sich der Untergrund des göttlichen All-Lebens bald mächtiger, bald unmerklicher manifestiert.

In dem erwähnten Hauptwerk behandelt Meinecke nur die *Entstehung* des Historismus, oder – gemäß einer gelegentlich angedeuteten Periodisierung – seine erste Phase, die er mit Goethe enden läßt. Nirgends findet sich hier eine abschließende begriffliche Umgrenzung des Themas; die Einzelbilder müssen für sich sprechen. Aber aus den kleinen Studien kann man die Merkmale sammeln, die das Wesen des Historismus ausmachen.

Natürlich bedeutet er diejenige Weltanschauung, die das Menschenleben, vor allem seine kulturelle Seite, ganz betont unter den geschichtlichen Aspekt stellt. Dieser aber wird nicht vorwiegend als genetische Betrachtung, etwa als Herausarbeitung von historischen Entwicklungslinien, verstanden. Das entscheidende Kennzeichen ist das Interesse für die Singularität der Gestaltungen, in denen das Menschliche sich darstellt, im Gegensatz zu der Auslöschung des Einzigartigen durch die Zurückführung auf allgemeine Begriffe und Gesetze. Meinecke bevorzugt den Ausdruck Erkenntnis des »Individuellen«. Da es sich aber nicht nur um Einzelpersonen (Individuen) handelt, sondern auch um konkrete Kollektiva und Kulturgebilde, empfiehlt sich der Ausdruck »das Singuläre« mehr. Hier mag schon ein Einfluß der Windelband-Rickertschen Theorie von den beiden Arten der Begriffsbildung mitsprechen. Aber bei Meinecke liegen die Wurzeln doch nicht in der Logik, sondern in einer ursprünglichen Anschauungskraft, in der Freude an der Lebensfülle von Bildern, wie sie auch Jakob Burckhardt geschaffen hat, den Meinecke liebte.

Erst an zweiter Stelle ist die Erforschung der geschichtlichen Entwicklungen als Merkmal des Historismus aufzuführen. Hier aber betont Meinecke die Möglichkeit schöpferischer Entwicklungen, die ganz einzigartig sein können, jedenfalls nicht durch allgemeine Gesetze rationalisierbar sind. Man wird um so mehr an Bergson erinnert, als die historischen Prozesse auch nach Meineckes Ansicht (wie bei Dilthey und Troeltsch) nur mit der Totalität der sich einfühlenden Gemütskräfte zu erfassen sind. Dadurch erweitert sich die eigene Innerlichkeit. Der Historismus meint also auch eine spezifische Art der Bildung, nämlich Ausdehnung und Vertiefung des verstehenden Bewußtseins beim modernen Menschen.

Endlich erwähnt Meinecke vielfach, daß im Historismus das neuplatonische Weltbild wieder auflebe, die Anschauung nämlich, daß sich die unendliche Fülle der göttlichen Kraft in die irdischen Kräfte, Gebilde und Individuen hinein ergieße. Manchmal wirkt dieser Untergrund im schöpferischen Durchbruch, manchmal nur in einem sanften Durchströmen. Aber die Aufklärungsidee vom eindeutigen Fortschritt ist damit abgewiesen. Und die Gefahr eines Relativwerdens aller Werte wird schließlich überwunden durch die Verbindung der Singularitätsthese mit dem tiefsinnigen Worte von Ranke: »Jede Epoche ist unmittelbar zu Gott«. Es hat für Meinecke immer größere Bedeutung gewonnen und kennzeichnet das Zentrum seiner Religiosität. –

Nimmt man alle diese Züge zusammen, so spürt man bei Meinecke ein ganz anderes Lebensgefühl als bei Troeltsch: Die Wendung zum Historismus in der modernen Geisteswelt, besonders in Deutschland, ist durchaus positiv zu werten. Meinecke feiert ihn als eine Kraftquelle. Die endliche, begrenzte Existenz erweitert sich durch ihn, wie Droysen gesagt hat, über das enge Jetzt und Hier.[11] Der Lebende wird der Fülle der Möglichkeiten inne, die dem Menschen beschieden sein können. Und ganz unabhängig von der Geborgenheit, die das Wissen um Tradition bewirken kann, ist es ein Triumph des Geistes, sich von 3000 Jahren Rechenschaft zu geben. Meinecke teilt also nicht die Befürchtung des jungen Nietzsche, daß das Wissen um zahllose Varietäten und Relativitäten des Historischen die Kraft zum Handeln lähmen können. Auf diese Färbung des Sinnes von »Historismus« im Gegensatz zu Troeltsch habe ich schon in meinem Nachruf auf Meinecke hingewiesen.[12]

Allerdings fehlt auch die andere Seite nicht ganz. Gelegentlich empfindet Meinecke ebenso wie sein Freund, daß die »Pandorabüchse« des Historismus das Wertbewußtsein verhängnisvoll relativieren kann. Die Begegnung mit »tausendgestaltigen Werten« kann zur Unsicherheit des eigenen Wertbewußtseins und zur Auflösung aller Normen führen. Mindestens kennt er die Gefahr einer bloß ästhetischen Beschaulichkeit.

Es könnte sein, daß der Historismus nur zu einem Bildungsresultat führt, etwa im Sinne der viel zitierten Verse von Wilhelm von Humboldt:

> ... Wer die meisten Gestalten der vielfach umwohneten Erde,
> Die er vergleichend ersah, trägt im bewegenden Sinn,
> Wem sie die glühende Brust mit der furchtbarsten Fülle durchwirken,
> Der hat des Lebens Quell tiefer und voller geschöpft.

Troeltsch hat in der Tat Meinecke vorgehalten, daß er bei bloßer Kontemplation stehen bleibe. So aber war es nicht. Denn wiederum zeigt sich, daß zu den Voraussetzungen echter Wissenschaft auch ein Ethos gehört. Die Werke, die der tiefe Historiker an der Universität Berlin gerade den Zeiten gewidmet hat, in denen Preußen und Deutschland sich aus schwersten Zusammenbrüchen geistig und politisch wieder emporgearbeitet haben, zeugen dafür, daß er nach den Quellen aufbauender Kräfte forschte. Er nahm aber nicht ohne weiteres etwas für gut, weil es zur gerühmten

---

[11] Johann Gustav Droysen, Grundriß der Historik. Halle 1925. § 6.

[12] Eduard Spranger, Friedrich Meinecke (Nachruf, geh. bei der öffentlichen Veranstaltung des Ordens Pour le mérite in Bonn am 31. 5. 1954). In: Universitas. Jg. 9. 1954.

nationalen Tradition gehörte. Sondern er suchte nach den echten sittlichen Kräften, deren Werk es wert ist, im Strom der Geschichte Bestand zu haben. Er entfaltete nicht nur das historische Wissen und das historische Bewußtsein. Sondern sein innerer Leitstern war das historische Gewissen. Ein anderes Kriterium für Wert und Sinn der Weltgeschichte, so war er überzeugt, besitzen wir nicht. Sein letztes Werk ›Die deutsche Katastrophe‹, Wiesbaden 1946, wurde zu einer deutschen Gewissensprüfung. Besser konnte nicht bewiesen werden, daß im Historismus etwas lebendiges sein kann, das an das Unwandelbare gekettet ist und das Geschichtliche vor den Richterstuhl des Ewigen stellt.

Im Historismusproblem verschlingen sich fast alle großen Probleme des menschlichen Lebens und Wissens miteinander, wie denn Geschichtsforschung nichts anderes ist als Auswirkung des Willens, um vergangenes Leben zu wissen. Aber wie muß die Seele dessen beschaffen sein, der dies vermag?

Verhielte sie sich rein wertfrei betrachtend, so ginge alles nur als neutraler Stoff durch sie hindurch. Sie würde nicht einmal verstehen, was ein Schicksal ist. Verhielte sie sich rein bewahrend, so übersähe sie den Unterschied zwischen dem, was alt ist, und dem, was von bleibendem Gehalt ist. Bejahte sie nur willig Bewegungen, die schon im Gange sind und deshalb Erfolgschancen haben, weil die Macht des Massenwillens hinter ihnen steht, so würde sie urteilslos vom Strom der Zeit mitgerissen. Glaubte sie andererseits, Mächte, die als Realität gegeben sind, ignorieren zu können, so wäre sie weltfremd und nicht zum Mitreden berufen.

Der wahre Historiker ist der Mensch, der in seiner Zeit, ihr existentiell verhaftet, doch über sie geistig hinweggewachsen ist und zur höchsten Reife gelangt ist. Er muß sich als Persönlichkeit mit seiner Welt auseinandergesetzt haben. Also muß er frei sein. Indem er deutet und darstellt, richtet er schon ganz im stillen. Also muß er doppelt frei sein; denn nur der Freie kann sich am Gewissen orientieren. Das verbreitete Wort unbekannter Herkunft: »Die Weltgeschichte ist das Weltgerichte« hält näherer Prüfung nicht stand. Denn niemand weiß, wie die Weltgeschichte in letzter Instanz entscheiden wird. Aber wenn man von dem philosophierenden Historiker sagen dürfte: Er urteilt über die Geschichte so, als ob in ihm die Stimme eines überlegenen, gerechten Richters spräche, dann hätte der historische Geist in ihm die reine Gestalt erreicht.

Ein Volk muß sub specie eines sittlichen Kulturideals existieren und wollen. Eine Hochschule ist dazu berufen, es ihm zu deuten. Sie verkörpert daher für das Volk nicht nur das Wissen, sondern auch das Wahrheitsgewissen. In ihr muß ständig um den echten Gehalt des Kulturgedankens gerungen werden.

Die moralbildende Kraft in unserem Zeitalter

1961

Obwohl das Thema »Die moralbildende Kraft in unserem Zeitalter« auf Betrachtungen über Verlust und Gewinn der gegenwärtigen abendländischen Kultur hinzielt, bedarf es im Anfang einer sorgfältigen Klärung der leitenden Begriffe. Ja gerade wegen dieser Anwendung muß eine solche Besinnung vorangehen. Denn wer die Lebensstrukturen, durch die der einzelne mit dem Gewebe der Gesamtkultur verflochten ist, falsch interpretiert, ist auch in seinem praktischen Verhalten unsicher.

Wenn heute über sittliche Probleme philosophiert wird, denkt man in der Regel an Seelengehalte der Einzelperson, an ihre Konflikte, ihr Gewissen, ihre Wahl, ihre Gesinnung. Dann geht es – abgekürzt gesagt – um die Sinnesart des Individuums, um sein *Ethos*. Das entsprechende wissenschaftliche Nachdenken heißt Ethik. Unter Moral und Moralwissenschaft verstehe ich etwas ganz anderes.[1] Moral nenne ich eine Erscheinungsform des *überindividuellen* Geistes. Der gerade in der deutschen Philosophie altverwurzelte Begriff »Geist« wird hier erneuert, nicht, um mit ihm gewagte Spekulationen zu treiben, sondern weil er für das Verständnis menschlicher Lebensstrukturen unentbehrlich ist und durch den Begriff »Gesellschaft« allein nicht ersetzt werden kann. Auch das Geistesleben ist durchaus der sorgfältigen empirischen Erforschung zugänglich.

Moral ist ein sehr schwer greifbares Gebilde des überindividuellen Geistes. Man nähert sich seinem Wesen am besten durch den Vergleich mit der Sprache. Es gibt viele Sprachen; so gibt es auch viele Moralen. Man glaubt, eine Sprache erfaßt zu haben, wenn man ihren Wortschatz, ihre Grammatik, ihre Syntax herauspräpariert hat. Aber das ist nur ein Knochengerüst, allenfalls ein Extrakt von Beziehungen und Funktionen. In Wahrheit lebt eine Sprache nur im Sprechen, im Verstandenwerden und im Antworten. Dieser psychophysisch unterbaute Wirkungszusammen-

---

[1] Es darf nicht verwirren, daß Hegel Moralität nennt, was ich persönliche Sittlichkeit nenne. Mein Sprachgebrauch knüpft an die ursprüngliche Bedeutung von mores an.

hang, der *in* den einzelnen, *zwischen* den einzelnen und *über* den einzelnen waltet, muß zum Geistesleben gerechnet werden. Mit den Mitteln bloßer Psychologie läßt er sich nicht verstehen.

Es gibt viele Moralen, wie es viele Sprachen gibt. Jede Moral hat ihren Kern darin, daß sie an die von ihr umfaßten Individuen Forderungen stellt. Deshalb ist jede – noch genauer gesagt – ein Gebilde des überindividuellen *normativen* Geistes. Rechtsordnungen und politische Ordnungen sind ebenfalls Gebilde des überindividuellen normativen Geistes. Von übergreifenden »Systemen« sollte man aber nicht reden. Denn Lebensgebilde des Geistes haben eine eigentümliche Seinsweise. Was von ihnen systematisiert werden kann, ist nur ihr starr gewordener Begriffsgehalt.

Die Funktion der Moral innerhalb des Gesamtgefüges einer Kultur besteht in der Regelung des Zusammenlebens von Menschen gemäß Ordnungen, die für die Gemeinschaft als verbindlich gelten. Es soll ein höheres Niveau der Wertverwirklichung gesichert werden.

Dies tut die Moral, indem sie Sozialformen wie Sippe, Familie, Sexualverkehr, Nachbarschaft, Eigentumsverhältnisse, Machtausübung gewissen Normen unterwirft und über die handelnden einzelnen entsprechende Werturteile fällt, nicht nur über ihr Verhalten (wie es das Recht überwiegend tut), sondern auch über ihre Gesinnung. In frühen Kulturstadien sind aber Sitte, Moral, Recht und politische Normen noch wenig differenziert.

Als Urheber der Moralforderungen gelten in Zeiten, in denen noch das ganze Leben religiös-kultisch umhüllt ist, die Götter oder Gott. Später bleibt das anonyme Subjekt »man« übrig. »Man« fordert, daß »man« sich so und so gesinnt zeigt und verhält. In der sprachlichen Wendung »man« kommt zum Ausdruck, daß eine Moral ein über die Individuen übergreifendes Geistesgefüge ist. Solange sie religiös legitimiert ist, sind ihre Ansprüche stark gesichert. Fällt dieser Glaube fort, gerät sie leicht ins Schwanken. Die motivsetzende Kraft, vermöge deren sie sich dann noch Gehorsam verschaffen kann, besteht ausschließlich darin, daß sie dem Willfährigen Ehre verleiht, beim Vorstoß gegen ihre Forderungen aber abgestufte Ehrminderungen verhängt. Sie arbeitet also mit dem Hauptmittel des guten Leumundes und des schlechten Leumundes. In Erinnerung an frühere religiöse Legitimierung heißen die spontan einsetzenden Aktionen der Mißbilligung, Verachtung und In-Acht-Erklärung auch dann noch »Sanktionen«.

Der Geltungsbereich einer Moral kann verschieden weit sein. Ursprünglich beschränkt auf Stamm und Sippe, hat sie sich später zu der Normalform »Volksmoral« entwickelt. Im Bereich von Weltreligionen oder Philosophemen dehnt sie sich jedoch über ganze Völkergruppen aus und strebt zur allgemein-menschlichen Moral hin.

Der besondere Inhalt der Moralforderungen bleibt aber abhängig von den jeweils maßgebenden Lebensbedingungen und Kulturverhältnissen, um deren Sicherung es geht. Daraus ergeben sich geographische und historische Verschiedenheiten, die keineswegs Lockerungen des Anspruchs bedeuten. Zu allen Zeiten differenziert sich die Sittlichkeit daher auch noch innerhalb der Volksmoral. Zu Ackerbauern, Viehzuchtnomaden, Schiffahrern, Kaufleuten, Industrietreibenden gehören je spezifische Moralanschauungen und Moralforderungen. Auch *sach*bedingte Umwälzungen werden oft auf historisch greifbare Persönlichkeiten zurückgeführt.

Während die Rechtsordnung in Zeiten der Schriftkultur zu irgendeiner Art von Festlegung (Kodifizierung) drängt, ist es eigentlich nie möglich, das Ganze einer Moral auf Formeln zu bringen. Nur einzelnes schlägt sich in Sittensprüchen, Betrachtungen, Imperativen und Prophetenpredigten nieder.[2] Spät bemächtigt sich auch die Philosophie der Zweifelsfragen.

Scheinbar ist im christlichen Abendland das moralische Gesetz auf eine vollständige Formel gebracht worden: in den Zehn Geboten. Der Dekalog war ursprünglich die Zusammenfassung einer Volksmoral, ja eigentlich nur der israelitischen Stammesmoral durch einen Propheten (dem man in Ostasien Konfuzius vergleichen könnte). Jesus hat dieses Gesetz vertieft und verinnerlicht, auch durch die Bergpredigt und andere Reden ergänzt. Dabei herrscht die Tendenz vor, die Moral (oder *»das Gesetz«*) in persönliche Sittlichkeit zu verwandeln, d. h. in die Herzen einzugraben und zur innersten Gesinnung zu machen. Aber eine inhaltlich vollständige Moral hat Jesus nicht geben wollen. Sie müßte sich ja mit dem Wechsel des Volksgeistes, Zeitgeistes und der konkreten Kulturaufgaben wandeln. Wenn man es philosophisch ausdrücken darf, liegt der Kern der Botschaft in dem Rückgang auf apriorische sittliche Normen, die für alle Völker und Zeiten absolut verbindlich sind. Allerdings ist dabei schon die Stufe der Geltung von Privateigentum vorausgesetzt.

Wie die Sprache, so ist auch die Volksmoral außerordentlich schwer greifbar. Beide bedürfen des Einzelbewußtseins, um zu wirken. Wo gesprochen wird, scheint sich eine dahinterliegende »Sprache« zu äußern. Moral wird vom einzelnen erfahren im Vernehmen von Ansprüchen, im Zustimmen oder Widerstreben, in Konflikten und Verfehlungen. Das Individuum

---

[2] Deshalb besitzen wir auch nur wenige anschauliche Darstellungen von tatsächlich geltender Moral. Romane sind ergiebiger als wissenschaftliche Analysen. Meister der Moralschilderung sind Pestalozzi und Jeremias Gotthelf.

wirft von sich aus ein eigenes Gewicht in die Waagschale: das intime Gewissen. Aber im Gewissen werden auch die Forderungen der bestehenden Moral mitgewogen. Überindividuelle Moral und persönliche Sittlichkeit – beide Seiten zusammen machen erst das Ganze des sittlichen Lebens aus. Das sittliche Bewußtsein tritt nie gleichsam im leeren Raum auf. Es hat schon immer eine Atmosphäre um sich, die geltende kollektive Moral. So wird auch nur gesprochen im Medium je einer bestimmten, schon vorgebildeten Sprache. Aber weder die Moral noch die Sprache sind jemals mit ihrem ganzen Gehalt in einem Einzelbewußtsein gegenwärtig.

Jede Erscheinungsform des normativen Geistes muß die gestellten Forderungen legitimieren, d. h. als begründet und berechtigt erkennen lassen. Die geltende Moral kann teils metaphysisch, teils pragmatisch-utilitarisch begründet werden. Im ersten Fall beruft »man« sich auf den Willen Gottes, der durch die Stimmung des Gewissens hindurch vernehmbar wird; im zweiten Falle auf Zwecke des Zusammenlebens, die ohne moralische Normierung nicht erreicht werden könnten. Beide Motivierungen treffen da zusammen, wo die Zwecke nicht nur im Dienste der bloßen Lebenserhaltung stehen, sondern ein höheres *Wert*niveau des Zusammenlebens herbeiführen sollen.

Jede Erscheinungsform des normativen Geistes muß aber auch Kräfte zur Durchsetzung (= Erfüllung) des Geforderten mit sich bringen. Die kollektive Moral verschafft sich Geltung, wie wir sahen, vermöge einer nicht organisierten Kontrolle des einzelnen durch die Gruppe: In einfachen, übersehbaren Verhältnissen waltet eine ständige Nachbarschaftskontrolle. Die persönliche Sittlichkeit erfährt im eigenen Gewissen einen Zuruf aus dem Transzendenten: Gott will es so. Eine stärkere Legitimation und eine stärkere Kraftquelle läßt sich nicht denken.

Im Vorblick auf unser eigentliches Thema dürfen wir erwarten, daß die moralschöpferische Kraft ihren Ursprung an zwei Stellen haben wird: äußerlich im Zwang der Verhältnisse, innerlich in den absoluten Forderungen des Gewissens. Wie die geltende Moral als verbindlich im Gewissen mit zur Geltung kommt, so wirkt auch das persönliche Gewissen wieder auf die Moral zurück. Es fordert eine höhere Moral und ordnet seine gottgebundene Autonomie der Autorität tradierter Werte über.

Aus diesem Wechselspiel erklärt sich das, was ich Leben, Wachsen und Sterben einer Moral nennen möchte. Dieses in der Geschichte immer wieder auftretende Geschehen ist bisher wenig beachtet worden. Wenn wir das Studium auf die moralbildende Kraft *in unserer Epoche* beschränken, so ist im voraus zu vermuten, daß nur da noch lebendige Moral geschaffen werden kann, wo noch lebendiges Gewissen ist.

I.

Jede Generation pflegt, wenn von moralischen Anschauungen und Zuständen die Rede ist, »die gute alte Zeit« zu loben und den Sittenverfall der eigenen Zeit zu beklagen. Dabei muß wohl eine Blicktäuschung obwalten. Sonst wäre die Menschheit längst beim äußersten Tiefstand angekommen. In diesem ersten Teil soll zwar auch die Moral einer älteren Epoche der heutigen Lage gegenübergestellt werden; aber zunächst ohne endgültiges Werturteil, vielmehr mit historischem Bewußtsein. Dieses schließt zwei Einsichten ein: 1. Es ist früher anders gewesen als heute. 2. Heute *muß* es anders sein als damals. Dem historisch Denkenden gilt die gegenwärtige Kultur ebenso als ein Spezialfall der Kultur wie jede frühere. In bloß historischer Betrachtung ist keine die allein normale und normativ-absolute.

A. Vergleichen wir im Hinblick auf die geltende kollektive Moral unsere Gegenwart (im europäischen Abendlande) mit der Gesamtlage etwa um 1600, so zeigen sich drei Kontraste:

1. Die maßgebende Weltanschauung war damals noch transzendent-christlich fundiert. Man sah in dem Willen Gottes noch das ausreichende Erklärungsprinzip für innerweltliche Ordnungen und Forderungen: Die Moral folgt aus dem Willen Gottes; das zu wissen genügt.

2. Es herrschte noch die ständisch gegliederte Gesellschaftsordnung. Sie gab jedem Stand seine bestimmten Pflichten und Rechte, von Kaiser, König, Edelmann bis hinab zu Bürger, Bauer, Bettelmann. Auch dies schien in Gottes Willen gegründet: Die ständische Verschiedenheit der Moral – neben den sie alle übergreifenden christlich-menschlichen Geboten – wurde im allgemeinen nicht angefochten.

3. Die agrarische Wirtschaftsform hatte damals noch den Vorrang. Die Stadt war im Kriegsfall Festung, sonst aber Markt für Produkte sowohl handwerklicher wie landwirtschaftlicher Art. Aber es drängte sich in ihr keine Masse zusammen. Je größer eine Stadt wurde, um so schwerer wäre sie zu verteidigen gewesen.

Diese drei Bedingungen der Lebensordnung waren so alt und waren traditional so fest geworden, daß die zugehörigen Moralanschauungen, Gebote und Lebensformen ebenfalls als unerschütterlich galten. Aber eine nach der anderen gerieten sie ins Wanken. Mit ganz roher Datierung: die transzendente Weltanschauung durch die sogenannte Aufklärungsepoche; die feudale Gesellschaftsordnung durch die französische Revolution von 1789; die Wirtschaftsordnung durch das Anwachsen der Industrie, der dafür notwendigen rationalen Technik und der durch sie ermöglichten

Überbietung der herkömmlichen Bedürfnisse. Die Folge der wirtschaftlichen Veränderungen ist Bevölkerungszunahme, Verstädterung, Massenproduktion und seelische Vermassung.

B. Damit ist die Hauptlinie der Veränderungen im Gefüge der abendländischen Kultur angedeutet. Es sollen aber noch drei weitere Faktoren herausgegriffen werden, die gerade für Umwälzungen in der Moral maßgebend geworden sind.

1. Um 1600 war längst die Kleinfamilie zur Zelle des Zusammenlebens geworden. Solange sie fest und stark bleibt, sind auch die Sexualverhältnisse, dieses besonders wichtige Gebiet der Moral, einigermaßen eingedämmt. Die Familie war religiös sanktioniert, ja geradezu noch Kultgemeinschaft. Außerdem wirkte der größere Blutsverband, die *Sippe*, im Bewußtsein der Zugehörigen noch fort. Die Verwandtschaft bedeutete für den einzelnen eine Autoritätsquelle, eine Zuflucht und eine anerkannte Bindung. Der moderne atomistische Individualismus war noch nicht durchgebrochen. Beim Adel sind die Sippenverflechtungen auch heute noch Motivkräfte,.

2. Innerhalb der ständischen Gesellschaft gab es Sondergruppen, die ein ihrer gesellschaftlichen Funktion entsprechendes spezifisches Ehrbewußtsein pflegten. Selbst die fahrenden Leute waren davon nicht ganz ausgenommen. Das Bürgertum trieb allerhand nützliche Nahrungen und Hantierungen. Jeder Zweig des vielgegliederten Handwerks entfaltete seine eigentümliche Zunftehre. Der ehrbare Kaufmann war sich seiner Pflichten bewußt. Hinter jedem Standes*ehr*bewußtsein liegt eine Moral von besonderer Prägung. An solchen kleineren Erscheinungen kann man Werden, Wachsen und Verfall einer Moral gut studieren. Gerade um 1600 war das Beamtentum im Entstehen; ebenso der Offiziersstand im Gefüge des stehenden Heeres. Beide waren noch von Resten der alten Lehnstreue beseelt. Beim Offizier wirkte ritterlicher Geist trotz veränderter Funktionen fort.

Es sei hier eingefügt: eine Moral braucht nicht durchweg Rühmliches zu enthalten. Manche ihrer Züge bedeuten mehr einen Lebens*stil*, der allerdings dem jeweiligen Tun und Treiben angemessen ist. An der Studentenmoral, der Künstlermoral, der Händlermoral ist auch viel Zweifelhaftes. Aber es geht hier mehr um eine Bestandsaufnahme als um absolute Werturteile, für die der Maßstab nur durch sehr tiefgehende Reflexionen zu finden wäre.

3. Endlich ist hervorzuheben, daß die Kraft der Tradition durch kleine und nahe Verhältnisse begünstigt wird. Auf moralischem Gebiet bedarf es immer einer Kontrolle, wie sie nur die Nachbarschaft zu üben vermag. Es bedarf der Orientierung an den Ehrbegriffen kleiner Kreise. Und nur

daraus ergibt sich ein Klima, das der Erziehung in dem gleichen Geiste förderlich ist.

Moralische Kontrolle ist – im Gegensatz zur rechtlichen – unorganisiert. Sie beruht nicht auf Amt und Pflicht, sondern erwächst aus dem »Gerede«, das manchmal auch recht verantwortungslos sein mag und mit einer groben Psychologie arbeitet. Man muß sich aber gegenseitig einigermaßen kennen. Anders gesagt: es muß noch eine Nachbarschaft geben. Sie beruht nicht auf der Lage der Häuser, sondern auf dem Sich-umeinander-Kümmern. Diese moralstützende Kraft konnte aber nur so lange wirken, wie die Nachbarn lange Zeit die gleichen blieben. Im Zeitalter der Mietsnomaden fällt sie beinahe fort. Es ist heute jedem leicht, in der Anonymität einer großen Stadt unterzutauchen.

Auch Ehrbegriffe sind nur so lange als Direktivkräfte wirksam, wie man sich an dem Urteil der Umgebung orientiert und in diesem Sinne »etwas auf sich hält«. Für einen jungen Menschen ist es gefährlich, plötzlich in einen Kreis versetzt zu werden, in dem andere Maßstäbe der Achtung und Mißachtung gelten, als die ihm von früh an vertrauten. Wenn er in eine andere Wertordnung hinüberwandern muß, gerät leicht alles ins Fluktuieren. Was zum Beispiel von Lob und Tadel in Zeitungsartikeln zu halten ist, muß jeder erst mühsam lernen. Wer in ihnen eine sichere Anwaltschaft der Moral sucht, wird sich häufig irren.

In einer Zeit schneller Umwälzungen kann auch die Erziehung nicht mehr mit dem Weitergelten traditionaler Mächte rechnen. Diese Wegweiser stehen nicht mehr fest. Damit wird sowohl Voraussetzung wie Zielsetzung der sittlichen Führung unsicher. Der Zögling findet sich nicht mehr von den festen Normen einer Zunftmoral oder einer Kaufmannsmoral oder einer bürgerlichen Moral überhaupt umfangen. Keine von ihnen wäre noch den konkreten neuen Verhältnissen angemessen. Betrachtet man die Gesamtlage unseres Zeitalters, so ist es eine Wahrheit, aber eine für die Moral verhängnisvolle Wahrheit: »Alles fließt.«

II.

Von der »guten alten Zeit« – um nun doch dieser falschen Perspektive nachzugeben – nehmen wir Abschied. Im zweiten Teil ist die Doppelfrage zu beantworten: Was hat sich geändert? und: wie steht es mit der Neubildung von Moral im Zeitalter der egalitären Demokratie, der überwiegenden Industrie und der rationalen Technik?

A. Geändert hat sich die seelisch-geistige Gesamtstruktur des Menschen, der nach der Aufklärung, der Demokratisierung und Industrialisierung die Kultur trägt. Er kann manches nicht mehr, was er vor 3–4 Jahrhunderten gekonnt hat; dafür kann er manches, wovon früher nicht die Rede war. Mit einer kürzesten, natürlich noch sehr groben Formel darf man sagen: Der moderne Mensch ist Individualist geworden, hat aber an Individualität, d. h. an persönlicher Eigenart, verloren. Unter Individualismus verstehen wir folgenden Befund: Das Bewußtsein, Verbänden anzugehören, die durch das Blut, die Geschichte, das Gemüt zusammenhalten, ist schwach geworden. Der einzelne, das Individuum, fühlt sein Auf-sich-gestellt-Sein. Wo man anderer bedarf, hält man sich an bestehende rationale Zweckverbände oder stiftet neue. In den alten, noch längst nicht genügend differenzierten Kategorien von Ferdinand Tönnies ausgedrückt: der Stil »Gesellschaft« hat über den Stil »Gemeinschaft« weithin gesiegt.

Andererseits: dieses auf sich selbst gestellte, einen hohen Grad von Unabhängigkeit genießende Individuum hat doch keine durchgearbeitete Innenwelt in sich. Es fehlt ihm an Originalität. Die Menschenart ist nivelliert. In der großen Stadt besagt die Sippe nichts mehr. Dem Stande nach sind alle gleich. Der Beruf spielt sich ab im farblosen Milieu des Büros, der Fabrik, kurz des »Betriebes«. Der menschliche Verkehr ist mechanisiert wie die Verkehrsmittel. Wer bemüht sich noch um einen eigenen Lebensstil? Selbst die Frauen unterwerfen sich der Einheitsfrisur, die gerade Mode ist. Man legt wenig Wert darauf, das Besondere der männlichen Welt hier, der weiblichen dort herauszuarbeiten. Schon das äußere Bild lehrt: ein Massenstil hat von den Trägern der Gesellschaft Besitz ergriffen. Vornehm und einfach, gebildet und ungebildet, reich und arm zeichnen sich nach außen hin gar nicht mehr ab. Das könnte nicht so sein, wenn nicht auch die inneren Welten stark angeglichen wären.

Natürlich ist das ein summarisches Urteil. Es gibt noch Kreise, in denen Charakter, Bildung, Wirksamkeit starke Eigenart zeigen. Aber das ist im Verschwinden. Die Demokratie, die jedem Einzelmenschen Unabhängigkeit in politischer Hinsicht garantiert, hat zunächst den Massentypus begünstigt. Die Freiheit der Lebensgestaltung sonst ist eher gesunken als gestiegen. Industrie und Technik, die beide zu stark normierten Beschäftigungen nötigen, haben eine Massengesellschaft erzeugt: das rationale Zweckdenken, die Rechenhaftigkeit, die Glücksansprüche, die Werte, die man kultiviert – sie lassen keine großen Verschiedenheiten mehr aufkommen. Der Markt versorgt alle mit den gleichen standardisierten Gütern. Das Verlangen geht nur selten noch in ganz persönlicher Richtung. Die Gemütsart, die differenzieren könnte, ist der Denkungsart gewichen, und das Denken soll ja in allen gleich sein, wenn es richtiges Denken ist.

B. Was folgt aus den angedeuteten Veränderungen, die allen Zeitgenossen genau bekannt sind, für Fortdauer, Verwandlung und produktiven Aufschwung jenes rätselhaften überindividuellen Gebildes, das wir als kollektive Moral der persönlichen Sittlichkeit gegenübergestellt haben?

Einige Verhältnisse der Menschheit sind so grundlegender Art, daß sie fortbestehen müssen und nach wie vor der moralischen Ordnung bedürfen. Alles, was mit dem Zeugen und Gebären, mit der Pflege und Erziehung der Kinder zusammenhängt, dauert fort. Trotzdem hat sich die Struktur der Familie stark verändert. Daß die Frau neben dem Mann einen eigenen Erwerbsberuf ausübt, ist faktisch weithin verbreitet, aber im moralischen Werturteil immer noch umstritten. Zwei Kriegsperioden haben zu Notmaßnahmen geführt. Sie sind – wie es auch bei anderen Neubildungen der Kultur geschehen ist – eine Zeitlang stehengeblieben und haben den Charakter der Selbstverständlichkeit angenommen. Aber eine Rückbildung ist nicht ausgeschlossen.

Die außerehelichen Sexualbeziehungen sind in einem Grade freigegeben worden, wie es selten der Fall gewesen ist. Am Anfang des Jahrhunderts wurde unter der Parole – »Das Recht auf deinen Körper« noch darum gekämpft. Heute zweifelt »man« nicht daran, daß das Geschlechtsleben eine rein private Angelegenheit sei, obwohl es doch kaum eine andere Seite des Daseins gibt, von der in gleichem Maße Reinheit der ganzen Person, Ordnung der Lebensführung, wie auch das Schicksal der kommenden Generationen abhinge. Hier haben wir den Fall vor uns, daß durch immer fortschreitende Lockerung die moralische Substanz des Volkes verbraucht wird.[3]

Die weiteren Gehalte des Familienlebens sind von der wirtschaftlichen Seite her revolutioniert worden. Der Vorgang der Arbeitszerstückung und Arbeitsverlagerung hat die »Ganzheitlichkeit«, die früher der Hausgemeinschaft eigen war, längst aufgelöst. Teils geschah es, weil die Leistungsfähigkeit der Familie nicht mehr ausreichte. Eine wesentliche Seite der Kinderförderung war ja auch schon längst an das außerhäusliche Institut »Schule« abgegeben worden. Teils wuchsen die Bedürfnisse und die Möglichkeiten der Bedarfsdeckung gewaltig an. Die Menschen mußten außer dem Hause ihr Brot verdienen, es dann aber auch außer dem Hause einkaufen. Beide Male steht der Ausdruck »Brot« für eine Fülle der verschiedensten Existenzmittel. Die Arbeitsteilung zerschnitt auch die Familie. Es ist vielfach fraglich geworden, was denn nun als »Gehalt« für den bescheidenen Rest des Zusammenlebens übriggeblieben ist.

[3] Vgl. Reinhard Demoll, Hg., Im Schatten der Technik. München 1960; bes. den Beitrag des Frauenarztes Prof. August Mayer.

Ein anderes grundwichtiges Gebiet, das der moralischen und rechtlichen Regelung unterworfen werden muß, weil es ebenso wie Geschlechtsleben und Familie unbedingt der Sicherung bedarf, ist nicht unumstritten geblieben: die *Eigentumsverhältnisse.* Noch herrscht vorwiegend die Anschauung, daß das Privateigentum gelten soll. Aber die Gestalt dessen, was Eigentum heißt, hat sich durch die Geldwirtschaft und Kreditwirtschaft tiefgehend verändert. Mit der Formel: »Weib, Knecht, Magd, Vieh oder alles, was sein ist«, kann es nicht mehr angemessen umschrieben werden. Heute geht es auch um Produktionsbetriebe, Wertpapiere, Versorgungrechte usw.

Zu allen Zeiten hat sich das moralische Empfinden gegen die Ansammlung zu großen Besitzes in einer Hand empört. Die moralische Regulierung der Einkommensverteilung wurde zum größten Problem der Zeit, als Arbeitgeber und Arbeitnehmer sich feindlich gegenübertraten. Bourgeoisie und industrielles Proletariat kämpften aber nicht nur aus Habgier miteinander. Die beiden Parteien vertraten auch moralische Standpunkte. Zwar: das Privateigentum an Konsumtionsgütern konnte man in einer Epoche des hochgradigen Individualismus nicht gut mehr bekämpfen. So schuf man die spitzfindige Unterscheidung von Produktionsmitteln und Verbrauchsgütern. Hinter dem Gegensatz von Sozialismus und Privatkapitalismus lagen zuletzt zwei Weltanschauungen, aus denen zwei gegensätzliche Moralpositionen erwuchsen. Ja, der Gegensatz war in der Wurzel moralischer, nicht ökonomischer Art. Wir werden sogleich eingehender davon zu sprechen haben.

Die beiden kritischen Gebiete der Moralordnung sind berührt. Mit Bezug auf die anderen könnte ein Optimist behaupten, daß sie sich in unserer Zeit ganz günstig gestaltet hätten. Denn Forderungen wie Ehrlichkeit, Vertragstreue, Nächstenhilfe in der Not, Schutz der persönlichen Ehre und dergleichen wären mindestens als selbstverständlich anerkannt, wenn auch vielleicht die Versuchungen, das alles zu umgehen, größer geworden wären. Aber – so sagt der Optimist: Da nunmehr die Gleichheit aller Volksangehörigen sogar durch Gesetz gewährleistet ist, vollziehe sich der Verkehr viel leichter. Es seien keine übermächtigen Partner mehr zu fürchten; die bürgerliche Ordnung habe sich eingespielt und jeder wisse, daß ein unsittliches Verhalten auch auf den Täter selbst zurückschlage. Gegenseitigkeit der Interessen sei die beste Sicherung vor jeder Art von Willkür der einzelnen. Die moderne Gesellschaft sei im Grunde viel moralischer geworden, als man es in der »guten alten Zeit« gewesen sei.

III.

Wo sind nun die Stellen zu suchen, an denen sich in der modernen Welt *neue* Moral bildet? Durch alle bisherigen Erörterungen ist der Gedanke hindurchgegangen, daß diese Art von Sittlichkeit dem überindividuellen Geist zuzurechnen ist. Der einzelne als einzelner kann sie so wenig erzeugen, wie er allein eine Sprache erfinden könnte oder eine Rechtsordnung. Andererseits: man darf vermuten, daß es sich bei der Moralgestaltung um einen Prozeß allmählicher Ablagerung aus zahllosen Aktionen und Reaktionen von Individuen handelt. Dadurch wird ein Gebilde des objektiven Geistes gestaltet. Solche Objektivitäten wirken dann wieder auf die eingegliederten Individuen zurück und werden für sie zu Bindungen.

Wenn ich diesen Vorgang in drei Stufen verfolge, so kann das natürlich nicht ohne begriffliche Zerschneidungen des Lebendigen geschehen. Bei der Bildung neuer Moral sind beteiligt:

A. rationale Zweckmäßigkeit,
B. Kampf von Gruppen um Weltanschauung und Wertverwirklichung,
C. der Durchbruch des Metaphysischen im persönlichen Gewissen.

A. Die erste Erscheinung gehört unter das allgemeine Schema: Verwandlung des Traditionalen ins Rationale. – Alte Verhaltensweisen einer Gruppe, die früher in religiös-kultische Formen eingebettet waren, von symbolischem Brauchtum umrankt und über das Alltägliche hinausgehoben waren, werden heute durch Organisation ersetzt. »Man« schafft zweckmäßige Einrichtungen, die Gemütsbeteiligung wird geringer; von Tugendübung kann dabei kaum noch die Rede sein. Der Zweck aber wird wahrscheinlich besser erreicht.

Ich wähle die Beispiele hierfür ausschließlich aus dem Gebiet der Hilfeleistung an Menschen. Früher war sie ohne Nächstenliebe nicht denkbar. Sie war eine Hauptforderung der Moral. Heute geht es zur Not auch ohne seelische Caritas. Der Sache nach kann es sich handeln um Armenfürsorge, um Krankenpflege, um Altersversorgung, um Bildungsförderung, um Beratung und Tröstung.

An der Spitze steht das weite Gebiet der Armenfürsorge. Es umfaßt die anderen Gebiete insoweit mit, als der »Bemittelte« (!) sich auf ihnen im allgemeinen selbst helfen kann. Früher blieb Mildtätigkeit der frommen Gesinnung, dem »guten« Herzen und der moralischen Verpflichtung überlassen. Bei festlichen Gelegenheiten durfte man die Armenspeisung nicht vergessen. Taten des Heilandes, wie sie im Neuen Testament berichtet sind, dienten den moralischen Anschauungen zum Vorbild. Fromme Stiftungen galten als Christenpflicht. Ein Apparat dafür mußte umständlich geschaffen werden, wenn man das Geld nicht der Kirche anvertraute. Gesundheitspflege war besonderer moralischer Auftrag religiöser Orden und Kongregationen. Heute zeichnet dafür das Rote Kreuz oder die Gemeindeverwaltung.

In früherer Zeit bedurfte es bei ungewöhnlichen Unglücksfällen und Schäden einer besonderen Aktion der Nachbarn. Im 19. Jahrhundert kam das rationale Versicherungswesen auf. Immer mehr Schicksale wurden durch solche Einrichtungen gemildert: Feuer, Hagelschlag, Unfall, Arbeitsunfähigkeit, Alter, früher Tod des Versorgers. Ein ganzer Wall von Sicherungen solcher Art umgibt das Leben des Zeitgenossen, wenn er nur rechtzeitig das kleine Opfer der Beitragszahlung gebracht hat.

Es ist nicht nur die Auswahl der Beispiele, die die Folgerung nahelegt: Die Moral braucht heute in weitem Umfang nicht mehr bemüht zu werden. Was sie bewirken sollte, ist nunmehr fast ohne jeden Gemütsaufwand zu erreichen. Überindividuelle Zweckorganisationen *sorgen* nicht nur! sie treffen auch *Vor*sorge, bis zu der Möglichkeit, durch einen Fernsprechruf in äußerster Verzweiflung Seelsorge zu finden.

Die Erwähnung dieser Stufe der Umbildung der Moral soll nicht etwa beweisen, daß sie nun überhaupt überflüssig geworden sei. Wohl aber lehrt sie, daß man der Kraft der allgemeinen Moral nicht mehr viel zutraut und sich auf andere Mittel eingestellt hat. Ob diese Entlastung von Moralverpflichtungen dem Menschen heilsam ist, mag man bezweifeln. Aber unsere Zeit tröstet sich mit dem Wort: »Es funktioniert auch so.«

B. Die zweite Art, wie traditionale Moral sich umbilden kann, nötigt, viel kompliziertere Vorgänge ins Auge zu fassen. Es hätte wohl schon bei der allgemeinen Charakteristik des Phänomens Moral erwähnt werden sollen, daß zu allen Zeiten innerhalb einer und derselben Gruppe, zum Beispiel eines Volkes, verschiedene Moralen miteinander *kämpfen*. Manchmal handelt es sich nur um leichte Schattierungen. Ein anderes Mal aber treffen grundverschiedene Weltanschauungen aufeinander. Ob man dem Alter mit Ehrfurcht begegnen oder es mit Schonung beiseite schieben soll, ist eine relativ unwichtige Angelegenheit. Wie weit man die Gleichberechtigung von Mann und Frau mathematisch genau durchführen soll, oder feinfühlig Rechte und Pflichten jedes Geschlechtes unter tieferen Gesichtspunkten abwägen soll, ist schon ein größeres Problem. Diesmal aber wähle ich das Hauptbeispiel aus einem Gebiet, auf dem die Konflikte besonders deutlich sichtbar werden, obwohl die schwersten, intimsten Herzensnöte noch wo anders liegen mögen. Die moralischen Anschauungen über die Verteilung materiellen Besitzes sind zu allen Zeiten gegensätzlich. Es ist das alte Problem: »Patrizier und Plebejer.« Dahinter liegt ein ganz prinzipieller Unterschied der Vorstellungen von Gerechtigkeit. Soll der materielle Besitz so verteilt sein, daß der höheren Leistung ein größerer Anteil gewährt wird, oder soll – weil doch alle gleichmäßig Menschen sind und leben müssen – der Anteil an den äußeren Glücksgütern mehr nach dem Prinzip der Gleichheit gestaltet werden? Das ist ein moralisches Problem, ehe es ein juristisches und politisches Problem wird. Es soll nur beschrieben werden, wie sich der Kampf von zwei Moralen vollzieht. Stellungnahme ist nicht beabsichtigt, schon weil dabei sehr konkrete Umstände berücksichtigt werden müßten.

Der Streit verschärft sich dadurch, daß es bei Gegensätzen dieser Art keineswegs nur um Einkommen und Besitz, sondern auch um Macht und gesellschaftlichen Rang geht. Reichtumsmacht bedeutet ja immer auch Machtreichtum, soziale Geltung und höheren Einfluß.

In ganz großen Dimensionen wird der Kampf zweier Moralen zu beobachten sein, wenn sich in einem Volksganzen ein völlig neuer Stand bildet. Er ist von vornherein genötigt, seine Wertsetzungen und Ansprüche zur Anerkennung zu bringen. Ein solches Schauspiel bietet der »Klassenkampf« dar, der in Deutschland von den 40er Jahren des vorigen Jahrhunderts bis in die Zeit des Nationalsozialismus gespielt hat. Er war ein Symptom der Unfertigkeit der zur Macht gelangten bürgerlichen Gesellschaft. Der Stand der Industriearbeiter fühlte vor allem seine wirtschaftliche Bedrängnis. Aber seinem Kampf lagen nicht nur neue wirtschaftliche Verhältnisse zugrunde. Er trat auch mit moralischen Forderungen und einer ganzen – zunächst einseitigen – *Weltanschauung* auf.

Der Verlauf des Kampfes, an dem wir das Aufeinandertreffen zweier Moralen studieren, kann hier nicht erzählt werden. Er soll nur charakterisiert werden. Gerade in der feindlichen Auseinandersetzung durchdrangen sich die beiden Mächte schließlich. Sie endete nicht so, daß eine der beiden Parteien absolut siegte. Man könnte vielmehr (wie Kant schon 1784 das Entstehen des Rechtsstaates erklärt hat) von einem allmählichen »Auspendeln« reden. Man könnte sie auch als einen Kampf einseitiger Begriffe oder einseitiger gedanklicher Positionen beleuchten, also dialektisch konstruieren. In Wahrheit sind es sittliche Mächte gewesen, die den Ausschlag gegeben haben. Ein religiös und sittlich motivierter Sozialismus ist produktiv in die alte bürgerliche Moral eingedrungen. Auch er ist nicht der Alleinsieger geblieben. Aber er hat neue Forderungen gestellt, neuen Werten im Zusammenleben zur Geltung verholfen und neue Gesinnungen wachgerufen.

Diesen ganzen historischen Vorgang müßte man einmal unter dem leitenden Gesichtspunkt studieren, wie sich auch in unserer zweckrationalen Gesellschaft noch neue Moral bilden kann. Die herrschende Bourgeoisie mußte erst soziale Gesinnung lernen. Das sogenannte Proletariat, die Masse, mußte erst lernen, daß es der freien Persönlichkeit bedarf, um ein sittliches Ganzes zu tragen, und zwar nicht nur zugunsten intellektueller Schöpferkraft und wirtschaftlicher Steuerung, sondern weil nur der freie, verantwortungswillige Mensch eine sittliche Ordnung gestalten kann. Vermutlich ist noch nicht alles im ethischen Sinne »ausgependelt«. Aber es ist eine neue Gesellschaft der Freien im Werden – ohne Diktatur des Proletariats und ohne Ausbeutungswillen auf seiten der Kapitalisten. Ohne den Kampf der beiden Moralen, der vorangegangen ist, wäre es nicht dahin gekommen.

C. Das Beispiel vom Kampf zweier Moralen darf nur als herausgegriffene Illustration für häufig auftretende Erscheinungen angesehen werden, nämlich für *Moralerzeugung durch Reibung*. Aber an jenem Beispiel war noch ganz offengeblieben, worauf sich denn die beiden miteinander rechtenden Parteien je für ihre Einstellung berufen konnten. Bei der einen war der Rückgang auf das Leistungsprinzip gebräuchlich. Die andere schöpfte aus einem sozialen Bewußtsein, das jedoch noch nicht als herrschende Moral Gestalt gewonnen hatte. Wenn man die Vorgänge des Klassenkampfes wohlwollend beurteilt, so war auf beiden Seiten ein sittlicher Gedanke beteiligt, aber auf beiden Seiten war er noch trübe; nackter Machtwille wirkte im Vordergrunde. Wer ungünstiger urteilt, wird sagen müssen: *Das* gerade ist an dem Beispiel lehrreich, daß von der einen, der bürgerlichen Seite, nur an den wirtschaftlichen Gewinn gedacht wurde. Neue Produktionsformen, neue Maschinen, neue Absatzmöglichkeiten füllten das Bewußtsein restlos aus. Daß aber solche Umschichtungen auch mit dem Willen zu einer neuen moralischen Schöpfung verbunden sein müssen, *das wurde einfach vergessen*. Ein ganzes Jahrhundert hat dazu gehört, um nachzuholen, was in den Anfängen des Kapitalismus unterblieben ist. Und dieser Nachholungsprozeß war höchst schmerzlich für beide Teile.

Um so dringender aber wird nun die Frage: wo ist die Quelle zu suchen, aus der eine neue, übergreifende Moral sich bilden kann, auch noch in unserer unromantischen, rationalistisch denkenden Zeit? Ist Moral nicht eigentlich überflüssig geworden, weil es sich ja um bloße Regulierungen von Machtbesitz handelt? Und wenn sie nicht mehr aus einem geheimnisvollen Volksgeist oder Zeitgeist abzuleiten wäre – wie könnte sie *dann* ihre Ansprüche legitimieren?

Zwei Auffassungen sind hier denkbar. Die erste ist uns schon bekannt.

Sie besagt: Zu all den Zweckmäßigkeiten, für welche Sorge zu tragen sei, gehöre auch ein sekundäres Zwecksystem: die den Kulturverhältnissen entsprechende *Moral*. Sie nämlich sorge für die Erhaltung des gesellschaftlichen Ganzen. Sie verhüte, daß Revolutionen von unten das neu geschaffene Werk gefährdeten. Sie gewähre ausreichende wirtschaftliche Existenz, führe ein vernünftiges »Interessenarrangement« herbei und befriedige durch ein gut funktionierendes Gegenseitigkeitssystem (nach Art der Versicherung) schließlich den Glücksanspruch eines jeden. Denn Glück erstrebe doch jeder: man könne sogar noch deutlicher sagen, mit leichter Abwandlung eines Goethewortes: »Am Gelde hängt, nach Gelde drängt doch alles.«

Das ist die eudämonistisch-utilitaristische Auffassung vom Sinn der Moral, die tatsächlich – besonders in England ausgebildet – von Bentham bis zu Spencer und zu Simmel in seiner Frühzeit die Köpfe beherrscht hat. Aber Moral ist mehr als ein Zweckmäßigkeitssystem, mehr als eine Verkehrsregulierung für die irdischen Bahnen. Es ist kein Zufall, daß in der gleichen Epoche, in der die erwähnte Auffassung von der Moral herrschte, gleichzeitig jede Art von metaphysischem Denken für sinnlos erklärt wurde.

Die zweite Auffassung greift viel tiefer: der Mensch, der am Geistesleben teilhat, trägt einen Regulator in sich, durch den er zum Bewußtsein von seiner höheren Bestimmung gelangt. Vermöge dieser inneren Steuerung dringt das Individuum immer mehr dazu durch, in seiner Freiheit und Würde den höchsten Wert zu erblicken. Daß der Mensch nicht zum bloßen Mittel für irgendwelche Zwecke gebraucht werden darf, ist Voraussetzung aller sittlichen Einstellungen. Geschichtlich mag diese Einsicht erst spät durchbrechen. Aber die Direktive selbst liegt schon an den Wurzeln aller moralischen Wertsetzungen und ist nicht etwa ein spätes Resultat, dem man nachträglich Beifall gezollt hätte. Das Gewissen kann nicht aus Erfahrungen abgeleitet werden, die viele Generationen über das gesellschaftlich Nützliche oder Schädliche gemacht haben. Es ist eine Stimme im Innersten der Person, die eine metaphysische Herkunft beansprucht. Mit Recht sagt Fichte: »Das Gewissen ist der Strahl, an dem wir aus dem Unendlichen ausgehen.« Die sittliche Verpflichtung kann nicht durch irdische Nutzeffekte, sondern nur metaphysisch, aus dem *Wesen* des Menschen heraus, legitimiert werden. Der religiöse Glaube ist überzeugt, im Gewissen die Stimme Gottes zu finden, die – wie in einem intimsten Zwiegespräch – durch unser Bewußtsein hindurch zu uns redet.

Damit sind wir bei der persönlichen Sittlichkeit angelangt und haben scheinbar das überindividuelle Geistesgewebe Moral weit hinter uns gelassen, wie etwas, das gründlich unzeitgemäß geworden wäre, weil man ja inzwischen etwas viel Höheres entdeckt habe.

Das Gegenteil ist der Fall! Das Neue, das in diesen Ausführungen über »die moralbildende Kraft in unserem Zeitalter« dem modernen Menschen nahegebracht werden soll, ist die *Forderung nach einer Erweiterung seines Gewissens und seiner Verantwortung*. Es wird dem Kulturträger von geistiger Reife zugemutet, nicht nur sein privates Leben gemäß der Stimme des Gewissens zu führen, oder – wie man mit Plato sagen kann –: es unter die Idee des Guten zu stellen. Es gehört zu seinen Verpflichtungen, auch für die überindividuelle Sittlichkeit zu sorgen. Das wirkt sich in zwei Richtungen aus: 1. Er soll die überlieferte Moral soweit, wie sie bei der ernsthaften Prüfung diesem Anspruch des Guten genügt, bewahren, stützen und an ihrer Kräftigung mitarbeiten. Er soll 2. die Forderung spontan mit in sein Verantwortungsbewußtsein hineinnehmen, daß auch heute noch zeitgemäße Moral zum Leben erweckt werde.

Diese Zumutung bezieht sich vor allem auf die Reinigung und gewissenhafte Kontrolle der Volksmoral im eigenen Volke. Sie erstreckt sich auch auf die Moralbildung in kleineren Kreisen, denen besondere Aufgaben in bezug auf die Ordnung des gemeinsamen Lebens gestellt sind, also auf Wirtschaftsbetriebe, Verwaltungskörperschaften, Erziehungsgemeinschaften, politische Führungsgruppen. Mit alledem wäre zugleich ein Beitrag geleistet zu der im Wachsen begriffenen allgemein-menschlichen Moral. Wir sind stolz auf das, was wir Fortschritt nennen. Aber echter Fortschritt ist nur da, wo nicht bloß gebaut wird, sondern in bewußt sittlichem Sinne gebaut wird.

Auf die Frage aber, die immer wieder auftaucht: wo ist der eigentliche Quellpunkt der moralschaffenden Kraft? ist noch einmal mit Betonung zu erwidern: Sie stammt aus dem regulierenden *Gewissen*. Jedoch mit dem Zusatz: das Gewissen (das nur im einzelnen sprechen kann) hat schon die Forderungen der in dem betreffenden Kreise noch lebendigen gesunden Moral als Gehalt in sich. In ihr haben echte sittliche Kämpfe und Entscheidungen schon ihren überindividuellen Niederschlag gefunden. Das Gewissen orientiert sich auch an ihnen. Zugleich fordert es, an dem überindividuellen Geistesgewebe »Moral« mit ernstem Verantwortungsbewußtsein mitzuarbeiten und nicht nur die enge eigene Privatwelt zu bedenken.

Ob das heute schon im wünschenswerten Maße geschieht, ist mehr als zweifelhaft. Man läßt die objektiven Mächte der Kultur walten, wie sie nun einmal sind, und entschuldigt sich damit, daß gegen sie, gegen diese historisch verhärteten, massiven Gebilde, doch nichts zu machen sei. Gewiß, die Kraft des einzelnen ist begrenzt. Moralpropheten, wenn sie noch auftreten, werden vielleicht gehört, jedoch fehlt es an der Nachfolge. Man hält Gegenwehr für »unmodern«. Wenn aber jeder an seiner Stelle tut, was er kann, wenn er mit allen anderen einsieht: Moralbilden gehört auch heute noch zu jeder Art von Kulturarbeit, so summieren sich die Kräfte. Durch jede noch so bescheidene Teilleistung werden tatsächlich immerfort überindividuelle Geistesmächte miterzeugt. Daß aber auch überindividuelle *sittliche* Ordnungen und Normen erzeugt werden *sollen*, das mußte wohl dem Gewissen des modernen Menschen einmal wieder eingeschärft werden.

Versittlichung der Wirtschaft und der Technik, Versittlichung der Rechtsordnung und des Staatslebens, Versittlichung der Kunst und des Genießens – daran müßte man sehr ernstlich denken, ehe man glauben darf, marxistischen Ideologien etwas Kraftvolles entgegengestellt zu haben.

Nachwort

Kulturphilosophie und Kulturkritik – als Titel des vorliegenden Bandes gewählt – sind für Eduard Spranger zwei Seiten derselben Sache; denn philosophische Analyse ist kein Selbstzweck, sondern der Ausgangspunkt einer Kritik, der es darauf ankommt, das Vorgefundene auf sein Recht und seine Beständigkeit zu prüfen und neue Wege zu suchen und neue Forderungen zu begründen, soweit es angängig und notwendig erscheint.

Die Spannweite der Gegenstände und Fragen der hier vereinigten Beiträge sowie deren Schwergewicht lassen sich besser als durch eine Umschreibung mit einem Blick auf das Inhaltsverzeichnis erkennen.

Da jedoch alle Schriften Sprangers, deren Sammlung in 11 Bänden geplant ist, von philosophischen Positionen ausgehen und von deren Begründungen getragen sind, da mithin sein gesamtes literarisches Werk als philosophisch gelten kann, soll das, was er unter Kulturphilosophie und Kulturkritik versteht, wenigstens in den Grundzügen verdeutlicht werden; denn nur so werden der Rahmen und der innere sachliche Zusammenhang dieser Edition verständlich. Es handelt sich nicht um einen eindeutig abgrenzbaren Ausschnitt aus dem Gesamtwerk, sondern um eine Akzentsetzung inmitten des Ganzen, die die Auswahl bestimmt und doch zugleich den Weg zu den philosophischen Fragestellungen und Problembereichen öffnet oder freiläßt, die in den Abhandlungen aller anderen Bände erörtert werden.

Das übergreifende Thema seiner Kulturphilosophie, die zugleich als Kulturkritik verstanden werden soll, ist die Darstellung der Strukturen im Aufbau der Kultur und der tragenden Kräfte ihrer Entwicklung und ihres Bestandes. Hierbei sind die objektiven Inhalte der Kultur und der personale Antrieb sowie die Bereitschaft zu ihrer Aufnahme, ihrer Pflege und Fortentwicklung untrennbar ineinander verflochten. Ebenso sind die vielfältigen Inhalte des Kulturlebens wie auch die verschiedenartigen Kulturen selbst aufeinander angelegt oder angewiesen. Die Kulturbegegnung – die Begegnung des einzelnen mit der Kultur und die Begegnung der Kulturen untereinander – wird als fundamentaler Sachverhalt erkannt und zugleich als zentrales Postulat begründet.

Die Schöpfungen und Manifestationen der Kultur werden verstanden als Sinngebilde, die ihrerseits Werte repräsentieren und zur Geltung und Wirkung bringen. »Kultur ist ein überindividuell bedeutsamer Wert- und Sinnzusammenhang, der Wirklichkeit geworden ist und daher in einer realen Gesellschaft als motivsetzender Wirkungszusammenhang lebt.« (S. 21) Daraus ergibt sich, »daß das eigentliche Leben der Kultur, und folglich ihr Wachsen und Vergehen, nicht die abgelösten Sinngebilde als solche betrifft, sondern auf dem Verhältnis der jeweils tatsächlich lebenden Kulturträger zu jenem überindividuellen Kulturbestand und Sinngehalt beruht.« (S. 23)

Aus dieser Grundauffassung lassen sich alle wichtigen Positionen von Sprangers Kulturphilosophie und Kulturkritik ableiten, an denen er im Wechsel der Perspektiven, zu dem der Wandel der Zeiten aufforderte oder nötigte, festgehalten hat.

Weil die Kulturgehalte Sinngebilde sind, können sie nur dann lebendig bleiben, wenn die Menschen, die eine Kultur tragen und in ihr existieren, sie verstehen. Damit wird das Verstehen, dem Spranger einen großen Teil seiner wissenschaftstheoretischen Arbeit gewidmet hat, zum geistigen Grundakt der Kultur. Da ferner die Kultur mit ihren Wertgehalten den einzelnen vor Wertentscheidungen stellt, kommt es darauf an, das Bewußtsein für diese Werte zu erschließen und zu schärfen und die Person zu praktischen Entscheidungen zu befähigen. Wie wichtig das ist, hat Spranger gleichsam als testimonium e contrario an solchen Situationen gezeigt, in denen es an jenem Sinnverständnis fehlt und positive Wertentscheidungen nicht mehr gelingen: »Zwei Hauptfälle sind hervorzuheben. Die Diskrepanz mit dem Gehalt der objektiven Kultur kann erstens darauf beruhen, daß der Lebende, der die Verantwortung für die Kultur an seiner Stelle mittragen sollte, sie nicht mehr kann; und zweitens darauf, daß er sie nicht mehr will.« Zwischen beiden Haltungen kann eine Wechselwirkung entstehen, die den Verfall einer Kultur besiegelt: »Ich kann nicht, also will ich auch nicht.« Doch sollten nicht die positiven Momente übersehen werden, die in der Diskrepanz zwischen objektiver Kultur und subjektiver Wertentscheidung liegen und sich als Triebkräfte für die Entfaltung der Kultur erweisen. Damit ist der Fall gemeint, »daß eine lebende Generation, obwohl sie das Vermögen dazu hätte, die vorgefundene Kultur aus ethischer Entscheidung heraus nicht will. In dieser Wertdivergenz zwischen der objektiven Kultur und dem subjektiven Kulturwillen kündigt sich eine tiefgehende Strukturveränderung der menschlichen Geistesart an. Und keineswegs liegt darin notwendig ein Anstoß zum Kulturverfall. Vielmehr beruht darauf aller Fortschritt.« (S. 24 ff.)

Allen diesen positiven und negativen Beurteilungen der Spannungen und Diskrepanzen, in denen Spranger Ursprung und Wesen der Kulturkrisen sieht, liegt die Überzeugung zugrunde, daß die Kultur der personalen Impulse und Kräfte bedarf, die auf Wertentscheidungen beruhen, welche entweder den gegebenen Status gutheißen oder ihn mit dem Blick auf eine neue Gestaltung zu überwinden suchen. »Das Paradoxe an dieser übergreifenden Macht ist doch, daß sie nicht weiter existieren könnte, wenn sie nicht immer wieder als Aufgabe und Verpflichtung in die Seelen der einzelnen hineingenommen, verstanden, ausgehalten und verantwortlich weitergebildet würde. Sittliche Entscheidungen fallen nur in der Einsamkeit der Person«. (S. 346) »Das wertprüfende Kulturgewissen« – »die Kulturverantwortung« sind die immer wiederkehrenden Markierungen und Umschreibungen dieses Postulates.

Damit ist erklärt, daß diese Philosophie in der Erziehung die breite und unentbehrliche Grundlage des kulturellen Lebens sieht, die eben deshalb auch zu einem Hauptmotiv in der Gedankenwelt und in der praktischen Wirksamkeit Eduard Sprangers geworden ist. Das Gewissen als das Wertorgan der Person bedarf langer Pflege und Übung, um für richtige und sichere Entscheidungen reif und fähig zu werden. Das alles fällt der Erziehung zu. »Jede Kultur ist räumlich und zeitlich bedingt und begrenzt; aber es erscheinen in ihr wesenhaft bestimmte und gegeneinander abgestufte Werte, die sich auf der Gegenstandsseite darstellen an konkreten Kulturgütern, Kultureinrichtungen, Kulturerrungenschaften; auf der Subjektseite in bleibenden Richtungen des Werterlebens und Wertschaffens geistiger Individuen. In der verwickelten Struktur dieser seelisch-geistigen Wirkungszusammenhänge muß die Erziehung eingelagert gedacht werden.« (S. 32)

Indem die Verbindung zwischen der überindividuellen Kultur und dem Individuum durch die Erziehungs- und Bildungsarbeit überhaupt erst hergestellt wird, bilden sich auch die Wertorgane der Person aus, die sie instandsetzen, über Aneignung oder Ablehnung von Kulturgehalten zu befinden und demgemäß in Kulturkrisen Halt zu gewinnen.

So wird es verständlich, daß in jedem der in diesem Band vereinigten Beiträge – auch ohne äußeren thematischen Zwang – sich Hinweise auf die kulturtragende Kraft der Erziehung und ernste Anrufe an den Erzieher in seiner Kulturverantwortung finden.

Sprangers Forderung der Wertentscheidungen hat zur Folge, daß er die Strukturanalyse des kulturellen Lebens mit ihrer kritischen Beurteilung aufs engste verbindet. So hat er die Kulturkritik immer verstanden. Sie ist Sorge und Mahnung zugleich. Nirgends findet sich eine Spur von Selbstgefälligkeit oder Selbstgenuß des Kritikers oder gar Freude an der Kritik. Stets wird sie an die vorsichtige und abwägende Erkenntnis des Vorgefundenen gebunden. Auf dieses Fundierungsverhältnis von Analyse und Kritik sind seine philosophischen Arbeiten insgesamt angelegt. Von jedem, den er zu kritischer Wachsamkeit aufruft, fordert er, daß er sich zuvor über den Gegenstand seiner Kritik ein klares, nüchternes Bild verschafft; und in jeder seiner Abhandlungen verhilft er ihm zu einer umfassenden Einsicht in diese Tatbestände. Information und Kritik folgen aufeinander; die Reihe ist nicht umkehrbar; nur der Informierte hat ein moralisches Recht auf Kritik. Um diese Wesensbestimmung der Kulturkritik hat er sich oft bemüht. Wie wichtig sie ihm war, zeigt eine seiner letzten Niederschriften vom Juni 1962 unter dem Thema »Kulturkritik als Aufgabe der Philosophie«, die Fragment geblieben ist und deren Fortführung er nur mit Stichworten skizzierte. Dort heißt es: »Ehe man es wagen darf zu sagen, was eine Kultur, diesmal also die eigene, sein sollte, muß man wissen, was eine Kultur ist und wie beschaffen gerade diese eigene ist. Daran haben es hochberühmte Kulturkritiker nur zu sehr fehlen lassen. Sie haben mit der Leidenschaft des Unzufriedenen angegriffen, was ihnen ‚zuwider' war. Aber ein so subjektiver Ausgangspunkt kann allerdings zu einer Sektenbildung der Gleichgesinnten führen, nicht zu einem durch Erkenntnis und Ethos fundierten Urteil... Als echte philosophische Kulturkritiker wollen wir daher nur solche Denker gelten lassen, die um Objektivität des Urteils gerungen haben. Wir wollen ferner den Satz als berechtigt ansehen, daß eine echte Kritik einer Kultur nur da möglich ist, wo eine möglichst objektive Erkenntnis der betreffenden Kulturzusammenhänge vorangegangen ist. Also: nur sorgfältige Erkenntnis der Kultur fundiert ‚maßgebende' Kulturkritik«. Die Schriften dieses Bandes – wie auch viele andere – beweisen, daß er diese Forderung nicht nur an sich gestellt, sondern auch erfüllt hat. So ist es in der Tat gerechtfertigt, sie unter den Titel ›Kulturphilosophie und Kulturkritik‹ zu stellen.

In der Analyse der Tatbestände und Probleme hat er mehrere Gesichtspunkte zugleich beachtet: die Verflechtung der Kulturbereiche, die er als ein »System allseitiger Relationen« ansieht, die Beobachtung der zeitgeschichtlichen Strömungen und Ereignisse, an die er seine Betrachtungen anzuknüpfen pflegt, und die Öffnung der historischen Dimension alles gegenwärtig Vorgefundenen. Immer hat er hierbei das Vergangene vor den Blick der Gegenwart gebracht – in der Gewißheit, daß es nur so möglich ist, das Bestehende voll und ganz zu verstehen, in seiner Substanz und Wirkung richtig einzuschätzen und in seinem Wertgehalt zu erkennen.

Schließlich ist er der Frage nachgegangen, ob und wie weit verschiedenartige Kulturen in der planetarischen Situation der Gegenwart sich begegnen und aufeinander einwirken. Diese Kulturbegegnung hat er so wichtig genommen, daß er sich sowohl um ihre theoretische Klärung als auch um ihre praktische Förderung bemüht hat. Für das erste zeugen unter anderem seine Abhandlung »Probleme der Kulturmorphologie« (S. 129ff.) und sein Referat »Kulturbegegnungen als philosophisches Problem« (S. 290ff.), für das zweite aber seine Lebensarbeit insgesamt, in der er die internationalen Beziehungen suchte und sie in vielfältiger persönlicher und literarischer Wirksamkeit fand. Hier ragt der eindrucksvolle Erfolg seiner eigenen kulturpolitischen Tätigkeit in Japan in den Jahren 1936 und 1937 hervor, besonders bemerkenswert auch deshalb, weil sie unter äußeren Bedingungen stand, die einem solchen Unternehmen gewiß nicht förderlich waren. Dieser Brückenschlag stellte seine Kunst des Verstehens vor eine schwere Bewährungsprobe. Aus der Fülle der Vorträge, die er dort gehalten hat, sind für diesen Band solche Ausführungen gewählt worden, die kulturphilosophischen Fragen von übernationalem Charakter gewidmet sind und zugleich einen Eindruck von der praktischen Aufgabe der Verständigung, also: der »Kulturbegegnung« geben.

Da die kritische philosophische Betrachtung stets von der Analyse der bestehenden Situationen und Tendenzen ausgeht, sind die im vorliegenden Band vereinigten Schriften auch ein Spiegelbild der Kultur der Zeit, in der sie geschrieben sind; dank des ständigen Rückgriffs auf die geschichtlichen Vorstufen orientieren sie über die geistige Lage seit dem 19. Jahrhundert bis über die Mitte unseres Jahrhunderts.

Mit den bisherigen Bemerkungen sollten sowohl der Titel des Bandes als auch die Zusammenstellung der in ihm vereinigten Beiträge begründet werden. Sie erklären aber auch die Gesichtspunkte für die äußere Anordnung der Edition.

Die Gliederung in zwei Teile ist so vorgenommen worden, daß die im wörtlichen Sinne fundamentalen Abhandlungen voranstehen und ihnen kürzere Darstellungen – meist in Form von Vorträgen – folgen, die die im ersten Teil entwickelten und begründeten Positionen beispielhaft erläutern und auf diese Weise konkretisieren. Diese Beiträge sind in stärkerem Maße zeitgebunden, indem sie von jeweils gegebenen Situationen und Problemlagen ausgehen. Es wurde bereits ausgeführt, daß dies Sprangers erklärte Absicht ist. Auch aus diesem Grunde empfiehlt sich die chronologische Anordnung in beiden Teilen, die man nicht als Ausflucht in das bequemste Schema ansehen möge. Denn besonders in den Beiträgen des zweiten Teiles ist es deutlich, daß die kulturphilosophischen Grundfragen stets von neuem aus verschiedenem Anlaß und aus wechselnder Perspektive erörtert werden. Spranger will den Leser – gleichsam in einer jeweils ersten Begegnung – in einen in sich geschlossenen Gedankengang einführen; deshalb greift er nicht auf frühere Äußerungen zurück. Er entwickelt seine philosophischen Gedanken jedes Mal ex fundamento; insofern bedeutet die chronologische Folge eine natürliche Anordnung. Um es in einem Bild zu sagen: Spranger entwickelt seine Philosophie nicht in der Gestalt des Schichtenbaues einer Pyramide oder einer geraden Linie in kontinuierlicher Abfolge der Gedanken und in sukzessiver Stützung der Argumente; er stößt stattdessen von verschiedenen zeit- und situationsgebundenen Punkten der Peripherie eines Kreises in das Zentrum zu den zentralen Fragen und Positionen seiner Kulturphilosophie vor.

Auf diese Weise erreicht er es, den Leser – einst in seinen Vorträgen: den Hörer – in seine Gedankengänge einzuschalten und ihn am Fortgang der Beweisführung unmittelbar zu beteiligen. Hierzu trägt die Kunst seiner Sprache bei, in der er komplizierte Sachverhalte klar analysiert und subtile Fragestellungen leicht verständlich entwickelt. Daß es ihm darauf ankommt, hat er selbst bezeugt; im Vorwort zu seinem Buch ›Kulturfragen der Gegenwart‹ sagt er: »Vielleicht bedarf es heute der Entschuldigung, daß ich mich durchweg bemüht habe, eine einfache Sprache zu reden. Ich weiß wohl, daß es dem gegenwärtig beliebten Stil nicht ganz gemäß ist. Aber es lag mir daran, verstanden zu werden, nicht daran, mit Worten zu prunken.« Es ist beachtenswert, daß dies ein Gelehrter sagt, der die einfache Sprache ebenso meisterhaft beherrscht wie die wissenschaftliche Terminologie und der ein sicheres Gefühl dafür besitzt, wo die Sache die eine oder die andere Ausdrucksweise verlangt, und der im übrigen auch in den theoretischen Abhandlungen – z. B. im ersten Teil dieses Bandes – sich nicht von der Verpflichtung dispensiert, klar und verständlich zu sprechen.

Weil das so ist, konnte darauf verzichtet werden, einen Anmerkungsteil mit Erläuterungen von Einzelheiten anzufügen.

Wohl aber soll ein Personenverzeichnis der Orientierung dienen. Denn es gehört zu Art und Stil von Sprangers Analysen, daß er sich nicht nur auf selbst beobachtete Vorgänge und eigene Auffassungen stützt, sondern auch die Zeugnisse anderer, die sich mit den gleichen Problemen befaßt haben, heranzieht, um seine eigene Position zu sichern oder sich mit ihnen zur Begründung seines abweichenden Standpunktes und seiner Einsichten auseinanderzusetzen. Dies bestimmt auch die Auswahl der Personennamen. Es werden nicht alle berücksichtigt, die etwa in einer Aufzählung vorkommen, sondern nur die, deren Auffassungen ausdrücklich erörtert oder in ihrer Bedeutung besonders hervorgehoben werden. Dieses Verzeichnis ist Ludwig Englert, dem Mitherausgeber der Gesammelten Schriften, zu verdanken, der es für diesen Band – wie auch für andere Bände – im Rahmen seines Eduard Spranger-Archivs in München auf Grund seiner genauen Kenntnis aller Texte ausgearbeitet hat.

Für den Problemkreis dieses Bandes, den Eduard Spranger als einen zentralen und fundamentalen Bereich seines geistigen Schaffens angesehen hat, liegen naturgemäß die meisten Beiträge als Publikationen vor. Acht unveröffentlichte Manuskripte sind aufgenommen worden. Aber gerade wegen der beherrschenden Stellung der Kulturphilosophie finden sich im Nachlaß noch zahlreiche Zeugnisse, die mit den hier edierten Abhandlungen und Vorträgen eng verwandt sind. Um dem Leser eine Vorstellung von dieser Vielfalt zu vermitteln, ist ein gesondertes Verzeichnis solcher Manuskripte beigegeben worden.

Mit diesem Hinweis sei der besondere Dank an den von Eduard Spranger selbst bestimmten Verwalter seines Nachlasses, Hans Walter Bähr, Tübingen, verbunden. Er hat aus dem Nachlaß die Spranger-Sammlung in der Universitätsbibliothek Tübingen aufgebaut und betreut. Er ist auch der Initiator dieser Edition der Gesammelten Schriften. Er hat aus seiner Vertrautheit mit dem veröffentlichten und unveröffentlichten Werk die Aufteilung auf die geplanten 11 Bände vorgenommen und für die Zusammenstellung und Bearbeitung dieses Bandes dem Herausgeber ebenso wertvolle wie unentbehrliche Empfehlungen gegeben.

Doch von der Zusammenstellung der Beiträge über die Feststellung der ursprünglichen Veröffentlichung, deren kritische Durchsicht und die Überprüfung und Korrektur der neu gedruckten Texte bis zur vorliegenden Publikation ist es ein weiter Weg mühevoller Einzelarbeit, die Umsicht, Akribie und Sachkenntnis erfordert. Dies alles ist von Klaus Schleicher selbständig geleistet worden. Dafür gebührt ihm der persönliche Dank des Herausgebers, der in ihm einen zuverlässigen, verständnisvollen und geduldigen Mitarbeiter gefunden und bald erkannt hat, daß diese Hilfe sich keineswegs in nur technischer Editionsarbeit erschöpfte.

Die Gesammelten Schriften werden in Gemeinschaft von den Verlagen Max Niemeyer, Tübingen, und Quelle & Meyer, Heidelberg, betreut, die beide das Lebenswerk Eduard Sprangers seit Jahrzehnten gefördert haben. Für den vorliegenden Band gilt dem Verlag Max Niemeyer die besondere Anerkennung seiner Bemühungen und seines Verständnisses für die Wünsche und Anregungen des Herausgebers.

Er – wie auch seine Mitherausgeber – sehen es als eine Ehrenpflicht an, darauf hinzuweisen, daß diese Ausgabe mit ihren vielfältigen Vorarbeiten nur dank der Zuwendungen der Stiftung Volkswagenwerk geplant und verwirklicht werden kann.

Für die Ordnung und Bearbeitung des Nachlasses wurden ferner Mittel aus der Spende verwendet, die Eduard Spranger zum achtzigsten Geburtstag für wissenschaftliche Zwecke von der Ständigen Konferenz der Kultusminister der Länder erhielt.

Hans Wenke

Zu den Quellen und Texten

Der Spranger-Nachlaß steht für wissenschaftliche Arbeit in der Universitäts-Bibliothek in Tübingen zur Verfügung. Als umfangreiche Sammlung nun aufgebaut, umfaßt er die Handexemplare der Werke und Veröffentlichungen Eduard Sprangers mit seinen Einträgen, Korrekturen und Einarbeitungen, mehrere Tausend Briefe Eduard Sprangers, seine eigene Bibliothek mit vielen Kommentaren der Werke anderer Autoren sowie zahlreiche Vorträge und Vorlesungen. Im Nachlaß befinden sich ferner die persönlichen Dokumente und biographischen Unterlagen. Die unveröffentlichten Manuskripte sind Eigentum der Bundesrepublik Deutschland, vertreten durch das Bundesarchiv. Veröffentlichungen aus ihnen bedürfen der Zustimmung des von Eduard Spranger testamentarisch eingesetzten Verwalters seines Nachlasses und des Bundesarchivs.

Das Eduard-Spranger-Archiv in München (Widenmayerstr. 39) wurde als Sammlung gedruckter Arbeiten Eduard Sprangers errichtet. Als Forschungsstätte enthält es ferner eine Reihe wertvoller Sach- und Namensregister über das Gesamtwerk E. Sprangers (einschließlich einer Bibliographie der Vorträge, Vorlesungen und biographischen Veröffentlichungen), die in München erarbeitet worden sind und zur Benützung bereitstehen.

Quellenverzeichnis

TEIL I

Die Kulturzyklentheorie und das Problem des Kulturverfalls (1926). In: Sitzungsber. der Preuss. Akad. der Wiss. Phil.-Hist. Kl. Jg. 1926; auch Einzelausgabe, Berlin 1926. Ferner in: Kulturfragen der Gegenwart. Heidelberg 1953[1], 1961[3].

Das deutsche Bildungsideal der Gegenwart in geschichtsphilosophischer Beleuchtung (1926). In: Die Erziehung. Jg. 1, 1926; Jg. 2, 1927. Ferner Sonderdruck, Leipzig 1928.

[Von der deutschen Staatsphilosophie der Gegenwart] (1928). Unveröffentlichtes Manuskript eines Vortrags vom Jahr 1928. (Der Titel ist vom Herausgeber formuliert worden.)

Probleme der Kulturmorphologie (1936). In: Sitzungsber. der Preuss. Akad. der Wiss. Phil.-Hist. Kl. Jg. 1936; auch Sonderausgabe, Berlin 1936. Ferner in: Forschungen und Fortschritte. 1. Jg., No. 2. (Chinesische Ausgabe). Hg. vom Deutschland Institut. Peking 1939.

Kulturpathologie? (1947). In: Reden bei der feierlichen Eröffnung des Sommersemesters am 23. April 1947. Reihe: Universität Tübingen, Heft 37. Tübingen 1947.

Die Geburt des geschichtsphilosophischen Denkens aus Kulturkrisen (1954). In: Schweizer Monatshefte. Jg. 34. 1954.

TEIL II

Zur geistigen Lage der Gegenwart (1930). In: Das Geistige Bild der Gegenwart. Festvorträge anläßlich der 50-Jahr-Feier des Preuss. Philologenverbandes in Berlin, Oktober 1930. Leipzig 1930.

[Wissenschaft – Ideologie – Gesellschaft] (1937). Unveröffentlichtes Manuskript aus einer Reihe von Vorträgen, die an japanischen Universitäten im Jahr 1937 gehalten wurden. (Ausgewählt aus der Vielzahl der dort gehaltenen und teilweise in japanischer Übersetzung erschienenen Vorträge. Der Titel ist vom Herausgeber formuliert worden. In der Spranger Bibliographie von Theodor Neu ist dieser Vortrag unter dem Titel verzeichnet: Schicksale der Geisteswissenschaften in der gegenwärtigen Kultur.)

Volksmoral und persönliche Sittlichkeit (1939). Unveröffentlichtes Manuskript eines in Budapest (1936), Prag (1936) und Wien (1939) gehaltenen Vortrags. (Von den vorliegenden Texten wurde der Wiener Vortrag ausgewählt.)

Zwei Auffassungen vom Wesen der Philosophie (1942). Unveröffentlichtes Manuskript eines am 3. Mai 1942 in Prag gehaltenen Vortrags.

Kulturbegegnungen als philosophisches Problem (1948). In: Universitas. Jg. 3. 1948. (Vortrag, gehalten auf dem Philosophischen Kongreß in Mainz, am 2. August 1948.)

Grenzen der Menschheit (1950). Unveröffentlichtes Manuskript eines am 6. März 1950 in Stuttgart gehaltenen Vortrags.

Aufgaben der Philosophie in der Gegenwart (1953). Unveröffentlichtes Manuskript eines im ‚Rias-Berlin' im Jahr 1953 gehaltenen Rundfunkvortrags.

Ist der moderne Kulturprozeß noch lenkbar? (1953). In: Kulturfragen der Gegenwart. Heidelberg 1953^{1}, 1961^{3}.

[Die Wirtschaft unter kulturphilosophischem Aspekt] (1954). Unveröffentlichtes Manuskript eines im Jahr 1954 im Rahmen der Baden-Badener Unternehmergespräche gehaltenen Vortrags. Auswahl aus einem im Entwurf vorliegenden Text. (Der Titel ist vom Herausgeber formuliert worden.)

Die kulturphilosophischen Voraussetzungen der gegenwärtigen Bildungsaufgabe (1955). In: Menschenbildung in der Wirtschaftswelt der Gegenwart. Veröffentlichungen des Arbeitsausschusses für Berufsbildung. Bielefeld 1955.

Weltverkehr und geistige Kultur (1956). In: Universitas. Jg. 11. 1956.

Über das Gewissen (1959). Vortrag im Südwestdeutschen Rundfunk im Jahr 1959; überarbeitet und veröffentlicht in: Menschenleben und Menschheitsfragen. Gesammelte Rundfunkreden. München 1963.

Leben wir in einer Kulturkrisis? (1960). In: Wo stehen wir heute? Hg. von H. W. Bähr. Gütersloh 1960, ferner in: Sinn und Sein. Ein philosophisches Symposion. Hg. von R. Wisser. Tübingen 1960. (Umgestaltung eines spanischen Textes: Existe una crisis contemporánea? In: Imago mundi. Año 3, No 11/12. 1956.)

Das Historismusproblem an der Universität Berlin seit 1900 (1960). In: Studium Berolinense. Hg. von H. Leussink, E. Neumann und G. Kotowski. Gedenkschrift der Westdeutschen Rektorenkonferenz und der Freien Universität Berlin zur 150. Wiederkehr des Gründungsjahres der Friedrich-Wilhelms-Universität zu Berlin. Berlin 1960.

Die moralbildende Kraft in unserem Zeitalter (1961). In: Universitas. Jg. 16. 1961; ferner in: Kulturfragen der Gegenwart. Heidelberg 1961^{3}.

Verweisungen auf weitere unveröffentlichte Schriften

Die Vielfalt der Arbeiten Eduard Sprangers zu Problemen der Kulturkritik und Kulturphilosophie und die fortgesetzte Auseinandersetzung Sprangers mit diesem Problemkreis werden nicht nur aus den Bibliographien von Theodor Neu[1] und von Ludwig Englert in Verbindung mit Siegfried Mursch[2] ersichtlich, sondern auch aus den vielen unveröffentlichten Manuskripten im Spranger-Nachlaß in der Universitätsbibliothek Tübingen. – Ein Teil der unveröffentlichten Manuskripte erscheint im Rahmen der Gesammelten Schriften. Auch der vorliegende Band zieht mehrfach solche Manuskripte heran. – Um ergänzend deutlich zu machen, welche, für diesen Band besonders bedeutsamen Manuskripte sich im Nachlaß befinden, werden hier nähere Verweisungen gegeben. Durch eine Gliederung in vier Themenkreise soll dem Leser die Übersicht erleichtert werden.

I. Kulturmorphologie

(Die Kulturzyklentheorie und das Problem des Kulturverfalls, 1926 – Probleme der Kulturmorphologie, 1936 – Kulturpathologie? 1947 – Kulturbegegnungen als philosophisches Problem, 1948 – Ist der moderne Kulturprozeß noch lenkbar? 1953 – Leben wir in einer Kulturkrisis? 1960)

Unveröffentlichte Manuskripte:

Philosophie der Kultur — 1915
(Hs. voll ausgearb. 45 Blatt. Außerdem Entwurf von 15 Blatt. Für Vorlesung im SS. 1915.)

Philosophie und Kultur — 1915
(Hs. voll ausgearb. 129 Blatt.)

Die Grundmotive des Geisteslebens und der Kultur — 1919
(Ms. 18 Blatt. Entwurf.)

Übungen zum kulturkundlichen Unterrichtsprinzip im päd. Seminar — 1927/28
(Hs. in geglied. Stichworten 9 Blatt. Entwurf.)

Probleme der Kulturphilosophie — 1937
(Hs. voll ausgearb. 27 u. 35 Blatt.)

[Denkschrift zur Gründung eines heimatkundlichen Instituts für Lan-

[1] Theodor Neu, Bibliographie Eduard Spranger, Tübingen 1958.

[2] Ludwig Englert und Siegfried Mursch, Bibliographie Eduard Spranger 1957–1962. In: Pädagogische Rundschau. 16. Jg. Heft 7/8. 1962.

des- und Völkerkunde in Japan] 1937
(Hs. voll ausgearb. 9 Blatt.)
[Nationalcharaktere] 1938
(Ms. voll ausgearb. 49 Blatt. Schlußteil fehlt. Außerdem Entwürfe und Disposition.
Akademievortrag am 30. 3. 1938.)
Nationalcharakteriologie 1938
(Ms. voll ausgearb. 150 Blatt. Fragment.)
Kraftquellen der japanischen Kultur 1938
(Ms. z. T. in geglied. Stichworten 35 u. 9 Blatt. Außerdem Disposition.
Vortrag in Hamm am 22. 2. 1938 und in Berlin am 5. 12. 1938.)
Japan in kulturmorphologischer Beleuchtung 1939
(Hs. in geglied. Stichworten 20 Blatt.
Vortrag in Magdeburg am 28. 10. 1939.)
Ein Jahr als Austauschprofessor in Japan[3] 1940/41
(Hs. z. T. in geglied. Stichworten 28 Blatt. Außerdem Disposition.
Vortrag im Verein ehemaliger Schüler des Kgl. Wilhelmsgymnasium.
Berlin am 1. 4. 1940.)
Kulturmorphologie 1941
(Hs. in geglied. Stichworten 26 Blatt.
Für Seminar-Übungen im SS. 1941.)
Kulturfragen im gegenwärtigen Japan 1941
(Hs. in geglied. Stichworten 38 Blatt.
Vortrag in Stettin am 3. 3. 1941.)
[Das Geheimnis der japanischen Kulturkraft] 1942
(Ms. z. T. in geglied. Stichworten 32 Blatt.
Vortrag im Protestantenverein, Juni 1942.)
[Kulturmorphologie] 1950
(Hs. in geglied. Stichworten 69 Blatt. Vorlesungsentwurf.)
Tradition 1959
(Hs. in geglied. Stichworten 29 Blatt. Außerdem Entwürfe.
Vortrag, Guestfalia am 11. 7. 1959.)
Kulturkritik als Aufgabe der Philosophie 1962
(Hs. voll ausgearb. 40 Blatt.)
Vorläufige Gedanken über Kulturerbschaft und Kulturdurchdringung
(Hs. voll ausgearb. 42 Blatt.) o. J., Berliner Zeit
[Kulturphilosophie] o. J., Berliner Zeit
(Ms. voll ausgearb. 6 Blatt)

---

[3] E. Spranger war vom 10. 11. 1936 bis zum 15. 10. 1937 in Japan.

II. Kulturpolitische Gegenwartsanalysen

(Das deutsche Bildungsideal der Gegenwart in geschichtsphilosophischer Beleuchtung, 1926 – [Von der deutschen Staatsphilosophie der Gegenwart], 1928 – Zur geistigen Lage der Gegenwart, 1930 – Grenzen der Menschheit, 1950 – Aufgaben der Philosophie in der Gegenwart, 1953 – [Die Wirtschaft unter kulturphilosophischem Aspekt], 1954 – Die kulturphilosophischen Voraussetzungen der gegenwärtigen Bildungsaufgabe, 1955 – Weltverkehr und geistige Kultur, 1956.)

Unveröffentliche Manuskripte:

Die Kontrastbewegung der Generationen 1905
(Hs. voll ausgearb. 17 Blatt.)
Modernes Weltbürgertum 1907
(Hs. voll ausgearb. 8 Blatt.)
[Philosophische Grundlagen der Pädagogik] 1910
(Hs. voll ausgearb. 27 Blatt.)
Philosophie der Gegenwart 1912
(Hs. voll ausgearb. 13 Blatt.)
[Referat über Leopold von Wieses: Soziologie des Volksbildungswesens] 1925
(Hs. voll ausgearb. 16 Blatt. Geplant als Beitrag zu Schmollers Jahrbuch für Gesetzgebung, Verwaltung und Volkswirtschaft im Deutschen Reich.)
Zur Neuordnung im Preußischen Kultusministerium 1932
(Hs. voll ausgearb. 20 Blatt. Außerdem unvollständiger Entwurf 10 Blatt.)
Zur Kritik des Liberalismus 1933
(Hs. voll ausgearb. 107 Blatt. Fragment.)
Zur geistigen Lage Deutschlands 1933
(Typoskript voll ausgearb. 41 Seiten.
Vortrag in Stockholm vor der Deutsch-Schwedischen Gesellschaft.)
Religion und Kultur heute 1934
(Hs. in geglied. Stichworten 37 Blatt. Außerdem Disposition.
Vortrag in Lucern am 10. 3. 1934.)
Die Weltgeschichte ist das Weltgerichte 1939
(Hs. überwiegend in geglied. Stichworten 25 Blatt. Außerdem Zusammenfassungen.
Vortrag in der Mittwochsgesellschaft am 1. 3. 1939.)
Unsere Zeit 1947
(Hs. in geglied. Stichworten 35 Blatt.
Vortrag am 9. 3. 1947.)
Kann die Philosophie Europa retten? 1948
(Typoskript. voll ausgearb. 14 Seiten.)
Der Humanitätsgedanke und seine Problematik 1948
(Hs. in geglied. Stichworten 34 Blatt. Außerdem 2. u. 3. Fassung

Typoskript 30 bzw. 28 Seiten und Notizen.
Vortrag in Stuttgart am 29. 1. 1948.)

Vom Sichverstehen unter Völkern 1948
(Hs. in geglied. Stichworten 16 Blatt.
Vortrag vor Auslandsstudenten in Tübingen am 29. 6. 1948.)

Zur deutschen Kulturlage 1950
(Hs. voll ausgearb. 14 Blatt. Antworten auf Fragen von Takahashi Giko zu vier Kulturproblemen der Gegenwart. Und zwar: Das deutsche Kulturerbe und die Zukunftschau, das deutsche Schicksal zwischen Westen und Osten, zur Kritik der gegenwärtigen deutschen Philosophie, Individualismus – Sozialismus?)

Kulturphilosophie der Gegenwart 1950/51
(Hs. in geglied. Stichworten 10 Blatt. Außerdem Notizen. Für Seminarübungen im WS 1950/51.)

Abendländisches, gesehen von Japan aus 1952
(Typoskript voll ausgearb. 30 Blatt.
Dies-Vorlesungen am 24. 1. 1952.)

Philosophie des Geistes 1957/58
(Hs., geglied. Entwürfe und Notizen 120 Blatt.)

[Die Gefährdung der Innenwelt des geistigen Menschen durch die Existenzbedingungen von heute] 1958
(Hs. z. T. in geglied. Stichworten 25 Blatt.
Vortrag, Guestfalia am 25. 1. 1958.)

III. Das Standortproblem in der Kultur

(Wissenschaft – Ideologie – Gesellschaft, 1937 – Zwei Auffassungen vom Wesen der Philosophie, 1942 – Die Geburt des geschichtsphilosophischen Denkens aus Kulturkrisen, 1954.)

Unveröffentliche Manuskripte:

Leben und Wissenschaft 1905
(Hs. voll ausgearb. 18 Blatt.)

Das historische Problem in der Gegenwart um 1910
(Hs. voll ausgearb. 12 Blatt. Berliner Zeit o. J.)

Ideologie und Wissenschaft 1930
(Hs. in geglied. Stichworten 25 Blatt.
Vortrag in der Preuß. Akademie der Wissenschaften am 27. 2. 1930.)

Krisis der Geisteswissenschaften in der Gegenwart 1931
(Hs. in geglied. Stichworten 30 Blatt.
Vortrag in Athen 1931.)

Krisis der Geisteswissenschaften in der Gegenwart 1933
(Hs. in geglied. Stichworten 35 Blatt u. Vorarbeiten 15 Blatt.
Vortrag in Riga am 24. 9. 1933.)

Das Standortproblem in den Geisteswissenschaften 1934
(Hs. in geglied. Stichworten 37 Blatt.
Vortrag in der Kaiser-Wilhelm-Gesellschaft am 13. 4. 1934.)

Schicksale der Wissenschaft 1936
(Hs. in geglied. Stichworten 51 Blatt u. Vorarbeiten 13 Blatt.
Vortrag in Wien am 3. 3. 1936.)

Zwei Auffassungen vom Wesen der Philosophie 1942
(Typoskript 52 Seiten u. weitere voll ausgearb. Fassungen, 68 bzw. 29 bzw. 8 Blatt.
Vortrag in Prag am 3. 5. 1942.)

Ideologien 1948
(Ms. mehrere voll ausgearb. Fassungen der Einleitung, 11 bzw. 13 bzw. 7 Seiten und 35 Seiten Abhandlung.
Herrn Kollegen Rothacker zum 60 Geburtstag verehrungsvoll gewidmet.)

[Philosophische Konsequenzen der Umweltlehre] 1948
(Ms. voll ausgearb. 32 Blatt u. Typoskript 14 Seiten.
Wahrscheinlich ein zweiter Aufsatz für das Bulletin des ›Grupo Filosofico de la Habana‹.)

Recht und Grenzen einer Soziologie des Wissens 1949
(Hs. z. T. voll ausgearb., z. T. in geglied. Stichworten 20 Blatt.
Dies-Vorlesung in Tübingen am 17. 11. 1949.)

Philosophie oder Philosophien 1950
(Hs. z. T. voll ausgearb., z. T. in geglied. Stichworten 31 Blatt.
Vortrag in Comburg am 24. 9. 1950.)

[Soziologie und Philosophie des Geistes] 1959
(Hs. in geglied. Stichworten 31 Blatt u. weitere voll ausgearb. Fassungen von 24 bzw. 19 Blatt.
Vortrag, Internationaler Ferienkurs am 20. 8. 1959.)

Was ist Wahrheit? o. J., Berliner Zeit
(Hs. voll ausgearb. 36 Blatt u. Vorarbeiten. Vortragsentwurf.)

[Geisteswissenschaften] o. J., Berliner Zeit
(Ms. A. u. B. Typoskript voll ausgearb. 187 bzw. 180 Seiten. Vgl.: [Der Lebenswert der Geisteswiss.], o. J. Tübingen, Ms. C.)

Probleme der Umweltforschung o. J., Berliner Zeit
(Hs. in geglied. Stichworten 34 Blatt.)

Über das Standortproblem in den Wissenschaften und die Soziologie des Wissens o. J., Tübinger Zeit
(Typoskript voll ausgearb. 28 Seiten u. Vorarbeiten 14 Blatt.
Vortrag, Internationaler Ferienkurs.)

Gefahrenpunkte der deutschen Wissenschaft o. J., Tübinger Zeit
(Typoskript voll ausgearb. 12 Seiten.)

[Der Lebenswert der Geisteswissenschaften] (Ms. C.) o. J., Tübinger Zeit
(Typoskript voll ausgearb., mehrere Fassungen, 154 bzw. 171 bzw. 188 Seiten. Entwurf einer nicht vollendeten Schrift.)

IV. Wertvorstellungen in der Kultur

(Volksmoral und persönliche Sittlichkeit, 1939 – Über das Gewissen, 1959 – Die moralbildende Kraft in unserem Zeitalter, 1961.)

Unveröffentlichte Manuskripte:

[Über das Wesen der Moral] zwischen 1896 u. 99
(Hs. voll ausgearb. 7 Blatt. Entwurf.)

Die Randordnung der Werte 1919
(Hs. voll ausgearb. 5 Blatt u. Vorarbeiten 2 Blatt.)

Volksmoral und persönliche Sittlichkeit 1935
(Hs. vorwiegend in geglied. Stichworten 40 Blatt u. Dispos. 5 Blatt. Vortrag in Berlin am 26. 2. 1935, in Stade am 12. 3. 1935, in Hamburg am 14. 3. 1935.)

Volksmoral und persönliche Sittlichkeit 1936
(Typoskript voll ausgearb. 26 Seiten und Hs. in geglied. Stichworten 36 Blatt.
Vorträge in Budapest am 9. 3. 1936 und in Prag am 17. 3. 1936.)

Über Volksmoral und ihre Sicherung 1940
(Hs. in geglied. Stichworten 19 Blatt.
Vortrag in der Mittwochsgesellschaft am 14. 2. 1940.)

Entwurf ad Gewissenserziehung 1946
(Hs. voll ausgearb. 6 Blatt u. Disposition 2 Blatt.)

Gibt es eine Erziehung des Gewissens 1946
(Hs. in geglied. Stichworten 17 Blatt.
Vortrag in Tübingen am 9. 10. 1946.)

Zur Theorie des Gewissens 1948
(Hs. voll ausgearb. 41 Blatt und Entwurf 14 Blatt.)

Grundgedanken zur Ethik 1950
(Typoskript voll ausgearb. 8 Seiten.)

Gewissen und Gewissenserziehung 1954/55
(Hs. in Stichworten 16 Blatt.
Für ein Seminar im WS. 1954/55.)

›Projekt‹ über Gewissenserziehung 1954/55
(Hs. in geglied. Stichworten 43 Blatt.)

[Persönlichkeit und Persönlichkeitsgestaltung] o. J., Tübinger Zeit
(Hs. voll ausgearb. 53 Blatt. Entwurf.)

Über die Moral o. J., Tübinger Zeit
(Hs. voll ausgearb. zwei Fassungen 37 bzw. 30 Blatt.)

Namenregister*

* Die Seitenzahlen in Klammern beziehen sich auf Namen in den Fußnoten.

EDUARD SPRANGER

Gesammelte Schriften

Max Niemeyer Tübingen　　Quelle & Meyer Heidelberg

FSC
www.fsc.org
MIX
Papier | Fördert
gute Waldnutzung
FSC® C083411

Kolibri 360 GmbH
Ferdinand-Jühlke-Straße 7
99095 Erfurt, Deutschland
produktsicherheit@kolibri360.de